합격비법

https://rangssem.com

cafe.naver.com/rangssem

교재 인증

※ 위 교재 인증란에 네이버 카페 아이디를 적고 등업 신청 시 첨부하면
   랑쌤에듀 카페에서 무료 학습자료를 다운 받을 수 있습니다.

랑쌤에듀 네이버 카페

Contents
차례

- **01 나사역학** ·· P. 12

    1-1. 나사의 정의와 기본 사항
    1-2. 나사의 종류
    1-3. 사각나사의 역학
    1-4. 삼각나사와 사다리꼴나사의 역학
    1-5. 나사의 동력과 효율
    1-6. 나사의 설계
    1-7. 칼라자리부를 고려한 나사잭
    1-8. 너트의 높이
    1-9. 죄어진 볼트에 외력이 작용할 때
    1-10. 나사로 지지하는 브래킷 역학
    1-11. 나사의 일반사항

- **02 키, 스플라인, 핀, 코터** ································ P. 48

    2-1. 키(Key)
    2-2. 스플라인(Spline)
    2-3. 핀(Pin)
    2-4. 코터(Cotter)

- **03 리벳이음** ·· P. 74

    3-1. 리벳이음의 줄 수와 전단면
    3-2. 리벳이음의 강도 계산
    3-3. 리벳이음의 설계
    3-4. 내압을 받는 원통의 리벳이음
    3-5. 편심하중을 받는 구조용 리벳

04 용접이음 ········ P. 98

4-1. 용접이음의 강도설계
4-2. 4측 필렛 용접이음의 강도설계
4-3. 원형단면 필렛 용접이음의 강도설계
4-4. 용접부 잔류응력 제거법

05 축의 설계 ········ P. 116

5-1. 강도에 의한 축의 설계
5-2. 던커레이(Dunkerley) 공식
5-3. 전동축의 강성설계

06 커플링과 클러치(축 이음) ········ P. 132

6-1. 클램프 커플링(=분할 원통 커플링)
6-2. 플랜지 커플링
6-3. 유니버셜 커플링(=유니버셜 조인트)
6-4. 단판 클러치
6-5. 다판 클러치
6-6. 원추 클러치
6-7. 물림 클러치

07 베어링 ········ P. 156

7-1. 미끄럼 베어링
7-2. 구름 베어링

- **08 마찰차** ··· P. 178

    8-1. 원통 마찰차
    8-2. V홈 마찰차(=V 마찰차)
    8-3. 원추 마찰차
    8-4. 무단변속 마찰차

- **09 감아걸기 전동장치** ··· P. 204

    9-1. 평벨트 전동장치
    9-2. V벨트 전동장치
    9-3. 로프 전동장치
    9-4. 체인 전동장치

- **10 브레이크** ·· P. 230

    10-1. 블록 브레이크
    10-2. 밴드 브레이크
    10-3. 내확 브레이크(=내부 확장식 브레이크)
    10-4. 래칫 휠 브레이크

- **11 스프링, 파이프, 플라이 휠** ···························· P. 254

    11-1. 원통형 코일 스프링
    11-2. 판 스프링
    11-3. 파이프
    11-4. 플라이 휠

- **12 기어** ·· P. 276

    12-1. 스퍼기어
    12-2. 헬리컬기어
    12-3. 베벨기어
    12-4. 웜과 웜기어
    12-5. 전위기어

- **13 과년도 기출문제** ································ P. 320

    15년 기출문제
    16년 기출문제
    17년 기출문제
    18년 기출문제
    19년 기출문제
    20년 기출문제
    21년 기출문제
    22년 기출문제
    23년 기출문제
    24년 기출문제

시험 안내

직무 분야	기계	중직무 분야	기계제작	자격 종목	일반기계기사	적용 기간	2024.01.01~2026.12.31

○ (일반기계) 기계공학에 관한 지식을 활용하여, 기계 요소 및 시스템에 대한 설계, 원가계산, 제작, 설치, 보전 등을 수행하는 직무이다.

○ 수행준거 : 1. 요소부품의 요구 기능과 특성을 고려하여 재질을 검토하고 결정할 수 있다.
              2. 제품의 구성품으로서 해당요소부품의 적합한 재질을 선정하기 위하여 소재별 열처리 및 강도에 대한 최적의 방안을 수립할 수 있다.
              3. 요소설계에서 요구하는 기능과 성능에 적합한 공차를 적용하고 검토할 수 있다.
              4. 기계제작에 필요한 요소부품의 재질을 선정하고 형상과 크기를 결정할 수 있다.
              5. 각 기계 구성품의 체결을 목적으로 강도, 강성, 경제성, 수명을 고려하여 체결요소를 설계할 수 있다.
              6. 동력전달시스템에서 요구되는 동력전달요소의 구조와 기능을 파악하여 설계하고 검토할 수 있다.
              7. 동력전달 요소들을 구성하여 기계의 성능을 충족시킬 수 있도록 설계할 수 있다.
              8. 고객의 요구사항에 맞는 기능을 수행하기 위하여 유공압 요소를 활용하여 시스템을 설계할 수 있다.
              9. CAD 프로그램을 활용하여 제도 규칙에 따른 2D 도면을 작성하고, 확인하여 가공 및 제작에 필요한 2D도면 정보를 도출할 수 있다.
            10. 요소부품의 기능에 최적한 형상, 치수 및 주요공차를 파악하고, 조립도와 부품도에서 설계방법, 재질,작업설비 및 방법을 결정할 수 있다.
            11. 단순형상과 복합형상의 모델링 데이터를 생성하기 위해 모델링 작업을 수행할 수 있다.
            12. 설계도면에 준하여 모델링을 분석하고 모델링 데이터를 출력할 수 있다.

실기검정방법	복합형	시험시간	필답형 : 2시간, 작업형 : 5시간 정도

필기 과목명	주요항목	세부항목
기계설계 실무	1. 요소부품재질선정	1. 요소부품 재료 파악하기
		2. 최적요소부품 재질 선정하기
		3. 요소부품 공정 검토하기
		4. 열처리 방법 결정하기
	2. 요소부품재질검토	1. 열처리방안 선정하기
		2. 소재 선정하기
		3. 요소부품별 공정설계하기
	3. 요소공차검토	1. 요구기능 파악하기
		2. 치수공차 검토하기
		3. 표면거칠기 검토하기
		4. 기하공차 검토하기
	4. 요소부품설계검토	1. 요소부품 설계 구성하기
		2. 요소부품 형상 설계하기
		3. 시제품 제작하기
	5. 체결요소설계	1. 요구기능 파악하기
		2. 체결요소 선정하기
		3. 체결요소 설계하기
	6. 동력전달요소설계	1. 설계조건 파악하기
		2. 동력전달요소 설계하기
		3. 동력전달요소 검토하기
	7. 동력전달장치설계	1. 요구사항 분석하기
		2. 동력전달장치 특성파악하기

필기 과목명	문제수	주요항목	세부항목
기계설계 실무		7. 동력전달장치설계	3. 동력전달장치 설계하기
			4. 동력전달장치 검증하기
		8. 유공압시스템설계	1. 요구사항 파악하기
			2. 유공압시스템 구상하기
			3. 유공압시스템 설계하기

5주만에 합격하기!

일반기계기사 실기 최단기 정복 스터디플랜

	1일차	2일차	3일차
1주차	[이론 및 예제 학습] ch01 나사역학 ~ 1-4 삼각, 사다리꼴 나사	ch01 나사역학 ~ 1-11. 나사의 일반 사항	ch02 키, 스플라인, 핀, 코터 전체 내용
	8일차	9일차	10일차
2주차	ch06 커플링과 클러치 ~ 6-3 유니버셜 커플링	ch06 커플링과 클러치 ~ 6-6 물림 클러치	ch07 베어링 ~ 7-1 미끄럼 베어링
	15일차	16일차	17일차
3주차	ch09 감아걸기 전동장치 ~ 9-4 체인 전동장치	ch10 브레이크 ~ 10-1 블록 브레이크	ch10 브레이크 ~ 10-4 레칫 휠
	22일차	23일차	24일차
4주차	[기출문제 풀이] 15년 기출문제 풀이	16년 기출문제 풀이	17년 기출문제 풀이
	29일차	30일차	31일차
5주차	22년 기출문제 풀이	23년 기출문제 풀이	23년 기출문제 풀이

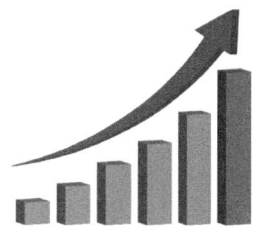

4일차	5일차	6일차	7일차
ch03 리벳이음 ~ 3-3 리벳이음의 설계	ch03 리벳이음 ~ 3-5 편심하중을 받는 리벳	ch04 용접이음 전체내용	ch05 축의 설계 전체내용
11일차	12일차	13일차	14일차
ch07 베어링 ~ 7-2 구름 베어링	ch08 마찰차 ~ 8-2 V홈 마찰차	ch08 마찰차 ~ 8-4 무단변속 마찰차	ch09 감아걸기 전동장치 ~ 9-2 V벨트 전동장치
18일차	19일차	20일차	21일차
ch11 스프링, 파이프, 플라이휠 전체내용	ch12 기어 ~ 12-2 헬리컬기어	ch12 기어 ~ 12-6 전위기어	ch12 기어 ~ 12-6 전위기어
25일차	26일차	27일차	28일차
18년 기출문제 풀이	19년 기출문제 풀이	20년 기출문제 풀이	21년 기출문제 풀이
32일차	33일차	34일차	35일차
[기출문제 오답 정리] 15~17년 기출문제 오답정리	18~20년 기출문제 오답정리	21, 22년 기출문제 오답정리	23, 24년 기출문제 오답정리

이 책의 특징

합격비법 시리즈는 다년간의 국가기술 자격증 수험서적의 제작 노하우를 모두 담은 교재로 모든 수험생 여러분의 합격을 위한 교재입니다. 비전공자, 직장인 등 쉽지 않은 공부 환경에 있는 수험생들도 쉽고 빠르게 공부할 수 있는 구성으로 지금까지 많은 합격자를 배출한 교재입니다.

"일반기계기사"는 기계계열의 역학 그리고 설계가 주가 되는 과목입니다. 이 교재에서는 관련된 공식들을 쉽고 빠르게 암기할 수 있도록 이론 파트를 구성하였고, 여러 가지 유형의 예제를 풀어봄으로서 기출문제를 풀 때 막힘없이 풀 수 있도록 예제 파트를 구성하였습니다. 또한 합격비법 시리즈는 매년 최신 개정 내용을 빠르고 정확하게 적용하여 수험생 여러분이 믿고 공부할 수 있도록 최선을 다하고 있습니다.

합격비법 시리즈는 단순히 교재만을 제공하는 것이 아닌 효율적인 학습을 위한 여러 가지 콘탠츠를 제공합니다.

유투브 "랑쌤에듀" 채널에 해당 교재를 보고 들을 수 있는 무료강의가 업로드 되어있습니다. 이 강의들은 랑쌤에듀 공식 홈페이지에서 판매중인 강의와 동일한 퀄리티로 공부하는데에 큰 도움이 될 것입니다.

카카오톡 오픈채팅 검색창에 "랑쌤에듀"를 검색하면 과목별 오픈채팅방이 나옵니다. 자신에게 맞는 과목의 오픈채팅방에서 자유롭게 질문과 답변을 주고받을 수 있는 환경이 마련돼있습니다. 혼자 공부하는 것보다 다른 수험생들과 정보를 주고받으며 공부하는 것이 더 효율적인 공부 방법이 될 것입니다.

네이버 카페 "랑쌤에듀"에서 교재 등업을 하면 여러 가지 학습자료들을 무료로 이용하실 수 있습니다. 또한 하.세.열(하루 세 번 열문제) 퀴즈, 시험 전 총정리 실시간 강의 일정, 교재 정오표 및 법령 변경 사항 등의 정보도 카페에 수시로 공지를 하고 있습니다.

합격비법 시리즈는 앞으로도 수험생 여러분의 합격을 위해 최선을 다 할 것이며 더 좋은 수험서적을 만들 수 있도록 노력하겠습니다. 목표로 하신 자격증을 취득하는 그 날까지 모든 수험생 여러분들 파이팅 입니다!

01

나사역학

- 1-1. 나사의 정의와 기본 사항
- 1-2. 나사의 종류
- 1-3. 사각나사의 역학
- 1-4. 삼각나사와 사다리꼴나사의 역학
- 1-5. 나사의 동력과 효율
- 1-6. 나사의 설계
- 1-7. 칼라자리부를 고려한 나사잭
- 1-8. 너트의 높이
- 1-9. 죄어진 볼트에 외력이 작용할 때
- 1-10. 나사로 지지하는 브래킷 역학
- 1-11. 나사의 일반사항

Chapter 1

나사역학

1-1 나사의 정의와 기본 사항

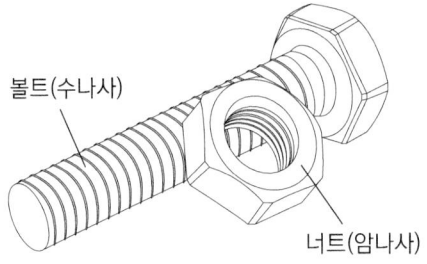

나사(Screw)란, 기계 부품을 죄거나 위치 조정 또는 힘을 전달 등에 널리 쓰이는 체결용 또는 운동용 기계요소이다. 삼각나사는 체결용 기계요소, 사각나사 또는 사다리꼴나사는 회전운동을 직선운동으로 바꾸는 운동용 기계요소이다.

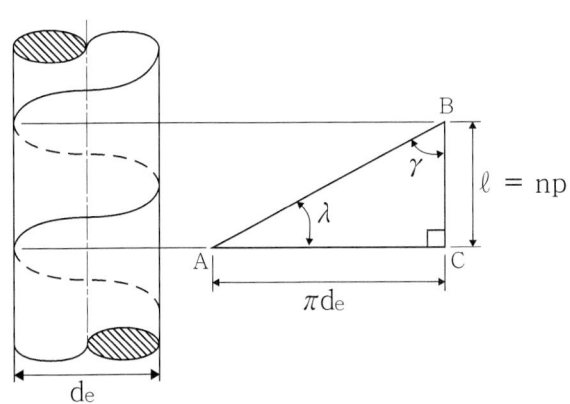

여기서,
ℓ : 리드 $[mm]$
n : 나사의 줄 수
p : 피치 $[mm]$
λ : 리드각(=나선각, 경사각) $[°]$
γ : 비틀림각 $[°]$
d_e : 유효 지름 $[mm]$

$\ell = np$

▌나사산의 형상

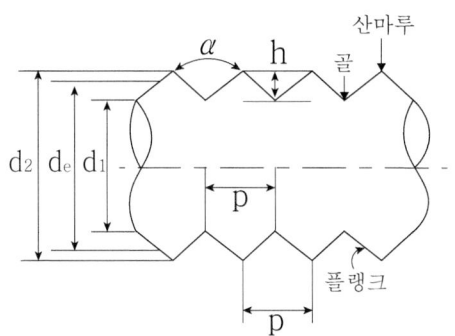

여기서,
α : 나사각 [°]
h : 나사산 높이 [mm]
p : 피치 [mm]
d_2 : 바깥지름(=외경) [mm]
d_1 : 안지름(=내경) [mm]
d_e : 유효지름 [mm]

▎나사의 각 부 명칭

(1) 리드(ℓ, Lead) [mm] : 나사를 1회전 시킬 때, 축방향으로 나아간 거리

$\ell = np$ 　　예) 1줄 나사($n=1$)이면 $\ell = p$, 2줄 나사($n=2$)이면 $\ell = 2p$

✔ 줄수에 관하여 아무런 **언급이 없으면** 1줄나사 입니다.

(2) 피치(p, Pitch) [mm] : 나사의 산과 산 또는 골과 골 사이의 축방향 거리

(3) 리드각(λ, Lead angle) [°] : 나선곡선이 축선에 직각인 방향과 이루는 각

$$\tan\lambda = \frac{\ell}{\pi d_e} = \frac{np}{\pi d_e}$$

(4) 비틀림각(γ, Twist Angle) [°] : 나선곡선이 축선방향과 이루는 각

$$\gamma + \lambda = 90°$$

(5) 마찰계수(μ, Friction coefficient) : 나사 체결면의 마찰력을 결정하는 상수

$\mu = \tan\rho \quad \therefore \rho = \tan^{-1}\mu$ 　　　　　　여기서, ρ : 마찰각 [°]

(6) 나사의 줄 수 : 리드 내에 포함되는 나사 곡선의 개수

(7) 나사의 지름

① 바깥지름(d_2) : 수나사의 산과 산 사이, 암나사의 골과 골 사이의 지름이다.
　　　　　　　　수나사의 바깥지름은 나사의 호칭이 된다.

② 안지름(d_1) : 수나사의 골과 골 사이, 암나사의 산과 산 사이의 지름이다.

③ 유효지름(d_e) : 나사산의 길이와 나사골의 길이가 같아지는 가상 원통상의 지름을 의미한다.

(8) 나사의 호칭 결정

① 수나사(Bolt) : 바깥지름(d_2)의 치수

② 암나사(Nut) : 암나사에 맞는 수나사 바깥지름(d_2)의 치수

(9) 나사산의 높이(h)

① 사각나사, 사다리꼴 나사 : $h = \dfrac{d_2 - d_1}{2} = \dfrac{p}{2}$, $d_e = \dfrac{d_2 + d_1}{2}$

② 삼각나사 : $h \neq \dfrac{d_2 - d_1}{2} \neq \dfrac{p}{2}$, $d_e \neq \dfrac{d_2 + d_1}{2}$

✔ 삼각나사는 규격으로 유효지름(d_e)이 정해져 있습니다. 그러므로 유효지름을 계산하는 것이 아닌, 문제에 유효지름이 주어지거나 **표에서 유효지름을 찾는 형태**로 출제됩니다.

✔ 위의 나사산 높이 공식은 다른 방법으로 나사산 높이를 도출할 수 없을 때 사용하는 **근삿값 도출** 식입니다.

1-2 나사의 종류

(1) **운동용 나사** : 주로 힘이나 동력 전달용으로 쓰인다.

종류	설명
사각 나사	주로 나사잭, 나사프레스, 선반의 이송 등에 사용되는 나사로 나사각이 없는 나사이다. 가장 큰 동력을 전달한다.
사다리꼴 나사 (=애크미나사)	① 미터계(TM 또는 Tr) 　호칭치수 : mm단위, 나사각 $\alpha = 30°$인 운동용 나사이다. 　　ex) $TM 32 \times 6$ 　　　- TM : 미터계 사다리꼴나사 　　　- 32 : 바깥지름 $32mm$ 　　　- 6 : 피치 $6mm$ ② 인치계(TW) 　호칭치수 : mm단위, 나사각 $\alpha = 29°$인 운동용 나사이다. 　　ex) $TW 32 \times 6$ 　　　- TW : 미터계 사다리꼴나사 　　　- 32 : 바깥지름 $32mm$ 　　　- 6 : $1 inch$ 당 나사산의 수 6개
톱니 나사	주로 압착기, 바이스 등 하중작용방향이 일정한 경우에 사용하며, 하중을 받는 쪽은 사각나사, 반대쪽은 삼각나사 형태로 만든 운동용 나사이다.
둥근 나사 (=너클나사)	전구, 소켓 등과 같이 먼지와 모래 및 녹 가루 등이 나사산으로 들어갈 염려가 있을 때 사용하는 운동용 나사이다.
볼나사	나사축과 너트 사이에 다수의 강구를 넣어 힘을 전달하며, 마찰계수가 매우 작아서 효율이 매우 좋은 운동용 나사이다.

(2) **체결용 나사** : 주로 삼각 나사(=미터 나사)를 많이 사용한다.

종류	설명
미터 나사 (=삼각 나사)	호칭치수 : mm, 나사각 $\alpha = 60°$인 체결용 나사 　ex) $M8 \times 1$ 　　　M : 미터 (가는)나사 　　　8 : 바깥지름 $8mm$ 　　　1 : 피치 $1mm$
유니파이 나사 (=ABC 나사)	호칭치수 : $inch$, 나사각 $\alpha = 60°$인 체결용 나사
관용 나사	호칭치수 : $inch$, 나사각 $\alpha = 55°$인 체결용 나사

1-3 사각나사의 역학

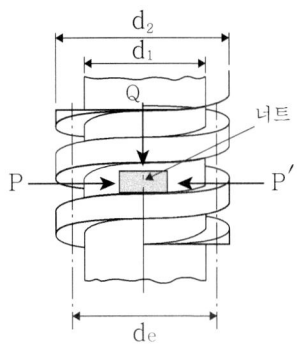
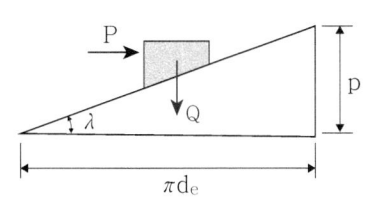

여기서,
Q : 축 방향 작용 하중 $[N]$
P : 나사를 죄는 힘 $[N]$
P' : 나사를 푸는 힘 $[N]$

1줄 나사 기준 : $\ell = p$

│ 볼트와 너트의 체결

✔ 나사를 죄는(또는 푸는) 힘은 '회전력', '접선력' 그리고 '마찰력' 이라고도 표현합니다.

(1) 나사를 감아올릴 때(=죌 때)

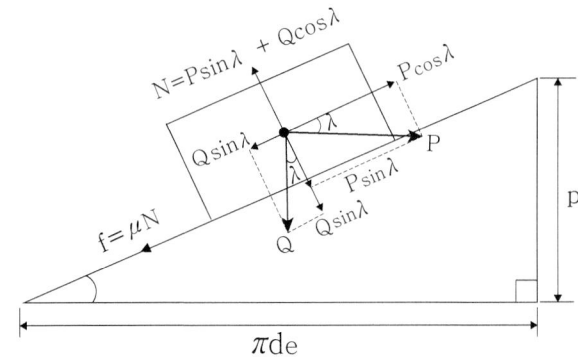

여기서,
P : 나사를 죄는 힘 $[N]$
Q : 축 방향 작용 하중 $[N]$
N : 수직항력 $[N]$
   $(N = P\sin\lambda + Q\cos\lambda)$
μ : 마찰계수
   $(\mu = \tan\rho)$

① 나사를 죄는 힘(P) $[N]$

경사 방향 힘의 평형식 $\sum F = 0$ 이므로
$P\cos\lambda - Q\sin\lambda - \mu N = 0$
$P\cos\lambda - Q\sin\lambda - \mu(P\sin\lambda + Q\cos\lambda) = 0$
$P(\cos\lambda - \mu\sin\lambda) = Q(\sin\lambda + \mu\cos\lambda)$
$\therefore P = Q\left(\dfrac{\sin\lambda + \mu\cos\lambda}{\cos\lambda - \mu\sin\lambda}\right) = Q\left(\dfrac{\tan\lambda + \mu}{1 - \mu\tan\lambda}\right) = Q\left(\dfrac{\tan\lambda + \tan\rho}{1 - \tan\lambda\tan\rho}\right)$

마찰각(ρ)에서 $\tan\rho = \mu$ 이므로 정리하면,

$$P = Q\tan(\lambda + \rho)$$

다른 식의 표현은,

$$P = Q\left(\frac{\tan\lambda + \mu}{1 - \mu\tan\lambda}\right) \text{ 에서 } \tan\lambda = \frac{p}{\pi d_e} \text{ 이므로,}$$

$$= Q\left(\frac{\frac{p}{\pi d_e} + \mu}{1 - \mu\frac{p}{\pi d_e}}\right) = Q\left(\frac{p + \mu\pi d_e}{\pi d_e - \mu p}\right)$$

$$\therefore P = Q\left(\frac{p + \mu\pi d_e}{\pi d_e - \mu p}\right)$$

② 회전 토크(T) [$N \cdot mm$]

$$T = P \times \frac{d_e}{2} = Q\tan(\lambda + \rho) \times \frac{d_e}{2} = Q\left(\frac{p + \mu\pi d_e}{\pi d_e - \mu p}\right) \times \frac{d_e}{2}$$

(2) 나사를 풀 때

① 나사를 푸는 힘(P') [N] : $P' = Q\tan(\rho - \lambda) = Q\left(\frac{\mu\pi d_e - p}{\pi d_e + \mu p}\right)$

② 나사를 풀 때 회전토크(T) [$N \cdot mm$] : $T = Q\tan(\rho - \lambda)\frac{d_e}{2} = Q\left(\frac{\mu\pi d_e - p}{\pi d_e + \mu p}\right) \times \frac{d_e}{2}$

(3) 나사의 자립조건

나사를 풀 때의 힘 $P' = Q\tan(\rho - \lambda)$ 에서

조건	설명
$\rho > \lambda$ 이면, $P' > 0$	나사를 푸는데 힘이 든다.
$\rho = \lambda$ 이면, $P' = 0$	나사가 임의의 위치에서 정지한다.(=자동체결 한다.)
$\rho < \lambda$ 이면, $P' < 0$	힘을 가하지 않아도 자연스럽게 풀린다.

결국, 자립상태를 유지하기 위한 조건은 $\rho \geq \lambda$ 이다.

① 나사의 자립 효율

나사의 자립상태는 $\rho \geq \lambda$ 이므로 $\rho = \lambda$로 보면

$$\eta = \frac{\tan\lambda}{\tan(\lambda+\rho)} = \frac{\tan\rho}{\tan 2\rho} = \frac{\tan\rho}{\frac{2\tan\rho}{1-\tan^2\rho}} = \frac{1}{2}(1-\tan^2\rho) = \frac{1}{2}(1-\mu^2)$$

그러므로 마찰각(ρ)이 증가하면 효율(η)은 감소한다.

또한 $\rho \geq 0$ 이므로 $\eta \leq 50\%$ 이다. 이는 자립상태를 유지하는 나사의 효율은 50%를 넘을 수 없다는 것을 의미한다.

✔ 자립이란 自(스스로자), 立(설립)으로써 외력이 작용하지 않을 때 물체가 그 자리에 가만히 있는 현상입니다.

1-4 삼각나사와 사다리꼴나사의 역학

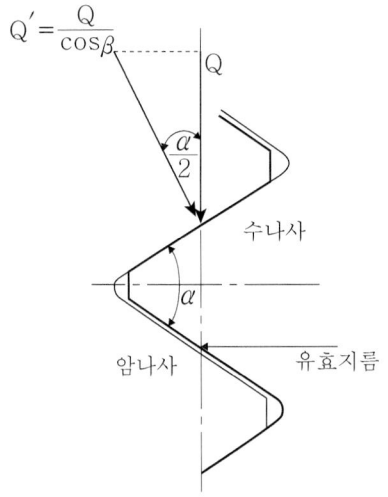

여기서,
μ' : 상당마찰계수(=유효마찰계수)
ρ' : 상당마찰각 [°]
α : 나사산 각도 [°]
Q' : 나사면에 작용하는 상당하중 [N]

$$\left(Q' = \frac{Q}{\cos\frac{\alpha}{2}}\right)$$

▎삼각나사에 작용하는 하중

(1) 마찰력(f) [N]

$$f = \mu Q' = \mu \times \frac{Q}{\cos\frac{\alpha}{2}} = \frac{\mu}{\cos\frac{\alpha}{2}} \times Q = \mu' Q$$

(2) 상당마찰계수(유효마찰계수) : $\mu' = \dfrac{\mu}{\cos\dfrac{\alpha}{2}} = \tan\rho'$

(3) 삼각, 사다리꼴나사의 회전력(P) $[N]$: 나사를 죌 때

$$P = Q\tan(\lambda+\rho') = Q\left(\frac{p+\mu'\pi d_e}{\pi d_e - \mu'p}\right)$$

(4) 삼각, 사다리꼴나사의 토크(T) $[N \cdot mm]$: 나사를 죌 때

$$T = P \times \frac{d_e}{2} = Q\tan(\lambda+\rho') \times \frac{d_e}{2} = Q\left(\frac{p+\mu'\pi d_e}{\pi d_e - \mu'p}\right) \times \frac{d_e}{2}$$

1-5 나사의 동력과 효율

(1) 나사를 들어 올리는 데 필요한 동력(H) $[W]$

$$H = \frac{Qv}{\eta}$$

여기서,
Q : 축 방향 하중 $[N]$
v : 이송속도 $[m/s]$
η : 효율

(2) 나사의 효율 : 탄젠트 공식(η)

$$\eta = \frac{\text{마찰이 없을 때의 회전력}}{\text{마찰이 있을 때의 회전력}} = \frac{P_o}{P} = \frac{Q\tan\lambda}{Q\tan(\lambda+\rho)}$$

$$\therefore \eta = \frac{\tan\lambda}{\tan(\lambda+\rho)}$$

(3) 나사의 효율 : 토크 공식(η)

$T = P \times \frac{d_e}{2}$ 에서 양변에 2를 곱하면 $Pd_e = 2T$

또한 마찰이 없을 때의 회전력 $P_o = Q\tan\lambda = Q\frac{\ell}{\pi d_e} = Q\frac{np}{\pi d_e}$ 이므로

$$\eta = \frac{\text{마찰이 없을 때의 회전력}}{\text{마찰이 있을 때의 회전력}} = \frac{P_o}{P} = \frac{Q\frac{p}{\pi d_e}}{P} = \frac{Qnp}{P\pi d_e}$$

$$\therefore \eta = \frac{npQ}{2\pi T}$$

✔ 효율을 구할 때 (2)의 탄젠트 공식과 (3)의 토크 공식 두 개의 공식 중 어떤 공식을 써야하는지에 대한 질문이 많습니다. 보통 문제에서 효율은 나사의 소문제 중 마지막에 나옵니다.
따라서, 그 전 소문제에서 구하라는 조건이나 물성치들에 알맞는 효율 공식을 골라주는 것을 추천합니다.

✔ 그리고 또 고려해야 할 조건이 있습니다. 바로 앞으로 배울 내용인 '자립면(=칼라부)'를 고려해야 하는 문제에서는 무조건 (3)의 토크 공식으로 구해야 합니다. 자립면을 고려할 때 토크는 '전체 토크'를 고려해야하기 때문입니다.

(4) 나사의 최대 효율

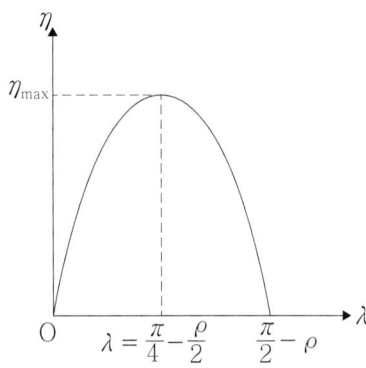

▌ 나사의 효율 그래프

② 나사의 효율이 최대가 되는 리드각(λ) [°]

$$\lambda = \frac{\pi}{4} - \frac{\rho}{2} = 45° - \frac{\rho}{2}$$

③ 나사의 최대 효율(η_{max})

$$\eta_{max} = \tan^2\left(45° - \frac{\rho}{2}\right)$$

1-6 나사의 설계

(1) 축 방향으로 인장하중만 작용하는 경우   (ex : 훅, 아이볼트)

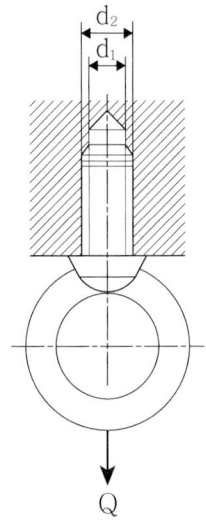

여기서,
d_2 : 바깥지름(=외경) $[mm]$
d_1 : 안지름(=내경) $[mm]$
σ_a : 허용인장응력 $[N/mm^2]$
Q : 축 방향 하중 $[N]$

┃ 인장하중이 작용하는 아이볼트

① 표가 있을 때 : 나사의 호칭(=바깥지름, d_2)을 선정해 골지름(d_1)을 찾을 수 있다.

나사의 호칭	유효지름	골지름
3.000	2.675	2.459
4.000	3.545	3.242
5.000	4.480	4.134
6.000	5.350	4.917
...	...	...

이 때, 나사에 작용하는 허용인장응력(σ_a)을 정리하면

$$\sigma_a = \frac{Q}{A} = \frac{4Q}{\pi d_1^2}$$

✔ 수나사의 안지름 단면이 가장 약한 단면이므로 파괴가상면적(A)은 안지름(d_1)을 기준으로 계산합니다.

② 표가 없을 때 : 안지름(d_1)의 실험식을 적용한다.

실험식은 $d_1 = 0.8d_2$ 이므로

$$\sigma_a = \frac{Q}{A} = \frac{4Q}{\pi d_1^2} = \frac{4Q}{\pi(0.8d_2)^2}$$

$$\therefore d_2 = \sqrt{\frac{2Q}{\sigma_a}}$$

(2) 축 방향 하중과 비틀림이 동시에 작용할 경우   (ex : 나사잭, 나사프레스)

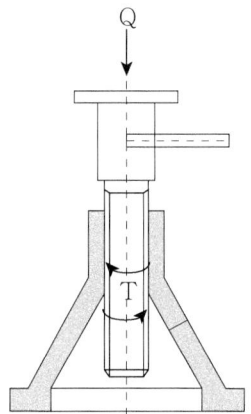

Q' : 상당하중 $[N]$
σ_a : 허용인장응력 $[N/mm^2]$
T : 회전 토크 $[N \cdot m]$

┃축 방향 하중과 비틀림이 동시에 작용하는 나사잭

① 상당하중(Q') $[N]$: 실험치 값을 사용한다.

$$Q' = \frac{4}{3}Q$$

② 나사의 바깥지름(=외경, d_2) $[mm]$

$$d_2 = \sqrt{\frac{2Q'}{\sigma_a}} = \sqrt{\frac{2 \times \frac{4}{3}Q}{\sigma_a}} = \sqrt{\frac{8Q}{3\sigma_a}}$$

✔ 나사잭에서 상당하중은 외경(d_2)을 구할 때만 고려하고 나머지는 일반적인 하중을 사용하여 계산해야 합니다.

1-7 칼라자리부를 고려한 나사잭

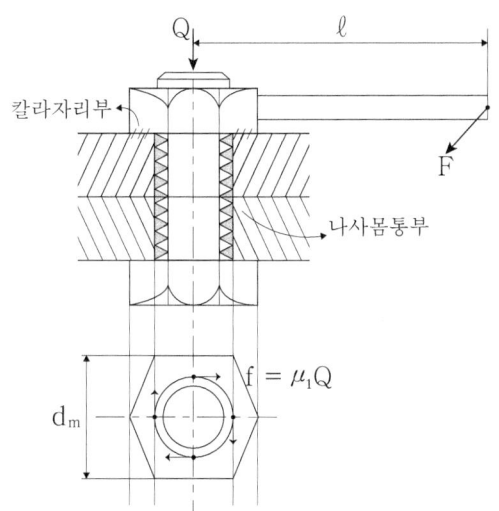

여기서,
F : 레버를 돌리는 힘 $[N]$
ℓ : 레버의 길이 $[mm]$
Q : 축 방향의 힘 $[N]$
r_m : 칼라자리부의 평균 반경 $[mm]$
T_1 : 칼라자리부의 전달 토크 $[N \cdot mm]$
μ_1 : 칼라자리부의 마찰계수
f : 칼라자리부의 마찰력 $[N]$
T_2 : 나사몸통부의 전달 토크 $[N \cdot mm]$
μ : 나사몸통부의 마찰계수

▎ 나사잭의 칼라자리부 및 나사몸통부

(1) 칼라자리부의 전달 토크(T_1) $[N \cdot mm]$

$$T_1 = f \times r_m = \mu_1 Q r_m$$

(2) 나사몸통부의 전달 토크(T_2) $[N \cdot mm]$

$$T_2 = P \times \frac{d_e}{2} = Q \tan(\lambda + \rho) \times \frac{d_e}{2} = Q\left(\frac{p + \mu \pi d_e}{\pi d_e - \mu p}\right) \times \frac{d_e}{2}$$

✔ 여기서 나사의 전단응력(τ)을 구할 때 칼라자리부를 고려하는 문제여도 전단자체가 나사몸통부에서만 일어나기 때문에 나사몸통부 토크(T_2)만 고려하여 구하셔야 합니다. 따라서

$$T_2 = \tau Z_P$$

✔ 문제에서 칼라자리부와 나사몸통부의 명칭이 여러 가지로 표현됩니다.
① 칼라자리부 : 너트 = 너트자리부분 = 자립면 = 칼라부
② 나사몸통부 : 나사면 = 너트부 = 나사부

각 부분의 명칭을 암기해 놓아야 문제에서 문제에서 요구하는 토크를 정확히 구할 수 있습니다.

(3) 전체 전달 토크(T) [$N \cdot mm$]

$$T = F \times \ell = T_1 + T_2$$

(4) 나사에 생기는 응력 [N/mm^2]

① Rankine의 최대 주응력설 : $\sigma_{\max} = \dfrac{1}{2}\sigma_t + \dfrac{1}{2}\sqrt{\sigma_t^2 + 4\tau^2}$

② Guest의 최대 전단력설 : $\tau_{\max} = \dfrac{1}{2}\sqrt{\sigma_t^2 + 4\tau^2}$

(5) 굽힘 모멘트 [$N \cdot mm$]

렌치로 돌린 굽힘 모멘트와 나사의 비틀림 모멘트가 같아야 나사를 죌 수 있다.
그러므로 나사잭에서 굽힘 모멘트 = 비틀림 모멘트로 표현할 수 있다.

$$\therefore M = T = \sigma_b Z = \sigma_b \times \dfrac{\pi d^3}{32}$$

(6) 안전 계수(=안전율, S)

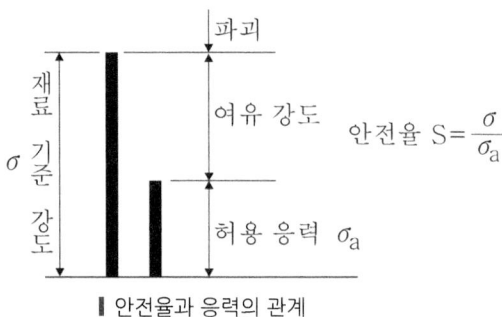

▮ 안전율과 응력의 관계

사용응력에 대한 허용응력의 비를 의미하며, 안전계수는 재료의 강도와 부재에 가해지는 사용응력을 비교하기 위해 사용한다. 재료의 기준강도가 허용응력보다 큰 경우 안전계수가 1보다 크고 안전하며, 반대로 재료의 기준강도가 허용응력보다 작은 경우 안전계수가 1보다 작고 안전하지 않다.

$$안전계수(S) = \dfrac{기준강도}{허용응력} > 1$$

1-8 너트의 높이

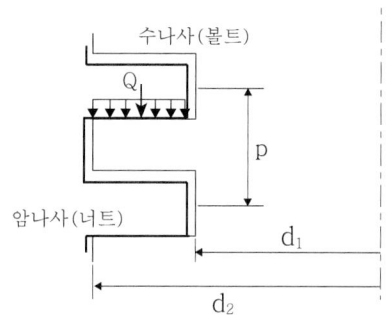

여기서,
p : 피치 $[mm]$
q_a : 허용 접촉면압력 $[N/mm^2]$
Z : 나사산의 수
H : 너트의 높이 $[mm]$

(1) 나사산의 수(Z)

$$q_a = \frac{Q}{AZ} = \frac{Q}{\frac{\pi}{4}(d_2^2 - d_1^2)Z}$$

$$\therefore Z = \frac{Q}{\frac{\pi}{4}(d_2^2 - d_1^2)q_a}$$

✔ 나사산의 수(Z)는 정수로 올림해야 합니다.   ex) 9.85개 → 10개

(2) 너트의 높이(H) $[mm]$

① 바깥지름과 골지름이 주어졌을 때

$$H = Zp = \frac{Q}{\frac{\pi}{4}(d_2^2 - d_1^2)q_a} \times p$$

✔ 이전 소문제에서 나사산의 수(Z)를 정수로 구했을 경우, 정수인 잇수를 대입하여 너트의 높이를 구하고, 너트의 높이를 구하는 문제만 나왔을 경우, 물성치들을 그대로 대입하여 구합니다.

② 나사산 높이와 유효지름이 주어졌을 때

$$H = Zp = \frac{Q}{\pi d h q_a} \times p$$

✔ 사각, 사다리꼴나사에서 $h = \frac{d_2 - d_1}{2}$, $d_e = \frac{d_2 + d_1}{2}$ 이므로 ①의 식과 ②의 식에 등호가 성립하지만 삼각나사에서는 **나사산의 높이와 유효지름이 주어졌을 때만** 사용이 가능합니다.

1-9 죄어진 볼트에 외력이 작용할 때

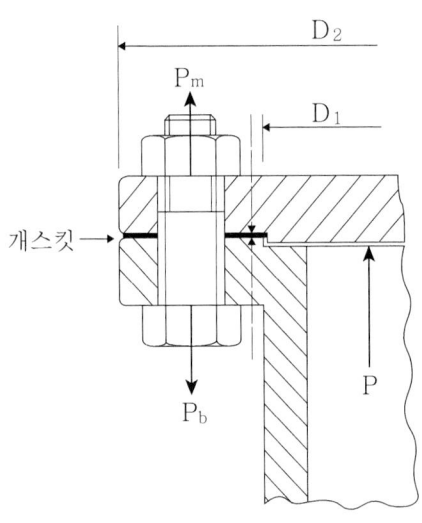

┃내압이 작용하는 용기

여기서,
P_0 : 초기하중 $[N]$
P_b : 볼트에 작용하는 인장하중 $[N]$
P_m : 중간재에 작용하는 압축하중 $[N]$
k_b : 볼트의 스프링 상수
k_m : 모재의 스프링 상수
P : 내압에 의한 하중 $[N]$
p : 내압 $[N/mm^2]$
D_1 : 안지름 $[mm]$
D_2 : 바깥지름 $[mm]$
P_1 : 볼트 1개에 작용하는 하중 $[N]$

$$P_1 = \frac{P}{n} \text{ (여기서, } n \text{ : 볼트 수)}$$

F : 체결력 $[N]$

(1) 볼트에 작용하는 인장하중(P_b) $[N]$

$$P_b = P_0 + P\left(\frac{k_b}{k_b + k_m}\right) = P_1 + F$$

(2) 내압에 의한 하중(P) $[N]$

$$P = pA = p \times \frac{\pi D_1^2}{4}$$

(3) 중간재에 작용하는 압축하중(P_m) $[N]$

$$P_m = P_b - P$$

1-10 나사로 지지하는 브래킷 역학

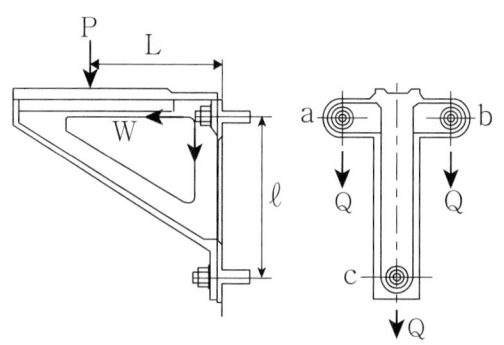

여기서,
P : 브래킷을 누르는 하중 [N]
W : 볼트에 걸리는 최대 인장하중 [N]
Q : 하중에 의한 직접 전단하중 [N]
L : 브래킷 벽체에서 작용하는 하중 까지의 거리 [mm]
ℓ : 볼트 사이의 거리 [mm]
n : 볼트의 개수

▎나사로 지지하는 브래킷

(1) 하중에 의한 직접 전단하중(Q) [N]

$$Q = \frac{P}{n}$$

(2) 볼트에 걸리는 최대인장하중(W) [N]

브레킷을 누르는 하중(P)으로 인한 모멘트와 나사의 최대인장하중(W)으로 인한 작용하는 모멘트를 고려하면

$$PL = Wn\ell \quad \therefore W = \frac{PL}{n\ell}$$

(3) 길이(ℓ), 하중(W), 변형량(δ)의 관계식

변형크기는 변형 중심부터의 거리에 비례하므로, 길이$_A$: 길이$_B$ = 변형량$_A$: 변형량$_B$
같은 굵기의 볼트에서 하중과 변형량과 비례하므로, 변형량$_A$: 변형량$_B$ = 하중$_A$: 하중$_B$

$\therefore$ 하중$_A$: 하중$_B$ = 길이$_A$: 길이$_B$

1-11 나사의 일반사항

(1) 너트의 풀림방지법

① 와셔에 의한 방법
② 플라스틱 플러그에 의한 방법
③ 로크너트에 의한 방법
④ 철사를 이용하는 방법
⑤ 분할핀에 의한 방법
⑥ 멈춤나사에 의한 방법
⑦ 자동죔너트에 의한 방법

(2) 나사의 종류

명 칭	형 상	특 징
태핑 나사 (Tapping screw)		몸체를 침탄 담금질 처리하여 경화시킨 나사로 드릴링시 암나사를 내면서 죄며 비교적 가벼운 커버나 부품을 장착하기 위해 사용되는 나사이다.
로크 너트 (Lock nut)		헐거움을 방지하기 위해 2개의 너트를 겹쳐 사용하는 경우에 아래에 위치한 너트이다.
리머 볼트 (Reamer bolt)		리머로 다듬질한 구멍에 박아 체결하는 볼트이다.

Memo

핵심 예상문제

일반기계기사 필답형
01. 나사역학

01

나사의 유효지름 $63.5mm$, 피치 $20mm$인 사각 스크류잭이 있다. $30kN$의 하중을 $0.025m/s$ 속도로 들어 올리려한다. 나사부의 마찰계수가 0.1일 때 다음을 구하시오.

(1) 리드각 [°]
(2) 나사의 효율 [%]
(3) 나사를 들어 올리는 데 필요한 동력 [kW]

(1) 나사의 줄 수가 명시되어 있지 않으면, 한줄나사($n=1$)로 가정.

$$\tan\lambda = \frac{p}{\pi d_e} \Rightarrow \lambda = \tan^{-1}\left(\frac{p}{\pi d_e}\right) = \tan^{-1}\left(\frac{20}{\pi \times 63.5}\right)$$

$\therefore \lambda = 5.73°$

(2) $\tan\rho = \mu \Rightarrow \rho = \tan^{-1}\mu = \tan^{-1}(0.1) = 5.71°$

$$\eta = \frac{\tan\lambda}{\tan(\lambda+\rho)} = \frac{\tan 5.73°}{\tan(5.73°+5.71°)} = 0.4959$$

$\therefore \eta = 49.59\%$

(3) $H = \frac{Qv}{\eta} = \frac{30 \times 0.025}{0.4959} = 1.51 kW$

02

$20kN$의 하중을 들어 올리기 위한 사다리꼴 나사잭(TM)이 있다. 유효지름 $35mm$, 골지름 $30mm$, 피치는 $50mm$인 1줄 나사이다. 나사부 마찰계수 $\mu = 0.1$, 나사 재질의 허용전단응력은 $50MPa$이다. 다음을 구하시오. (단, 칼라자리부의 조건은 무시한다.)

(1) 나사의 회전토크 $T\ [N \cdot mm]$
(2) 나사에 작용하는 최대전단응력 $\tau_{\max}\ [MPa]$
(3) 나사 재질의 전단강도에 따른 안전계수 S

(1) $\mu' = \dfrac{\mu}{\cos\dfrac{\alpha}{2}} = \dfrac{0.1}{\cos\left(\dfrac{30°}{2}\right)} = 0.1035$

$\therefore T = Q\left(\dfrac{p+\mu'\pi d_e}{\pi d_e - \mu p}\right)\dfrac{d_e}{2} = 20\times 10^3 \times \left(\dfrac{50+0.1035\times\pi\times 35}{\pi\times 35 - 0.1035\times 50}\right)\times\dfrac{35}{2} = 205029.53 N\cdot mm$

$\quad = 205.03 N\cdot m$

(2) $\sigma_t = \dfrac{Q}{A} = \dfrac{4Q}{\pi d_1^2} = \dfrac{4\times 20\times 10^3}{\pi\times 30^2} = 28.29 MPa$

$\tau = \dfrac{T}{Z_P} = \dfrac{16T}{\pi d_1^3} = \dfrac{16\times 205.03\times 10^3}{\pi\times 30^3} = 38.67 MPa$

$\therefore \tau_{\max} = \dfrac{1}{2}\sqrt{\sigma_t^2 + 4\tau^2} = \dfrac{1}{2}\sqrt{28.29^2 + 4\times 38.67^2} = 41.18 MPa$

(3) $S = \dfrac{기준강도}{사용강도} = \dfrac{\tau_a}{\tau_{\max}} = \dfrac{50}{41.18} = 1.21$ (기준강도 $\geq$ 사용강도 이므로 안전하다.)

03

$M30$(외경 $30mm$, 유효직경 $27.27mm$, 피치 $3.5mm$)나사의 효율은?
(단, 마찰계수는 0.15이다.)

$M30$ 나사 : 미터나사(=삼각나사), 외경 $30mm$를 의미한다.

$\tan\lambda = \dfrac{p}{\pi d_e} \quad\Rightarrow\quad \lambda = \tan^{-1}\left(\dfrac{3.5}{\pi\times 27.27}\right) = 2.34°$

$\mu' = \tan\rho' = \dfrac{\mu}{\cos\dfrac{\alpha}{2}} \quad\Rightarrow\quad \rho' = \tan^{-1}\left(\dfrac{0.15}{\cos\dfrac{60°}{2}}\right) = 9.83°$

$\therefore \eta = \dfrac{\tan\lambda}{\tan(\lambda+\rho')} = \dfrac{\tan 2.34°}{\tan(2.34°+9.83°)} = 18.95\%$

04

유효지름 $63.5mm$, 피치 $3.17mm$ 의 사각 나사잭으로 $3ton$의 중량을 올리기 위해 렌치에 작용하는 힘 $400N$, 나사부의 마찰계수 0.1일 때 다음을 구하여라.

(1) 나사잭을 돌리는 토크 $[N \cdot mm]$
(2) 렌치의 길이 $[mm]$
(3) 렌치의 직경 $[mm]$ (단, 렌치의 굽힘응력은 $100MPa$이다.)

(1) $T = Q\left(\dfrac{p + \mu\pi d_e}{\pi d_e - \mu p}\right)\dfrac{d_e}{2} = 3000 \times 9.8 \times \left(\dfrac{3.17 + 0.1 \times \pi \times 63.5}{\pi \times 63.5 - 0.1 \times 3.17}\right) \times \dfrac{63.5}{2} = 108350.1 N \cdot mm$

(2) $T = FL \Rightarrow \therefore L = \dfrac{T}{F} = \dfrac{108350.1}{400} = 270.88 mm$

(3) $M(=T) = \sigma_b Z = \sigma_b \times \dfrac{\pi d^3}{32} \Rightarrow \therefore d = \sqrt[3]{\dfrac{32M(=T)}{\pi \sigma_b}} = \sqrt[3]{\dfrac{32 \times 108350.1}{\pi \times 100}} = 22.26 mm$

05

바깥지름 $35mm$, 피치 $8mm$, 나사의 유효높이 $40mm$인 사각 나사에 $8kN$이 걸릴 때 다음을 구하시오.
(단, 너트의 마찰계수 0.1, 나사면의 마찰계수 0.15이고, 너트자리면 반지름 = 유효 반지름이라고 가정한다.)

(1) 나사의 유효지름 $[mm]$
(2) 나사를 푸는데 필요한 토크 $[N \cdot mm]$
(3) 나사를 조이는데 필요한 토크 $[N \cdot mm]$
(4) 나사의 효율 $[\%]$

(1) $h = \dfrac{p}{2} = \dfrac{8}{2} = 4mm$

$d_e = \dfrac{d_2 + d_1}{2}, \ h = \dfrac{d_2 - d_1}{2} \Rightarrow d_e = d_2 - h = 35 - 4 = 31mm$

(2) $\tan\lambda = \dfrac{p}{\pi d_e}$ $\Rightarrow$ $\lambda = \tan^{-1}\dfrac{p}{\pi d_e} = \tan^{-1}\left(\dfrac{8}{\pi \times 31}\right) = 4.7°$

$\mu = \tan\rho$ $\Rightarrow$ $\rho = \tan^{-1}\mu = \tan^{-1}(0.15) = 8.531°$

나사를 푸는데 필요한 토크 $T = T_1 + T_2 = \mu_1 Q r_m + Q\tan(\rho - \lambda)\dfrac{d_e}{2}$ 에서,

$\therefore T = T_1 + T_2 = 0.1 \times 8000 \times \dfrac{31}{2} + 8000\tan(8.531 - 4.7)\dfrac{31}{2} = 20703.46 N \cdot mm$

(3) 나사를 조이는데 필요한 토크 $T = T_1 + T_2 = \mu_1 Q r_m + Q\tan(\lambda + \rho)\dfrac{d_e}{2}$ 에서,

$\therefore T = T_1 + T_2 = 0.1 \times 8000 \times \dfrac{31}{2} + 8000\tan(4.7 + 8.531)\dfrac{31}{2} = 41554.73 N \cdot mm$

(4) $\eta = \dfrac{pQ}{2\pi T} = \dfrac{8 \times 8000}{2\pi \times 41554.73} = 0.2451 = 24.51\%$

(효율에 들어가는 토크 값은 나사를 풀 때 토크와 죌 때 토크를 비교하여 큰 값을 넣습니다.)

06

외경 $50mm$인 1줄 나사의 사각나사잭이 2.5회전을 하여 $25mm$를 전진할 때 다음을 구하시오. (단, 마찰계수 0.15, 너트의 유효직경은 $0.76 \times$ 외경 이다.)

(1) $200mm$의 길이를 가진 스패너를 $50N$의 힘으로 돌릴 때 들어 올릴 수 있는 하중 $[N]$
(2) 나사의 효율 $[\%]$

(1) 나사잭이 2.5회전을 하여 $25mm$를 전진시킨다. $\Rightarrow \ell = \dfrac{25}{2.5} = 10mm$

$\ell = np$ $\Rightarrow$ $p = \dfrac{\ell}{n} = \dfrac{10}{1} = 10mm$, $d_e = 0.76 d_2 = 0.76 \times 50 = 38mm$

$T = FL = Q\left(\dfrac{p + \mu\pi d_e}{\pi d_e - \mu p}\right)\dfrac{d_e}{2}$ 에서,

$\therefore Q = \dfrac{FL}{\left(\dfrac{p + \mu\pi d_e}{\pi d_e - \mu p}\right)\dfrac{d_e}{2}} = \dfrac{50 \times 200}{\left(\dfrac{10 + 0.15\pi \times 38}{\pi \times 38 - 0.15 \times 10}\right) \times \dfrac{38}{2}} = 2223.18 N$

(2) $\eta = \dfrac{pQ}{2\pi T} = \dfrac{pQ}{2\pi \times FL} = \dfrac{10 \times 2223.18}{2\pi \times 50 \times 200} = 0.3538 = 35.38\%$

07

피치가 $3mm$, 마찰계수가 0.12인 $M24$(유효지름 : $d_e = 22.05mm$) 1줄 나사가 있다. 다음을 구하시오.

(1) 나사의 효율 $[\%]$
(2) 나사의 자립조건 검토

(1) $\tan\lambda = \dfrac{\ell}{\pi d_e} = \dfrac{np}{\pi d_e} \Rightarrow \lambda = \tan^{-1}\left(\dfrac{1 \times 3}{\pi \times 22.05}\right) = 2.48°$

$\mu' = \tan\rho' = \dfrac{\mu}{\cos\dfrac{\alpha}{2}} \Rightarrow \rho' = \tan^{-1}\left(\dfrac{\mu}{\cos\dfrac{\alpha}{2}}\right) = \tan^{-1}\left(\dfrac{0.12}{\cos\dfrac{60°}{2}}\right) = 7.89°$

$\therefore \eta = \dfrac{\tan\lambda}{\tan(\lambda+\rho')} = \dfrac{\tan 2.48°}{\tan(2.48° + 7.89°)} = 0.2367 = 23.67\%$

(2) 자립상태를 유지하기 위한 조건은 $\rho' \geq \lambda$이다.
$\rho'(=7.89°) \geq \lambda(=2.48°)$이므로 $\therefore$ 자립조건을 만족한다.

08

유효경 $51mm$, 피치 $8mm$인 미터사다리꼴(Tr) 나사잭의 줄수 1, 축하중 $6000N$이 작용한다. 너트부 마찰계수는 0.15, 자립면 마찰계수는 0.01, 자립면 평균지름은 $64mm$일 때 다음을 구하시오.

(1) 회전토크 $[N \cdot m]$
(2) 나사잭의 효율 $[\%]$
(3) 전달 동력 $[kW]$ (단, 축 하중을 들어 올리는 속도가 $0.6m/\min$이다.)

(1) $\mu' = \dfrac{\mu}{\cos\dfrac{\alpha}{2}} = \dfrac{0.15}{\cos\dfrac{30°}{2}} = 0.1553$

$\therefore T = T_1 + T_2 = \mu_1 Q r_m + Q\left(\dfrac{p + \mu'\pi d_e}{\pi d_e - \mu' p}\right)\dfrac{d_e}{2} = 0.01 \times 6000 \times 32 + 6000 \times \left(\dfrac{8 + 0.1553 \times \pi \times 51}{\pi \times 51 - 0.1553 \times 8}\right) \times \dfrac{51}{2}$
$= 33565.73 N \cdot mm = 33.57 N \cdot m$

(2) $\eta = \dfrac{pQ}{2\pi T} = \dfrac{8 \times 6000}{2\pi \times 33.57 \times 10^3} = 0.2276 = 22.76\%$

(3) $H = \dfrac{Qv}{\eta} = \dfrac{6000 \times 10^{-3} \times \dfrac{0.6}{60}}{0.2276} = 0.26 kW$

09

$3000kg_f$의 하중을 지탱할 수 있는 유효지름 $41mm$, 피치 $8mm$인 미터계 사다리꼴 나사잭이 있다. 나사의 유효마찰계수 0.12, 칼라부 마찰계수 0.01, 칼라부 반경 $35mm$일 때 다음을 구하시오.

(1) 나사에 작용하는 회전토크 $[N \cdot m]$
(2) 나사잭의 효율 $[\%]$
(3) 너트부의 유효높이 $[mm]$ (단, 나사면 허용압력은 $9.8MPa$, 나사산 높이는 $3.5mm$이다.)
(4) 나사의 소요동력 $[kW]$ (단, 물체의 운동속도는 $3m/\min$이다.)

(1) $T = T_1 + T_2 = \mu_1 Q r_m + Q\left(\dfrac{p + \mu'\pi d_e}{\pi d_e - \mu' p}\right)\dfrac{d_e}{2}$
$= 0.01 \times 3000 \times 9.8 \times 35 + 3000 \times 9.8 \times \left(\dfrac{8 + 0.12 \times \pi \times 41}{\pi \times 41 - 0.12 \times 8}\right)\dfrac{41}{2}$
$= 120871.42 N \cdot mm = 120.87 N \cdot m$

(2) $\eta = \dfrac{pQ}{2\pi T} = \dfrac{8 \times 3000 \times 9.8}{2 \times \pi \times 120.87 \times 10^3} = 0.3097 = 30.97\%$

(3) $H = \dfrac{pQ}{\pi d_e h q_a} = \dfrac{8 \times 3000 \times 9.8}{\pi \times 41 \times 3.5 \times 9.8} = 53.24 mm$

(4) $H' = \dfrac{Qv}{\eta} = \dfrac{3000 \times 9.8 \times 10^{-3} \times \dfrac{3}{60}}{0.3097} = 4.75 kW$

10

그림과 같은 나사잭에서 $TM32$, 피치 $8mm$, 유효지름 $32mm$, 수직하중 $Q = 40kN$, 레버를 돌리는 힘 $F = 300N$, 마찰계수 $\mu = 0.15$일 때 다음을 구하시오.

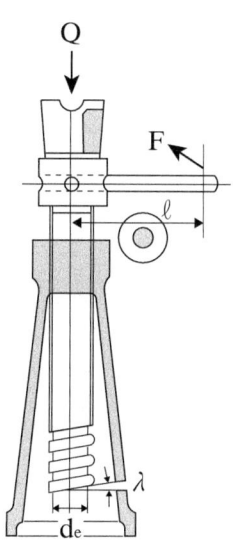

(1) 리드각 [°]

(2) 토크 T는 몇 $N \cdot mm$인가?

 (단, 칼라부의 평균반경 $r_m = \dfrac{d_2}{2}$, 칼라부의 마찰계수 $\mu_1 = \mu$라고 가정한다.)

(3) 레버의 길이 ℓ은 몇 mm인가?

---

(1) $TM32$ 나사 : 사다리꼴나사, 외경 $32mm$를 의미한다.

$$\lambda = \tan^{-1}\dfrac{p}{\pi d_e} = \tan^{-1}\left(\dfrac{8}{\pi \times 32}\right) = 4.55°$$

(2) $\mu' = \dfrac{\mu}{\cos\dfrac{\alpha}{2}} = \dfrac{0.15}{\cos\dfrac{30°}{2}} = 0.1553$

$$\therefore T = T_1 + T_2 = \mu_1 Q r_m + Q\left(\dfrac{p + \mu'\pi d_e}{\pi d_e - \mu' p}\right)\dfrac{d_e}{2}$$

$$= 0.15 \times 40 \times 10^3 \times \dfrac{32}{2} + 40 \times 10^3 \times \left(\dfrac{8 + 0.1553\pi \times 32}{\pi \times 32 - 0.1553 \times 8}\right) \times \dfrac{32}{2}$$

$$= 248202.56 N \cdot mm$$

(3) $T = F\ell \;\Rightarrow\; \ell = \dfrac{T}{F} = \dfrac{248202.56}{300} = 827.35mm$

11

중량 $6000N$의 하중이 걸린 아이 볼트가 있다. 볼트의 허용인장응력은 $70MPa$, 너트부 접촉면의 허용접촉압력은 $25MPa$일 때 다음을 구하시오.

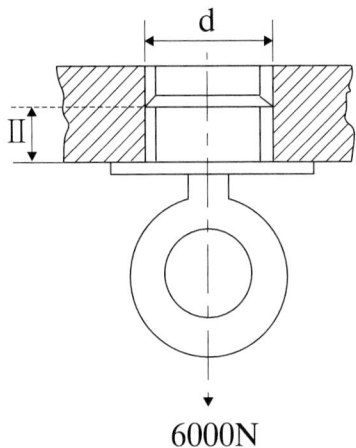

(1) 인장력만 작용한다고 가정하면 아이 볼트의 호칭지름(d)을 표에서 결정하시오.

볼트의 호칭	피치[mm]	골지름[mm]	바깥지름[mm]
M10	1.5	8.376	10
M12	1.75	10106	12
M14	2	11835	14
M16	2	13.835	16
M18	2.5	15.294	18

(2) 너트부의 유효 높이 [mm]

(1) $d_1 = \sqrt{\dfrac{4Q}{\pi\sigma_a}} = \sqrt{\dfrac{4\times 6000}{\pi\times 70}} = 10.45mm$ 이므로

표를 보고 골지름(d_1)=10.45mm보다 더 큰 값을 채택하면 $d_1 = 11.835mm$ 이다.

즉, 볼트의 호칭 M14를 채택하면 된다.

(2) $H = Zp = \dfrac{pQ}{\dfrac{\pi}{4}(d_2^2 - d_1^2)q_a} = \dfrac{2\times 6000}{\dfrac{\pi}{4}(14^2 - 11.835^2)\times 25} = 10.93mm$

12

외경 $32mm$, 내경 $28mm$이고 피치 $4mm$인 사각나사잭으로 $15kN$ 하중을 올리려 할 때 다음을 구하시오.

(1) 레버의 길이 [mm] (단, 레버 끝에 힘 $300N$을 작용시키고, 나사부의 마찰계수는 0.12이다.)
(2) 너트의 유효높이 [mm] (단, 나사부의 허용 면압력이 $25MPa$이다.)

(1) 일단, 유효직경 $d_e = \dfrac{d_1 + d_2}{2} = \dfrac{32+28}{2} = 30mm$

$T = FL = Q\left(\dfrac{p + \mu\pi d_e}{\pi d_e - \mu p}\right)\dfrac{d_e}{2}$ 에서,

$\therefore L = \dfrac{Q\left(\dfrac{p + \mu\pi d_e}{\pi d_e - \mu p}\right)\dfrac{d_e}{2}}{F} = \dfrac{15\times 10^3 \times \left(\dfrac{4 + 0.12\pi\times 30}{\pi\times 30 - 0.12\times 4}\right)\times \dfrac{30}{2}}{300} = 122.45mm$

(2) $H = \dfrac{pQ}{\dfrac{\pi}{4}(d_2^2 - d_1^2)q_a} = \dfrac{4\times 15\times 10^3}{\dfrac{\pi}{4}(32^2 - 28^2)\times 25} = 12.73mm$

13

50ton의 하중을 지탱하는 사각나사 프레스에서 나사 바깥지름 120mm, 골지름 80mm, 피치가 18mm일 때 다음을 구하시오.
(단, 너트 재료 허용 접촉면 압력은 20MPa이다.)

(1) 필요한 최소 나사산의 수 [개]
(2) 너트의 유효높이 [mm]

(1) $q = \dfrac{Q}{\dfrac{\pi}{4}(d_2{}^2 - d_1{}^2)Z} \leq q_a$

$\Rightarrow Z \geq \dfrac{Q}{\dfrac{\pi}{4}(d_2{}^2 - d_1{}^2)q_a} \geq \dfrac{50 \times 10^3 \times 9.8}{\dfrac{\pi}{4}(120^2 - 80^2) \times 20} \geq 3.9$개

$\therefore Z = 4$개

(2) $H = pZ = 18 \times 4 = 72mm$

14

$TM\,50$(피치 : 8mm, 바깥지름 : 50mm, 유효지름 46mm, 골지름 41.5mm)나사잭이 40kN의 무게를 0.4m/min의 속도로 들어 올릴 때 다음을 구하시오.
(단, 나사 허용압축응력은 35MPa이며, 나사부의 유효마찰계수 0.1863, 칼라부의 마찰계수 0.02, 칼라부의 평균직경 60mm이다.)

(1) 들어 올리는데 필요한 회전 모멘트 [$N \cdot mm$]
(2) 잭의 효율 [%]
(3) 나사를 들어 올리는데 필요한 동력 [kW]
(4) 너트의 높이 [mm] (단, 허용 접촉 압력 6MPa, 나사산의 높이 4mm라고 가정한다.)

(1) $TM50$ 나사 : 사다리꼴나사, 외경 50mm를 의미한다.

$T = T_1 + T_2 = \mu_1 Q r_m + Q\left(\dfrac{p + \mu' \pi d_e}{\pi d_e - \mu' p}\right)\dfrac{d_e}{2}$

$= 0.02 \times 40 \times 10^3 \times 30 + 40 \times 10^3 \times \left(\dfrac{8 + 0.1863\pi \times 46}{\pi \times 46 - 0.1863 \times 8}\right) \times \dfrac{46}{2} = 248642.37 N \cdot mm$

(2) $\eta = \dfrac{pQ}{2\pi T} = \dfrac{8 \times 40 \times 10^3}{2\pi \times 248642.37} = 0.2048 = 20.48\%$

(3) $H' = \dfrac{Qv}{\eta} = \dfrac{40 \times \dfrac{0.4}{60}}{0.2048} = 1.3 kW$

(4) $H = \dfrac{pQ}{\pi d_e h q_a} = \dfrac{8 \times 40 \times 10^3}{\pi \times 46 \times 4 \times 6} = 92.26 mm$

15

바깥지름 $36mm$, 골지름 $32mm$, 피치 $4mm$인 한 줄 사각나사의 연강제 나사봉을 갖는 나사잭으로 $19.6kN$의 하중을 올리려고 한다. 나사산의 마찰계수는 0.1, 접촉허용면압력이 $19.6MPa$일 때 다음을 구하시오.

(1) 최대 주응력 $[MPa]$
(2) 너트의 높이 $[mm]$

(1) $\sigma_t = \dfrac{Q}{A} = \dfrac{4Q}{\pi d_1^2} = \dfrac{4 \times 19.6 \times 10^3}{\pi \times 32^2} = 24.37 MPa$

$d_e = \dfrac{d_2 + d_1}{2} = \dfrac{36 + 32}{2} = 34 mm$

$T = Q\left(\dfrac{p + \mu \pi d_e}{\pi d_e - \mu p}\right)\dfrac{d_e}{2} = 19.6 \times 10^3 \times \left(\dfrac{4 + 0.1\pi \times 34}{\pi \times 34 - 0.1 \times 4}\right) \times \dfrac{34}{2} = 45969.9 N \cdot mm$

$T = \tau Z_P \Rightarrow \tau = \dfrac{T}{Z_P} = \dfrac{16T}{\pi d_1^3} = \dfrac{16 \times 45969.9}{\pi \times 32^3} = 7.14 MPa$

$\therefore \sigma_{max} = \dfrac{1}{2}\sigma_t + \dfrac{1}{2}\sqrt{\sigma_t^2 + 4\tau^2}$

$= \dfrac{1}{2} \times 24.37 + \dfrac{1}{2}\sqrt{24.37^2 + 4 \times 7.14^2} = 26.31 MPa$

(2) $H = \dfrac{pQ}{\dfrac{\pi}{4}(d_2^2 - d_1^2)q_a} = \dfrac{4 \times 19.6 \times 10^3}{\dfrac{\pi}{4}(36^2 - 32^2) \times 19.6} = 18.72 mm$

16

그림과 같은 나사잭에서 최대작용하중 $50kN$이 작용하고 최대 양정이 $200mm$일 때 다음을 구하시오.

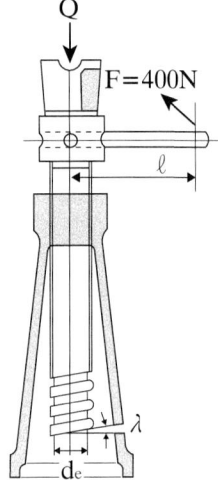

나사호칭	피치(p)	외경(d_2)	유효직경(d_e)	내경(d_1)
TM36	6	36.0	33.0	29.5
TM38	6	38.0	35.0	32.0
TM40	7	40.0	36.5	33.5
TM42	7	42.0	38.5	35.0
TM44	7	44.0	40.5	36.0
TM45	8	45.0	41.0	36.5
TM46	8	46.0	42.0	38.0
TM48	8	48.0	44.0	40.0
TM50	8	50.0	46.0	41.5
TM55	8	55.0	51.0	46.5

단위 : $[mm]$

(1) 압축강도에 의한 수나사의 직경을 계산하여 위의 표에서 나사의 호칭을 결정하시오.
   (단, 허용압축응력 $\sigma_c = 50MPa$이다.)

(2) 하중 Q를 들어 올리기 위한 회전모멘트 $[N \cdot mm]$
   (단, 나사의 마찰계수 0.15, 칼라자리부의 마찰계수 0.01, 칼라평균직경 $60mm$이다.)

(3) (1)에서 결정한 나사에 발생하는 최대전단응력(합성응력) $[MPa]$

(4) 마찰과 받침대를 고려한 나사의 효율 $[\%]$

(5) 나사산의 허용접촉압력이 $15MPa$일 때 암나사부의 길이 $[mm]$

(6) 핸들의 허용굽힘응력이 $130MPa$일 때 나사를 돌리는

① 직경 $[mm]$
② 핸들의 길이 $[mm]$

(7) 나사를 들어 올리는 속도가 $0.6m/\min$일 때 소요동력 $[kW]$

(1) $d_1 = \sqrt{\dfrac{4Q}{\pi\sigma_c}} = \sqrt{\dfrac{4 \times 50 \times 10^3}{\pi \times 50}} = 35.68mm \quad \Rightarrow \quad \therefore TM\,44\,선정$
   (구한 내경 값보다 크면서 근사한 값을 선정한다.)

(2) $\mu' = \dfrac{\mu}{\cos\dfrac{a}{2}} = \dfrac{0.15}{\cos\dfrac{30°}{2}} = 0.1553$

$T = T_1 + T_2$
$= \mu_1 Q r_m + Q\left(\dfrac{p + \mu'\pi d_e}{\pi d_e - \mu' p}\right)\dfrac{d_e}{2} = 0.01 \times 50 \times 10^3 \times 30 + 50 \times 10^3 \times \left(\dfrac{7 + 0.1553 \times \pi \times 40.5}{\pi \times 40.5 - 0.1553 \times 7}\right) \times \dfrac{40.5}{2}$
$= 229780.58 N \cdot mm$

(3) $\sigma_c = \dfrac{4Q}{\pi d_1^2} = \dfrac{4 \times 50 \times 10^3}{\pi \times 36^2} = 49.12 MPa$

$T_2 = Q\left(\dfrac{p + \mu'\pi d_e}{\pi d_e - \mu' p}\right)\dfrac{d_e}{2} = 50 \times 10^3 \times \left(\dfrac{7 + 0.1553 \times \pi \times 40.5}{\pi \times 40.5 - 0.1553 \times 7}\right) \times \dfrac{40.5}{2} = 214780.58 N \cdot mm$

$\tau = \dfrac{16 T_2}{\pi d_1^3} = \dfrac{16 \times 214780.58}{\pi \times 36^3} = 23.45 MPa$

$\therefore \tau_{max} = \dfrac{1}{2}\sqrt{\sigma_c^2 + 4\tau^2} = \dfrac{1}{2}\sqrt{49.12^2 + 4 \times 23.45^2} = 33.96 MPa$

(4) $\eta = \dfrac{pQ}{2\pi T} = \dfrac{7 \times 50 \times 10^3}{2\pi \times 229780.58} = 0.2424 = 24.24\%$

(5) $H = \dfrac{pQ}{\dfrac{\pi}{4}(d_2^2 - d_1^2)q_a} = \dfrac{7 \times 50 \times 10^3}{\dfrac{\pi}{4}(44^2 - 36^2) \times 15} = 46.42 mm$

(6) ① $T = M = \sigma_b Z = \sigma_b \times \dfrac{\pi d^3}{32} \Rightarrow \therefore d = \sqrt[3]{\dfrac{32M}{\pi \sigma_b}} = \sqrt[3]{\dfrac{32 \times 229780.58}{\pi \times 130}} = 26.21 mm$

② $T = F\ell \Rightarrow \therefore \ell = \dfrac{T}{F} = \dfrac{229780.58}{400} = 574.45 mm$

(7) $H = \dfrac{Qv}{\eta} = \dfrac{50 \times \dfrac{0.6}{60}}{0.2424} = 2.06 kW$

17

플랜지 커버가 볼트 8개에 의해 체결되어 있고, 볼트의 초기인장력은 $10kN$이며 $0\sim20kN$의 범위에서 추가하중이 주기적으로 변동한다. 볼트의 스프링 상수 $k_b = 2.5$, 모재의 스프링 상수 $k_m = 1$일 때 다음을 구하시오.

(1) 볼트에 발생하는 최대 인장력 $[kN]$
(2) 볼트의 최소 내경 $[mm]$ (단, 볼트의 허용인장응력이 $30MPa$이다.)

(1) $P_b = P_0 + P_{max}\left(\dfrac{k_b}{k_b + k_m}\right) = 10 + 20\left(\dfrac{2.5}{2.5 + 1}\right) = 24.29 kN$

(2) $d_1 = \sqrt{\dfrac{4P_b}{\pi \sigma_a n}} = \sqrt{\dfrac{4 \times 24.29 \times 10^3}{\pi \times 30 \times 8}} = 11.35 mm$

18

두 개의 판을 겹치고 볼트로 체결할 때 너트부에 발생한 비틀림 모멘트는 $22N \cdot m$이다. 그리고 $4kN$의 인장하중이 작용하고 있을 때 다음을 구하여라.
(단, 볼트의 지름은 $15mm$이고, 볼트의 스프링 상수는 1.1×10^9이고 모재의 스프링 상수는 8.8×10^9이며 죌 때 비틀림 모멘트 $T = 0.2P_i \times d$를 만족하고 단위는 초기하중 P_i는 kN, d는 mm T는 $N \cdot m$이다.)

(1) 초기 하중 $[kN]$
(2) 볼트에 작용하는 하중 $[kN]$
(3) 모재에 작용하는 하중 $[kN]$

(1) $P_i = \dfrac{T}{0.2d} = \dfrac{22}{0.2 \times 0.015} = 7333.33N = 7.33kN$

(2) $P_b = P_i + P\left(\dfrac{k_b}{k_b + k_m}\right) = 7.33 + 4 \times \left(\dfrac{1.1 \times 10^9}{1.1 \times 10^9 + 8.8 \times 10^9}\right) = 7.77kN$

(3) $P_m = P_b - P = 7.77 - 4 = 3.77kN$

19

그림과 같은 브래킷을 $M20$ 볼트 3개로 고정시킬 때 볼트 1개당 단면적은 $A = 185.7\,mm^2$일 때 다음을 구하시오.
(단, 브래킷은 강체이고 A점 중심회전으로 가정한다.)

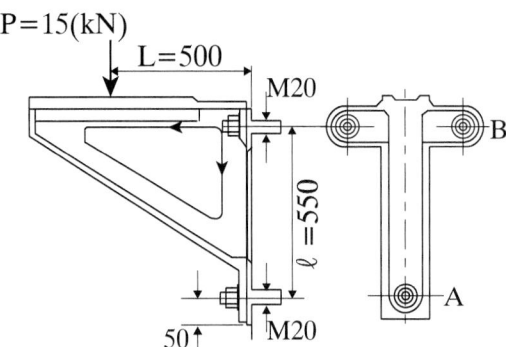

(1) 1개의 볼트에 생기는 인장응력 $[MPa]$
(2) 1개의 볼트에 생기는 전단응력 $[MPa]$
(3) 1개의 볼트에 생기는 최대 주응력 $[MPa]$

(1) 제일 아래 저점을 기준으로 모멘트에 의한 인장력은,
① $15 \times 10^3 \times 500 = R_A \times 50 + R_B \times 600 \times 2$

그리고 제일 아래 저점을 기준으로 힘의 길이에 대한 비례식을 세워보면,

② $R_A : R_B = 50 : 600 \Rightarrow R_B = \dfrac{600}{50} R_A = 12 R_A$

② → ①식에 대입하면,
$15 \times 10^3 \times 500 = R_A \times 50 + 12 R_A \times 600 \times 2$
$\therefore R_A = 519.03 N$

$R_B = 12 R_A = 12 \times 519.03 = 6228.36 N$

안전을 고려하여, 큰 힘을 채택한다.

$\therefore \sigma_t = \dfrac{R_B}{A} = \dfrac{6228.36}{185.7} = 33.54 MPa$

(2) 전단하중 $Q = \dfrac{P}{n} = \dfrac{15 \times 10^3}{3} = 5000 N$

$\therefore \tau = \dfrac{Q}{A} = \dfrac{5000}{185.7} = 26.93 MPa$

(3) $\sigma_{\max} = \dfrac{1}{2}\sigma_t + \dfrac{1}{2}\sqrt{\sigma_t^2 + 4\tau^2} = \dfrac{1}{2} \times 33.54 + \dfrac{1}{2}\sqrt{33.54^2 + 4 \times 26.93^2} = 48.49 MPa$

20

다음 그림과 같이 $M20$나사(골지름 : $d_1 = 17.29mm$)로 지지하고 있는 브래킷을 벽에 고정하려 한다. 볼트의 허용인장응력이 $50MPa$, 허용전단응력이 $30MPa$, $L : \ell = 0.86 : 1$ 일 때 다음을 구하시오.

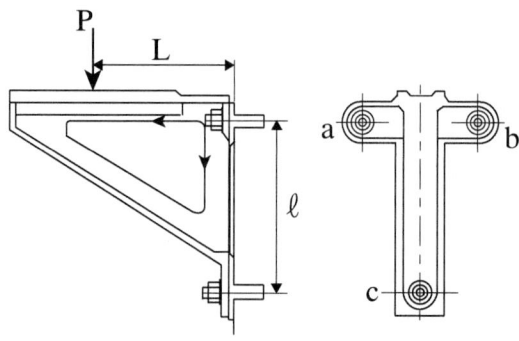

(1) 하중에 의한 직접 전단하중 (단, 함수로 나타내시오.)
(2) 볼트에 걸리는 최대 인장하중 (단, 함수로 나타내시오.)
(3) 최대 전단응력과 최대 인장응력 $[MPa]$

(1) $Q = \dfrac{P}{n} = \dfrac{P}{3} = 0.33P$

(2) 저점(c점)을 기준으로 모멘트를 세워보면,

$PL = Wln \Rightarrow \therefore W = \dfrac{PL}{ln} = \dfrac{P}{2} \times \dfrac{0.86}{1} = 0.43P$

(단, 저점(c점)을 기준으로 하여 c점에 있는 볼트는 모멘트에서 제외된다. $n=2$)

(3) ① $\tau_{max} = \dfrac{1}{2}\sqrt{\sigma_t^2 + 4\tau^2} = \dfrac{1}{2} \times \sqrt{50^2 + 4 \times 30^2} = 39.05 MPa$

② $\sigma_{max} = \dfrac{1}{2}\sigma_t + \dfrac{1}{2}\sqrt{\sigma_t^2 + 4\tau^2} = \dfrac{1}{2} \times 50 + \dfrac{1}{2} \times \sqrt{50^2 + 4 \times 30^2} = 64.05 MPa$

Memo

02

키, 스플라인, 핀, 코터

2-1. 키(Key)

2-2. 스플라인(Spline)

2-3. 핀(Pin)

2-4. 코터(Cotter)

Chapter 2

키, 스플라인, 핀, 코터

2-1 키(Key)

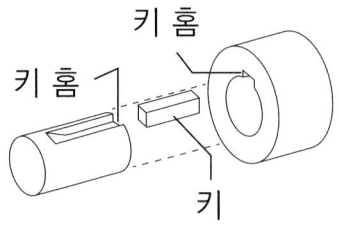

▮ 키의 체결

키(Key)란, 축과 보스(마찰차, 풀리, 기어, 스프로킷, 플라이휠 등)를 결합하여 회전 토크를 전하는 결합용 기계요소이다.

(1) 접선력과 전달토크

① 전달 토크(T) [$N \cdot mm$]

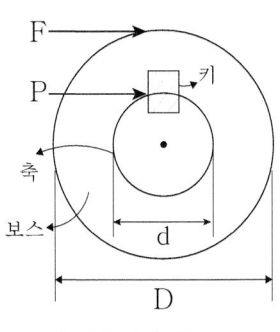

▮ 키에 전달되는 토크

여기서,
P : 키에 작용하는 접선력 [N]
τ_s : 축의 허용비틀림응력 [N/mm^2]
Z_P : 축의 극단면계수 [m^3]
F : 보스에 작용하는 접선력 [N]
d : 축 지름 [mm]
D : 보스의 지름 [mm]

동일 축상의 회전이므로,

$$T = P \times \frac{d}{2} = F \times \frac{D}{2} = \tau_s Z_P = \tau_s \times \frac{\pi d^3}{16}$$

② 키의 호칭

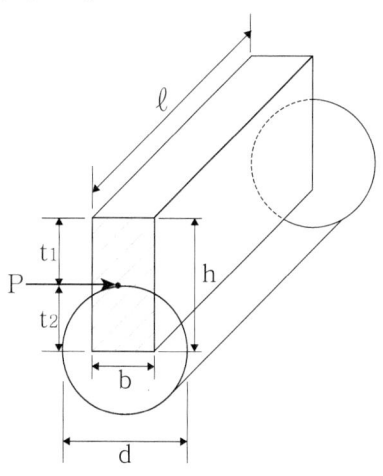

여기서,
b : 키의 폭 $[mm]$
h : 키의 총 높이 $[mm]$
ℓ : 키의 길이 $[mm]$
t_1 : 축에서의 키 홈 높이 $[mm]$
t_2 : 보스에서의 키 홈 높이 $[mm]$

키의 호칭은 $(b \times h \times \ell)$ 로 나타낸다.   ex) (10×12×80)

(2) 키의 강도 계산

① 키에 작용하는 전단응력(τ_k) $[N/mm^2]$

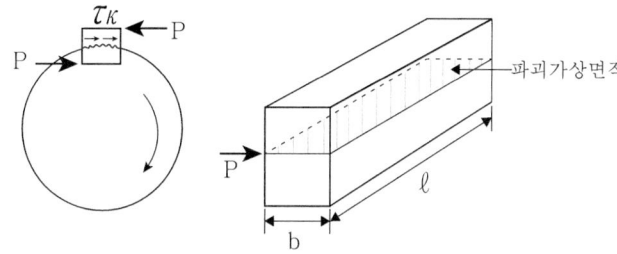

$$\tau_k = \frac{P}{A} = \frac{P}{b\ell} = \frac{2T}{b\ell d}$$

$$\therefore \tau_k = \frac{2T}{b\ell d}$$

② 키에 작용하는 압축응력(=면압력, σ_c) $[N/mm^2]$

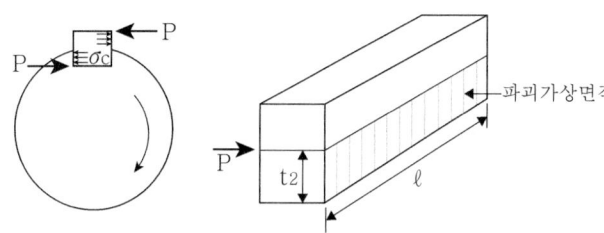

$$\sigma_c = \frac{P}{A} = \frac{P}{t_2 \ell} = \frac{2T}{t_2 \ell d}$$

만약 t_2보다 t_1이 작을 때 t_2자리에 t_1을 대입하면

$$\sigma_c = \frac{2T}{t_1 \ell d}$$

만약 아무런 설명이 없을 경우 $t_1 = t_2$로 가정하므로

$$h = t_1 + t_2 = 2t \quad \therefore t = \frac{h}{2}$$

$$\therefore \sigma_c = \frac{4T}{h \ell d}$$

✔ 키(key) 문제 중에 안전을 고려하여 ℓ 값을 선정하는 문제가 자주 출제됩니다. 이런 유형의 문제에서는 키에 작용하는 전단응력 공식으로 ℓ_1을 구하고 키에 작용하는 압축응력(=면압력) 공식으로 ℓ_2를 구한 후에, 둘 중 큰 **값을 선정**하면 됩니다.

2-2 스플라인(Spline)

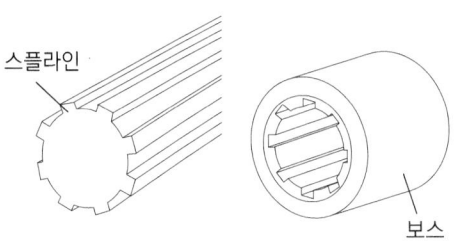

키와 마찬가지로 회전토크를 전달하는 동시에 축 방향으로 이동할 수 있고 토크를 여러 개의 키로 분담하게 되므로 키보다 큰 토크를 전달할 수 있으며 내구성이 좋은 결합용 기계요소이다.

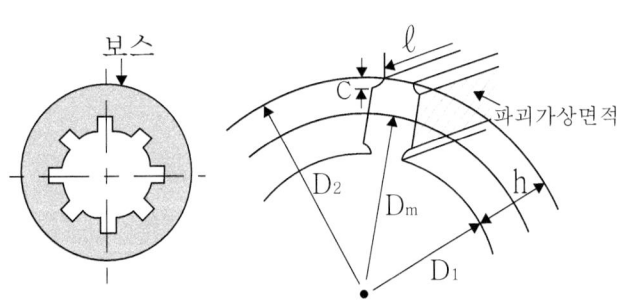

여기서,
D_2 : 외경 [mm]
D_1 : 내경 [mm]
D_m : 평균지름 [mm]
ℓ : 스플라인 길이 [mm]
h : 이 높이 [mm]
c : 모따기 깊이 [mm]

▎스플라인의 역학

(1) 스플라인의 전달 토크(T) $[N \cdot mm]$

전달 토크는 $T =$ 힘$\times$거리 $=$ 면적$\times$접촉면압력$\times$거리이다. 따라서

$$T = (h-2c)\ell \times q_a \times \frac{D_m}{2} \times Z \times \eta$$

여기서,
Z : 잇수 $[mm]$
q_a : 접촉면압력 $[N/mm^2]$
η : 접촉효율 ($\eta = 0.75$)

(2) 스플라인의 전달 토크 응용

여기서 모따기(c)를 무시하면 $c = 0$ 이므로 다음과 같다.

$$T = h\ell q_a \frac{D_m}{2} Z\eta$$

또한 $h = \frac{D_2 - D_1}{2}$, $D_m = \frac{D_1 + D_2}{2}$ 이므로 다음과 같다.

$$T = \left(\frac{D_2 - D_1}{2}\right)\ell q_a \left(\frac{D_2 + D_1}{4}\right) Z\eta$$

✔ 스플라인은 효율(η)이 주어지지 않아도 일반적인 효율(η)이 75%이기 때문에 문제에 효율(η)이 주어진다면 당연히 그 효율값을 대입하여 풀고, 문제에 주어지지 않았다면 $\eta = 0.75$로 두고 계산하면 됩니다.

✔ 스플라인의 호칭은 작은지름(=내경)이 결정합니다.

2-3 핀(Pin)

핀(Pin)은 하중이 비교적 적게 걸리는 곳을 체결할 때 사용하는 결합용 기계요소이다.

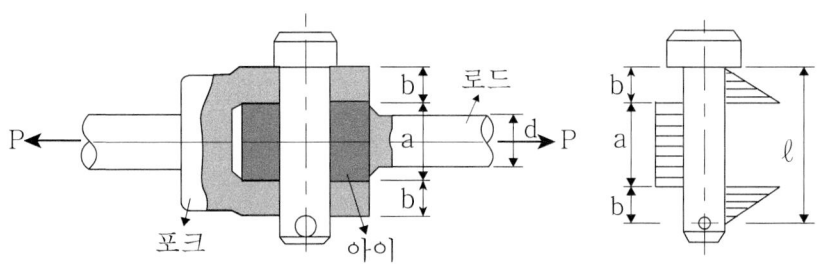

▎핀의 각 부 명칭 및 응력 프리즘

(1) 핀의 접촉면압(q_o) [N/mm^2]

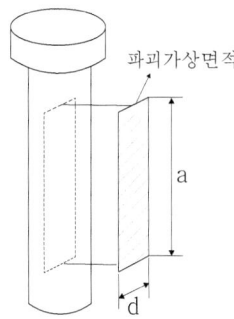

핀이 압축을 받는 파괴가상면적을 고려하면

$$q_o = \frac{P}{A} = \frac{P}{da}$$

(2) 핀의 전단응력(τ_p) [N/mm^2]

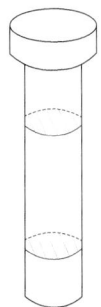

핀의 전단은 두 곳에서 일어나므로

$$\tau_p = \frac{P}{2A} = \frac{P}{2 \times \frac{\pi}{4}d^2}$$

(3) 핀의 굽힘응력(σ_b) $[N/mm^2]$

① 각 지점 거리가 주어지지 않는 경우

양단고정으로 생각하면 최대굽힘모멘트는

$$M_{\max} = \frac{P\ell}{8} = \sigma_b \times \frac{\pi d^3}{32}$$

$$\therefore \sigma_b = \frac{4P\ell}{\pi d^3}$$

② 각 지점 거리가 주어지는 경우

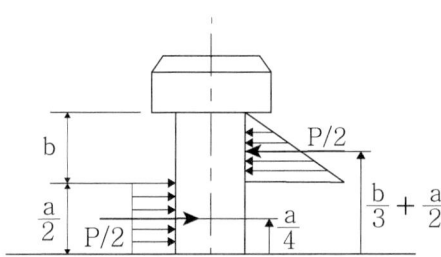

각 위치에서의 최대굽힘모멘트는

$$M_{\max} = \frac{P}{2}\left(\frac{b}{3}+\frac{a}{2}\right) - \frac{P}{2}\left(\frac{a}{4}\right) = \frac{P}{2}\left(\frac{a}{4}+\frac{b}{3}\right)$$

$$M_{\max} = \frac{P}{24}(3a+4b)$$

(4) 아이부 절개(σ_I) [N/mm^2]

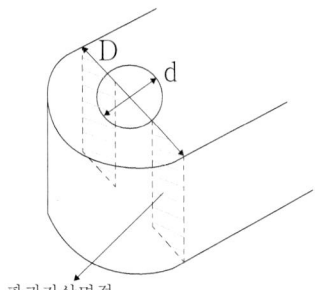

파괴가상면적

아이부의 파괴가상면적은 그림과 같으므로

$$\sigma_I = \frac{P}{A} = \frac{P}{(D-d)a}$$

(5) 포크부 절개(σ_F) [N/mm^2]

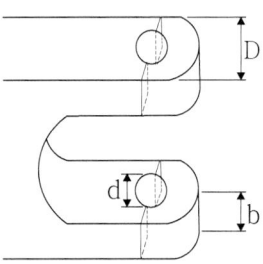

포크부의 파괴가상면적은 그림과 같으므로

$$\sigma_F = \frac{P}{A} = \frac{P}{(D-d)2b}$$

2-4 코터(Cotter)

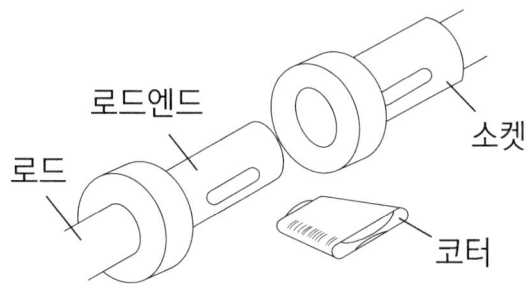

한쪽 또는 양쪽의 기울기를 가진 쐐기형 평판으로 키와 스플라인은 축의 회전방향으로 부품을 결합하는데 비해, 코터는 두 축을 축방향으로 연결하고, 필요에 따라 해체할 수 있는 방식으로 사용되는 결합용 기계요소이다.

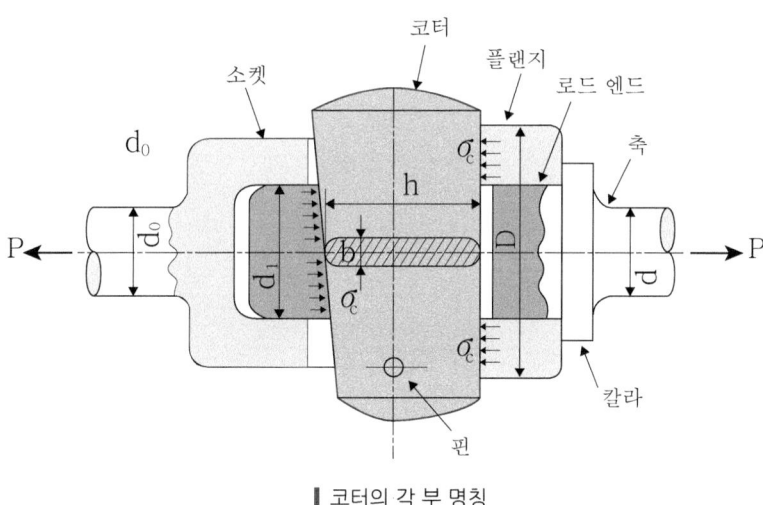

▎코터의 각 부 명칭

(1) 코터의 전단응력(τ) $[N/mm^2]$

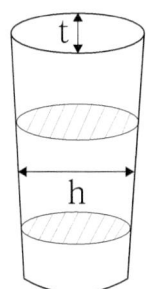

코터는 두 곳에서 전단이 일어나므로

$$\tau = \frac{P}{A} = \frac{P}{2th}$$

(2) 코터의 굽힘응력(σ_b) $[N/mm^2]$

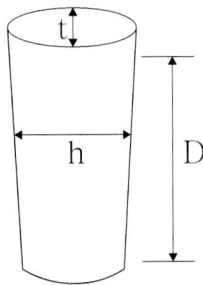

양단고정으로 생각하면 최대굽힘모멘트는

$$M_{\max} = \frac{PD}{8} = \sigma_b \times \frac{th^2}{6}$$

$$\therefore \sigma_b = \frac{3PD}{4th^2}$$

(3) 로드엔드의 인장응력(σ_a) $[N/mm^2]$

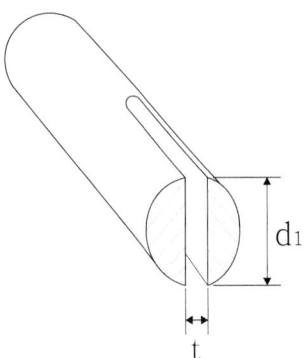

로드엔드의 파괴가상면적은 그림과 같으므로

$$\sigma_a = \frac{P}{A} = \frac{P}{\dfrac{\pi d_1^2}{4} - td_1}$$

(4) 로드의 인장응력(σ_t) $[N/mm^2]$

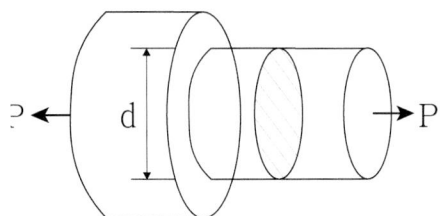

로드의 파괴가상면적은 그림과 같으므로

$$\sigma_t = \frac{P}{A} = \frac{4P}{\pi d^2}$$

(5) 소켓의 인장응력(σ_{t1}) [N/mm^2]

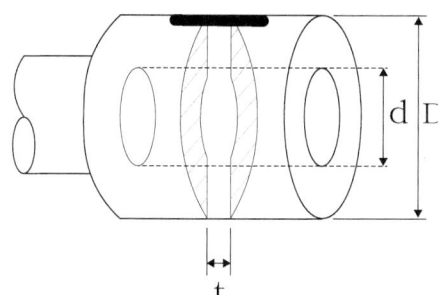

소켓의 파괴가상면적은 그림과 같으므로

$$\sigma_{t1} = \frac{P}{\frac{\pi}{4}(D^2-d^2)-t(D-d)}$$

(6) 로드엔드와 코터 접촉부의 압축응력(σ_{c1}) [N/mm^2]

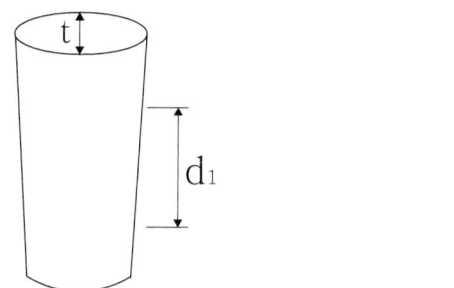

$$\sigma_{c1} = \frac{P}{td}$$

(7) 소켓과 코터 접촉부의 압축응력(σ_{c2}) [N/mm^2]

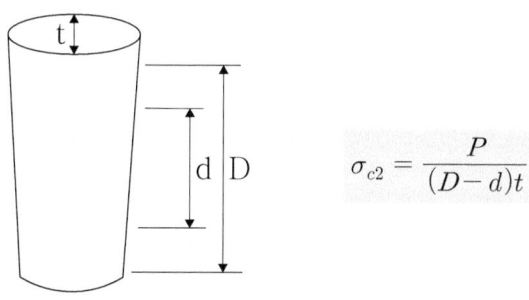

$$\sigma_{c2} = \frac{P}{(D-d)t}$$

✔ 핀, 코터 파트는 공식을 그림과 연관지어 암기하는 것이 효율이 좋습니다. 해당 파트의 문제들은 별다른 응용없이 단순히 **공식 암기 여부를 묻는 문제들**이 많이 나옵니다. 따라서 그림과 연관하여 공식을 암기한다면 대부분의 문제를 쉽게 풀 수 있습니다.

02. 키, 스플라인, 핀, 코터

일반기계기사 필답형

01

지름이 $45mm$인 축에 장착되어있는 묻힘 키의 너비가 $15mm$, 높이는 $10mm$, 길이는 $75mm$이다. 회전수가 $800rpm$, $6.5kW$의 동력을 전달하려고 할 때 다음을 구하시오.

(1) 묻힘 키에 작용하는 전단응력 $[MPa]$
(2) 묻힘 키에 작용하는 압축응력 $[MPa]$

(1) $T = \dfrac{H}{\omega} = \dfrac{H}{\dfrac{2\pi N}{60}} = \dfrac{6.5 \times 10^3}{\dfrac{2\pi \times 800}{60}} = 77.59 N \cdot m = 77.59 \times 10^3 N \cdot mm$

$\tau_k = \dfrac{2T}{b\ell d} = \dfrac{2 \times 77.59 \times 10^3}{15 \times 75 \times 45} = 3.07 MPa$

(2) $\sigma_c = \dfrac{4T}{h\ell d} = \dfrac{4 \times 77.59 \times 10^3}{10 \times 75 \times 45} = 9.2 MPa$

02

플랜지 커플링에서 축의 지름은 $50mm$, 묻힘 키의 폭은 $18mm$, 묻힘 키의 길이가 직경의 1.5배이고, 묻힘 키 재료의 허용전단응력이 $58MPa$일 때 다음을 구하시오.

(1) 묻힘 키의 회전력 $[N]$
(2) 묻힘 키의 전달토크 $[N \cdot m]$

(1) $\ell = 1.5d = 1.5 \times 50 = 75mm$

$\tau_a = \dfrac{P}{A} = \dfrac{P}{b\ell} \Rightarrow \therefore P = \tau_a b\ell = 58 \times 18 \times 75 = 78300N$

(2) $T = P \times \dfrac{d}{2} = 78300 \times \dfrac{0.05}{2} = 1957.5 N \cdot m$

03

직경이 $80mm$인 축에 끼워져있는 성크 키의 너비는 $18mm$, 높이가 $12mm$이다. 키에 작용하는 전단강도는 $55MPa$, 압축강도는 $87.5MPa$이며, 회전수가 $420rpm$, 전달동력이 $5.3kW$일 때 다음을 구하시오.

(1) 성크 키의 전달 토크 $[N\cdot m]$
(2) 안전을 고려하여 키의 최소 길이$[mm]$를 채택하시오.

(1) $T = \dfrac{H}{\omega} = \dfrac{H}{\dfrac{2\pi N}{60}} = \dfrac{5.3 \times 10^3}{\dfrac{2\pi \times 420}{60}} = 120.5 N\cdot m$

(2) $\tau_k = \dfrac{2T}{b\ell d} \Rightarrow \ell = \dfrac{2T}{bd\tau_k} = \dfrac{2 \times 120.5 \times 10^3}{18 \times 80 \times 55} = 3.04mm$

$\sigma_c = \dfrac{4T}{h\ell d} \Rightarrow \ell = \dfrac{4T}{hd\sigma_c} = \dfrac{4 \times 120.5 \times 10^3}{12 \times 80 \times 87.5} = 5.74mm$

안전을 고려하여 최소길이는 큰 값을 채택한다.
$\therefore \ell = 5.74mm$

04

축에 $500rpm$으로 $8kW$을 전달하는 표준 스퍼기어를 고정하고자 한다. 묻힘 키의 높이가 $10mm$이고, 축의 허용 전단응력은 $30MPa$, 키의 길이는 $\ell = 1.5d$이다. 여기서 축과 키의 재질이 동일할 때 다음을 구하시오.

(1) 묻힘 키의 길이 $[mm]$
(2) 묻힘 키의 너비 $[mm]$

(1) $T = \dfrac{H}{\omega} = \dfrac{H}{\dfrac{2\pi N}{60}} = \dfrac{8 \times 10^3}{\dfrac{2\pi \times 500}{60}} = 152.79 N\cdot m$

$T = \tau_a Z_P = \tau_a \times \dfrac{\pi d^3}{16} \Rightarrow d = \sqrt[3]{\dfrac{16T}{\pi \tau_a}} = \sqrt[3]{\dfrac{16 \times 152.79 \times 10^3}{\pi \times 30}} = 29.6mm$

$\therefore \ell = 1.5d = 1.5 \times 29.6 = 44.4mm$

(2) 축과 키의 재질이 같으므로 $\tau_k = \tau_a = 30MPa$이다.

$\tau_k = \dfrac{2T}{b\ell d} \Rightarrow \therefore b = \dfrac{2T}{\ell d \tau_k} = \dfrac{2 \times 152.79 \times 10^3}{44.4 \times 29.6 \times 30} = 7.75mm$

05

지름이 $35mm$인 축에 $700rpm$으로 $18kW$을 전달하는 풀리를 끼우고자 한다. 키의 너비는 $14mm$, 높이는 $11mm$이고, 허용압축응력은 $80MPa$, 허용전단응력은 $40MPa$이다. 이때 사용되는 키의 길이[mm]를 선정하시오.

묻힘 키의 ℓ의 표준값 [mm]

6	8	10	12	14	16	18	20	22	25	28	32
36	40	45	50	56	63	70	80	90	100	110	125

$$T = \frac{H}{\omega} = \frac{H}{\frac{2\pi N}{60}} = \frac{18 \times 10^3}{\frac{2\pi \times 700}{60}} = 245.55 N \cdot m$$

① $\tau_k = \dfrac{2T}{b\ell d} \Rightarrow \ell = \dfrac{2T}{bd\tau_k} = \dfrac{2 \times 245.55 \times 10^3}{14 \times 35 \times 40} = 25.06mm$

② $\sigma_c = \dfrac{4T}{h\ell d} \Rightarrow \ell = \dfrac{4T}{hd\sigma_c} = \dfrac{4 \times 245.55 \times 10^3}{11 \times 35 \times 80} = 31.89mm$

안전을 고려하여 ①, ②식 중 큰 값을 선정해야하므로 $\ell = 31.89mm$이다.
표에서 $\ell = 31.89mm$보다 큰 근사값을 채택하면,

$$\therefore \ell = 32mm$$

06

지름이 $100mm$인 축에 보스를 끼웠을 때 사용한 묻힘 키의 길이가 $300mm$, 폭이 $28mm$, 높이가 $16mm$이다. 이 축을 회전수 $500rpm$, $4kW$의 동력으로 운전할 때 키의 전단응력[MPa]과 면압력[MPa]을 구하시오.

$$T = \frac{H}{\omega} = \frac{H}{\frac{2\pi N}{60}} = \frac{4 \times 10^3}{\frac{2\pi \times 500}{60}} = 76.39 N \cdot m$$

① 키의 전단응력 $\tau_k = \dfrac{2T}{b\ell d} = \dfrac{2 \times 76.39 \times 10^3}{28 \times 300 \times 100} = 0.18 MPa$

② 키의 면압력 $q = \sigma_c = \dfrac{4T}{h\ell d} = \dfrac{4 \times 76.39 \times 10^3}{16 \times 300 \times 100} = 0.64 MPa$

07

회전수 $400 rpm$, $80 kW$의 동력을 전달하는 축의 직경이 $35mm$일 때 묻힘키를 제작하려 한다. 묻힘 키의 너비와 높이는 $b \times h = 22mm \times 14mm$이고 키 재료 항복강도 $510MPa$일 때 다음을 구하시오.
(단, 묻힘 키의 안전율은 3이다.)

(1) 전달 회전 모멘트 $[N \cdot m]$
(2) 키의 허용 전단응력과 안전율을 고려한 키의 길이 $[mm]$

(1) $T = \dfrac{H}{\omega} = \dfrac{H}{\dfrac{2\pi N}{60}} = \dfrac{80 \times 10^3}{\dfrac{2\pi \times 400}{60}} = 1909.86 N \cdot m$

(2) $\tau_k = \dfrac{\tau}{S} = \dfrac{510}{3} = 170 MPa$

$\tau_k = \dfrac{2T}{b\ell d} \Rightarrow \therefore \ell = \dfrac{2T}{bd\tau_k} = \dfrac{2 \times 1909.86 \times 10^3}{22 \times 35 \times 170} = 29.18 mm$

08

회전수 $350 rpm$, $18 kW$의 동력을 전달하는 전동축이 있다. 묻힘 키의 호칭치수는 $b \times h = 7 \times 7$이고, 묻힘 키에 작용하는 허용전단응력 $90MPa$, 허용압축응력 $110MPa$, 키 홈이 없는 경우에 축의 지름은 $45mm$이다. 다음을 구하시오.
(단, 축과 키의 재질이 동일하며, 키를 고려한 경우와 고려하지 않는 경우의 축의 비틀림 강도의 비는 무어의 실험식에 의하여 $\beta = 1 - 0.2 \dfrac{b}{d_0} - 1.1 \dfrac{t}{d_0}$ 이고, 키 홈을 고려한 축지름은 $d_1 = \beta d_0$이다.)

(1) 축의 전달 모멘트 $[N \cdot m]$
(2) 키의 길이 $[mm]$를 다음 표에서 선정하라.

※ 길이 ℓ의 표준값 $[mm]$

6	8	10	12	14	16	18	20	22	25	28	32
36	40	45	50	56	63	70	80	90	100	110	125

(3) 키의 묻힘을 고려했을 때 안정성을 평가하라. (단, 키의 묻힘 깊이 $t = 0.5h$)

(1) $T = \dfrac{H}{\omega} = \dfrac{H}{\dfrac{2\pi N}{60}} = \dfrac{18 \times 10^3}{\dfrac{2\pi \times 350}{60}} = 491.11 N \cdot m$

(2) $\tau_a = \dfrac{2T}{b\ell d_0} \Rightarrow \ell = \dfrac{2T}{bd_0 \tau_a} = \dfrac{2 \times 491.11 \times 10^3}{7 \times 45 \times 90} = 34.65 mm$

$\sigma_a = \dfrac{4T}{h\ell d_0} \Rightarrow \ell = \dfrac{4T}{hd_0 \sigma_a} = \dfrac{4 \times 491.11 \times 10^3}{7 \times 45 \times 110} = 56.69 mm$

안전을 고려하여 묻힘 키의 길이는 큰 값을 채택한다. $\ell = 56.69 mm$

표에서 ℓ보다 크면서 근사한 값을 선정하면, $\therefore \ell = 63 mm$

(3) $t = 0.5h = 0.5 \times 7 = 3.5 mm$

$d_1 = \beta d_0 = \left(1 - 0.2\dfrac{b}{d_0} - 1.1\dfrac{t}{d_0}\right) \times d_0 = \left(1 - 0.2\dfrac{7}{45} - 1.1\dfrac{3.5}{45}\right) \times 45 = 39.75 mm$

축과 키의 재질이 동일하니, $\tau_a = \tau_k = 90 MPa$

$T = \tau Z_P = \tau_a \times \dfrac{\pi d_1^3}{16} \Rightarrow \tau = \dfrac{16T}{\pi d_1^3} = \dfrac{16 \times 491.11 \times 10^3}{\pi \times 39.75^3} = 39.82 MPa$

$\tau(= 39.82 MPa) < \tau_a (= 90 MPa)$ 이므로,
$\therefore$ 안전하다.

09

$1500 rpm$으로 $3kW$를 전달하는 축의 지름$[mm]$을 키 홈을 고려하여 결정한다. 그리고 이 축에 끼워질 묻힘 키의 호칭$(b \times h \times \ell)[mm \times mm \times mm]$을 결정하시오.
(단, 축의 허용전단응력 $15MPa$이고, 축과 키의 재질은 동일하다.)

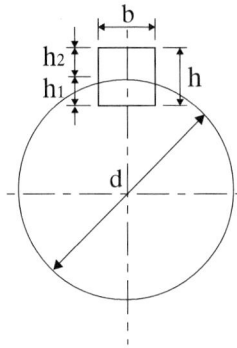

묻힘 키의 길이 $[mm]$

4	4.5	5	6	7	8	9	10	11	12	14	16
18	19	20	22	24	25	28	30	32	35	38	40
42	45	48	50	55	60	63	65	70	80	90	100

묻힘 키 치수 [mm]

키의 호칭치수 ($b \times h$)	h_1	h_2	적용되는 축 지름 (d)(초과 ~ 이하)
b : 4, h : 4	2.5	1.5	10 ~ 13
b : 5, h : 5	3	2	13 ~ 20
b : 7, h : 7	4	3	20 ~ 30
b : 10, h : 8	4.5	3.5	30 ~ 40

(1) $T = \dfrac{H}{\omega} = \dfrac{H}{\dfrac{2\pi N}{60}} = \dfrac{3 \times 10^3}{\dfrac{2\pi \times 1500}{60}} = 19.1 N \cdot mm$

1. 문제 조건으로 구한 최소의 축지름 d_0
$T = \tau_a Z_P = \tau_a \times \dfrac{\pi d_0^{\,3}}{16} \Rightarrow d_0 = \sqrt[3]{\dfrac{16T}{\pi \tau_a}} = \sqrt[3]{\dfrac{16 \times 19.1 \times 10^3}{\pi \times 15}} = 18.65 mm$

2. 키를 파묻게 하기 위한 h_1값은 표에서 구한다.
$d_0 = 18.65mm$가 13초과 20이하에 속하니, $h_1 = 3mm$

3. 키를 파묻게 하기 위한 최종 축지름 d
$\therefore d = 18.65 + 3 = 21.65 mm$

(2) 구한 값이 $b \times h = 5 \times 5$이므로,
축과 키의 재질이 동일하니 $\tau_a = \tau_k = 15 MPa$
$\tau_k = \dfrac{2T}{b\ell d} \Rightarrow \ell = \dfrac{2T}{bd\tau_k} = \dfrac{2 \times 19.1 \times 10^3}{5 \times 21.65 \times 15} = 23.53 mm$
첫번째 표에서 $\ell = 23.53mm$보다 큰 근삿값을 채택하면, $\ell = 24mm$이다.

$\therefore b \times h \times \ell = 5 \times 5 \times 24$
(두번째 표인 묻힘 키의 치수[mm]에 들어가는 축 지경은 기준이 항상 키홈을 고려하지 않은 순수한 축 직경입니다.)

10

다음 그림과 같은 스플라인 동력전달장치의 전달동력 $[kW]$을 구하시오.
(단, 스플라인의 회전수 $1050rpm$, 보스길이 $120mm$, 허용면압력 $12MPa$, 모따기 $0.3mm$, 잇수 6개, $d_2 = 54mm$, $d_1 = 50mm$, $h = 2mm$, $b = 10mm$, 접촉효율 75%이다.)

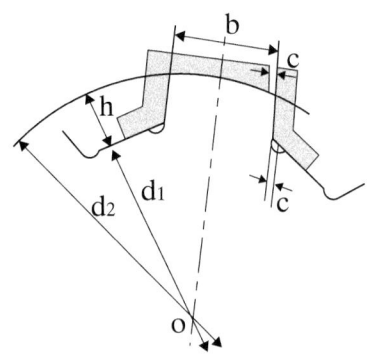

$$T = (h-2c)q_a\ell\left(\frac{d_2+d_1}{4}\right)\eta Z = (2-2\times 0.3)\times 12\times 120\times \left(\frac{54+50}{4}\right)\times 0.75\times 6$$
$$= 235872 N\cdot mm$$
$$\therefore H = T\omega = T\times \frac{2\pi N}{60} = 235872\times 10^{-6}\times \frac{2\pi \times 1050}{60} = 25.94 kW$$

11

잇수가 8개, 스플라인의 보스 길이는 $150mm$, 외경 $62mm$, 내경 $58mm$, 이의 높이 $2mm$, 잇면의 모떼기 $0.25mm$, 접촉효율이 75%인 스플라인 축이 있다. 이러한 스플라인 축이 $1400rpm$으로 $100kW$ 동력을 전달할 때 다음을 구하시오.

(1) 회전 모멘트 $[N\cdot m]$
(2) 스플라인 이의 접촉면압력 $[MPa]$

(1) $T = \dfrac{H}{\omega} = \dfrac{H}{\frac{2\pi N}{60}} = \dfrac{100\times 10^3}{\frac{2\pi \times 1400}{60}} = 682.09 N\cdot m$

(2) $T = (h-2c)q_a\ell\left(\dfrac{D_2+D_1}{4}\right)\eta Z$

$\therefore q_a = \dfrac{4T}{(h-2c)\times \ell \times (D_2+D_1)\times \eta \times Z} = \dfrac{4\times 682.09\times 10^3}{(2-2\times 0.25)\times 150\times (62+58)\times 0.75\times 8} = 16.84 MPa$

12

$250rpm$으로 $13kW$를 전달하는 스플라인 축이 있다. 이 측면의 허용면압력은 $48MPa$이고, 잇수는 6개, 이 높이는 $2mm$, 모따기는 $0.15mm$이다. 아래의 표로부터 스플라인의 규격을 선정하시오. (단, 전달효율은 75%, 보스의 길이는 $80mm$이다.)

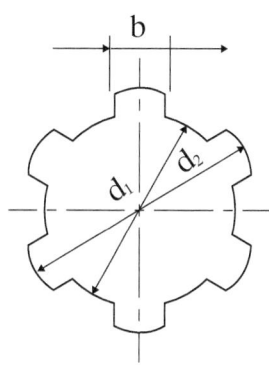

※ 스플라인의 규격 [mm]

형식 잇수 호칭지름 d_1	1형						2형					
	6		8		10		6		8		10	
	큰지름 d_2	너비 b	큰지름 d_2	너비 b	큰지름 d_2	너비 b	큰지름 d_2	너비 b	큰지름 d_2	너비 b	큰지름 d_2	너비 $2b$
11	-	-	-	-	-	-	14	3	-	-	-	-
13	-	-	-	-	-	-	16	3.5	-	-	-	-
16	-	-	-	-	-	-	20	4	-	-	-	-
18	-	-	-	-	-	-	22	5	-	-	-	-
21	-	-	-	-	-	-	25	5	-	-	-	-
23	26	6	-	-	-	-	28	6	-	-	-	-
26	30	6	-	-	-	-	32	6	-	-	-	-
28	32	7	-	-	-	-	34	7	-	-	-	-
32	36	8	36	6	-	-	38	8	38	6	-	-
36	40	8	40	7	-	-	42	8	42	7	-	-
42	46	10	46	8	-	-	48	10	48	8	-	-
46	50	12	50	9	-	-	54	12	54	9	-	-
52	58	14	58	10	-	-	60	14	60	10	-	-
56	62	14	62	10	-	-	65	14	65	10	-	-
62	68	16	68	12	-	-	72	16	72	12	-	-
72	78	18	-	-	78	12	82	18	-	-	82	12
82	88	20	-	-	88	12	92	20	-	-	92	12
92	98	22	-	-	98	14	102	22	-	-	102	14
102	-	-	-	-	108	16	-	-	-	-	112	16
112	-	-	-	-	120	18	-	-	-	-	125	18

$$T = \frac{H}{\omega} = \frac{H}{\frac{2\pi N}{60}} = \frac{13 \times 10^3}{\frac{2\pi \times 250}{60}} = 496.56 N \cdot m$$

$$T = (h-2c)q_a\ell\left(\frac{d_2+d_1}{4}\right)\eta Z \Rightarrow d_2+d_1 = \frac{4T}{(h-2c)q_a\ell\eta Z} = \frac{4 \times 496.56 \times 10^3}{(2-2\times 0.15)\times 48 \times 80 \times 0.75 \times 6} = 67.61mm$$

$$h = \frac{d_2-d_1}{2} \Rightarrow d_2-d_1 = 2h = 2\times 2 = 4mm$$

$d_2+d_1 = 67.61mm$과 $d_2-d_1 = 4mm$을 연립방정식 세우면, $\therefore d_2 = 35.81mm$

표에서 $d_2 = 35.81mm$과 근사한 값을 가진 1형의 $d_2 = 36mm$(호칭지름 : $d_1 = 32mm$)과 2형의 $d_2 = 38mm$ (호칭지름 : $d_1 = 32mm$)이 있다.

선정하는 방법은 크면서 근삿값인 것을 선정하면 된다.

$\therefore$ 호칭지름 : $d_1 = 32mm$(1형, $d_2 = 36mm$, $b = 8mm$)

13

호칭지름이 $80mm$이고, 잇수가 10개인 스플라인 축이 $200rpm$으로 회전하고 있다. 허용면압력이 $30MPa$, 보스길이 $180mm$일 때 다음을 구하시오.
(단, 스플라인의 외경은 $88mm$, 접촉효율은 0.7, 묻힘 키의 호칭치수$(22\times 15\times 130)$, 묻힘 키 설치부 지름 $80mm$이다.)

(1) 스플라인의 전달 동력 $[kW]$
(2) 고정된 키를 통하여 스플라인으로부터 받은 동력을 전달할 때 키에 생기는 전단응력 $[MPa]$
(3) 고정된 키를 통하여 스플라인으로부터 받은 동력을 전달할 때 키에 생기는 압축응력 $[MPa]$

(1) $T = hq_a\ell\left(\frac{d_2+d_1}{4}\right)\eta Z$ (잇면의 모떼기 c가 주어지지 않으면 $c=0$으로 계산한다.)

스플라인에서 호칭지름은 d_1을 나타낸다. 즉, $d_1 = 80mm$을 의미한다.

$$T = \left(\frac{88-80}{2}\right)\times 30 \times 180 \times \left(\frac{88+80}{4}\right)\times 0.7 \times 10 = 6350400 N\cdot mm = 6350.4 N\cdot m$$

$$\therefore H = T\omega = 6350.4 \times 10^{-3} \times \frac{2\pi \times 200}{60} = 133 kW$$

(2) $\tau_k = \frac{2T}{b\ell d} = \frac{2\times 6350400}{22\times 130 \times 80} = 55.51 MPa$

(3) $\sigma_c = \frac{4T}{h\ell d} = \frac{4\times 6350400}{15\times 130 \times 80} = 162.83 MPa$

14

너클 핀 재료의 허용전단응력은 $34MPa$, $b=1.3d$일 때 너클 핀에 $7500N$의 인장 하중이 작용할 때 다음을 구하시오.

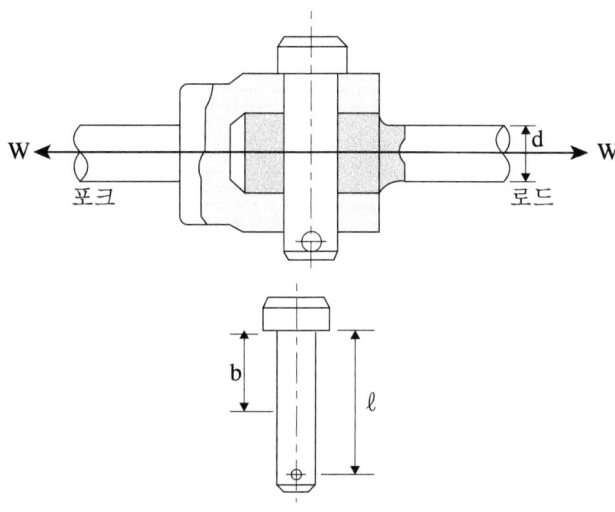

(1) 핀의 지름 $[mm]$
(2) 핀의 최대굽힘응력 $[MPa]$

(1) $\tau_a = \dfrac{P}{2A} = \dfrac{P}{2 \times \dfrac{\pi}{4}d^2}$ $\therefore d = \sqrt{\dfrac{2P}{\pi \tau_a}} = \sqrt{\dfrac{2 \times 7500}{\pi \times 34}} = 11.85mm$

(2) $M = \sigma_{\max} Z$에서 양단고정 이므로, $\dfrac{P\ell}{8} = \sigma_{\max} \times \dfrac{\pi d^3}{32}$

$\therefore \sigma_{\max} = \dfrac{4P\ell}{\pi d^3} = \dfrac{4P \times 2b}{\pi d^3} = \dfrac{4P \times 2 \times 1.3d}{\pi d^3} \dfrac{4 \times 7500 \times 2 \times 1.3 \times 11.85}{\pi \times 11.85^3} = 176.81 MPa$

15

너클 핀에 $13kN$의 인장 하중이 작용하며, 핀 재료의 허용 전단응력은 $70MPa$, 허용 굽힘응력은 $180MPa$, $a = 18mm$, $b = 12mm$일 때 다음을 구하시오.

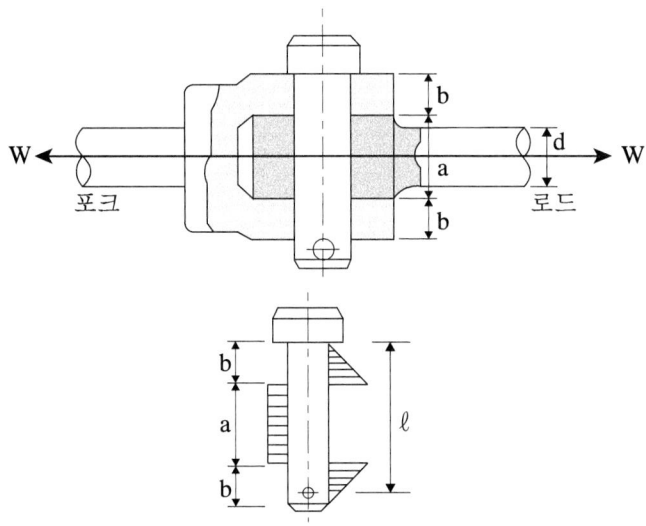

(1) 전단응력만 고려한 핀 지름 $[mm]$
(2) 굽힘응력만 고려한 핀 지름 $[mm]$

(1) $\tau_a = \dfrac{W}{2A} = \dfrac{W}{2 \times \dfrac{\pi}{4}d^2}$ $\Rightarrow$ $\therefore d = \sqrt{\dfrac{2W}{\pi \tau_a}} = \sqrt{\dfrac{2 \times 13 \times 10^3}{\pi \times 70}} = 10.87mm$

(2) $M = \sigma_a Z$에서 각 지점 거리가 주어지는 경우이니, $\dfrac{W}{24}(3a+4b) = \sigma_a \times \dfrac{\pi d^3}{32}$

$\therefore d = \sqrt[3]{\dfrac{4W(3a+4b)}{3\pi \sigma_a}} = \sqrt[3]{\dfrac{4 \times 13 \times 10^3 \times (3 \times 18 + 4 \times 12)}{3\pi \times 180}} = 14.62mm$

16

너클 핀에 작용하는 인장하중 $10000N$이 있다. 다음을 구하시오.
(단, 아이부 절개면의 높이 $a = 30mm$, 포크부 절개면의 높이는 $b = 20mm$이다.)

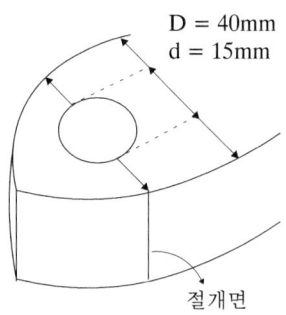

(1) 아이부 절개 $[N/mm^2]$
(2) 포크부 절개 $[N/mm^2]$

(1) $\sigma_I = \dfrac{P}{A} = \dfrac{P}{(D-d)a} = \dfrac{10000}{(40-15) \times 30} = 13.33 N/mm^2$

(2) 포크부는 절개면이 2개이므로 $b \rightarrow 2b$이다.
$\sigma_F = \dfrac{P}{A} = \dfrac{P}{(D-d)b \times 2} = \dfrac{10000}{(40-15) \times 20 \times 2} = 10 N/mm^2$

17

다음 코터 이음에서 축에 작용하는 인장하중 $44.2kN$, 소켓의 바깥지름 $140mm$, 로드 소켓 내의 지름 $70mm$, 코터의 너비 $70mm$, 코터의 두께 $25mm$일 때 다음을 구하시오.

(1) 로드의 코터 구멍 부분의 인장응력 $[MPa]$
(2) 코터의 굽힘응력 $[MPa]$

(1) $\sigma_t = \dfrac{P}{\dfrac{\pi d_1^2}{4} - td_1} = \dfrac{44.2 \times 10^3}{\dfrac{\pi \times 70^2}{4} - 25 \times 70} = 21.06 MPa$

(2) $\sigma_b = \dfrac{M}{Z} = \dfrac{\dfrac{PD}{8}}{\dfrac{th^2}{6}} = \dfrac{3PD}{4th^2} = \dfrac{3 \times 44.2 \times 10^3 \times 140}{4 \times 25 \times 70^2} = 37.89 MPa$

18

코터 이음에서 축에 작용하는 인장하중이 $60kN$이고, 소켓의 바깥지름 $70mm$, 로드 소켓 내의 지름 $35mm$, 코터의 너비 $25mm$, 코터의 두께 $10mm$일 때 다음을 구하시오.

(1) 코터의 전단응력 $[MPa]$
(2) 로드엔드와 코터 접촉부의 압축응력 $[MPa]$
(3) 코터에 걸리는 최대굽힘응력 $[MPa]$

(1) $\tau = \dfrac{P}{2th} = \dfrac{60 \times 10^3}{2 \times 10 \times 25} = 120 MPa$

(2) $\sigma_{c \cdot 1} = \dfrac{P}{td} = \dfrac{60 \times 10^3}{10 \times 35} = 171.43 MPa$

(3) $M = \sigma_b Z$에서 양단고정이므로,

$\dfrac{PD}{8} = \sigma_b \times \dfrac{th^2}{6} \Rightarrow \therefore \sigma_b = \dfrac{3PD}{4th^2} = \dfrac{3 \times 60 \times 10^3 \times 70}{4 \times 10 \times 25^2} = 504 MPa$

19

다음 그림과 같은 코터 이음에서 축에 작용하는 인장하중이 $20kN$, 소켓의 바깥지름 $120mm$ 나머지 물성치 조건들은 $d = 80mm$, $t = 40mm$일 때 다음을 구하시오.

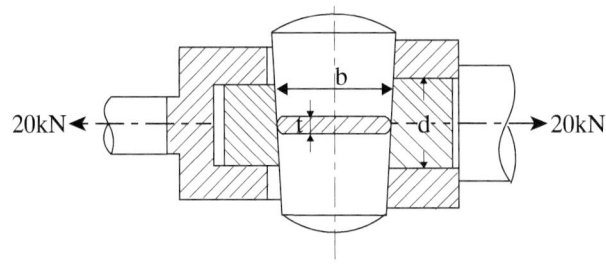

(1) 로드엔드가 코터에 닿을 때의 압축응력 $[N/mm^2]$
(2) 소켓에 코터가 닿을 때의 압축응력 $[N/mm^2]$

(1) $\sigma_{c \cdot 1} = \dfrac{P}{td} = \dfrac{20 \times 10^3}{40 \times 80} = 6.25 N/mm^2$

(2) $\sigma_{c \cdot 2} = \dfrac{P}{(D-d)t} = \dfrac{20 \times 10^3}{(120-80) \times 40} = 12.5 N/mm^2$

20

다음 그림과 같은 코터 이음에서 축에 작용하는 인장하중이 $25kN$ 이고, 로드 소켓 내의 지름 $85mm$, 코터의 두께 $25mm$, 코터의 폭 $90mm$, 소켓 내의 바깥지름 $150mm$, 소켓 끝에서 코터 구멍까지의 거리가 $40mm$일 때 다음을 구하라.

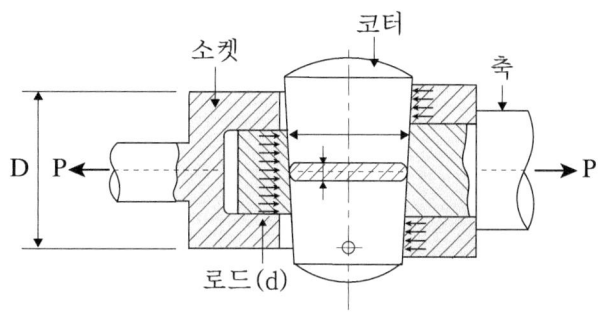

(1) 코터의 전단응력 $[MPa]$
(2) 로드엔드의 최대 인장응력 $[MPa]$

(1) $\tau = \dfrac{P}{2th} = \dfrac{25 \times 10^3}{2 \times 25 \times 90} = 5.56 MPa$

(2) $\sigma_{max} = \dfrac{P}{\dfrac{\pi d_1^2}{4} - td_1} = \dfrac{25 \times 10^3}{\dfrac{\pi \times 85^2}{4} - 85 \times 25} = 7.04 MPa$

03

리벳이음

3-1. 리벳이음의 줄 수와 전단면

3-2. 리벳이음의 강도 계산

3-3. 리벳이음의 설계

3-4. 내압을 받는 원통의 리벳이음

3-5. 편심하중을 받는 구조용 리벳

Chapter 3

리벳이음

3-1 리벳이음의 줄 수와 전단면

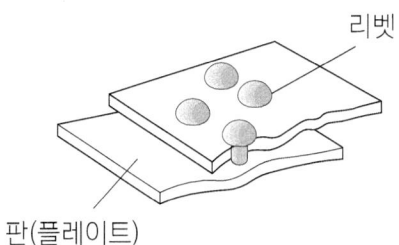

리벳은 구조가 간단하고, 잔류변형이 거의 없으며 판재 또는 형강을 잇는 데 사용되는 반영구적 결합용 기계요소이다.

(1) 리벳이음의 줄 수

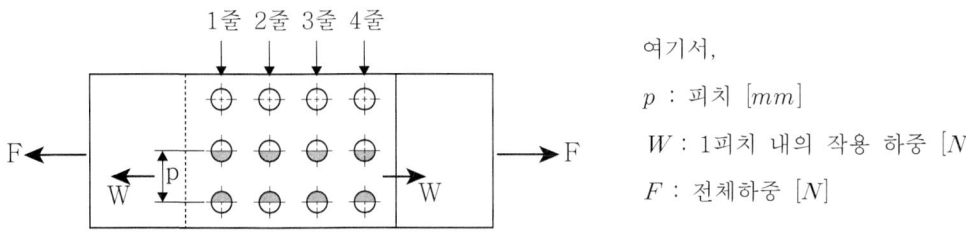

┃ 리벳이음의 각 부 명칭

여기서,
p : 피치 $[mm]$
W : 1피치 내의 작용 하중 $[N]$
F : 전체하중 $[N]$

위 그림에서 1피치 내의 리벳 수는 $\frac{1}{2}$ 의 구멍이 총 8개 있으므로

① 1피치 내의 리벳 수(n) : $8 \times \frac{1}{2} = 4$개

② 전체 리벳 수(n) : 12개

(2) 리벳이음의 복전단면 계수

겹치기 이음	한쪽 덮개판 맞대기 이음	양쪽 덮개판 맞대기 이음
리벳 수 : n	리벳 수 : n	리벳 수 : $1.8n$

✔ 양쪽 덮개판 맞대기 이음의 계수 1.8이 의미하는 것은 복 전단면 계수이기 때문에 **인장, 압축**을 **고려할 땐** n을 대입하고, **전단을 고려할 때에만** $1.8n$을 대입합니다.

✔ 양쪽 덮개판 맞대기 이음에서는 안전을 고려하여 1.8의 여유치를 곱해줍니다. 따라서 리벳 수 자체가 1.8개가 되는 것이 아니라 리벳 수(n)에 1.8을 곱하여 $1.8n$으로 대입합니다.

✔ 리벳 수가 $1.8n$이 되는 것은 **양쪽 덮개판 맞대기 이음**만 해당합니다. 맞대기 이음, 덮개판 이음 등은 해당되지 않습니다. 무조건 **양쪽 덮개판 맞대기 이음**이라고 제시 되어야 $1.8n$을 적용한다는 것을 기억하세요.

3-2 리벳이음의 강도 계산

(1) 리벳의 전단 파괴

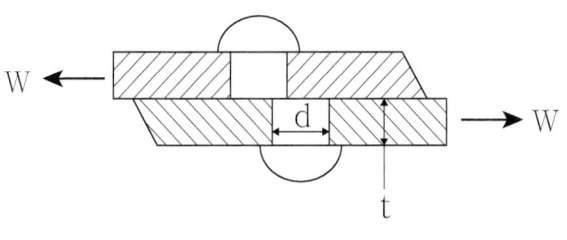

▮ 리벳의 전단 파괴

여기서,
W : 1피치 내의 작용 하중 $[N]$
F : 전체 하중 $[N]$
d : 리벳 직경 $[mm]$
n : 리벳 수
τ : 리벳의 전단응력 $[N/mm^2]$
t : 강판의 두께 $[mm]$

여기서 하중 = 응력 × 면적 × 리벳 수 이므로

① 1피치당 하중(W) : $W = \tau \dfrac{\pi d^2}{4} n$ ·· ㉠식

② 전체하중(F) : $F = \tau \dfrac{\pi d^2}{4} n$

(2) 리벳 강판의 인장파괴

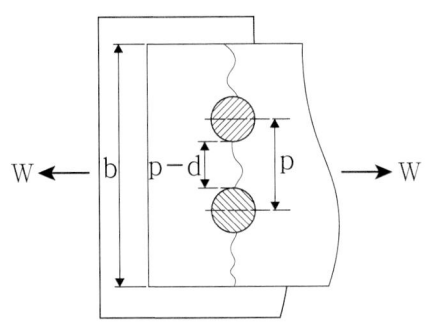

여기서,
d : 강판의 구멍 직경 $[mm]$
t : 강판의 두께 $[mm]$
σ_t : 강판의 인장응력 $[N/mm^2]$
b : 강판의 전체 너비 $[mm]$

① 1피치당 하중(W) : $W = \sigma_t(p-d)t$ ·· ⓒ식

② 전체하중(F) : $F = \sigma_t(b-nd)t$

✔ 강판의 구멍 직경과 리벳의 직경이 동시에 주어질 경우, **강판의 구멍 직경**과 **리벳의 직경**을 **구분해서 문제를 풀어야 합니다.**

✔ 전체 리벳 수에 관하여 '전단'과 '압축'은 전체 리벳 수를 그대로 적용하면 되는데, '인장'은 하중의 방향에 따라 다르게 적용해야합니다. 예를 들어,

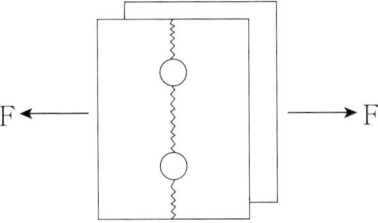

┃구멍 두 곳에서 일어나는 인장파괴

위 그림처럼 하중이 작용하면 리벳 구멍 두 곳에서 인장파괴가 일어나므로 $n=2$입니다.

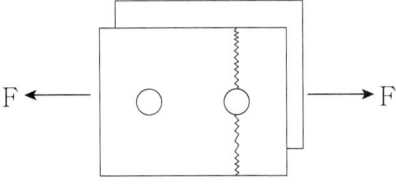

┃구멍 한 곳에서 일어나는 인장파괴

하지만 위 그림처럼 하중이 작용하면 왼쪽 또는 오른쪽 리벳 구멍 둘 중 하나에서 인장파괴가 일어나므로 $n=1$ 입니다. '**인장**'이 작용하는 강판의 리벳 수를 구할 때는 문제에서 주어진 그림을 보며 파괴 가상면을 고려해야 합니다.

(3) 리벳 구멍의 압축파괴

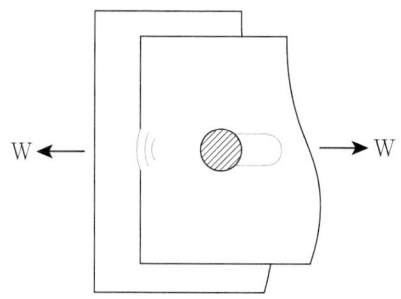

여기서,
d : 리벳 직경 $[mm]$
t : 강판의 두께 $[mm]$
σ_c : 리벳 구멍의 압축응력 $[N/mm^2]$

① 1피치당 하중(W) : $W = \sigma_c d t n$ ·· ㉢식

② 전체하중(F) : $F = \sigma_c d t n$

(4) 리벳에 의한 판 끝 절개

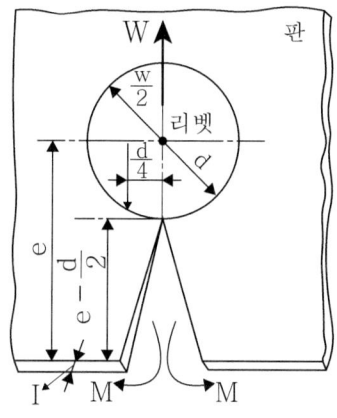

여기서,
d : 리벳 직경 $[mm]$
t : 강판의 두께 $[mm]$
σ_b : 강판의 굽힘응력 $[N/mm^2]$

① 강판의 굽힘응력(σ_b)

$$\sigma_b = \frac{M}{Z} = \frac{My}{I} = \frac{\left(\dfrac{W}{2} \times \dfrac{d}{4}\right) \times \left(\dfrac{e - \dfrac{d}{2}}{2}\right)}{\dfrac{t\left(e - \dfrac{d}{2}\right)^3}{12}} = \frac{3Wd}{t(2e-d)^2}$$

② 하중(W)

$$W = \frac{t(2e-d)^2 \sigma_b}{3d}$$ ·· ㉣식

3-3 리벳이음의 설계

(1) 리벳의 직경(d), 피치(p)의 관계

위에서 구한 4개의 식을 정리해보면 다음과 같다.

$$W = \tau \frac{\pi d^2}{4} n \quad \cdots\cdots\cdots\cdots\cdots\cdots\cdots\cdots\cdots\cdots\cdots\cdots\cdots\cdots ㉠식$$

$$W = \sigma_t (p - d) t \quad \cdots\cdots\cdots\cdots\cdots\cdots\cdots\cdots\cdots\cdots\cdots\cdots\cdots ㉡식$$

$$W = \sigma_c d t n \quad \cdots\cdots\cdots\cdots\cdots\cdots\cdots\cdots\cdots\cdots\cdots\cdots\cdots\cdots ㉢식$$

$$W = \frac{t(2e - d)^2 \sigma_b}{3d} \quad \cdots\cdots\cdots\cdots\cdots\cdots\cdots\cdots\cdots\cdots\cdots ㉣식$$

① 리벳의 직경(d) [mm] (㉠식 = ㉢식)

$$W = \tau \frac{\pi d^2}{4} n = \sigma_c d t n \qquad \therefore d = \frac{4\sigma_c t}{\pi \tau}$$

② 피치(p) [mm] (㉠식 = ㉡식)

$$W = \tau \frac{\pi d^2}{4} n = \sigma_t (p - d) t \qquad \therefore p = d + \frac{\tau \pi d^2 n}{4 \sigma_t t}$$

③ 판 끝 갈라짐에 의한 마진(e) (㉠식 = ㉣식)

$$W = \tau \frac{\pi d^2}{4} n = \frac{t(2e - d)^2 \sigma_b}{3d} \qquad \therefore e = \frac{d}{2}\left(1 + \sqrt{\frac{3\pi d \tau n}{4 t \sigma_b}}\right)$$

✔ ①식~④식을 암기하기보다는 ㉠, ㉡, ㉢, ㉣식으로 **유도하여 도출하는 것**이 문제를 접근하는 것이 훨씬 효율적 입니다.

(2) 강판의 효율(η_t)

① 1피치당 하중일 때

$$\eta_t = \frac{\text{구멍이 뚫린 강판의 인장강도}}{\text{구멍이 뚫리지 않은 강판의 인장강도}} = \frac{\sigma_t(p-d)t}{\sigma_t pt} = \frac{p-d}{p}$$

$$\therefore \eta_t = 1 - \frac{d}{p}$$

② 전체 하중일 때

$$\eta_t = \frac{\text{구멍이 뚫린 강판의 인장강도}}{\text{구멍이 뚫리지 않은 강판의 인장강도}} = \frac{\sigma_t(b-nd)t}{\sigma_t bt} = \frac{b-nd}{b}$$

$$\therefore \eta_t = 1 - \frac{nd}{b}$$

(3) 리벳의 효율(η_s)

① 1피치당 하중일 때

$$\eta_s = \frac{\text{리벳의 전단강도}}{\text{구멍이 뚫리지 않은 강판의 인장강도}} = \frac{\tau \frac{\pi d^2}{4} n}{\sigma_t pt}$$

$$\therefore \eta_s = \frac{\tau \pi d^2 n}{4\sigma_t pt}$$

② 전체 하중일 때

$$\eta_s = \frac{\text{리벳의 전단강도}}{\text{구멍이 뚫리지 않은 강판의 인장강도}} = \frac{\tau \frac{\pi d^2}{4} n}{\sigma_t bt}$$

$$\therefore \eta_s = \frac{\tau \pi d^2 n}{4\sigma_t bt}$$

(4) 리벳이음의 효율(η_r) : 안전을 고려하여 강판의 효율(η_t)과 리벳의 효율(η_s)중에 더 작은 값으로 선정한다.

3-4 내압을 받는 원통의 리벳이음

(1) 강판의 두께(t) [mm]

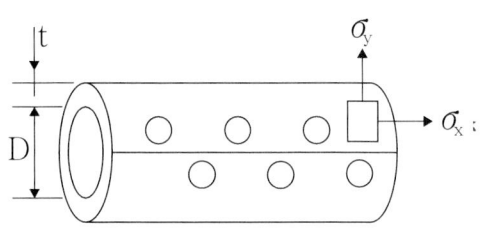

▮ 리벳이음된 내압 용기

여기서,
D : 원통의 내경 [mm]
t : 원통의 두께 [mm]
σ_a : 허용인장응력 [N/mm^2]
C : 부식계수
η : 이음효율

내압을 받는 얇은 원통의 개념으로 접근하면 원주방향 응력은 $\sigma_1 = \dfrac{pD}{2t}$, 축방향 응력은 $\sigma_2 = \dfrac{pD}{4t}$ 이므로 허용인장응력(σ_a)은 $\sigma_a \geq \sigma_1 = \dfrac{pD}{2t}$ 이다. 따라서 강판의 두께(t)는

$$t = \dfrac{pD}{2\sigma_a}$$

(2) 이음효율과 부식여유를 고려한 강판의 두께(t) [mm]

$$t = \dfrac{PD}{2\sigma_a \eta} + C$$

3-5 편심하중을 받는 구조용 리벳

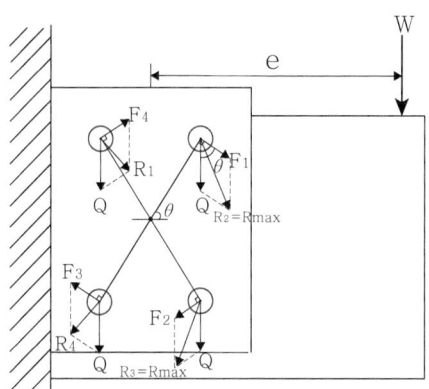

여기서,
W : 구조물에 작용하는 하중 $[N]$
n : 리벳 수
K : 비례상수 $[N/m]$
e : 편심거리 $[mm]$

▎편심하중을 받는 구조물

(1) 편심하중에 의한 리벳의 전단하중(=직접 하중, Q) $[N]$

$$Q = \frac{W}{n}$$

(2) 모멘트에 의한 각 리벳의 전단하중(=회전력, 접선력, F) $[N]$

$$F = Kr \quad \begin{cases} F_1 = Kr_1 \\ F_2 = Kr_2 \\ F_3 = Kr_2 \end{cases}$$

① 전체 모멘트(M) $[N \cdot m]$

$$M = We = N_1 F_1 r_1 + N_2 F_2 r_2 + \cdots \qquad \text{여기서, } N : \text{동일 반경을 갖는 리벳 군 수}$$

✔ 동일 반경을 갖는 리벳 군 수란, 리벳들의 중심을 기준으로 같은 반경에 위치한 리벳 구멍의 개수를 말합니다.

② 비례상수(K) $[N/m]$

$$We = N_1 F_1 r_1 + N_2 F_2 r_2 + N_3 F_3 r_3 + N_4 F_4 r_4 = N_1 K r_1^2 + N_2 K r_2^2 + N_3 K r_3^2 + N_4 K r_4^2$$
$$= K(N_1 r_1^2 + N_2 r_2^2 + N_3 r_3^2 + N_4 r_4^2)$$

$$\therefore K = \frac{We}{N_1 r_1^2 + N_2 r_2^2 + N_3 r_3^2 + N_4 r_4^2}$$

(3) 리벳에 작용하는 최대 전단하중($R_{\max}$) [N]

$$R_{\max} = \sqrt{F^2 + Q^2 + 2FQ\cos\theta}$$

① 리벳 하중 간의 각도가 $\theta = 0°$ 일 경우

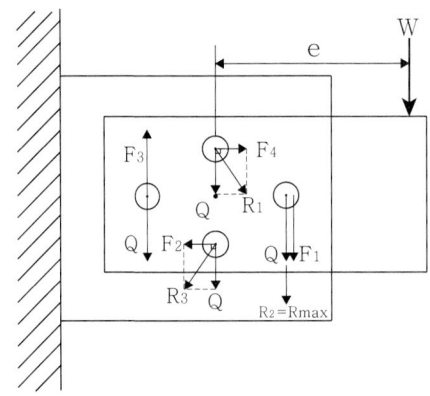

$\cos 0° = 1$ 이므로 $R_{\max} = \sqrt{F^2 + Q^2 + 2FQ}$ $\quad \therefore R_{\max} = F + Q$

② 리벳 하중 간의 각도가 $\theta = 90°$ 일 경우

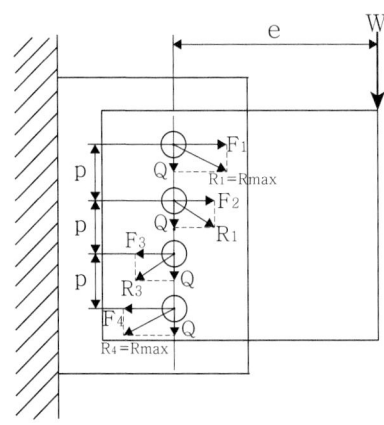

$\cos 90° = 0$ 이므로 $R_{\max} = \sqrt{F^2 + Q^2}$

(4) 리벳의 직경(d) $[mm]$

리벳에 작용하는 최대 전단응력은 허용 전단응력보다 작거나 같아야 하므로

$$\tau_{\max} = \frac{R_{\max}}{A} = \frac{R_{\max}}{\frac{\pi d^2}{4}} \leq \tau_a \text{ 에서,} \qquad \therefore d = \sqrt{\frac{4R_{\max}}{\pi \tau_a}}$$

✔ 리벳 이음은 유형의 종류가 적기때문에 문제를 풀어보며 유형 별로 정리하며 공부하는 것이 효율적입니다.

핵심 예상문제

일반기계기사 필답형
03. 리벳이음

01

강판 두께 $10mm$, 폭 $60mm$, 강판의 구멍 직경은 $17mm$인 강판에 리벳 직경 $16mm$의 리벳 2개로 고정되어있다. 이 때 인장하중이 $30kN$이 걸린다. 다음을 구하시오.

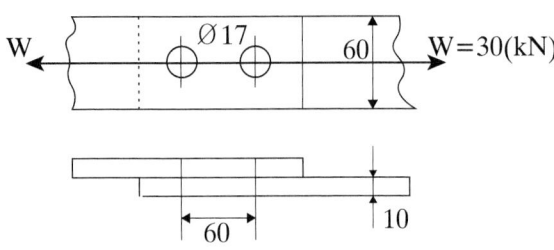

(1) 강판의 인장응력 $[MPa]$
(2) 리벳의 전단응력 $[MPa]$
(3) 강판의 효율 $[\%]$

(1) $\sigma_t = \dfrac{W}{(b-nd)t} = \dfrac{30 \times 10^3}{(60-1 \times 17) \times 10} = 69.77 MPa$ (d=강판의 구멍직경)
(인장응력에 의한 파괴는 강판에서 이루어지는데, 한쪽 면에서 끊어져도 파괴되기 때문에 n=1이다.)

(2) $\tau = \dfrac{W}{\dfrac{\pi d^2}{4}n} = \dfrac{30 \times 10^3}{\dfrac{\pi \times 16^2}{4} \times 2} = 74.6 MPa$ (d=리벳의 지름)
(전단응력에 의한 파괴는 리벳에서 나기 때문에 리벳 단면의 개수가 다 파괴되어야 하기 때문에 n=2이다.)

(3) $\eta_t = 1 - \dfrac{d}{b} = 1 - \dfrac{17}{60} = 0.7167 = 71.67\%$ (d=강판의 구멍직경)

02

한 줄 겹치기 리벳이음에서 강판 두께 $12mm$, 리벳 지름 $25mm$, 피치 $50mm$이다. 1피치 내의 인장 하중을 $24.5kN$으로 할 때 다음을 구하시오.
(단, 리벳의 지름과 리벳의 구멍 지름 크기가 동일하다.)

(1) 강판의 인장응력 $[MPa]$
(2) 리벳의 전단응력 $[MPa]$
(3) 리벳이음의 효율 $[\%]$

(1) $\sigma_t = \dfrac{\overline{W}}{(p-d)t} = \dfrac{24.5 \times 10^3}{(50-25) \times 12} = 81.67 MPa$

(2) $\tau = \dfrac{\overline{W}}{\dfrac{\pi}{4}d^2 n} = \dfrac{24.5 \times 10^3}{\dfrac{\pi}{4} \times 25^2 \times 1} = 49.91 MPa$

(3) 리벳효율 $\eta_s = \dfrac{\pi d^2 n}{4\sigma_t p t} = \dfrac{49.91 \times \pi \times 25^2 \times 1}{4 \times 81.67 \times 50 \times 12} = 0.5 = 50\%$

강판효율 $\eta_t = 1 - \dfrac{d}{p} = 1 - \dfrac{25}{50} = 0.5 = 50\%$

∴ 리벳효율=강판효율 이므로 리벳이음의 효율은 50%이다.

03

지름이 $10mm$이고 허용 전단응력이 $40MPa$인 리벳을 이용하여 $50kN$의 하중을 받는 두께가 $12mm$, 폭이 $700mm$인 강판을 단일 전단면 1줄 겹치기 리벳 이음하려고 할 때 다음을 구하시오.
(단, 리벳의 지름과 리벳의 구멍 지름 크기가 동일하다.)

(1) 리벳 허용 전단응력을 고려한 최소 리벳의 수 $[개]$
(2) 강판이 받는 인장응력 $[MPa]$

(1) $F = \tau \dfrac{\pi d^2}{4} n \Rightarrow \tau = \dfrac{4F}{\pi d^2 n} \leq \tau_a$

$n \geq \dfrac{4F}{\pi d^2 \tau_a} \geq \dfrac{4 \times 50 \times 10^3}{\pi \times 10^2 \times 40} \geq 15.9$개

∴ $n = 16$개

(2) $\sigma_t = \dfrac{F}{(b - nd)t} = \dfrac{50 \times 10^3}{(700 - 16 \times 10) \times 12} = 7.72 MPa$

04

강판의 두께 $10mm$, 리벳의 지름 $18mm$, 인 판을 1줄 겹치기 리벳 이음을 하려 한다. 이때 리벳의 전단응력 $35MPa$, 강판의 인장응력 $70MPa$일 때 피치$[mm]$를 구하시오.
(단, 리벳의 지름과 리벳의 구멍 지름 크기가 동일하다.)

$$p = d + \frac{\pi d^2 n}{4\sigma_t t} = 18 + \frac{35\pi \times 18^2 \times 1}{4 \times 70 \times 10} = 30.72mm$$

05

리벳 구멍의 직경이 $14mm$, 피치가 $50mm$인 판을 1줄 겹치기 리벳 이음을 하려 한다. 강판의 효율$[\%]$을 구하시오.

$$\eta_t = 1 - \frac{d}{p} = 1 - \frac{14}{50} = 0.72 = 72\%$$

06

강판의 두께 $11mm$, 리벳의 직경 $18mm$, 피치 $52mm$인 강판을 양쪽 덮개판 1줄 맞대기 이음을 하고자 한다. 리벳의 전단응력은 $38MPa$이고, 강판의 인장응력은 $50MPa$일 때 리벳의 효율$[\%]$을 구하시오.

$$\eta_s = \frac{\pi d^2 \times 1.8 n}{4\sigma_t pt} = \frac{38\pi \times 18^2 \times 1.8 \times 1}{4 \times 50 \times 52 \times 11} = 0.6086 = 60.86\%$$

07

강판의 두께 $14mm$, 리벳의 직경 $22mm$, 피치 $50mm$인 강판을 1줄 겹치기 리벳 이음을 하고자 할 때 1피치당 하중을 $30kN$일 때 다음을 구하시오.
(단, 리벳의 지름과 리벳의 구멍 지름 크기가 동일하다.)

(1) 강판의 인장강도 $[MPa]$
(2) 리벳의 전단응력 $[MPa]$
(3) 강판의 효율 $[\%]$

(1) $\sigma_t = \dfrac{\overline{W}}{(p-d)t} = \dfrac{30 \times 10^3}{(50-22) \times 14} = 76.53 MPa$

(2) $\tau = \dfrac{\overline{W}}{\dfrac{\pi d^2}{4} \times n} = \dfrac{30 \times 10^3}{\dfrac{\pi \times 22^2}{4} \times 1} = 78.92 MPa$

(3) $\eta_t = 1 - \dfrac{d}{p} = 1 - \dfrac{22}{50} = 0.56 = 56\%$

08

다음 그림과 같은 1줄 겹치기 리벳 이음에서 허용 전단응력은 $70MPa$, 리벳의 직경은 $12mm$일 때 전체 인장하중$[kN]$을 구하시오.

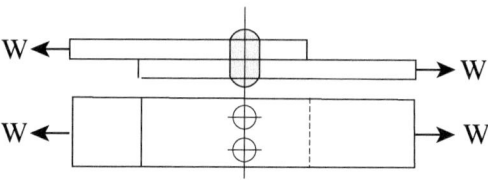

$W = \tau_a \dfrac{\pi d^2}{4} n = 70 \times \dfrac{\pi \times 12^2}{4} \times 2 = 15833.63 N = 15.83 kN$

09

강판의 두께 $17mm$, 리벳 구멍직경 $23mm$, 피치가 $62mm$인 양쪽 덮개판 1줄 맞대기 이음을 하고자 한다. 이때 리벳의 전단응력은 $42.5MPa$, 강판의 인장응력은 $50MPa$일 때 리벳이음의 효율[%]을 구하시오.
(단, 리벳의 지름과 리벳의 구멍 지름 크기가 동일하다.)

강판의 효율 : $\eta_t = 1 - \dfrac{d}{p} = 1 - \dfrac{23}{62} = 0.629 = 62.9\%$

리벳의 효율 : $\eta_s = \dfrac{\pi d^2 \times 1.8 n}{4\sigma_t pt} = \dfrac{42.5\pi \times 23^2 \times 1.8 \times 1}{4 \times 50 \times 62 \times 17} = 0.6031 = 60.31\%$

리벳이음의 효율은 두 효율중 작은값을 채택한다.
∴ $\eta = 60.31\%$

10

강판의 두께는 $10mm$, 리벳의 구멍지름은 $16mm$, 피치가 $85mm$인 양쪽 덮개판 2줄 맞대기 이음을 하고자 할 때 다음을 구하시오.
(단, 리벳의 전단강도는 강판의 인장강도의 80%이고, 리벳의 지름과 리벳의 구멍 지름 크기가 동일하다.)

(1) 강판의 효율 [%]
(2) 리벳의 효율 [%]
(3) 리벳이음의 효율 [%]

(1) $\eta_t = 1 - \dfrac{d}{p} = 1 - \dfrac{16}{85} = 0.8118 = 81.18\%$

(2) 리벳의 전단강도는 강판의 인장강도의 80%이니, $\dfrac{\tau}{\sigma_t} = 0.8$이다.

∴ $\eta_s = \dfrac{\pi d^2 \times 1.8 n}{4\sigma_t pt} = \dfrac{0.8 \times \pi \times 16^2 \times 1.8 \times 2}{4 \times 85 \times 10} = 0.6812 = 68.12\%$

(3) 리벳이음의 효율은 두 효율중 작은값을 채택한다.
∴ $\eta = 68.12\%$

11

두께 $9mm$의 강판을 1줄 겹치기 리벳이음을 하려고 한다. 리벳 지름은 $12mm$, 강판의 인장응력은 $85MPa$, 리벳의 전단응력은 $70MPa$일 때 다음을 구하시오.
(단, 리벳의 지름과 리벳의 구멍 지름 크기가 동일하다.)

(1) 리벳의 전단력 $[N]$
(2) 효율을 최대로 하는 피치 $[mm]$
(3) 리벳이음의 효율 $[\%]$

(1) $F = \tau \dfrac{\pi d^2}{4} n = 70 \times \dfrac{\pi \times 12^2}{4} \times 1 = 7916.81 N$

(2) $p = d + \dfrac{\tau \pi d^2 n}{4 \sigma_t t} = 12 + \dfrac{70 \pi \times 12^2 \times 1}{4 \times 85 \times 9} = 22.35 mm$

(3) ① 강판의 효율 $\eta_t = 1 - \dfrac{d}{p} = 1 - \dfrac{12}{22.35} = 0.463 = 46.3\%$

② 리벳의 효율 $\eta_s = \dfrac{\tau \pi d^2 n}{4 \sigma_t p t} = \dfrac{70 \pi \times 12^2 \times 1}{4 \times 85 \times 22.35 \times 9} = 0.463 = 46.3\%$

①=②이므로, 리벳이음의 효율은 46.3%이다.

12

리벳 지름이 $20mm$, 리벳의 허용 전단응력 $70MPa$인 판이 양쪽 덮개판 1줄 맞대기 이음을 하고자 할 때 $150kN$의 인장력을 가할 때 리벳의 수[개]를 구하시오.

$F = \tau \dfrac{\pi d^2}{4} \times 1.8 n \Rightarrow n = \dfrac{4F}{1.8 \tau \pi d^2} = \dfrac{4 \times 150 \times 10^3}{1.8 \times 70 \times \pi \times 20^2} = 3.79 ≒ 4$개

13

강판의 두께 $9mm$, 리벳의 구멍 지름 $15mm$, 피치가 $55mm$인 강판을 양쪽 덮개판 1줄 맞대기 이음을 하고자 한다. 리벳의 전단응력 $85MPa$, 강판의 인장응력이 $100MPa$일 때 리벳이음의 효율[%]을 구하시오.
(단, 리벳의 지름과 리벳의 구멍 지름 크기가 동일하다.)

$$\eta_t = 1 - \frac{d}{p} = 1 - \frac{15}{55} = 0.7273 = 72.73\%$$

$$\eta_s = \frac{\pi d^2 \times 1.8n}{4\sigma_t pt} = \frac{85\pi \times 15^2 \times 1.8 \times 1}{4 \times 100 \times 55 \times 9} = 0.5462 = 54.62\%$$

리벳이음의 효율은 강판의 효율과 리벳의 효율을 비교하여 작은 값을 채택하므로

$$\therefore \eta = 54.62\%$$

14

다음 그림과 같은 두께가 $20mm$인 강판을 1줄 겹치기 리벳이음으로 이음하려 한다. 리벳의 허용 전단응력 $46.11MPa$, 허용 인장응력 $49.05MPa$, 허용 압축응력 $29.42MPa$일 때 다음을 구하시오.
(단, 리벳의 지름과 리벳의 구멍 지름 크기가 동일하다.)

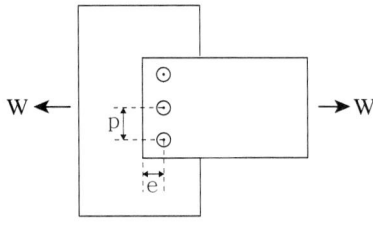

(1) 리벳의 직경 $[mm]$ (단, 리벳의 전단저항과 판재의 압축력이 같다.)
(2) (1)에서 구한 값을 고려한 피치 $[mm]$ (단, 리벳의 전단저항과 판의 인장저항이 같다.)
(3) 판 끝의 갈라짐을 고려한 마진 e $[mm]$ (단, 굽힘응력과 인장응력이 같다.)

(1) $\overline{W} = \tau \dfrac{\pi d^2}{4} n = \sigma_c dtn$에서,

$$\therefore d = \frac{4\sigma_c t}{\pi \tau} = \frac{4 \times 29.42 \times 20}{\pi \times 46.11} = 16.25mm$$

(2) $\overline{W} = \tau \dfrac{\pi d^2}{4} n = \sigma_t (p-d)t$ 에서,

$\therefore p = d + \dfrac{\tau \pi d^2 n}{4\sigma_t t} = 16.25 + \dfrac{46.11 \times \pi \times 16.25^2 \times 1}{4 \times 49.05 \times 20} = 26mm$

(3) $e = \dfrac{d}{2}\left(1 + \sqrt{\dfrac{3\pi d \tau}{4t\sigma_t}}\right) = \dfrac{16.25}{2}\left(1 + \sqrt{\dfrac{3\pi \times 16.25 \times 46.11}{4 \times 20 \times 49.05}}\right) = 19.02mm$

15

강판의 허용인장응력 $1.2MPa$, 두께 $11mm$인 강판을 2줄 맞대기 리벳 이음으로 직경 $1.2m$인 보일러를 제작하려 한다. 리벳의 전단응력은 $0.8MPa$이고, 리벳의 구멍 직경은 $18mm$이고, 피치가 동일하고, 강판의 효율과 리벳의 효율이 같다고 가정할 때 다음을 구하시오.
(단, 리벳의 지름과 리벳의 구멍 지름 크기가 동일하다.)

(1) 강판의 효율 [%]
(2) 보일러의 사용 증기압 [MPa] (소수점 넷 째 자리까지 표기하시오.)

(1) $p = d + \dfrac{\tau \pi d^2 n}{4\sigma_a t} = 18 + \dfrac{0.8\pi \times 18^2 \times 2}{4 \times 1.2 \times 11} = 48.84mm$

$\therefore \eta_t = 1 - \dfrac{d}{p} = 1 - \dfrac{18}{48.84} = 0.6314 = 63.14\%$

(2) $t = \dfrac{PD}{2\sigma_a \eta} \Rightarrow \therefore P = \dfrac{2\sigma_a \eta t}{D} = \dfrac{2 \times 1.2 \times 0.6314 \times 11}{1200} = 0.0139MPa$

16

강판의 허용인장응력 $100MPa$, 두께 $10mm$인 강판을 양쪽 덮개판 맞대기 이음으로 안지름 $1000mm$인 원통형 보일러를 제작 하고자 한다. 리벳의 허용전단응력이 $80MPa$이고, 리벳의 지름은 $20mm$이고, 피치가 동일하고, 강판의 효율과 리벳의 효율이 같다고 가정할 때 다음을 구하시오.
(단, 리벳의 지름과 리벳의 구멍 지름 크기가 동일하다.)

(1) 리벳이음의 효율 [%]
(2) 보일러의 사용 증기압 [MPa] (단, 부식계수는 $1mm$이다.)

(1) $\eta_t = \eta_s \Rightarrow 1 - \dfrac{d}{p} = \dfrac{\tau_a \pi d^2 \times 1.8 n}{4\sigma_a pt} = 1 - \dfrac{20}{p} = \dfrac{80\pi \times 20^2 \times 1.8 \times 1}{4 \times 100 \times p \times 10}$

∴ $p = 65.24 mm$

$\eta_t = \eta_s = 1 - \dfrac{d}{p} = 1 - \dfrac{20}{65.24} = 0.6934 = 69.34\%$

∴ $\eta = 69.34\%$

(2) $t = \dfrac{PD}{2\sigma_a \eta} + C \Rightarrow 10 = \dfrac{P \times 1000}{2 \times 100 \times 0.6934} + 1$

∴ $P = 1.25 MPa$

17

그림과 같이 $\overline{W} = 20000N$의 하중을 받는 리벳 이음 구조물을 제작하고자 한다. 리벳의 허용전단응력은 $80MPa$이고 피치는 $50mm$일 때 리벳 구멍의 지름$[mm]$을 구하시오.

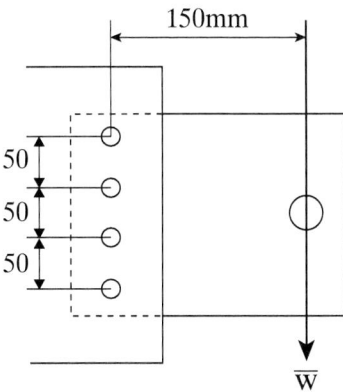

$Q = \dfrac{\overline{W}}{n} = \dfrac{20000}{4} = 5000N$

$K = \dfrac{\overline{W}e}{N_1 r_1^2 + N_2 r_2^2} = \dfrac{20000 \times 150}{2 \times 75^2 + 2 \times 25^2} = 240 N/mm$

$F_1 = Kr_1 = 240 \times 75 = 18000N$

리벳에 작용하는 최대 전단하중($R_{\max}$) = $\sqrt{Q^2 + F_1^2} = \sqrt{5000^2 + 18000^2} = 18681.54N$

∴ $d = \sqrt{\dfrac{4R_{\max}}{\pi \tau_a}} = \sqrt{\dfrac{4 \times 18681.54}{\pi \times 80}} = 17.24 mm$

18

그림과 같이 $\overline{W} = 20kN$의 하중을 받는 리벳 이음 구조물을 제작하고자 한다. 리벳의 허용전단응력은 $70MPa$일 때 리벳 구멍의 지름$[mm]$을 구하시오.

(단, $F = \dfrac{\overline{W}e}{4r}$ 이다.)

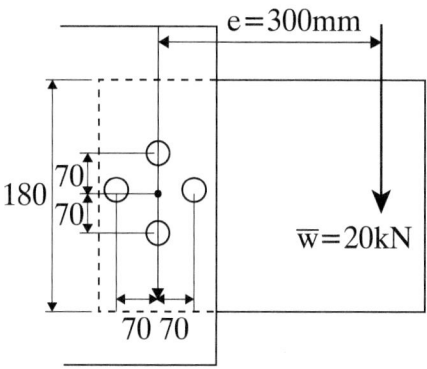

$Q = \dfrac{\overline{W}}{n} = \dfrac{20 \times 10^3}{4} = 5000N$

$F = \dfrac{\overline{W}e}{4r} = \dfrac{20 \times 10^3 \times 300}{4 \times 70} = 21428.57N$

$R_{\max} = Q + F = 5000 + 21428.57 = 26428.57N$

$\therefore d = \sqrt{\dfrac{4R_{\max}}{\pi \tau_a}} = \sqrt{\dfrac{4 \times 26428.57}{\pi \times 70}} = 21.93mm$

19

그림과 같이 $30kN$의 하중을 받는 리벳 이음의 구조물을 제작하고자 한다. 다음을 구하시오.

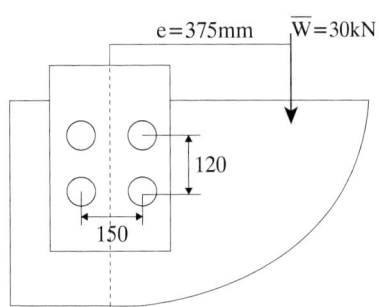

(1) 직접 전단하중 $[N]$
(2) 모멘트에 의한 각 리벳의 전단하중 $[N]$
(3) 리벳에 작용하는 최대 전단하중 $[N]$
(4) 리벳의 직경 $[mm]$ (단, 리벳의 허용 전단응력은 $75MPa$)

(1) $Q = \dfrac{\overline{W}}{n} = \dfrac{30 \times 10^3}{4} = 7500N$

(2) $r = \sqrt{60^2 + 75^2} = 96.05mm$
$K = \dfrac{We}{Nr^2} = \dfrac{30 \times 10^3 \times 375}{4 \times 96.05^2} = 304.86 N/mm$
$\therefore F = Kr = 304.86 \times 96.05 = 29281.8 N$

(3) $\cos\theta = \dfrac{75}{r} = \dfrac{75}{96.05} = 0.781$
$R_{\max} = \sqrt{Q^2 + F^2 + 2QF\cos\theta} = \sqrt{7500^2 + 29281.8^2 + 2 \times 7500 \times 29281.8 \times 0.781}$
$\therefore R_{\max} = 35450.11 N$

(4) $d = \sqrt{\dfrac{4R_{\max}}{\pi \tau_a}} = \sqrt{\dfrac{4 \times 35450.11}{\pi \times 75}} = 24.53 mm$

20

그림과 같이 $W = 50kN$의 하중을 받는 리벳 이음 구조물을 제작하고자 한다. 리벳의 전단응력은 $180MPa$, 안전율은 3일 때 리벳의 지름 $[mm]$을 구하시오.

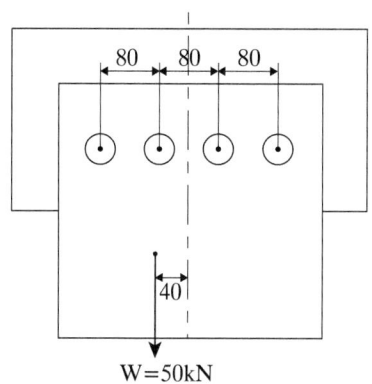

$$Q = \frac{W}{n} = \frac{50 \times 10^3}{4} = 12500N$$

$$K = \frac{We}{N_1 r_1^2 + N_2 r_2^2} = \frac{50 \times 10^3 \times 40}{2 \times 120^2 + 2 \times 40^2} = 62.5 N/mm$$

$$F_1 = Kr_1 = 62.5 \times 120 = 7500N$$

리벳에 작용하는 최대 전단하중($R_{\max}$) = $Q + F_1 = 12500 + 7500 = 20000N$

$$\tau_a = \frac{\tau}{S} = \frac{180}{3} = 60 MPa$$

$$\therefore d = \sqrt{\frac{4R_{\max}}{\pi \tau_a}} = \sqrt{\frac{4 \times 20000}{\pi \times 60}} = 20.6 mm$$

04

용접이음

4-1. 용접이음의 강도설계

4-2. 4측 필렛 용접이음의 강도설계

4-3. 용접부 잔류응력 제거법

Chapter 4

용접이음

4-1 용접이음의 강도설계

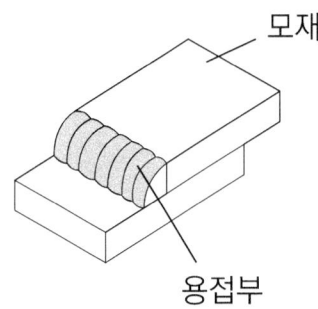

용접이란, 모재의 접합부를 용융상태로 가열하며 밀착시켜 반영구적으로 결합시키는 방식이다.

(1) 맞대기 용접이음

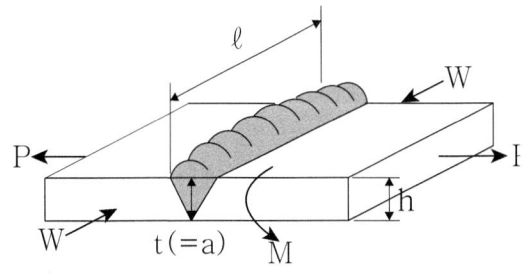

P : 인장 하중 [N]
W : 전단 하중 [N]
M : 굽힘 모멘트 [$N \cdot m$]
ℓ : 용접 길이 [mm]
a : 목 두께 [mm]
h : 모재 두께 [mm]
　　(=용접 다리, 용접 사이즈)

① 인장 응력(σ_t) [N/mm^2]

작용하는 인장 하중(P)에 대한 파괴가상면적 $A = t\ell$ 이며 맞대기 용접 이음에서는 목 두께(t)와 모재 두께(h)가 같으므로 $A = h\ell$ 로도 나타낼 수 있다. 따라서

$$\sigma_t = \frac{P}{A} = \frac{P}{t\ell} = \frac{P}{h\ell}$$

② 전단 응력(τ) $[N/mm^2]$

작용하는 전단 하중(W)에 대한 파괴가상면적 $A = t\ell = h\ell$ 이므로

$$\tau = \frac{W}{A} = \frac{W}{t\ell} = \frac{W}{h\ell}$$

③ 굽힘 응력(σ_b) $[N/mm^2]$

작용하는 굽힘 모멘트(M)에 의한 단면계수(Z)는

$$Z = \frac{bh^2}{6} = \frac{\ell t^2}{6}$$ 이므로

$$\sigma_b = \frac{M}{Z} = \frac{M}{\frac{\ell t^2}{6}} = \frac{6M}{\ell t^2}$$

✔ 단면계수 $Z = \frac{bh^2}{6}$ 에서 h는 모멘트가 작용하여 기울어지는 방향의 두께를 의미합니다. 따라서 위 그림에서는 목 두께(t)가 h로 적용됩니다.

(2) 전면 필렛 용접이음

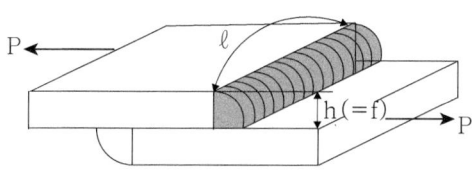

여기서,
P : 인장 하중 $[N]$
ℓ : 용접 길이 $[mm]$
a : 목 두께 $[mm]$
$h(=f)$: 모재 두께 $[mm]$
  (=용접 다리, 용접 사이즈)

① 목 두께(a) $[mm]$

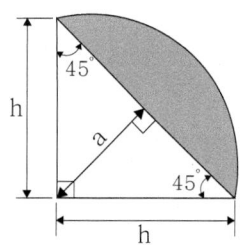

그림에서 용접 다리(h)와 목 두께(a) 사이의 관계를 식으로 표현하면

$$a = h\cos 45° = 0.707h$$

② 인장 응력(σ_t) $[N/mm^2]$

파괴가상면적 $A = a\ell$ 이며 두 곳에서 파괴가 일어나므로

$$\sigma_t = \frac{P}{2A} = \frac{P}{2a\ell} = \frac{P}{2h\ell\cos 45°} = \frac{0.707P}{h\ell}$$

(3) 측면 필렛 용접이음

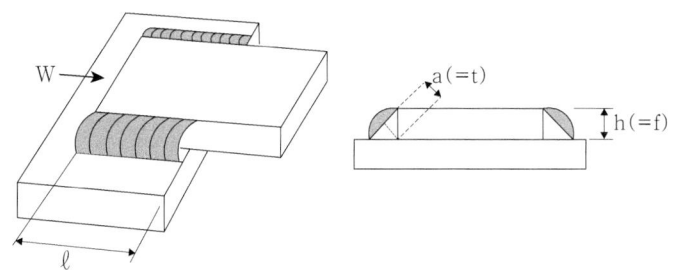

여기서,
W : 전단 하중 $[N]$
ℓ : 용접 길이 $[mm]$
$h(=f)$: 모재 두께 $[mm]$
  (=용접 다리, 용접 사이즈)
$a(=t)$: 목 두께 $[mm]$

┃측면 필렛 용접 이음의 강도설계

① 전단 응력(τ) $[N/mm^2]$

파괴가상면적 $A = a\ell$ 이며 두 곳에서 파괴가 일어나므로

$$\tau = \frac{W}{2A} = \frac{W}{2a\ell} = \frac{W}{2h\ell\cos 45} = \frac{0.707W}{h\ell}$$

4-2 4측 필렛 용접이음의 강도설계

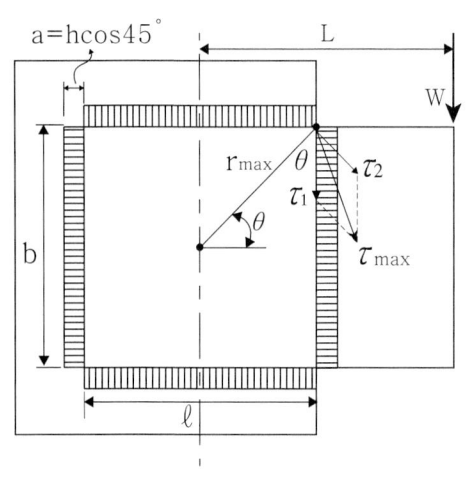

여기서,
W : 편심 하중 $[N]$
L : 편심 거리 $[mm]$
r_{max} : 최대 반경 $[mm]$
τ_1 : 편심하중에 의한 전단응력 $[N/mm^2]$
τ_2 : 비틀림에 의한 전단응력 $[N/mm^2]$
b : 용접부 두께 $[mm]$
ℓ : 용접부 길이 $[mm]$
a : 목 두께 $[mm]$ $(=h\cos 45°)$
h : 용접 치수 $[mm]$

┃4측 필렛 용접된 구조물

(1) 편심하중에 의한 전단응력(τ_1) $[N/mm^2]$

위 그림에서 가장 큰 전단응력이 작용하는 곳은 모서리 부분이므로 한 모서리를 기준으로 강도설계를 한다. 총 4개 면이 용접돼있으므로 편심하중에 의한 전단응력은

$$\tau_1 = \frac{W}{2ab+2a\ell} = \frac{W}{2a(b+\ell)}$$

(2) 비틀림에 의한 전단응력(τ_2) $[N/mm^2]$

$$\tau_2 = \frac{Tr_{\max}}{I_P} = \frac{\overline{WL}r_{\max}}{I_P} = \frac{\overline{WL}r_{\max}}{Z_P \cdot a}$$

여기서,

I_P : 용접부의 극단면 2차 모멘트 $[mm^4]$

Z_P : 용접부의 극단면계수 $[mm^3]$

(3) 용접 유형별 극단면계수(Z_P)

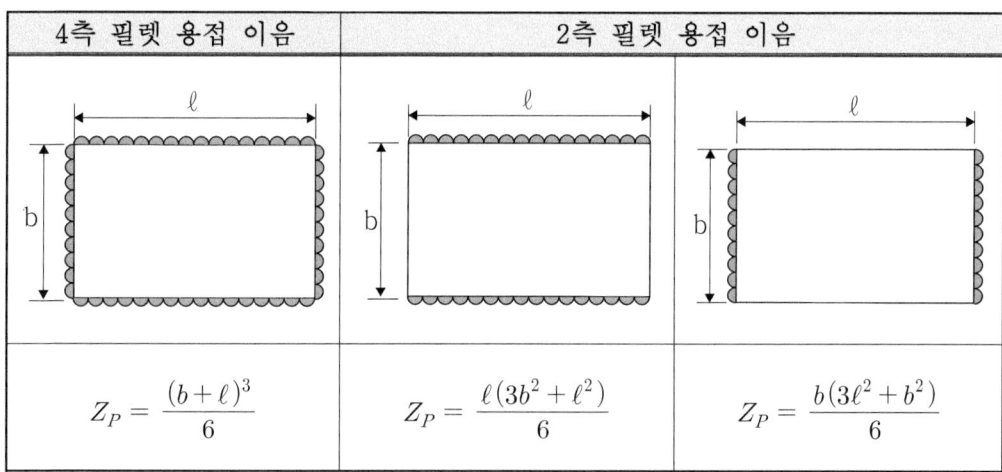

4측 필렛 용접 이음	2측 필렛 용접 이음	
$Z_P = \dfrac{(b+\ell)^3}{6}$	$Z_P = \dfrac{\ell(3b^2+\ell^2)}{6}$	$Z_P = \dfrac{b(3\ell^2+b^2)}{6}$

(4) 최대 전단응력($\tau_{\max}$) $[N/mm^2]$

$$\tau_{\max} = \sqrt{\tau_1^2 + \tau_2^2 + 2\tau_1\tau_2\cos\theta}$$

✔ 4측 또는 2측 필렛 용접 이음은 최근 시험에서 빈출되는 파트입니다. (1)~(4) 공식을 차례로 이용하도록 출제가 되니 위 내용을 순서대로 이해하고 암기하면 쉽게 해결할 수 있습니다.

4-3 원형 단면 필렛 용접이음의 강도설계

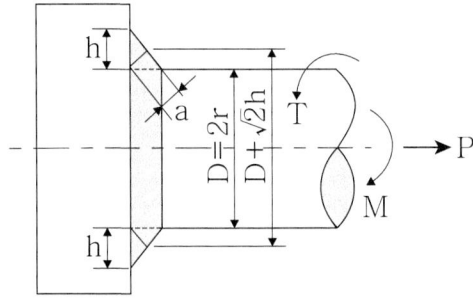

여기서,
P : 인장 하중 $[N]$
M : 굽힘 모멘트 $[N \cdot mm]$
T : 비틀림 모멘트 $[N \cdot mm]$
h : 용접 치수 $[mm]$
a : 목 두께($= h\cos 45°$) $[mm]$
D : 용접부 지름 $[mm]$
e : 최외곽 거리 $[mm]$

① 인장하중(P) $[N]$

$$P = A\sigma_t = \frac{\pi}{4}\left[(D+2a)^2 - D^2\right]\sigma_t = \frac{\pi}{4}\left[(D+\sqrt{2}h)^2 - D^2\right]\sigma_t$$

② 굽힘모멘트(M) $[N \cdot mm]$

$$M = \sigma_b Z = \sigma_b \times \frac{I}{e}$$

$$I = \frac{\pi}{64}\left[(D+\sqrt{2}h)^4 - D^4\right], \ e = \frac{D+\sqrt{2}h}{2}$$

$$\therefore M = \sigma_b \times \frac{\pi\left[(D+\sqrt{2}h)^4 - D^4\right]}{32(D+\sqrt{2}h)}$$

③ 비틀림모멘트(T) $[N \cdot mm]$

$$T = \tau Z_P = \tau \times \frac{I_P}{e}$$

$$I_p = \frac{\pi}{32}\left[(D+\sqrt{2}h)^4 - D^4\right], \ e = \frac{D+\sqrt{2}h}{2}$$

$$\therefore T = \tau \times \frac{\pi\left[(D+\sqrt{2}h)^4 - D^4\right]}{16(D+\sqrt{2}h)}$$

4-4 용접부 잔류응력 제거법

① 기계적 응력완화법

② 풀림처리 : 용접물을 가열로에 넣고 약 600℃로 일정시간 유지한 후 서냉하여 잔류응력을 제거한다.

③ 피닝법 : 해머로 연속적으로 두드려서 잔류응력을 제거한다.

Memo

04. 용접이음

01

용접 길이가 $50mm$이고, 목 두께는 $12mm$인 맞대기 용접 이음의 강도설계를 하고자 한다. 이때 작용하는 인장하중$[kN]$을 구하시오.
(단, 허용 인장응력은 $65MPa$이다.)

$P = \sigma_a A = \sigma_a t\ell = 65 \times 50 \times 12 = 39000N \fallingdotseq 39kN$

02

용접 길이가 $65mm$이고, 목 두께는 $15mm$인 맞대기 용접 이음의 강도설계를 하고자 한다. 허용 전단응력이 $70MPa$일 때 작용하는 전단하중$[kN]$을 구하시오.

$\overline{W} = \tau_a A = \tau_a t\ell = 70 \times 15 \times 65 = 68250N \fallingdotseq 68.25kN$

03

다음 그림과 같은 측면 필렛 용접 이음에서 용접 다리는 $15mm$, 하중은 $200kN$, 허용 전단응력은 $60MPa$일 때 용접 길이$[mm]$를 구하시오.

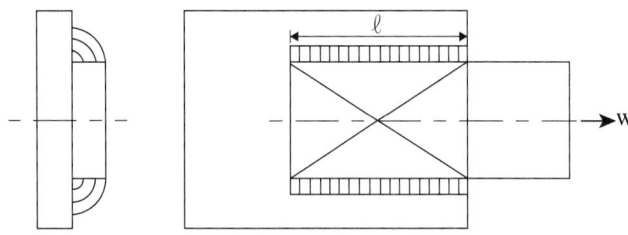

$W = \tau_a A = \tau_a \times 2a\ell = \tau_a \times 2\ell h \cos 45°$
$\therefore \ell = \dfrac{W}{2h\cos 45° \times \tau_a} = \dfrac{200 \times 10^3}{2 \times 15 \times \cos 45° \times 60} = 157.13 mm$

04

다음 그림과 같은 측면 필렛 용접이음에서 판재두께는 $12mm$, 허용 전단응력은 $60MPa$, 용접 길이 $150mm$일 때 인장하중$[kN]$을 구하시오.

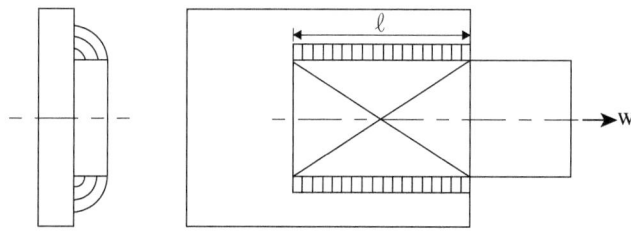

$W = \tau_a A = \tau_a \times 2a\ell = \tau_a \times 2\ell h \cos 45° = 60 \times 2 \times 150 \times 12 \cos 45° = 152735.06 N ≒ 152.74 kN$

05

다음 그림과 같은 4측 필렛 용접이음에서 편심하중이 $50kN$이 작용한다. 용접 사이즈 $10mm$, 용접 길이 $250mm$일 때 최대 전단응력$[MPa]$을 구하시오.

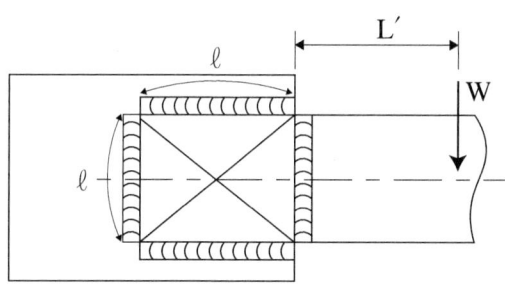

편심하중에 의한 전단응력 : $\tau_1 = \dfrac{F}{4a\ell} = \dfrac{F}{4\ell h \cos 45°} = \dfrac{50 \times 10^3}{4 \times 250 \times 10 \cos 45°} = 7.07 MPa$

$r_{\max} = \sqrt{\left(\dfrac{\ell}{2}\right)^2 + \left(\dfrac{\ell}{2}\right)^2} = \sqrt{\left(\dfrac{250}{2}\right)^2 + \left(\dfrac{250}{2}\right)^2} = 176.78 mm$

$I_P = \dfrac{(\ell+\ell)^3}{6} \times a = \dfrac{(2\ell)^3}{6} \times h\cos 45° = \dfrac{500^3}{6} \times 10\cos 45° = 147313912.7 mm^4$

비틀림에 의한 전단응력 : $\tau_2 = \dfrac{FLr_{\max}}{I_P} = \dfrac{50 \times 10^3 \times 500 \times 176.78}{147313912.7} = 30 MPa$

$\cos\theta = \dfrac{\left(\dfrac{\ell}{2}\right)}{r_{\max}} = \dfrac{125}{176.78} = 0.707$

최대전단응력 : $\tau_{\max} = \sqrt{\tau_1^2 + \tau_2^2 + 2\tau_1\tau_2\cos\theta} = \sqrt{7.07^2 + 30^2 + 2 \times 7.07 \times 30 \times 0.707}$
$\therefore \tau_{\max} = 35.35 MPa$

06

다음 그림과 같은 4측 필렛 용접이음에 편심하중 $60kN$이 작용한다. 용접 다리 $8mm$, $\ell = 300mm$, $L' = 400mm$일 때 최대 전단응력$[MPa]$을 구하시오.

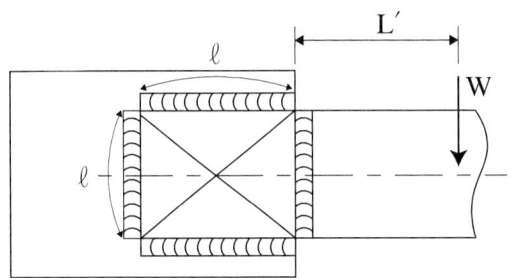

편심하중에 의한 전단응력 : $\tau_1 = \dfrac{W}{4a\ell} = \dfrac{W}{4\ell h\cos 45°} = \dfrac{60 \times 10^3}{4 \times 300 \times 8\cos 45°} = 8.84 MPa$

편심거리 $L = L' + \dfrac{\ell}{2} = 400 + \dfrac{300}{2} = 550mm$

$r_{\max} = \sqrt{\left(\dfrac{\ell}{2}\right)^2 + \left(\dfrac{\ell}{2}\right)^2} = \sqrt{\left(\dfrac{300}{2}\right)^2 + \left(\dfrac{300}{2}\right)^2} = 212.13mm$

$I_P = \dfrac{(\ell+\ell)^3}{6} \times a = \dfrac{(2\ell)^3}{6} \times h\cos 45° = \dfrac{600^3}{6} \times 8\cos 45° = 203646753 mm^4$

비틀림에 의한 전단응력 : $\tau_2 = \dfrac{WLr_{\max}}{I_P} = \dfrac{60 \times 10^3 \times 550 \times 212.13}{203646753} = 34.37 MPa$

$\cos\theta = \dfrac{\left(\dfrac{\ell}{2}\right)}{r_{\max}} = \dfrac{150}{212.13} = 0.707$

최대전단응력 : $\tau_{\max} = \sqrt{\tau_1^2 + \tau_2^2 + 2\tau_1\tau_2\cos\theta} = \sqrt{8.84^2 + 34.37^2 + 2 \times 8.84 \times 34.37 \times 0.707}$
$= 41.1 MPa$

07

다음 그림과 같은 2측 필렛 용접이음이 있다. 용접 사이즈는 $14mm$이고 허용 전단응력이 $100MPa$일 때 설계가 안전한지 검토하시오.

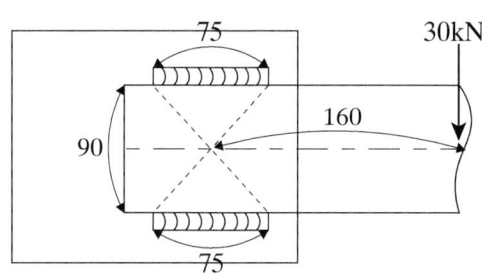

편심하중에 의한 전단응력 : $\tau_1 = \dfrac{W}{2a\ell} = \dfrac{W}{2\ell h\cos 45°} = \dfrac{30 \times 10^3}{2 \times 75 \times 14\cos 45°} = 20.2MPa$

$r_{\max} = \sqrt{37.5^2 + 45^2} = 58.58mm$

$I_P = \dfrac{\ell(3b^2 + \ell^2)}{6} \times a = \dfrac{\ell(3b^2 + \ell^2)}{6} \times h\cos 45° = \dfrac{75 \times (3 \times 90^2 + 75^2)}{6} \times 14\cos 45° = 3703029.83mm^4$

비틀림에 의한 전단응력 : $\tau_2 = \dfrac{WLr_{\max}}{I_P} = \dfrac{30 \times 10^3 \times 160 \times 58.58}{3703029.83} = 75.93MPa$

$\cos\theta = \dfrac{37.5}{r_{\max}} = \dfrac{37.5}{58.58} = 0.64$

최대전단응력 : $\tau_{\max} = \sqrt{\tau_1^2 + \tau_2^2 + 2\tau_1\tau_2\cos\theta} = \sqrt{20.2^2 + 75.93^2 + 2 \times 20.2 \times 75.93 \times 0.64} = 90.2MPa$

따라서 $\tau_{\max} = 90.2MPa < \tau_a = 100MPa$ 이므로 안전하다.

08

두께 $25mm$의 강판이 다음 그림과 같이 용접 사이즈 $10mm$로 필릿용접되어 하중을 받고 있다. 허용 전단응력이 $150MPa$, $b = d = 50mm$, $L = 150mm$이고, 용접부 단면의 극단면 모멘트 $I_P = 0.707h\dfrac{d(3b^2 + d^2)}{6}$일 때 허용하중 $F[N]$을 구하시오.

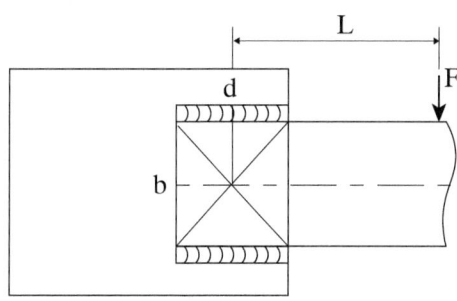

$$\tau_1 = \frac{F}{A} = \frac{F}{2da} = \frac{F}{2dh\cos 45°} = \frac{F}{2 \times 50 \times 10\cos 45°} = 1414.21 \times 10^{-6} F[MPa] = 1414.21 F[Pa]$$

$$\tau_2 = \frac{FLr_{\max}}{I_P} = \frac{F \times 150 \times \sqrt{25^2 + 25^2}}{0.707 \times 10 \times \frac{50(3 \times 50^2 + 50^2)}{6}} = 9001.36 \times 10^{-6} F[MPa] = 9001.36 F[Pa]$$

$$\cos\theta = \frac{25}{r_{\max}} = \frac{25}{\sqrt{25^2 + 25^2}} = 0.707$$

$$\tau_{\max} = \sqrt{\tau_1^2 + \tau_2^2 + 2\tau_1\tau_2\cos\theta} \Rightarrow \tau_{\max}^2 = \tau_1^2 + \tau_2^2 + 2\tau_1\tau_2\cos\theta$$

$$(150 \times 10^6)^2 = F^2[(1414.21^2 + 9001.36^2) + (2 \times 1414.21 \times 9001.36 \times 0.707)]$$

$$\therefore F = 14923.75 N$$

09

다음 그림의 측면 필렛 용접 이음 그림에서 용접부의 허용전단응력은 $40 MPa$, 리벳 허용 전단응력은 $140 MPa$ 이다. 다음을 구하시오.

(1) 용접부의 인장하중 $[kN]$
(2) 리벳의 최소 지름 $[mm]$

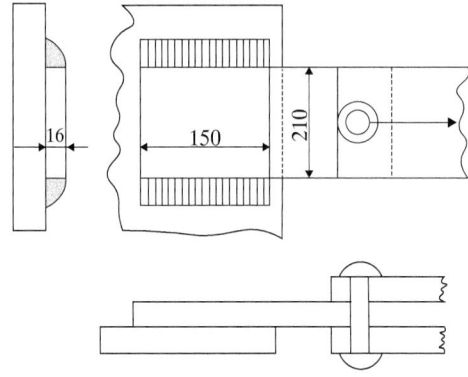

(1) $P = \tau A = \tau \times 2a\ell = \tau \times 2\ell h\cos 45° = 40 \times 2 \times 150 \times 16\cos 45° = 135764.5 N \fallingdotseq 135.76 kN$

(2) 그림은 양쪽 덮개판 맞대기 이음이므로 복전단면 계수(1.8n)를 고려해준다.

$$P = \frac{\pi d^2 \times 1.8n}{4} \Rightarrow \tau = \frac{4P}{1.8\pi d^2 n} \leq \tau_a$$

$$d \geq \sqrt{\frac{4P}{1.8n\pi\tau_a}} = \sqrt{\frac{4 \times 135.76 \times 10^3}{1.8 \times 1 \times \pi \times 140}} \geq 26.19 mm$$

$$\therefore d = 26.19 mm$$

10

다음 양쪽 덮개판 맞대기 이음에 용접을 한 그림에서, 용접부 허용전단응력 $40MPa$, 리벳의 허용전단응력 $45MPa$, 강판의 허용인장응력 $28MPa$, 리벳의 직경 $25mm$, 용접 다리 $20mm$일 때 안전을 고려하여 최대안전하중$[kN]$을 구하시오.

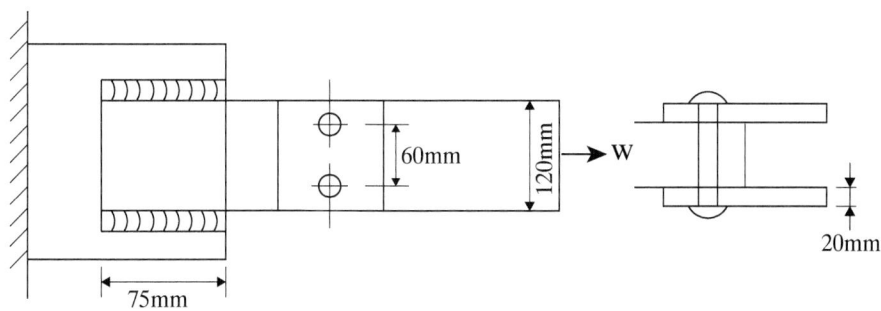

① 용접부만 고려할 때 최대하중(W_1)
$W_1 = \tau_a A = \tau_a \times 2a\ell = \tau_a \times 2\ell h \cos 45° = 40 \times 2 \times 75 \times 20 \cos 45° = 84852.81 N ≒ 84.85 kN$

② 리벳전단만 고려할 때 최대하중(W_2)
그림은 양쪽 덮개판 맞대기 이음이므로 복전단면 계수$(1.8n)$를 고려해준다.
$W_2 = \tau \dfrac{\pi d^2}{4} \times 1.8n = 45 \times \dfrac{\pi \times 25^2}{4} \times 1.8 \times 2 = 79521.56 N ≒ 79.52 kN$

③ 강판의 인장만 고려할 때 최대하중(W_3)
$W_3 = \sigma_a (b-nd)t = 28 \times (120 - 2 \times 25) \times 20 = 39200 N ≒ 39.2 kN$

여기서 안전을 고려한 최대안전하중은 ①, ②, ③중 가장 작은 값을 선정하므로
∴ ③ 강판의 인장만 고려할 때 최대하중 : $W_3 = 39.2 kN$

05

축의 설계

5-1. 강도에 의한 축의 설계

5-2. 던커레이(Dunkerley) 공식

5-3. 전동축의 강성설계

Chapter 5

축의 설계

5-1 강도에 의한 축의 설계

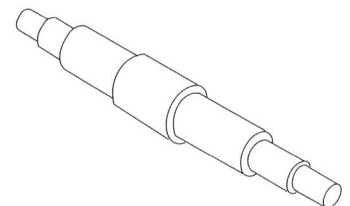

축이란, 일반적으로 베어링에 지지되고 굽힘, 비틀림, 축력 등을 받아서 회전토크를 전달하는 기계요소이다. 회전체(마찰차, 풀리, 기어, 스프로킷 및 플라이휠 등)와 결합하여 회전하는 경우가 많다.

(1) 모멘트를 받는 축의 설계

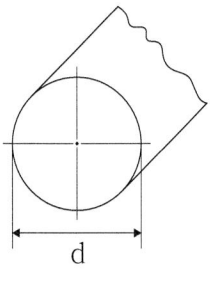

▮ 중공축

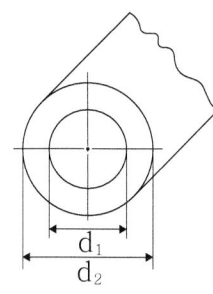

▮ 중실축

① 비틀림 모멘트(T)만 받는 경우

비틀림 모멘트 $T = \tau_a Z_P$ 이므로

㉠ 중실원축 : $Z_P = \dfrac{\pi d^3}{16}$ $\therefore d = \sqrt[3]{\dfrac{16T}{\pi \tau_a}}$

㉡ 중공원축 : $Z_P = \dfrac{\pi d_2^3 (1 - x^4)}{16}$ $\therefore d_2 = \sqrt[3]{\dfrac{16T}{\pi \tau_a (1 - x^4)}}$

② 굽힘 모멘트(M)만 받는 경우

굽힘 모멘트 $M = \sigma_b Z$ 이므로

㉠ 중실원축 : $Z = \dfrac{\pi d^3}{32}$ $\therefore d = \sqrt[3]{\dfrac{32M}{\pi \sigma_a}}$

㉡ 중공원축 : $Z = \dfrac{\pi d_2^3 (1-x^4)}{32}$ $\therefore d_2 = \sqrt[3]{\dfrac{32M}{\pi \sigma_a (1-x^4)}}$

여기서, $x = \dfrac{d_1}{d_2}$: 내외경비

③ 비틀림 모멘트(T) 굽힘 모멘트(M)을 동시에 받는 경우

㉠ 상당 비틀림 모멘트(T_e) : $T_e = \sqrt{M^2 + T^2}$

㉡ 상당 굽힘 모멘트(M_e) : $M_e = \dfrac{1}{2}(M + \sqrt{M^2 + T^2}) = \dfrac{1}{2}(M + T_e)$

④ 동적 하중 계수(k_m, k_t)가 주어질 경우(=동하중을 받는 경우)

① 상당 비틀림 모멘트(T_e) : $T_e = \sqrt{(k_m M)^2 + (k_t T)^2}$

② 상당 굽힘 모멘트(M_e) : $M_e = \dfrac{1}{2}(k_m M + \sqrt{(k_m M)^2 + (k_t T)^2})$

여기서, k_m : 굽힘에 의한 동적 하중 계수
k_t : 비틀림에 의한 동적 하중 계수

⑤ 중량비(ε)

동일한 재질 및 길이의 중실축에 대한 중공축의 중량비는 다음과 같이 구한다.

$$\varepsilon = \frac{W_A(\text{중공축})}{W_B(\text{중실축})} = \frac{\gamma V_A}{\gamma V_B} = \frac{\gamma A_A \ell}{\gamma A_B \ell} = \frac{A_A}{A_B} = \frac{\frac{\pi(d_2^2 - d_1^2)}{4}}{\frac{\pi d^2}{4}} = \frac{d_2^2 - d_1^2}{d^2}$$

✔ 축 문제가 나올 경우 ① 중실원축 : 직경(d)구하기, ② 중공원축 : 내경(d_1) 또는 외경(d_2) 구하기 문제가 자주 출제됩니다. 만약 굽힘과 비틀림을 동시에 받는 축의 문제라면 **상당치를 고려**하여 문제를 풀어야 합니다.

✔ 중공축의 경우에는 안전한 설계를 위해 외경(d_2)과 내경(d_1)을 선정할 때 **외경(d_2)은 큰 값**을 선정하고 **내경(d_1)은 작은 값**을 선정합니다.

5-2 던커레이(Dunkerley) 공식

(1) 축의 위험속도(N_c)

축의 회전속도(N)가 특정 회전속도에 도달했을 때, 축의 처짐이 급격하게 증가하여 진동이 생기는데 이 진동의 정도가 커서 파손에 이르게 되는 속도이다.

이 때, 고유 각진동수는 $w_n = \sqrt{\frac{k}{m}} = \sqrt{\frac{g}{\delta}}$ 으로 나타낼 수 있고

이는 임계속도(N_C)의 각속도 $w_n = \frac{2\pi N_C}{60}$ 로 나타낼 수 있으므로

$w_n = \sqrt{\frac{k}{m}} = \sqrt{\frac{g}{\delta}} = \frac{2\pi N_C}{60}$ 에서

$$N_C = \frac{30}{\pi}\sqrt{\frac{g}{\delta}}$$

여기서,
w_n : 고유 각진동수 [rad/s]
k : 축의 탄성 계수 [N/m]
m : 축의 질량 [kg]
g : 중력가속도 ($g = 9800 mm/s^2$)
δ : 하중점의 처짐량 [mm]

✔ 중력가속도(g) 대입시 단위를 주의하여야 합니다. 처짐량이 [mm]단위로 주어졌을 경우에 **중력가속도(g)의 단위도 [mm]단위로 변환**하여 $g = 9800 mm/s^2$으로 대입해야 합니다.

(2) 던커레이(Dunkerley) 공식

한 개의 축에 여러 개의 회전체가 결합되어 있을 때 전체의 위험속도(N_C)를 구하는 공식

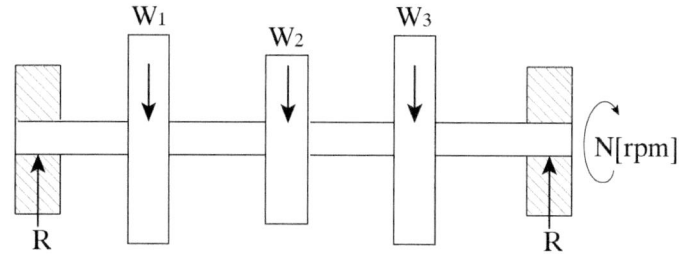

┃축에 결합된 회전체

① 일반식 : $\dfrac{1}{N_c^2} = \dfrac{1}{N_o^2} + \dfrac{1}{N_1^2} + \dfrac{1}{N_2^2} + \cdots + \dfrac{1}{N_n^2}$

$$\therefore N_c = \dfrac{1}{\sqrt{\dfrac{1}{N_o^2} + \dfrac{1}{N_1^2} + \dfrac{1}{N_2^2} + \cdots + \dfrac{1}{N_n^2}}}$$

② 회전체가 없을 때 축 자중에 의한 위험속도(N_o) [rpm]

$$N_o = \dfrac{30}{\pi}\sqrt{\dfrac{g}{\delta_o}}$$

③ 회전체가 단독 설치되어 있다고 가정할 때의 위험속도($N_1, N_2, N_3, \cdots$) [rpm]

$$N_1 = \dfrac{30}{\pi}\sqrt{\dfrac{g}{\delta_1}}$$

(3) 처짐량(δ) $[mm]$

① 축의 자중에 의한 처짐량(δ_o)

이 때, 축을 분포하중을 받는 단순보로 생각하므로 최대 처짐량은

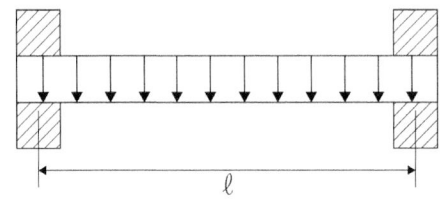

$$\delta_o = \frac{5w\ell^4}{384EI}$$

② 회전체의 무게에 의한 처짐량(δ_1)

㉠ 양 쪽에 베어링이 있을 경우

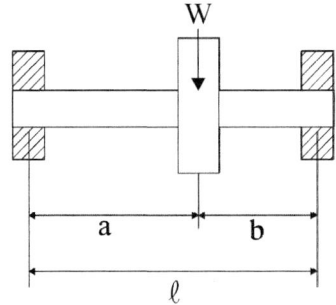

$$\delta_1 = \frac{Wa^2b^2}{3\ell EI}$$

㉡ 한 쪽에 베어링이 있을 경우

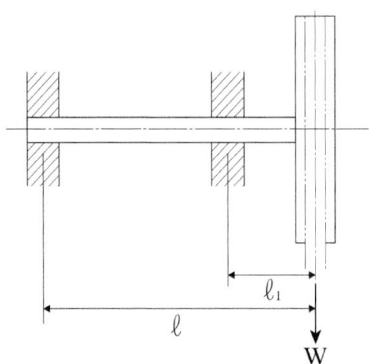

$$\delta_1 = \frac{W\ell_1^2\ell}{3EI}$$

5-3 전동축의 강성설계

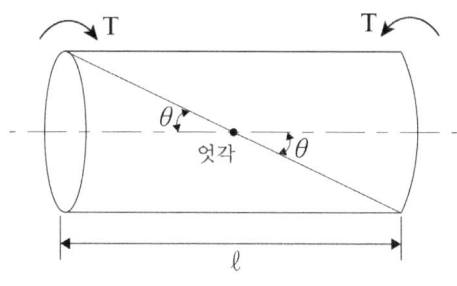

▎ 전동축에 발생하는 비틀림각

(1) 비틀림각 : $\theta = \dfrac{T\ell}{GI_P} [rad] = \dfrac{180}{\pi} \times \dfrac{T\ell}{GI_P} [°]$

✔ 축의 비틀림각 문제에서 '양 끝단의 비틀림 각이 각각 1°일 때'라는 조건이 주어지면 축의 가운데를 기준으로 하여 양 옆으로 1°씩 비틀린 경우를 의미하므로 총 비틀림각은 2°가 아니고 엇각의 개념으로 1°입니다.

(2) 축의 안전한 회전속도의 범위

축의 안전한 회전속도의 범위는 위험속도(N_C)의 ±25% 밖에 있는 회전속도이다. 예시로 어떠한 축의 위험속도가 $N_C = 1000rpm$ 인 경우 위험한 회전속도 범위는 $750rpm \leq N_C \leq 1250rpm$ 이다. 따라서 이 구간 안의 회전속도로 구동하지 않아야 한다. 문제에서 '안전한 회전속도를 구하라.'와 같은 조건이 주어지면 위험속도의 ±25%를 벗어난 회전속도를 선정하면 된다.

05. 축의 설계

일반기계기사 필답형

01

회전수 $300rpm$, 축의 허용 전단응력은 $30MPa$ 일 때 $30kW$으로 전달하는 중실축의 지름 $[mm]$을 구하시오.

$$T = \frac{H}{\omega} = \frac{H}{\frac{2\pi N}{60}} = \frac{30 \times 10^3}{\frac{2\pi \times 300}{60}} = 954.93 N \cdot m$$

$$T = \tau_a Z_P = \tau_a \times \frac{\pi d^3}{16} \quad \Rightarrow \quad \therefore d = \sqrt[3]{\frac{16T}{\pi \tau_a}} = \sqrt[3]{\frac{16 \times 954.93 \times 10^3}{\pi \times 30}} = 54.53 mm$$

02

굽힘 모멘트가 $3000 N \cdot m$으로 작용하는 중실축의 지름 $[mm]$을 구하시오.
(단, 축의 허용 굽힘응력은 $25MPa$이다.)

$$M = \sigma_a Z = \sigma_a \times \frac{\pi d^3}{32} \quad \Rightarrow \quad \therefore d = \sqrt[3]{\frac{32M}{\pi \sigma_a}} = \sqrt[3]{\frac{32 \times 3000 \times 10^3}{\pi \times 25}} = 106.92 mm$$

03

비틀림만 받는 중공축의 경우, $600rpm$으로 $5kW$를 전달하는 중공축의 외경 $[mm]$을 구하시오.
(단, 허용 전단응력 $25MPa$, 내외경비 $x = \dfrac{d_1}{d_2} = 0.6$이다.)

$$T = \frac{H}{\omega} = \frac{H}{\frac{2\pi N}{60}} = \frac{5 \times 10^3}{\frac{2\pi \times 600}{60}} = 79.58 N \cdot m$$

$$T = \tau_a Z_P = \tau_a \times \frac{\pi d_2^3 (1-x^4)}{16} \quad \Rightarrow \quad \therefore d_2 = \sqrt[3]{\frac{16T}{\tau_a \pi (1-x^4)}} = \sqrt[3]{\frac{16 \times 79.58 \times 10^3}{25\pi (1-0.6^4)}} = 26.51 mm$$

04

중실원축과 중공원축이 동일한 회전 토크가 작용할 경우, 중공축의 외경[mm]을 구하시오.
(단, 비틀림 응력은 같고, 중실축의 지름이 $150mm$이고, 내외경비는 0.7이다.)

$T = \tau Z_P$에서 $T_1 = T_2$, $\tau_1 = \tau_2$이므로, $Z_{P1} = Z_{P2} \Rightarrow \dfrac{\pi d^3}{16} = \dfrac{\pi d_2^3}{16}(1-x^4)$

$\therefore d_2 = \dfrac{d}{\sqrt[3]{1-x^4}} = \dfrac{150}{\sqrt[3]{1-0.7^4}} = 164.38mm$

05

다음 그림과 같이 축 중앙 부분에 $700N$의 기어를 설치했을 때 축의 위험속도[rpm]를 구하시오.
(단, 축의 자중은 무시하고, 종탄성계수 $2.07 \times 10^9 Pa$이다.)

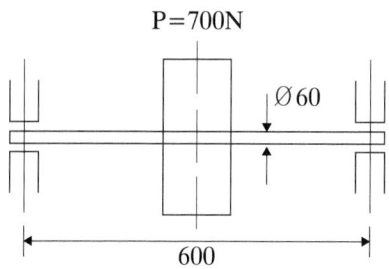

$\delta = \dfrac{P\ell^3}{48EI} = \dfrac{700 \times 600^3}{48 \times 2.07 \times 10^3 \times \dfrac{\pi \times 60^4}{64}} = 2.39mm$

$N_C = \dfrac{30}{\pi}\sqrt{\dfrac{g}{\delta}} = \dfrac{30}{\pi}\sqrt{\dfrac{9800}{2.39}} = 611.48 rpm$

06

길이 $2m$인 축이 회전수 $1000rpm$, $44.2kW$를 전달한다. 무게 $70kg$의 기어를 축의 중앙에 부착하고자 한다. 키 홈은 무시하고 허용 전단응력은 $35MPa$일 때 다음을 구하시오.

(1) 축의 비틀림 모멘트 $[J]$
(2) 축의 굽힘 모멘트 $[J]$
(3) 상당 비틀림 모멘트를 고려할 때의 축 지름 $[mm]$

(1) $T = \dfrac{H}{\omega} = \dfrac{H}{\dfrac{2\pi N}{60}} = \dfrac{44.2 \times 10^3}{\dfrac{2\pi \times 1000}{60}} = 422.08 N\cdot m (= J)$

(2) $M = \dfrac{PL}{4} = \dfrac{70 \times 9.8 \times 2}{4} = 343 N\cdot m (= J)$

(3) $T_e = \sqrt{M^2 + T^2} = \sqrt{343^2 + 422.08^2} = 543.88 N\cdot m (= J)$

$T_e = \tau_a Z_P = \tau_a \times \dfrac{\pi d^3}{16} \Rightarrow \therefore d = \sqrt[3]{\dfrac{16 T_e}{\pi \tau_a}} = \sqrt[3]{\dfrac{16 \times 543.88 \times 10^3}{\pi \times 35}} = 42.93 mm$

07

$430 rpm$으로 $15 kW$의 동력을 전달하는 둥근 축이 있다. 축의 허용 전단응력이 $42 N/mm^2$ 일 때 다음을 구하라.

(1) 중실축인 경우의 축지름 $[mm]$
(2) 외경이 $52mm$인 중공축으로 바꿀 때의 내경 $[mm]$

(1) $T = \dfrac{H}{\omega} = \dfrac{H}{\dfrac{2\pi N}{60}} = \dfrac{15 \times 10^3}{\dfrac{2\pi \times 430}{60}} = 333.11 N\cdot m$

$T = \tau_a Z_P = \tau_a \times \dfrac{\pi d^3}{16} \Rightarrow \therefore d = \sqrt[3]{\dfrac{16 T}{\pi \tau_a}} = \sqrt[3]{\dfrac{16 \times 333.11 \times 10^3}{\pi \times 42}} = 34.31 mm$

(2) $T = \tau_a Z_P = \tau_a \times \dfrac{\pi (d_2^4 - d_1^4)}{16 d_2}$ 에서,

$\therefore d_1 = \sqrt[4]{d_2^4 - \dfrac{16 d_2 T}{\pi \tau_a}} = \sqrt[4]{52^4 - \dfrac{16 \times 52 \times 333.11 \times 10^3}{\pi \times 42}} = 47.78 mm$

08

회전수 $900 rpm$으로 $3500 kW$을 전달하는 축이 존재한다. 축의 허용 전단응력은 $270 MPa$일 때 다음을 구하라.

(1) 중실축의 지름 $[mm]$
(2) 내외경비 0.6인 중공축으로 가정할 때의 바깥지름 $[mm]$

(1) $T = \dfrac{H}{\omega} = \dfrac{H}{\dfrac{2\pi N}{60}} = \dfrac{3500 \times 10^3}{\dfrac{2\pi \times 900}{60}} = 37136.15 N \cdot m$

$T = \tau_a Z_P = \tau_a \times \dfrac{\pi d^3}{16} \Rightarrow \therefore d = \sqrt[3]{\dfrac{16T}{\pi \tau_a}} = \sqrt[3]{\dfrac{16 \times 37136.15 \times 10^3}{\pi \times 270}} = 88.81 mm$

(2) $T = \tau_a Z_P = \tau_a \times \dfrac{\pi d_2^3 (1-x^4)}{16}$ 에서,

$\therefore d_2 = \sqrt[3]{\dfrac{16T}{\pi(1-x^4)\tau_a}} = \sqrt[3]{\dfrac{16 \times 37136.15 \times 10^3}{\pi \times (1-0.6^4) \times 270}} = 93.02 mm$

09

직경 $30mm$인 연강봉이 중앙에 있는 풀리에 의해 $300rpm$의 동력을 전달한다. 연강봉의 길이는 $5m$, 비틀림각은 $1°$, 가로탄성계수 $81.42GPa$일 때 전달동력$[kW]$을 구하시오.

$\theta = \dfrac{180}{\pi} \times \dfrac{TL}{GI_P}$ 에서,

$T = \dfrac{\pi GI_P \theta}{180L} = \dfrac{\pi \times 81.42 \times 10^3 \times \dfrac{\pi \times 30^4}{32} \times 1}{180 \times 5000} = 22600.78 N \cdot mm$

$\therefore H = T\omega = T \times \dfrac{2\pi N}{60} = 22600.78 \times 10^{-6} \times \dfrac{2\pi \times 300}{60} = 0.71 kW$

10

$200rpm$, $3.68kW$의 동력을 길이 $3m$의 비틀림 중실축에 전달할 때 $1m$당 $\dfrac{1}{4}°$의 비틀림을 허용한다. 전단탄성계수가 $81.65GPa$일 때 비틀림 중실축의 직경$[mm]$을 구하시오.

$T = \dfrac{H}{\omega} = \dfrac{3.68 \times 10^3}{\dfrac{2\pi \times 200}{60}} = 175.71 N \cdot m$

$\theta = \dfrac{180}{\pi} \times \dfrac{TL}{GI_P} = \dfrac{180}{\pi} \times \dfrac{TL}{G \times \dfrac{\pi d^4}{32}}$ 에서,

$\therefore d = \sqrt[4]{\dfrac{180 \times 32 \times TL}{\pi^2 G\theta}} = \sqrt[4]{\dfrac{180 \times 32 \times 175.71 \times 10^3 \times 3000}{\pi^2 \times 81.65 \times 10^3 \times \dfrac{3}{4}}} = 47.34 mm$

11

다음 그림과 같이 하중이 $700N$인 기어가 축 중앙에 매달려있다. 회전수 $900rpm$, $35kW$으로 동력이 길이 $3m$인 축에 전달되고 있을 때 다음을 구하시오.
(단, 허용 비틀림응력은 $40MPa$이고, 축의 자중은 무시한다.)

(1) 축의 최대 전달토크 $[N \cdot m]$
(2) 축의 최대 굽힘모멘트 $[N \cdot m]$
(3) 축의 직경 $[mm]$

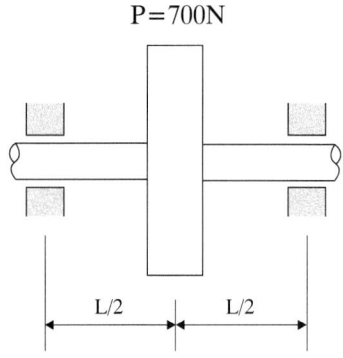

(1) $T = \dfrac{H}{\omega} = \dfrac{H}{\dfrac{2\pi N}{60}} = \dfrac{35 \times 10^3}{\dfrac{2\pi \times 900}{60}} = 371.36 N \cdot m$

(2) $M_{\max} = \dfrac{PL}{4} = \dfrac{700 \times 3}{4} = 525 N \cdot m$

(3) $T_e = \sqrt{M^2 + T^2} = \sqrt{525^2 + 371.36^2} = 643.07 N \cdot m$

$\therefore d = \sqrt[3]{\dfrac{16 T_e}{\pi \tau_a}} = \sqrt[3]{\dfrac{16 \times 643.07 \times 10^3}{\pi \times 40}} = 43.42 mm$

12

기어 두 개가 붙어있는 축 자중에 의한 위험속도 $900rpm$, 회전체가 각각 단독으로 설치 되어 있다고 가정할 때의 위험속도 $N_1 = 1500rpm$, $N_2 = 1800rpm$일 때 던커레이 공식을 이용하여 축 전체의 위험속도$[rpm]$를 구하시오.

$N_C = \dfrac{1}{\sqrt{\dfrac{1}{N_0^2} + \dfrac{1}{N_1^2} + \dfrac{1}{N_2^2}}} = \dfrac{1}{\sqrt{\dfrac{1}{900^2} + \dfrac{1}{1500^2} + \dfrac{1}{1800^2}}} = 709.3 rpm$

13

직경 $50mm$, 길이 $300mm$의 축에 $3000N$의 하중을 가진 기어를 축 중앙에 부착하였다. 위험속도$[rpm]$를 구하시오.
(단, 축의 자중은 무시하고, 종탄성계수 $23 \times 10^4 MPa$이다.)

$$\delta = \frac{W\ell^3}{48EI} = \frac{3000 \times 300^3}{48 \times 23 \times 10^4 \times \frac{\pi \times 50^4}{64}} = 0.024mm$$

$$\therefore N_C = \frac{30}{\pi}\sqrt{\frac{g}{\delta}} = \frac{30}{\pi}\sqrt{\frac{9800}{0.024}} = 6102.09rpm$$

14

그림과 같이 기어의 무게 $W = 4000N$, 축 지름 $80mm$, $\ell = 1000mm$, $\ell_1 = 300mm$인 기어축이 있다. 자중은 무시하고, 종탄성계수가 $220GPa$일 때 위험속도$[rpm]$을 구하시오.

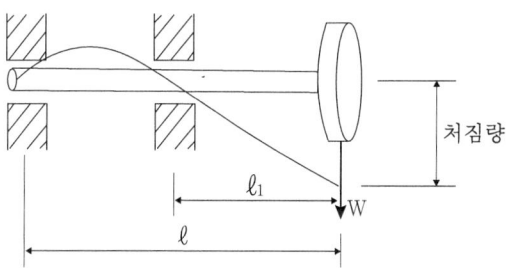

$$\delta = \frac{W\ell_1^2 \ell}{3EI} = \frac{4000 \times 300^2 \times 1000}{3 \times 220 \times 10^3 \times \frac{\pi \times 80^4}{64}} = 0.27mm$$

$$\therefore N_C = \frac{30}{\pi}\sqrt{\frac{g}{\delta}} = \frac{30}{\pi}\sqrt{\frac{9800}{0.27}} = 1819.29rpm$$

15

다음 그림과 같은 벨트 풀리의 무게 $W = 5000N$, 축 지름 $70mm$, $a = 400mm$, $b = 600mm$인 벨트 풀리 축이 있다. 자중은 무시하고, 종탄성계수가 $210GPa$일 때 위험속도$[rpm]$를 구하시오.

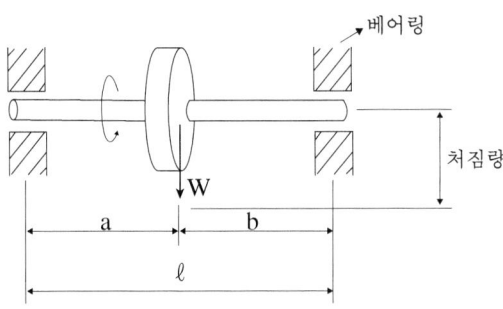

$$\delta = \frac{Wa^2b^2}{3\ell EI} = \frac{5000 \times 400^2 \times 600^2}{3 \times 1000 \times 210 \times 10^3 \times \frac{\pi \times 70^4}{64}} = 0.39mm$$

$$\therefore N_C = \frac{30}{\pi}\sqrt{\frac{g}{\delta}} = \frac{30}{\pi}\sqrt{\frac{9800}{0.39}} = 1513.74 rpm$$

16

중실축과 중공축이 동일한 회전토크가 작용할 경우, 지름 $80mm$의 중실축과 내외경비가 0.8인 중공축의 길이가 같을 때 다음을 구하시오.
(단, 두 축의 재질은 동일하다.)

(1) 중공축의 내경$[mm]$, 외경$[mm]$을 구하시오.
(2) 중량비$\left(\dfrac{중공축의\ 중량}{중실축의\ 중량}\right)[\%]$를 구하시오.

(1) $T = \tau Z_P$에서 $T_1 = T_2$, $\tau_1 = \tau_2$이므로, $Z_{P1} = Z_{P2} \Rightarrow \dfrac{\pi d^3}{16} = \dfrac{\pi d_2^3}{16}(1-x^4)$

$\therefore d_2 = \dfrac{d}{\sqrt[3]{1-x^4}} = \dfrac{80}{\sqrt[3]{1-0.8^4}} = 95.36mm$

$\dfrac{d_1}{d_2} = 0.8 \Rightarrow \therefore d_1 = 0.8 d_2 = 0.8 \times 95.36 = 76.29mm$

(2) $\varepsilon = \dfrac{d_2^2 - d_1^2}{d^2} = \dfrac{95.36^2 - 76.29^2}{80^2} = 0.5115 = 51.15\%$

17

$600 N \cdot m$의 굽힘모멘트를 동시에 받으며, 회전수 $400 rpm$으로 $30 kW$를 전달시키는 축이 있을 때 다음을 구하시오.
(단, 허용 전단응력은 $48 MPa$, 허용 굽힘응력은 $72 MPa$이다.)

(1) 상당 비틀림 모멘트 $[N \cdot m]$
(2) 상당 굽힘 모멘트 $[N \cdot m]$
(3) 축의 지름$[mm]$을 표에서 선정하시오.

※축의 직경

d[mm]	35	40	45	50	55	60	65

(1) $T = \dfrac{H}{\omega} = \dfrac{H}{\dfrac{2\pi N}{60}} = \dfrac{30 \times 10^3}{\dfrac{2\pi \times 400}{60}} = 716.2 N \cdot m, \quad M = 600 N \cdot m$

$\therefore T_e = \sqrt{M^2 + T^2} = \sqrt{600^2 + 716.2^2} = 934.31 N \cdot m$

(2) $M_e = \dfrac{1}{2}(M + \sqrt{M^2 + T^2}) = \dfrac{1}{2}(M + T_e) = \dfrac{1}{2}(600 + 934.31) = 767.16 N \cdot m$

(3) $T_e = \tau_a Z_P = \tau_a \times \dfrac{\pi d^3}{16}$ 에서

$d = \sqrt[3]{\dfrac{16 T_e}{\pi \tau_a}} = \sqrt[3]{\dfrac{16 \times 934.31 \times 10^3}{\pi \times 48}} = 46.28 mm \cdots\cdots ①$

$M_e = \sigma_a Z = \sigma_a \times \dfrac{\pi d^3}{32}$ 에서

$d = \sqrt[3]{\dfrac{32 M_e}{\pi \sigma_a}} = \sqrt[3]{\dfrac{32 \times 767.16 \times 10^3}{\pi \times 72}} = 47.7 mm \cdots\cdots ②$

여기서 안전을 고려하여 ①, ②중 큰 값을 채택하므로 ② $d = 47.7 mm$이다.
표에서 채택한 직경보다 큰 값을 찾으면, $\therefore d = 50 mm$

18

다음 그림과 같은 $1800rpm$, $17.5kW$인 전동기에 연결된 중심축이다. 이 축의 재료는 $SM45C$이며 허용 전단응력 $110MPa$, 가로탄성계수 $85GPa$일 때 다음을 구하시오.

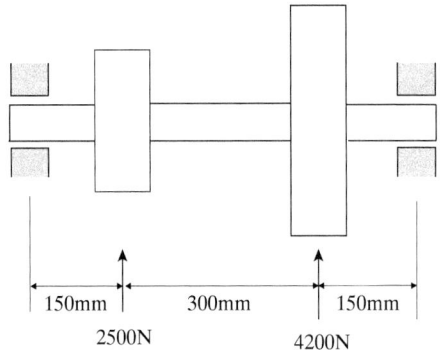

※ 회전축의 지름표 [mm]

| 22 | 25 | 28 | 30 | 35 | 40 | 45 | 50 | 55 | 60 | 65 | 70 |

(1) 상당 비틀림모멘트에 의한 축 지름[mm]을 선정하시오. (단, 키 홈과 축의 자중 고려하지 않음)
(2) (1)에서 구한 축 지름을 기준으로 비틀림각 [rad]
(3) $b \times h \times \ell = 14 \times 10 \times 60$인 키의 ① 전단응력[$MPa$]과 ② 압축응력[$MPa$]을 구하시오.

(1)

$\sum M_B = 0 \Rightarrow R_A \times 600 - 2500 \times 450 - 4200 \times 150 = 0 \Rightarrow \therefore R_A = 2925N$
$\sum M_A = 0 \Rightarrow R_B \times 600 - 4200 \times 450 - 2500 \times 150 = 0 \Rightarrow \therefore R_B = 3775N$

여기서, 최대 굽힘 모멘트는,

$M_{\max} = R_B \times 150 = 3775 \times 150 = 566250 N \cdot mm ≒ 566.25 N \cdot m$

$T = \dfrac{H}{\omega} = \dfrac{H}{\dfrac{2\pi N}{60}} = \dfrac{17.5 \times 10^3}{\dfrac{2\pi \times 1800}{60}} = 92.84 N \cdot m$

$T_e = \sqrt{M_{\max}^2 + T^2} = \sqrt{566.25^2 + 92.84^2} = 573.81 N \cdot m$

$\Rightarrow d_0 = \sqrt[3]{\dfrac{16 T_e}{\pi \tau_a}} = \sqrt[3]{\dfrac{16 \times 573.81 \times 10^3}{\pi \times 110}} = 29.84 mm$

표에서, 구한 d_0보다 크면서 근삿값인 것을 선정한다.
∴ $d = 30mm$

(2) $\theta = \dfrac{TL}{GI_P} = \dfrac{92.84 \times 10^3 \times 600}{85 \times 10^3 \times \dfrac{\pi \times 30^4}{32}} = 0.0082 rad$

(3) ① $\tau_k = \dfrac{2T}{b\ell d} = \dfrac{2 \times 92.84 \times 10^3}{14 \times 60 \times 30} = 7.37 MPa$

② $\sigma_c = \dfrac{4T}{h\ell d} = \dfrac{4 \times 92.84 \times 10^3}{10 \times 60 \times 30} = 20.63 MPa$

✔ (2)와 (3)에서 상당 비틀림 모멘트를 사용하지 않은 이유는 비틀림각과 키의 응력상태는 단순히 축의 회전에 의한 힘에만 영향을 받는걸로 생각하시면 됩니다. 굽힘모멘트가 비틀림각과 키의 응력상태에서 영향을 끼칠 요소가 없기 때문에 단순 비틀림 모멘트만 사용한 것입니다. 간단히 말해서, 축 전체에 대한 것이 아니라 축의 한 부분으로써 비틀림각과 키에 대한 설계요소라고 생각하셔야 합니다.

19

다음 그림과 같이 $W = 800N$, $T_t = 1540N$, $T_s = 820N$으로 힘이 작용되는 벨트 전동 장치가 회전수 $950 rpm$으로 동력 $23kW$를 전달한다. 다음을 구하시오.
(단, 굽힘에 의한 동적하중계수 $k_m = 1.5$, 비틀림에 의한 동적하중계수 $k_t = 1.2$이다.)

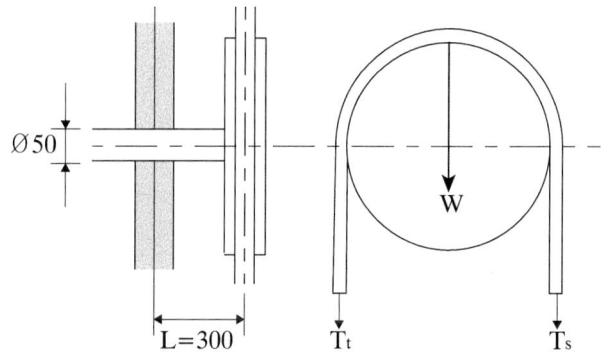

(1) 상당 비틀림 모멘트 $[N \cdot m]$
(2) 상당 굽힘 모멘트 $[N \cdot m]$
(3) 축에 발생하는 전단응력 $[MPa]$
(4) 축에 발생하는 굽힘응력 $[MPa]$

(1) $T = \dfrac{H}{\omega} = \dfrac{H}{\dfrac{2\pi N}{60}} = \dfrac{23 \times 10^3}{\dfrac{2\pi \times 950}{60}} = 231.19 N \cdot m$

$M = PL = (T_t + W + T_s)L = (1540 + 800 + 820) \times 0.3 = 948 N \cdot m$

$\therefore T_e = \sqrt{(k_m M)^2 + (k_t T)^2} = \sqrt{(1.5 \times 948)^2 + (1.2 \times 231.19)^2} = 1448.81 N \cdot m$

(2) $M_e = \dfrac{1}{2}(k_m M + \sqrt{(k_m M)^2 + (k_t T)^2}) = \dfrac{1}{2}(k_m M + T_e) = \dfrac{1}{2} \times (1.5 \times 948 + 1448.81)$

$\therefore M_e = 1435.41 N \cdot m$

(3) $\tau = \dfrac{T_e}{Z_P} = \dfrac{T_e}{\dfrac{\pi d^3}{16}} = \dfrac{1448.81 \times 10^3}{\dfrac{\pi \times 50^3}{16}} = 59.03 MPa$

(4) $\sigma_b = \dfrac{M_e}{Z} = \dfrac{M_e}{\dfrac{\pi d^3}{32}} = \dfrac{1435.41 \times 10^3}{\dfrac{\pi \times 50^3}{32}} = 116.97 MPa$

20

그림과 같이 $140 rpm$, $5 kW$ 동력을 전달하는 연강축이 있다. 이때 키홈을 무시하고, 허용 인장응력 $56 MPa$, 허용 전단응력 $44 MPa$, 축 재료의 종탄성계수 $200 GPa$, 비중량 $84200 N/m^3$일 때 다음을 구하시오.

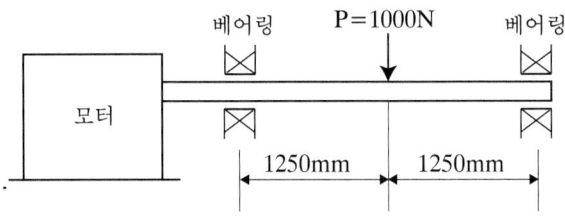

※축의 지름표 [mm]

35	40	45	50	55	60	65	70	75	80	85	90

(1) Guest의 최대 전단응력설에 의한 축의 지름[mm]을 구하시오.
  (단, 축의 자중은 고려하지 않고, 표를 보고 지름을 선정하라.)
(2) (1)에서 구한 축 지름이 $90mm$라고 가정할 때 Dunkerley 실험공식에 의한 이 축의 위험 속도[rpm]를 구하시오.

(1) $T = \dfrac{H}{\omega} = \dfrac{H}{\dfrac{2\pi N}{60}} = \dfrac{5 \times 10^3}{\dfrac{2\pi \times 140}{60}} = 341.05 N \cdot m$

$M = \dfrac{PL}{4} = \dfrac{1000 \times 2.5}{4} = 625 N \cdot m$

$T_e = \sqrt{M^2 + T^2} = \sqrt{625^2 + 341.05^2} = 712 N \cdot m$

Guest의 최대 전단응력설 : $\tau_a = \dfrac{1}{2}\sqrt{\sigma^2 + 4\tau^2} = \dfrac{1}{2}\sqrt{56^2 + 4 \times 44^2} = 52.15 MPa$

$d = \sqrt[3]{\dfrac{16 T_e}{\pi \tau_a}} = \sqrt[3]{\dfrac{16 \times 712 \times 10^3}{\pi \times 52.15}} = 41.12 mm$

표에서, 구한 d보다 크면서 근사한 값을 선정한다.
∴ $d = 45mm$

(2) $\omega = \gamma A = 84200 \times 10^{-9} \times \dfrac{\pi \times 90^2}{4} = 0.54 N/mm$

$\delta_0 = \dfrac{5\omega \ell^4}{384EI} = \dfrac{5 \times 0.54 \times 2500^4}{384 \times 200 \times 10^3 \times \dfrac{\pi \times 90^4}{64}} = 0.43mm$

$N_0 = \dfrac{30}{\pi}\sqrt{\dfrac{g}{\delta_0}} = \dfrac{30}{\pi}\sqrt{\dfrac{9800}{0.43}} = 1441.62rpm$ ……….① 축 자중에 의한 위험속도

$\delta_1 = \dfrac{P\ell^3}{48EI} = \dfrac{1000 \times 2500^3}{48 \times 200 \times 10^3 \times \dfrac{\pi \times 90^4}{64}} = 0.51mm$

$N_1 = \dfrac{30}{\pi}\sqrt{\dfrac{g}{\delta_1}} = \dfrac{30}{\pi}\sqrt{\dfrac{9800}{0.51}} = 1323.73rpm$ ……….② 하중 $P=1000N$에 의한 위험속도

$\therefore N_C = \dfrac{1}{\sqrt{\dfrac{1}{N_0^{\,2}}+\dfrac{1}{N_1^{\,2}}}} = \dfrac{1}{\sqrt{\dfrac{1}{1441.62^2}+\dfrac{1}{1323.73^2}}} = 975.04rpm$

06

커플링과 클러치(축 이음)

6-1. 클램프 커플링(=분할 원통 커플링)

6-2. 플랜지 커플링

6-3. 유니버셜 커플링(=유니버셜 조인트)

6-4. 단판 클러치

6-5. 다판 클러치

6-6. 원추 클러치

6-7. 물림 클러치

Chapter 6

커플링과 클러치(축 이음)

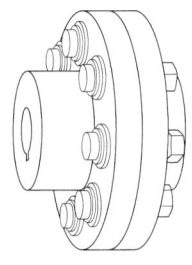
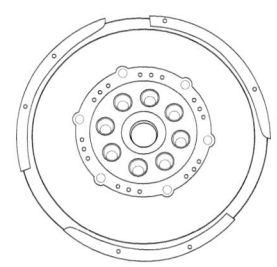

축이음 이란, 크게 커플링(Coupling)과 클러치(Clutch)로 나눠지며 주로 축과 축을 연결하여 회전력을 전달하는 기계요소이다.

6-1 클램프 커플링(=분할 원통 커플링)

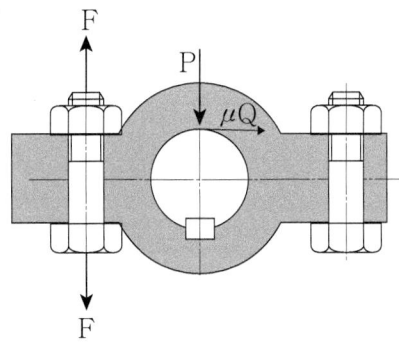

여기서,
P : 원통이 축을 죄는 힘 $[N]$
d : 축 지름 $[mm]$
μ : 원통과 축 사이 마찰계수
ℓ : 원통의 길이 $[mm]$
σ_t : 볼트에 생기는 인장응력 $[N/mm^2]$
τ_s : 축의 허용전단응력 $[N/mm^2]$
q : 원통과 축 사이의 접촉압력 $[N/mm^2]$
$\delta_B(=d_1)$: 볼트의 골지름(=볼트의 지름) $[mm]$

(1) 전달 토크(T) $[N \cdot mm]$

$$T = \tau_s Z_P = \tau_s \frac{\pi d^3}{16} = \frac{H}{\omega}$$

여기서,
H : 전달 동력 $[W]$
d : 축 지름 $[mm]$
ω : 각속도 $[rad/s]$ $\left(\omega = \frac{2\pi N}{60}\right)$

(2) 축을 졸라 매는 힘(P) [N]

전동토크 $T = \mu Q \times \dfrac{d}{2} = \mu q A \times \dfrac{d}{2}$ 에서 원둘레면적 $A = \pi d \ell$ 이고 $q = \dfrac{P}{d\ell}$ 이므로

$T = \mu \dfrac{P}{d l} \pi d l \dfrac{d}{2} = \dfrac{\mu \pi d P}{2}$ 이다. P 에 대해서 정리하면

$$\therefore P = \dfrac{2T}{\mu \pi d}$$

(3) 볼트 1개가 받는 힘(F) [N]

그림에서 볼 수 있듯이 클램프 커플링은 볼트들이 양쪽을 지지하고 있으므로 판단이 일어난다면 한 쪽 볼트군에서 파단이 일어난다. 따라서 총 n개의 볼트로 지지되고 있는 클램프 커플링이라면 한 쪽 볼트군의 볼트 개수인 $\dfrac{n}{2}$개 만큼의 볼트가 지지하고 있다고 볼 수 있으므로 볼트 한 개가 받는 힘 F는

$$F = \dfrac{P}{\dfrac{n}{2}} = \dfrac{2P}{n}$$

(4) 볼트에 생기는 인장응력(σ_t) [N/mm^2]

마찬가지로 한 쪽 볼트군에서 파단이 일어나므로 총 n개의 볼트로 지지되고 있는 클램프 커플링이라면 한 쪽 볼트군의 볼트 개수인 $\dfrac{n}{2}$개 만큼의 파괴과상면적이 생기므로

$$\sigma_t = \dfrac{P}{A \times \dfrac{n}{2}} = \dfrac{8P}{\pi \delta_B^2 n}$$

✔ 클램프 커플링은 양쪽 볼트군 중에서 어느 한 쪽이 먼저 파괴되므로 **한 쪽의 볼트군 개수인 $\dfrac{n}{2}$를** 고려해야 합니다.

(5) 볼트 1개에 작용하는 인장응력(σ_t) [N/mm^2] : $\sigma_t = \dfrac{F}{A} = \dfrac{4F}{\pi \delta_B^2}$

✔ 호칭지름 3mm 이상의 볼트는 골지름(d_1)이 주어지지 않았을 경우엔 실험식을 이용하여 골지름을 $d_1 = 0.8 d_2$로 구하여 문제를 풉니다.

6-2 플랜지 커플링

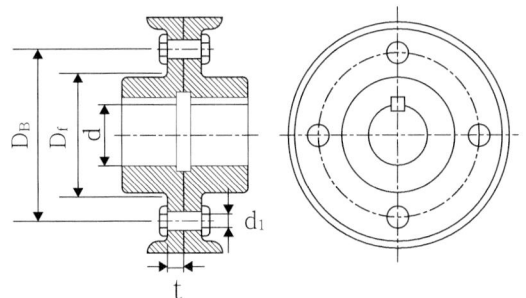

여기서,
d : 축 직경 $[mm]$
d_1 : 볼트의 골지름 $[mm]$
D_f : 플랜지 뿌리부 직경 $[mm]$
D_B : 볼트 중심의 직경 $[mm]$
t : 플랜지 뿌리부의 두께 $[mm]$

(1) 볼트의 전단응력(τ_B) $[N/mm^2]$

전달토크 $T=$ 힘 $\times$ 거리 $=$ 응력 $\times$ 면적 $\times$ 거리 로 나타낼 수 있으므로

$$T = \tau_B \cdot \frac{\pi d_1^2}{4} \cdot \frac{D_B}{2} \cdot Z = \tau_s \cdot Z_P$$ 이고 또한 $T = \tau_s \cdot Z_P$ 이다. 따라서

$$\therefore \tau_B = \frac{8T}{\pi d_1^2 D_B Z}$$

여기서,
τ_B : 볼트의 전단응력 $[N/mm^2]$
τ_s : 축의 허용비틀림응력 $[N/mm^2]$
Z_P : 축의 극단면계수 $[mm^3]$

(2) 플랜지 뿌리부의 전단응력 $[N/mm^2]$

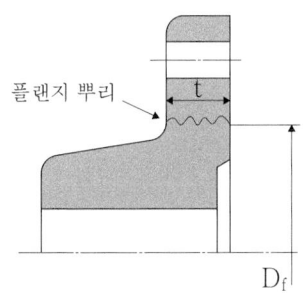

여기서,
t : 플랜지 뿌리부의 두께 $[mm]$
D_f : 플랜지 뿌리부의 직경 $[mm]$
τ_f : 플랜지 뿌리부의 전단응력 $[N/mm^2]$

전달 토크 $T=$ 힘 $\times$ 거리 $=$ 응력 $\times$ 면적 $\times$ 거리 로 나타낼 수 있으므로

$$T = \tau_f \cdot \pi D_f t \cdot \frac{D_f}{2}$$ 이다. 따라서

$$\therefore \tau_f = \frac{2T}{\pi D_f^2 t}$$

6-3 유니버셜 커플링(=유니버셜 조인트)

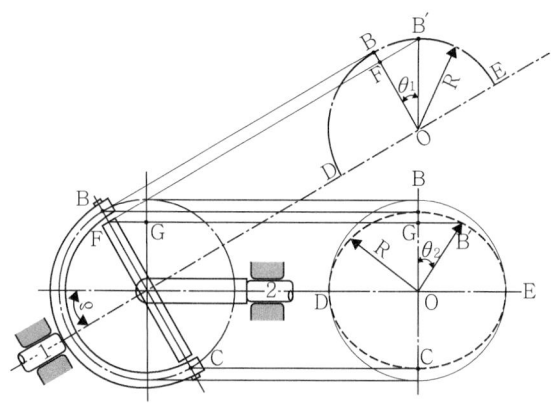

여기서,
θ_1 : 원동축의 축각 [°]
θ_2 : 원동축의 축각 [°]
R : 축의 반지름 [mm]
δ : 교차각 [°]
N_1 : 원동축의 회전각속도 [rpm]
N_2 : 종동축의 회전각속도 [rpm]

(1) 속비(ε)

$$\varepsilon = \frac{N_2}{N_1} = \frac{1 - \sin^2\theta_2 \sin^2\delta}{\cos\delta}$$

(2) 종동축의 최대, 최소 회전수 [rpm]

속비 $\varepsilon = \dfrac{N_2}{N_1}$ 의 최소값은 $\cos\delta$, 최대값은 $\dfrac{1}{\cos\delta}$ 이므로,

$$N_{2,\min} = N_1 \cos\delta , \quad N_{2,\max} = \frac{N_1}{\cos\delta}$$

6-4 단판 클러치

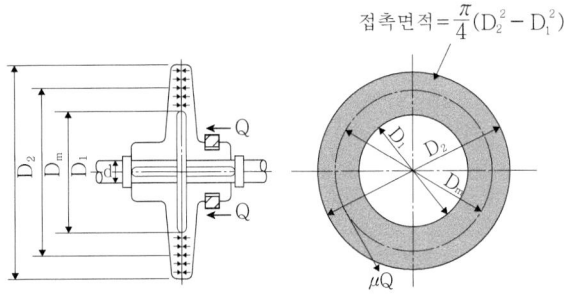

여기서,
P : 클러치를 축 방향으로 미는 힘 $[N]$ (=Thrust=추력)
μ : 마찰 계수
μP : 접선력(=마찰력, 회전력) $[N]$
b : 접촉 폭 $[mm]$
D_1 : 클러치의 내경 $[mm]$
D_2 : 클러치의 외경 $[mm]$
D_m : 평균 직경 $[mm]$ $\left(D_m = \dfrac{D_2 + D_1}{2}\right)$

(1) 접촉면압력(q) $[N/mm^2]$

접촉면압력 $q = \dfrac{P}{A}$ 에서 접촉면의 범위는 위 그림과 같으므로

$$q = \dfrac{P}{\dfrac{\pi}{4}(D_2^2 - D_1^2)}$$

또한 $q = \dfrac{P}{\dfrac{\pi}{4}(D_2^2 - D_1^2)} = \dfrac{P}{\pi \cdot \dfrac{D_2 + D_1}{2} \cdot \dfrac{D_2 - D_1}{2}}$ 으로 나타낼 수 있으므로

$$q = \dfrac{P}{\pi D_m b Z}$$

(2) 전달 토크(T) $[N \cdot mm]$

전달 토크 T = 마찰력 × 거리 이므로 $T = \mu P \times \dfrac{D_m}{2}$

또 $P = \pi D_m b q$ 이므로 $T = \mu \pi D_m b q \times \dfrac{D_m}{2}$

이 식을 접촉면압력으로 정리하면

$$q = \dfrac{2T}{\mu \pi D_m^2 b}$$

6-5 다판 클러치

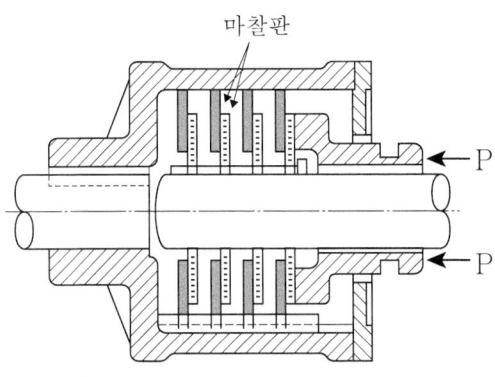

여기서,
P : 클러치를 축 방향으로 미는 힘 $[N]$
  ($=$Thrust$=$추력)
μ : 마찰 계수
μP : 접선력($=$마찰력, 회전력) $[N]$
b : 접촉 폭 $[mm]$ $\left(b = \dfrac{D_2 - D_1}{2}\right)$
D_1 : 클러치의 내경 $[mm]$
D_2 : 클러치의 외경 $[mm]$
D_m : 평균 직경 $[mm]$ $\left(D_m = \dfrac{D_2 + D_1}{2}\right)$

(1) 접촉면압력(q) $[N/mm^2]$

접촉면압력 $q = \dfrac{P}{A}$ 에서 접촉면의 범위는 위 그림과 같고 판의 수도 고려되므로

$$q = \dfrac{P}{AZ} = \dfrac{P}{\dfrac{\pi}{4}(D_2^2 - D_1^2)Z}$$

또한 $q = \dfrac{P}{\pi \dfrac{D_2 + D_1}{2} \dfrac{D_2 - D_1}{2} Z}$ 이므로

$$q = \dfrac{P}{\pi D_m b Z}$$

(2) 전달 토크(T) $[N \cdot mm]$

전달 토크 $T =$ 마찰력 $\times$ 거리 이므로 $T = \mu P \times \dfrac{D_m}{2}$

또 $P = \pi D_m b Z q$ 이므로 $T = \mu \pi D_m b Z q \times \dfrac{D_m}{2}$

접촉면압력으로 정리하면 $q = \dfrac{2T}{\mu \pi D_m^2 b Z}$

✔ 다판 클러치는 '**판 하나에 걸리는 압력을 줄인다.**'라는 목적을 가지고 설계하기 때문에 접촉면 압력(q)만 판 수를 나눠줍니다. 반대로 축 방향으로 미는 힘(P)은 모든 판을 고려하여 미는 힘이므로 판의 수(Z)를 내포하고 있습니다. 만약 문제에서 '**판 하나당**' 작용하는 하중으로 나온다면 판의 수(Z)를 고려하여 곱해줘야 합니다.

6-6 원추 클러치

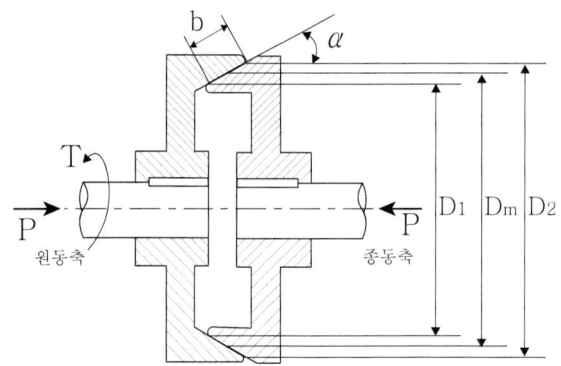

여기서,
P : 클러치를 축방향으로 미는 힘 [N]
 (=thrust =추력)
Q : 접촉면에 수직하는 힘 [N]
μQ : 접선력(=마찰력 =회전력) [N]
 ($F = \mu Q = \mu' P$)
α : 접촉각 [°]

(1) 상당마찰계수(μ')

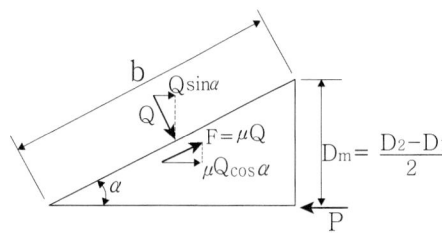

그림에서 $P = Q\sin\alpha + \mu Q\cos\alpha$ 이므로

$$Q = \frac{P}{\sin\alpha + \mu\cos\alpha}$$

또한 마찰력 $F = QP = \mu' P \dfrac{\mu}{\sin\alpha + \mu\cos\alpha} P$ 이므로

$$\mu' = \frac{\mu}{\sin\alpha + \mu\cos\alpha}$$

(2) 접촉면압력(q) [N/mm^2] : $q = \dfrac{Q}{A} = \dfrac{Q}{\pi D_m b}$

(3) 접촉폭(b) [mm]

위 그림에서 $D_2 = D_1 + 2b\sin\alpha$ 이므로, $b = \dfrac{D_2 - D_1}{2\sin\alpha}$

(4) 전달 토크(T) [$N \cdot mm$]

전달 토크 $T = $ 마찰력 $\times$ 거리 이므로 $T = \mu Q \cdot \dfrac{D_m}{2} = \mu \pi D_m b q \cdot \dfrac{D_m}{2}$

접촉면압력으로 정리하면 $q = \dfrac{2T}{\mu \pi D_m^2 b}$

6-7 물림 클러치

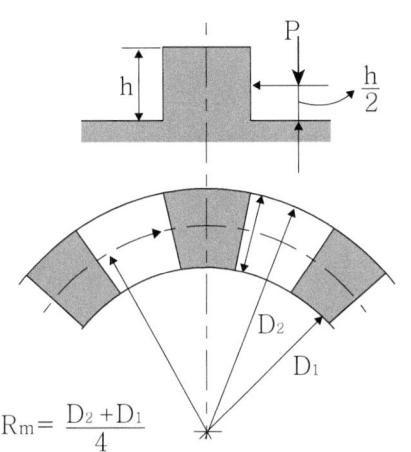

여기서,
P : 이의 중앙에 작용하는 집중하중 [N]
τ_a : 턱의 허용전단응력 [N/mm^2]
σ_b : 턱의 허용굽힘응력 [N/mm^2]
D_1 : 클러치의 내경 [mm]
D_2 : 클러치의 외경 [mm]
D_m : 평균 직경 [mm] $\left(D_m = \dfrac{D_2 + D_1}{2}\right)$
h : 턱의 높이 [mm]
A_1 : 턱 한 개의 접촉 단면적 [mm^2]
$\left(A_1 = \dfrac{(D_2 - D_1)h}{2}\right)$
b : 턱의 너비 [mm]
t : 턱의 두께 [mm]
Z : 턱의 수

(1) 접촉면압력(q) [N/mm^2]

접촉면압력 $q = \dfrac{P}{A}$ 이고

여기서 $T = P \times \dfrac{D_m}{2}$ 에서 $P = \dfrac{2T}{D_m}$, $A = A_1 Z$ 이므로

$q = \dfrac{\frac{2T}{D_m}}{A_1 Z}$ 이다. 또한 $D_m = \dfrac{D_2 + D_1}{2}$, $A_1 = \dfrac{D_2 - D_1}{2} h$ 이므로 각각 대입하면

$q = \dfrac{8T}{(D_2^2 - D_1^2)hZ}$

(2) 전달 토크(T) [$N \cdot mm$]

전달 토크 $T=$ 하중$\times$거리에서 $T = P \times \dfrac{D_m}{2}$ 이다.

여기서 $P = \tau_a A = \tau_a A_1 Z$ 이므로

$$T = \tau_a A_1 Z \dfrac{D_m}{2} = \dfrac{\pi \tau_a}{32}(D_2^2 - D_1^2)(D_2 + D_1)$$

(3) 허용전단응력(τ_a) [N/mm^2]

전달 토크 $T = \dfrac{\pi \tau_a}{32}(D_2^2 - D_1^2)(D_2 + D_1)$ 이므로 허용전단응력(τ_a)으로 정리하면

$$\tau_a = \dfrac{32\,T}{\pi(D_2^2 - D_1^2)(D_2 + D_1)}$$

(4) 허용굽힘응력(σ_b) [N/mm^2]

$M = \sigma_b Z$ 에서 $\sigma_b = \dfrac{M}{Z}$

굽힘응력이 발생하는 이에 작용하는 모멘트는 $M = Ph$로 나타낼 수 있으므로

$\sigma_b = \dfrac{M}{Z} = \dfrac{P \dfrac{h}{2}}{\dfrac{tb^2}{6}}$ 이다. 여기서 $P = \dfrac{2T}{D_m}$ 이므로

$$\sigma_b = \dfrac{6 \times \dfrac{4T}{D_m Z} h}{2tb^2} = \dfrac{12\,Th}{tb^2(D_2 + D_1)Z}$$

Memo

06. 커플링과 클러치(축 이음)

01

축 직경 $85mm$의 클램프 커플링에서 볼트 6개를 사용하여 회전수 $300rpm$, $42kW$ 동력을 마찰력으로만 전달하려 한다. 마찰계수는 0.18, 볼트의 골지름은 $23.5mm$일 때 다음을 구하시오.

(1) 전동 회전 모멘트 $[N \cdot m]$
(2) 축을 졸라 매는 힘 $[N]$
(3) 볼트에 생기는 인장응력 $[N/mm^2]$

(1) $T = \dfrac{H}{\omega} = \dfrac{H}{\dfrac{2\pi N}{60}} = \dfrac{42 \times 10^3}{\dfrac{2\pi \times 300}{60}} = 1336.9 N \cdot m$

(2) $P = \dfrac{2T}{\mu \pi d} = \dfrac{2 \times 1336.9 \times 10^3}{0.18\pi \times 85} = 55627.25 N$

(3) $\sigma_t = \dfrac{8P}{\pi \delta_B^2 Z} = \dfrac{8 \times 55627.25}{\pi \times 23.5^2 \times 6} = 42.75 N/mm^2$

02

축 직경 $80mm$의 클램프 커플링에서 볼트 10개를 사용하여 회전수 $150rpm$, $35kW$ 동력을 마찰력으로만 전달하려 한다. 허용인장응력 $150MPa$, 마찰계수는 0.23일 때 다음을 구하시오.

(1) 원통이 축을 죄는 힘 $[N]$
(2) 볼트의 골지름 $[mm]$

(1) $T = \dfrac{H}{\omega} = \dfrac{H}{\dfrac{2\pi N}{60}} = \dfrac{35 \times 10^3}{\dfrac{2\pi \times 150}{60}} = 2228.17 N \cdot m$

$\therefore P = \dfrac{2T}{\mu \pi d} = \dfrac{2 \times 2228.17 \times 10^3}{0.23\pi \times 80} = 77092.23 N$

(2) $\sigma_t = \dfrac{8P}{\pi \delta_B^2 Z}$ $\Rightarrow$ $\therefore \delta_B = \sqrt{\dfrac{8P}{\pi Z \sigma_a}} = \sqrt{\dfrac{8 \times 77092.23}{\pi \times 10 \times 150}} = 11.44 mm$

03

지름 $100mm$의 축 이음을 하는 분할 원통 커플링에서 $M30$의 볼트 8개를 사용한다. 축의 허용 전단응력은 $25MPa$, 마찰계수가 0.2이며 마찰력으로만 동력을 전달할 때 다음을 구하시오.

(1) 원통이 축을 죄는 힘 $[N]$
(2) 볼트에 생기는 인장응력 $[MPa]$

(1) $T = \tau_a Z_P = \tau_a \times \dfrac{\pi d^3}{16} = 25 \times \dfrac{\pi \times 100^3}{16} = 4908738.52 N \cdot mm$
$\therefore P = \dfrac{2T}{\mu \pi d} = \dfrac{2 \times 4908738.52}{0.2\pi \times 100} = 156250 N$

(2) 골지름 $d_1 = \delta_B = 0.8d = 0.8 \times 30 = 24mm$
$\therefore \sigma_t = \dfrac{8P}{\pi \delta_B^2 Z} = \dfrac{8 \times 156250}{\pi \times 24^2 \times 8} = 86.35 MPa$

04

클램프 커플링으로 축 직경 $60mm$인 축 이음을 하여 $300rpm$, $8kW$으로 동력을 전달하고자 한다. 마찰계수 0.3, 볼트 8개, 볼트의 골지름 $16mm$일 때 다음을 계산하라.

(1) 전달 토크 $[N \cdot m]$
(2) 볼트 1개가 받는 힘 $[N]$
(3) 볼트 1개에 작용하는 인장응력 $[MPa]$

(1) $T = \dfrac{H}{\omega} = \dfrac{H}{\dfrac{2\pi N}{60}} = \dfrac{8 \times 10^3}{\dfrac{2\pi \times 300}{60}} = 254.65 N \cdot m$

(2) $P = \dfrac{2T}{\mu \pi d} = \dfrac{2 \times 254.65 \times 10^3}{0.3\pi \times 60} = 9006.4 N$
P는 한쪽면을 죄는 힘이므로 $n = \dfrac{Z}{2} = \dfrac{8}{2} = 4$
$\therefore Q = \dfrac{P}{n} = \dfrac{9006.4}{4} = 2251.6 N$

(3) $\sigma_t = \dfrac{Q}{A} = \dfrac{4Q}{\pi d_1^2} = \dfrac{4 \times 2251.6}{\pi \times 16^2} = 11.2 MPa$

05

회전수 $320 rpm$, $40 kW$를 전달하는 축 이음을 하는 플랜지 커플링에서 볼트의 전단응력은 $20 MPa$, 볼트 8개를 사용하였을 때 다음을 구하시오.
(여기서, 볼트 구멍의 피치원 직경은 $320mm$이다.)

(1) 전달 토크 $[N \cdot m]$
(2) 볼트의 골지름 $[mm]$

(1) $T = \dfrac{H}{\omega} = \dfrac{H}{\dfrac{2\pi N}{60}} = \dfrac{40 \times 10^3}{\dfrac{2\pi \times 320}{60}} = 1193.66 N \cdot m$

(2) $T = \tau_B \times \dfrac{\pi \delta_B^2}{4} \times \dfrac{D_B}{2} \times Z \Rightarrow \therefore \delta_B = \sqrt{\dfrac{8T}{\pi \tau_B D_B Z}} = \sqrt{\dfrac{8 \times 1193.66 \times 10^3}{\pi \times 20 \times 320 \times 8}} = 7.71 mm$

06

지름 $95mm$인 축이 $800rpm$으로 동력을 전달하는 플랜지 커플링이 있다. 볼트의 피치원 직경 $420mm$, 플렌지 뿌리부의 직경 $150mm$, 플렌지 뿌리부의 두께 $28mm$, 축의 허용전단응력 $22MPa$, 볼트의 허용전단응력 $27MPa$, 볼트 8개를 사용하고자 한다. 동력의 전달이 볼트의 전단강도에만 의존할 때 다음을 구하시오.

(1) 최대 전달동력 $[kW]$
(2) 표를 보고 볼트를 선정하시오.

볼트의 호칭	M6	M8	M10	M12	M14	M16	M18

(3) 플랜지 뿌리부의 전단응력 $[MPa]$

(1) $T = \tau_a Z_P = \tau_a \times \dfrac{\pi d^3}{16} = 22 \times \dfrac{\pi \times 95^3}{16} = 3703594.13 N \cdot mm$

$\therefore H' = T\omega = T \times \dfrac{2\pi N}{60} = 3703594.13 \times 10^{-6} \times \dfrac{2\pi \times 800}{60} = 310.27 kW$

(2) $T = \tau_B \times \dfrac{\pi \delta_B^2}{4} \times \dfrac{D_B}{2} \times Z \Rightarrow \delta_B = \sqrt{\dfrac{8T}{\tau_B \pi D_B Z}} = \sqrt{\dfrac{8 \times 3703594.13}{27\pi \times 420 \times 8}} = 10.2 mm$

여기서, 바깥지름 $d = \dfrac{\delta_B(=d_1)}{0.8} = \dfrac{10.2}{0.8} = 12.75 mm$이므로, 표에서 크면서 근사한 값을 선정한다. $\therefore M14$

(3) $\tau_f = \dfrac{2T}{\pi D_f^2 t} = \dfrac{2 \times 3703594.13}{\pi \times 150^2 \times 28} = 3.74 MPa$

07

지름 $130mm$인 축이 $400rpm$으로 동력을 전달하는 플랜지 커플링이 있다. 축의 허용전단 응력은 $22MPa$, 볼트 피치원 지름은 $320mm$, 플랜지 뿌리부의 지름은 $240mm$, 플랜지 뿌리부의 두께는 $50mm$, $M28$의 볼트 6개를 사용하고자 한다. 마찰력을 무시할 때 다음을 구하라.

(1) 최대 전달동력 $[kW]$
(2) 볼트에 생기는 전단응력 $[MPa]$
(3) 플랜지 뿌리부의 전단응력 $[MPa]$

(1) $T = \tau_a Z_P = \tau_a \times \dfrac{\pi d^3}{16} = 22 \times \dfrac{\pi \times 130^3}{16} = 9490358.71 N \cdot mm$

$\therefore H' = T\omega = T \times \dfrac{2\pi N}{60} = 9490358.71 \times 10^{-6} \times \dfrac{2\pi \times 400}{60} = 397.53 kW$

(2) $\delta_B = 0.8d = 0.8 \times 28 = 22.4mm$

$T = \tau_B \times \dfrac{\pi \delta_B^2}{4} \times \dfrac{D_B}{2} \times Z \Rightarrow \therefore \tau_B = \dfrac{8T}{\pi \delta_B^2 D_B Z} = \dfrac{8 \times 9490358.71}{\pi \times 22.4^2 \times 320 \times 6} = 25.09 MPa$

(3) $\tau_f = \dfrac{2T}{\pi D_f^2 t} = \dfrac{2 \times 9490358.71}{\pi \times 240^2 \times 50} = 2.1 MPa$

08

$200rpm$, $15kW$로 전달하는 플랜지 커플링이 있다. 볼트의 피치원 지름 $150mm$, 볼트의 골지름 $18mm$, 볼트의 개수 6개, 플랜지 뿌리부 두께 $23mm$, 축의 허용 전단응력 $35MPa$, 플랜지 뿌리부의 직경 $100mm$을 사용하고자 한다. 마찰력을 무시할 때 다음을 구하라.

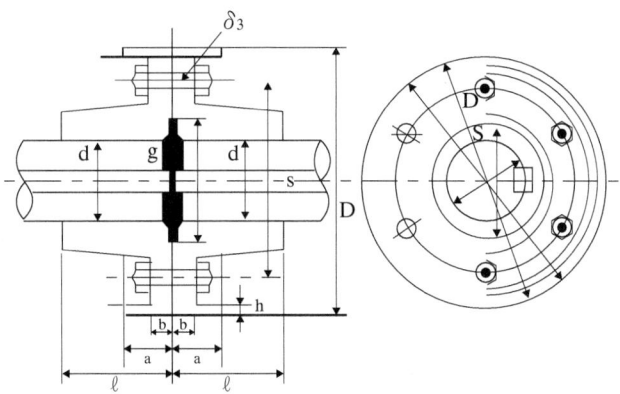

(1) 축 지름 $[mm]$
(2) 볼트에 생기는 전단응력 $[MPa]$
(3) 플랜지 뿌리부의 전단응력 $[MPa]$

(1) $T = \dfrac{H}{\omega} = \dfrac{H}{\dfrac{2\pi N}{60}} = \dfrac{15 \times 10^3}{\dfrac{2\pi \times 200}{60}} = 716.2 N \cdot m$

$T = \tau_a Z_P = \tau_a \times \dfrac{\pi d^3}{16}$ 에서,

$\therefore d = \sqrt[3]{\dfrac{16T}{\pi \tau_a}} = \sqrt[3]{\dfrac{16 \times 716.2 \times 10^3}{\pi \times 35}} = 47.06 mm$

(2) $T = \tau_B \times \dfrac{\pi \delta_B^2}{4} \times \dfrac{D_B}{2} \times Z \Rightarrow \therefore \tau_B = \dfrac{8T}{\pi \delta_B^2 D_B Z} = \dfrac{8 \times 716.2 \times 10^3}{\pi \times 18^2 \times 150 \times 6} = 6.25 MPa$

(3) $\tau_f = \dfrac{2T}{\pi D_f^2 t} = \dfrac{2 \times 716.2 \times 10^3}{\pi \times 100^2 \times 23} = 1.98 MPa$

09

교차각 $20°$인 유니버셜 조인트에서 원동축의 회전각속도 $1000 rpm$일 때, 종동축의 회전 각속도 $[rpm]$는 어떤 범위 내에서 변화하는지 쓰시오.

$N_{B \cdot \min} = N_A \cos\delta = 1000 \cos 20° = 939.69 rpm$

$N_{B \cdot \max} = \dfrac{N_A}{\cos\delta} = \dfrac{1000}{\cos 20°} = 1064.18 rpm$

$\therefore N_B = 939.69 rpm \sim 1064.18 rpm$

10

교차각 $30°$인 유니버셜 조인트에서 원동축의 회전각속도 $1500 rpm$, 동력 $2.2 kW$일 때 다음을 구하시오.

(1) 종동축의 최대, 최소 회전수 $[rpm]$
(2) 종동축 지름 $[mm]$ (단, 허용 전단응력은 $30 MPa$이고, 비틀림 토크만 고려한다.)

(1) $N_{B \cdot \min} = N_A \cos\delta = 1500 \cos 30° = 1299.04 rpm$

$N_{B \cdot \max} = \dfrac{N_A}{\cos\delta} = \dfrac{1500}{\cos 30°} = 1732.05 rpm$

(2) $T = \dfrac{H}{\omega} = \dfrac{H}{\dfrac{2\pi N}{60}}$ 에서,

$T = \dfrac{2.2 \times 10^3}{\dfrac{2\pi \times 1299.04}{60}} = 16.17 N \cdot m$, $T = \dfrac{2.2 \times 10^3}{\dfrac{2\pi \times 1732.05}{60}} = 12.13 N \cdot m$

$T = \tau_a Z_P = \tau_a \times \dfrac{\pi d^3}{16}$ 에서,

$d = \sqrt[3]{\dfrac{16T}{\tau_a \pi}} = \sqrt[3]{\dfrac{16 \times 16.17 \times 10^3}{30 \times \pi}} = 14mm$

$d = \sqrt[3]{\dfrac{16T}{\tau_a \pi}} = \sqrt[3]{\dfrac{16 \times 12.13 \times 10^3}{30 \times \pi}} = 12.72mm$

둘 중 안전을 고려하여 큰 값을 선정한다.
$\therefore d = 14mm$

11

접촉 폭 $30mm$, 평균지름 $100mm$, 회전수 $750rpm$, 마찰계수 0.15, 접촉면압력 $450kPa$인 단판 클러치가 존재한다. 다음을 구하시오.

(1) 축 방향으로 미는 힘 $[N]$
(2) 전달동력 $[kW]$

(1) $q = \dfrac{P}{\pi D_m b}$ $\Rightarrow$ $\therefore P = \pi D_m b q = \pi \times 100 \times 30 \times 450 \times 10^{-3} = 4241.15 N$

(2) $v = \dfrac{\pi D_m N}{60 \times 1000} = \dfrac{\pi \times 100 \times 750}{60000} = 3.93 m/s$

$\therefore H = \mu P v = 0.15 \times 4241.15 \times 10^{-3} \times 3.93 = 2.5 kW$

12

외경 $200mm$, 내경 $120mm$의 단판 클러치에서 접촉면압력 $0.28MPa$, 마찰계수를 0.17로 할 때 단판 클러치는 $1300rpm$으로 몇 kW를 전달할 수 있는가?

$D_m = \dfrac{D_2 + D_1}{2} = \dfrac{200 + 120}{2} = 160mm$, $b = \dfrac{D_2 - D_1}{2} = \dfrac{200 - 120}{2} = 40mm$

$q = \dfrac{2T}{\mu \pi D_m^2 b}$ $\Rightarrow$ $\therefore T = \dfrac{\mu \pi D_m^2 b q}{2} = \dfrac{0.17 \pi \times 160^2 \times 40 \times 0.28}{2} = 76564.38 N \cdot mm$

$\therefore H = T\omega = T \times \dfrac{2\pi N}{60} = 76564.38 \times 10^{-6} \times \dfrac{2\pi \times 1300}{60} = 10.42 kW$

13

바깥지름이 $300mm$, 안지름이 $200mm$인 원판 클러치가 $300rpm$으로 회전하고 있다. 허용 면압력이 $0.2MPa$, 마찰계수가 0.3일 때 다음을 구하시오.

(1) 원판 클러치에 발생하는 토크 $[N \cdot m]$
(2) 원판 클러치가 전달하는 동력 $[kW]$

(1) $P = qA = q \times \dfrac{\pi(D_2^2 - D_1^2)}{4} = 0.2 \times \dfrac{\pi(300^2 - 200^2)}{4} = 7853.98N$

$D_m = \dfrac{300+200}{2} = 250mm$

$\therefore T = \mu P \dfrac{D_m}{2} = 0.3 \times 7853.98 \times \dfrac{0.25}{2} = 294.52 N \cdot m$

(2) $H = T\omega = T \times \dfrac{2\pi N}{60} = 294.52 \times 10^{-3} \times \dfrac{2\pi \times 300}{60} = 9.25 kW$

14

마찰판 7개인 다판 클러치의 회전수 $1700rpm$, 전달동력이 $5kW$, 평균 직경이 $100mm$, 접촉 폭 $20mm$, 마찰계수 0.15일 때 다음을 구하시오.

(1) 전달 토크 $[N \cdot m]$
(2) 축 방향으로 미는 힘 $[N]$
(3) 마찰판 허용응력 $q_a = 0.1MPa$일 때 안전한지 검토하시오.

(1) $T = \dfrac{H}{\omega} = \dfrac{H}{\dfrac{2\pi N}{60}} = \dfrac{5 \times 10^3}{\dfrac{2\pi \times 1700}{60}} = 28.09 N \cdot m$

(2) $T = \mu P \dfrac{D_m}{2} \Rightarrow \therefore P = \dfrac{2T}{\mu D_m} = \dfrac{2 \times 28.09 \times 10^3}{0.15 \times 100} = 3745.33 N$

(3) $q = \dfrac{P}{\pi D_m b Z} = \dfrac{3745.33}{\pi \times 100 \times 20 \times 7} = 0.085 MPa$

$q_a = 0.1MPa > q = 0.085MPa$ 이므로,

$\therefore$ 안전하다.

15

단판 클러치에서 외경 $340mm$, 내경 $160mm$, 마찰계수 0.3이다. 접촉면압력 $0.23MPa$, 회전수 $250rpm$일 때 다음을 구하시오.

(1) 추력 $[N]$
(2) 전달 동력 $[kW]$

(1) $P = qA = q \times \dfrac{\pi(D_2^2 - D_1^2)}{4} = 0.23 \times \dfrac{\pi(340^2 - 160^2)}{4} = 16257.74 N$

(2) $D_m = \dfrac{D_2 + D_1}{2} = \dfrac{340 + 160}{2} = 250mm$

$T = \mu P \dfrac{D_m}{2} = 0.3 \times 16257.74 \times \dfrac{250}{2} = 609665.25 N \cdot mm$

$\therefore H' = T\omega = T \times \dfrac{2\pi N}{60} = 609665.25 \times 10^{-6} \times \dfrac{2\pi \times 250}{60} = 15.96 kW$

16

다판 클러치의 접촉면수 5개, 외경 $250mm$, 내경 $170mm$, 접촉면압력 $0.3MPa$, 마찰계수 0.2, 회전수 $600rpm$일 때 다음을 구하시오.

(1) 클러치를 축 방향으로 미는 힘 $[N]$
(2) 전달 동력 $[kW]$

(1) $D_m = \dfrac{D_2 + D_1}{2} = \dfrac{250 + 170}{2} = 210mm$, $b = \dfrac{D_2 - D_1}{2} = \dfrac{250 - 170}{2} = 40mm$

$T = \mu P \dfrac{D_m}{2} = \mu \pi D_m b q Z \dfrac{D_m}{2} = 0.2\pi \times 210 \times 40 \times 0.3 \times 5 \times \dfrac{210}{2} = 831265.42 N \cdot mm$

$\therefore P = \dfrac{2T}{\mu D_m} = \dfrac{2 \times 831265.42}{0.2 \times 210} = 39584.07 N$

(2) $H' = T\omega = T \times \dfrac{2\pi N}{60} = 831265.42 \times 10^{-6} \times \dfrac{2\pi \times 600}{60} = 52.23 kW$

17

접촉면의 평균지름 $120mm$, 원추각이 $2\alpha = 34°$ 인 원추클러치에서 회전수 $1400rpm$, $4kW$의 동력을 전달하고자 한다. 접촉면의 허용면압력 $0.412MPa$, 마찰계수 $\mu = 0.12$일 때 다음을 구하시오.

(1) 접촉 폭 $[mm]$
(2) 원추 클러치를 축방향으로 미는 힘 $[N]$

(1) $T = \dfrac{H}{\omega} = \dfrac{H}{\dfrac{2\pi N}{60}} = \dfrac{4\times 10^3}{\dfrac{2\pi \times 1400}{60}} = 27.28 N\cdot m$

$q_a = \dfrac{2T}{\mu\pi D_m^2 b} \Rightarrow \therefore b = \dfrac{2T}{\mu\pi D_m^2 q_a} = \dfrac{2\times 27.28\times 10^3}{0.12\pi\times 120^2\times 0.412} = 24.39mm$

(2) $T = \mu Q\dfrac{D_m}{2} = \mu' P\dfrac{D_m}{2}$ 에서,

$P = \dfrac{2T}{\mu' D_m} = \dfrac{2T}{D_m}\times\dfrac{\sin\alpha + \mu\cos\alpha}{\mu} = \dfrac{2\times 27.28\times 10^3}{120}\times\dfrac{\sin 17° + 0.12\cos 17°}{0.12}$

$\therefore P = 1542.56N$
(여기서, 원추각이 약 30~40도 이면, 반원추각입니다. $\therefore 2\alpha = 34°$)

18

회전수 $1000rpm$, 동력 $15kW$을 원추 클러치에 전달한다. 접촉면의 평균 직경 $400mm$, 원추각 $\alpha = 12°$, 마찰계수 0.3일 때 다음을 구하시오.

(1) 회전 토크 $[N\cdot m]$
(2) 추력 $[N]$

(1) $T = \dfrac{H}{\omega} = \dfrac{H}{\dfrac{2\pi N}{60}} = \dfrac{15\times 10^3}{\dfrac{2\pi\times 1000}{60}} = 143.24N\cdot m$

(2) $T = \mu Q\dfrac{D_m}{2} = \mu' P\dfrac{D_m}{2}$ 에서,

$P = \dfrac{2T}{\mu' D_m} = \dfrac{2T}{D_m}\times\dfrac{\sin\alpha + \mu\cos\alpha}{\mu} = \dfrac{2\times 143.24\times 10^3}{400}\times\dfrac{\sin 12° + 0.3\cos 12°}{0.3}$

$\therefore P = 1196.9N$
(여기서, 원추각이 약 10~20도 이면, 그대로 원추각 값입니다. $\therefore \alpha = 12°$)

19

$860rpm$, $21kW$의 동력으로 원추 클러치에 전달한다. 평균지름은 $650mm$, 마찰계수 0.38, 원추각이 $\alpha = 15$도일 때 클러치를 축 방향으로 미는 힘$[N]$을 구하시오.

$$T = \frac{H}{\omega} = \frac{H}{\frac{2\pi N}{60}} = \frac{21 \times 10^3}{\frac{2\pi \times 860}{60}} = 233.18 N\cdot m$$

$$T = \mu Q \frac{D_m}{2} \Rightarrow Q = \frac{2T}{\mu D_m} = \frac{2 \times 233.18 \times 10^3}{0.38 \times 650} = 1888.1 N$$

$$\mu Q = \mu' P \Rightarrow P = \frac{\mu Q}{\mu'} = Q(\sin\alpha + \mu\cos\alpha) = 1888.1(\sin 15° + 0.38\cos 15°)$$

$$\therefore P = 1181.71 N$$

20

다음 원추 클러치가 있다. 마찰계수 0.18, 회전수 $530rpm$, 접촉면압력 $0.25MPa$이라고 했을 때 다음을 구하시오.

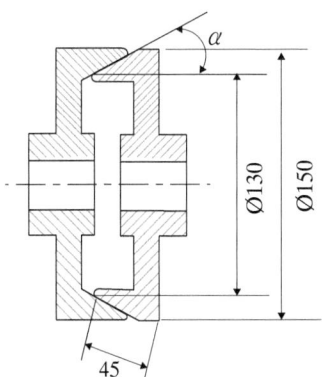

(1) 전달 동력 $[kW]$
(2) 원추각 α $[°]$
(3) 추력 $[N]$

(1) $D_m = \frac{D_2 + D_1}{2} = \frac{150 + 130}{2} = 140mm$

$T = \mu Q \frac{D_m}{2} = \mu \pi D_m bq \frac{D_m}{2} = 0.18\pi \times 140 \times 45 \times 0.25 \times \frac{140}{2} = 62344.91 N\cdot mm = 62.34 N\cdot m$

$\therefore H = T\omega = T \times \frac{2\pi N}{60} = 62.34 \times 10^{-3} \times \frac{2\pi \times 530}{60} = 3.46 kW$

(2) $D_2 = D_1 + 2b\sin\alpha \Rightarrow 150 = 130 + 2 \times 45\sin\alpha$
$\therefore \alpha = 12.84°$

(3) $T = \mu Q \dfrac{D_m}{2} \Rightarrow Q = \dfrac{2T}{\mu D_m} = \dfrac{2 \times 62.34 \times 10^3}{0.18 \times 140} = 4947.62N$

$\mu Q = \mu' P \Rightarrow P = \dfrac{\mu Q}{\mu'} = Q(\sin\alpha + \mu\cos\alpha) = 4947.62(\sin 12.84° + 0.18\cos 12.84°)$
$\therefore P = 1967.81N$

07

베어링

7-1. 미끄럼 베어링

7-2. 구름 베어링

Chapter 7

베어링

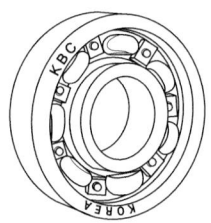 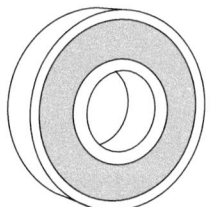

베어링이란, 회전하는 축에 가해지는 하중과 축의 자중에 의한 마찰저항을 줄여주며 축을 지지하는 기계요소이다. 크게 미끄럼 베어링과 구름 베어링으로 나누어지는데, 미끄럼 베어링은 전동체를 사용하지 않고 베어링과 저널이 직접 미끄러져 회전하는 베어링이고, 구름 베어링은 볼이나 롤러와 같은 전동체에 의해 회전하는 베어링이다.

7-1 미끄럼 베어링

(1) 엔드 저널 베어링(=끝 저널 베어링)

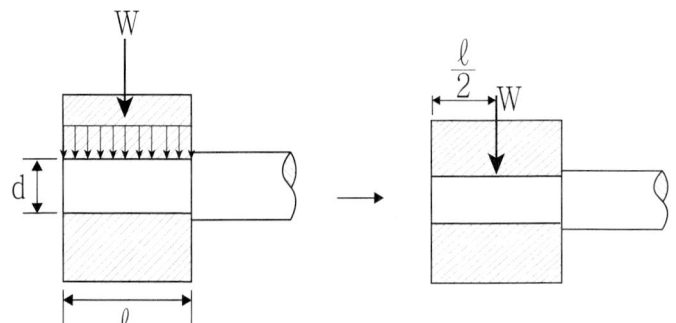

여기서,
W : 베어링 하중 $[N]$
d : 저널 지름 $[mm]$
ℓ : 저널 길이 $[mm]$

① 베어링 압력(p) $[N/mm^2]$: $p = \dfrac{W}{A} = \dfrac{W}{d\ell}$

② 원주 속도(v) $[m/s]$: $v = \dfrac{\pi d N}{60 \times 1000}$

③ 발열 계수(=압력 속도 계수, pv) $[N/mm^2 \cdot m/s]$

$$pv = \frac{W}{d\ell} \times \frac{\pi dN}{60 \times 1000} = \frac{\pi WN}{60000\ell}$$

④ 저널 길이(ℓ) $[mm]$: $\ell = \dfrac{\pi WN}{60000pv}$

✔ 발열 계수의 단위는 $[N/mm^2 \cdot m/s]$로 압력의 $[mm]$ 단위와 속도의 $[m]$ 단위가 약분되지 않은 채로 쓰입니다. 따라서 **원주속도를 구할 때** $[m/s]$ 단위가 나올 수 있도록 식을 전개해야 합니다.

⑤ 저널의 지름(d) $[mm]$

외팔보의 중앙에 하중이 작용하는 것으로 취급하면

굽힘모멘트 $M_{\max} \dfrac{W\ell}{2} = \sigma_a Z = \sigma_a \dfrac{\pi d^3}{32}$ 이므로

지름 d로 정리하면

$$\therefore d = \sqrt[3]{\frac{32 M_{\max}}{\pi \sigma_a}} = \sqrt[3]{\frac{32 \cdot \dfrac{W\ell}{2}}{\pi \sigma_a}} = \sqrt[3]{\frac{16 W\ell}{\pi \sigma_a}}$$

⑥ 폭경비 $\left(\dfrac{\ell}{d}\right)$

굽힘모멘트 $M_{\max} = \sigma_a Z = \sigma_a \dfrac{\pi d^3}{32} = \dfrac{W\ell}{2}$ 이고

베어링압력 $p = \dfrac{W}{d\ell}$ 에서 $W = pd\ell$ 이므로

$\sigma_a \dfrac{\pi d^3}{32} = \dfrac{pd\ell^2}{2}$ 이 식을 정리하면 $\left(\dfrac{\ell}{d}\right)^2 = \dfrac{\pi \sigma_a}{16p}$

$$\therefore \frac{\ell}{d} = \sqrt{\frac{\pi \sigma_a}{16p}}$$

✔ 엔드 저널 베어링 문제에서

① 축의 허용 굽힘응력 + 허용압력 이 주어지거나
② 축의 허용 굽힘응력 + 허용 압력속도계수 가 주어졌을 때

폭경비를 이용해 저널의 길이(ℓ)와 지름(d)을 계산합니다.

⑦ 마찰 손실 동력(H_l) [W] : $H_l = \mu W v$

(2) 중간 저널 베어링

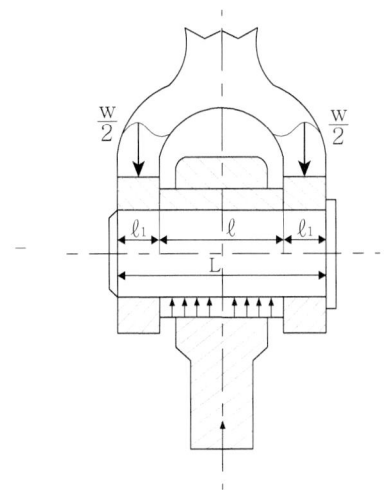

여기서,
W : 베어링 하중 [N]
L : 전체 길이 [mm]
   ($≒ 1.5\ell$)
ℓ : 저널 길이 [mm]

① 저널 지름(d) [mm]

단순보로 취급하면 굽힘모멘트 $M_{\max} = \dfrac{WL}{8} = \sigma_a Z = \sigma_a \dfrac{\pi d^3}{32}$ 이므로 저널 지름(d)으로 정리하면

$$\therefore d = \sqrt[3]{\dfrac{32 M_{\max}}{\pi \sigma_a}} = \sqrt[3]{\dfrac{32 \cdot \dfrac{WL}{8}}{\pi \sigma_a}} = \sqrt[3]{\dfrac{4 WL}{\pi \sigma_a}}$$

여기서 전체 길이 (L)의 근사치는 $L ≒ 1.5\ell$ 로 표현되므로

$$d = \sqrt[3]{\dfrac{6 W \ell}{\pi \sigma_a}}$$

② 폭경비 $\left(\dfrac{\ell}{d}\right)$

굽힘모멘트 $M_{\max} = \sigma_a Z = \sigma_a \dfrac{\pi d^3}{32} = \dfrac{WL}{8}$ 이고

베어링압력 $p = \dfrac{W}{d\ell}$ 에서 $W = pd\ell$ 이므로

$\sigma_a \dfrac{\pi d^2}{6} = \dfrac{pd\ell L}{8} = \dfrac{pd\ell \times 1.5\ell}{8}$ 이다. 따라서 약분하여 정리하면 $\sigma_a \dfrac{\pi d^2}{6} = p\ell^2$

폭경비로 묶으면 $\left(\dfrac{\ell}{d}\right)^2 = \dfrac{\pi \sigma_a}{6p}$

$\therefore \dfrac{\ell}{d} = \sqrt{\dfrac{\pi \sigma_a}{6p}}$

(3) 피벗 저널 베어링

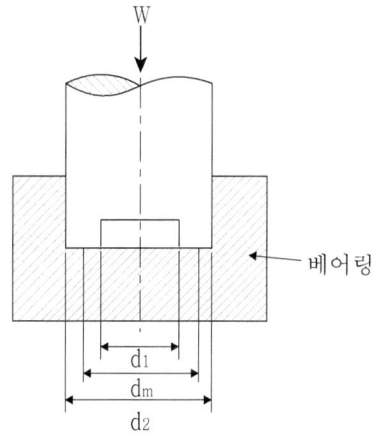

여기서,
W : 베어링 하중 $[N]$
d_1 : 저널 내경 $[mm]$
d_2 : 저널 외경 $[mm]$
d_m : 저널 평균 지름 $[mm]$
$\left(d_m = \dfrac{d_2 + d_1}{2}\right)$
μ : 마찰 계수

① 베어링 압력(p) $[N/mm^2]$: $p = \dfrac{W}{A} = \dfrac{W}{\dfrac{\pi}{4}(d_2^2 - d_1^2)}$

② 발열 계수(=압력 속도 계수, pv) $[N/mm^2 \cdot m/s]$

$pv = \dfrac{W}{\dfrac{\pi}{4}(d_2^2 - d_1^2)} \times \dfrac{\pi d_m N}{60000} = \dfrac{WN}{30000(d_2 - d_1)}$

③ 마찰 손실 동력(H_l) $[W]$: $H_l = \mu W v$

(4) 칼라 저널 베어링

① 베어링압력(p) $[N/mm^2]$: $p = \dfrac{W}{A} = \dfrac{W}{\dfrac{\pi}{4}(d_2^2 - d_1^2)Z}$ 여기서, Z : 칼라 수

② 발열 계수(=압력 속도 계수, pv) $[N/mm^2]$

$$pv = \dfrac{W}{\dfrac{\pi}{4}(d_2^2 - d_1^2)} \times \dfrac{\pi d_m N}{60000} = \dfrac{WN}{30000(d_2 - d_1)Z}$$

7-2 구름 베어링

(1) 베어링 호칭   ex)6305

① 첫 번째 숫자 : 형식기호

② 두 번째 숫자 : 하중기호

③ 세 번째, 네 번째 숫자 : 안지름 번호(=저널부 지름번호)

안지름	안지름 번호	안지름	안지름 번호
0~9mm	그대로	20mm	04
10mm	00	25mm	05
12mm	01	...	...
15mm	02	495mm	99
17mm	03	500mm 이상	그대로

✔ 04~99 까지는 ×5를 하면 안지름이 됩니다.
 ex) 6305의 안지름 $d = 05 \times 5 = 25mm$

(2) 구름 베어링의 설계

① 베어링하중(=상당하중 =동등가하중, P) [N]

$$P = XVP_r + YP_t$$

여기서,
P_r : 레이디얼 하중 [N]
P_t : 스러스트 하중 [N]
X : 레이디얼 계수
Y : 스러스트 계수
V : 회전 계수(내륜 : 1, 외륜 : 2)

② 베어링에 작용하는 하중(P') [N]

$$P' = f_v f_g f_w \times W$$

여기서,
P' : 실제 베어링 하중 [N]
P : 베어링 하중 [N]
f_v : 속도 계수
f_g : 기어 계수
f_w : 하중 계수

③ 선형파동하중에 대한 평균등가하중(P_m) [N]

하중이 주기적 변동하는 경우에 평균등가하중을 적용한다.

$$P_m = \frac{P_{\min} + 2P_{\max}}{3}$$

여기서,
$P_{\min}$: 최소 하중 [N]
$P_{\max}$: 최대 하중 [N]

④ 기본 회전수(N) [rev] : $33.3\,rpm$으로 $500hr$의 시간동안 회전했을 때의 회전 수

$$N = \frac{33.3\,rev}{\min} \times 500hr \times 60\min/hr = 10^6$$

⑤ 동적 기본 부하 용량(C) [N] : 기본 회전수(N) 만큼의 회전을 할 때 견딜 수 있는 베어링 하중

⑥ 수명 계산식

㉠ 수명 회전수(=정격 수명 =계산 수명, L_n) [rev]
90%이상의 베어링이 피로 박리현상을 일으키지 않고 회전할 수 있는 회전수를 의미한다.

$$L_n = \left(\frac{C}{P'}\right)^r \times 10^6$$

여기서,
W' : 실제 베어링 하중 [N]
C : 동적 기본 부하 용량 [N]
$r : \begin{cases} \text{볼} : r=3 \\ \text{롤러} : r=\dfrac{10}{3} \end{cases}$

㉡ 수명 시간(L_h) [hr] : 정격 수명을 500시간 단위로 나타낸 것이다.

$$L_h = \frac{L_n}{60N} = \frac{10^6}{60N}\left(\frac{C}{P'}\right)^r$$

⑦ 한계속도지수(dN) : 손상 없이 장시간 운전 가능한 베어링 회전속도의 한계이다.

dN

여기서,
d : 베어링 안지름(=피치원 지름) [mm]
N : 최대 사용 회전수 [rpm]

Memo

07. 베어링

일반기계기사 필답형

01

저널 길이 $180mm$, 저널 직경이 $60mm$인 끝 저널 베어링에서 $10kN$의 베어링 하중이 작용 한다. 베어링 압력$[MPa]$을 구하시오.

$$p = \frac{W}{d\ell} = \frac{10 \times 10^3}{60 \times 180} = 0.93 MPa$$

02

회전수 $450 rpm$으로 베어링 하중 $25kN$을 받쳐주는 엔드 저널 베어링이 있다. 압력속도계수 $2MPa \cdot m/s$일 때 다음을 구하시오.

(1) 저널의 길이 $[mm]$
(2) 저널의 지름 $[mm]$ (단, 엔드 저널의 허용굽힘응력 $70MPa$이다.)
(3) 베어링 압력 $[MPa]$

(1) $pv = \dfrac{\pi WN}{60000\ell} \Rightarrow \therefore \ell = \dfrac{\pi WN}{60000 pv} = \dfrac{\pi \times 25 \times 10^3 \times 450}{60000 \times 2} = 294.52 mm$

(2) $d = \sqrt[3]{\dfrac{32 M_{\max}}{\pi \sigma_b}} = \sqrt[3]{\dfrac{32 W \times \dfrac{\ell}{2}}{\pi \sigma_b}} = \sqrt[3]{\dfrac{16 W \ell}{\pi \sigma_b}} = \sqrt[3]{\dfrac{16 \times 25 \times 10^3 \times 294.52}{\pi \times 70}} = 81.22 mm$

(3) $p = \dfrac{W}{d\ell} = \dfrac{25 \times 10^3}{81.22 \times 294.52} = 1.05 MPa$

03

베어링 하중 $60kN$을 받쳐주는 엔드 저널 베어링이 있다. 축의 허용굽힘응력 $50MPa$, 허용 베어링 압력 $4.32MPa$일 때 다음을 구하시오.

(1) 저널의 직경 $[mm]$
(2) 저널의 길이 $[mm]$

(1) 축의 허용굽힘응력과 허용베어링압력이 주어질 때 폭경비를 이용하여 구해야한다.

$$\frac{\ell}{d} = \sqrt{\frac{\pi\sigma_a}{16p}} = \sqrt{\frac{\pi \times 50}{16 \times 4.32}} = 1.51 \Rightarrow \ell = 1.51d$$

$$p = \frac{W}{d\ell} = \frac{W}{d \times 1.51d} \Rightarrow \therefore d = \sqrt{\frac{W}{1.51p}} = \sqrt{\frac{60 \times 10^3}{1.51 \times 4.32}} = 95.91mm$$

(2) $\ell = 1.51d = 1.51 \times 95.91 = 144.82mm$

04

회전수 $550rpm$으로 하중 $12kN$을 받쳐주는 끝 저널 베어링이 있다. 압력속도계수 $5N/mm^2 \cdot m/s$일 때 다음을 구하시오.

(1) 저널의 길이 $[mm]$
(2) 저널의 지름 $[mm]$ **(단, 저널의 길이는 저널의 지름의 1.5배이다.)**
(3) 베어링 면압력 $[MPa]$

(1) $pv = \frac{\pi WN}{60000\ell} \Rightarrow \therefore \ell = \frac{\pi WN}{60000pv} = \frac{\pi \times 12 \times 10^3 \times 550}{60000 \times 5} = 69.12mm$

(2) $\ell = 1.5d \Rightarrow \therefore d = \frac{\ell}{1.5} = \frac{69.12}{1.5} = 46.08mm$

(3) $p = \frac{W}{d\ell} = \frac{12 \times 10^3}{46.08 \times 69.12} = 3.77MPa$

05

800rpm으로 회전하는 엔드저널 5kN의 베어링 하중을 지지하고 있다. 압력속도계수 $3N/mm^2 \cdot m/s$, 허용 베어링 압력 $5.2MPa$일 때 다음을 구하시오.

(1) 저널의 길이 $[mm]$
(2) 저널의 지름 $[mm]$

(1) $pv = \dfrac{\pi WN}{60000\ell} \Rightarrow \therefore \ell = \dfrac{\pi WN}{60000pv} = \dfrac{\pi \times 5 \times 10^3 \times 800}{60000 \times 3} = 69.81mm$

(2) $p = \dfrac{W}{d\ell} \Rightarrow \therefore d = \dfrac{W}{\ell p} = \dfrac{5 \times 10^3}{69.81 \times 5.2} = 13.77mm$

06

분당회전수 $600rpm$으로 회전하는 엔드저널 $6000kg$의 베어링 하중을 지지하고 있다. 허용 압력속도계수 $pv = 2N/mm^2 \cdot m/s$일 때 다음을 구하시오.

(1) 저널의 길이 $[mm]$
(2) 허용 굽힘응력 $48MPa$이라고 가정했을 때 저널의 직경 $[mm]$

(1) $pv = \dfrac{\pi WN}{60000\ell} \Rightarrow \therefore \ell = \dfrac{\pi WN}{60000pv} = \dfrac{\pi \times 6000 \times 9.8 \times 600}{60000 \times 2} = 923.63mm$

(2) $d = \sqrt[3]{\dfrac{32M_{\max}}{\pi \sigma_a}} = \sqrt[3]{\dfrac{32W \times \dfrac{\ell}{2}}{\pi \sigma_a}} = \sqrt[3]{\dfrac{16W\ell}{\pi \sigma_a}} = \sqrt[3]{\dfrac{16 \times 6000 \times 9.8 \times 923.63}{\pi \times 48}} = 179.28mm$

07

하중 $20kN$을 지지하는 엔드 저널 베어링이 있다. 허용 베어링 압력이 $6MPa$일 때 다음을 구하시오.

(1) 저널의 길이 $[mm]$ (단, 저널의 지름이 $40mm$이다.)
(2) (1)의 조건을 참고하여 허용 굽힘응력 $48MPa$일 굽힘응력을 만족하는지 불만족하는지 찾아내고 불만족 한다면, 만족하는 최소 저널의 지름 $[mm]$를 구하시오.

(1) $p = \dfrac{W}{d\ell} \Rightarrow \therefore \ell = \dfrac{W}{dp} = \dfrac{20 \times 10^3}{40 \times 6} = 83.33 mm$

(2) $\sigma = \dfrac{M}{Z} = \dfrac{W \times \dfrac{\ell}{2}}{\dfrac{\pi d^3}{32}} = \dfrac{16W\ell}{\pi d^3} = \dfrac{16 \times 20 \times 10^3 \times 83.33}{\pi \times 40^3} = 132.62 MPa$

$\sigma_a(48MPa) < \sigma(132.62MPa)$ 이므로, $\therefore$ 불만족

$M_{\max} = W \times \dfrac{\ell}{2} = \sigma_a \times \dfrac{\pi d^3}{32}$ 에서,

$\therefore d = \sqrt[3]{\dfrac{16W\ell}{\pi \sigma_a}} = \sqrt[3]{\dfrac{16 \times 20 \times 10^3 \times 83.33}{\pi \times 48}} = 56.13 mm$

08

다음 그림과 같은 피벗 저널 베어링이 있다. 마찰계수 0.15, 분당 회전수 $540 rpm$, 허용 베어링압력 $2MPa$, $d_2 = 140mm$, $d_1 = 60mm$일 때 다음을 구하시오.

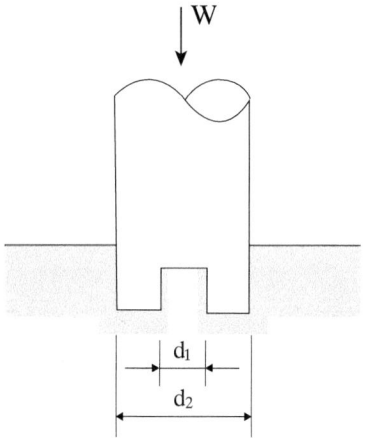

(1) 베어링 하중 $[N]$
(2) 마찰손실동력 $[kW]$

(1) $W = p_a A = p_a \times \dfrac{\pi(d_2^2 - d_1^2)}{4} = 2 \times \dfrac{\pi(140^2 - 60^2)}{4} = 25132.74 N$

(2) $d_m = \dfrac{d_2 + d_1}{2} = \dfrac{140 + 60}{2} = 100 mm$

$v = \dfrac{\pi d_m N}{60 \times 1000} = \dfrac{\pi \times 100 \times 540}{60000} = 2.83 m/s$

$\therefore H = \mu W v = 0.15 \times 25132.74 \times 2.83 = 10668.85 W \fallingdotseq 10.67 kW$

09

다음 그림과 피벗 베어링 추력 축 받침에서 마찰계수 0.13, 회전수 $750rpm$, 베어링 압력 $1.8MPa$ 일 때 다음을 구하라.

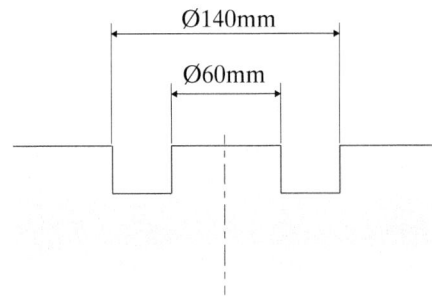

(1) 최대 베어링 추력 하중 $[N]$
(2) 마찰손실동력 $[kW]$
(3) 압력속도계수 $2MPa \cdot m/s$ 이라고 가정할 때 받칠 수 있는 추력하중 $[N]$

(1) $W_1 = pA = p \times \dfrac{\pi(d_2^2 - d_1^2)}{4} = 1.8 \times \dfrac{\pi(140^2 - 60^2)}{4} = 22619.47N$

(2) $d_m = \dfrac{d_2 + d_1}{2} = \dfrac{140 + 60}{2} = 100mm$

$v = \dfrac{\pi d_m N}{60 \times 1000} = \dfrac{\pi \times 100 \times 750}{60000} = 3.93 m/s$

$\therefore H = \mu W_1 v = 0.13 \times 22619.47 \times 3.93 = 11556.29N \fallingdotseq 11.56kW$

(3) $pv = \dfrac{W_2}{\dfrac{\pi(d_2^2 - d_1^2)}{4}} \times v = \dfrac{W_2}{\dfrac{\pi(140^2 - 60^2)}{4}} \times 3.93 = 2MPa \cdot m/s$

$\therefore W_2 = 6395.1N$

10

다음 그림과 같이 축에 4개의 칼라 저널 베어링을 제작하여 $10kN$의 하중을 받친다. 평균 베어링 압력은 $0.5MPa$일 때 칼라의 외경$[mm]$을 구하시오.

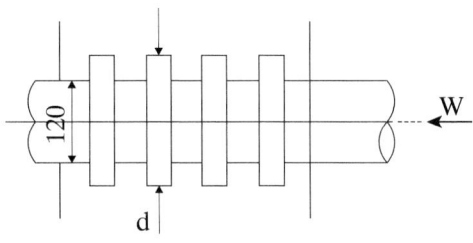

$$p = \frac{W}{A} = \frac{W}{\frac{\pi}{4}(d_2^2 - d_1^2)Z} \text{에서,}$$

$$\therefore d_2 = \sqrt{d_1^2 + \frac{4W}{\pi pZ}} = \sqrt{120^2 + \frac{4 \times 10 \times 10^3}{\pi \times 0.5 \times 4}} = 144.1mm$$

11

축방향하중 $30kN$이 작용하고 있는 칼라 저널 베어링이 있다. 칼라 저널 베어링의 외경은 $460mm$, 내경은 $360mm$, 분당회전수 $240rpm$, 발열계수 $pv = 0.4MPa \cdot m/s$일 때 다음을 구하시오.

(1) 칼라의 개수 $[개]$
(2) 베어링 응력 $[kPa]$
(3) 마찰손실동력 $[kW]$ (단, 마찰계수는 0.012이다.)

(1) $Z(d_2 - d_1) = \frac{WN}{30000 pv} \Rightarrow \therefore Z = \frac{WN}{30000 pv(d_2 - d_1)} = \frac{30 \times 10^3 \times 240}{30000 \times 0.4 \times (460 - 360)} = 6개$

(2) $p = \frac{W}{A} = \frac{W}{\frac{\pi}{4}(d_2^2 - d_1^2)Z} = \frac{30 \times 10^3}{\frac{\pi}{4}(460^2 - 360^2) \times 6} = 0.07764 MPa = 77.64 kPa$

(3) $pv = 0.4 \Rightarrow v = \frac{0.4}{p} = \frac{0.4}{0.07764} = 5.15 m/s$
$\therefore H = \mu Wv = 0.012 \times 30 \times 5.15 = 1.85 kW$

12

단열 자동조심 롤러 베어링이 $1000rpm$으로 회전하고 있고, 기본 동적격하중 $53kN$, 레이디얼 하중 $4.3kN$, 스러스트 하중 $3.8kN$으로 작용할 때 다음을 구하시오.

베어링 형식		내륜 회전 하중	외륜 회전 하중	단열 $\frac{W_a}{VW_r} > e$		복열 $\frac{W_a}{VW_r} \leq e$		복열 $\frac{W_a}{VW_r} > e$		e
		V		X	Y	X	Y	X	Y	
깊은홈 볼베어링	$W_a/C_0 = 0.014$ $= 0.028$ $= 0.056$ $= 0.084$ $= 0.11$ $= 0.17$ $= 0.28$ $= 0.42$ $= 0.56$	1	1.2	0.56	2.30 1.99 1.71 1.55 1.45 1.31 1.15 1.04 1.00	1	0	0.56	2.30 1.99 1.71 1.55 1.45 1.31 1.15 1.04 1.00	0.19 0.22 0.26 0.28 0.30 0.34 0.38 0.42 0.44
앵귤러 볼베어링	$a = 20°$ $= 25°$ $= 30°$ $= 35°$ $= 40°$	1	1.2	0.43 0.41 0.39 0.37 0.35	1.00 0.87 0.76 0.56 0.57	1	1.09 0.92 0.78 0.66 0.55	0.70 0.67 0.63 0.60 0.57	1.63 1.41 1.24 1.07 0.93	0.57 0.68 0.80 0.95 1.14
자동조심볼베어링		1	1	0.4	$0.4 \times \cot\alpha$	1	$0.42 \times \cot\alpha$	0.65	$0.65 \times \cot\alpha$	$1.5 \times \tan\alpha$
매그니토볼베어링		1	1	0.5	2.5	-	-	-	-	0.2
자동조심롤러베어링 원추롤러베어링 $a \neq 0$		1	1.2	0.4	$0.4 \times \cot\alpha$	1	$0.45 \times \cot\alpha$	0.67	$0.67 \times \cot\alpha$	$1.5 \times \tan\alpha$
스러스트볼베어링	$a = 45°$ $= 60°$ $= 70°$	-	-	0.66 0.92 1.66	1	1.18 1.90 3.66	0.59 0.54 0.52	0.66 0.92 1.66	1	1.25 2.17 4.67
스러스트롤러베어링		-	-	$\tan\alpha$	1	$1.5 \times \tan\alpha$	0.67	$\tan\alpha$	1	$1.5 \times \tan\alpha$

(1) 베어링의 접촉각 $a = 10°$ 일 때 등가 하중 $[kN]$
(2) 베어링의 시간 수명 $[hr]$

(1) 단열자동조심롤러베어링이며 외,내륜이 주어지지 않으면 내륜으로 가정한다.
$V = 1$, $W_r = 4.3kN$, $W_a = 3.8kN$

$e = 1.5\tan\alpha = 1.5\tan10° = 0.26 \Rightarrow \frac{W_a}{VF_r} = \frac{3.8}{1 \times 4.3} = 0.88 > e(= 0.26)$

$X = 0.4$, $Y = 0.4\cot\alpha = 0.4\cot10° = 2.27$
$\therefore P = XVW_r + YW_a = 0.4 \times 1 \times 4.3 + 2.27 \times 3.8 = 10.35kN$

(2) $L_h = 500 \times \frac{33.3}{N} \times \left(\frac{C}{W}\right)^r = 500 \times \frac{33.3}{1000} \times \left(\frac{53}{10.35}\right)^{\frac{10}{3}} = 3853.59hr$

13

복렬 자동조심 볼베어링이 $500rpm$으로 $5000N$의 레이디얼 하중과 $3800N$의 스러스트 하중을 지지하고 있다. 베어링 수명시간이 45000시간, 호칭접촉각 $15°$, 하중계수 1.2일 때 다음을 구하시오.

베어링 형식		내륜 회전 하중	외륜 회전 하중	단열 $\frac{W_a}{VW_r} > e$		복열 $\frac{W_a}{VW_r} \leq e$		복열 $\frac{W_a}{VW_r} > e$		e
		V		X	Y	X	Y	X	Y	
깊은홈 볼베어링	$W_a/C_0 = 0.014$ $= 0.028$ $= 0.056$ $= 0.084$ $= 0.11$ $= 0.17$ $= 0.28$ $= 0.42$ $= 0.56$	1	1.2	0.56	2.30 1.99 1.71 1.55 1.45 1.31 1.15 1.04 1.00	1	0	0.56	2.30 1.99 1.71 1.55 1.45 1.31 1.15 1.04 1.00	0.19 0.22 0.26 0.28 0.30 0.34 0.38 0.42 0.44
앵귤러 볼베어링	$a = 20°$ $= 25°$ $= 30°$ $= 35°$ $= 40°$	1	1.2	0.43 0.41 0.39 0.37 0.35	1.00 0.87 0.76 0.56 0.57	1	1.09 0.92 0.78 0.66 0.55	0.70 0.67 0.63 0.60 0.57	1.63 1.41 1.24 1.07 0.93	0.57 0.68 0.80 0.95 1.14
자동조심볼베어링		1	1	0.4	$0.4 \times \cot\alpha$	1	$0.42 \times \cot\alpha$	0.65	$0.65 \times \cot\alpha$	$1.5 \times \tan\alpha$
매그니토볼베어링		1	1	0.5	2.5	-	-	-	-	0.2
자동조심롤러베어링 원추롤러베어링 $a \neq 0$		1	1.2	0.4	$0.4 \times \cot\alpha$	1	$0.45 \times \cot\alpha$	0.67	$0.67 \times \cot\alpha$	$1.5 \times \tan\alpha$
스러스트볼베어링	$a = 45°$ $= 60°$ $= 70°$	-	-	0.66 0.92 1.66	1	1.18 1.90 3.66	0.59 0.54 0.52	0.66 0.92 1.66	1	1.25 2.17 4.67
스러스트롤러베어링		-	-	$\tan\alpha$	1	$1.5 \times \tan\alpha$	0.67	$\tan\alpha$	1	$1.5 \times \tan\alpha$

(1) 등가 하중 $[N]$
(2) 기본 동정격 하중 $[N]$

---

(1) 복렬자동조심볼베어링이며 외,내륜이 주어지지 않으면 내륜으로 가정한다.

$V = 1, \ W_r = 5000N, \ W_a = 3800N$

$e = 1.5\tan\alpha = 1.5\tan15° = 0.4 \Rightarrow \frac{W_a}{VW_r} = \frac{3800}{1 \times 5000} = 0.76 > e(=0.4)$

$X = 0.65, \ Y = 0.65\cot\alpha = 0.65\cot15° = 2.43$

$\therefore W = XVW_r + YW_a = 0.65 \times 1 \times 5000 + 2.43 \times 3800 = 12484N$

(2) $L_h = 500 \times \frac{33.3}{N} \times \left(\frac{C}{f_w W}\right)^r \Rightarrow 45000 = 500 \times \frac{33.3}{500} \times \left(\frac{C}{1.2 \times 12484}\right)^3$

$\therefore C = 165624.44N$

14

복렬 롤러 베어링이 $1500rpm$으로 $2kN$의 레이디얼하중과 $1.5kN$의 스러스트 하중을 지지하고 있다. 베어링 수명시간이 60000시간, 호칭 접촉각 $25°$일 때 다음을 구하시오.

베어링 형식	단열		복열				e
	$\dfrac{W_a}{VW_r} > e$		$\dfrac{W_a}{VW_r} \leq e$		$\dfrac{W_a}{VW_r} > e$		
	X	Y	X	Y	X	Y	
롤러베어링	0.4	$0.4 \times \cot\alpha$	1	$0.45 \times \cot\alpha$	0.67	$0.67 \times \cot\alpha$	$1.5 \times \tan\alpha$

(1) 반경방향 등가 하중 $[kN]$
(2) 기본 동정격 하중 $[kN]$ (단, 하중계수 1.2)

(1) 복렬 롤러베어링이며 외, 내륜이 주어지지 않으면 내륜으로 가정한다.
$V = 1$, $W_r = 2kN$, $W_a = 1.5kN$
$e = 1.5\tan\alpha = 1.5\tan25° = 0.7 \Rightarrow \dfrac{W_a}{VW_r} = \dfrac{1.5}{1 \times 2} = 0.75 > e(=0.7)$
$X = 0.67$, $Y = 0.67\cot\alpha = 0.67\cot25° = 1.44$
$\therefore W = XVW_r + YW_a = 0.67 \times 1 \times 2 + 1.44 \times 1.5 = 3.5kN$

(2) $L_h = 500 \times \dfrac{33.3}{N} \times \left(\dfrac{C}{f_w W}\right)^r \Rightarrow 60000 = 500 \times \dfrac{33.3}{1500} \times \left(\dfrac{C}{1.2 \times 3.5}\right)^{\frac{10}{3}}$
$\therefore C = 55.35kN$

15

단열 레이디얼 롤러 베어링에서 동적하중 $33kN$, 상당하중 $5kN$, 분당회전수 $700rpm$일 때 수명시간$[hr]$을 구하시오.
(단, 하중계수는 1.5이다.)

$L_h = 500 \times \dfrac{33.3}{N} \times \left(\dfrac{C}{f_w W}\right)^r = 500 \times \dfrac{33.3}{700} \times \left(\dfrac{33}{1.5 \times 5}\right)^{\frac{10}{3}} = 3320.16hr$

16

단열 레이디얼 볼베어링에서 $40000hr$의 수명을 주려 한다. 동정격하중은 $30kN$이고, 회전수가 $500rpm$일 때 최대 등가 하중 $[N]$을 구하시오.

$$L_h = 500 \times \frac{33.3}{N} \times \left(\frac{C}{W}\right)^r \Rightarrow 40000 = 500 \times \frac{33.3}{500} \times \left(\frac{30 \times 10^3}{W}\right)^3$$
$$\therefore W = 2822.17 N$$

17

$200rpm$으로 회전하는 축을 지지하는 롤러 베어링의 기본 동정격 하중 $55kN$이며, 작용하는 하중이 $4kN$, $6kN$, $8kN$, $10kN$, $12kN$, $14kN$으로 주기적으로 변동하고 있을 때 다음을 구하시오.

(1) 선형파동하중에 대한 평균등가하중 $[kN]$
(2) 베어링의 수명시간 $[hr]$ (단, 하중계수는 1.3이다.)

(1) $P_m = \dfrac{P_{\min} + 2P_{\max}}{3} = \dfrac{4 + 2 \times 14}{3} = 10.67 kN$

(2) $L_h = 500 \times \dfrac{33.3}{N} \times \left(\dfrac{C}{f_w P_m}\right)^r = 500 \times \dfrac{33.3}{200} \times \left(\dfrac{55}{1.3 \times 10.67}\right)^{\frac{10}{3}} = 8214.24 hr$

18

$No.6312$ 1열 레이디얼 볼 베어링에 35000시간의 수명을 주려 한다. 기본 동정격 하중이 $50kN$, 허용한계 속도지수 200000, 하중계수 1.2일 때 다음을 구하시오.

(1) 베어링의 최대 사용 회전수 $[rpm]$
(2) 베어링 하중 $[N]$

(1) $d = 12 \times 5 = 60 mm$
$dN = 200000 \Rightarrow \therefore N = \dfrac{200000}{d} = \dfrac{200000}{60} = 3333.33 rpm$

(2) $L_h = 500 \times \dfrac{33.3}{N} \times \left(\dfrac{C}{f_w W}\right)^r \Rightarrow 35000 = 500 \times \dfrac{33.3}{3333.33} \times \left(\dfrac{50 \times 10^3}{1.2 \times W}\right)^3$
$\therefore W = 2177.43 N$

19

단열 레이디얼 볼 베어링의 수명 시간이 35000시간이다. 베어링 하중 $1800N$, 하중계수 1.5, 회전수 $400rpm$일 때 표를 보고 단열 레이디얼 볼 베어링을 6300형에서 선정하시오.
(여기서, C : 동적부하용량, , C_0 : 정적부하용량이다.)

형식		단열 레이디얼 볼 베어링			
형식 번호		6200		6300	
번호	안지름 [mm]	C [N]	C_0 [N]	C [N]	C_0 [N]
06	30	15200	10000	21800	14500
07	35	20000	13850	25900	17250
08	40	22700	15650	32000	21800
09	45	25400	18150	41500	29700

$L_h = 500 \times \dfrac{33.3}{N} \times \left(\dfrac{C}{f_w W}\right)^r \quad \Rightarrow \quad 35000 = 500 \times \dfrac{33.3}{400} \times \left(\dfrac{C}{1.5 \times 1800}\right)^3$

$\therefore C = 25484.05N$

6300형에서 $C = 25484.05N$보다 크면서 근사한 값을 채택하면 $C = 25900N$이다.

$\therefore$ No.6307

20

6300형 계열의 단열 레이디얼 볼 베어링의 수명 시간이 20000시간이다. 회전수 $1200rpm$, 하중계수 1.5, 레이디얼 계수 0.65, 스러스트 계수 1.85, 레이디얼 하중 $2.35kN$, 스러스트 하중 $1.03kN$일 때 가장 적당한 베어링 번호를 표에서 선정 하시오.
(단, 베어링은 내륜회전을 하고 있다.)

단열 레이디얼 볼 베어링의 기본동정격하중 C					
번호	$C[N]$	번호	$C[N]$	번호	$C[N]$
6300	6076	6307	25382	6314	79870
6301	7840	6308	31360	6315	87220
6302	8575	6309	41650	6316	94080
6303	10290	6310	47040	6317	100940
6304	12250	6311	54390	6318	117600
6305	15974	6312	62230	6319	135240
6306	21364	6313	71050	6320	140140

$W = XVW_r + YW_t = 0.65 \times 1 \times 2.35 \times 10^3 + 1.85 \times 1.03 \times 10^3 = 3433N$

$L_h = 500 \times \dfrac{33.3}{N} \times \left(\dfrac{C}{f_w W}\right)^r \quad \Rightarrow \quad 20000 = 500 \times \dfrac{33.3}{1200} \times \left(\dfrac{C}{1.5 \times 3433}\right)^3$

$\therefore C = 58169.78N$

표에서 $C = 58169.78N$보다 크면서 근사한 값을 채택한다.

$\therefore$ No.6312

Memo

08

마찰차

8-1. 원통 마찰차

8-2. V홈 마찰차(=V 마찰차)

8-3. 원추 마찰차

8-4. 무단변속 마찰차

Chapter 8

마찰차

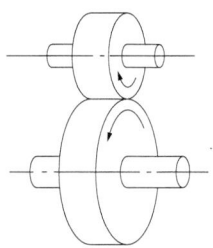

마찰차란, 두 축이 구름 접촉을 통해 순수한 마찰력만으로 동력을 전달할 수 있도록 하는 기계요소이다.

8-1 원통 마찰차

(1) 중심거리(C) [mm]

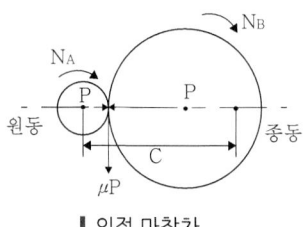

∥ 외접 마찰차

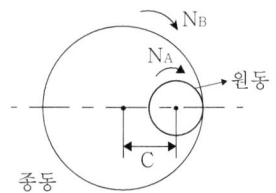

∥ 내접 마찰차

여기서, P : 마찰차가 서로 미는 힘 [N]
D_A : 원동차의 지름 [mm]
D_B : 종동차의 지름 [mm]
N_A : 원동차의 회전수 [rpm]
N_B : 종동차의 회전수 [rpm]
C : 중심거리 [[mm]]

① 외접일 경우 : $C = \dfrac{D_B + D_A}{2}$

② 내접일 경우 : $C = \dfrac{D_B - D_A}{2}$

(2) 원주속도(v) $[m/s]$

$$v = v_A = v_B = \frac{\pi D_A N_A}{60 \times 1000} = \frac{\pi D_B N_B}{60 \times 1000}$$

✔ 두 원통 마찰차가 미끄럼이 없다고 가정하면, 원동차와 종동차의 **원주 속도는 동일**합니다.

(3) 속비(=속도비 =회전비, $\varepsilon(=i)$)

$$\varepsilon = \frac{\text{종동축의 회전수}}{\text{원동축의 회전수}} = \frac{N_B}{N_A} = \frac{D_A}{D_B}$$

(4) 마찰력(=접선력 =회전력, F) $[N]$: $F = \mu P$

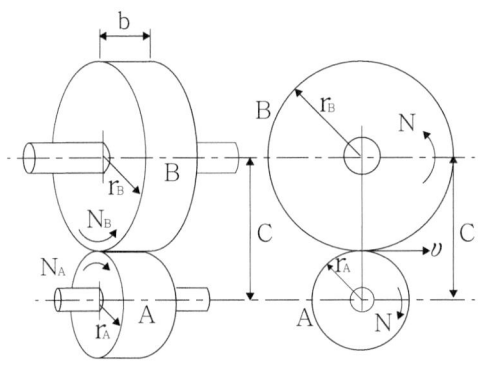

여기서,
μ : 마찰차의 마찰계수
P : 마찰차가 서로 미는 힘 $[N]$

(5) 전달 토크(T) $[N \cdot mm]$: $T = F \times \dfrac{D_A}{2} = \mu P \times \dfrac{D_A}{2}$

✔ 토크는 원동차가 종동차로 전달하기 때문에 전달 토크를 구할 때의 지름은 **기본적으로 원동차의 지름을 사용**합니다. 하지만 문제에서 원동차 또는 종동차의 전달 토크라고 특정지었을 때는 **해당하는 마찰차의 지름을 사용**해야 합니다.

(6) 전달 동력(H) $[W]$: $H = Fv = \mu P v$

(7) 접촉선압력(f) $[N/mm]$: 단위 길이당 작용하는 하중

$$f = \frac{P}{b}$$

여기서,
P : 마찰차가 서로 미는 힘 $[N]$
b : 마찰차의 접촉폭 $[mm]$

8-2 V홈 마찰차(=V 마찰차)

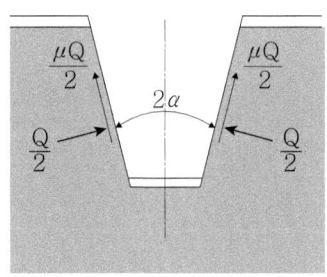

▎V홈에 작용하는 힘

여기서,
P : 마찰차가 축에 수직한 힘 $[N]$
Q : 접촉면에 수직한 힘 $[N]$
2α : 홈 각도
    ($2\alpha = 30° \sim 40°$)
ℓ : 접촉 길이 $[mm]$

(1) 접촉면에 수직한 힘(Q) $[N]$

위 그림에서 힘의 평형 방정식에 의하여

$$P = Q\sin\alpha + \mu Q\cos\alpha = Q(\sin\alpha + \mu\cos\alpha)$$

$$\therefore Q = \frac{P}{\sin\alpha + \mu\cos\alpha}$$

(2) 상당마찰계수(μ')

마찰력(=접선력 =회전력)은 $F = \mu Q = \mu' P$ 이므로

$$\mu \times \frac{P}{\sin\alpha + \mu\cos\alpha} = \mu' P$$

$$\therefore \mu' = \frac{\mu}{\sin\alpha + \mu\cos\alpha}$$

(3) 전달 동력(H) $[W]$: $H = \mu Q v = \mu' P v$

(4) 접촉면압력(f) $[N/mm]$: $f = \dfrac{Q}{L}$ 여기서 L : 전 접촉 길이 $[mm]$

(5) 홈 수(Z)

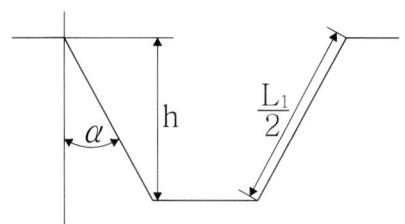

여기서,
ℓ : 접촉 길이 [mm]
h : 홈의 깊이 [mm]
L : 전 접촉 길이 [mm]
L_1 : 홈 하나의 접촉 길이 [mm]

① 전 접촉 길이(L) [mm]

위 그림에서 홈의 반각을 α라 하면 코싸인 법칙에 의해 $h = \dfrac{L_1}{2}\cos\alpha$ 이므로 L_1으로 정리하면 $L_1 = \dfrac{2h}{\cos\alpha}$ 이다. 여기에 홈의 수(Z)를 곱하여 전 접촉길이(L)을 구하면

$$L = L_1 Z = \dfrac{2h}{\cos\alpha} Z ≒ 2hZ$$

② 홈 수(Z) : $Z = \dfrac{L\cos\alpha}{2h} = \dfrac{Q\cos\alpha}{2hf}$

③ 홈의 깊이(h) [mm] : 실험치를 사용한다.

$$h = 0.28\sqrt{F} = 0.28\sqrt{\mu Q} = 0.28\sqrt{\mu' P}$$

8-3 원추 마찰차

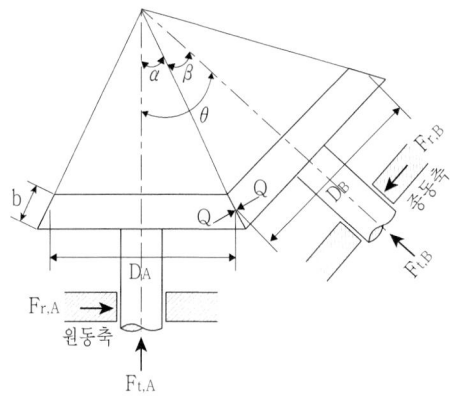

여기서,
α, β : 원동 및 종동 원추각
$\theta(=\alpha+\beta)$: 축각(=교각) [°]
$F_{r,A}, F_{r,B}$: 레이디얼 하중(=베어링 반력) [N]
$F_{t,A}, F_{t,B}$: 축 방향으로 미는 힘 [N]
Q : 접촉면에 수직한 힘
　　　(=양 원추차를 미는 힘) [N]
$D_{A,m}$: 원동차의 평균 지름 [mm]
$D_{B,m}$: 종동차의 평균 지름 [mm]

(1) 속비($\varepsilon(=i)$)

위 그림에서 각 원추마찰차의 중심 연장선의 교차점에서 평균 지름 위치까지의 거리를 ℓ 이라고 하면 $D_{A,m}=2R_{A,m}=2\ell\sin\alpha$, $D_{B,m}=2R_{B,m}=2\ell\sin\beta$ 로 나타낼 수 있다. 따라서 속비는

$$\varepsilon = \frac{D_{A,m}}{D_{B,m}} = \frac{2\ell\sin\alpha}{2\ell\sin\beta} = \frac{\sin\alpha}{\sin\beta}$$

(2) 외접 원추 마찰차의 관계식

① 속비(ε)와 원동 원추각(α)의 관계

$$\tan\alpha = \frac{\sin\theta}{\dfrac{1}{\varepsilon}+\cos\theta} = \frac{\sin\theta}{\dfrac{N_A}{N_B}+\cos\theta}$$

② 속비(ε)와 종동 원추각(β)의 관계

$$\tan\beta = \frac{\sin\theta}{\varepsilon+\cos\theta} = \frac{\sin\theta}{\dfrac{N_B}{N_A}+\cos\theta}$$

(3) 내접 원추 마찰차의 관계식

① 속비(ε)와 원동 원추각(α)의 관계

$$\tan\alpha = \frac{\sin\theta}{\cos\theta - \frac{1}{\varepsilon}} = \frac{\sin\theta}{\cos\theta - \frac{N_A}{N_B}}$$

② 속비(ε)와 종동 원추각(β)의 관계

$$\tan\beta = \frac{\sin\theta}{\varepsilon - \cos\theta} = \frac{\sin\theta}{\frac{N_B}{N_A} - \cos\theta}$$

(4) 원주 속도(v) $[m/s]$

$$v = v_A = v_B = \frac{\pi D_{A,m} N_A}{60 \times 1000} = \frac{\pi D_{B,m} N_B}{60 \times 1000}$$

(5) 전달 동력(H) $[W]$: $H = \mu Q v$

(6) 접촉 면압력(f) $[N/mm]$: $f = \frac{Q}{b}$

여기서, b : 마찰차의 접촉폭 $[mm]$

(7) 베어링에 작용하는 하중

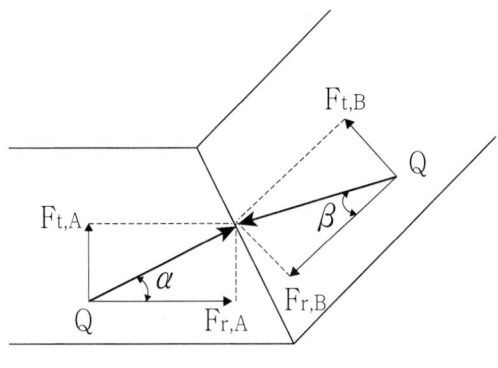

▮ 접촉부에 작용하는 하중

그림의 하중들을 정리하면

$\cos\alpha = \dfrac{F_{r,A}}{Q}$, $F_{r,A} = Q\cos\alpha$

$\cos\beta = \dfrac{F_{r,B}}{Q}$, $F_{r,B} = Q\cos\beta$

$\sin\alpha = \dfrac{F_{t,A}}{Q}$, $F_{t,A} = Q\sin\alpha$

$\sin\beta = \dfrac{F_{t,B}}{Q}$, $F_{t,B} = Q\sin\beta$

(8) 접촉폭(b) [mm]

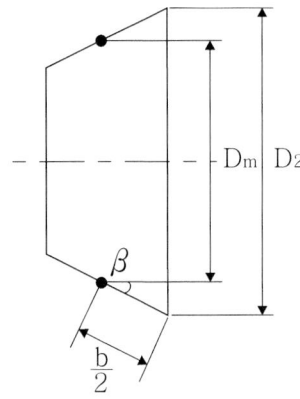

그림에서 접촉폭의 절반$\left(\dfrac{b}{2}\right)$과 종동 원추각($\beta$)의 관계를 정리해보면

$$D_m = D_2 - b\sin\beta$$
$$\therefore b = \dfrac{D_2 - D_m}{\sin\beta}$$

✔ 원추 마찰차는 경사면이 있지만 기준 힘이 접촉면에 수직한 힘(Q)이기 때문에 상당마찰계수를 사용하지 않습니다.

8-4 무단변속 마찰차

(1) 크라운 마찰차(=원판 마찰차)

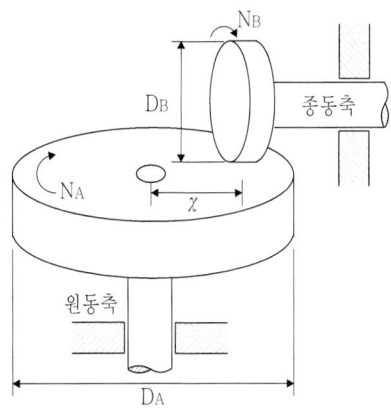

여기서,
D_A : 원동차의 지름 [mm]
D_B : 종동차의 지름 [mm]
N_A : 원동차의 회전수 [rpm]
N_B : 종동차의 회전수 [rpm]
Q : 마찰차가 서로 미는 힘 [N]
x : 종동차가 원동차의 중심에서 떨어진 거리 [mm]

① 크라운 마찰차의 특징

㉠ 원동차 : 회전수가 일정하다. ($N_A = C$)

㉡ 종동차 : 지름이 일정하다. ($D_B = C$)

② 최대, 최소 회전수 ($N_{B,\max}$, $N_{B,\min}$) $[rpm]$

원동차는 회전수가 일정하므로 $N_A = C$ 이고, 속비 $\varepsilon = \dfrac{N_B}{N_A} = \dfrac{D_A}{D_B}$ 를 정리하면

$$N_{B,\max} = \dfrac{D_{A,\max}}{D_B} \times N_A, \quad N_{B,\min} = \dfrac{D_{A,\min}}{D_B} \times N_A$$

③ 최대, 최소 동력 ($H_{\max}$, $H_{\min}$) $[W]$

$$H_{\max} = \mu Q v_{\max}, \quad v_{\max} = \dfrac{\pi D_B N_{B,\max}}{60 \times 1000}$$

$$H_{\min} = \mu Q v_{\min}, \quad v_{\min} = \dfrac{\pi D_B N_{B,\min}}{60 \times 1000}$$

(2) 에반스 마찰차

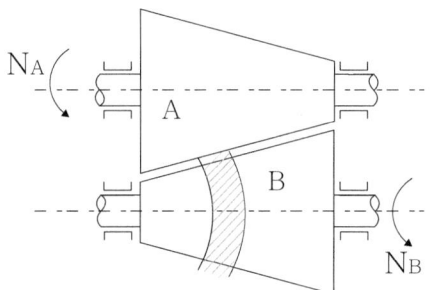

① 속비 선정

속비가 $\dfrac{1}{3} \sim 3$의 범위가 주어졌을 때 '원동차와 종동차를 밀어 붙이는 최대 힘을 구하라.' 라고 했다면 $H = \mu F_{\max} v_{\min}$ 이므로 $F_{\max} = \dfrac{H}{\mu v_{\min}}$ 이다.

이 때 힘(F)과 속도(v)는 반비례 관계이므로 최대 힘을 구하기 위해서는 최소 속도를 대입해야 한다.

최소 속도일 때의 속비는 $\varepsilon = \dfrac{1}{3}$ 이므로 이 때의 속도를 구하여 문제를 풀어야한다. 이처럼 에반스 마찰차 문제는 조건에 따라 속비를 결정하여 문제를 풀면 된다.

② 마찰면의 경사각을 고려한 가죽 두께(h) [mm]

벨트의 마찰이 벨트의 중심에서 작용한다고 가정하면 중심에서의 벨트의 두께는 아래 그림과 같다.

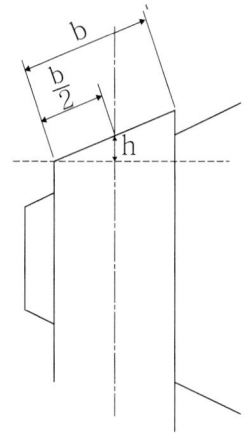

$$h = \frac{b}{2}\sin\alpha$$

여기서,
b : 벨트 너비 [mm]
h : 가죽 두께 [mm]

┃ 에반스 마찰차의 가죽 두께

③ 가죽 두께를 고려한 최소, 최대 지름

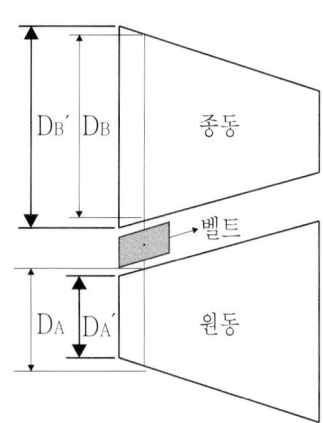

┃ 가죽 벨트 위치에 따른 직경

㉠ 최소지름 $D_A{'}$ [mm]

$$D_A{'} = D_A - 2h$$

㉡ 최대지름 $D_B{'}$ [mm]

$$D_B{'} = D_B + 2h$$

✔ 에반스 마찰차의 **최소 지름**을 고려할 때 반지름이 벨트 두께만큼 작아지게 되고, 최대 지름을 고려할 때 반지름이 벨트 두께만큼 커지게 됩니다.

Memo

08. 마찰차

01

축간거리 $500mm$, 원동차의 회전수 $300rpm$, 종동차의 회전수 $150rpm$인 외접 원통 마찰차의 원동차의 직경$[mm]$과 종동차의 직경$[mm]$을 각각 구하시오.

$$\varepsilon = \frac{N_B}{N_A} = \frac{D_A}{D_B} \Rightarrow D_A = D_B \times \frac{N_B}{N_A} = D_B \times \frac{150}{300} = \frac{1}{2}D_B$$

$$C = \frac{D_A + D_B}{2} \Rightarrow D_A + D_B = 2C = 2 \times 500 = 1000mm$$

$$\frac{1}{2}D_B + D_B = 1000 \Rightarrow \therefore D_B = 666.67mm$$

$$\therefore D_A = \frac{1}{2}D_B = \frac{1}{2} \times 666.67 = 333.33mm$$

02

축간거리 $600mm$, 원동차의 회전수 $500rpm$, 종동차의 회전수 $300rpm$인 내접 원통 마찰차의 원동차의 직경$[mm]$과 종동차의 직경$[mm]$을 각각 구하시오.

$$\varepsilon = \frac{N_B}{N_A} = \frac{D_A}{D_B} \Rightarrow D_A = D_B \times \frac{N_B}{N_A} = D_B \times \frac{300}{500} = \frac{3}{5}D_B$$

$$C = \frac{|D_A - D_B|}{2} \Rightarrow |D_A - D_B| = 2C = 2 \times 600 = 1200mm$$

$$\left|\frac{3}{5}D_B - D_B\right| = 1200 \Rightarrow \therefore D_B = 3000mm$$

$$\therefore D_A = \frac{3}{5}D_B = \frac{3}{5} \times 3000 = 1800mm$$

03

외접 원통 마찰차가 서로 미는 힘 $3000N$, 마찰차의 폭 $30mm$일 때 접촉 선압력$[N/mm]$을 구하시오.

$$f = \frac{P}{b} = \frac{3000}{30} = 100 N/mm$$

04

지름 $400mm$, 분당회전수 $600rpm$, $7.4kW$ 동력을 전달하는 외접 원통 마찰차가 있다. 마찰계수는 0.28, 허용 접촉 선압력은 $15N/mm$일 때 마찰차의 너비$[mm]$를 구하시오.

$$v = \frac{\pi DN}{60 \times 1000} = \frac{\pi \times 400 \times 600}{60 \times 1000} = 12.57 m/s$$

$$H = \mu P v \Rightarrow P = \frac{H}{\mu v} = \frac{7.4 \times 10^3}{0.28 \times 12.57} = 2102.51 N$$

$$f = \frac{P}{b} \Rightarrow \therefore b = \frac{P}{f} = \frac{2102.51}{15} = 140.17 mm$$

05

원동차의 표면에 가죽을 사용하고, 종동차에 주철을 사용하는 외접 원통 마찰차가 있다. 원동차의 지름은 $200mm$, 접촉 선압력 $8N/mm$, 마찰계수 0.18, 회전수 $1000rpm$, 동력 $4kW$를 전달할 때 다음을 구하시오.

(1) 전달 토크$[N \cdot m]$
(2) 마찰차가 서로 미는 힘 $[N]$
(3) 마찰차의 너비 $[mm]$

(1) $T = \dfrac{H}{\omega} = \dfrac{H}{\frac{2\pi N}{60}} = \dfrac{4 \times 10^3}{\frac{2\pi \times 1000}{60}} = 38.2 N \cdot m$

(2) $T = \mu P \dfrac{D}{2} \Rightarrow \therefore P = \dfrac{2T}{\mu D} = \dfrac{2 \times 38.2 \times 10^3}{0.18 \times 200} = 2122.22 N$

(3) $f = \dfrac{P}{b} \Rightarrow \therefore b = \dfrac{P}{f} = \dfrac{2122.22}{8} = 265.28 mm$

06

축간거리 $600mm$, 원동차의 회전수 $550rpm$, 종동차의 회전수 $380rpm$인 외접 원통 마찰차가 있다. 접촉 선압력 $30N/mm$, 너비 $80mm$, 마찰계수 0.15일 때 다음을 구하시오.

(1) 원동차와 종동차의 직경 $[mm]$
(2) 전달 동력 $[kW]$

(1) $\varepsilon = \dfrac{N_B}{N_A} = \dfrac{D_A}{D_B} \Rightarrow D_A = D_B \times \dfrac{N_B}{N_A} = D_B \times \dfrac{380}{550}$

$C = \dfrac{D_A + D_B}{2} \Rightarrow D_A + D_B = 2C = 2 \times 600 = 1200mm$

$D_B \times \dfrac{380}{550} + D_B = 1200 \Rightarrow \therefore D_B = 709.68mm$

$\therefore D_A = D_B \times \dfrac{380}{550} = 709.68 \times \dfrac{380}{550} = 490.32mm$

(2) $v = \dfrac{\pi D_A N_A}{60 \times 1000} = \dfrac{\pi \times 490.32 \times 550}{60 \times 1000} = 14.12 m/s$

$f = \dfrac{P}{b} \Rightarrow \therefore P = fb = 30 \times 80 = 2400N$

$\therefore H = \mu P v = 0.15 \times 2400 \times 10^{-3} \times 14.12 = 5.08kW$

07

분당회전수 $600rpm$, $2.4kW$의 동력을 전달하는 외접 원통 마찰차가 있다. 속비 $\dfrac{1}{3}$, 축간거리 $300mm$, 마찰계수 0.3, 허용 접촉 선압력 $10N/mm$일 때 다음을 구하시오.

(1) 마찰차의 회전속도 $[m/s]$
(2) 마찰차가 서로 미는 힘 $[N]$
(3) 마찰차의 폭 $[mm]$

(1) $\varepsilon = \dfrac{D_A}{D_B} = \dfrac{1}{3} \Rightarrow D_B = 3D_A$

$C = \dfrac{D_A + D_B}{2} \Rightarrow D_A + D_B = 2C = 2 \times 300 = 600mm$

$D_A + 3D_A = 600mm \Rightarrow D_A = 150mm, D_B = 450mm$

$\therefore v = \dfrac{\pi D_A N_A}{60 \times 1000} = \dfrac{\pi \times 150 \times 600}{60 \times 1000} = 4.71 m/s$

(2) $H = \mu P v \Rightarrow \therefore P = \dfrac{H}{\mu v} = \dfrac{2.4 \times 10^3}{0.3 \times 4.71} = 1698.51 N$

(3) $f = \dfrac{P}{b} \Rightarrow \therefore b = \dfrac{P}{f} = \dfrac{1698.51}{10} = 169.85mm$

08

외접 원통 마찰차의 축간거리 $700mm$, 원동차의 회전수 $200rpm$, 종동차의 회전수 $120mm$이다. 다음을 구하시오.

(1) 원동차와 종동차의 직경 $[mm]$
(2) 원주속도 $[m/s]$

(1) $\varepsilon = \dfrac{N_B}{N_A} = \dfrac{D_A}{D_B} \Rightarrow D_A = D_B \times \dfrac{N_B}{N_A} = D_B \times \dfrac{120}{200} = D_B$

$C = \dfrac{D_A + D_B}{2} \Rightarrow D_A + D_B = 2C = 2 \times 700 = 1400mm$

$D_B \times \dfrac{120}{200} + D_B = 1400 \Rightarrow \therefore D_B = 875mm$

$\therefore D_A = D_B \times \dfrac{120}{200} = 525mm$

(2) $v = \dfrac{\pi D_A N_A}{60 \times 1000} = \dfrac{\pi \times 525 \times 200}{60 \times 1000} = 5.5 m/s$

09

$400rpm$, $5kW$ 동력을 전달하는 외접 원통 마찰차가 축의 정중앙에 결합하여 회전하고 있다. 마찰계수 0.3, 축간거리 $500mm$, 속비 $\dfrac{1}{3}$, 허용 접촉 선압력 $8N/mm$일 때 다음을 구하시오.
(단, 종동축은 비틀림과 굽힘을 동시에 받으며, 축의 허용 전단응력은 $40MPa$이다.)

(1) 마찰차의 너비 $[mm]$
(2) 종동축의 길이가 $0.6m$일 때 종동축의 직경 $[mm]$

(1) $T_A = \dfrac{H}{\omega} = \dfrac{H}{\dfrac{2\pi N_A}{60}} = \dfrac{5 \times 10^3}{\dfrac{2\pi \times 400}{60}} = 119.37 N \cdot m$

$\varepsilon = \dfrac{N_B}{N_A} = \dfrac{D_A}{D_B} \Rightarrow D_A = \varepsilon D_B = \dfrac{1}{3} D_B$

$C = \dfrac{D_A + D_B}{2} \Rightarrow D_A + D_B = 2C = 2 \times 500 = 1000mm$

$\dfrac{1}{3} D_B + D_B = 1000 \Rightarrow D_B = 750mm, \ D_A = 250mm$

$T_A = \mu P \dfrac{D_A}{2} \Rightarrow P = \dfrac{2T_A}{\mu D_A} = \dfrac{2 \times 119.37 \times 10^3}{0.3 \times 250} = 3183.2 N$

$f = \dfrac{P}{b} \Rightarrow \therefore b = \dfrac{P}{f} = \dfrac{3183.2}{8} = 397.9 mm$

(2) $M = \dfrac{P\ell}{4} = \dfrac{3183.2 \times 0.6}{4} = 477.48 N \cdot m$

$\varepsilon = \dfrac{N_B}{N_A} \Rightarrow N_B = \varepsilon N_A = \dfrac{1}{3} \times 400 = 133.33 rpm$

$T_B = \dfrac{H}{\omega} = \dfrac{H}{\dfrac{2\pi N_B}{60}} = \dfrac{5 \times 10^3}{\dfrac{2\pi \times 133.33}{60}} = 358.11 N \cdot m$

$T_e = \sqrt{M^2 + T_B^2} = \sqrt{477.48^2 + 358.11^2} = 596.85 N \cdot m$

$T_e = \tau_a Z_P = \tau_a \times \dfrac{\pi d^3}{16}$

$\therefore d = \sqrt[3]{\dfrac{16 T_e}{\pi \tau_a}} = \sqrt[3]{\dfrac{16 \times 596.8 \times 10^3}{\pi \times 40}} = 42.36 mm$

10

분당 회전수 $200 rpm$으로 회전하는 마찰차로 $3.5 kW$ 동력을 전달하려 한다. 마찰계수 0.3일 때 다음을 구하시오.

(1) 직경이 $500 mm$인 외접 원통 마찰차를 사용한다고 가정할 때 마찰차가 서로 미는 힘 $[N]$
(2) 피치원 직경이 $500 mm$인 V홈 마찰차를 사용한다고 가정할 때 마찰차가 서로 미는 힘 $[N]$
 (단, 홈 각도는 $2\alpha = 40°$ 이다.)

(1) $v = \dfrac{\pi D N}{60 \times 1000} = \dfrac{\pi \times 500 \times 200}{60 \times 1000} = 5.24 m/s$

$H = \mu P v \Rightarrow \therefore P = \dfrac{H}{\mu v} = \dfrac{3.5 \times 10^3}{0.3 \times 5.24} = 2226.46 N$

(2) $\mu' = \dfrac{\mu}{\sin\alpha + \mu\cos\alpha} = \dfrac{0.3}{\sin 20° + 0.3\cos 20°} = 0.481$

$H = \mu' P' v \Rightarrow \therefore P' = \dfrac{H}{\mu' v} = \dfrac{3.5 \times 10^3}{0.481 \times 5.24} = 1388.65 N$

11

V홈 마찰차에서 $5 kW$ 동력을 전달하고자 한다. 원동차의 평균직경 $300 mm$, 회전수 $800 rpm$, 종동차의 평균직경 $600 mm$, 허용 접촉 선압력 $30 N/mm$, 마찰계수 0.2, V홈 각도는 $2\alpha = 40°$ 일 때 다음을 구하시오.

(1) V홈 마찰차의 전달 하중 $[N]$
(2) V홈 마찰차를 밀어 붙이는 힘 $[N]$
(3) V홈 마찰차의 홈의 수 $[개]$

(1) $v = \dfrac{\pi D_A N_A}{60 \times 1000} = \dfrac{\pi \times 300 \times 800}{60 \times 1000} = 12.57 m/s$

$H = Fv \Rightarrow \therefore F = \dfrac{H}{v} = \dfrac{5 \times 10^3}{12.57} = 397.77 N$

(2) $\mu' = \dfrac{\mu}{\sin\alpha + \mu\cos\alpha} = \dfrac{0.2}{\sin 20° + 0.2\cos 20°} = 0.377$

$H = \mu' Pv \Rightarrow \therefore P = \dfrac{H}{\mu' v} = \dfrac{5 \times 10^3}{0.377 \times 12.57} = 1055.1 N$

(3) $h = 0.28\sqrt{\mu' P} = 0.28\sqrt{0.377 \times 1055.1} = 5.58 mm$

$F = \mu Q = \mu' P \Rightarrow Q = \dfrac{\mu' P}{\mu} = \dfrac{0.377 \times 1055.1}{0.2} = 1988.86 N$

$\therefore Z = \dfrac{Q}{2hf} = \dfrac{1988.86}{2 \times 5.58 \times 30} = 5.94 \rightleftharpoons 6개$

12

홈 마찰차에서 주동차의 회전수 $400 rpm$, 종동차의 회전수 $250 rpm$, $5kW$의 동력을 전달하려 한다. 중심거리 $500mm$, 마찰계수 0.15, 홈의 각도 $2\alpha = 40°$ 일 때 다음을 구하시오.

(1) 상당 마찰계수
(2) 홈 마찰차의 전달력 $[N]$
(3) 홈 마찰차를 미는 힘 $[N]$

(1) $\mu' = \dfrac{\mu}{\sin\alpha + \mu\cos\alpha} = \dfrac{0.15}{\sin 20° + 0.15\cos 20°} = 0.31$

(2) $\varepsilon = \dfrac{N_B}{N_A} = \dfrac{D_A}{D_B} \Rightarrow D_B = D_A \times \dfrac{N_A}{N_B} = D_A \times \dfrac{400}{250}$

$C = \dfrac{D_A + D_B}{2} \Rightarrow D_A + D_B = 2C = 2 \times 500 = 1000 mm$

$D_A + D_A \times \dfrac{400}{250} = 1000 \Rightarrow D_A = 384.62 mm$

$v = \dfrac{\pi D_A N_A}{60 \times 1000} = \dfrac{\pi \times 384.62 \times 400}{60 \times 1000} = 8.06 m/s$

$H = Fv \Rightarrow \therefore F = \dfrac{H}{v} = \dfrac{5 \times 10^3}{8.06} = 620.35 N$

(3) $F = \mu Q = \mu' P \Rightarrow \therefore P = \dfrac{F}{\mu'} = \dfrac{620.35}{0.31} = 2001.13 N$

13

원동축 회전수 $500 rpm$, 종동축 회전수 $200 rpm$, $6kW$의 동력을 전달하는 홈붙이 마찰차가 있다. 중심거리가 $500mm$, 마찰계수는 0.35, 허용 접촉 선압력은 $40 N/mm$, 홈의 각도가 $2\alpha = 40°$ 일 때 다음을 구하시오.

(1) 홈붙이 마찰차를 미는 힘 $[N]$
(2) 홈의 수 $[$개$]$

(1) $\varepsilon = \dfrac{N_B}{N_A} = \dfrac{D_A}{D_B} \Rightarrow D_B = D_A \times \dfrac{N_A}{N_B} = D_A \times \dfrac{500}{200} = \dfrac{5}{2} D_A$

$C = \dfrac{D_A + D_B}{2} \Rightarrow D_A + D_B = 2C = 2 \times 500 = 1000mm$

$D_A + \dfrac{5}{2} D_A = 1000 \Rightarrow \therefore D_A = 285.71mm$

$v = \dfrac{\pi D_A N_A}{60 \times 1000} = \dfrac{\pi \times 285.71 \times 500}{60 \times 1000} = 7.48 m/s$

$\mu' = \dfrac{\mu}{\sin\alpha + \mu\cos\alpha} = \dfrac{0.35}{\sin 20° + 0.35\cos 20°} = 0.52$

$H = \mu' P v \Rightarrow \therefore P = \dfrac{H}{\mu' v} = \dfrac{6 \times 10^3}{0.52 \times 7.48} = 1542.58 N$

(2) $h = 0.28\sqrt{\mu' P} = 0.28\sqrt{0.52 \times 1542.58} = 7.93 mm$

$F = \mu Q = \mu' P \Rightarrow Q = \dfrac{\mu' P}{\mu} = \dfrac{0.52 \times 1542.58}{0.35} = 2291.83 N$

$Z = \dfrac{Q}{2hf} = \dfrac{2291.83}{2 \times 7.93 \times 40} = 3.61 ≒ 4$개

14

회전수 $400rpm$, $15kW$의 동력을 전달하는 외접 원추 마찰차가 있다. 원동차의 평균 직경 $500mm$, 속비 $\dfrac{3}{4}$, 마찰계수 0.3, 허용 접촉 선압력 $30N/mm$, 축각 $80°$ 일 때 다음을 구하시오.

(1) 양 원추 마찰차를 미는 힘 $[N]$
(2) 마찰차의 너비 $[mm]$
(3) 종동의 원추각 $[°]$
(4) 종동축 방향으로 미는 힘 $[N]$

(1) $v = \dfrac{\pi D_{A,m} N_A}{60 \times 1000} = \dfrac{\pi \times 500 \times 400}{60 \times 1000} = 10.47 m/s$

$H = \mu Q v \Rightarrow \therefore Q = \dfrac{H}{\mu v} = \dfrac{15 \times 10^3}{0.3 \times 10.47} = 4775.55 N$

(2) $f = \dfrac{Q}{b}$ $\Rightarrow$ $\therefore b = \dfrac{Q}{f} = \dfrac{4775.55}{30} = 159.19mm$

(3) $\tan\beta = \dfrac{\sin\theta}{\varepsilon + \cos\theta}$ $\Rightarrow$ $\therefore \beta = \tan^{-1}\left(\dfrac{\sin\theta}{\varepsilon + \cos\theta}\right) = \tan^{-1}\left(\dfrac{\sin 80°}{\dfrac{3}{4} + \cos 80°}\right) = 46.84°$

(4) $F_{t,B} = Q\sin\beta = 4775.55 \times \sin 46.84° = 3483.51 N$

15

회전수 $500 rpm$, $18kW$의 동력을 전달하는 외접 원추 마찰차가 존재한다. 원동차의 평균직경은 $600mm$, 속비는 $\dfrac{3}{5}$, 마찰계수는 0.3, 허용 접촉 선압력 $35 N/mm$, 두 축의 교각이 $90°$ 일 때 다음을 구하시오.

(1) 접촉면에 수직한 힘 $[N]$
(2) 마찰차의 폭 $[mm]$
(3) 원동차의 추력 하중 $[N]$
(4) 종동차의 원추각 $[°]$

(1) $v = \dfrac{\pi D_{A,m} N_A}{60 \times 1000} = \dfrac{\pi \times 600 \times 500}{60 \times 1000} = 15.71 m/s$

$H = \mu Q v$ $\Rightarrow$ $\therefore Q = \dfrac{H}{\mu v} = \dfrac{18 \times 10^3}{0.3 \times 15.71} = 3819.22 N$

(2) $f = \dfrac{Q}{b}$ $\Rightarrow$ $\therefore b = \dfrac{Q}{f} = \dfrac{3819.22}{35} = 109.12 mm$

(3) $\tan\alpha = \dfrac{\sin\theta}{\dfrac{1}{\varepsilon} + \cos\theta} = \dfrac{\sin 90°}{\dfrac{5}{3} + \cos 90°} = \dfrac{3}{5}$ $\Rightarrow$ $\therefore \alpha = \tan^{-1}\left(\dfrac{3}{5}\right) = 30.96°$

$F_{t,A} = Q\sin\alpha = 3819.22 \times \sin 30.96° = 1964.76 N$

(4) $\theta = \alpha + \beta$ $\Rightarrow$ $\therefore \beta = \theta - \alpha = 90 - 30.96 = 59.04°$

16

다음 그림과 같이 $550rpm$으로 $5kW$을 전달하려는 원추 마찰차가 있다. 원동차의 평균 지름은 $400mm$, 회전비 $\dfrac{3}{5}$, 허용 접촉 선압력 $27N/mm$, 마찰계수 0.3일 때 다음을 구하시오.

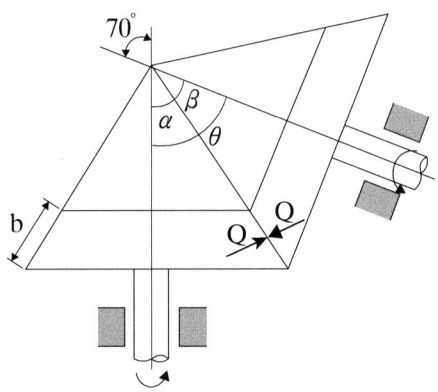

(1) 양 원추차를 미는 힘 $[N]$
(2) 원추차의 폭 $[mm]$
(3) 원동축 방향으로 미는 힘 $[N]$

(1) $v = \dfrac{\pi D_{A,m} N_A}{60 \times 1000} = \dfrac{\pi \times 400 \times 550}{60 \times 1000} = 11.52 m/s$

$H = \mu Q v \Rightarrow \therefore Q = \dfrac{H}{\mu v} = \dfrac{5 \times 10^3}{0.3 \times 11.52} = 1446.76 N$

(2) $f = \dfrac{Q}{b} \Rightarrow \therefore b = \dfrac{Q}{f} = \dfrac{1446.76}{27} = 53.58 mm$

(3) $\tan\alpha = \dfrac{\sin\theta}{\dfrac{1}{\varepsilon} + \cos\theta} = \dfrac{\sin 70°}{\dfrac{5}{3} + \cos 70°} \Rightarrow \therefore \alpha = \tan^{-1}\left(\dfrac{\sin 70°}{\dfrac{5}{3} + \cos 70°}\right) = 25.07°$

$F_{t,A} = Q \sin\alpha = 1446.76 \times \sin 25.07° = 613.03 N$

17

그림과 같은 크라운 마찰차가 있다. 원동차의 지름 $500mm$, 회전수 $1500rpm$이다. 너비 $40mm$, 종동차의 지름 $650mm$, 종동차가 원동차의 중심에서 떨어진 거리 $50\sim150mm$, 마찰계수 0.3, 접촉선압력 $20N/mm$일 때 다음을 구하시오.

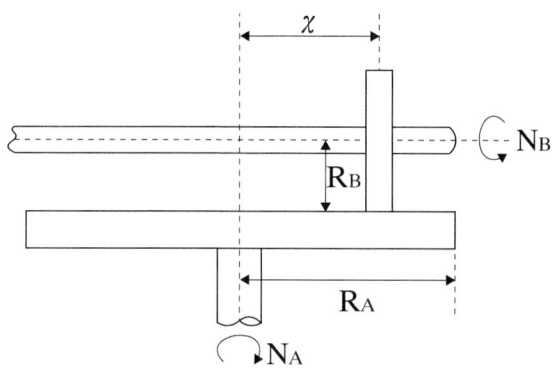

(1) 종동차의 최대, 최소 회전수 $[rpm]$
(2) 최대, 최소 전달 동력 $[kW]$

(1) x는 중심부터의 거리(반지름) → $D_A = 2x$이다.

$$\therefore N_{B \cdot \max} = \frac{D_{A \cdot \max}}{D_B} \times N_A = \frac{2 \times 150}{650} \times 1500 = 692.31 rpm$$

$$\therefore N_{B \cdot \min} = \frac{D_{A \cdot \min}}{D_B} \times N_A = \frac{2 \times 50}{650} \times 1500 = 230.77 rpm$$

(2) $v_{\max} = \frac{\pi D_B N_{B \cdot \max}}{60 \times 1000} = \frac{\pi \times 650 \times 692.31}{60 \times 1000} = 23.56 m/s$

$v_{\min} = \frac{\pi D_B N_{B \cdot \min}}{60 \times 1000} = \frac{\pi \times 650 \times 230.77}{60 \times 1000} = 7.85 m/s$

$f = \frac{Q}{b} \Rightarrow Q = fb = 20 \times 40 = 800 N$

$\therefore H_{\max} = \mu Q v_{\max} = 0.3 \times 800 \times 10^{-3} \times 23.56 = 5.65 kW$

$\therefore H_{\min} = \mu Q v_{\min} = 0.3 \times 800 \times 10^{-3} \times 7.85 = 1.88 kW$

18

그림과 같은 원판 마찰차를 이용하여 무단 변속하려 한다. 원동차의 회전수는 $1800 rpm$, 너비 $50mm$, 종동차가 원동차의 중심에서 떨어진 거리 $90~190mm$, 마찰계수 0.35, 허용 선압력 $35N/mm$일 때 다음을 구하시오.
(단, 종동차의 지름은 $800mm$이다.)

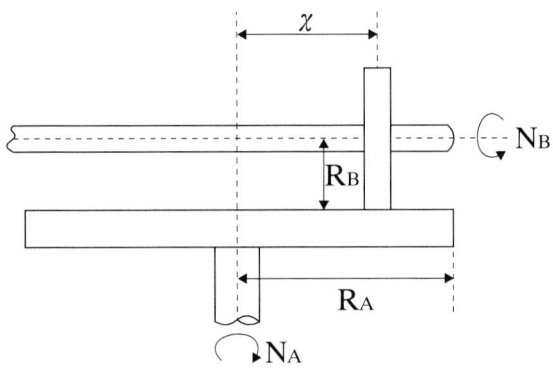

(1) 종동차의 최대, 최소 회전수 $[rpm]$
(2) 최대, 최소 전달 동력 $[kW]$

(1) x는 중심부터의 거리(반지름) → $D_A = 2x$이다.

$$\therefore N_{B \cdot max} = \frac{D_{A \cdot max}}{D_B} \times N_A = \frac{2 \times 190}{800} \times 1800 = 855 rpm$$

$$\therefore N_{B \cdot min} = \frac{D_{A \cdot min}}{D_B} \times N_A = \frac{2 \times 90}{800} \times 1800 = 405 rpm$$

(2) $v_{max} = \frac{\pi D_B N_{B \cdot max}}{60 \times 1000} = \frac{\pi \times 800 \times 855}{60 \times 1000} = 35.81 m/s$

$v_{min} = \frac{\pi D_B N_{B \cdot min}}{60 \times 1000} = \frac{\pi \times 800 \times 405}{60 \times 1000} = 16.96 m/s$

$f = \frac{Q}{b}$ ⇒ $Q = fb = 35 \times 50 = 1750 N$

$\therefore H_{max} = \mu Q v_{max} = 0.35 \times 1750 \times 10^{-3} \times 35.81 = 21.93 kW$

$\therefore H_{min} = \mu Q v_{min} = 0.35 \times 1750 \times 10^{-3} \times 16.96 = 10.39 kW$

19

에반스 마찰차를 이용한 무단 변속을 하려고 한다. 속비 $\frac{1}{3}$~3의 범위로 원동차가 $800rpm$으로 $3kW$의 동력을 전달한다. 가죽벨트의 허용 접촉 선압력은 $15N/mm$, 양 축 사이의 중심거리 $400mm$, 마찰계수 0.3일 때 다음을 구하시오.

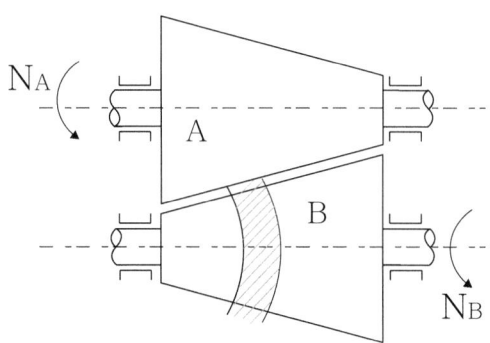

(1) 최소, 최대 지름 $[mm]$
(2) 에반스 마찰차를 밀어 붙이는 최대 힘 $[N]$
(3) 가죽벨트의 폭 $[mm]$

(1) $\varepsilon = \dfrac{D_A}{D_B} = \dfrac{1}{3} \;\Rightarrow\; D_B = 3D_A$

$C = \dfrac{D_A + D_B}{2} \;\Rightarrow\; D_A + D_B = 2C = 2 \times 400 = 800mm$

$D_A + 3D_A = 800mm$
$\therefore D_A = 200mm,\; D_B = 600mm$

(2) $v_{\min} = \dfrac{\pi D_A N_A}{60 \times 1000} = \dfrac{\pi \times 200 \times 800}{60 \times 1000} = 8.38 m/s$

$H = \mu F_{\max} v_{\min} \;\Rightarrow\; F_{\max} = \dfrac{H}{\mu v_{\min}} = \dfrac{3 \times 10^3}{0.3 \times 8.38} = 1193.32 N$

(3) $f = \dfrac{F_{\max}}{b} \;\Rightarrow\; b = \dfrac{F_{\max}}{f} = \dfrac{1193.32}{15} = 79.55 mm$

20

다음 그림과 같은 에반스 마찰차를 이용한 무단 변속을 하려고 한다. 속비 $\frac{1}{3}$~3의 범위로 원동차가 $1000rpm$으로 $7.5kW$의 동력을 전달한다. 가죽벨트의 허용 접촉 선압력은 $15N/mm$, 양 축 사이의 중심거리 $500mm$, 마찰계수 0.2일 때 다음을 구하시오.

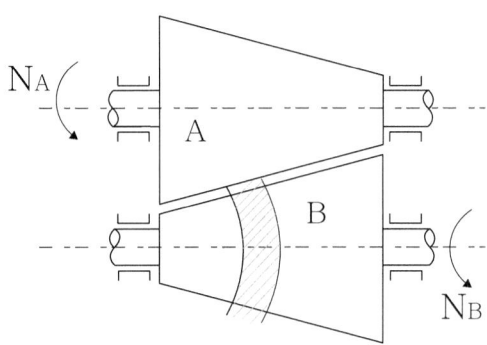

(1) 최소, 최대 지름 $[mm]$
(2) 에반스 마찰차를 밀어 붙이는 최대 힘 $[N]$
(3) 가죽벨트의 폭 $[mm]$
(4) 마찰면의 경사각이 $10°$일 때 고무 너비를 고려한 최소, 최대 지름 $[mm]$

(1) $\varepsilon = \dfrac{D_A}{D_B} = \dfrac{1}{3} \Rightarrow D_B = 3D_A$

$C = \dfrac{D_A + D_B}{2} \Rightarrow D_A + D_B = 2C = 2 \times 500 = 1000mm$

$D_A + 3D_A = 1000mm$

$\therefore D_A = 250mm, \ D_B = 750mm$

(2) $v_{\min} = \dfrac{\pi D_A N_A}{60 \times 1000} = \dfrac{\pi \times 250 \times 1000}{60 \times 1000} = 13.09 m/s$

$H = \mu F_{\max} v_{\min} \Rightarrow \therefore F_{\max} = \dfrac{H}{\mu v_{\min}} = \dfrac{7.5 \times 10^3}{0.2 \times 13.09} = 2864.78N$

(3) $f = \dfrac{F_{\max}}{b} \Rightarrow \therefore b = \dfrac{F_{\max}}{f} = \dfrac{2864.78}{15} = 190.99mm$

(4) 가죽 두께 : $h = \dfrac{b}{2}\sin\alpha = \dfrac{190.99}{2} \times \sin10° = 16.58mm$

$\therefore D_A' = D_A - 2h = 250 - 2 \times 16.58 = 216.84mm$

$\therefore D_B' = D_B + 2h = 750 + 2 \times 16.58 = 783.16mm$

09

감아걸기 전동장치

9-1. 평벨트 전동장치

9-2. V벨트 전동장치

9-3. 로프 전동장치

9-4. 체인 전동장치

Chapter 9
감아걸기 전동장치

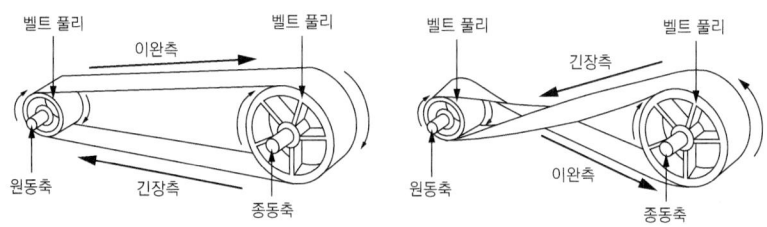

감아걸기 전동장치란, 원동축과 종동축의 거리가 멀 때 두 축에 바퀴를 설치하고 벨트 또는 체인을 감아서 동력을 전달하는 장치이다.

9-1 평벨트 전동장치

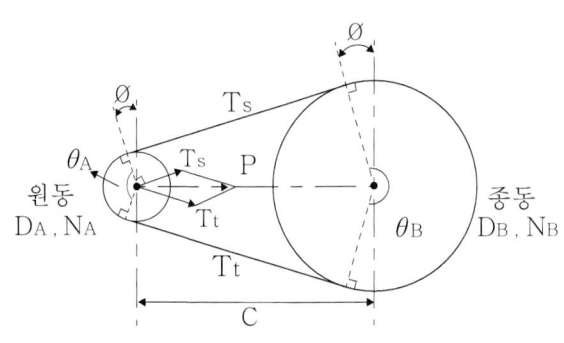

여기서,
T_s : 이완측 장력 $[N]$
T_t : 긴장측 장력(=허용장력) $[N]$
D_A : 원동차의 지름 $[mm]$
D_B : 종동차의 지름 $[mm]$
C : 축간 거리 $[mm]$
θ_A, θ_B : 접촉 중심각 $[rad]$
$\varnothing$: 사잇각 $[mm]$

(1) 유효 장력(P_e) $[N]$: $P_e = T_t - T_s$ 단, $T_t > T_s$

(2) 전달 토크(T) $[N \cdot mm]$: $T = P_e \times \dfrac{D}{2} = (T_t - T_s) \times \dfrac{D}{2}$

(3) 장력비($e^{\mu\theta}$)

원주속도(v)가 $10\,m/s$를 초과할 경우에는 부가장력(=원심장력)을 고려하여 장력비를 계산한다.

① $v \leq 10\,m/s$ 일 때 : $e^{\mu\theta} = \dfrac{T_t}{T_s}$

② $v > 10\,m/s$ 일 때 : $e^{\mu\theta} = \dfrac{T_t - T_v}{T_s - T_v}$

여기서, T_t : 부가장력 $[N]$

$\left(T_v = \dfrac{wv^2}{g} = mv^2\right)$

w : 벨트의 단위길이당 무게 $[N/m]$
m : 벨트의 단위길이당 질량 $[kg/m]$

✔ 원주속도(v)가 $10\,m/s$를 초과하더라도 부가장력에 대한 물성치(무게 또는 질량)를 제시하지 않으면 부가장력을 고려하지 않습니다.

✔ 장력비를 구할 때도 마찬가지로 접촉 중심각은 θ_A와 θ_B중에 작은 것을 대입하면 됩니다.

(4) 장력비와 유효장력의 관계식

① $v \leq 10\,m/s$ 일 때 : $T_s = \dfrac{P_e}{e^{\mu\theta} - 1}$

$$T_t = T_s\, e^{\mu\theta} = \dfrac{P_e e^{\mu\theta}}{e^{\mu\theta} - 1}$$

② $v > 10\,m/s$ 일 때 : $T_s = \dfrac{P_e}{e^{\mu\theta} - 1} + T_v$

$$T_t = \dfrac{P_e e^{\mu\theta}}{e^{\mu\theta} - 1} + T_v$$

(5) 접촉 중심각(θ)

① open type(바로걸기, 평행걸기)

$$\theta_A = 180 - 2\varnothing = 180 - 2\sin^{-1}\left(\frac{D_B - D_A}{2C}\right)$$

$$\theta_B = 180 + 2\varnothing = 180 + 2\sin^{-1}\left(\frac{D_B - D_A}{2C}\right)$$

② cross type(엇걸기, 십자걸기)

$$\theta_A = \theta_B = 180 + 2\varnothing = 180 + 2\sin^{-1}\left(\frac{D_B + D_A}{2C}\right)$$

(6) 베어링 하중(P) [N] : 평벨트의 축을 지지하는 베어링이 받는 하중

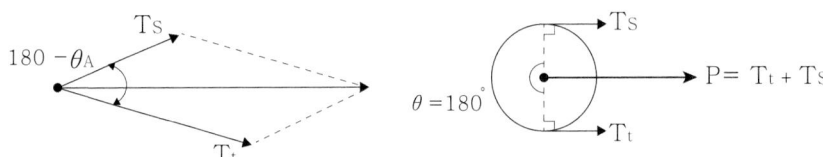

│ 베어링에 작용하는 긴장측, 이완측 장력

위 그림에서 평행사변형의 법칙에 의해 베어링 하중(P)는 아래와 같다.

$$P = \sqrt{T_t^2 + T_s^2 + 2T_t T_s \cos(180 - \theta_A)}$$

$$P = \sqrt{T_t^2 + T_s^2 - 2T_t T_s \cos\theta_A}$$

만약 $\theta_A = 180°$ 이면

$$P = \sqrt{T_s^2 + T_t^2 + 2T_s T_t} = T_s + T_t$$

✔ 베어링 하중을 구할 때 접촉 중심각은 θ_A와 θ_B중에 작은 것을 대입하면 됩니다.
  왜냐하면 접촉 중심각이 작을수록 베어링 하중은 증가하므로 큰 값을 기준으로 설계하기 위함입니다.

(7) 전달 동력(H) [W]

① $v \leq 10\,m/s$ 일 때 : $H = P_e v = T_t \left(\dfrac{e^{\mu\theta} - 1}{e^{\mu\theta}} \right) v$

② $v > 10\,m/s$ 일 때 : $H = P_e v = \left(T_t - \dfrac{wv^2}{g} \right) \left(\dfrac{e^{\mu\theta} - 1}{e^{\mu\theta}} \right) v$

(8) 속비(ε) : $\varepsilon = \dfrac{N_B}{N_A} = \dfrac{D_A}{D_B}$

(9) 벨트 길이(L) [mm]

① open type(바로걸기, 평행걸기)

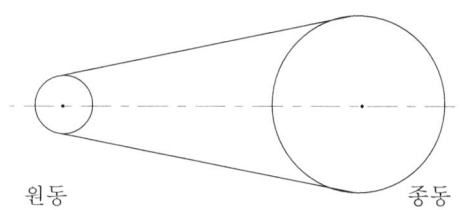

▎open type

$L = 2C + \dfrac{\pi(D_A + D_B)}{2} + \dfrac{(D_B - D_A)^2}{4C}$

② cross type(엇걸기, 십자걸기)

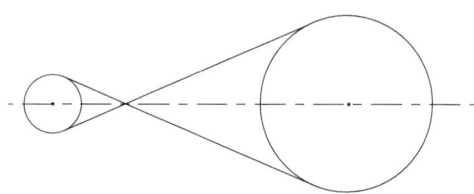

▎closs type

$L = 2C + \dfrac{\pi(D_A + D_B)}{2} + \dfrac{(D_B + D_A)^2}{4C}$

(10) 벨트의 응력

① 허용인장응력(σ_t) $[N/mm^2]$

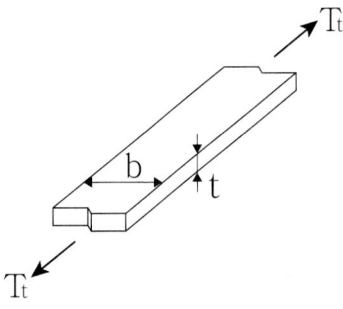

▎벨트에 작용하는 인장하중

$$\sigma_t = \frac{T_t}{A} = \frac{T_t}{bt\eta}$$

여기서,
b : 벨트 폭 $[mm]$
t : 벨트의 두께 $[mm]$
η : 이음 효율

② 허용굽힘응력(σ_b) $[N/mm^2]$

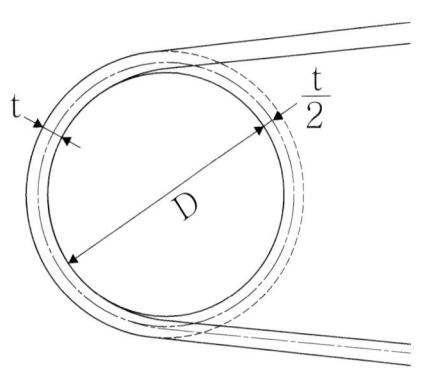

▎벨트에 작용하는 굽힘

$$\sigma_b = \frac{Ey}{\rho} = \frac{E\dfrac{t}{2}}{\dfrac{D}{2}+\dfrac{t}{2}} \fallingdotseq \frac{Et}{D}$$

여기서,
D : 원통의 지름 $[mm]$
ρ : 회전 반경 $[mm]$
t : 벨트의 두께 $[mm]$
E : 벨트의 탄성계수 $[N/mm^2]$

③ 최대허용응력($\sigma_{\max}$) $[N/mm^2]$

$$\sigma_{\max} = \sigma_t + \sigma_b = \frac{T_t}{bt\eta} + \frac{Et}{D}$$

9-2 V벨트 전동장치

여기서,
α : 벨트의 각도 $[°]$
β : 풀리 홈의 각도 $[°]$
F : 전달력 $[N]$
Q : 마찰면에 수직한 힘 $[N]$

✔ V벨트의 기본 각도는 $\alpha = 40°$ 입니다. 문제에서 V벨트의 각도가 주어지지 않았다면, $\alpha = 40°$로 가정하면 됩니다.

(1) 상당마찰계수(μ') : $\mu' = \dfrac{\mu}{\sin\dfrac{\alpha}{2} + \mu\cos\dfrac{\alpha}{2}}$

✔ V벨트 에서는 평벨트 공식에서의 마찰 계수(μ)대신에 **상당마찰계수(μ')를 대입**하여 문제를 풀 수 있습니다.

✔ V 벨트에서는 바로걸기(open type)만 존재합니다.

(2) 가닥 수(=구루 수, Z)

① 전체의 전달동력 : $H = k_1 k_2 H_o Z$

② 가닥 수 $Z = \dfrac{H}{k_1 k_2 H_o}$

여기서,
k_1 : 접촉각 수정계수
k_2 : 부하 수정계수
$H_o(=P_e v)$: 한 가닥의 전달 동력 $[W]$

✔ 가닥 수(Z)는 항상 **정수로 '올림'** 해야 합니다.

(3) 인장 강도(σ_t) $[N/mm^2]$

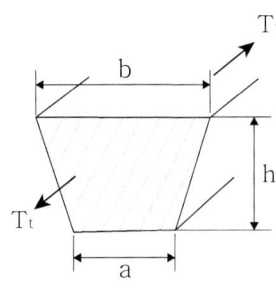

▮ V벨트의 단면

$$\sigma_t = \frac{T_t}{A\eta}$$

여기서,
A : 사다리꼴의 단면적 $[mm^2]$
$$\left(A = \frac{h}{2}(a+b)\right)$$

9-3 로프 전동장치

(1) 피치원 지름(D)과 로프 지름(d)의 관계

① 와이어 로프 : $D \geq 50d$
② 대마 로프 : $D \geq 40d$
③ 면 로프 : $D \geq 30d$

여기서,
D : 풀리의 피치원 지름 $[mm]$
d : 소선의 지름 $[mm]$

✔ 소선의 지름에 들어가는 것은 원동 지름과 종동 지름 중 안전을 고려하여 작은 값을 대입하여야 합니다.

(2) 로프의 허용인장응력(σ_t) $[N/mm^2]$

$$\sigma_t = \frac{T_t}{An} = \frac{T_t}{\frac{\pi}{4}d^2 n}$$

여기서,
d : 소선의 지름 $[mm]$
n : 소선(=로프)의 수
T_t : 로프에 작용하는 인장력 $[N]$
　　　(=긴장측 장력)

(3) 로프의 허용굽힘응력(σ_b) [N/mm^2]

$$\sigma_b = \frac{3}{8}\frac{Ed}{D}$$

여기서,
E : 로프의 종탄성계수 [N/mm^2]

(4) 로프의 장력(T) [N]

$$T = \frac{wC^2}{8h} + wh$$

여기서,
w : 단위 길이당 로프의 무게 [N/mm]
C : 축간 거리 [mm]
h : 처짐량 [mm]

(5) 로프와 풀리의 접촉점 간의 거리(L) [mm]

$$L = C\left(1 + \frac{8h^2}{3C^2}\right)$$

9-4 체인 전동장치

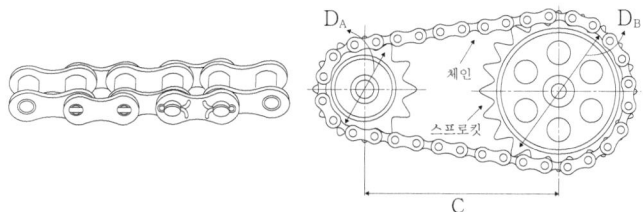

여기서,
p : 피치 [mm]
C : 축간 거리 [mm]
D_A, D_B : 피치원 지름 [mm]

┃ 롤러 체인과 스프로킷

(1) 링크 수(L_n) : $L_n = \dfrac{2C}{p} + \dfrac{(Z_B + Z_A)}{2} + \dfrac{0.0257p(Z_B - Z_A)^2}{C}$

✔ 링크 수는 항상 **짝수로** 올림합니다.   ex) 164.78개 → 166개

(2) 체인의 길이(L) [mm]

① 링크 수(L_n)가 주어졌을 경우 : $L = p \times L_n$

② 링크 수(L_n)가 주어지지 않았을 경우 : $L = 2C + \dfrac{\pi(D_A + D_B)}{2} + \dfrac{(D_B - D_A)^2}{4C}$

(3) 원주 속도(v) [m/s] : $v = v_A = v_B = \dfrac{pZ_A N_A}{60 \times 1000} = \dfrac{pZ_B N_B}{60 \times 1000}$

(4) 속비(ε) : $\varepsilon = \dfrac{N_B}{N_A} = \dfrac{D_A}{D_B} = \dfrac{Z_A}{Z_B}$

(5) 안전하중(=허용장력, F) : 파단 하중(F_B)을 기준으로 결정한다.

$F = \dfrac{F_B e}{Sk}$

여기서,
e : 다열 계수
S : 안전율
k : 사용 계수(=부하 계수)

(6) 체인의 전달 동력(H) [W] : $H = Fv$

(7) 스프로킷의 피치원 지름(D) [mm] : $D = \dfrac{p}{\sin\dfrac{180}{Z}}$

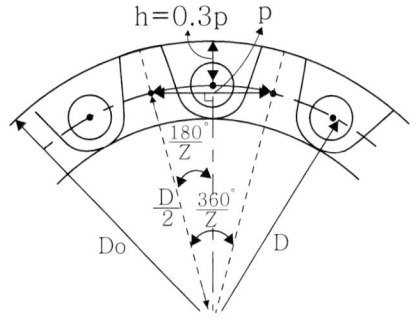

여기서,
p : 피치 [mm]
Z : 잇수
D_o : 외경 [mm]
D : 피치원 지름 [mm]
h : 이의 높이 [mm]

┃ 스프로킷 피치원 지름

✔ 체인으로 구성된 피치원 지름은 완벽한 원이 아니라 체인의 선분이 이어진 다각형입니다. 따라서 피치원 지름을 $\pi D = pZ$ 식으로 구하는 것이 아닌 위 공식을 사용하여 도출해야 합니다.

(8) 스프로킷의 외경(D_o) [mm]

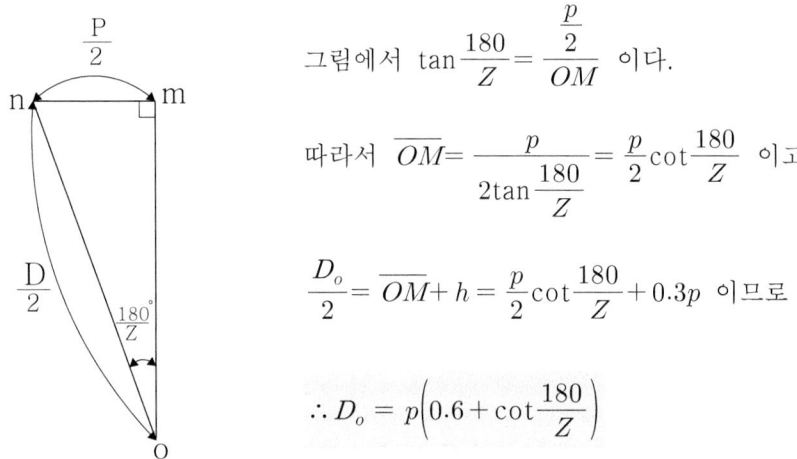

▌스프로킷 피치와 피치원 지름

그림에서 $\tan\dfrac{180}{Z} = \dfrac{\dfrac{p}{2}}{\overline{OM}}$ 이다.

따라서 $\overline{OM} = \dfrac{p}{2\tan\dfrac{180}{Z}} = \dfrac{p}{2}\cot\dfrac{180}{Z}$ 이고

$\dfrac{D_o}{2} = \overline{OM} + h = \dfrac{p}{2}\cot\dfrac{180}{Z} + 0.3p$ 이므로

$\therefore D_o = p\left(0.6 + \cot\dfrac{180}{Z}\right)$

(9) 스프로킷의 속도 변동률(ε)

$$\varepsilon = \left(1 - \cos\dfrac{\pi}{Z}\right) \times 100\% = \left(1 - \cos\dfrac{180}{Z}\right) \times 100\%$$

$$= \left(\dfrac{v_{\max} - v_{\min}}{v_{\max}}\right) \times 100\% = \left(1 - \dfrac{v_{\min}}{v_{\max}}\right) \times 100\%$$

09. 감아걸기 전동장치

일반기계기사 필답형

01

축간거리 $1000mm$, 원동차의 직경 $250mm$, 종동차의 직경 $750mm$ 일 때 엇걸기인 경우 벨트의 길이 $[mm]$를 구하시오.

$$L = 2C + \frac{\pi(D_A + D_B)}{2} + \frac{(D_B + D_A)^2}{4C} = 2 \times 1000 + \frac{\pi(250 + 750)}{2} + \frac{(750 + 250)^2}{4 \times 1000}$$

$\therefore L = 3820.8mm$

02

평벨트의 긴장측 장력 $1200N$, 이완측 장력 $600N$이다. 이러한 평벨트는 회전수 $500rpm$, $8kW$으로 동력을 전달한다. 다음을 구하시오.

(1) 유효장력 $[N]$
(2) 드럼의 지름 $[mm]$

(1) $P_e = T_t - T_s = 1200 - 600 = 600N$

(2) $H = P_e v \Rightarrow v = \dfrac{H}{P_e} = \dfrac{8 \times 10^3}{600} = 13.33 m/s$

$v = \dfrac{\pi DN}{60 \times 1000} \Rightarrow D = \dfrac{60000v}{\pi N} = \dfrac{60000 \times 13.33}{\pi \times 500} = 509.17mm$

03

회전수 $1650rpm$, $11kW$를 회전수 $900rpm$, $550mm$의 종동 풀리로 동력을 전달하는 바로걸기의 평벨트 전동장치를 제작하려고 한다. 마찰계수는 0.3, 원동풀리의 접촉각 $168°$, 단위 길이당 질량 $0.3kg/m$, 벨트의 두께 $5mm$, 허용 인장응력 $3MPa$, 전달효율이 75% 일 때 다음을 구하시오.

(1) 회전속도 $[m/s]$
(2) 긴장측 장력 $[N]$
(3) 벨트의 폭 $[mm]$

(1) $v = \dfrac{\pi D_B N_B}{60 \times 1000} = \dfrac{\pi \times 550 \times 900}{60 \times 1000} = 25.92 m/s$ (부가장력을 고려한다.)

(2) $T_e = mv^2 = 0.3 \times 25.92^2 = 201.55N$

$e^{\mu\theta} = e^{0.3 \times 168 \times \frac{\pi}{180}} = 2.41$

$T_t = \dfrac{e^{\mu\theta}}{e^{\mu\theta}-1} \times \dfrac{H}{v} + T_e = \dfrac{2.41}{2.41-1} \times \dfrac{11 \times 10^3}{25.92} + 201.55 = 926.91N$

(3) $\sigma_t = \dfrac{T_t}{bt\eta} \Rightarrow \therefore b = \dfrac{T_t}{t\eta\sigma_t} = \dfrac{926.91}{5 \times 0.75 \times 3} = 82.39mm$

04

회전수 $1800rpm$, $200mm$의 바로 걸기 평벨트 풀리가 회전수 $400rpm$의 축으로 $10kW$ 동력을 전달하려 한다. 마찰계수 0.3, 단위 길이당 질량이 $0.4kg/m$, 축간거리 $2000mm$일 때 다음을 구하시오.

(1) 종동풀리의 직경 $[mm]$
(2) 긴장측 장력 $[N]$
(3) 벨트의 길이 $[mm]$

(1) $\varepsilon = \dfrac{N_B}{N_A} = \dfrac{D_A}{D_B} \Rightarrow D_B = D_A \times \dfrac{N_A}{N_B} = 200 \times \dfrac{1800}{400} = 900mm$

(2) $v = \dfrac{\pi D_A N_A}{60 \times 1000} = \dfrac{\pi \times 200 \times 1800}{60 \times 1000} = 18.85 m/s$ (부가장력을 고려한다.)

$T_e = mv^2 = 0.4 \times 18.85^2 = 142.13 N$

$\theta = 180° - 2\sin^{-1}\left(\dfrac{D_B - D_A}{2C}\right) = 180° - 2\sin^{-1}\left(\dfrac{900-200}{2 \times 2000}\right) = 159.84°$

$e^{\mu\theta} = e^{0.3 \times 159.84 \times \frac{\pi}{180}} = 2.31$

$\therefore T_t = \dfrac{e^{\mu\theta}}{e^{\mu\theta}-1} \times \dfrac{H}{v} + T_e = \dfrac{2.31}{2.31-1} \times \dfrac{10 \times 10^3}{18.85} + 142.13 = 1077.6 N$

(3) $L = 2C + \dfrac{\pi(D_A + D_B)}{2} + \dfrac{(D_B - D_A)^2}{4C} = 2 \times 2000 + \dfrac{\pi(200+900)}{2} + \dfrac{(900-200)^2}{4 \times 2000}$

$\therefore L = 5789.13 mm$

05

평벨트 바로걸기 전동장치에서 지름이 원동 $200mm$, 종동 $600mm$의 풀리가 $3m$ 떨어진 두 축 사이에 설치하여 $2000rpm$, $8kW$의 동력을 전달하고자 한다. 벨트의 폭 $300mm$, 두께 $25mm$, 마찰계수 0.3일 때 다음을 구하시오.

(1) 유효 장력 $[N]$
(2) 긴장측장력, 이완측장력 $[N]$
    (단, 벨트의 단위 길이당 무게 $w = 0.001bt[N/m]$이며, $b =$ 벨트의 폭$[mm]$, $t =$ 벨트의 두께$[mm]$이다.)
(3) 벨트에 의하여 축이 받는 최대 힘 $[N]$

(1) $v = \dfrac{\pi D_A N_A}{60 \times 1000} = \dfrac{\pi \times 200 \times 2000}{60 \times 1000} = 20.94 m/s$ (부가장력을 고려한다.)

$H = P_e v \Rightarrow \therefore P_e = \dfrac{H}{v} = \dfrac{8 \times 10^3}{20.94} = 382.04 N$

(2) $\theta = 180° - 2\sin^{-1}\left(\dfrac{D_B - D_A}{2C}\right) = 180° - 2\sin^{-1}\left(\dfrac{600-200}{2 \times 3000}\right) = 172.35°$

$e^{\mu\theta} = e^{0.3 \times 172.35 \times \frac{\pi}{180}} = 2.47$

$w = 0.001bt = 0.001 \times 300 \times 25 = 7.5 N/m$

부가장력 : $T_e = \dfrac{\omega v^2}{g} = \dfrac{7.5 \times 20.94^2}{9.8} = 335.57 N$

$\therefore T_t = \dfrac{P_e e^{\mu\theta}}{e^{\mu\theta}-1} + T_e = \dfrac{382.04 \times 2.47}{2.47-1} + 335.57 = 977.5 N$

$\therefore T_s = \dfrac{P_e}{e^{\mu\theta}-1} + T_e = \dfrac{382.04}{2.47-1} + 335.57 = 595.46 N$

(3) $P_{\max} = \sqrt{T_t^2 + T_s^2 - 2T_t T_s \cos\theta} = \sqrt{977.5^2 + 595.46^2 - 2 \times 977.5 \times 595.46 \times \cos 172.35°}$

$\therefore P_{\max} = 1569.66 N$

06

축간거리 $5000mm$, 원동풀리의 직경 $500mm$, 종동풀리의 직경 $750mm$인 풀리를 바로걸기 2겹 가죽 벨트(2겹 가죽 벨트의 총 두께 $10mm$)로 $500rpm$, $20kW$ 동력을 전달하려 할 때 다음을 구하시오.
(단, 원심장력의 영향은 무시한다.)

(1) 유효장력 $[N]$ (단, 원주속도는 $9.5m/s$이다.)
(2) 긴장측 장력 $[N]$ (단, 장력비는 2.5이다.)
(3) 벨트의 폭 $[mm]$ (단, **벨트의 허용 인장응력 $2.8MPa$, 이음효율은 85%이다.**)
(4) 벨트의 길이 $[mm]$

(1) $H = P_e v \implies P_e = \dfrac{H}{v} = \dfrac{20 \times 10^3}{9.5} = 2105.26 N$

(2) $T_t = \dfrac{P_e e^{\mu\theta}}{e^{\mu\theta}-1} = \dfrac{2105.26 \times 2.5}{2.5-1} = 3508.77 N$

(3) $\sigma_t = \dfrac{T_t}{bt\eta} \implies \therefore b = \dfrac{T_t}{t\eta\sigma_t} = \dfrac{3508.77}{10 \times 0.85 \times 2.8} = 147.43 mm$

(4) $L = 2C + \dfrac{\pi(D_A+D_B)}{2} + \dfrac{(D_B-D_A)^2}{4C} = 2 \times 5000 + \dfrac{\pi(500+750)}{2} + \dfrac{(750-500)^2}{4 \times 5000}$
$\therefore L = 11966.62 mm$

07

축간거리 $2500mm$, 원동풀리의 직경 $400mm$, 종동풀리의 직경 $650mm$인 평벨트 전동장치를 제작하려고 한다. $700rpm$, $110kW$의 동력을 전달할 때 다음을 구하시오.

(1) 원동 풀리의 벨트 접촉각 $[°]$
(2) 긴장측 장력 $[N]$ (단, 마찰계수 0.3, 단위 길이당 질량 $0.38kg/m$이다.)
(3) 벨트의 폭 $[mm]$ (단, 벨트의 허용 인장응력 $3MPa$, 벨트의 두께 $11mm$이다.)

(1) $\theta_A = 180° - 2\sin^{-1}\left(\dfrac{D_B-D_A}{2C}\right) = 180° - 2\sin^{-1}\left(\dfrac{650-400}{2 \times 2500}\right) = 174.27°$

(2) $v = \dfrac{\pi D_A N_A}{60 \times 1000} = \dfrac{\pi \times 400 \times 700}{60 \times 1000} = 14.66 m/s$ (부가장력을 고려한다.)

$T_e = mv^2 = 0.38 \times 14.66^2 = 81.67N$

$e^{\mu \theta_A} = e^{0.3 \times 174.27 \times \frac{\pi}{180}} = 2.49$

$\therefore T_t = \dfrac{e^{\mu\theta}}{e^{\mu\theta}-1} \times \dfrac{H}{v} + T_e = \dfrac{2.49}{2.49-1} \times \dfrac{110 \times 10^3}{14.66} + 81.67 = 12620.93N$

(3) $\sigma_t = \dfrac{T_t}{bt} \;\Rightarrow\; \therefore b = \dfrac{T_t}{t\sigma_t} = \dfrac{12620.93}{11 \times 3} = 382.45mm$

08

폭 $200mm$인 가죽 벨트에서 두께가 $6mm$, 마찰계수 0.2, 원동 풀리의 벨트 접촉각 $158°$, 벨트의 이음효율은 0.8, 벨트의 허용 인장응력 $3MPa$, 단위 길이당 질량 $0.2kg/m$, 분당 회전수 $700rpm$, 직경 $450mm$의 풀리를 구동할 때 동력$[kW]$을 구하시오.

$v = \dfrac{\pi DN}{60 \times 1000} = \dfrac{\pi \times 450 \times 700}{60 \times 1000} = 16.49m/s$ (부가장력을 고려한다.)

$T_e = mv^2 = 0.2 \times 16.49^2 = 54.38N$

$e^{\mu\theta} = e^{0.2 \times 158 \times \frac{\pi}{180}} = 1.74$

$\sigma_t = \dfrac{T_t}{bt\eta} \;\Rightarrow\; T_t = bt\eta\sigma_t = 200 \times 6 \times 0.8 \times 3 = 2880N$

$\therefore H = (T_t - T_e)\left(\dfrac{e^{\mu\theta}-1}{e^{\mu\theta}}\right)v = (2880 - 54.38) \times \left(\dfrac{1.74-1}{1.74}\right) \times 16.49 = 19816.04W \fallingdotseq 19.82kW$

09

다음 그림에서 $300rpm$으로 $40kW$의 동력을 전달하려 한다. 장력비 2.3, 접촉각 $180°$, 축의 허용 전단응력 $50MPa$일 때 다음을 구하시오.
(단, 원심력의 영향은 무시한다.)

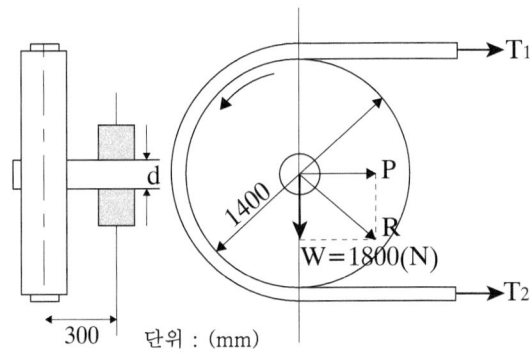

(1) 접선력 $P\,[N]$

(2) 긴장측 장력 $[N]$

(3) 베어링 하중 $R\,[N]$

(4) 축 직경 $d\,[mm]$ (단, 키 홈의 영향을 고려하여 $\dfrac{1}{0.75}$ 배로 계산한다.)

(1) $v = \dfrac{\pi DN}{60 \times 1000} = \dfrac{\pi \times 1400 \times 300}{60 \times 1000} = 21.99 m/s$

$H = Pv \Rightarrow \therefore P = \dfrac{H}{v} = \dfrac{40 \times 10^3}{21.99} = 1819.01 N$

(2) $T_t = \dfrac{Pe^{\mu\theta}}{e^{\mu\theta}-1} = \dfrac{1819.01 \times 2.3}{2.3-1} = 3218.25 N$

(3) $P = T_t - T_s \Rightarrow T_s = T_t - P = 3218.25 - 1819.01 = 1399.24 N$

→방향으로 작용하는 힘 $F = T_t + T_s = 3218.25 + 1399.24 = 4617.49 N$

$\therefore R = \sqrt{F^2 + W^2} = \sqrt{4617.49^2 + 1800^2} = 4955.93 N$

(4) $T = \dfrac{H}{\omega} = \dfrac{H}{\dfrac{2\pi N}{60}} = \dfrac{40 \times 10^3}{\dfrac{2\pi \times 300}{60}} = 1273.24 N\cdot m$

$M = R \times 300 \times 10^{-3} = 4955.93 \times 300 \times 10^{-3} = 1486.78 N\cdot m$

$T_e = \sqrt{M^2 + T^2} = \sqrt{1486.78^2 + 1273.24^2} = 1957.46 N\cdot m$

$d_0 = \sqrt[3]{\dfrac{16 T_e}{\pi \tau_a}} = \sqrt[3]{\dfrac{16 \times 1957.46 \times 10^3}{\pi \times 50}} = 58.42 mm$

키홈의 영향을 고려하여, $\therefore d = \dfrac{1}{0.75}d_0 = \dfrac{1}{0.75} \times 58.42 = 77.89 mm$

10

분당회전수 $1200 rpm$, $41 kW$의 출력이 모터에 의하여 $400 rpm$의 건설기계를 운전하려 한다. 축간거리 $2000 mm$, 마찰계수 0.3, 접촉각 수정계수 0.98, 부하 수정계수 0.7, 피치원 직경 $320 mm$, 벨트의 단위 길이당 질량 $0.4 kg/m$, 허용장력이 $800 N$일 때 V벨트의 가닥 수[가닥]을 구하시오.

$v = \dfrac{\pi D_A N_A}{60 \times 1000} = \dfrac{\pi \times 320 \times 1200}{60 \times 1000} = 20.11 m/s$ (부가장력을 고려한다.)

$T_c = mv^2 = 0.4 \times 20.11^2 = 161.76 N$

$\mu' = \dfrac{\mu}{\sin\dfrac{\alpha}{2} + \mu\cos\dfrac{\alpha}{2}} = \dfrac{0.3}{\sin 20° + 0.3\cos 20°} = 0.481$ (V벨트의 기본각은 40도이다.)

$$\varepsilon = \frac{N_B}{N_A} = \frac{D_A}{D_B} \Rightarrow \therefore D_B = D_A \times \frac{N_A}{N_B} = 320 \times \frac{1200}{400} = 960mm$$

$$\theta = 180° - 2\sin^{-1}\left(\frac{D_B - D_A}{2C}\right) = 180° - 2\sin^{-1}\left(\frac{960-320}{2\times 2000}\right) = 161.59°$$

$$e^{\mu'\theta} = e^{0.481\times 161.59\times \frac{\pi}{180}} = 3.88$$

$$H_o = (T_t - T_e)\left(\frac{e^{\mu'\theta}-1}{e^{\mu'\theta}}\right)\times v = (800-161.76)\times\left(\frac{3.88-1}{3.88}\right)\times 20.11$$
$$= 9527.02\,W$$

$$\therefore Z = \frac{H}{k_1 k_2 H_o} = \frac{41\times 10^3}{0.98\times 0.7\times 9527.02} = 6.27 \fallingdotseq 7가닥$$

✔ 허용장력 = 긴장측장력이다.

11

$1300rpm$, $45kW$의 동력을 가진 전동기의축에 최소 피치원 직경이 $450mm$, 홈의 각도는 $34°$의 V-벨트 풀리를 설치하여 축간거리가 $1.5m$인 종동축을 속도비 $\frac{1}{3}$으로 운전을 하려고 한다. V-벨트의 허용장력은 $1000N$, 단위 길이당 무게 $5.8N/m$, 마찰계수는 0.3, 접촉각 수정계수 0.98, 부하수정계수 0.7일 때 V-벨트의 가닥 수[가닥]를 구하시오.

$$v = \frac{\pi D_A N_A}{60\times 1000} = \frac{\pi\times 450\times 1300}{60\times 1000} = 30.63 m/s \text{ (부가장력을 고려한다.)}$$

$$T_e = \frac{\omega}{g}v^2 = \frac{5.8}{9.8}\times 30.63^2 = 555.26 N$$

$$\mu' = \frac{\mu}{\sin\frac{\alpha}{2}+\mu\cos\frac{\alpha}{2}} = \frac{0.3}{\sin 17°+0.3\cos 17°} = 0.518$$

$$\varepsilon = \frac{N_B}{N_A} = \frac{D_A}{D_B} \Rightarrow \therefore D_B = \frac{D_A}{\varepsilon} = 3\times 450 = 1350mm$$

$$\theta = 180° - 2\sin^{-1}\left(\frac{D_B - D_A}{2C}\right) = 180° - 2\sin^{-1}\left(\frac{1350-450}{2\times 1500}\right) = 145.08°$$

$$e^{\mu'\theta} = e^{0.518\times 145.08\times \frac{\pi}{180}} = 3.71$$

$$H_o = (T_t - T_e)\left(\frac{e^{\mu'\theta}-1}{e^{\mu'\theta}}\right)v = (1000-555.26)\left(\frac{3.71-1}{3.71}\right)\times 30.63$$
$$= 9950.58\,W$$

$$\therefore Z = \frac{H}{k_1 k_2 H_o} = \frac{45\times 10^3}{0.98\times 0.7\times 9950.58} = 6.59 \fallingdotseq 7가닥$$

12

원동차의 회전수 $2000 rpm$, 전달 동력 $6 kW$, 직경 $180 mm$, 축간거리는 $1650 mm$인 V-벨트 풀리가 있다. 속비 $\frac{1}{4}$, V-벨트의 단위 길이당 하중 $0.15 kg/m$, 마찰계수는 0.35일 때 다음을 구하시오.
(단, 홈의 각도는 $40°$ 이다.)

(1) 벨트의 길이 $[mm]$
(2) 벨트의 원동풀리와 종동풀리의 접촉 중심각 θ_A, θ_B $[°]$
(3) 벨트의 긴장측 장력 $[N]$

(1) $\varepsilon = \dfrac{D_A}{D_B} \Rightarrow D_B = \dfrac{D_A}{\varepsilon} = 4 \times 180 = 720 mm$

$\therefore L = 2C + \dfrac{\pi(D_A + D_B)}{2} + \dfrac{(D_B - D_A)^2}{4C} = 2 \times 1650 + \dfrac{\pi(180 + 720)}{2} + \dfrac{(720 - 180)^2}{4 \times 1650} = 4757.9 mm$

(2) $\theta_A = 180° - 2\sin^{-1}\left(\dfrac{D_B - D_A}{2C}\right) = 180° - 2\sin^{-1}\left(\dfrac{720 - 180}{2 \times 1650}\right) = 161.16°$

$\theta_B = 180° + 2\sin^{-1}\left(\dfrac{D_B - D_A}{2C}\right) = 180° + 2\sin^{-1}\left(\dfrac{720 - 180}{2 \times 1650}\right) = 198.84°$

(3) $v = \dfrac{\pi D_A N_A}{60 \times 1000} = \dfrac{\pi \times 180 \times 2000}{60 \times 1000} = 18.84 m/s$ (부가장력을 고려한다.)

$T_e = mv^2 = 0.15 \times 18.84^2 = 53.24 N$

$\mu' = \dfrac{\mu}{\sin\dfrac{\alpha}{2} + \mu\cos\dfrac{\alpha}{2}} = \dfrac{0.35}{\sin 20° + 0.35\cos 20°} = 0.522$

$e^{\mu'\theta} = e^{0.522 \times 161.16 \times \frac{\pi}{180}} = 4.34$

$\therefore T_t = \left(\dfrac{e^{\mu'\theta}}{e^{\mu'\theta} - 1}\right)\dfrac{H_0}{v} + T_e = \left(\dfrac{4.34}{4.34 - 1}\right) \times \dfrac{6 \times 10^3}{18.84} + 53.24 = 467.06 N$

13

직경 $30 mm$, 파단하중 $300 kN$의 와이어 로프를 이용하여 $750 kW$의 동력을 전달하려고 한다. 마찰계수 0.3, 접촉중심각 $\theta = \pi$, 로프의 원주 속도 $13 m/s$, 안전율 8일 때 와이어로프의 가닥 수[가닥]를 구하시오.
(단, 원심력의 영향은 무시한다.)

원심력의 영향을 무시한다. = 부가장력을 고려하지 않는다.

$T_t = F = \dfrac{F_B}{S} = \dfrac{300}{8} = 37.5kN$

$e^{\mu\theta} = e^{0.3\pi} = 2.57$

$H_o = T_t\left(\dfrac{e^{\mu\theta}-1}{e^{\mu\theta}}\right)v = 37.5 \times \left(\dfrac{2.57-1}{2.57}\right) \times 13 = 297.81kW$

$\therefore Z = \dfrac{H}{k_1 k_2 H_o} = \dfrac{750}{1\times 1\times 297.81} = 2.52 \fallingdotseq 3$가닥

✔ 접촉각 수정계수와 부하 수정계수는 주어지지 않으면, 1로 가정하고 푼다.

14

면 로프 풀리의 직경이 각각 $1300mm$, $2500mm$이고 축간거리는 $8m$이다. 작은 풀리가 $500rpm$, $300kW$의 동력을 전달할 때 다음을 구하시오.
(단, 홈 각도 $40°$, 면 로프의 인장응력 $1.3MPa$, 마찰계수 0.3이다.)

(1) 면 로프의 최대 직경 $[mm]$(정수화 하시오.)
(2) 원동풀리와 종동풀리의 접촉 중심각 θ_A, θ_B $[°]$
(3) 면 로프의 수 $[개]$

(1) $D_A > 30d \Rightarrow d < \dfrac{D_A}{30} \to \dfrac{1300}{30} \to d < 43.33mm$

$\therefore d = 43mm$

✔ 안전을 고려하여 작은 풀리의 직경을 선정하여 계산해야 한다.

(2) $\theta_A = 180° - 2\sin^{-1}\left(\dfrac{D_B - D_A}{2C}\right) = 180° - 2\sin^{-1}\left(\dfrac{2500 - 1300}{2 \times 8000}\right) = 171.4°$

$\theta_B = 180° + 2\sin^{-1}\left(\dfrac{D_B - D_A}{2C}\right) = 180° + 2\sin^{-1}\left(\dfrac{2500 - 1300}{2 \times 8000}\right) = 188.6°$

(3) $v = \dfrac{\pi D_A N_A}{60 \times 1000} = \dfrac{\pi \times 1300 \times 500}{60 \times 1000} = 34.03 m/s$

($v > 10m/s$이지만, 부가장력을 구할 수 있는 물성치가 존재하지 않으니 부가장력을 고려X)

$\mu' = \dfrac{\mu}{\sin\dfrac{\alpha}{2} + \mu\cos\dfrac{\alpha}{2}} = \dfrac{0.3}{\sin 20° + 0.3\cos 20°} = 0.481$

$e^{\mu'\theta} = e^{0.481 \times 171.4 \times \frac{\pi}{180}} = 4.22$

$\therefore T_t = \left(\dfrac{e^{\mu'\theta}}{e^{\mu'\theta}-1}\right)\dfrac{H_0}{v} = \left(\dfrac{4.22}{4.22-1}\right) \times \dfrac{300}{34.03} = 11.55kN$

$\sigma_t = \dfrac{T_t}{\dfrac{\pi}{4}d^2 n} \Rightarrow \therefore n = \dfrac{4T_t}{\pi d^2 \sigma_t} = \dfrac{4 \times 11.55 \times 10^3}{\pi \times 43^2 \times 1.3} = 6.12 \fallingdotseq 7$개

15

$15kW$, $500rpm$으로 동력을 전달하고 있는 와이어로프 풀리가 있다. 양쪽 로프 풀리의 직경이 $600mm$로 같고, 마찰계수는 0.18, 와이어로프의 세로탄성계수는 $200GPa$일 때 다음을 구하 시오.

(1) 로프의 원주 속도 $[m/s]$
(2) 로프에 작용하는 인장력 $[N]$
(3) 1개의 로프에 걸리는 최대 강도 $[MPa]$

(1) $v = \dfrac{\pi D_A N_A}{60 \times 1000} = \dfrac{\pi \times 600 \times 500}{60 \times 1000} = 15.71 m/s$

(2) $v > 10m/s$이지만 부가장력을 구하는 물성치(질량, 중량 등)가 없기 때문에 부가장력을 고려하지 않는다. 양쪽 로프 풀리의 직경이 $600mm$로 같으므로 $\theta = 180° = \pi$ 이다. 따라서
$e^{\mu\theta} = e^{0.18\pi} = 1.76$
$\therefore T_t = \dfrac{e^{\mu\theta}}{e^{\mu\theta}-1} \times \dfrac{H}{v} = \dfrac{1.76}{1.76-1} \times \dfrac{15 \times 10^3}{15.71} = 2211.13N$

(3) $D \geq 50d \Rightarrow d \leq \dfrac{D(=600)}{50} \leq 12mm$
$\sigma_t = \dfrac{T_t}{A} = \dfrac{T_t}{\dfrac{\pi d^2}{4}} = \dfrac{2211.13}{\dfrac{\pi \times 12^2}{4}} = 19.55 MPa$
$\sigma_b = \dfrac{3}{8}\dfrac{Ed}{D} = \dfrac{3}{8} \times \dfrac{200 \times 10^3 \times 12}{600} = 1500 MPa$
$\therefore \sigma_{max} = \sigma_t + \sigma_b = 19.55 + 1500 = 1519.55 MPa$

16

축간거리 $15m$의 로프 풀리에서 로프가 $0.4m$가량 처졌다. 로프의 지름은 $20mm$이고 단위 길이에 대한 로프 무게는 $0.35kg/m$일 때 다음을 구하시오.

(1) 로프의 장력 $[N]$
(2) 로프의 길이 $[mm]$

(1) $T = \dfrac{wC^2}{8h} + wh = \dfrac{0.35 \times 9.8 \times 15^2}{8 \times 0.4} + 0.35 \times 9.8 \times 0.4 = 242.54N$

(2) $L = C\left(1 + \dfrac{8h^2}{3C^2}\right) = 15 \times \left(1 + \dfrac{8 \times 0.4^2}{3 \times 15^2}\right) = 15.03m = 15030mm$

17

안전율 25, 사용 계수 1, 다열 계수 1.7, 파단 하중 $20kN$의 롤러 체인의 평균 속도는 $8m/s$일 때 다음을 구하시오.

(1) 안전 하중 $[N]$
(2) 롤러 체인의 전달 동력 $[kW]$

(1) $F = \dfrac{F_B e}{Sk} = \dfrac{20 \times 10^3 \times 1.7}{25 \times 1} = 1360 N$

(2) $H = Fv = 1360 \times 10^{-3} \times 8 = 10.88 kW$

18

파단 하중 $22kN$, 피치 $16mm$의 롤러-체인으로 $1000rpm$의 구동축을 $400rpm$으로 감속 운전하려 한다. 안전율 20, 구동 스프로킷의 잇수 30개, 양 스프로킷의 중심거리 $1m$일 때 다음을 구하시오.

(1) 체인 속도 $[m/s]$
(2) 롤러 체인의 최대 전달 동력 $[kW]$
(3) 피동 스프로킷의 피치원 직경 $[mm]$
(4) 롤러 체인의 링크 수 $[개]$
(5) 롤러 체인의 길이 $[mm]$

(1) $v = \dfrac{pZ_A N_A}{60 \times 1000} = \dfrac{16 \times 30 \times 1000}{60 \times 1000} = 8 m/s$

(2) $F = \dfrac{F_B}{S} = \dfrac{22}{20} = 1.1 kN$
$\therefore H = Fv = 1.1 \times 8 = 8.8 kW$

(3) $\varepsilon = \dfrac{N_B}{N_A} = \dfrac{Z_A}{Z_B} \Rightarrow Z_B = Z_A \times \dfrac{N_A}{N_B} = 30 \times \dfrac{1000}{400} = 75$개
$\therefore D_B = \dfrac{p}{\sin\dfrac{180}{Z_B}} = \dfrac{16}{\sin\dfrac{180}{75}} = 382.08 mm$

(4) $L_n = \dfrac{2C}{p} + \dfrac{Z_A + Z_B}{2} + \dfrac{0.0257 p (Z_A - Z_B)^2}{C} = \dfrac{2 \times 1000}{16} + \dfrac{30 + 75}{2} + \dfrac{0.0257 \times 16 \times (30 - 75)^2}{1000}$
$= 178.33 \risingdotseq 180$개

(5) $L = L_n \times p = 180 \times 16 = 2880 mm$

19

주동 체인 회전수 $80rpm$, 종동 체인 회전수 $40rpm$으로 $14.4kW$의 동력을 전달 하는 롤러 체인이 있다. 축간거리가 $900mm$, 체인의 평균 속도 $2.4m/s$, 안전율은 10일 때 다음을 구하시오.

호칭 번호	피치[mm]	파단 하중[kN]
50	15.88	22.1
60	19.05	32.0
80	25.40	56.5
100	31.75	88.5
120	38.10	128.0

(1) 호칭 번호
(2) 주동과 종동의 스프로킷 잇수 Z_A, Z_B [개]
(3) 링크 수 [개]

(1) $H = Fv \Rightarrow F = \dfrac{H}{v} = \dfrac{14.4}{2.4} = 6kN$

$F = \dfrac{F_B}{S} \Rightarrow F_B = FS = 6 \times 10 = 60kN$

파단하중 $60kN$보다 큰 값을 선정해야 하므로, $F_B = 88.5kN$이다.
∴ 호칭번호 100번

(2) $v = \dfrac{pZ_A N_A}{60 \times 1000} \Rightarrow \therefore Z_A = \dfrac{60000v}{pN_A} = \dfrac{60000 \times 2.4}{31.75 \times 80} = 56.69 \fallingdotseq 57$개

$\varepsilon = \dfrac{N_B}{N_A} = \dfrac{Z_A}{Z_B} \Rightarrow \therefore Z_B = Z_A \times \dfrac{N_A}{N_B} = 57 \times \dfrac{80}{40} = 114$개

(3) $L_n = \dfrac{2C}{p} + \dfrac{Z_A + Z_B}{2} + \dfrac{0.0257p(Z_A - Z_B)}{C} = \dfrac{2 \times 900}{31.75} + \dfrac{57 + 114}{2} + \dfrac{0.0257 \times 31.75 \times (57 - 114)^2}{900}$
$= 145.14 \fallingdotseq 146$개

20

2열 롤러 체인의 피치 $15.88mm$, 원동 스프로킷 잇수 32개, 원동 스프로킷 회전수 $1200rpm$, 파단 하중 $22.1kN$, 다열 계수 1.7, 안전율 10일 때 다음을 구하시오.

(1) 롤러 체인의 속도 [m/s]
(2) 롤러 체인의 최대 전달 동력 [kW]
(3) 롤러 체인의 원동 스프로킷의 피치원 직경 [mm]
(4) 롤러 체인 원동 스프로킷의 외경 [mm]
(5) 롤러 체인 원동 스프로킷의 속도 변동률 [%]

(1) $v = \dfrac{pZ_A N_A}{60 \times 1000} = \dfrac{15.88 \times 32 \times 1200}{60 \times 1000} = 10.16 m/s$

(2) $F = \dfrac{F_B e}{S} = \dfrac{22.1 \times 1.7}{10} = 3.76 kN$
  $\therefore H = Fv = 3.76 \times 10.16 = 38.2 kW$

(3) $D_A = \dfrac{p}{\sin\dfrac{180}{Z_A}} = \dfrac{15.88}{\sin\dfrac{180}{32}} = 162.01 mm$

(4) $D_{o,A} = p(0.6 + \cot\dfrac{180}{Z_A}) = 15.88 \times (0.6 + \cot\dfrac{180}{32}) = 170.76 mm$

(5) $\varepsilon = (1 - \cos\dfrac{\pi}{Z_A}) \times 100\% = (1 - \cos\dfrac{180}{32}) \times 100\% = 0.48\%$

10

브레이크

10-1. 블록 브레이크

10-2. 밴드 브레이크

10-3. 내확 브레이크(=내부 확장식 브레이크)

10-4. 래칫 휠 브레이크

Chapter 10

브레이크

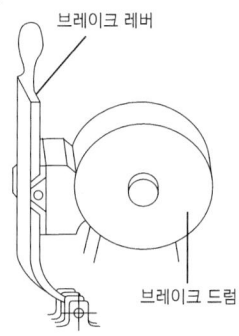

브레이크란, 마찰을 이용하여 제동하는 기계요소이다. 종류로는 블록 브레이크, 밴드 브레이크, 내확 브레이크 등이 있다.

10-1 블록 브레이크

(1) 내작용선

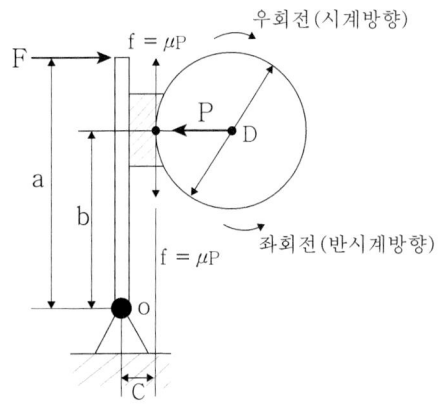

여기서,
F : 브레이크 작용력 $[N]$
P : 브레이크 드럼을 누르는 힘 $[N]$
μ : 마찰 계수
f : 브레이크 제동력 $[N]$
D : 드럼의 지름 $[mm]$

① 제동 토크(T) $[N \cdot mm]$: $T = f \times \dfrac{D}{2} = \mu P \times \dfrac{D}{2}$

② 우회전시 모멘트 평형식 : 드럼이 시계 방향으로 회전한다.

위 그림에서 모멘트 평형식을 세우면

$\sum M = Fa - Pb - fc = Fa - Pb - \mu Pc = 0$

③ 좌회전시 모멘트 평형식 : 드럼이 반시계 방향으로 회전한다.

위 그림에서 모멘트 평형식을 세우면

$\sum M = Fa - Pb + fc = Fa - Pb + \mu Pc = 0$

(2) **중작용선** : 우회전과 좌회전의 모멘트 평형식이 같다.

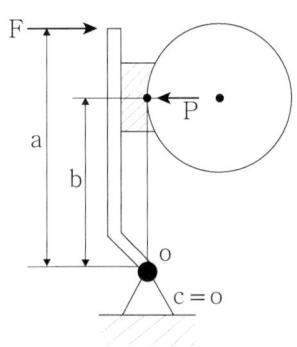

모멘트 평형식 : $\sum M = Fa - Pb = 0$

(3) **외작용선**

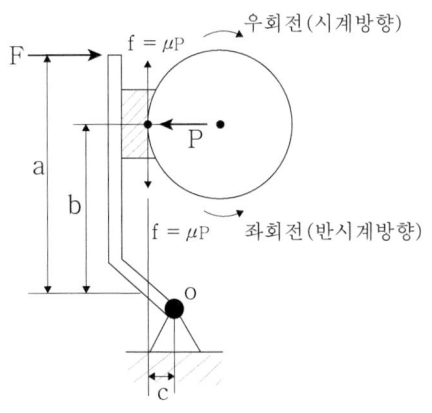

① 우회전시 모멘트 평형식

$\sum M = Fa - Pb + fc$
$\quad = Fa - Pb + \mu Pc = 0$

② 좌회전시 모멘트 평형식

$\sum M = Fa - Pb - fc$
$\quad = Fa - Pb - \mu Pc = 0$

✔ 블록 브레이크의 소문제로 제동력(f), 브레이크 작용력(F) 등이 나왔을 때 모멘트 평형식을 세우면 어떤 문제라도 응용이 가능합니다. 따라서 블록 브레이크의 식들은 공식 자체로 암기하는 것이 아닌 그림을 보고 모멘트 평형식을 세워 풀이하는 것이 좋습니다.

(4) 블록의 허용접촉면압력(q) $[N/mm^2]$

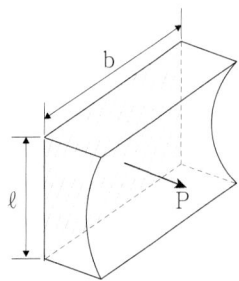

▮ 블록의 하중 투영면적

$$q = \frac{P}{A} = \frac{P}{b\ell}$$

여기서, A : 투영면적 $[mm^2]$ ($A = b\ell$)

(5) 동력(H) $[W]$: $H = fv = \mu Pv$

(6) 브레이크 용량 (μqv) $[N/mm^2 \cdot m/s]$

$$\mu qv = \mu \frac{P}{A} v = \frac{fv}{A} = \frac{H}{A}$$

10-2 밴드 브레이크

(1) 단동식

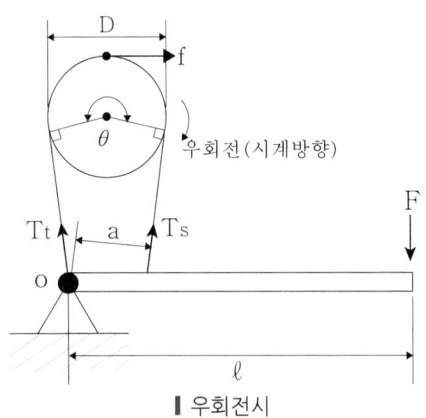
▎우회전시

여기서,
F : 브레이크 작용력 $[N]$
f : 브레이크 제동력 $[N]$
θ : 접촉 중심각 $[°]$
T_t : 긴장측 장력 $[N]$
T_s : 이완측 장력 $[N]$

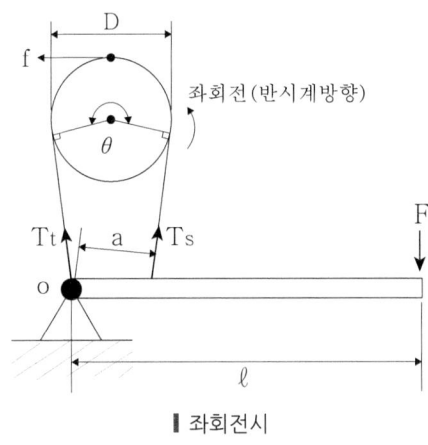
▎좌회전시

① 우회전시 모멘트 평형식
$$\sum M = F \times \ell - T_s \times a = 0$$

② 좌회전시 모멘트 평형식
$$\sum M = F \times \ell - T_t \times a = 0$$

✔ 밴드 브레이크에서는 회전 방향에 따라 긴장측장력(T_t)과 이완측장력(T_s)의 위치가 달라집니다. 상단의 그림 기준으로 우회전 방향이면 왼쪽 밴드가 당겨지므로 왼쪽 밴드에 긴장측장력(T_t)이 작용하고 오른쪽 밴드에는 이완측장력(T_s)이 작용합니다. 반대로 좌회전 방향이면 오른쪽 밴드가 당겨지므로 왼쪽 밴드에 이완측장력(T_s)이 작용하고 오른쪽 밴드에는 긴장측장력(T_t)이 작용합니다.

③ 브레이크 제동력(f) $[N]$: $f = T_t - T_s$

④ 제동 토크(T) $[N \cdot mm]$: $T = f \times \dfrac{D}{2} = (T_t - T_s) \times \dfrac{D}{2}$

⑤ 제동력(f)과 장력비($e^{\mu\theta}$)의 관계식

브레이크는 항상 $v \leq 10m/s$로 가정하므로 앞서 감아걸기 전동장치의 식과 동일하게
제동력 $f = T_t - T_s$ 와 장력비 $e^{\mu\theta} = \dfrac{T_t}{T_s}$ 를 연립하면

$$T_s = \dfrac{f}{e^{\mu\theta} - 1} \ , \ T_t = \dfrac{f e^{\mu\theta}}{e^{\mu\theta} - 1}$$

(2) 차동식

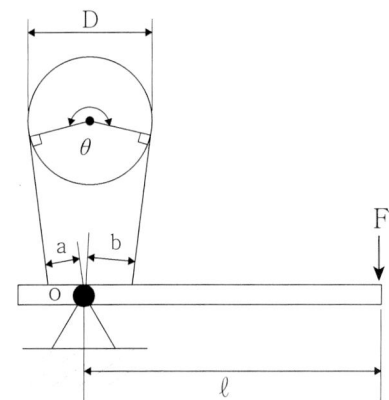

여기서,
F : 브레이크 작용력 [N]
f : 브레이크 제동력 [N]
θ : 접촉 중심각 [°]

① 우회전시 모멘트 평형식

$$\sum M = F \times \ell - T_s \times b + T_t \times a = 0$$

② 좌회전시 모멘트 평형식

$$\sum M = F \times \ell - T_t \times b + T_s \times a = 0$$

③ 자동체결조건

자동 체결 조건은 브레이크 작용력(F)이 0보다 작거나 같아야 하므로 $F \leq 0$ 이다.

따라서 위 식을 정리하면 $F = \dfrac{T(b - a e^{\mu\theta})}{\ell(e^{\mu\theta} - 1)} \leq 0$ 이므로 $b - a e^{\mu\theta} \leq 0$ 이다.

$\therefore b \leq a e^{\mu\theta}$

(3) 합동식 : 우회전과 좌회전의 모멘트 평형식이 같다.

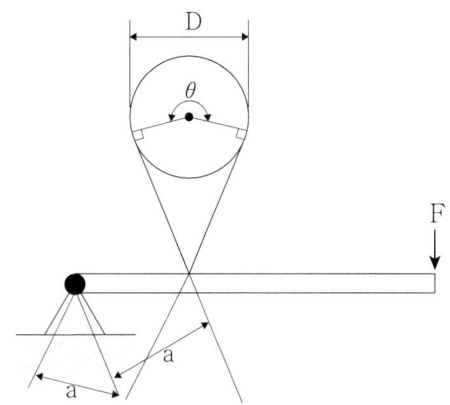

모멘트 평형식

$$\sum M = F \times \ell - T_s \times a - T_t \times a = 0$$

(4) 브레이크 용량 ($\mu q v$) [$N/mm^2 \cdot m/s$]

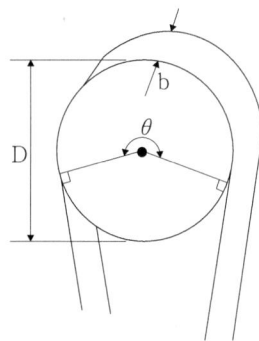

$$\mu q v = \mu \frac{P}{A} v = \frac{fv}{A} = \frac{H}{A}$$

여기서,
A : 투영면적 [mm^2]
$$\left(A = \frac{D}{2} \theta b \right)$$
θ : 접촉중심각 [rad]

▮ 밴드 브레이크의 체결

(5) 밴드의 허용인장응력(σ_b)

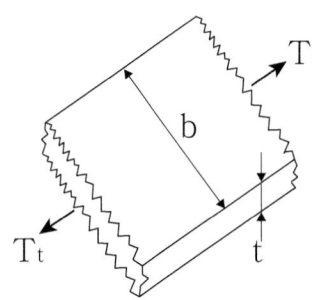

$$\sigma_a = \frac{T_t}{A\eta} = \frac{T_t}{bt\eta}$$

여기서,
b : 밴드의 너비 [mm]
t : 밴드의 두께 [mm]
η : 이음 효율

▮ 밴드에 작용하는 인장하중

10-3   내확 브레이크(=내부 확장식 브레이크)

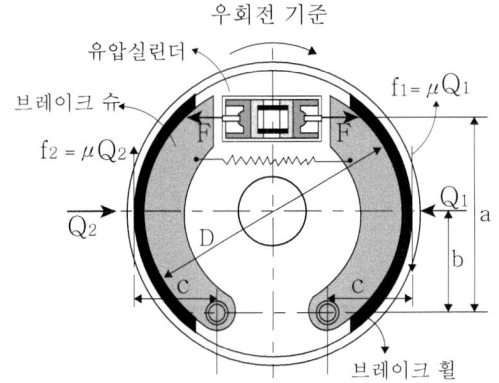

여기서,
F : 유압실린더에 의한 브레이크 조작력 $[N]$
Q_1, Q_2 : 브레이크 슈를 미는 힘 $[N]$
f_1, f_2 : 브레이크 패드에 의한 마찰력 $[N]$

(1) 제동력(Q) $[N]$: $Q = f_1 + f_2 = \mu(P_1 + P_2)$

(2) 제동토크(T) $[N \cdot mm]$: $T = Q \times \dfrac{D}{2} = \mu(P_1 + P_2) \times \dfrac{D}{2}$

(3) 우회전시

위 그림에서 Q_1이 작용하는 브레이크 휠의 모멘트 평형식은

$M_1 = Fa - Q_1 b + \mu Q_1 c = Fa + Q_1(\mu c - b) = 0$

$\therefore Q_1 = \dfrac{Fa}{b - \mu c}$

또한 위 그림에서 Q_2가 작용하는 브레이크 휠의 모멘트 평형식은

$M_2 = -Fa + Q_2 b + \mu Q_2 c = -Fa + Q_2(\mu c + b) = 0$

$\therefore Q_2 = \dfrac{Fa}{b + \mu c}$

(4) 제동에 필요한 유압(p) $[N/mm^2]$: $p = \dfrac{F}{A} = \dfrac{4F}{\pi d^2}$

✔ 내확 브레이크는 모든 문제가 우회전으로 출제됐습니다.

10-4 래칫 휠 브레이크

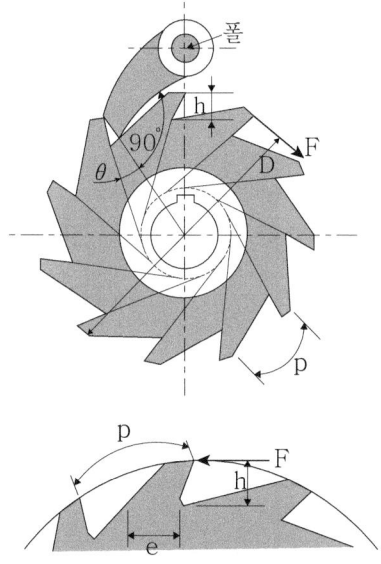

여기서,
D : 래칫 휠의 지름 [mm]
F : 폴에 작용하는 힘 [N]
h : 래칫 휠 이의 높이 [mm]
p : 래칫 휠의 피치 [mm]
e : 이뿌리의 두께 [mm]
b : 래칫 휠의 너비 [mm]
Z : 래칫 휠의 잇수

▌래칫 휠과 폴

(1) 래칫 휠의 지름(D) [mm]

$\pi D = pZ$ 이므로 $D = \dfrac{pZ}{\pi}$

(2) 래칫 휠에 작용하는 토크(T) [N·mm] : $T = F \times \dfrac{D}{2}$

(3) 폴의 이에 작용하는 면압력(q) [N/mm²] : $q = \dfrac{F}{bh}$

(4) 래칫 휠의 이뿌리에 작용하는 굽힘응력 [N/mm²] : $\sigma = \dfrac{M}{Z} = \dfrac{Fh}{\dfrac{be^2}{6}} = \dfrac{6Fh}{be^2}$

10. 브레이크

01

제동 토크가 $101N \cdot m$이 걸리는 직경 $600mm$의 블록 브레이크 드럼이 있다. 접촉부의 마찰 계수 0.25일 때 블록 브레이크 드럼을 누르는 힘$[N]$을 구하시오.

$$T = \mu P \frac{D}{2} \quad \Rightarrow \quad \therefore P = \frac{2T}{\mu D} = \frac{2 \times 101 \times 10^3}{0.25 \times 600} = 1346.67N$$

02

제동 토크가 $600N \cdot m$이 걸리는 지름 $D = 450mm$의 블록 브레이크 드럼을 제작하려 한다. 이때 브레이크 제동력$[N]$을 구하시오.

$$T = f \times \frac{D}{2} \quad \Rightarrow \quad \therefore f = \frac{2T}{D} = \frac{2 \times 600 \times 10^3}{450} = 2666.67N$$

03

블록의 폭 $85mm$, 길이 $35mm$인 블록 브레이크가 있다. 브레이크 드럼을 누르는 힘 $500N$일 때 블록의 접촉면압력$[MPa]$을 구하시오.

$$q = \frac{P}{b\ell} = \frac{500}{85 \times 35} = 0.17 MPa$$

04

드럼 직경이 $500mm$인 블록 브레이크가 있다. 마찰계수가 0.3, 블록 접촉면압력은 $0.9MPa$, 브레이크 용량이 $1.13MPa \cdot m/s$일 때 드럼의 회전수$[rpm]$을 구하시오.

$$\mu q v = 1.13 \Rightarrow \mu q \times \frac{\pi DN}{60 \times 1000} = 1.13 \Rightarrow 0.3 \times 0.9 \times \frac{\pi \times 500 \times N}{60 \times 1000} = 1.13$$
$$\therefore N = 159.86 rpm$$

05

다음 그림과 같은 주철제 브레이크 드럼에 주철제 브레이크 블록을 사용하려 한다. 허용 면압력 $0.3MPa$, 마찰계수 0.28, 블록의 길이 $150mm$일 때 다음을 구하시오.

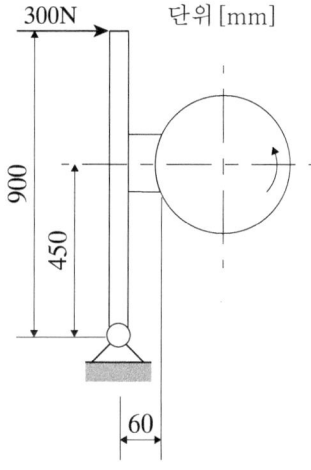

(1) 블록의 너비 $[mm]$
(2) 브레이크 제동력 $[N]$

(1) $Fa - Pb + \mu Pc = 0 \Rightarrow P = \dfrac{Fa}{b - \mu c} = \dfrac{300 \times 900}{450 - 0.28 \times 60} = 623.27N$

$q = \dfrac{P}{b\ell} \Rightarrow \therefore b = \dfrac{P}{q\ell} = \dfrac{623.27}{0.3 \times 150} = 13.85mm$

(2) $f = \mu P = 0.28 \times 623.27 = 174.52N$

06

다음 그림과 같은 블록 브레이크를 사용하려 한다. 블록의 접촉 면압력 $1.1MPa$, 브레이크 용량 $1MPa \cdot m/s$, 마찰계수 0.3일 때 회전수 $[rpm]$을 구하시오.

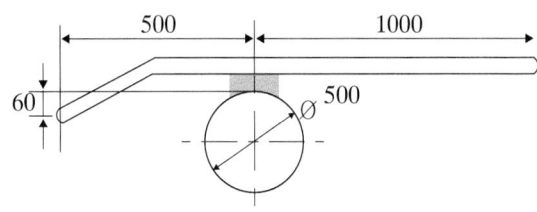

$\mu q v = 1 \Rightarrow \mu q \times \dfrac{\pi DN}{60 \times 1000} = 1 \Rightarrow 0.3 \times 1.1 \times \dfrac{\pi \times 500 \times N}{60 \times 1000} = 1$
$\therefore N = 115.75 rpm$

07

다음 블록 브레이크에서 브레이크 작용력 $F = 350N$, 드럼의 회전속도 $28m/s$, 마찰계수 0.3, $a = 600mm$, $b = 250mm$, $c = 50mm$, 브레이크 용량 $4.8MPa \cdot m/s$일 때 다음을 구하시오.

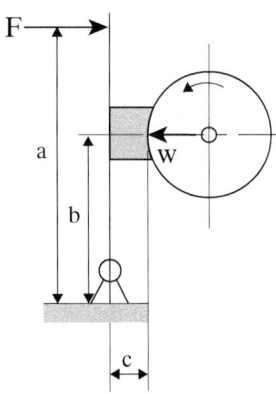

(1) 제동 동력 $[kW]$
(2) 마찰 투영 면적 $[mm^2]$

(1) $Fa - Wb + \mu Wc = 0 \Rightarrow W = \dfrac{Fa}{b - \mu c} = \dfrac{350 \times 600}{250 - 0.3 \times 50} = 893.62N$
$\therefore H = \mu W v = 0.3 \times 893.62 \times 10^{-3} \times 28 = 7.51 kW$

(2) $\mu q v = \dfrac{H}{A} \Rightarrow \therefore A = \dfrac{H}{\mu q v} = \dfrac{7.51 \times 10^3}{4.8 \times 10^6} = 0.00156458 m^2 = 1564.58 mm^2$

08

$7.3kW$, $500rpm$으로 회전 하는 직경 $500mm$의 드럼을 제동하려는 블록 브레이크를 제작하려고 한다. 마찰계수가 0.25일 때 다음을 구하시오.
(단, $a = 900mm$, $b = 350mm$, $c = 50mm$이다.)

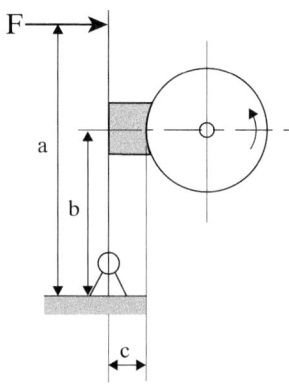

(1) 브레이크 제동 토크 $[N \cdot m]$
(2) 브레이크 제동력 $[N]$
(3) 브레이크 작용력 $[N]$

(1) $T = \dfrac{H}{\omega} = \dfrac{H}{\dfrac{2\pi N}{60}} = \dfrac{7.3 \times 10^3}{\dfrac{2\pi \times 500}{60}} = 139.42 N \cdot m$

(2) $T = f \times \dfrac{D}{2} \Rightarrow \therefore f = \dfrac{2T}{D} = \dfrac{2 \times 139.42 \times 10^3}{500} = 557.68 N$

(3) $f = \mu P \Rightarrow P = \dfrac{f}{\mu} = \dfrac{557.68}{0.25} = 2230.72 N$

$Fa - Pb + \mu Pc = 0 \Rightarrow \therefore F = \dfrac{P(b - \mu c)}{a} = \dfrac{2230.72 \times (350 - 0.25 \times 50)}{900} = 836.52 N$

09

다음 그림과 같은 브레이크에서 전달 토크 $100N \cdot m$을 지지하고 있다. 마찰계수가 0.3일 때 브레이크 작용력$[N]$을 구하시오.

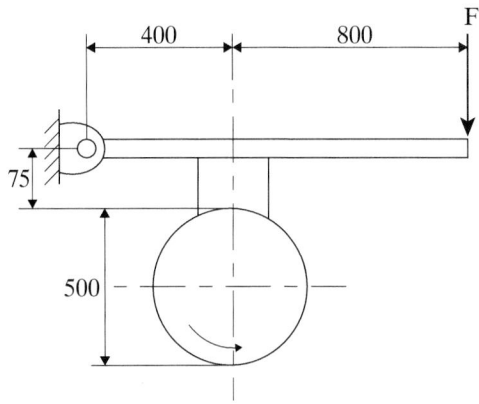

$$T = \mu P \frac{D}{2} \quad \Rightarrow \quad P = \frac{2T}{\mu D} = \frac{2 \times 100 \times 10^3}{0.3 \times 500} = 1333.33N$$

$$Fa - Pb + \mu Pc = 0 \quad \Rightarrow \quad \therefore F = \frac{P(b - \mu c)}{a} = \frac{1333.33 \times (400 - 0.3 \times 75)}{1200} = 419.44N$$

10

다음 그림과 같은 블록 브레이크 장치에서 분당 좌회전수 $1300 rpm$, $15kW$인 축으로 제동하는 브레이크를 설계하려 한다. 마찰계수가 0.3일 때 레버의 길이 $a[mm]$를 구하시오.

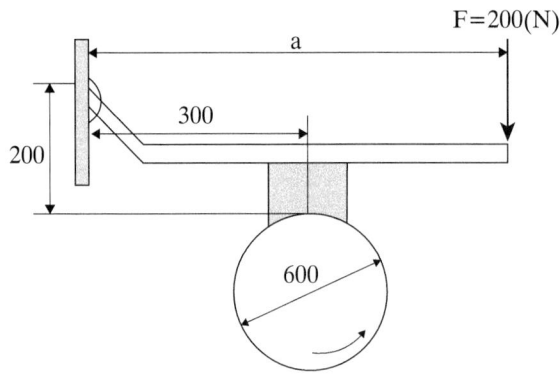

$$v = \frac{\pi DN}{60 \times 1000} = \frac{\pi \times 600 \times 1300}{60 \times 1000} = 40.84 m/s$$

$$H = \mu Pv \Rightarrow P = \frac{H}{\mu v} = \frac{15 \times 10^3}{0.3 \times 40.84} = 1224.29 N$$

$$Fa - Pb + \mu Pc = 0 \Rightarrow \therefore a = \frac{P(b - \mu c)}{F} = \frac{1224.29 \times (300 - 0.3 \times 200)}{200} = 1469.15 mm$$

11

다음 그림과 같은 블록 브레이크에서 제동 토크가 $85 N \cdot m$이고, 드럼의 접촉각은 $60°$, 마찰계수 0.25일 때 다음을 구하시오.

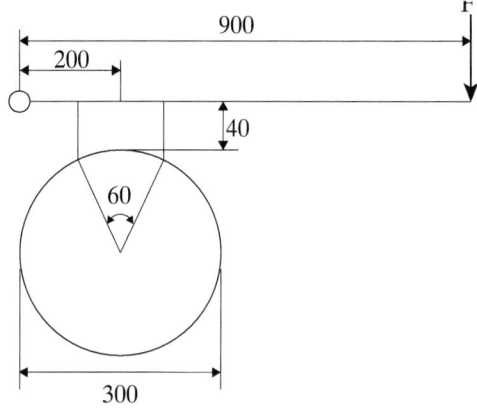

(1) 드럼을 시계 방향으로 회전시킬 경우, 드럼을 정지시키기 위한 작용력 $F_A [N]$
(2) 드럼을 반시계 방향으로 회전시킬 경우, 드럼을 정지시키기 위한 작용력 $F_B [N]$

(1) $T = \mu P \frac{D}{2} \Rightarrow P = \frac{2T}{\mu D} = \frac{2 \times 85 \times 10^3}{0.25 \times 300} = 2266.67 N$

$F_A a - Pb - \mu Pc = 0 \Rightarrow \therefore F_A = \frac{P(b + \mu c)}{a} = \frac{2266.67 \times (200 + 0.25 \times 40)}{900} = 528.89 N$

(2) $F_B a - Pb + \mu Pc = 0 \Rightarrow \therefore F_B = \frac{P(b - \mu c)}{a} = \frac{2266.67 \times (200 - 0.25 \times 40)}{900} = 478.52 N$

12

다음 그림과 같은 블록 브레이크는 권상 하중 W의 자유 낙하를 방지하려 한다. 여기서 마찰계수 0.3, $a = 800mm$, $b = 200mm$, $c = 50mm$, $F = 400N$, **허용 압력** $0.23MPa$일 때 다음을 구하시오.

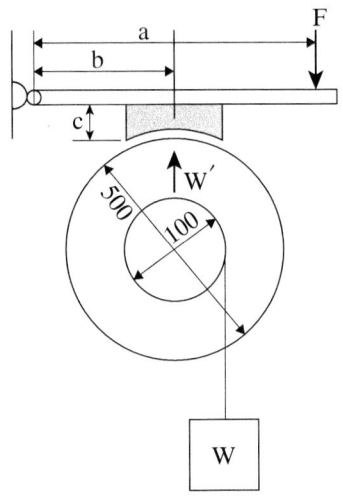

(1) 제동력 $[N]$
(2) 자유 낙하를 방지할 수 있는 권상 하중 $[N]$
(3) 마찰 투영 면적 $[mm^2]$

(1) $Fa - W'b - \mu W'c = 0 \Rightarrow W' = \dfrac{Fa}{b+\mu c} = \dfrac{400 \times 800}{200 + 0.3 \times 50} = 1488.37N$
  $\therefore f = \mu W' = 0.3 \times 1488.37 = 446.51N$

(2) $T = W \times \dfrac{d}{2} = f \times \dfrac{D}{2} \Rightarrow \therefore W = f \times \dfrac{D}{d} = 446.51 \times \dfrac{500}{100} = 2232.55N$

(3) $q = \dfrac{W'}{A} \Rightarrow \therefore A = \dfrac{W'}{q} = \dfrac{1488.37}{0.23} = 6471.17mm^2$

13

다음 그림과 같은 밴드 브레이크에 의하여 $200rpm$, $5kW$의 동력을 제동하려 한다. 마찰계수는 0.3, $a=140mm$, $d=500mm$, $F=300N$, 접촉각 $220°$일 때 $L[mm]$을 구하시오.

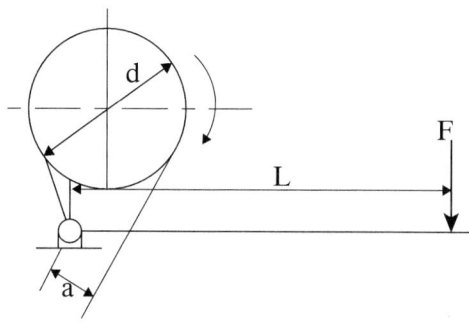

$$T = \frac{H}{w} = \frac{H}{\frac{2\pi N}{60}} = \frac{5 \times 10^3}{\frac{2\pi \times 200}{60}} = 238.73 N \cdot m$$

$$T = f \times \frac{d}{2} \Rightarrow f = \frac{2T}{d} = \frac{2 \times 238.73 \times 10^3}{500} = 954.92 N$$

$$e^{\mu\theta} = e^{0.3 \times 220 \times \frac{\pi}{180}} = 3.16$$

$$T_s = \frac{f}{e^{\mu\theta}-1} = \frac{954.92}{3.16-1} = 442.09 N$$

$$T_s a - FL = 0 \Rightarrow \therefore L = \frac{T_s a}{F} = \frac{442.09 \times 140}{300} = 206.31 mm$$

14

다음 그림과 같은 단동식 밴드 브레이크가 있다. 마찰계수는 0.3, 접촉각은 $240°$, $F=250N$, 회전수는 $270rpm$일 때 제동력$[kW]$을 구하시오.

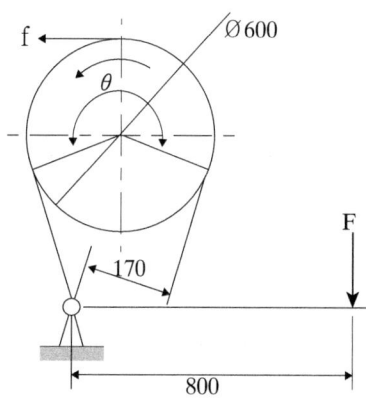

$$T_t \times 170 - F \times 800 = 0 \Rightarrow T_t = F \times \frac{800}{170} = 250 \times \frac{800}{170} = 1176.47 N$$

$$e^{\mu\theta} = e^{0.3 \times 240 \times \frac{\pi}{180}} = 3.51$$

$$T_t = \frac{fe^{\mu\theta}}{e^{\mu\theta}-1} \Rightarrow f = T_t\left(\frac{e^{\mu\theta}-1}{e^{\mu\theta}}\right) = 1176.47 \times \left(\frac{3.51-1}{3.51}\right) = 841.29 N$$

$$T = f \times \frac{D}{2} = 841.29 \times \frac{0.6}{2} = 252.39 N \cdot m$$

$$H = Tw = T \times \frac{2\pi N}{60} = 252.39 \times 10^{-3} \times \frac{2\pi \times 270}{60} = 7.13 kW$$

15

다음 그림과 같은 자동 브레이크에서 제동력 $P = 4750N$으로 작용하고 마찰계수 0.15, 접촉각 $240°$, $a = 7mm$, $b = 18mm$, $\ell = 100mm$일 때 다음을 구하시오.

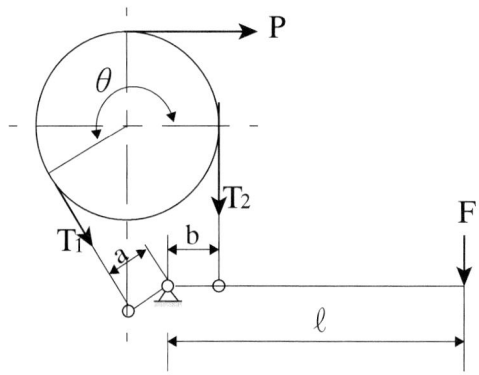

(1) 밴드 브레이크의 장력 T_1, T_2 [N]
(2) 레버 끝에 가하는 힘 F [N]

(1) $e^{\mu\theta} = e^{0.15 \times 240 \times \frac{\pi}{180}} = 1.87$

$\therefore T_1(=T_t) = \frac{Pe^{\mu\theta}}{e^{\mu\theta}-1} = \frac{4750 \times 1.87}{1.87-1} = 10209.77N$

$P = T_t - T_s = T_1 - T_2 = 4750N$
$\therefore T_2(=T_s) = T_1 - P = 10209.77 - 4750 = 5459.77N$

✔ 장력 방향이 그림상 아래로 되어있어도 P힘에 의해 장력은 윗방향으로 작용하는 것을 알아야 한다.

(2) $T_1 a = T_2 b - F\ell \Rightarrow \therefore F = \frac{T_2 b - T_1 a}{\ell} = \frac{5459.77 \times 18 - 10209.77 \times 7}{100} = 268.07N$

16

지름 $750mm$의 회전하는 드럼을 밴드 브레이크로 제동하려 한다. 밴드의 긴장측 장력 $1800N$, 장력비 3.5일 때 제동 토크$[N \cdot m]$를 구하시오.

$$T_t = \frac{fe^{\mu\theta}}{e^{\mu\theta}-1} \Rightarrow f = T_t\left(\frac{e^{\mu\theta}-1}{e^{\mu\theta}}\right) = 1800 \times \left(\frac{3.5-1}{3.5}\right) = 1285.71N$$

$$\therefore T = f \times \frac{D}{2} = 1285.71 \times \frac{0.75}{2} = 482.14 N \cdot m$$

17

마찰계수가 0.25일 때 그림과 같은 밴드 브레이크의 제동 토크$[N \cdot m]$를 구하시오.

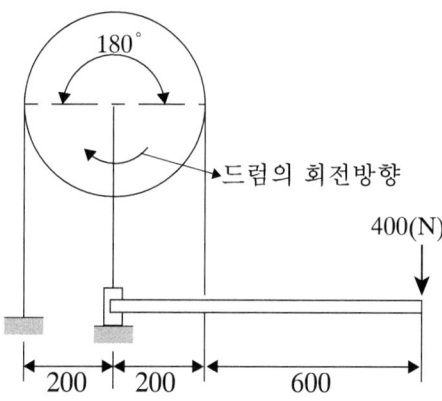

$\theta = 180° = \pi$
$e^{\mu\theta} = e^{0.25\pi} = 2.19$

$T_s \times 200 - 400 \times 800 = 0 \Rightarrow T_s = \frac{400 \times 800}{200} = 1600N$

$T_s = \frac{f}{e^{\mu\theta}-1} \Rightarrow f = T_s(e^{\mu\theta}-1) = 1600 \times (2.19-1) = 1904N$

$\therefore T = f \times \frac{D}{2} = 1904 \times \frac{0.4}{2} = 380.8 N \cdot m$

✔ 힌지에 대한 모멘트 식을 세우는 것이기 때문에 힌지에 연결되지 않고 바닥에 연결된 긴장측장력이 작용하는 선 부분은 모멘트식과 무관한 힘이다.

18

$170 rpm$, $5.5 kW$의 동력을 제동하는 밴드 브레이크가 있다. 마찰계수 0.3, $e^{\mu\theta}=3.8$, 밴드의 두께 $3mm$, 밴드의 허용 인장응력 $60MPa$, 이음 효율 80%일 때 다음을 구하시오.

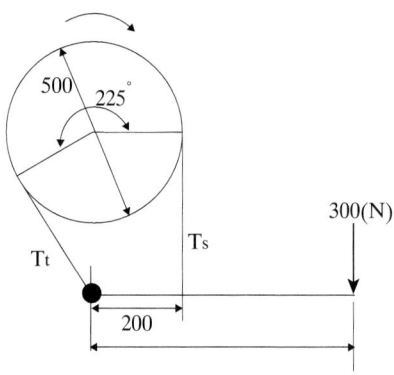

(1) 제동 토크 $[N\cdot m]$
(2) 제동력 $[N]$
(3) 레버의 길이 $[mm]$
(4) 밴드의 너비 $[mm]$

(1) $T = \dfrac{H}{\omega} = \dfrac{H}{\dfrac{2\pi N}{60}} = \dfrac{5.5\times 10^3}{\dfrac{2\pi\times 170}{60}} = 308.95 N\cdot m$

(2) $T = f\times \dfrac{D}{2} \Rightarrow \therefore f = \dfrac{2T}{D} = \dfrac{2\times 308.95\times 10^3}{500} = 1235.8N$

(3) $T_s = \dfrac{f}{e^{\mu\theta}-1} = \dfrac{1235.8}{3.8-1} = 441.36N$

$T_s\times 200 - 300\times \ell = 0 \Rightarrow \therefore \ell = \dfrac{T_s\times 200}{300} = \dfrac{441.36\times 200}{300} = 294.24mm$

(4) $T_t = T_s e^{\mu\theta} = 441.36\times 3.8 = 1677.17N$

$\sigma_a = \dfrac{T_t}{bt\eta} \Rightarrow \therefore b = \dfrac{T_t}{t\eta\sigma_a} = \dfrac{1677.17}{3\times 0.8\times 60} = 11.65mm$

19

다음 그림과 같이 우회전을 하는 내부 확장식 브레이크에서 회전수 $800rpm$, $12kW$의 동력을 제동하려 한다. 마찰계수가 0.3일 때 다음을 구하시오.

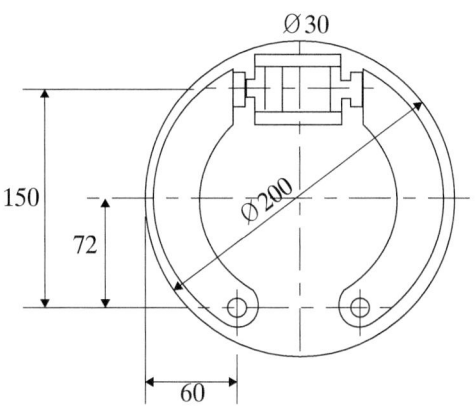

(1) 제동력 $[N]$
(2) 실린더를 미는 조작력 $[N]$
(3) 제동에 필요한 유압 $[MPa]$

(1) $T = \dfrac{H}{\omega} = \dfrac{H}{\dfrac{2\pi N}{60}} = \dfrac{12 \times 10^3}{\dfrac{2\pi \times 800}{60}} = 143.24 N \cdot m$

$T = Q \times \dfrac{D}{2} \Rightarrow \therefore Q = \dfrac{2T}{D} = \dfrac{2 \times 143.24 \times 10^3}{200} = 1432.4 N$

(2) $M_1 = Fa - P_1 b + \mu P_1 c = Fa + P_1(\mu c - b) = 0 \Rightarrow P_1 = \dfrac{Fa}{b - \mu c} = \dfrac{F \times 150}{75 - 0.3 \times 60} = 2.63 F [N]$

$M_2 = -Fa + P_2 b + \mu P_2 c = -Fa + P_2(\mu c + b) = 0 \Rightarrow P_2 = \dfrac{Fa}{b + \mu c} = \dfrac{F \times 150}{75 + 0.3 \times 60} = 1.61 F [N]$

$Q = \mu(P_1 + P_2) \Rightarrow P_1 + P_2 = \dfrac{Q}{\mu} = \dfrac{1432.4}{0.3} = 4774.67 N$

$2.63F + 1.61F = 4774.67 \Rightarrow \therefore F = 1126.1 N$

(3) $q = \dfrac{F}{A} = \dfrac{4F}{\pi d^2} = \dfrac{4 \times 1126.1}{\pi \times 30^2} = 1.59 MPa$

20

다음 그림과 같은 내확 브레이크로 $8.5kW$, $600rpm$의 동력을 제동하려고 한다. 마찰계수 0.3 $d=25mm$, $D=180mm$, , $a=120mm$, $b=60mm$, $c=50mm$ 일 때 다음을 구하시오.

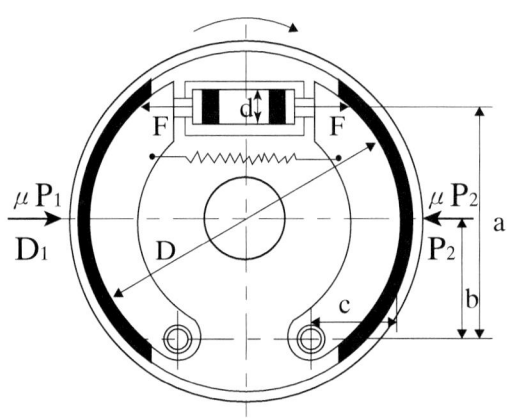

(1) 제동력 $[N]$
(2) 실린더를 미는 조작력 $[N]$
(3) 제동에 필요한 유압 $[MPa]$

(1) $T = \dfrac{H}{\omega} = \dfrac{H}{\dfrac{2\pi N}{60}} = \dfrac{8.5 \times 10^3}{\dfrac{2\pi \times 600}{60}} = 135.28 N \cdot m$

$T = Q \times \dfrac{D}{2} \Rightarrow \therefore Q = \dfrac{2T}{D} = \dfrac{2 \times 135.28 \times 10^3}{180} = 1503.11 N$

(2) $M_1 = -Fa + P_1 b + \mu P_1 c = -Fa + P_1(\mu c + b) = 0 \Rightarrow P_1 = \dfrac{Fa}{b + \mu c} = \dfrac{F \times 120}{60 + 0.3 \times 50} = 1.6F[N]$

$M_2 = Fa - P_2 b + \mu P_2 c = Fa + P_2(\mu c - b) = 0 \Rightarrow P_2 = \dfrac{Fa}{b - \mu c} = \dfrac{F \times 120}{60 - 0.3 \times 50} = 2.67F[N]$

$Q = \mu(P_1 + P_2) \Rightarrow P_1 + P_2 = \dfrac{Q}{\mu} = \dfrac{1503.11}{0.3} = 5010.37 N$

$1.6F + 2.67F = 5010.37 \Rightarrow \therefore F = 1173.39 N$

(3) $q = \dfrac{F}{A} = \dfrac{4F}{\pi d^2} = \dfrac{4 \times 1173.39}{\pi \times 25^2} = 2.39 MPa$

Memo

11

스프링, 파이프, 플라이 휠

11-1. 원통형 코일 스프링

11-2. 판 스프링

11-3. 파이프

11-4. 플라이 휠

Chapter 11

스프링, 파이프, 플라이 휠

11-1 원통형 코일 스프링

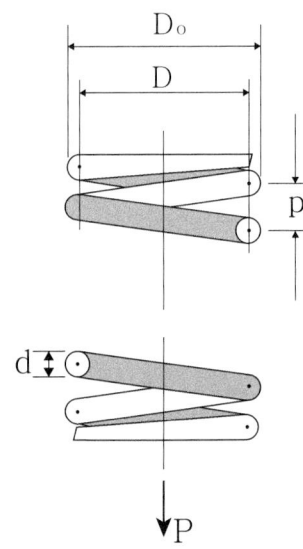

여기서,
P : 스프링에 작용하는 하중 $[N]$
D : 스프링(=코일)의 평균 지름 $[mm]$
D_o : 스프링(=코일)의 외경 $[mm]$
p : 피치 $[mm]$
d : 소선의 지름 $[mm]$
n : 스프링의 유효 권수
G : 스프링의 전단 탄성계수 $[GPa]$

(1) 스프링의 기본 사항

① 스프링 상수(k) $[N/mm]$

$$k = \frac{P}{\delta}$$

여기서,
P : 스프링에 작용하는 하중 $[N]$
δ : 처짐량 $[mm]$

② 조합 스프링 상수(k_{eq}) [N/mm]

㉠ 병렬 조합 스프링 상수

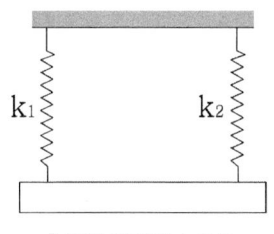
▌병렬 연결된 스프링

$$k_{eq} = k_1 + k_2 + \cdots + k_n$$

㉡ 직렬 조합 스프링 상수

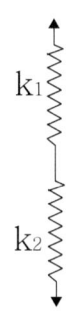
▌직렬 연결된 스프링

$$\frac{1}{k_{eq}} = \frac{1}{k_1} + \frac{1}{k_2} + \cdots + \frac{1}{k_n}$$

③ 스프링의 탄성에너지(U) [$N \cdot mm$]

$$U = \frac{1}{2}P\delta = \frac{1}{2}k\delta^2$$

(2) 스프링에서 발생하는 최대전단응력($\tau_{\max}$) [N/mm^2]

$$\tau_{\max} = \frac{16PRK}{\pi d^3} = \frac{8PDK}{\pi d^3} \le \tau_a$$

① 왈의 응력계수(K) : $K = \dfrac{4C-1}{4C-4} + \dfrac{0.615}{C}$

② 스프링지수(C) : $C = \dfrac{D}{d}$

③ 바깥지름(D_2) [mm] : $D_2 = D + d$

(3) 스프링의 최대 처짐량($\delta_{\max}$) [mm]

$$\delta_{\max} = \frac{64nPR^3}{Gd^4} = \frac{8nPD^3}{Gd^4}$$

✔ 유효 권수(n)를 구할 경우에는 정수로 올림해야 합니다.

(4) 자유 높이(H) [mm] : $H = d(n+2) + \delta_{\max} +$ 여유높이

(5) 스프링의 길이(ℓ) [mm] : $\ell = \pi D n$

(6) 스프링의 체적(V) [mm^3] : $V = A\ell = \frac{\pi d^2}{4} \times \pi D n$

(7) 온감김수(n_t)

① 스프링 선단만이 자유코일을 접하는 경우 : $n_t = n + 2$

② 스프링 선단이 자유코일에 접하지 않고 연삭부의 길이가 $\frac{3}{4}$ 감긴 경우 : $n_t = n + 1.5$

(8) 변동 하중($P_{\max} \sim P_{\min}$)으로 주어질 때 하중의 선정

① $P_{\max}$ 선정 : 최대 물성치 값을 구해야 할 때　　(ex : 최대전단응력, 최대처짐량 등)

② 변동 하중 선정 : 일반 물성치 값을 구해야 할 때　(ex : 일반 전단응력, 일반 처짐량 등)

③ $P_{\min}$ 선정 : 최소 물성치 값을 구해야 할 때　　(ex : "최소"처짐량 등)

11-2 판 스프링

(1) 3각판 스프링

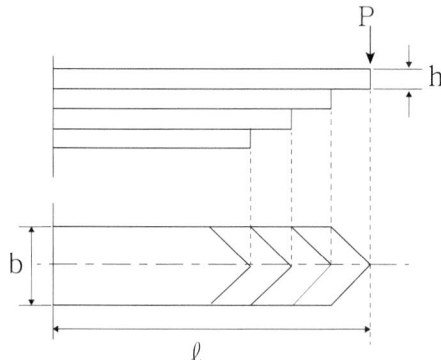

여기서,
P : 판 스프링에 작용하는 하중 $[N]$
b : 판의 너비 $[mm]$
h : 판의 두께 $[mm]$
ℓ : 판의 길이 $[mm]$
n : 판의 개수
E : 판의 탄성계수 $[GPa]$

① 스프링에 발생하는 굽힘 응력(σ) $[N/mm^2]$: $\sigma = \dfrac{6P\ell}{nbh^2}$

② 스프링에 발생하는 최대 처짐량($\delta_{\max}$) $[mm]$: $\delta_{\max} = \dfrac{6P\ell^3}{nbh^3 E}$

③ 상당길이 $[mm]$: $\ell' = \ell - 0.6e$ 　여기서, e : 죔 폭 $[mm]$
  (=밴드의 너비 =밴드의 나이)

(2) 겹판 스프링

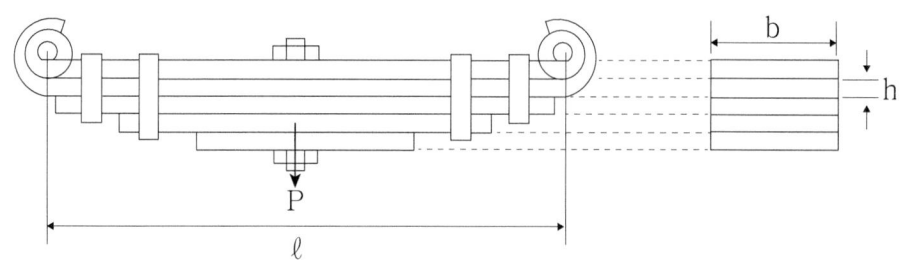

① 스프링에 발생하는 굽힘 응력(σ) $[N/mm^2]$: $\sigma = \dfrac{3P\ell}{2nbh^2}$

② 스프링에 발생하는 최대 처짐량($\delta_{\max}$) $[mm]$: $\delta_{\max} = \dfrac{3P\ell^3}{8nbh^3 E}$

③ 상당길이 $[mm]$: $\ell' = \ell - 0.6e$ 여기서, e : 죔 폭 $[mm]$
(=밴드의 너비 =밴드의 나이)

✔ 문제에서 죔 폭(e)을 제시했을 경우엔 상당길이(ℓ')로 환산하여 문제를 풀어야 합니다.

11-3 파이프

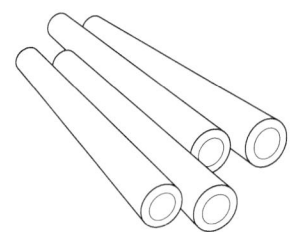

속이 빈 가늘고 긴 관이며, 주로 유체를 수송하는 기계요소이다.

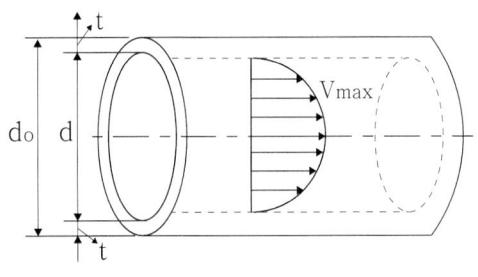

여기서,
P : 파이프에 작용하는 내압 $[N/mm^2]$
t : 파이프의 두께 $[mm]$
d : 안지름 $[mm]$
d_o : 바깥 지름 $[mm]$
v_{max} : 최대 속도 $[m/s]$

▌내압을 받는 파이프

(1) 파이프의 최대인장응력(σ_{max}) $[N/mm^2]$: $\sigma_{max} = \dfrac{pd}{2t} \leq \sigma_a$

(2) 파이프의 두께(t) $[mm]$

$$t \geq \dfrac{pd}{2\sigma_a \eta} + C$$

여기서,
σ_a : 허용인장응력 $[N/mm^2]$ $\left(\sigma_a = \dfrac{\sigma_u}{S}\right)$
S : 안전율
η : 이음 효율
C : 부식 계수

(3) 파이프의 최소 두께(t) [mm]

$$t = r\left(\sqrt{\frac{\sigma_a + (1-\nu)p}{\sigma_a - (1+\nu)p}} - 1\right)$$

여기서,
r : 파이프의 반지름 [mm]
p : 파이프의 내압 [N/mm^2]
σ_a : 파이프 재료의 허용인장응력 [N/mm^2]
ν : 포아송비

✔ 문제에서 포아송비(ν)를 제시했을 경우엔 위 식으로 최소 두께(t)를 구해야 합니다.

(4) 파이프의 유량(Q) [m^3/s]

$$Q = Av_m = \frac{\pi d^2}{4}v_m$$

여기서, v_m : 평균 속도 [m/s] $\left(v_m = \frac{v_{max}}{2}\right)$

(5) 파이프의 안지름(d) [mm] : $d = \sqrt{\frac{4Q}{\pi v_m}}$

(6) 파이프의 외경(d_o) [mm] : $d_o = d + 2t$

11-4 플라이 휠

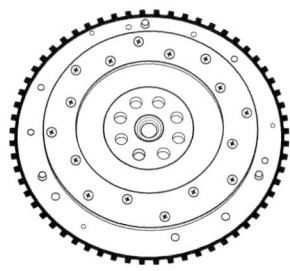

내연기관과 같은 원동기를 동력원으로 하면 원동기에 발생하는 에너지는 일정하지 않고 주기적으로 변동한다. 원동기로부터 발생하는 에너지가 저항 일량 보다 클 때에는 흡수하고 부족할 때에는 방출하여 균형을 이루게 하는 기계요소이다.

(1) 1사이클 중에 한 일(=에너지, E) $[N \cdot mm]$

① 2사이클인 경우 : $E = 2\pi T_m$

② 4사이클인 경우 : $E = 4\pi T_m$

(2) 과잉에너지($\triangle E$) $[N \cdot mm]$

$$\triangle E = qE = I\omega^2 \delta$$

여기서,
q : 에너지 변동계수
I : 질량 관성 모멘트 $[N \cdot mm \cdot s^2]$
ω : 각속도 $[rad/s]$
δ : 각속도 변형률

(3) 질량 관성모멘트(I) $[N \cdot mm \cdot s^2]$

① 중실축의 경우 : $I = \dfrac{\gamma b \pi D^4}{32g}$

② 중공축의 경우 : $I = \dfrac{\gamma b \pi (D_2^4 - D_1^4)}{32g}$

여기서,
γ : 림 재료의 비중량 $[N/mm^3]$
b : 림의 폭 $[mm]$
D : 림의 평균지름 $[mm]$
D_1 : 림의 안지름 $[mm]$
D_2 : 림의 바깥지름 $[mm]$

Memo

11. 스프링, 파이프, 플라이 휠

일반기계기사 필답형

01

원통형 코일 스프링의 소선의 지름 $10mm$, 코일의 평균지름 $120mm$, 스프링에서 발생하는 최대 전단응력 $1.5GPa$일 때 다음을 구하시오.

(1) 스프링지수
(2) 최대정적하중 $[N]$

(1) $C = \dfrac{D}{d} = \dfrac{120}{10} = 12$

(2) $K = \dfrac{4C-1}{4C-4} + \dfrac{0.615}{C} = \dfrac{4 \times 12 - 1}{4 \times 12 - 4} + \dfrac{0.615}{12} = 1.12$

$\tau_{\max} = \dfrac{8PDK}{\pi d^3} \Rightarrow \therefore P = \dfrac{\pi d^3 \tau_{\max}}{8DK} = \dfrac{\pi \times 10^3 \times 1.5 \times 10^3}{8 \times 120 \times 1.12} = 4382.8N$

02

소선의 지름 $9mm$, 코일의 평균지름 $90mm$에 압축하중 $15N$이 작용한다. 전단탄성계수 $100GPa$ 일 때 이 코일스프링이 $8mm$ 늘어나도록 할 때 다음을 구하시오.

(1) 유효 권수 $[회]$
(2) 스프링의 길이 $[mm]$

(1) $\delta = \dfrac{8nPD^3}{Gd^4} \Rightarrow \therefore n = \dfrac{Gd^4 \delta}{8PD^3} = \dfrac{100 \times 10^3 \times 9^4 \times 8}{8 \times 15 \times 90^3} = 60회$

(2) $\ell = \pi D n = \pi \times 90 \times 60 = 16964.6mm$

03

코일의 평균직경 $50mm$, 유효 권수 7회인 원통형 코일 스프링에 압축 하중 $300N$이 작용한다. 스프링 지수 8, 전단탄성계수 $85GPa$일 때 다음을 구하시오.

(1) 소선의 직경 $[mm]$
(2) 수축량 $[mm]$

(1) $C = \dfrac{D}{d} \Rightarrow \therefore d = \dfrac{D}{C} = \dfrac{50}{8} = 6.25mm$

(2) $\delta = \dfrac{8nPD^3}{Gd^4} = \dfrac{8 \times 7 \times 300 \times 50^3}{85 \times 10^3 \times 6.25^4} = 16.19mm$

04

원통형 코일 스프링이 $500N \sim 1200N$의 범위에서 하중을 받고 있다. 이때 스프링의 처짐량은 $6mm$, 스프링지수 8, 유효 권수 10회, 횡탄성계수 $80GPa$일 때 다음을 구하시오.

(1) 스프링 상수 $[N/mm]$
(2) 스프링의 유효직경 $[mm]$

(1) $k = \dfrac{P}{\delta} = \dfrac{1200 - 500}{6} = 116.667 N/mm$

(2) $\delta = \dfrac{8nPD^3}{Gd^4} = \dfrac{8nPC^3}{Gd} \Rightarrow d = \dfrac{8nPC^3}{G\delta} = \dfrac{8 \times 10 \times (1200-500) \times 8^3}{80 \times 10^3 \times 6} = 59.73mm$

$C = \dfrac{D}{d} \Rightarrow \therefore D = Cd = 8 \times 59.73 = 477.84mm$

05

소선의 직경이 $2mm$인 원통형 코일 스프링에서 스프링지수는 6, 유효 감김수 45회, 전단 탄성계수는 $82GPa$이다. $70N$의 압축 하중을 받을 때 다음을 구하시오.

(1) 원통형 코일 스프링의 안전율이 2일 때 아래 표에서 사용 가능한 모든 스프링의 재질을 선정하라.

재료	기호	전단항복강도$[N/mm^2]$
스프링강선	SPS	7056
경강선	HSW	896.7
피아노선	PWR	896.7
스테인리스강선	STS	637

(2) 원통형 코일 스프링의 처짐량 $[mm]$

(1) $C = \dfrac{D}{d} \Rightarrow D = Cd = 6 \times 2 = 12mm$

$K = \dfrac{4C-1}{4C-4} + \dfrac{0.615}{C} = \dfrac{4\times 6 -1}{4\times 6 -4} + \dfrac{0.615}{6} = 1.25$

$\tau_{\max} = \dfrac{8PDK}{\pi d^3} = \dfrac{8 \times 70 \times 12 \times 1.25}{\pi \times 2^3} = 334.23 N/mm^2$

$\tau_f = \tau_{\max} S = 334.23 \times 2 = 668.46 N/mm^2$

따라서, 사용 가능한 스프링 재질은 전단항복강도 τ_f 이상의 값이므로

∴ SPS, HSW, PWR

(2) $\delta = \dfrac{8nPD^3}{Gd^4} = \dfrac{8 \times 45 \times 70 \times 12^3}{82 \times 10^3 \times 2^4} = 33.19mm$

06

원통형 코일 스프링의 바깥지름이 $80mm$이다. 스프링지수 5, 유효 권수 13, 작용하는 압축 하중 $450N$, 횡탄성계수 $80GPa$일 때 다음을 구하시오.

(1) 소선의 지름 $[mm]$
(2) 스프링의 처짐량 $[mm]$
(3) 스프링에 발생하는 전단응력 $[MPa]$

(1) $D_2 = D + d = Cd + d = d(C+1)$ (평균지름 : $D = Cd$)

$$\therefore d = \frac{D_2}{C+1} = \frac{80}{5+1} = 13.33mm$$

(2) $D = Cd = 5 \times 13.33 = 66.65mm$

$$\therefore \delta = \frac{8nPD^3}{Gd^4} = \frac{8 \times 13 \times 450 \times 66.65^3}{80 \times 10^3 \times 13.33^4} = 5.49mm$$

(3) $K = \dfrac{4C-1}{4C-4} + \dfrac{0.615}{C} = \dfrac{4 \times 5 - 1}{4 \times 5 - 4} + \dfrac{0.615}{5} = 1.31$

$$\therefore \tau_{max} = \frac{8PDK}{\pi d^3} = \frac{8 \times 450 \times 66.65 \times 1.31}{\pi \times 13.33^3} = 42.24 MPa$$

07

전체 하중이 $30000N$인 건설 장비를 8개소에서 균등하게 지지하여 처짐이 $60mm$가 생기는 원통형 코일 스프링의 소선의 직경은 $18mm$이다. 스프링지수 10, 왈의 응력수정계수 1.14, 횡탄성계수 $81GPa$일 때 다음을 구하시오.

(1) 유효 권수 [권]
(2) 전단응력 [MPa]

(1) $P = \dfrac{30000}{n} = \dfrac{30000}{8} = 3750N$

$C = \dfrac{D}{d} \Rightarrow D = Cd = 10 \times 18 = 180mm$

$\delta = \dfrac{8nPD^3}{Gd^4} \Rightarrow \therefore n = \dfrac{Gd^4 \delta}{8PD^3} = \dfrac{81 \times 10^3 \times 18^4 \times 60}{8 \times 3750 \times 180^3} = 2.92 ≒ 3$권

(2) $\tau = \dfrac{8PDK}{\pi d^3} = \dfrac{8 \times 3750 \times 180 \times 1.14}{\pi \times 18^3} = 335.99 MPa$

08

원통형 코일 스프링에서 하중이 $300N \sim 500N$까지 변동할 때 처짐량은 $18mm$이다. 허용 전단응력이 $350 N/mm^2$, **스프링 지수 7**, 전단탄성계수 $81GPa$, 왈의 응력수정계수 1.21일 때 다음을 구하시오.

(1) 소선의 지름 [mm]
(2) 유효 권수 [권]
(3) 자유 높이 [mm] (단, $5mm$의 여유를 고려한다.)

(1) $\tau_{\max} = \dfrac{8P_{\max}DK}{\pi d^3} = \dfrac{8P_{\max}CK}{\pi d^2}$ 에서,

$\therefore d = \sqrt{\dfrac{8P_{\max}CK}{\pi \tau_{\max}}} = \sqrt{\dfrac{8 \times 500 \times 7 \times 1.21}{\pi \times 350}} = 5.55mm$

(2) $D = Cd = 7 \times 5.55 = 38.85mm$

$\delta = \dfrac{8n(P_{\max} - P_{\min})D^3}{Gd^4}$ 에서,

$\therefore n = \dfrac{Gd^4 \delta}{8(P_{\max} - P_{\min})D^3} = \dfrac{81 \times 10^3 \times 5.55^4 \times 18}{8 \times (500-300) \times 38.85^3} = 14.74 ≒ 15권$

(3) $\delta_{\max} = \dfrac{8nP_{\max}D^3}{Gd^4} = \dfrac{8 \times 15 \times 500 \times 38.85^3}{81 \times 10^3 \times 5.55^4} = 45.78mm$

$\therefore H = d(n+2) + \delta_{\max} + 여유높이 = 5.55 \times (15+2) + 45.78 + 5 = 145.13mm$

09

스팬의 길이 $1600mm$, 하중 $15kN$, 너비 $120mm$, 밴드의 나이 $100mm$, 두께 $12mm$, 판 수 5, 종탄성계수 $210GPa$의 겹판 스프링이 있을 때 다음을 구하시오.

(1) 겹판 스프링에 발생하는 최대 처짐량 $[mm]$
(2) 겹판 스프링에 발생하는 굽힘응력 $[MPa]$

(1) $\ell' = \ell - 0.6e = 1600 - 0.6 \times 100 = 1540mm$

$\delta_{\max} = \dfrac{3P\ell'^3}{8nbh^3E} = \dfrac{3 \times 15 \times 10^3 \times 1540^3}{8 \times 5 \times 120 \times 12^3 \times 210 \times 10^3} = 94.36mm$

(2) $\sigma = \dfrac{3P\ell'}{2nbh^2} = \dfrac{3 \times 15 \times 10^3 \times 1540}{2 \times 5 \times 120 \times 12^2} = 401.04MPa$

10

팬의 너비 $300mm$, 스팬의 길이 $1500mm$, 쥠 폭 $100mm$, 판의 장수 5개, 두께 $13mm$, 종탄성계수 $210GPa$, 중심 하중 $13000N$으로 작용하는 겹판 스프링이 있을 때 다음을 구하시오.

(1) 겹판 스프링에서 발생하는 굽힘응력 $[MPa]$
(2) 겹판 스프링에서 발생하는 처짐량 $[mm]$

(1) $\ell' = \ell - 0.6e = 1500 - 0.6 \times 100 = 1440mm$

$\therefore \sigma = \dfrac{3P\ell'}{2nbh^2} = \dfrac{3 \times 13000 \times 1440}{2 \times 5 \times 300 \times 13^2} = 110.77 MPa$

(2) $\delta = \dfrac{3P\ell'^3}{8nbh^3 E} = \dfrac{3 \times 13000 \times 1440^3}{8 \times 5 \times 300 \times 13^3 \times 210 \times 10^3} = 21.03mm$

11

스팬의 길이 $1000mm$, 하중 $30kN$, 너비 $200mm$, 두께 $20mm$, 판 수 5, 종탄성계수 $210GPa$의 삼각판 스프링이 있을 때 다음을 구하시오.

(1) 삼각판 스프링에 발생하는 굽힘 응력 $[MPa]$
(2) 삼각판 스프링에 발생하는 최대 처짐량 $[mm]$

(1) $\sigma = \dfrac{6P\ell}{nbh^2} = \dfrac{6 \times 30 \times 10^3 \times 1000}{5 \times 200 \times 20^2} = 450 MPa$

(2) $\delta_{\max} = \dfrac{6P\ell^3}{nbh^3 E} = \dfrac{6 \times 30 \times 10^3 \times 1000^3}{5 \times 200 \times 20^3 \times 210 \times 10^3} = 107.14mm$

12

상온에서 이음매 없는 강관에 수압 $10MPa$, 유량 $7L/\sec$를 흐르게 하려 한다. 평균유속이 $4m/s$, 부식여유 $1mm$, 허용 인장응력이 $85MPa$일 때 다음을 구하시오.

(1) 강관의 내경 $[mm]$
(2) 강관의 두께 $[mm]$

(1) $d = \sqrt{\dfrac{4Q}{\pi V}} = \sqrt{\dfrac{4 \times 7 \times 10^{-3}}{\pi \times 4}} = 0.04720m = 47.20mm$

(2) $t = \dfrac{pd}{2\sigma_a} + C = \dfrac{10 \times 47.2}{2 \times 85} + 1 = 3.78mm$

13

강관의 두께 $5mm$, 바깥지름 $180mm$의 관속에 유량 $50L/\sec$의 물이 흐르고 있을 때 다음을 구하시오. (단, 허용 인장응력 $\sigma_a = 100MPa$이다.)

(1) 관 내부에 작용하는 압력 $[MPa]$
(2) 유속 $[m/s]$
(3) 중량 유량 $[ton/hr]$

(1) $d_o = d + 2t \Rightarrow d = d_o - 2t = 180 - 2 \times 5 = 170mm$

$\sigma_a = \dfrac{pd}{2t} \Rightarrow p = \dfrac{2t\sigma_a}{d} = \dfrac{2 \times 5 \times 100}{170} = 5.88MPa$

(2) $Q = AV = \dfrac{\pi d^2}{4} \times V \Rightarrow \therefore V = \dfrac{4Q}{\pi d^2} = \dfrac{4 \times 50 \times 10^{-3}}{\pi \times 0.17^2} = 2.2 m/s$

(3) $\dot{G} = \gamma AV = 1000 \times \dfrac{\pi \times 0.17^2}{4} \times 2.2 = 49.94 kg_f/s = 49.94 \times 10^{-3} \times 3600 = 179.78 ton/hr$

14

상온에서 이음매 없는 강관에 수압 $5MPa$, 유량 $0.6m^3/\sec$를 흐르게 하려 한다. 최대 속도가 $6m/s$, 부식여유 $1mm$, 허용 인장응력이 $90MPa$일 때 바깥지름$[mm]$을 구하시오.

평균속도 : $v_m = \dfrac{v_{\max}}{2} = \dfrac{6}{2} = 3m/s$

$d = \sqrt{\dfrac{4Q}{\pi v_m}} = \sqrt{\dfrac{4 \times 0.6}{\pi \times 3}} = 0.50463m = 504.63mm$

$t = \dfrac{pd}{2\sigma_a} + C = \dfrac{5 \times 504.63}{2 \times 90} + 1 = 15.02mm$

$\therefore d_o = d + 2t = 504.63 + 2 \times 15.02 = 534.67mm$

15

비중량 $9800 N/m^3$인 물을 직경 $5m$, 부피 $40m^3$의 원통 탱크에 저장하려 한다. 안전율 5, 강판의 이음강도 $500MPa$, 이음효율 70%라고 할 때 강판의 두께$[mm]$를 구하시오.

허용응력 : $\sigma_a = \dfrac{\sigma}{S} = \dfrac{500}{5} = 100 MPa$

부피 : $V = Ah \Rightarrow h = \dfrac{V}{A} = \dfrac{40}{\dfrac{\pi}{4} \times 5^2} = 2.04m$

내부 압력 : $p = \gamma h = 9800 \times 10^{-6} \times 2.04 = 199.92 \times 10^{-4} MPa$

$\therefore t = \dfrac{pd}{2\sigma_a \eta} = \dfrac{199.92 \times 10^{-4} \times 5000}{2 \times 100 \times 0.7} = 0.71 mm$

16

유량 $450 m^3/hr$으로 유체가 $2.5 m/s$로 흐르는 관이 있다. 이 관은 내압 $3MPa$, 최소 인장강도 $380MPa$, 안전율 5, 부식여유 $1mm$일 때 다음을 구하시오.

(1) 관 내경 $[mm]$
(2) 관 두께 $[mm]$
(3) 아래표에서 외경을 보고 호칭지름을 선정하라.

호칭지름[mm]	외경[mm]	두께[mm]
100	114.3	4.5
125	139.8	5.0
150	165.2	5.3
185	190.7	5.8
200	216.3	6.2
225	241.6	6.6
250	267.4	6.9
300	318.5	7.9
400	355.6	7.9
450	4064	7.9
500	457.2	7.9

(1) $Q = AV = \dfrac{\pi d^2}{4} \times V$에서,

$\therefore d = \sqrt{\dfrac{4Q}{\pi V}} = \sqrt{\dfrac{4 \times 450 \times \dfrac{1}{3600}}{\pi \times 2.5}} = 0.25231m = 252.31mm$

(2) $\sigma_a = \dfrac{\sigma_u}{S} = \dfrac{380}{5} = 76 MPa$

$t = \dfrac{pd}{2\sigma_a} + C = \dfrac{3 \times 252.31}{2 \times 76} + 1 = 5.98 mm$

(3) $d_o = d + 2t = 252.31 + (2 \times 5.98) = 264.27 mm$

구한 외경보다 큰 값으로 결정하므로, $\therefore$ 호칭지름 250mm

17

안지름 $180mm$, 유량 $50L/\sec$으로 흐르는 파이프가 있다. 내압 $4MPa$, 허용 인장응력 $15MPa$일 때 다음을 구하시오. (단, 푸아송비 $\nu = 0.18$이고, 축방향 응력은 무시한다.)

(1) 파이프의 유속 $[m/s]$
(2) 푸아송비를 고려한 파이프의 최소 두께 $[mm]$
(3) 파이프의 외경 $[mm]$

(1) $Q = AV = \dfrac{\pi d^2}{4} \times V \Rightarrow \therefore V = \dfrac{4Q}{\pi d^2} = \dfrac{4 \times 50 \times 10^{-3}}{\pi \times 0.18^2} = 1.96 m/s$

(2) $t = r\left(\sqrt{\dfrac{\sigma_a + (1-\nu)p}{\sigma_a - (1+\nu)p}} - 1\right) = 90 \times \left(\sqrt{\dfrac{15 + (1-0.18) \times 4}{15 - (1+0.18) \times 4}} - 1\right) = 30.01 mm$

(3) $d_o = d + 2t = 180 + 2 \times 30.01 = 240.02 mm$

18

회전수 $500rpm$, $20kW$의 동력을 전달하는 2사이클 단기통 기관에서 각속도 변동률 $1/100$, 에너지 변동계수 1.3, 림의 바깥지름 $1800mm$, 림의 폭 $180mm$, 림 재료의 비중량 $0.08N/cm^3$일 때 플라이 휠의 림 안지름 $[mm]$을 구하시오.

$T_m = \dfrac{H}{\omega} = \dfrac{H}{\dfrac{2\pi N}{60}} = \dfrac{20 \times 10^3}{\dfrac{2\pi \times 500}{60}} = 381.97 N \cdot m$

$E = 2\pi T_m = 2\pi \times 381.97 = 2399.99 N \cdot m$

$\triangle E = qE = 1.3 \times 2399.99 = 3119.99 N \cdot m$

$\triangle E = I\omega^2 \delta \Rightarrow I = \dfrac{\triangle E}{\omega^2 \delta} = \dfrac{3119.99}{\left(\dfrac{2\pi \times 500}{60}\right)^2 \times \dfrac{1}{100}} = 113.8 N \cdot m \cdot s^2$

$I = \dfrac{\gamma b \pi (D_2^4 - D_1^4)}{32g}$ 에서,

$\therefore D_1 = \sqrt[4]{D_2^4 - \dfrac{32gI}{\gamma b \pi}} = \sqrt[4]{1800^4 - \dfrac{32 \times 9800 \times 113.8 \times 10^3}{0.08 \times 10^{-3} \times 180 \times \pi}} = 1765.19 mm$

19

회전수 $1650 rpm$, $8kW$의 동력을 전달하는 4사이클 단기통 기관에서 각속도 변동률이 $1/100$이고, 에너지 변동계수는 1.3, 플라이휠의 내외경비 0.7, 비중량 $80kN/m^3$, 림의 폭이 $60mm$일 때 다음을 구하시오.

(1) 1사이클당 발생하는 에너지 $[N \cdot m]$
(2) 질량 관성모멘트 $[N \cdot m \cdot s^2]$
(3) 림의 바깥지름 $[mm]$

(1) $T_m = \dfrac{H}{\omega} = \dfrac{H}{\dfrac{2\pi N}{60}} = \dfrac{8 \times 10^3}{\dfrac{2\pi \times 1650}{60}} = 46.3 N \cdot m$

$E = 4\pi T_m = 4\pi \times 46.3 = 581.82 N \cdot m$

(2) $\Delta E = qE = 1.3 \times 581.82 = 756.37 N \cdot m$

$\Delta E = I\omega^2 \delta \Rightarrow \therefore I = \dfrac{\Delta E}{\omega^2 \delta} = \dfrac{756.37}{\left(\dfrac{2\pi \times 1650}{60}\right)^2 \times \dfrac{1}{100}} = 2.53 N \cdot m \cdot s^2$

(3) $I = \dfrac{\gamma b \pi (D_2^4 - D_1^4)}{32g} = \dfrac{\gamma b \pi D_2^4 (1 - x^4)}{32g}$ 에서,

$\therefore D_2 = \sqrt[4]{\dfrac{32gI}{\gamma b \pi (1 - x^4)}} = \sqrt[4]{\dfrac{32 \times 9.8 \times 2.53}{80 \times 10^3 \times 0.06 \times \pi \times (1 - 0.7^4)}} = 0.51296 m = 512.96 mm$

20

분당 회전수 $1000 rpm$, $45kW$의 동력을 전달하는 4사이클 엔진 기관에서 각속도 변동률이 $1/60$이고, 에너지 변동계수는 1.3, 플라이휠의 내외경비 0.6, 비중량 $80.764 kN/m^3$, 림의 폭이 $50mm$일 때 다음을 구하시오.

(1) 1사이클당 발생하는 에너지 $[N \cdot m]$
(2) 질량 관성모멘트 $[N \cdot m \cdot s^2]$
(3) 림의 바깥지름 $[mm]$

(1) $T_m = \dfrac{H}{\omega} = \dfrac{H}{\dfrac{2\pi N}{60}} = \dfrac{45 \times 10^3}{\dfrac{2\pi \times 1000}{60}} = 429.72 N \cdot m$

$E = 4\pi T_m = 4\pi \times 429.72 = 5400.02 N \cdot m$

(2) $\triangle E = qE = 1.3 \times 5400.02 = 7020.03 N \cdot m$

$\triangle E = I\omega^2 \delta \Rightarrow \therefore I = \dfrac{\triangle E}{\omega^2 \delta} = \dfrac{7020.03}{\left(\dfrac{2\pi \times 1000}{60}\right)^2 \times \dfrac{1}{60}} = 38.41 N \cdot m \cdot s^2$

(3) $I = \dfrac{\gamma b \pi (D_2^{\ 4} - D_1^{\ 4})}{32g} = \dfrac{\gamma b \pi D_2^{\ 4}(1-x^4)}{32g}$ 에서,

$\therefore D_2 = \sqrt[4]{\dfrac{32gI}{\gamma b \pi (1-x^4)}} = \sqrt[4]{\dfrac{32 \times 9.8 \times 38.41}{80.764 \times 10^3 \times 0.05 \times \pi \times (1-0.6^4)}} = 1.02198m = 1021.98mm$

Memo

12

기어

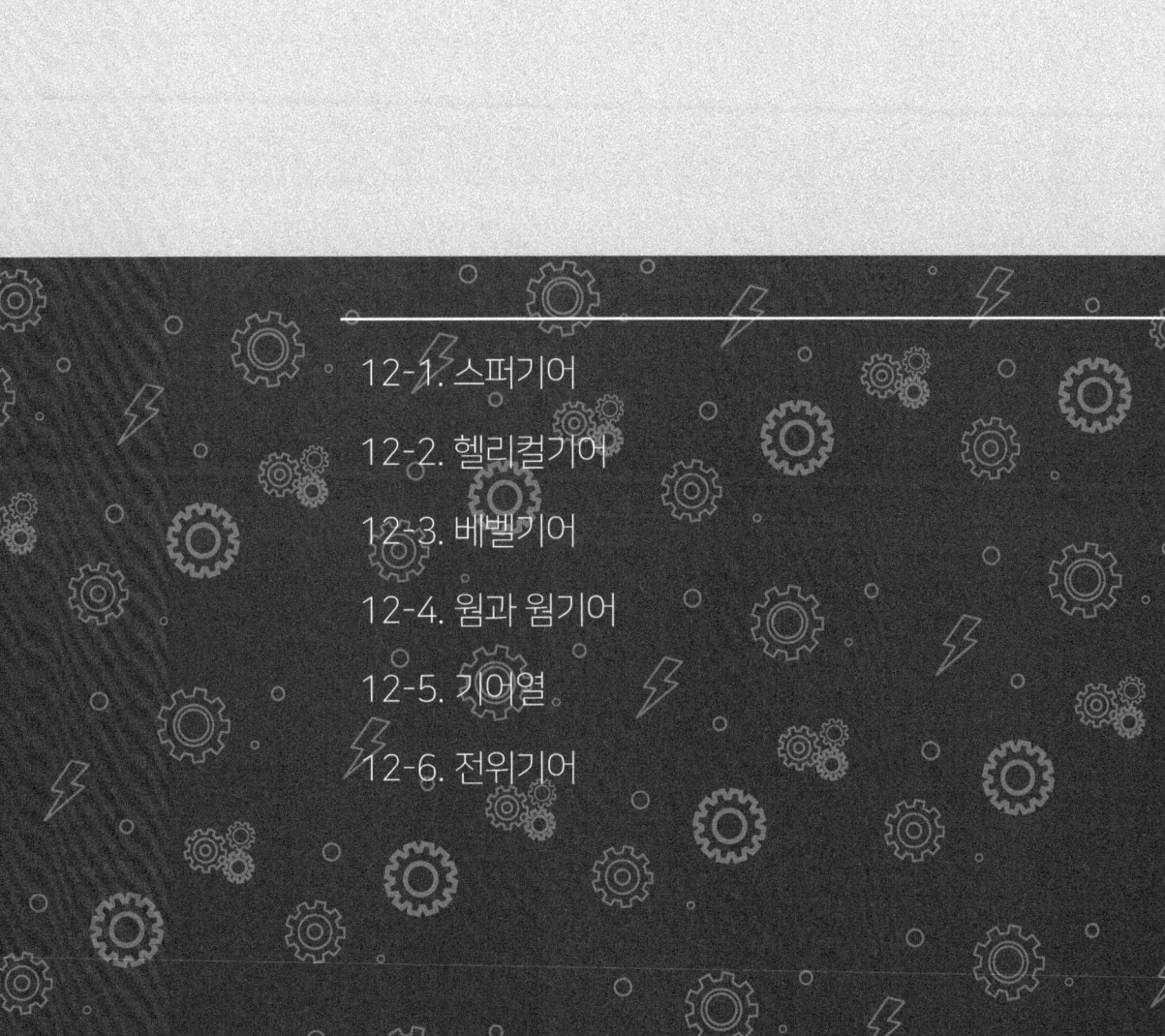

12-1. 스퍼기어

12-2. 헬리컬기어

12-3. 베벨기어

12-4. 웜과 웜기어

12-5. 기어열

12-6. 전위기어

Chapter 12

기어

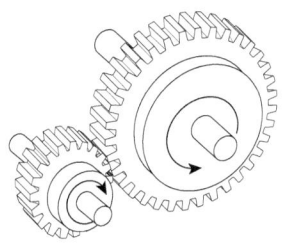

┃ 스퍼 기어(=평 기어)

기어란, 원주 둘레에 일정한 간격으로 설치한 이의 연속적인 물림에 의해 미끄럼 현상 없이 서로 맞물려 돌아가며 동력을 전달하는 기계요소이다.

12-1 스퍼기어

(1) 각 부 명칭 및 공식

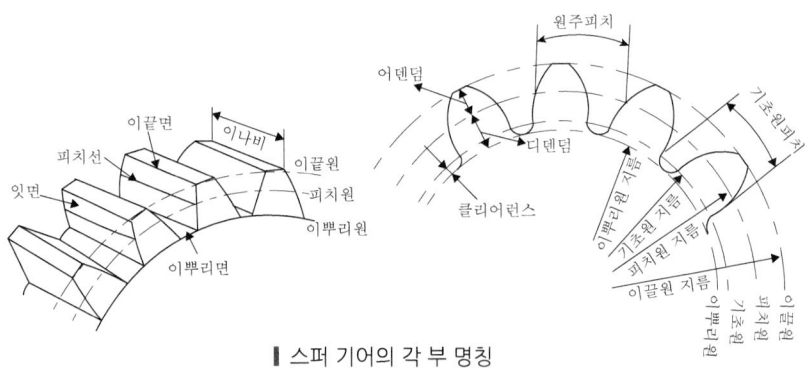

┃ 스퍼 기어의 각 부 명칭

여기서,
a : 이 끝 높이(=어덴덤) $[mm]$ $(a = m)$
d : 이 뿌리 높이(=디덴덤) $[mm]$ $(d = 1.25m)$
h : 총 이 높이 $[mm]$ $(h = a + d = 2.25m)$
p : 원주 피치 $[mm]$
b : 치 폭(=이 너비 =이 나비) $[mm]$
D_o : 바깥 지름 $[mm]$
D : 피치원 지름 $[mm]$
D_g : 기초원 지름 $[mm]$
D_t : 이뿌리 지름 $[mm]$

① 모듈(m) : 이의 크기를 나타내는 호칭이다.

$$m = \frac{\text{피치원 지름}}{\text{잇수}} = \frac{D}{Z} \quad \therefore D = mZ$$

✔ 모듈에는 기본적으로 단위를 기입하지 않으나 다른 물성치와 계산될 때는 [mm]단위로 적용됩니다.
✔ 모듈을 선정할 땐 안전을 고려하여 **큰 값을 선정**하여야 하므로 **0.5단위로 올림**하여 계산합니다.
  ex) 4.3 → 4.5,   3.7 → 4,   5.6 → 6

② 원주 피치(p) [mm]

$\pi D = pZ$ 에서

$p = \dfrac{\pi D}{Z} = \pi m$

③ 지름 피치(=직경 피치, p_d) : 1인치당 톱니의 수

$p_d = \dfrac{1}{m}[inch] = \dfrac{25.4}{m}[mm]$

④ 기초원 지름(D_g) [mm]

y축과 피치원지름(D)의 교차점에서 압력각(α)의 각도로 내린 수선의 발에 의해서 생기는 원의 지름이다.

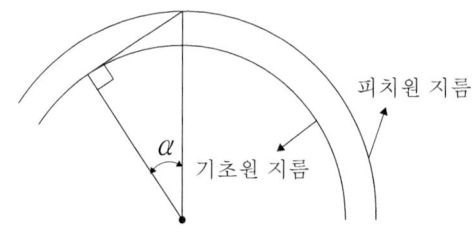

$D_g = D\cos\alpha = mZ\cos\alpha$

⑤ 기초원 피치(=법선 피치, p_g) [mm]

$\pi D_g = p_g Z$ 에서

$p_g = \dfrac{\pi D_g}{Z}$

⑥ 원주 속도(v) [m/s]

$$v = v_A = v_B = \frac{\pi D_A N_A}{60 \times 1000} = \frac{\pi D_B N_B}{60 \times 1000} = \frac{p Z_A N_A}{60 \times 1000} = \frac{p Z_B N_B}{60 \times 1000}$$

⑦ 속비(ε) : $\varepsilon = \dfrac{N_B}{N_A} = \dfrac{D_A}{D_B} = \dfrac{m Z_A}{m Z_B} = \dfrac{Z_A}{Z_B}$

⑧ 중심거리(C) [mm]

$$C = \frac{D_A + D_B}{2} = \frac{m(Z_A + Z_B)}{2}$$

또한 기초원 지름(D_g)으로 나타내면 $mZ = \dfrac{D_g}{\cos\alpha}$ 이므로

$$C = \frac{D_{gA} + D_{gB}}{2\cos\alpha}$$

⑨ 외경(D_o) [mm]

$D_o = D + 2a = mZ + 2m = m(Z+2)$

또한 기초원 피치(p_d)로 나타내면 $m = \dfrac{1}{p_d}[inch] = \dfrac{25.4}{p_d}[mm]$ 이므로

$$D_o = \frac{1}{p_d}(Z+2)\,[inch] = \frac{25.4}{p_d}(Z+2)\,[mm]$$

(2) 스퍼기어의 설계

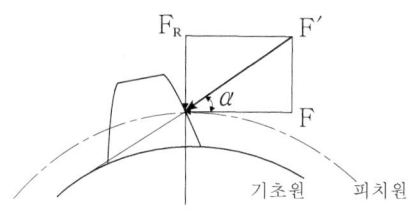

▍기어의 설계

여기서,
F : 접선력(=회전력) $[N]$
F' : 합성 레이디얼 하중 $[N]$
   (=전체 하중 =수직 하중)
F_R : 스러스트 하중 $[N]$
   (=반경 방향의 힘 =축직각 하중)
α : 압력각 $[°]$

① 접선력(F) $[N]$

위 그림에서 $\cos\alpha = \dfrac{F}{F'}$ 이므로

$F = F'\cos\alpha$

또한 $\tan\alpha = \dfrac{F_R}{F}$ 이므로

$F = \dfrac{F_R}{\tan\alpha}$

✔ 기어는 이의 표면에서 힘이 전달되므로 기어의 이 표면 기준으로 힘을 계산합니다. 이 때 기어의 전달 토크와 전달 동력에 근원이 되는 힘은 접선력(F)입니다.

(3) 스퍼기어의 강도 계산

① 루이스의 굽힘 강도식

$$F = f_v f_w \sigma_b p b y$$
$$= f_v f_w \sigma_b \pi m b y$$
$$= f_v f_w \sigma_b m b Y$$

여기서,
f_v : 속도 계수
f_w : 하중 계수
σ_b : 허용굽힘응력 $[N/mm^2]$
p : 원주 피치 $[mm]$
b : 치폭 $[mm]$
m : 모듈
y : 치형계수 (약 0.2 이하)
Y : π를 고려한 치형계수 ($Y_e = \pi y_e$, 약 0.3 이상)

② 헤르츠의 면압 강도식

$$F = f_v K m b \left(\frac{2 Z_A Z_B}{Z_A + Z_B} \right)$$

여기서,
K : 접촉면 응력계수
Z_A : 원동 기어의 잇수
Z_B : 종동 기어의 잇수

③ 속도 계수(f_w)

저속($v = 10m/s$ 이하)	$f_v = \dfrac{3.05}{3.05 + v}$
중속($v = 10m/s$ 초과 $20m/s$ 이하)	$f_v = \dfrac{6.1}{6.1 + v}$
고속($v = 20m/s$ 이상)	$f_v = \dfrac{5.55}{5.55 + \sqrt{v}}$

✔ 하중 계수(f_w)는 주어지지 않을 경우 1로 간주합니다.

(4) 기어에 발생하는 결함

① 언더컷(Undercut)

이의 간섭에 의해 피니언(=작은 기어)의 이뿌리면을 기어의 이 끝이 깎아내는 현상이며, 이러한 현상으로 인해 피니언의 이뿌리가 가늘어져 이의 강도가 약해지고 물림길이가 짧아진다. 언더컷을 방지하는 방법은 아래와 같다.

- 전위기어를 사용한다.
- 이의 높이를 낮춰 설계한다.
- 한계잇수 이상으로 설계한다.
- 압력각을 크게 설계한다.

② 백래시(Backlash)

이 사이의 공간쪽이 피치원 상에서 측정된 기어의 이 두께보다 약간 크지 못할 때 기어간에 간섭현상이 발생한다. 백래시는 맞물리는 두 개의 기어 사이의 간극을 피치원의 원주를 따라 측정한 것이고 가공오차로 인해 완전히 없애는 것이 불가능하므로 최소한으로 제한되어야 한다. 과한 백래시는 회전방향이 뒤집힐 때 충격하중과 소음의 원인이 된다.

12-2 헬리컬기어

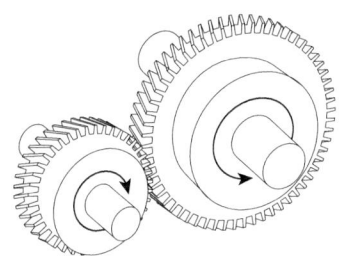

헬리컬기어란, 이 끝이 나선형이며 두 축이 평행할 때 사용되는 기어이다.

(1) **치형 방식** : 헬리컬기어는 잇줄과 축선의 방향이 불일치하고 경사져있기 때문에 치형 표시 방식이 두 가지 이다.

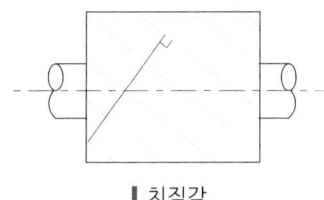

┃치직각　　　　　　　┃축직각

① 치직각 방식 : 이에 직각인 단면의 치형
② 축직각 방식 : 축에 직각인 단면의 치형

(2) 헬리컬기어의 치직각, 축직각 방향

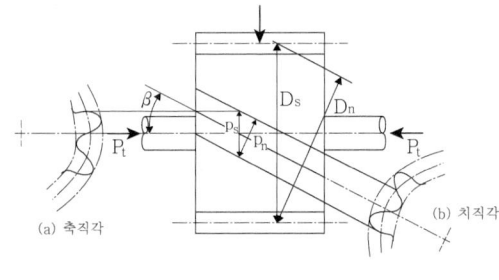 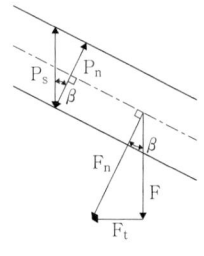

여기서,
F_t : 추력(=스러스트 하중) $[N]$
F : 접선력 $[N]$
β : 비틀림각 $[°]$
p_s : 축직각 피치 $[mm]$
p_n : 치직각 피치 $[mm]$

① 추력(F_t)과 접선력(F)의 관계 : $\tan\beta = \dfrac{F_t}{F}$ $\qquad \therefore F = \dfrac{F_t}{\tan\beta}$

② 치직각 피치(p_n)와 축직각 피치(p_s)의 관계 : $\cos\beta = \dfrac{p_n}{p_s}$ $\qquad \therefore p_n = p_s \cos\beta$

✔ 헬리컬 기어에서 가장 중요한 내용은 공식에 물성치를 적용할 때 지름은 '축직각 지름', 모듈은 '치직각 모듈'을 사용 한다는 것입니다.

(3) 중심거리(C) [mm] : $C = \dfrac{D_{As} + D_{Bs}}{2} = \dfrac{D_A + D_B}{2\cos\beta}$

(4) 외경(D_o) [mm] : $D_o = D_s + 2m_n = \dfrac{D}{\cos\beta} + 2m_n$

(5) 원주 속도(v) [m/s] : $v = v_A = v_B = \dfrac{\pi D_{As} N_A}{60 \times 1000} = \dfrac{\pi D_{Bs} N_B}{60 \times 1000}$

(6) 헬리컬기어의 강도 계산

① 루이스의 굽힘 강도식

$$\begin{aligned} F &= f_v f_w \sigma_b p b y_e \\ &= f_v f_w \sigma_b \pi m b y_e \\ &= f_v f_w \sigma_b m b Y_e \end{aligned}$$

여기서,
y_e : 상당 평치차 치형계수 (약 0.1~0.2)
Y_e : π를 고려한 상당 평치차 치형계수
$\quad$ ($Y_e = \pi y_e$, 약 0.3~0.4)

② 헤르츠의 면압 강도식

$$F = f_v K m_s b \left(\dfrac{2 Z_A Z_B}{Z_A + Z_B} \right) \left(\dfrac{C_w}{\cos^3\beta} \right)$$

여기서,
m_s : 축직각 모듈
C_w : 공작정밀도를 고려한 면압계수

(7) 상당 평치차 잇수(Z_e) : $Z_e = \dfrac{Z}{\cos^3\beta}$

(8) 헬리컬기어의 전하중(F') [N] : $F' = P \sqrt{1 + \left(\dfrac{\tan\alpha}{\cos\beta} \right)^2}$

12-3 베벨기어

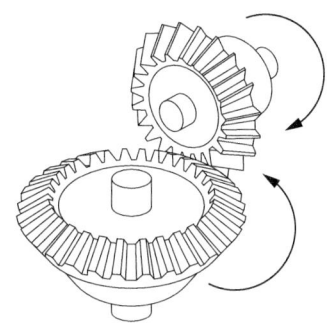

베벨 기어란, 두 회전축의 교차지점에서 사용하는 원추형 기어이며, 일반적으로 교차각은 90°이다.

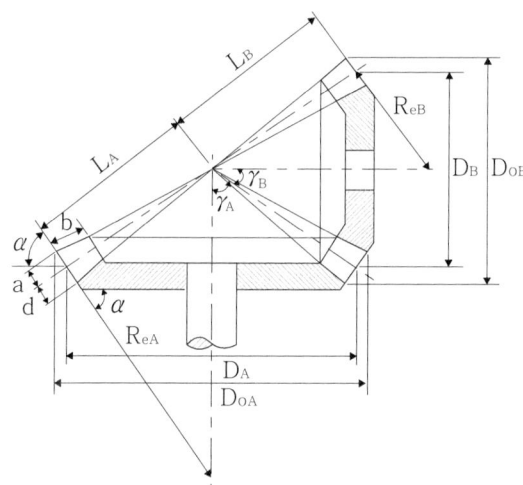

여기서,
γ_A, γ_B : 원동 및 종동차의 피치원추각 [°]
a : 이 끝 높이(=addendum) [mm]
　　($a = m$)
d : 이 뿌리 높이(=dedendum) [mm]
b : 치 폭 [mm]
L : 모선 길이(=외단 원추길이) [mm]
R_e : 배원추 반지름 [mm]
D_o : 외경 [mm]
D : 피치원 지름

(1) 모선 길이(=외단 원추길이, L) [mm]

그림에서 $\sin\gamma = \dfrac{\dfrac{D}{2}}{L} = \dfrac{D}{2L}$ 이므로

$$L = \dfrac{D}{2\sin\gamma}$$

(2) 배원추 반지름(R_e) [mm]

그림에서 $\cos\gamma = \dfrac{\frac{D}{2}}{R_e} = \dfrac{D}{2R_e}$ 이므로

$$R_e = \dfrac{D}{2\cos\gamma}$$

(3) 외경(D_o) [mm] : $D_o = D + 2a\cos\gamma = D + 2m\cos\gamma$

✔ 베벨 기어에서 사용되는 모듈은 스퍼 기어와 동일한 **일반 모듈**입니다. 하지만 **외경을 구할 때**는 기하학적 형상으로 인해 스퍼 기어의 식과는 다르게 $\cos\gamma$를 고려해야 한다는 것을 주의합시다.

(4) 베벨기어의 강도 계산식

① 루이스 굽힘 강도식

$$\begin{aligned} F &= f_v f_w \sigma_b p b y_e \lambda \\ &= f_v f_w \sigma_b \pi m b y_e \lambda \\ &= f_v f_w \sigma_b m b Y_e \lambda \end{aligned}$$

여기서,
y_e : 상당 평치차 치형계수 (약 0.1~0.2)
Y_e : π를 고려한 상당 평치차 치형계수
  ($Y_e = \pi y_e$, 약 0.3~0.4)
λ : 베벨 기어 계수
  $\left(\lambda = \dfrac{L-b}{L}\right)$

② 헤르츠 면압 강도식

$$F = 16.38 \times b \sqrt{D_A} f_m f_s$$

여기서,
b : 이 폭 [mm]
D_A : 피니언(=작은 기어)의 피치원 지름 [mm]
f_m : 베벨 기어 재료의 계수
f_s : 사용 기계 계수

(5) 상당 평치차 잇수(Z_e) : $Z_e = \dfrac{Z}{\cos\gamma}$

(6) 피치 원추각(γ_1, γ_2)

외접 원추 마찰차의 경우에서
$\tan\alpha = \dfrac{\sin\theta}{\dfrac{1}{\varepsilon}+\cos\theta}$ 그리고 $\tan\beta = \dfrac{\sin\theta}{\varepsilon+\cos\theta}$ 인 것과 동일하게

베벨 기어에서의 경우

$\tan\gamma_1 = \dfrac{\sin\Sigma}{\dfrac{1}{\varepsilon}+\cos\Sigma}$, $\tan\gamma_2 = \dfrac{\sin\Sigma}{\varepsilon+\cos\Sigma}$ 여기서, Σ : 교각 [°]

12-4 웜과 웜기어

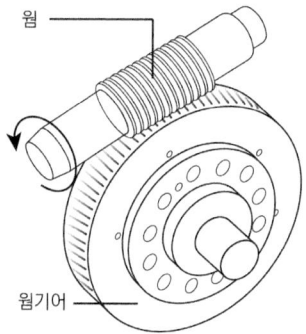

웜과 웜기어 쌍은 웜이 원동축, 웜기어가 종동축으로 작동하는 기어쌍이다. 두 축이 평행하지도 교차하지도 않으며 감속비가 크므로 효율은 낮은 편이다.

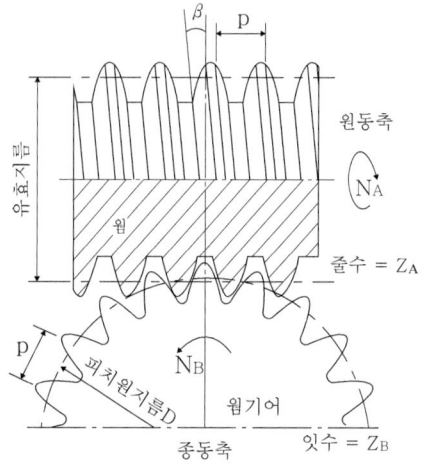

여기서,
D_w : 웜의 피치원 지름 [mm]
D_g : 웜기어의 피치원 지름 [mm]
n : 줄 수
p_s : 웜의 축방향 피치 [mm]
    (=웜기어의 축직각 피치)
p_d : 지름 피치 [mm]
m_n : 치직각 모듈
β : 웜의 리드각 [°]

(1) 웜의 리드(ℓ) [mm] : $\ell = np = Z_w p_s$

(2) 웜의 치직각 피치(p_n) [mm] : $p_n = \pi m_n = \dfrac{25.4\pi}{p_d}$

(3) 웜의 축방향 피치(=웜 기어의 축직각 피치 : p_s) [mm]

$$p_s = \dfrac{p_n}{\cos\beta}$$

(4) 웜의 리드각(β) : $\tan\beta = \dfrac{\ell}{\pi D_w}$

(5) 웜 기어의 피치원 지름(D_g) [mm]

$$\pi D_g = p_s Z_g \quad \therefore D_g = \dfrac{p_s Z_g}{\pi}$$

(6) 중심거리(C) [mm] : $C = \dfrac{D_w + D_g}{2}$

(7) 속비(ε) : $\varepsilon = \dfrac{N_g}{N_w} = \dfrac{Z_w}{Z_g} = \dfrac{\ell}{\pi D_g} \neq \dfrac{D_w}{D_g}$

✔ 웜은 나사형태 웜기어는 기어형태이므로 지름에 의한 속비는 성립하지 않습니다.

(8) 전동효율(η)

나사의 효율 $\eta = \dfrac{\tan\lambda}{\tan(\lambda+\rho')}$ 에서 나사의 리드각(λ)을 웜의 리드각(β)으로 변경하면

$$\eta = \dfrac{\tan\beta}{\tan(\beta+\rho')}$$

여기서,
ρ : 마찰각 [°]
μ' : 웜의 마찰계수 $\left(\mu' = \tan\rho' = \dfrac{\mu}{\cos\alpha_n}\right)$
α_n : 압력각 [°] $\begin{cases} 1,2줄\ 나사 : \alpha_n = 14.5° \\ 3,4줄\ 나사 : \alpha_n = 20° \end{cases}$

(9) 웜과 웜휠의 강도 계산식

① 굽힘 강도식(F) [N]

$$F = f_v f_w \sigma_b p_n by$$

여기서,
f_v : 속도 계수
f_w : 하중 계수
σ_b : 허용굽힘응력 [N/mm^2]
p_n : 치직각피치 [mm]
b : 치 폭 [mm]
y : 치형계수

② 면압 강도식(F) [N]

$$F = f_v \Phi D_g b_e K$$

여기서,
f_v : 속도 계수
Φ : 웜의 리드각에 대한 계수
D_g : 웜기어의 피치원지름 [mm]
b_e : 웜휠의 유효 이 너비 [mm]
K : 내마멸계수

✔ 주어진 물성치를 기준으로 웜 또는 웜기어의 강도를 위 식으로 구할 수 있습니다. 예를들면 웜의 물성치들이 주어졌을 경우 위 식에 대입하여 웜의 강도(=전달력)를 구할 수 있습니다.

(10) 웜기어의 속도 계수(f_v)

① 금속재료 : $f_v = \dfrac{6}{6 + v_g}$ ② 합성수지 : $f_v = \dfrac{1 + 0.25 v_g}{1 + v_g}$

(11) 웜의 전달력(F_w) [N]

$$F_w = F_g \tan(\beta + \rho')$$

여기서,
F_g : 웜기어의 전달력
$\beta(=\lambda)$: 진입각(=리드각) [°]
ρ' : 상당마찰각 [°]

(12) 웜의 저항력 [N] : $F_n = \dfrac{F_w}{\cos\alpha_n \sin\beta + \mu\cos\beta}$

(13) 전체 하중(=잇면에 수직으로 작용하는 전체하중, F) $[N]$

$$F = \sqrt{F_w^2 + F_g^2}$$

(14) 웜과 웜기어의 원주속도 $[m/s]$

① 웜의 원주속도

$$v_w = \frac{\pi D_w N_w}{60 \times 1000}$$

② 웜기어의 원주속도

$$v_g = \frac{\pi D_g N_g}{60 \times 1000}$$

✔ 타 기어들과는 다르게 웜과 웜기어의 원주속도는 서로 다르기 때문에 꼭 구분해야 합니다.

(15) 전달 동력(H) $[W]$: $H = F_w v_w = \dfrac{F_g v_g}{\eta}$ 여기서, η : 맞물림 효율

12-5 기어열

(1) 단식 기어열

외접기어끼리 연속으로 물려있으며 다음 기어로 넘어갈 때마다 회전방향이 반대가 된다.

이 때, 속비는 회전수의 비 또는 잇수의 비로 나타낼 수 있다. 단식 기어열의 경우 중간 기어(=아이들기어)의 회전수와 잇수가 모두 약분되어 속비에 영향을 미치지 않는다.

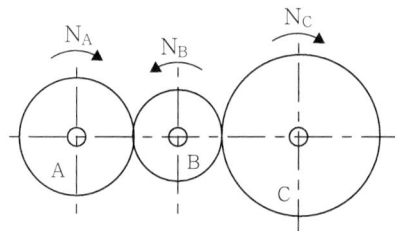

$$\varepsilon = \frac{N_A}{N_B} \times \frac{N_B}{N_C} = \frac{N_A}{N_C} = \frac{Z_B}{Z_A} \times \frac{Z_C}{Z_B} = \frac{Z_C}{Z_A}$$

(2) 복식 기어열

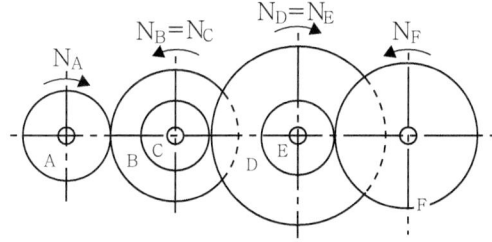

복식 기어는 크기가 서로 다른 기어가 같은 축을 기준으로 회전한다. 따라서 두 기어의 잇수는 다르지만 회전수는 동일하여 속비를 회전수로 나타냈을 경우 약분되어 사라진다. 이 때, 잇수는 서로 다르므로 약분되지 않고 계산되어 아래와 같은 식이 도출된다.

$$\varepsilon = \frac{N_A}{N_B} \times \frac{N_C}{N_D} \times \frac{N_E}{N_F} = \frac{N_A}{N_F} = \frac{Z_B}{Z_A} \times \frac{Z_D}{Z_C} \times \frac{Z_F}{Z_E}$$

여기서, $N_B = N_C$, $N_D = N_E$

12-6 전위기어

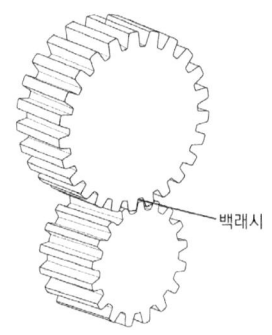

전위 기어란, 기준 랙 커터의 피치선이 가공하려는 기어의 기준 피치원에 접하게 하지 않고 바깥쪽 또는 안쪽으로 전위량만큼 이동시켜 절삭한 기어이다. 전위기어로 제작할 경우, 기어의 최소 잇수를 적게 할 수 있다. 전위기어의 사용 목적은 아래와 같다.

① 이의 강도를 높이고자 할 때
② 언더컷을 방지하고자 할 때
③ 최소잇수를 적게하고자 할 때
④ 물림율을 높이고자 할 때
⑤ 중심거리를 자유롭게 변형시키고자 할 때

(1) 전위량 $[mm]$: xm 여기서, x : 전위 계수

(2) 언더컷 방지를 위한 전위계수(x)

$$x \geq 1 - \frac{Z}{2}\sin^2\alpha$$

여기서,
Z : 기어의 잇수
α : 압력각 $[°]$ $\begin{cases} \alpha = 20° : x \geq 1 - \dfrac{Z}{17} \\ \alpha = 14.5° : x \geq 1 - \dfrac{Z}{32} \end{cases}$

(3) 두 기어의 치면 높이(=백래시)가 0이 되도록 하는 물림 압력각(α_b) [°]

$$inv\alpha_b = inv\alpha + 2\left(\frac{x_A + x_B}{Z_A + Z_B}\right)\tan\alpha$$

여기서,
α : 압력각 [°]
x_A : 원동 기어의 전위 계수
x_B : 종동 기어의 전위 계수
Z_A : 원동 기어의 잇수
Z_B : 종동 기어의 잇수
$$inv\alpha = \tan\alpha - \pi \times \frac{\alpha}{180}$$

(4) 중심거리 증가계수(y) : $y = \dfrac{Z_A + Z_B}{2}\left(\dfrac{\cos\alpha}{\cos\alpha_b} - 1\right)$

(5) 중심거리 증가량($\triangle C$) [mm] : $\triangle C = ym$

(6) 축간 중심거리(C_f) [mm] : $C_f = C + \triangle C$

(7) 원동기어의 바깥지름(D_{k1}) [mm] : $D_{kA} = (Z_A + 2)\cdot m + 2(y - x_B)\cdot m$

(8) 종동기어의 바깥지름(D_{k2}) [mm] : $D_{kB} = (Z_B + 2)\cdot m + 2(y - x_A)\cdot m$

(9) 기어의 총 이 높이(h_t) [mm] : $h_t = (c + 2)m - (x_A + x_B - y)m$

여기서, C : 조립부의 간극(=틈새)

일반기계기사 필답형
12. 기어

01

모듈 2, 피니언의 잇수 40개, 기어의 잇수 80개인 두 기어가 외접으로 맞물릴 때 중심거리 $[mm]$를 구하시오.

$$C = \frac{D_B + D_A}{2} = \frac{m(Z_B + Z_A)}{2} = \frac{2(80+40)}{2} = 120mm$$

02

원주피치 $18.84mm$, 속비 $\frac{1}{4}$, 축간거리 $300mm$인 한 쌍의 외접 스퍼기어가 있다. 다음을 구하시오.

(1) 모듈
(2) 소기어, 대기어의 잇수 Z_A, Z_B [개]
(3) 소기어, 대기어의 피치원 지름 D_A, D_B [mm]

(1) $p = \pi m \Rightarrow \therefore m = \frac{p}{\pi} = \frac{18.84}{\pi} = 6$

(2) $\varepsilon = \frac{N_B}{N_A} = \frac{D_A}{D_B} = \frac{Z_A}{Z_B} = \frac{1}{4} \Rightarrow Z_B = 4Z_A$

$C = \frac{D_A + D_B}{2} = \frac{m(Z_A + Z_B)}{2} \Rightarrow Z_A + Z_B = \frac{2C}{m} = \frac{2 \times 300}{6} = 100$

$Z_A + 4Z_A = 100 \Rightarrow Z_A = 20$개, $Z_B = 4Z_A = 4 \times 20 = 80$개

(3) $D_A = mZ_A = 6 \times 20 = 120mm$
$D_B = mZ_B = 6 \times 80 = 480mm$

03

한 쌍의 외접 평기어가 있다. 중심거리 $350mm$, 피니언의 외경 $120mm$, 이끝원 피치 $12.57mm$ 일 때 다음을 구하시오.

(1) 피니언의 잇수 [개]
(2) 모듈
(3) 기어의 피치원 직경 [mm]
   (단, (2)에서 구한 모듈 값으로 피니언의 피치원직경을 구하여 푸시오.)

(1) $\pi D_{oA} = p_o Z_A \Rightarrow \therefore Z_A = \dfrac{\pi D_{oA}}{p_o} = \dfrac{\pi \times 120}{12.57} ≒ 30개$

(2) $D_{oA} = m(Z_A + 2) \Rightarrow \therefore m = \dfrac{D_{oA}}{Z_A + 2} = \dfrac{120}{30+2} = 3.75 ≒ 4$

(3) $D_A = mZ_A = 4 \times 30 = 120mm$
$C = \dfrac{D_B + D_A}{2} \Rightarrow D_B + D_A = 2C$
$\therefore D_B = 2C - D_A = 2 \times 350 - 120 = 580mm$

04

한 쌍의 외접 스퍼기어가 있다. 축간거리가 $200mm$, 피니언의 바깥지름이 $108mm$, 이끝원 피치가 $13.57mm$일 때 다음을 구하시오.

(1) 피니언의 잇수 [개]
(2) 모듈
(3) 기어의 잇수 [개]

(1) $\pi D_{oA} = p_o Z_A \Rightarrow \therefore Z_A = \dfrac{\pi D_{oA}}{p_o} = \dfrac{\pi \times 108}{13.57} = 25개$

(2) $D_{oA} = m(Z_A + 2) \Rightarrow \therefore m = \dfrac{D_{oA}}{Z_A + 2} = \dfrac{108}{25+2} = 4$

(3) $C = \dfrac{D_B + D_A}{2} = \dfrac{m(Z_B + Z_A)}{2} \Rightarrow \therefore Z_B = \dfrac{2C}{m} - Z_A = \dfrac{2 \times 200}{4} - 25 = 75개$

05

외접 스퍼기어에서 모듈은 5, 회전수 $600rpm$, 잇수 30개, 이 폭이 $40mm$, 허용 굽힘응력이 $300MPa$, **치형계수** $Y = \pi y = 0.35$인 피니언이 있다. 다음을 구하시오.

(1) 속도 $[m/s]$
(2) 전달 하중 $[N]$
(3) 전달 동력 $[kW]$

(1) $v = \dfrac{\pi D_A N_A}{60 \times 1000} = \dfrac{\pi m Z_A N_A}{60 \times 1000} = \dfrac{\pi \times 5 \times 30 \times 600}{60 \times 1000} = 4.71 m/s$

(2) $v = 10 m/s$ 이하 이므로, $f_v = \dfrac{3.05}{3.05 + v} = \dfrac{3.05}{3.05 + 4.71} = 0.393$
 하중계수가 주어지지 않으면 $f_w = 1$로 가정하여 푼다.
 $\therefore F = f_v f_w \sigma_b m b Y = 0.393 \times 1 \times 300 \times 5 \times 40 \times 0.35 = 8253 N$

(3) $H = Fv = 8253 \times 10^{-3} \times 4.71 = 38.87 kW$

06

회전수 $500 rpm$, $40 kW$, 속비 $\dfrac{1}{2}$로 동력을 전달하는 외접 스퍼기어가 있다. 중심거리 $100mm$, 허용 굽힘응력 $500MPa$, **이 너비** $b = 1.5 \times m$(모듈), **치형 계수** $Y = \pi y = 0.39$, 속도계수일 때 다음을 구하시오.
(단, 면압강도는 고려하지 않는다.)

(1) 전달 하중 $[kN]$
(2) 모듈
(3) 원동기어와 종동기어의 잇수 Z_A, Z_B [개]

(1) $\varepsilon = \dfrac{D_A}{D_B} = \dfrac{1}{2} \Rightarrow D_B = 2D_A$
$C = \dfrac{D_A + D_B}{2} \Rightarrow D_A + D_B = 2C = 2 \times 100 = 200 mm$
$D_A + 2D_A = 200 mm \Rightarrow D_A = 66.67 mm, \; D_B = 133.33 mm$
$v = \dfrac{\pi D_A N_A}{60 \times 1000} = \dfrac{\pi \times 66.67 \times 500}{60 \times 1000} = 1.75 m/s$
$H = Fv \Rightarrow \therefore F = \dfrac{H}{v} = \dfrac{40}{1.75} = 22.86 kN$

(2) $f_v = \dfrac{3.05}{3.05+v} = \dfrac{3.05}{3.05+1.75} = 0.64$
(하중계수가 주어지지 않으면 $f_w = 1$로 가정한다.)
$F = f_v f_w \sigma_b mbY = f_v f_w \sigma_b m \times 1.5m \times Y$에서,
$\therefore m = \sqrt{\dfrac{F}{1.5 f_v f_w \sigma_b Y}} = \sqrt{\dfrac{22.86 \times 10^3}{1.5 \times 0.64 \times 1 \times 500 \times 0.39}} = 11.05 ≒ 11.5$

(3) $D_A = mZ_A \;\Rightarrow\; \therefore Z_A = \dfrac{D_A}{m} = \dfrac{66.67}{11.5} = 5.8 ≒ 6개$
$\varepsilon = \dfrac{Z_A}{Z_B} \;\Rightarrow\; \therefore Z_B = \dfrac{Z_A}{\varepsilon} = 2 \times 6 = 12개$

07

회전수 $300 rpm$, $8kW$, 속도비 $\dfrac{1}{5}$로 전달하는 외접 스퍼기어가 있다. 굽힘강도 $300MPa$, 접촉면 응력계수 $1.1MPa$, 치폭 $b = 10 \times m(\text{모듈})$, 치형계수 $Y = \pi y = 0.36$, 피니언의 피치원 직경 $100mm$일 때 다음을 구하시오.

(1) 굽힘 강도에 의한 모듈
(2) 면압 강도에 의한 모듈
(3) 안전을 고려한 이너비 $[mm]$

(1) $v = \dfrac{\pi D_A N_A}{60 \times 1000} = \dfrac{\pi \times 100 \times 300}{60 \times 1000} = 1.57 m/s$
$f_v = \dfrac{3.05}{3.05+v} = \dfrac{3.05}{3.05+1.57} = 0.66$
$H = Fv \;\Rightarrow\; F = \dfrac{H}{v} = \dfrac{8 \times 10^3}{1.57} = 5095.54 N$
(하중계수가 주어지지 않으면 $f_w = 1$로 가정한다.)
$F = f_v f_w \sigma_b mbY = f_v f_w \sigma_b m \times 10m \times Y$
$\therefore m = \sqrt{\dfrac{F}{10 \times f_v f_w \sigma_b Y}} = \sqrt{\dfrac{5095.54}{10 \times 0.66 \times 1 \times 300 \times 0.36}} = 2.67 ≒ 3$

(2) $\varepsilon = \dfrac{D_A}{D_B} \;\Rightarrow\; D_B = \dfrac{D_A}{\varepsilon} = 5 \times 100 = 500mm$
$F = f_v Kmb\left(\dfrac{2Z_A Z_B}{Z_A + Z_B}\right) = f_v Kb \dfrac{2D_A D_B}{D_A + D_B} = f_v K \times 10m \times \left(\dfrac{2D_A D_B}{D_A + D_B}\right)$
$\therefore m = \dfrac{F}{10 \times f_v K \left(\dfrac{2D_A D_B}{D_A + D_B}\right)} = \dfrac{5095.54}{10 \times 0.66 \times 1.1 \times \left(\dfrac{2 \times 100 \times 500}{100 + 500}\right)} = 4.21 ≒ 4.5$

(3) 안전을 고려하여 두 모듈 중에서 큰 값을 선정한다. ($m = 4.5$)
$\therefore b = 10m = 10 \times 4.5 = 45mm$

08

$8kW$의 동력을 전달하는 표준 외접 평기어가 있다. 피니언의 회전수 $1800 rpm$, 기어의 회전수 $600 rpm$, 축간거리 $300mm$, 압력각 $20°$일 때 다음을 구하시오.

(1) 피니언과 기어의 피치원 직경 D_A, D_B $[mm]$
(2) 접선력 $[N]$
(3) 스러스트 하중 $[N]$
(4) 합성 레이디얼 하중 $[N]$

(1) $\varepsilon = \dfrac{N_B}{N_A} = \dfrac{600}{1800} = \dfrac{1}{3} = \dfrac{D_A}{D_B}$ $\Rightarrow$ $D_B = 3D_A$

$C = \dfrac{D_A + D_B}{2}$ $\Rightarrow$ $D_A + D_B = 2C = 2 \times 300 = 600mm$

$D_A + 3D_A = 600mm$ $\Rightarrow$ $\therefore D_A = 150mm$, $D_B = 450mm$

(2) $v = \dfrac{\pi D_A N_A}{60 \times 1000} = \dfrac{\pi \times 150 \times 1800}{60 \times 1000} = 14.14 m/s$

$H = Fv$ $\Rightarrow$ $F = \dfrac{H}{v} = \dfrac{8 \times 10^3}{14.14} = 565.77 N$

(3) $F_R = F \tan\alpha = 565.77 \times \tan 20° = 205.92 N$

(4) $F' = \dfrac{F}{\cos\alpha} = \dfrac{565.77}{\cos 20°} = 602.08 N$

09

다음 표와 같이 동력을 $15kW$로 전달하는 한 쌍의 외접 스퍼기어가 있다. 하중계수 0.8, 피니언의 지름 $120mm$라 할 때 다음을 구하시오.

구분	허용굽힘응력 $[MPa]$	치형계수 $Y = \pi y$	회전수 $[rpm]$	압력각	치폭 $[mm]$	접촉면 허용응력계수 $[MPa]$
피니언	280	0.36	600	20°	50	0.8
기어	100	0.45	200			

(1) 원주 속도 v $[m/s]$
(2) 회전력 $[N]$
(3) 기어의 굽힘 강도에 의한 모듈
(4) 기어의 잇수 $[개]$

(1) $v = \dfrac{\pi D_A N_A}{60 \times 1000} = \dfrac{\pi \times 120 \times 600}{60 \times 1000} = 3.77 m/s$

(2) $H = Fv \Rightarrow F = \dfrac{H}{v} = \dfrac{15 \times 10^3}{3.77} = 3978.78 N$

(3) $f_v = \dfrac{3.05}{3.05 + v} = \dfrac{3.05}{3.05 + 3.77} = 0.45$
$F = f_v f_w \sigma_b m b Y$ 에서,
$\therefore m = \dfrac{F}{f_v f_w \sigma_b b Y} = \dfrac{3978.78}{0.45 \times 0.8 \times 100 \times 50 \times 0.45} = 4.91 ≒ 5$

(4) $\varepsilon = \dfrac{N_B}{N_A} = \dfrac{D_A}{D_B} \Rightarrow D_B = D_A \times \dfrac{N_A}{N_B} = 120 \times \dfrac{600}{200} = 360 mm$
$D_B = m Z_B \Rightarrow \therefore Z_B = \dfrac{D_B}{m} = \dfrac{360}{5} = 72$개

10

다음과 같은 조건의 한 쌍의 외접 평기어가 있다. 하중계수 0.8일 때 다음을 구하시오.

구분	회전수 [rpm]	잇수	허용 굽힘응력 [MPa]	치형계수 $Y = \pi y$	압력각	모듈	폭 [mm]	허용 면압계수 [MPa]
피니언	600	30	400	0.43	20°	4	40	0.8
기어	-	60	150	0.57				

(1) 굽힘강도에 의한 피니언의 전달 하중 $F_A [N]$
(2) 굽힘강도에 의한 기어의 전달 하중 $F_B [N]$
(3) 면압강도에 의한 전달 하중 $F_C [N]$
(4) 전달 동력 $[kW]$

(1) $v = \dfrac{\pi D_A N_A}{60 \times 1000} = \dfrac{\pi m Z_A N_A}{60 \times 1000} = \dfrac{\pi \times 4 \times 30 \times 600}{60 \times 1000} = 3.77 m/s$
$f_v = \dfrac{3.05}{3.05 + v} = \dfrac{3.05}{3.05 + 3.77} = 0.45$
$\therefore F_A = f_v f_w \sigma_b m b Y = 0.45 \times 0.8 \times 400 \times 4 \times 40 \times 0.43 = 9907.2 N$

(2) $F_B = f_v f_w \sigma_b m b Y = 0.45 \times 0.8 \times 150 \times 4 \times 40 \times 0.57 = 4924.8 N$

(3) $F_C = f_v Kmb\left(\dfrac{2Z_A Z_B}{Z_A + Z_B}\right) = 0.45 \times 0.8 \times 4 \times 40 \times \left(\dfrac{2 \times 30 \times 60}{30 + 60}\right) = 2304N$

(4) 안전을 고려하여 허용 하중은 가장 작은 값을 선정한다.
    $\therefore H = F_C v = 2304 \times 10^{-3} \times 3.77 = 8.69 kW$

11

대기어의 회전수 $500 rpm$, $8kW$로 회전하는 외접 스퍼기어가 있다. 모듈 5, 축간거리 $300 mm$, 소기어의 회전수 $1500 rpm$, 치형계수가 $Y = \pi y = 0.37$, 이 너비가 $50 mm$일 때 다음을 구하시오.

(1) 소기어와 대기어의 잇수 Z_A, Z_B [개]
(2) 전달 하중 [N]
(3) 굽힘응력 [MPa]

(1) $\varepsilon = \dfrac{N_B}{N_A} = \dfrac{Z_A}{Z_B} \Rightarrow Z_B = Z_A \times \dfrac{N_A}{N_B} = Z_A \times \dfrac{1500}{500} = 3Z_A$

$C = \dfrac{D_A + D_B}{2} = \dfrac{m(Z_A + Z_B)}{2} \Rightarrow Z_A + Z_B = \dfrac{2C}{m} = \dfrac{2 \times 300}{5} = 120$

$Z_A + 3Z_A = 120 \Rightarrow \therefore Z_A = 30$개, $Z_B = 90$개

(2) $v = \dfrac{\pi D_A N_A}{60 \times 1000} = \dfrac{\pi m Z_A N_A}{60 \times 1000} = \dfrac{\pi \times 5 \times 30 \times 1500}{60 \times 1000} = 11.78 m/s$

$H = Fv \Rightarrow F = \dfrac{H}{v} = \dfrac{8 \times 10^3}{11.78} = 679.12 N$

속도는 중속($v = 10 m/s$ 초과 $20 m/s$ 이하)이므로,
$f_v = \dfrac{6.1}{6.1 + v} = \dfrac{6.1}{6.1 + 11.78} = 0.34$
하중계수가 주어지지 않으면 $f_w = 1$로 가정한다.
그리고 일반적으로 치형계수가 0.3이상이면 π를 포함한 치형계수이다. $\Rightarrow Y = 0.37$
$F = f_v f_w \sigma_b mbY \Rightarrow \therefore \sigma_b = \dfrac{F}{f_v f_w mbY} = \dfrac{679.12}{0.34 \times 1 \times 5 \times 50 \times 0.37} = 21.59 MPa$

12

다음 그림과 같은 표준 외접 평기어 감속장치에서 피니언 회전수 $1800 rpm$으로, 기어의 회전수 $400 rpm$에 동력 $12 kW$를 전달한다. 다음을 구하시오.
(단, 각 기어의 압력각 $14.5°$, 볼 베어링 수명시간 100000시간, 하중계수 1.3이다.)

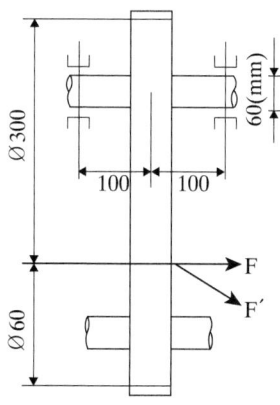

(1) 접선력 $[N]$
(2) 합성 레이디얼 하중 $[N]$
(3) 피니언과 기어의 기본 부하용량 C_A, C_B $[N]$

(1) $v = \dfrac{\pi D_A N_A}{60 \times 1000} = \dfrac{\pi \times 60 \times 1800}{60 \times 1000} = 5.65 m/s$

$H = Fv \;\Rightarrow\; \therefore F = \dfrac{H}{v} = \dfrac{12 \times 10^3}{5.65} = 2123.89 N$

(2)

$F' = \dfrac{F}{\cos \alpha} = \dfrac{2123.89}{\cos 14.5°} = 2193.77 N$

(3) 베어링하중 $P = R_1 = R_2 = \dfrac{F'}{2} = \dfrac{2193.77}{2} = 1096.89 N$

$L_h = 500 \times \dfrac{33.3}{N_A} \times \left(\dfrac{C_A}{f_w P}\right)^r \Rightarrow 100000 = 500 \times \dfrac{33.3}{1800} \times \left(\dfrac{C_A}{1.3 \times 1096.89}\right)^3$

$\therefore C_A = 31530.14 N$

$L_h = 500 \times \dfrac{33.3}{N_B} \times \left(\dfrac{C_B}{f_w P}\right)^r \Rightarrow 100000 = 500 \times \dfrac{33.3}{400} \times \left(\dfrac{C_B}{1.3 \times 1096.89}\right)^3$

$\therefore C_B = 19098.02 N$

13

다음 그림과 같은 모터 축에 연결된 속비 $\dfrac{1}{3}$인 외접 스퍼기어 전동장치가 있다. 압력각 $14.5°$, 모듈 4, 피니언의 잇수 20개, 허용 굽힘응력 $80 MPa$, 피니언의 치형계수 $Y = \pi y = 0.33$, 속도계수 0.42, 하중계수 0.8일 때 다음을 구하시오.
(단, 피니언과 기어의 재질은 동일하다.)

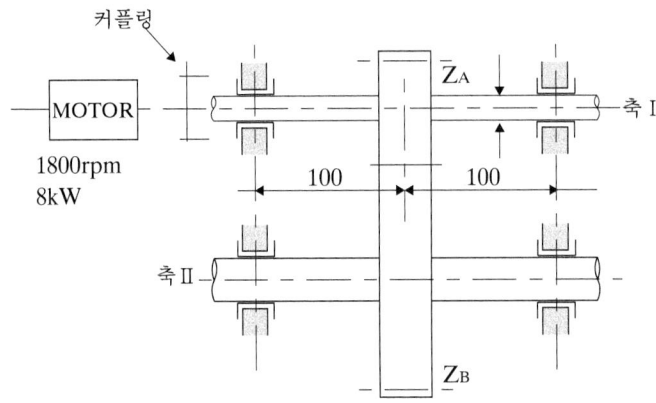

(1) 축간거리 $[mm]$
(2) 축 II에 작용하는 토크 $[N \cdot m]$
(3) 스퍼기어에 작용하는 접선력 $[N]$
(4) 치 폭 $[mm]$

(1) $\varepsilon = \dfrac{Z_A}{Z_B} \Rightarrow Z_B = \dfrac{Z_A}{\varepsilon} = 3 \times 20 = 60$개

$\therefore C = \dfrac{D_A + D_B}{2} = \dfrac{m(Z_A + Z_B)}{2} = \dfrac{4 \times (20 + 60)}{2} = 160 mm$

(2) $\varepsilon = \dfrac{N_B}{N_A} \Rightarrow N_B = N_A \varepsilon = 1800 \times \dfrac{1}{3} = 600 rpm$

$\therefore T_B = \dfrac{H}{\omega} = \dfrac{H}{\dfrac{2\pi N_B}{60}} = \dfrac{8 \times 10^3}{\dfrac{2\pi \times 600}{60}} = 127.32 N\cdot m$

(3) $v = \dfrac{\pi D_A N_A}{60 \times 1000} = \dfrac{\pi m Z_A N_A}{60 \times 1000} = \dfrac{\pi \times 4 \times 20 \times 1800}{60 \times 1000} = 7.54 m/s$

$H = Fv \Rightarrow \therefore F = \dfrac{H}{v} = \dfrac{8 \times 10^3}{7.54} = 1061.01 N$

(4) $F = f_v f_w \sigma_b m b Y \Rightarrow \therefore b = \dfrac{F}{f_v f_w \sigma_b m Y} = \dfrac{1061.01}{0.42 \times 0.8 \times 80 \times 4 \times 0.33} = 29.9 mm$

14

헬리컬 기어의 이직각 모듈 5, 기어의 잇수 50개, 비틀림각 30° 일 때 다음을 구하시오.

(1) 상당 평치차 잇수 [개]
(2) 피치원 지름 [mm]
(3) 이끝원 지름 [mm]

(1) $Z_e = \dfrac{Z}{\cos^3 \beta} = \dfrac{50}{\cos^3 30°} = 76.98 ≒ 77$개

(2) $D_s = \dfrac{D}{\cos \beta} = \dfrac{m_n Z}{\cos \beta} = \dfrac{5 \times 50}{\cos 30°} = 288.68 mm$

(3) a(이 끝 높이) $= m_n$(치직각 모듈) 이므로,

$\therefore D_o = D_s + 2a = D_s + 2m_n = 288.68 + 2 \times 5 = 298.68 mm$

15

헬리컬 기어가 원주속도 $8m/s$, $41kW$의 동력을 전달할 때 추력[N]을 구하시오.
(단, 비틀림각 30° 이다.)

$H = Fv \Rightarrow F = \dfrac{H}{v} = \dfrac{41 \times 10^3}{8} = 5125 N$

$\therefore F_t = F \tan \beta = 5125 \tan 30° = 2958.92 N$

16

약간 어긋난 각을 가진 두 축의 동력을 전달하기 위한 헬리컬 기어의 치직각 모듈 4, 피니언의 잇수 40개, 기어의 잇수 120개, 피니언의 회전수 $600rpm$, 압력각 20도, 비틀림각 30도, 허용 굽힘응력 $120MPa$, 접촉면 응력계수 $2.11MPa$, 이 너비 $60mm$, 피니언의 치형 계수 $Y_A = \pi y_A = 0.41$, 기어의 치형 계수 $Y_B = \pi y_B = 0.46$, 하중 계수 0.8, 공작정밀도를 고려한 면압 계수 0.75일 때 다음을 구하시오.

(1) 피니언의 굽힘 강도에 의한 전달 하중 $F_A \, [N]$
(2) 기어의 굽힘 강도에 의한 전달 하중 $F_B \, [N]$
(3) 면압 강도에 의한 전달 하중 $F_C \, [N]$

(1) $v = \dfrac{\pi D_{As} N_A}{60 \times 1000} = \dfrac{\pi \times \dfrac{D_A}{\cos\beta} \times N_A}{60 \times 1000} = \dfrac{\pi m_n Z_A N_A}{60000\cos\beta} = \dfrac{\pi \times 4 \times 40 \times 600}{60000\cos30°} = 5.8 m/s$

$f_v = \dfrac{3.05}{3.05 + v} = \dfrac{3.05}{3.05 + 5.8} = 0.34$

$\therefore F_A = f_v f_w \sigma_b m_n b Y_A = 0.34 \times 0.8 \times 120 \times 4 \times 60 \times 0.41 = 3211.78 N$

(2) $F_B = f_v f_w \sigma_b m_n b Y_B = 0.34 \times 0.8 \times 120 \times 4 \times 60 \times 0.46 = 3603.46 N$

(3) $F_C = f_v K m_n b \left(\dfrac{2 Z_A Z_B}{Z_A + Z_B}\right)\left(\dfrac{C_w}{\cos^3\beta}\right) = 0.34 \times 2.11 \times 4 \times 60 \times \left(\dfrac{2 \times 40 \times 120}{40 + 120}\right) \times \left(\dfrac{0.75}{\cos^3 30°}\right)$

$\therefore F_C = 11928.7 N$

17

이직각 모듈 5, 피니언의 잇수 30개, 기어의 잇수 90개, 축간거리 $350mm$인 헬리컬 기어가 있다. 이때 피니언이 회전수 $500rpm$, $6.8kW$의 동력을 전달하려 한다. 다음을 구하시오.

(1) 헬리컬 기어의 비틀림각 $[°]$
(2) 피니언의 피치원 지름 $[mm]$
(3) 베어링이 작용하는 스러스트 하중 $[N]$

(1) $C = \dfrac{D_{As} + D_{Bs}}{2} = \dfrac{D_A + D_B}{2\cos\beta} = \dfrac{m_n(Z_A + Z_B)}{2\cos\beta}$ 에서,

$\therefore \beta = \cos^{-1}\left(\dfrac{m_n(Z_A + Z_B)}{2C}\right) = \cos^{-1}\left(\dfrac{5 \times (30 + 90)}{2 \times 350}\right) = 31°$

(2) $D_{As} = \dfrac{D_A}{\cos\beta} = \dfrac{m_n Z_A}{\cos\beta} = \dfrac{5 \times 30}{\cos 31°} = 175mm$

(3) $v = \dfrac{\pi D_{As} N_A}{60 \times 1000} = \dfrac{\pi \times 175 \times 500}{60 \times 1000} = 4.58 m/s$

$H = Fv \Rightarrow F = \dfrac{H}{v} = \dfrac{6.8 \times 10^3}{4.58} = 1484.72N$

$\therefore F_t = F\tan\beta = 1484.72\tan 31° = 892.11N$

18

$1500 rpm$, $5.5 kW$의 동력을 전달하는 원동기어 잇수가 20개, 종동기어 잇수가 45개인 헬리컬 기어가 양 끝단에 단열 깊은 홈 볼 베어링이 내륜회전하는 종동축 중앙에서 동력을 전달하고 있다. 이직각모듈 2, 나선각 25°, 압력각 20°일 때 다음을 구하시오.

(1) 회전력 $[N]$
(2) 축방향하중 $[N]$, 전하중 $[N]$
(3) 아래 표를 참고하여 종동축에 끼워진 베어링 번호를 선정하시오.
   (단, 레이디얼 계수 0.56, 스러스트 계수 1.55, 수명시간 $90000hr$이다.)

베어링번호	6303	6304	6305	6307	6308
동정격하중	$13kN$	$15kN$	$17kN$	$27kN$	$32kN$

(1) $v = \dfrac{\pi D_{As} N_A}{60 \times 1000} = \dfrac{\pi \times \dfrac{D_A}{\cos\beta} \times N_A}{60 \times 1000} = \dfrac{\pi m_n Z_A N_A}{60000\cos\beta} = \dfrac{\pi \times 2 \times 20 \times 1500}{60000\cos 25°} = 3.47 m/s$

$H = Fv \Rightarrow \therefore F = \dfrac{H}{v} = \dfrac{5.5 \times 10^3}{3.47} = 1585.01N$

(2) $F_t = F\tan\beta = 1585.01\tan 25° = 739.1N$

$F_r = F\sqrt{1 + \left(\dfrac{\tan\alpha}{\cos\beta}\right)^2} = 1585.01\sqrt{1 + \left(\dfrac{\tan 20°}{\cos 25°}\right)^2} = 1708.05N$

(3) $W = XVW_r + YW_t = 0.56 \times 1 \times 1708.05 + 1.55 \times 739.1 = 2102.11N$

베어링 하중 $= W' = \dfrac{W}{2} = \dfrac{2102.11}{2} = 1051.06N$

$\varepsilon = \dfrac{N_B}{N_A} = \dfrac{Z_A}{Z_B} \Rightarrow N_B = N_A \times \dfrac{Z_A}{Z_B} = 1500 \times \dfrac{20}{45} = 666.67 rpm$

$L_h = 500 \times \dfrac{33.3}{N_B} \times \left(\dfrac{C}{W'}\right)^r \Rightarrow 90000 = 500 \times \dfrac{33.3}{666.67} \times \left(\dfrac{C}{1051.06}\right)^3$

$C = 16114.14N = 16.11kN$이므로, 크면서 근사한 값을 표에서 찾는다.

$\therefore No. 6305$

19

아래 그림과 같이 $1750 rpm$으로 회전하는 길이 $100mm$의 축이 $2.2kW$의 동력을 전달하고 있다. 이 축에 헬리컬 기어 감속장치(비틀림각 : $30°$, 압력각 : $20°$)가 작동하고 있을 때 다음을 구하시오.
(단, 원동 헬리컬 기어의 잇수는 60개, 종동 헬리컬 기어의 잇수는 240개, 치직각 모듈은 2.5, 축의 허용 전단응력은 $70MPa$, 굽힘 동적효과계수 2, 비틀림 동적효과계수 1.5이다.)

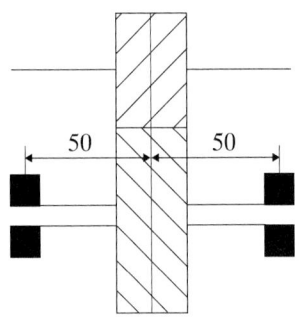

(1) 원동축에 가해지는 비틀림 모멘트 $[N \cdot m]$
(2) 피니언의 상당 잇수 $[개]$
(3) 피니언의 치형 계수 (아래의 표를 참고하라.)

잇수	60	75	100	150
치형계수 ($Y_A = \pi y_A$)	0.433	0.443	0.454	0.464

(4) 피니언의 전달 하중 $[N]$
(5) 피니언의 전달 하중에 의한 원동축의 굽힘 모멘트 $[N \cdot m]$
(6) 원동축의 허용전단응력을 고려한 원동축의 최소 지름 $[mm]$

(1) $T = \dfrac{H}{w} = \dfrac{H}{\dfrac{2\pi N_A}{60}} = \dfrac{2.2 \times 10^3}{\dfrac{2\pi \times 1750}{60}} = 12 N \cdot m$

(2) $Z_{e.A} = \dfrac{Z_A}{\cos^3 \beta} = \dfrac{60}{\cos^3(30°)} = 92.38 ≒ 93개$

(3) 표를보고 보간법을 사용하면,
$\therefore Y_A = 0.443 + \left(\dfrac{93-75}{100-75}\right) \times (0.454 - 0.443) = 0.45$

(4) $v = \dfrac{\pi D_{As} N_A}{60 \times 1000} = \dfrac{\pi \times \dfrac{D_A}{\cos\beta} \times N_A}{60 \times 1000} = \dfrac{\pi m_n Z_A N_A}{60000 \cos\beta} = \dfrac{\pi \times 2.5 \times 60 \times 1750}{60000 \cos 30°} = 15.87 m/s$

$H = Fv \Rightarrow \therefore F = \dfrac{H}{v} = \dfrac{2.2 \times 10^3}{15.87} = 138.63 N$

(5) 헬리컬 기어의 전하중 : $F' = F\sqrt{1+\left(\dfrac{\tan\alpha}{\cos\beta}\right)^2} = 138.63 \times \sqrt{1+\left(\dfrac{\tan 20°}{\cos 30°}\right)^2} = 150.38N$

$\therefore M = \dfrac{F'L}{4} = \dfrac{150.38 \times 0.1}{4} = 3.76 N\cdot m$

(6) $T_e = \sqrt{(k_m M)^2 + (k_t T)^2} = \sqrt{(2 \times 3.76)^2 + (1.5 \times 12)^2} = 19.51 N\cdot m$

$T_e = \tau_a Z_P = \tau_a \times \dfrac{\pi d^3}{16} \Rightarrow \therefore d = \sqrt[3]{\dfrac{16 T_e}{\pi \tau_a}} = \sqrt[3]{\dfrac{16 \times 19.51 \times 10^3}{\pi \times 70}} = 11.24 mm$

20

교차각 90°, 모듈 4, 소기어의 잇수 30개, 대기어의 잇수 90개인 한 쌍의 베벨 기어가 있을 때 다음을 구하시오.

(1) 대기어 외경 $[mm]$
(2) 소기어 모선길이 $[mm]$
(3) 소기어 상당 평치차 잇수 $[개]$

(1) $\varepsilon = \dfrac{Z_A}{Z_B} = \dfrac{30}{90} = \dfrac{1}{3}$

$\tan\gamma_B = \dfrac{\sin\Sigma}{\varepsilon + \cos\Sigma} \Rightarrow \gamma_B = \tan^{-1}\left(\dfrac{\sin\Sigma}{\varepsilon + \cos\Sigma}\right) = \tan^{-1}\left(\dfrac{\sin 90°}{\dfrac{1}{3} + \cos 90°}\right) = 71.57°$

$\therefore D_o._B = D_B + 2a\cos\gamma_B = mZ_B + 2m\cos\gamma_B = 4 \times 90 + 2 \times 4 \times \cos 71.57° = 362.53 mm$

(2) $\Sigma = \gamma_A + \gamma_B \Rightarrow \gamma_A = \Sigma - \gamma_B = 90 - 71.57 = 18.43°$

$\therefore L_A = \dfrac{D_A}{2\sin\gamma_A} = \dfrac{mZ_A}{2\sin\gamma_A} = \dfrac{4 \times 30}{2\sin 18.43°} = 189.79 mm$

(3) $Z_e._A = \dfrac{Z_A}{\cos\gamma_A} = \dfrac{30}{\cos 18.43°} = 31.62 ≒ 32개$

21

회전수 $1600 rpm$, $45 kW$의 동력을 전달하는 베벨 기어의 피니언 직경 $200mm$, 속비 $\frac{1}{3}$, 피니언의 피치 원추각 $27°$ 종동 기어의 피치 원추각 $63°$일 때 다음을 구하시오.

(1) 종동 기어의 피치원 직경 $[mm]$
(2) 피니언 모선의 길이 $[mm]$
(3) 전달력 $[N]$

(1) $\varepsilon = \dfrac{D_A}{D_B} \Rightarrow \therefore D_B = \dfrac{D_A}{\varepsilon} = 3 \times 200 = 600mm$

(2) $L_A = \dfrac{D_A}{2\sin\gamma_A} = \dfrac{200}{2\sin 27°} = 220.27mm$

(3) $v = \dfrac{\pi D_A N_A}{60 \times 1000} = \dfrac{\pi \times 200 \times 1600}{60 \times 1000} = 16.76 m/s$

$H = Fv \Rightarrow \therefore F = \dfrac{H}{v} = \dfrac{45 \times 10^3}{16.76} = 2684.96 N$

22

다음 그림과 같은 베벨 기어에서 피니언의 잇수 40개, 종동 기어의 잇수 60개, 피니언의 회전수 $200rpm$, 치 폭 $80mm$, 모듈 7, 하중계수 0.8일 때 다음을 구하시오.
(단, 허용 굽힘응력 $150 MPa$, 상당 평치차 치형계수 $Y_e \cdot {}_A = 0.35$이다.)

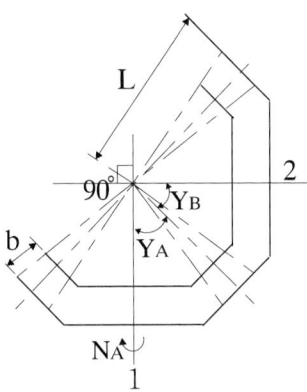

(1) 피니언의 피치 원추각 $\gamma_A [°]$
(2) 피니언의 원추 모선의 길이 $[mm]$
(3) 피니언의 굽힘강도에 의한 전달력 $[N]$
(4) 전달 동력 $[kW]$

(1) $\varepsilon = \dfrac{Z_A}{Z_B} = \dfrac{40}{60}$

$\tan\gamma_A = \dfrac{\sin\Sigma}{\dfrac{1}{\varepsilon}+\cos\Sigma} \Rightarrow \therefore \gamma_A = \tan^{-1}\left(\dfrac{\sin\Sigma}{\dfrac{1}{\varepsilon}+\cos\Sigma}\right) = \tan^{-1}\left(\dfrac{\sin90°}{\dfrac{60}{40}+\cos90°}\right) = 33.69°$

(2) $L = \dfrac{D_A}{2\sin\gamma_A} = \dfrac{mZ_A}{2\sin\gamma_A} = \dfrac{7\times 40}{2\sin33.69°} = 252.39mm$

(3) $v = \dfrac{\pi D_A N_A}{60\times 1000} = \dfrac{\pi m Z_A N_A}{60\times 1000} = \dfrac{\pi\times 7\times 40\times 200}{60\times 1000} = 2.93 m/s$

$f_v = \dfrac{3.05}{3.05+v} = \dfrac{3.05}{3.05+2.93} = 0.51$

$F = f_v f_w \sigma_b m b Y_e \cdot {}_A\lambda = f_v f_w \sigma_b m b Y_e \cdot {}_A\left(\dfrac{L-b}{L}\right)$ 에서,

$\therefore F = 0.51\times 0.8\times 150\times 7\times 80\times 0.35\times\left(\dfrac{252.39-80}{252.39}\right) = 8193.08 N$

(4) $H = Fv = 8193.08\times 10^{-3}\times 2.93 = 24.01 kW$

23

다음 그림과 같이 $500rpm$, $15kW$의 동력을 속도비 $\dfrac{1}{2}$로 종동축에 전달하는 베벨 기어가 있다. 허용 굽힘응력 $150MPa$, 상당 평치차 치형 계수 $Y_e = 0.42$, 교각 $90°$, 소 기어의 피치원 직경 $180mm$, 치폭은 $80mm$일 때 다음을 구하시오.

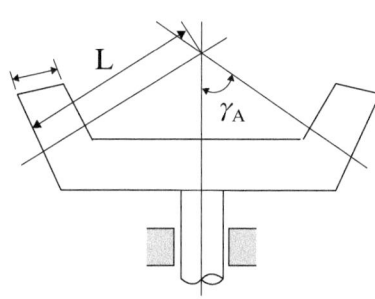

(1) 피치 원추각 γ_A [°]
(2) 피니언의 원추모선의 길이 L [mm]
(3) 회전력 [N]
(4) 모듈

(1) $\tan\gamma_A = \dfrac{\sin\Sigma}{\dfrac{1}{\varepsilon}+\cos\Sigma}$ $\Rightarrow$ $\therefore \gamma_A = \tan^{-1}\left(\dfrac{\sin\Sigma}{\dfrac{1}{\varepsilon}+\cos\Sigma}\right) = \tan^{-1}\left(\dfrac{\sin 90°}{2+\cos 90°}\right) = 26..57°$

(2) $L = \dfrac{D_A}{2\sin\gamma_A} = \dfrac{180}{2\sin 26.57°} = 201.21mm$

(3) $v = \dfrac{\pi D_A N_A}{60\times 1000} = \dfrac{\pi\times 180\times 500}{60\times 1000} = 4.71 m/s$

$H = Fv$ $\Rightarrow$ $\therefore F = \dfrac{H}{v} = \dfrac{15\times 10^3}{4.71} = 3184.71 N$

(4) $f_v = \dfrac{3.05}{3.05+v} = \dfrac{3.05}{3.05+4.71} = 0.39$
(하중계수가 주어지지 않으면, $f_w = 1$로 가정한다.)
$F = f_v f_w \sigma_b m b Y_e \lambda = f_v f_w \sigma_b m b Y_e \left(\dfrac{L-b}{L}\right)$ 에서,
$\therefore m = \dfrac{FL}{f_v f_w \sigma_b b Y_e (L-b)} = \dfrac{3184.71\times 201.21}{0.39\times 1\times 150\times 80\times 0.42\times (201.21-80)} = 2.69 \fallingdotseq 3$

24

두 줄 나사로 구성된 웜이 있다. 웜의 리드 $60mm$, 웜기어의 잇수 40개인 웜과 웜기어를 직경피치 2.8인 호브로 절삭하려 할 때 다음을 구하시오.
(단, 마찰계수는 0.05이다.)

(1) 웜의 리드각 [°]
(2) 웜과 웜 기어의 피치원 직경 D_w, D_g [mm]
(3) 중심거리 [mm]
(4) 전동 효율 [%]

(1) $\ell = Z_w p_s$ $\Rightarrow$ $p_s = \dfrac{\ell}{Z_w} = \dfrac{60}{2} = 30mm$

$p_n = \pi m_n = \dfrac{25.4\pi}{p_d} = \dfrac{25.4\pi}{2.8} = 28.5mm$

$p_s = \dfrac{p_n}{\cos\beta}$ $\Rightarrow$ $\therefore \beta = \cos^{-1}\left(\dfrac{p_n}{p_s}\right) = \cos^{-1}\left(\dfrac{28.5}{30}\right) = 18.19°$

(2) $\tan\beta = \dfrac{\ell}{\pi D_w}$ $\Rightarrow$ $\therefore D_w = \dfrac{\ell}{\pi\tan\beta} = \dfrac{60}{\pi\times\tan 18.19°} = 58.12 mm$

$\pi D_g = p_s Z_g$ $\Rightarrow$ $\therefore D_g = \dfrac{p_s Z_g}{\pi} = \dfrac{30\times 40}{\pi} = 381.97 mm$

(3) $C = \dfrac{D_w + D_g}{2} = \dfrac{58.12 + 381.97}{2} = 220.05 mm$

(4) 1, 2줄 나사일 때 압력각은 $\alpha_n = 14.5°$ 이다.

$$\mu' = \tan\rho' = \frac{\mu}{\cos\alpha_n} \Rightarrow \rho' = \tan^{-1}\left(\frac{\mu}{\cos\alpha_n}\right) = \tan^{-1}\left(\frac{0.05}{\cos 14.5°}\right) = 2.96°$$

$$\therefore \eta = \frac{\tan\beta}{\tan(\beta+\rho')} = \frac{\tan 18.19}{\tan(18.19+2.96)} = 0.8493 \fallingdotseq 84.93\%$$

25

3줄 나사로 구성된 웜과 웜기어 전동장치가 있다. 웜의 축방향 피치 $32mm$, 웜의 회전수 $1000rpm$, 전달 동력 $25kW$, 웜의 피치원 지름 $80mm$, 마찰계수 0.15일 때 다음을 구하시오.

(1) 웜의 리드각 $[°]$
(2) 웜의 접선력 $[N]$
(3) 웜의 저항력 $[N]$

(1) $\tan\beta = \dfrac{\ell}{\pi D_w} = \dfrac{Z_w p_s}{\pi D_w} \Rightarrow \therefore \beta = \tan^{-1}\left(\dfrac{Z_w p_s}{\pi D_w}\right) = \tan^{-1}\left(\dfrac{3 \times 32}{\pi \times 80}\right) = 20.91°$

(2) $v_w = \dfrac{\pi D_w N_w}{60 \times 1000} = \dfrac{\pi \times 80 \times 1000}{60 \times 1000} = 4.19 m/s$

$H = P_w v_w \Rightarrow \therefore P_w = \dfrac{H}{v_w} = \dfrac{25 \times 10^3}{4.19} = 5966.59 N$

(3) 3, 4줄 나사는 압력각 $\alpha_n = 20°$ 이다.

$$\therefore P_n = \frac{P_w}{\cos\alpha_n \sin\beta + \mu\cos\beta} = \frac{5966.59}{\cos 20° \sin 20.91° + 0.15\cos 20.91°} = 12548.07N$$

26

4줄 나사인 웜과 웜 기어 장치에서 마찰계수가 0.12, 웜기어의 축직각 피치가 $34.56mm$, 웜의 피치원 지름이 $68mm$, 웜의 회전수 $1000rpm$으로 $25kW$의 동력을 전달할 때 다음을 구하시오.

(1) 웜의 리드각 $[°]$
(2) 웜의 전달력 $[N]$
(3) 웜 기어의 전달력 $[N]$

(1) $\tan\beta = \dfrac{\ell}{\pi D_w} = \dfrac{Z_w p_s}{\pi D_w} \Rightarrow \therefore \beta = \tan^{-1}\left(\dfrac{Z_w p_s}{\pi D_w}\right) = \tan^{-1}\left(\dfrac{4 \times 34.56}{\pi \times 68}\right) = 32.91°$

(2) $v_w = \dfrac{\pi D_w N_w}{60 \times 1000} = \dfrac{\pi \times 68 \times 1000}{60 \times 1000} = 3.56 m/s$

$H = P_w v_w \Rightarrow \therefore P_w = \dfrac{H}{v_w} = \dfrac{25 \times 10^3}{3.56} = 7022.47 N$

(3) 3, 4줄 나사는 압력각이 $\alpha_n = 20°$ 이다.

$\tan\rho' = \dfrac{\mu}{\cos\alpha_n} \Rightarrow \rho' = \tan^{-1}\left(\dfrac{\mu}{\cos\alpha_n}\right) = \tan^{-1}\left(\dfrac{0.12}{\cos 20°}\right) = 7.28°$

$\therefore P_g = \dfrac{P_w}{\tan(\beta + \rho')} = \dfrac{7022.47}{\tan(32.91° + 7.28°)} = 8312.91 N$

27

4줄 나사인 웜과 웜 기어 장치가 웜의 회전수 $1200 rpm$, $23.5 kW$의 동력 전달을 하려 한다. 웜의 피치원 직경이 $85mm$, 웜의 축방향 피치 $40.84mm$, 마찰계수 0.13일 때 다음을 구하시오.

(1) 진입각 $[°]$
(2) 웜의 접선력 $[N]$
(3) 전체 하중 $[N]$

(1) $\tan\beta = \dfrac{\ell}{\pi D_w} = \dfrac{Z_w p_s}{\pi D_w} \Rightarrow \therefore \beta = \tan^{-1}\left(\dfrac{Z_w p_s}{\pi D_w}\right) = \tan^{-1}\left(\dfrac{4 \times 40.84}{\pi \times 85}\right) = 31.46°$

(2) $v_w = \dfrac{\pi D_w N_w}{60 \times 1000} = \dfrac{\pi \times 85 \times 1200}{60 \times 1000} = 5.34 m/s$

$H = P_w v_w \Rightarrow P_w = \dfrac{H}{v_w} = \dfrac{23.5 \times 10^3}{5.34} = 4400.75 N$

(3) 3, 4줄 나사는 압력각이 $\alpha_n = 20°$ 이다.

$\tan\rho' = \dfrac{\mu}{\cos\alpha_n} \Rightarrow \rho' = \tan^{-1}\left(\dfrac{\mu}{\cos\alpha_n}\right) = \tan^{-1}\left(\dfrac{0.13}{\cos 20°}\right) = 7.88°$

$P_g = \dfrac{P_w}{\tan(\beta + \rho')} = \dfrac{4400.75}{\tan(31.46° + 7.88°)} = 5369.01 N$

$\therefore P = \sqrt{P_w^2 + P_g^2} = \sqrt{4400.75^2 + 5369.01^2} = 6942.11 N$

28

감속비가 $\frac{1}{20}$인 3줄 나사로 구성된 웜과 웜휠 동력전달장치가 있다. 웜의 축방향 모듈 6, 웜의 회전수 $1800rpm$, 압력각 $20°$, 피치원 지름 $60mm$, 웜휠의 이너비 $48mm$, 유효 이너비가 $40mm$ 일 때 다음을 구하시오.
(단, 웜의 재질은 담금질강, 웜휠은 인청동을 사용한다.)

재료		내마멸계수 [MPa]
웜	웜휠	
강	인청동	411×10^{-3}
담금질강	인청동	549×10^{-3}
	주철	343×10^{-3}
	합성수지	833×10^{-3}
주철	인청동	1039×10^{-3}

(1) 웜의 리드각 $[°]$
(2) 웜의 치직각 피치 $[mm]$
(3) 최대 전달동력 $[kW]$
 (단, 웜휠의 굽힘응력 $180MPa$, 치형계수 $y=0.138$, 웜의 리드각에 의한 계수 1.3이며, 효율은 고려하지 않는다.)

(1) $\tan\beta = \dfrac{\ell}{\pi D_w} = \dfrac{Z_w p_s}{\pi D_w} = \dfrac{Z_w \pi m_s}{\pi D_w} = \dfrac{Z_w m_s}{D_w}$ 에서,

$\therefore \beta = \tan^{-1}\left(\dfrac{Z_w m_s}{D_w}\right) = \tan^{-1}\left(\dfrac{3 \times 6}{60}\right) = 16.7°$

(2) $p_n = p_s \cos\beta = \pi m_s \cos\beta = \pi \times 6 \times \cos 16.7° = 18.05mm$

(3) $\varepsilon = \dfrac{N_g}{N_w} = \dfrac{Z_w}{Z_g} \Rightarrow Z_g = \dfrac{Z_w}{\varepsilon} = 20 \times 3 = 60$개, $N_g = \varepsilon N_w = \dfrac{1}{20} \times 1800 = 90rpm$

$D_g = m_s Z_g = 6 \times 60 = 360mm$

$v_g = \dfrac{\pi D_g N_g}{60 \times 1000} = \dfrac{\pi \times 360 \times 90}{60 \times 1000} = 1.7m/s$

$f_v = \dfrac{6}{6+v_g} = \dfrac{6}{6+1.7} = 0.78$ (금속재료이다.)

(하중계수가 주어지지 않으면 $f_w = 1$로 가정한다.)
여기서 굽힘강도를 고려한 전달하중 F_A와 면압강도를 고려한 전달하중 F_B를 비교하면

$F_A = f_v f_w \sigma_b p_n b y = 0.78 \times 1 \times 180 \times 18.05 \times 48 \times 0.138 = 16786.67N$

$F_B = f_v \phi D_g b_e K = 0.78 \times 1.3 \times 360 \times 40 \times 549 \times 10^{-3} = 8016.28N$

안전을 고려하여 작은 값을 선정하면 $F_B = F_g = 8016.28N$

$\therefore H = F_g v_g = 8016.28 \times 10^{-3} \times 1.7 = 13.63kW$

29

한 쌍의 금속재 웜과 웜기어에서 속비 $\frac{1}{5}$, 웜의 회전수가 $650rpm$으로 동력을 전달한다. 웜의 줄수는 4, 치직각 압력각은 $20°$, 웜기어의 축직각 모듈은 8, 웜기어의 이 너비는 $48mm$, 웜의 피치원 지름은 $60mm$, 웜과 웜기어의 마찰계수가 0.11일 때 다음을 구하시오.

(1) 웜기어의 속도 $[m/s]$
(2) 웜기어의 굽힘강도 $[N]$ (단, 치형계수는 $y = 0.15$, 웜기어의 굽힘강도는 $30MPa$이다.)
(3) 웜의 전달력 $[N]$
(4) 면압강도에 의한 전달동력 $[kW]$ (단, 웜기어의 유효 이너비는 $44mm$, 웜의 재료는 강, 웜기어의 재료는 인청동이며, 웜의 리드각에 의한 계수는 1.6이다.)

웜의 재료	웜기어의 재료	내마멸계수
강	인청동	0.41
담금질강	인청동	0.55
담금질강	주철	0.34
담금질강	합성수지	0.83
주철	인청동	1.04

(1) $\varepsilon = \dfrac{N_g}{N_w} = \dfrac{Z_w}{Z_g} \Rightarrow N_g = \varepsilon N_w = \dfrac{1}{5} \times 650 = 130rpm$

$\Rightarrow Z_g = \dfrac{Z_w}{\varepsilon} = 5 \times 4 = 20개$

$D_g = m_s Z_g = 8 \times 20 = 160mm$

$\therefore v_g = \dfrac{\pi D_g N_g}{60 \times 1000} = \dfrac{\pi \times 160 \times 130}{60 \times 1000} = 1.09 m/s$

(2) $f_v = \dfrac{6}{6+v_g} = \dfrac{6}{6+1.09} = 0.85$

$\tan\beta = \dfrac{\ell}{\pi D_w} \Rightarrow \beta = \tan^{-1}\left(\dfrac{\ell}{\pi D_w}\right) = \tan^{-1}\left(\dfrac{pZ_w}{\pi D_w}\right) = \tan^{-1}\left(\dfrac{\pi m_s Z_w}{\pi D_w}\right) = \tan^{-1}\left(\dfrac{m_s Z_w}{D_w}\right)$

$= \tan^{-1}\left(\dfrac{8 \times 4}{60}\right) = 28.07°$

$p_n = p_s \cos\beta = \pi m_s \cos\beta = \pi \times 8 \times \cos 28.07° = 22.18mm$

하중계수가 주어지지 않는다면 $f_w = 1$로 가정한다.

$\therefore P = f_v f_w \sigma_b p_n b y = 0.85 \times 1 \times 30 \times 22.18 \times 48 \times 0.15 = 4072.25N$

(3) $\mu' = \tan\rho' = \dfrac{\mu}{\cos\alpha_n} \Rightarrow \rho' = \tan^{-1}\left(\dfrac{\mu}{\cos\alpha_n}\right) = \tan^{-1}\left(\dfrac{0.11}{\cos 20°}\right) = 6.68°$

$\therefore P_t = P\tan(\beta+\rho') = 4072.25 \times \tan(28.07+6.68) = 2825.02N$

(4) $P = f_v \phi D_g b_e K = 0.85 \times 1.6 \times 160 \times 44 \times 0.41 = 3925.5N$

$\therefore H = P v_g = 3925.5 \times 10^{-3} \times 1.09 = 4.28kW$

30

웜과 웜기어 전동장치에서 동력 $1.84kW$으로, 웜의 분당 회전수 $1750rpm$을 전달하여 회전비 $\dfrac{1}{12.25}$로 웜 기어를 감속시키려 한다. 이때, 웜 기어는 4줄나사 형태로 이직각 압력각 $20°$ 축직각 모듈 3.5, 축간거리 $110mm$일 때 다음을 구하시오.
(단, 접촉면 마찰계수는 0.1이다.)

(1) 웜의 효율 [%]
(2) 웜기어의 전달력 [N] (단, (1)에서 구한 웜의 효율을 고려하시오.)

(1) $\varepsilon = \dfrac{Z_w}{Z_g} \Rightarrow Z_g = \dfrac{Z_w}{\varepsilon} = 4 \times 12.25 = 49$개

$D_g = m_s Z_g = 3.5 \times 49 = 171.5mm$

$C = \dfrac{D_w + D_g}{2} \Rightarrow D_w = 2C - D_g = 2 \times 110 - 171.5 = 48.5mm$

$\tan\beta = \dfrac{\ell}{\pi D_w} = \dfrac{Z_w p_s}{\pi D_w} = \dfrac{Z_w \pi m_s}{\pi D_w} = \dfrac{Z_w m_s}{D_w} \Rightarrow \beta = \tan^{-1}\left(\dfrac{Z_w m_s}{D_w}\right)$에서,

리드각 : $\beta = \tan^{-1}\left(\dfrac{4 \times 3.5}{48.5}\right) = 16.1°$

상당마찰각 : $\rho' = \tan^{-1}\left(\dfrac{\mu}{\cos\alpha_n}\right) = \tan^{-1}\left(\dfrac{0.1}{\cos 20}\right) = 6.07°$

$\eta = \dfrac{\tan\beta}{\tan(\beta + \rho')} = \dfrac{\tan 16.1}{\tan(16.1 + 6.07)} = 0.7083 = 70.83\%$

(2) $\varepsilon = \dfrac{N_g}{N_w} \Rightarrow N_g = N_w \varepsilon = 1750 \times \dfrac{1}{12.25} = 142.86 rpm$

$v_g = \dfrac{\pi D_g N_g}{60 \times 1000} = \dfrac{\pi \times 171.5 \times 142.86}{60 \times 1000} = 1.28 m/s$

$H = \dfrac{P_g v_g}{\eta} \Rightarrow \therefore P_g = \dfrac{H\eta}{v_g} = \dfrac{1.84 \times 10^3 \times 0.7083}{1.28} = 1018.18N$

31

압력각 $14.5°$, 피니언의 전위 계수 0.38, 큰 기어의 전위 계수 0.13, 피니언의 잇수 20개, 큰 기어의 잇수 28개인 한 쌍의 기어가 회전하고 있을 때 두 기어의 치면 높이(백래시)가 0이 되도록 하는 물림 압력각 $inva_b°$을 구하시오.
(단, $inv14.5° = 0.005545$이다.)

$inva_b° = inva + 2\left(\dfrac{x_A + x_B}{Z_A + Z_B}\right)\tan a = 0.005545 + 2\left(\dfrac{0.38 + 0.13}{20 + 28}\right)\tan 14.5° = 0.011$

32

모듈 5, 압력각이 14.5°, 소 기어의 잇수가 24개, 대 기어의 잇수가 32개인 전위기어가 있다. 다음을 구하시오.

압력각 (α)	소수점 둘째 자리				
	0	2	4	6	8
14.0	0.004982	0.005004	0.005025	0.005047	0.002069
14.1	0.005091	0.005113	0.005135	0.005158	0.005180
14.2	0.005202	0.005225	0.005247	0.005269	0.005292
14.3	0.005315	0.005337	0.005360	0.005383	0.005406
14.4	0.005429	0.005452	0.005475	0.005498	0.005522
14.5	0.005545	0.005568	0.005592	0.005615	0.005639
14.6	0.005662	0.005686	0.005710	0.005734	0.005758
14.7	0.005782	0.005806	0.005830	0.005854	0.005878
14.8	0.005903	0.005927	0.005952	0.005976	0.006001
14.9	0.006025	0.006050	0.006075	0.006100	0.006125
15.0	0.006150	0.006175	0.006200	0.006225	0.006251
15.1	0.006276	0.006301	0.006327	0.006353	0.006378
15.2	0.006404	0.006430	0.006456	0.006482	0.006508
15.3	0.006534	0.006560	0.006586	0.006612	0.006639
15.4	0.006665	0.006692	0.006718	0.006745	0.006772
15.5	0.006799	0.006825	0.006852	0.006879	0.006906
15.6	0.006934	0.006961	0.006988	0.007016	0.007043
15.7	0.007071	0.007098	0.007216	0.007154	0.007182
15.8	0.007209	0.007237	0.007266	0.007294	0.007322
15.9	0.007350	0.007379	0.007407	0.007435	0.007464
16.0	0.007493	0.007521	0.007550	0.007579	0.007608
16.1	0.007637	0.007666	0.007695	0.007725	0.007754
16.2	0.007784	0.007813	0.007843	0.007872	0.007902
16.3	0.007932	0.007962	0.007992	0.008022	0.008052
16.4	0.008082	0.008112	0.008143	0.008173	0.008204
16.5	0.008234	0.008265	0.008296	0.008326	0.008357

(1) 소 기어와 대 기어의 전위량 $[mm]$
(2) 두 기어의 치면 높이가 0이 되게 하는 물림 압력각 $[°]$
    (단, 표를 이용하여, 소수점 4자리까지 나타내시오.)
(3) 축간 중심거리 $[mm]$
(4) 소 기어와 대 기어의 외경 $[mm]$
(5) 기어의 총 이높이 $[mm]$ (단, 조립부의 틈새 $0.3mm$이다.)

(1) $\alpha_n = 14.5°$ 일 때 $x = 1 - \dfrac{Z}{32}$에서,

　　소 기어의 전위 계수 : $x_A = 1 - \dfrac{Z_A}{32} = 1 - \dfrac{24}{32} = 0.25$

　　대 기어의 전위 계수 : $x_B = 1 - \dfrac{Z_B}{32} = 1 - \dfrac{32}{32} = 0$

　　$\therefore x_A m = 0.25 \times 5 = 1.25mm,\ x_B m = 0mm$

(2) $inv\alpha_b° = inv\alpha + 2\left(\dfrac{x_A + x_B}{Z_A + Z_B}\right)\tan\alpha = 0.005545 + 2 \times \left(\dfrac{0.25 + 0}{24 + 32}\right) \times \tan14.5° = 0.007854$

　　여기서 표를 보면, 0.007854는,
　　$\alpha = 16.24°\,(=0.007843)$값과 $\alpha = 16.26°\,(=0.007872)$값 사이에 있으므로
　　보간법을 이용하여 값을 도출한다.

　　$\therefore \alpha_b = 16.24 + \dfrac{0.007854 - 0.007843}{0.007872 - 0.007843} \times (16.26 - 16.24) = 16.2476°$

(3) $y = \dfrac{Z_A + Z_B}{2}\left(\dfrac{\cos\alpha}{\cos\alpha_b} - 1\right) = \dfrac{24 + 32}{2} \times \left(\dfrac{\cos14.5°}{\cos16.2476°} - 1\right) = 0.2358$

　　$\triangle C = ym = 0.2358 \times 5 = 1.18mm$

　　$\therefore C_f = C + \triangle C = \dfrac{m(Z_A + Z_B)}{2} + \triangle C = \dfrac{5(24+32)}{2} + 1.18 = 141.18mm$

(4) $D_{kA} = (Z_A + 2)m + 2(y - x_B)m = (24 + 2) \times 5 + 2(0.2358 - 0) \times 5 = 132.36mm$

　　$D_{kB} = (Z_B + 2)m + 2(y - x_A)m = (32 + 2) \times 5 + 2(0.2358 - 0.25) \times 5 = 169.86mm$

(5) $h_t = (c + 2)m - (x_A + x_B - y)m$에서,
　　$= (0.3 + 2) \times 5 - (0.25 + 0 - 0.2358) \times 5 = 11.43mm$

33

모듈 3, 압력각이 $14.5°$, 소 기어의 잇수가 12개, 대 기어의 잇수가 28개인 전위기어가 있을 때 다음을 구하시오.

압력각	소수점 둘째 자리				
(α)	0	2	4	6	8
14.0	0.004982	0.005004	0.005025	0.005047	0.002069
14.1	0.005091	0.005113	0.005135	0.005158	0.005180
14.2	0.005202	0.005225	0.005247	0.005269	0.005292
14.3	0.005315	0.005337	0.005360	0.005383	0.005406
14.4	0.005429	0.005452	0.005475	0.005498	0.005522
14.5	0.005545	0.005568	0.005592	0.005615	0.005639
14.6	0.005662	0.005686	0.005710	0.005734	0.005758
14.7	0.005782	0.005806	0.005830	0.005854	0.005878
14.8	0.005903	0.005927	0.005952	0.005976	0.006001
14.9	0.006025	0.006050	0.006075	0.006100	0.006125
15.0	0.006150	0.006175	0.006200	0.006225	0.006251
15.1	0.006276	0.006301	0.006327	0.006353	0.006378
15.2	0.006404	0.006430	0.006456	0.006482	0.006508
15.3	0.006534	0.006560	0.006586	0.006612	0.006639
15.4	0.006665	0.006692	0.006718	0.006745	0.006772
15.5	0.006799	0.006825	0.006852	0.006879	0.006906
15.6	0.006934	0.006961	0.006988	0.007016	0.007043
15.7	0.007071	0.007098	0.007216	0.007154	0.007182
15.8	0.007209	0.007237	0.007266	0.007294	0.007322
15.9	0.007350	0.007379	0.007407	0.007435	0.007464
⋮	⋮	⋮	⋮	⋮	⋮
20.0	0.014904	0.014951	0.014997	0.015044	0.015090
20.1	0.015102	0.015184	0.015235	0.015287	0.015321
20.2	⋮	⋮	⋮	⋮	⋮
20.3	⋮	⋮	⋮	⋮	⋮
20.4	⋮	⋮	⋮	⋮	⋮
20.5	⋮	⋮	⋮	⋮	⋮
20.6	⋮	⋮	⋮	⋮	⋮
20.7	⋮	⋮	⋮	⋮	⋮
20.8	⋮	⋮	⋮	⋮	⋮
20.9	⋮	⋮	⋮	⋮	⋮
21.0	⋮	⋮	⋮	⋮	⋮

(1) 언더컷이 발생하지 않는 소기어와 대기어의 이론 전위계수
   (단, 소수점 다섯 째 자리까지 표기하시오.)
(2) 백래쉬가 0일 때 축간 중심거리 $[mm]$
(3) 전위기어의 총 이높이$[mm]$
   (단, 조립부의 간극 $0.25 \times m$[모듈]이며, 소수점 넷 째 자리까지 표기하시오.)

(1) $\alpha_n = 14.5°$ 일 때 $x = 1 - \dfrac{Z}{2}\sin^2\alpha$

∴ 소 기어의 전위 계수 : $x_A = 1 - \dfrac{Z_A}{2}\sin^2\alpha = 1 - \dfrac{12}{2}\sin^2(14.5) = 0.62386$

∴ 대 기어의 전위 계수 : $x_B = 1 - \dfrac{Z_B}{2}\sin^2\alpha = 1 - \dfrac{28}{2}\sin^2(14.5) = 0.12234$

(2) $inv\alpha_b° = inv\alpha + 2\left(\dfrac{x_A + x_B}{Z_A + Z_B}\right)\tan\alpha = 0.005545 + 2 \times \left(\dfrac{0.62386 + 0.12234}{12 + 28}\right) \times \tan 14.5° = 0.015194$

여기서 표를 보면, 0.015194는,
$\alpha = 20.12°(= 0.015184)$값과 $\alpha = 20.14°(= 0.015235)$값 사이에 있으므로
보간법을 이용하여 값을 도출한다.

∴ $\alpha_b = 20.12 + \dfrac{0.015194 - 0.015184}{0.015235 - 0.015184} \times (20.14 - 20.12) = 20.13804°$

$y = \dfrac{Z_A + Z_B}{2}\left(\dfrac{\cos\alpha}{\cos\alpha_b} - 1\right) = \dfrac{12 + 28}{2} \times \left(\dfrac{\cos 14.5°}{\cos 20.13804°} - 1\right) = 0.6238$

$\Delta C = ym = 0.6238 \times 3 = 1.87mm$

∴ $C_f = C + \Delta C = \dfrac{m(Z_A + Z_B)}{2} + \Delta C = \dfrac{3(12 + 28)}{2} + 1.87 = 61.87mm$

(3) $h_t = (c+2)m - (x_A + x_B - y)m = (0.75 + 2) \times 3 - (0.62386 + 0.12234 - 0.6238) \times 3 = 7.88mm$

13

과년도 기출문제

15년 기출문제

16년 기출문제

17년 기출문제

18년 기출문제

19년 기출문제

20년 기출문제

21년 기출문제

22년 기출문제

23년 기출문제

24년 기출문제

2015 1회차 일반기계기사 필답형 기출문제

01

원동차의 직경 $400mm$, 분당 회전수 $300rpm$, 마찰차의 너비가 $130mm$인 외접 원통마찰차가 있다. 허용압력이 $2.3N/mm$이고, 마찰계수가 0.2일 때 다음을 구하시오.

(1) 마찰차를 미는 힘 $[N]$
(2) 원동차의 원주속도 $[m/s]$
(3) 최대 전달동력 $[kW]$

(1) $f = \dfrac{P}{b} \Rightarrow \therefore P = fb = 2.3 \times 130 = 299N$

(2) $v_A = \dfrac{\pi D_A N_A}{60 \times 1000} = \dfrac{\pi \times 400 \times 300}{60 \times 1000} = 6.28 m/s$

(3) $H = \mu P v = 0.2 \times 299 \times 10^{-3} \times 6.28 = 0.38 kW$

02

분당 회전수 $600rpm$으로 회전하는 엔드저널이 $5000N$의 베어링 하중을 지지하고 있다. 압력속도계수 $2N/mm^2 \cdot m/s$, 허용베어링 압력 $6MPa$일 때 다음을 구하시오.

(1) 저널의 길이 $[mm]$
(2) 저널의 지름 $[mm]$

(1) $pv = \dfrac{\pi WN}{60000 \ell} \Rightarrow \therefore \ell = \dfrac{\pi WN}{60000 pv} = \dfrac{\pi \times 5000 \times 600}{60000 \times 2} = 78.54 mm$

(2) $p = \dfrac{W}{d\ell} \Rightarrow \therefore d = \dfrac{W}{\ell p} = \dfrac{5000}{78.54 \times 6} = 10.61 mm$

03

스팬의 폭 $50mm$, 스팬의 길이 $1.5m$, 판의 장수 20매, 두께 $10mm$, 굽힘응력 $350MPa$으로 작용하는 겹판 스프링이 있다. 다음을 구하시오. (단, 종탄성계수 $E = 2.1 \times 10^5 MPa$이다.)

(1) 중심하중 $P[N]$
(2) 처짐량 $\delta[mm]$
(3) 고유 진동수 $f_n[Hz]$

(1) $\sigma = \dfrac{3P\ell}{2nbh^2} \Rightarrow \therefore P = \dfrac{2nbh^2\sigma}{3\ell} = \dfrac{2 \times 20 \times 50 \times 10^2 \times 350}{3 \times 1500} = 15555.56N$

(2) $\delta = \dfrac{3P\ell^3}{8nbh^3 E} = \dfrac{3 \times 15555.56 \times 1500^3}{8 \times 20 \times 50 \times 10^3 \times 2.1 \times 10^5} = 93.75mm$

(3) $f_n = \dfrac{w_n}{2\pi} = \dfrac{1}{2\pi}\sqrt{\dfrac{g}{\delta}} = \dfrac{1}{2\pi}\sqrt{\dfrac{9800}{93.75}} = 1.63Hz$

04

$13kW$, $450rpm$으로 동력을 전달하고 있는 와이어로프 풀리가 있다. 양쪽 로프 풀리의 직경이 $500mm$로 같고, 마찰계수는 0.15, 와이어로프의 종탄성계수 $E = 200GPa$일 때 다음을 구하시오.

(1) 로프의 원주 속도 $v[m/s]$
(2) 로프에 작용하는 인장력 $T_t[N]$
(3) 1개의 로프에 걸리는 최대 강도 $\sigma_{\max}[MPa]$

(1) $v = \dfrac{\pi D_A N_A}{60 \times 1000} = \dfrac{\pi \times 500 \times 450}{60 \times 1000} = 11.78m/s$

(2) ($v > 10m/s$이지만, 부가장력을 구하는 물성치(질량, 중량 등)가 없기 때문에 부가장력을 고려하지 않는다.)

양쪽 로프 풀리의 직경이 $500m$로 같으므로 $\theta = 180° = \pi$이다.
$e^{\mu\theta} = e^{0.15\pi} = 1.6$

$\therefore T_t = \dfrac{e^{\mu\theta}}{e^{\mu\theta}-1} \times \dfrac{H}{v} = \dfrac{1.6}{1.6-1} \times \dfrac{13 \times 10^3}{11.78} = 2942.84N$

(3) $D \geq 50d \Rightarrow d \leq \dfrac{D(=500)}{50} \leq 10mm$

$\sigma_t = \dfrac{T_t}{A} = \dfrac{T_t}{\dfrac{\pi d^2}{4}} = \dfrac{2942.84}{\dfrac{\pi \times 10^2}{4}} = 37.47 MPa$

$\sigma_b = \dfrac{3}{8} \dfrac{Ed}{D} = \dfrac{3}{8} \times \dfrac{200 \times 10^3 \times 10}{500} = 1500 MPa$

$\therefore \sigma_{\max} = \sigma_t + \sigma_b = 37.47 + 1500 = 1537.47 MPa$

05

그림과 같은 나사잭에서 최대작용하중 $50kN$이 작용하고 최대 양정이 $200mm$일 때 다음을 구하시오.

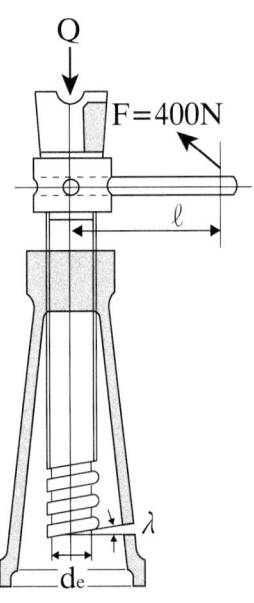

나사호칭	피치(p)	외경(d_2)	유효직경(d_e)	내경(d_1)
TM36	6	36.0	33.0	29.5
TM38	6	38.0	35.0	32.0
TM40	7	40.0	36.5	33.5
TM42	7	42.0	38.5	35.0
TM44	7	44.0	40.5	36.0
TM45	8	45.0	41.0	36.5
TM46	8	46.0	42.0	38.0
TM48	8	48.0	44.0	40.0
TM50	8	50.0	46.0	41.5
TM55	8	55.0	51.0	46.5

단위 : [mm]

(1) 압축강도에 의한 수나사의 직경을 계산하여 위의 표에서 나사의 호칭을 결정하시오.
(단, 허용압축응력 $\sigma_c = 50MPa$이다.)

(2) 하중 Q를 들어 올리기 위한 회전모멘트 $[N \cdot mm]$
(단, 나사의 마찰계수 0.15, 칼라자리부의 마찰계수 0.01, 칼라평균직경 $60mm$이다.)

(3) (1)에서 결정한 나사에 발생하는 최대전단응력(합성응력)$[MPa]$

(4) 마찰과 받침대를 고려한 나사의 효율 $[\%]$

(5) 나사산의 허용접촉압력이 $15MPa$일 때 암나사부의 길이 $[mm]$

(6) 핸들의 허용굽힘응력이 $130MPa$일 때 나사를 돌리는 ① 직경 $[mm]$, ② 핸들의 길이 $[mm]$

(7) 나사를 들어 올리는 속도가 $0.6m/\min$일 때 소요동력 $[kW]$

(1) $d_1 = \sqrt{\dfrac{4Q}{\pi \sigma_c}} = \sqrt{\dfrac{4 \times 50 \times 10^3}{\pi \times 50}} = 35.68mm \Rightarrow \therefore TM44$선정

(구한 내경 값보다 크면서 근사한 값을 선정한다.)

(2) $\mu' = \dfrac{\mu}{\cos\dfrac{a}{2}} = \dfrac{0.15}{\cos\dfrac{30°}{2}} = 0.1553$

$T = T_1 + T_2$
$= \mu_1 Q r_m + Q\left(\dfrac{p + \mu'\pi d_e}{\pi d_e - \mu' p}\right)\dfrac{d_e}{2} = 0.01 \times 50 \times 10^3 \times 30 + 50 \times 10^3 \times \left(\dfrac{7 + 0.1553 \times \pi \times 40.5}{\pi \times 40.5 - 0.1553 \times 7}\right) \times \dfrac{40.5}{2}$
$= 229780.58 N \cdot mm$

(3) $\sigma_c = \dfrac{4Q}{\pi d_1^2} = \dfrac{4 \times 50 \times 10^3}{\pi \times 36^2} = 49.12 MPa$

$T_2 = Q\left(\dfrac{p + \mu'\pi d_e}{\pi d_e - \mu' p}\right)\dfrac{d_e}{2} = 50 \times 10^3 \times \left(\dfrac{7 + 0.1553 \times \pi \times 40.5}{\pi \times 40.5 - 0.1553 \times 7}\right) \times \dfrac{40.5}{2} = 214780.58 N \cdot mm$

$\tau = \dfrac{16 T_2}{\pi d_1^3} = \dfrac{16 \times 214780.58}{\pi \times 36^3} = 23.45 MPa$

$\therefore \tau_{\max} = \dfrac{1}{2}\sqrt{\sigma_c^2 + 4\tau^2} = \dfrac{1}{2}\sqrt{49.12^2 + 4 \times 23.45^2} = 33.96 MPa$

(4) $\eta = \dfrac{pQ}{2\pi T} = \dfrac{7 \times 50 \times 10^3}{2\pi \times 229780.58} = 0.2424 = 24.24\%$

(5) $H = \dfrac{pQ}{\dfrac{\pi}{4}(d_2^2 - d_1^2)q_a} = \dfrac{7 \times 50 \times 10^3}{\dfrac{\pi}{4}(44^2 - 36^2) \times 15} = 46.42 mm$

(6) ① $T = M = \sigma_b Z = \sigma_b \times \dfrac{\pi d^3}{32}$ $\Rightarrow$ $\therefore d = \sqrt[3]{\dfrac{32M}{\pi \sigma_b}} = \sqrt[3]{\dfrac{32 \times 229780.58}{\pi \times 130}} = 26.21mm$

② $T = F\ell$ $\Rightarrow$ $\therefore \ell = \dfrac{T}{F} = \dfrac{229780.58}{400} = 574.45mm$

(7) $H = \dfrac{Qv}{\eta} = \dfrac{50 \times \dfrac{0.6}{60}}{0.2424} = 2.06kW$

06

평벨트 바로걸기 전동장치에서 지름이 원동차는 $150mm$, 종동차는 $450mm$의 풀리가 $2m$ 떨어진 두 축 사이에 설치하여 $1800rpm$, $5kW$의 동력을 전달하고자 한다. 벨트의 폭 $b = 150mm$, 두께 $t = 5mm$, 벨트의 단위 길이당 무게 $\omega = 0.001bt[N/m]$, 마찰계수 $\mu = 0.3$일 때 다음을 구하시오.

(1) 유효 장력 $P_e[N]$
(2) 긴장측장력, 이완측장력 T_t, $T_s[N]$
(3) 벨트에 의하여 축이 받는 최대 힘 $P_{\max}[N]$

(1) $v = \dfrac{\pi D_A N_A}{60 \times 1000} = \dfrac{\pi \times 150 \times 1800}{60 \times 1000} = 14.14m/s$ (부가장력을 고려한다.)

$H = P_e v$ $\Rightarrow$ $\therefore P_e = \dfrac{H}{v} = \dfrac{5 \times 10^3}{14.14} = 353.61N$

(2) $\theta = 180° - 2\sin^{-1}\left(\dfrac{D_B - D_A}{2C}\right) = 180° - 2\sin^{-1}\left(\dfrac{450 - 150}{2 \times 2000}\right) = 171.4°$

$e^{\mu\theta} = e^{0.3 \times 171.4 \times \frac{\pi}{180}} = 2.45$
$w = 0.001bt = 0.001 \times 9.8 \times 150 \times 5 = 7.35N/m$
부가장력 : $T_e = \dfrac{\omega v^2}{g} = \dfrac{7.35 \times 14.14^2}{9.8} = 149.95N$

$\therefore T_t = \dfrac{P_e e^{\mu\theta}}{e^{\mu\theta} - 1} + T_e = \dfrac{353.61 \times 2.45}{2.45 - 1} + 149.95 = 747.43N$

$\therefore T_s = T_t - P_e = 747.43 - 353.61 = 393.82N$

(3) $P_{\max} = \sqrt{T_t^2 + T_s^2 - 2T_t T_s \cos\theta} = \sqrt{747.43^2 + 393.82^2 - 2 \times 747.43 \times 393.82 \times \cos 171.4°}$
$\therefore P_{\max} = 1138.35N$

07

600rpm, 25kW의 동력을 전달하는 표준 스퍼기어 동력 전달장치를 제작하려 한다. 기어의 회전수 200rpm, 기어의 굽힘응력 120MPa, 치형계수 0.12, 중심거리 300mm, 압력각 14.5°일 때 다음을 구하시오. (단, 이 너비 $b = 3.2p$로 계산하라.)

(1) 원주속도 $v[m/s]$
(2) 루이스 굽힘강도 공식을 이용하여 아래 표에서 모듈을 선정하라.

모듈[m]	3	3.5	4	4.5	5	5.5	6	6.5

(1) $\varepsilon = \dfrac{N_B}{N_A} = \dfrac{D_A}{D_B} \Rightarrow D_B = D_A \times \dfrac{N_A}{N_B} = D_A \times \dfrac{600}{200} = 3D_A$

$C = \dfrac{D_A + D_B}{2} \Rightarrow D_A + D_B = 2C = 2 \times 300 = 600mm$

$D_A + 3D_A = 600mm \Rightarrow D_A = 150mm, \ D_B = 450mm$

$\therefore v = \dfrac{\pi D_A N_A}{60 \times 1000} = \dfrac{\pi \times 150 \times 600}{60 \times 1000} = 4.71 m/s$

(2) $H = Fv \Rightarrow F = \dfrac{H}{v} = \dfrac{25 \times 10^3}{4.71} = 5307.86N$

$f_v = \dfrac{3.05}{3.05 + v} = \dfrac{3.05}{3.05 + 4.71} = 0.39$

(하중계수가 주어지지 않으면 $f_w = 1$로 가정한다.)

$F = f_v f_w \sigma_b p b y = f_v f_w \sigma_b p \times 3.2p \times y = 3.2 f_v f_w \sigma_b p^2 y = 3.2 f_v f_w \sigma_b (\pi m)^2 y$에서,

$m = \sqrt{\dfrac{F}{3.2 f_v f_w \sigma_b \pi^2 y}} = \sqrt{\dfrac{5307.86}{3.2 \times 0.39 \times 1 \times 120 \times \pi^2 \times 0.12}} = 5.47$

(일반적으로 치형계수가 약 0.2이하면 y이다.)
안전을 고려하여 구한 모듈 값보다 크면서 근사한 값을 표에서 선정한다.
$\therefore m = 5.5$

08

축에 350rpm으로 75kW의 동력을 전달하는 표준 스퍼기어를 고정하려 한다. 축의 허용전단응력 $\tau_s = 30MPa$이고 묻힘키의 폭과 높이가 같을 때 다음을 구하시오.
(단, 묻힘키와 축의 허용전단응력은 같고, 길이는 $\ell = 1.5d$이다.)

(1) 축의 지름 $d[mm]$
(2) 묻힘키의 호칭규격 $b \times h \times \ell$

(1) $T = \dfrac{H}{\omega} = \dfrac{H}{\dfrac{2\pi N}{60}} = \dfrac{75 \times 10^3}{\dfrac{2\pi \times 350}{60}} = 2046.28 N \cdot m$

$T = \tau_a Z_P = \tau_a \times \dfrac{\pi d^3}{16} \Rightarrow \therefore d = \sqrt[3]{\dfrac{16T}{\pi \tau_a}} = \sqrt[3]{\dfrac{16 \times 2046.28 \times 10^3}{\pi \times 30}} = 70.3 mm$

(2) 축과 키의 허용전단응력이 같으므로 $\tau_k = \tau_a = 30 MPa$이다.

$\ell = 1.5d = 1.5 \times 70.3 = 105.45 mm$

$\tau_k = \dfrac{2T}{b\ell d} \Rightarrow \therefore b = \dfrac{2T}{\ell d \tau_k} = \dfrac{2 \times 2046.28 \times 10^3}{105.45 \times 70.3 \times 30} = 18.4 mm$

$b = h = 18.4 mm$

$\therefore b \times h \times \ell = 18.4 \times 18.4 \times 105.45$

09

실린더 커버가 8개의 볼트로 체결되어 있다. 실린더의 안지름 $420mm$, 내압 $0.7MPa$, 볼트의 허용인장응력이 $45MPa$일 때 다음을 구하시오.

(1) 볼트 1개에 작용하는 하중 $Q[N]$
(2) 볼트의 호칭규격을 아래표에서 선정하시오. [단위 mm]

볼트호칭	M10	M11	M12	M14	M16	M18	M20	M22	M24
골지름	8.316	9.376	10.106	11.835	13.835	15.294	17.294	19.424	21.153

(1) 실린더 커버 전체가 받는 힘 : $P = pA = p \times \dfrac{\pi d^2}{4} = 0.7 \times \dfrac{\pi \times 420^2}{4} = 96980.97 N$

$\therefore Q = \dfrac{P}{n} = \dfrac{96980.97}{8} = 12122.62 N$

(2) $\sigma_a = \dfrac{Q}{A} = \dfrac{4Q}{\pi d_1^2} \Rightarrow d_1 = \sqrt{\dfrac{4Q}{\pi \sigma_a}} = \sqrt{\dfrac{4 \times 12122.62}{\pi \times 45}} = 18.52 mm$

안전을 고려하여 표에서 구한 값보다 큰 값을 선정한다.

$\therefore M22$ 선정

10

다음 그림과 같은 측면 필렛용접이음에서 용접부의 사이즈는 $14mm$, 하중은 $200kN$, 허용전단응력은 $50MPa$일 때 용접 길이(ℓ)은 몇 mm인가?

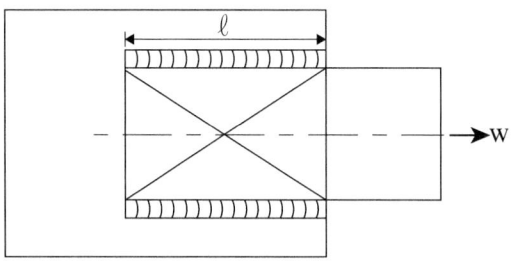

$W = \tau_a A = \tau_a \times 2a\ell = \tau_a \times 2h\ell\cos45°$

$\therefore \ell = \dfrac{W}{2h\cos45° \times \tau_a} = \dfrac{200 \times 10^3}{2 \times 14 \times \cos45° \times 50} = 202.03mm$

11

클램프 커플링으로 축 직경 $50mm$인 축 이음을 하여 $250rpm$, $8kW$으로 동력을 전달하고자 한다. 마찰계수 0.3, 볼트 6개, 볼트의 골지름 $16mm$일 때 다음을 계산하라.

(1) 전달 토크 $T[N\cdot m]$
(2) 볼트 1개가 받는 힘 $Q[N]$
(3) 볼트 1개에 작용하는 인장응력 $\sigma_t[MPa]$

(1) $T = \dfrac{H}{\omega} = \dfrac{H}{\dfrac{2\pi N}{60}} = \dfrac{8 \times 10^3}{\dfrac{2\pi \times 250}{60}} = 305.58 N\cdot m$

(2) $P = \dfrac{2T}{\mu\pi d} = \dfrac{2 \times 305.58 \times 10^3}{0.3\pi \times 50} = 12969.22N$

P는 한쪽면을 죄는 힘이므로 $n = \dfrac{Z}{2} = \dfrac{6}{2} = 3$

$\therefore Q = \dfrac{P}{n} = \dfrac{12969.22}{3} = 4323.07N$

(3) $\sigma_t = \dfrac{Q}{A} = \dfrac{4Q}{\pi d_1^2} = \dfrac{4 \times 4323.07}{\pi \times 16^2} = 21.5MPa$

2015년 2회차 일반기계기사 필답형 기출문제

01

복렬 자동조심 볼베어링이 $500 rpm$으로 $4000N$의 레이디얼하중과 $3200N$의 스러스트하중을 지지하고 있다. 베어링 수명시간이 50000시간, 호칭접촉각 $a=15°$, 하중계수 $f_w=1.2$일 때 다음을 구하시오.

베어링 형식		내륜회전하중	외륜회전하중	단열 $\frac{W_a}{VW_r}>e$		복열 $\frac{W_a}{VW_r}\le e$		복열 $\frac{W_a}{VW_r}>e$		e
		V		X	Y	X	Y	X	Y	
깊은홈 볼베어링	$W_a/C_0=0.014$ $=0.028$ $=0.056$ $=0.084$ $=0.11$ $=0.17$ $=0.28$ $=0.42$ $=0.56$	1	1.2	0.56	2.30 1.99 1.71 1.55 1.45 1.31 1.15 1.04 1.00	1	0	0.56	2.30 1.99 1.71 1.55 1.45 1.31 1.15 1.04 1.00	0.19 0.22 0.26 0.28 0.30 0.34 0.38 0.42 0.44
앵귤러 볼베어링	$a=20°$ $=25°$ $=30°$ $=35°$ $=40°$	1	1.2	0.43 0.41 0.39 0.37 0.35	1.00 0.87 0.76 0.56 0.57	1	1.09 0.92 0.78 0.66 0.55	0.70 0.67 0.63 0.60 0.57	1.63 1.41 1.24 1.07 0.93	0.57 0.68 0.80 0.95 1.14
자동조심볼베어링		1	1	0.4	$0.4\times \cot\alpha$	1	$0.42\times \cot\alpha$	0.65	$0.65\times \cot\alpha$	$1.5\times \tan\alpha$
매그니토볼베어링		1	1	0.5	2.5	-	-	-	-	0.2
자동조심롤러베어링 원추롤러베어링 $a\ne 0$		1	1.2	0.4	$0.4\times \cot\alpha$	1	$0.45\times \cot\alpha$	0.67	$0.67\times \cot\alpha$	$1.5\times \tan\alpha$
스러스트볼베어링	$a=45°$ $=60°$ $=70°$	-	-	0.66 0.92 1.66	1	1.18 1.90 3.66	0.59 0.54 0.52	0.66 0.92 1.66	1	1.25 2.17 4.67
스러스트롤러베어링		-	-	$\tan\alpha$	1	$1.5\times \tan\alpha$	0.67	$\tan\alpha$	1	$1.5\times \tan\alpha$

(1) 등가 하중 $[N]$
(2) 기본 동정격 하중 $[N]$

(1) 복렬자동조심볼베어링이며 외,내륜이 주어지지 않으면 내륜으로 가정한다.
$V=1$, $W_r = 4000N$, $W_a = 3200N$

$e = 1.5\tan\alpha = 1.5\tan15° = 0.4$ ⇒ $\dfrac{W_a}{VW_r} = \dfrac{3200}{1 \times 4000} = 0.8 > e(=0.4)$

$X = 0.65$, $Y = 0.65\cot\alpha = 0.65\cot15° = 2.43$
∴ $W = XVW_r + YW_a = 0.65 \times 1 \times 4000 + 2.43 \times 3200 = 10376N$

(2) $L_h = 500 \times \dfrac{33.3}{N} \times \left(\dfrac{C}{f_w W}\right)^r$ ⇒ $50000 = 500 \times \dfrac{33.3}{500} \times \left(\dfrac{C}{1.2 \times 10376}\right)^3$
∴ $C = 142578.2N$

02

다음 그림과 같은 1줄 겹치기 리벳 이음에서 1피치당 하중이 $20kN$으로 작용하고 있다. $t = 14mm$, $d = 21mm$, $p = 80mm$일 때 다음을 구하시오.

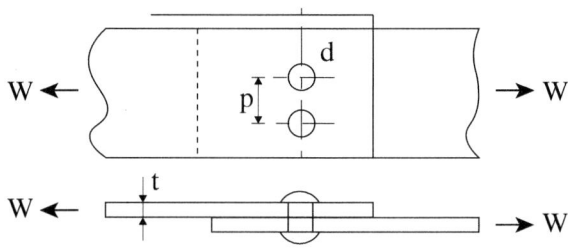

(1) 강판에 작용하는 인장응력 $\sigma_t [MPa]$
(2) 리벳에 작용하는 전단응력 $\tau [MPa]$
(3) 리벳이음의 효율 $\eta [\%]$

(1) $\sigma_t = \dfrac{\overline{W}}{(p-d)t} = \dfrac{20 \times 10^3}{(80-21) \times 14} = 24.21 MPa$

(2) $\tau = \dfrac{\overline{W}}{\dfrac{\pi d^2}{4} \times n} = \dfrac{20 \times 10^3}{\dfrac{\pi \times 21^2}{4} \times 1} = 57.74 MPa$

(3) 강판의 효율 : $\eta_t = 1 - \dfrac{d}{p} = 1 - \dfrac{21}{80} = 0.7375 = 73.75\%$

리벳의 효율 : $\eta_s = \dfrac{\pi d^2 n}{4\sigma_t pt} = \dfrac{57.74 \times \pi \times 21^2 \times 1}{4 \times 24.21 \times 80 \times 14} = 0.7376 = 73.76\%$

리벳이음의 효율은 두 효율중 작은값을 채택한다.
∴ $\eta = 73.75\%$

03

50번 Roller chain의 파단하중 $22kN$, 중심거리 $800mm$, 피치 $18.85mm$, 원동 스프로킷의 잇수 18개, 종동 스프로킷의 잇수 54개인 전동장치가 있다. 다음을 구하시오.
(단, 부하계수는 1, 안전율은 14이다.)

(1) 롤러 체인의 허용 인장력 $F[N]$
(2) 롤러 체인의 링크 수 $L_n[$개$]$

(1) $F = \dfrac{F_B}{Sk} = \dfrac{22 \times 10^3}{14 \times 1} = 1571.43 N$

(2) $L_n = \dfrac{2C}{p} + \dfrac{Z_A + Z_B}{2} + \dfrac{0.0257 p (Z_A - Z_B)^2}{C} = \dfrac{2 \times 800}{18.85} + \dfrac{18 + 54}{2} + \dfrac{0.0257 \times 18.85 \times (18-54)^2}{800}$
$= 121.67 \risingdotseq 122$개

04

분당 회전수 $700 rpm$으로 $25 kW$의 동력을 전달하는 전동축을 제작하려 한다. 굽힘모멘트가 $300 J$일 때 축의 직경은 몇 mm인가?
(단, 축재료의 허용전단응력은 $50 MPa$, 동적효과계수는 각각 $k_m = 1.5$, $k_t = 1.2$이다.)

$T = \dfrac{H}{\omega} = \dfrac{H}{\dfrac{2\pi N}{60}} = \dfrac{25 \times 10^3}{\dfrac{2\pi \times 700}{60}} = 341.05 N \cdot m (= J)$

$T_e = \sqrt{(k_m M)^2 + (k_t T)^2} = \sqrt{(1.5 \times 300)^2 + (1.2 \times 341.05)^2} = 608.27 N \cdot m (= J)$

$T_e = \tau_a Z_P = \tau_a \times \dfrac{\pi d^3}{16} \Rightarrow \therefore d = \sqrt[3]{\dfrac{16 T_e}{\pi \tau_a}} = \sqrt[3]{\dfrac{16 \times 608.27 \times 10^3}{\pi \times 50}} = 39.57 mm$

05

전체 하중이 $30000N$인 건설 장비를 6개소에서 처짐량이 $60mm$가 되도록 균등하게 지지하기 위한 원통형 코일 스프링의 소선의 직경은 $18mm$이다. 스프링지수 $C=10$, $K=1.14$, $G=81GPa$일 때 다음을 구하시오.

(1) 유효 권수 n[권]
(2) 전단 응력 τ[MPa]

(1) $P = \dfrac{30000}{n} = \dfrac{30000}{6} = 5000N$

$C = \dfrac{D}{d} \Rightarrow D = Cd = 10 \times 18 = 180mm$

$\delta = \dfrac{8nPD^3}{Gd^4} \Rightarrow \therefore n = \dfrac{Gd^4\delta}{8PD^3} = \dfrac{81 \times 10^3 \times 18^4 \times 60}{8 \times 5000 \times 180^3} = 2.19 ≒ 3권$

(2) $\tau = \dfrac{8PDK}{\pi d^3} = \dfrac{8 \times 5000 \times 180 \times 1.14}{\pi \times 18^3} = 447.99 MPa$

06

다음 그림과 같은 밴드 브레이크에서 드럼의 분당 회전수 $300rpm$, 드럼의 지름 $500mm$, 밴드의 접촉각 $\theta = 250°$, 레버를 누르는 힘 $F=300N$, 레버의 길이 $L=800mm$, $a=50mm$, 장력비 $e^{\mu\theta} = 5.8$, 밴드의 두께 $t=2mm$, 밴드의 허용인장응력 $\sigma_t = 75MPa$, 이음효율 $\eta = 90\%$일 때 다음을 구하시오.

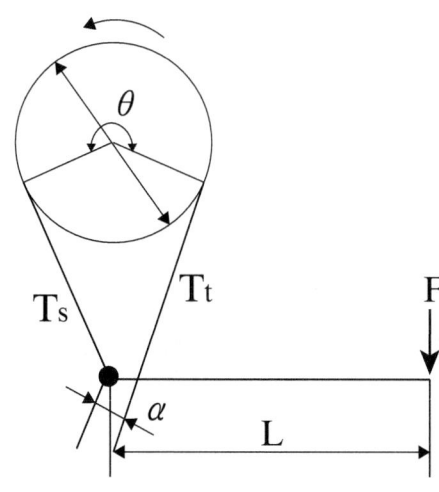

(1) 제동력 $f[N]$
(2) 제동 동력 $H[kW]$
(3) 밴드의 너비 $b[mm]$

(1) $T_t a - FL = 0 \Rightarrow T_t \times 50 - 300 \times 800 = 0 \Rightarrow T_t = 4800N$

$e^{\mu\theta} = \dfrac{T_t}{T_s} \Rightarrow T_s = \dfrac{T_t}{e^{\mu\theta}} = \dfrac{4800}{5.8} = 827.59N$

$\therefore f = T_t - T_s = 4800 - 827.59 = 3972.41N$

(2) $T = f \times \dfrac{D}{2} = 3972.41 \times \dfrac{500}{2} = 993102.5 N \cdot mm$

$\therefore H = T\omega = T \times \dfrac{2\pi N}{60} = 993102.5 \times 10^{-6} \times \dfrac{2\pi \times 300}{60} = 31.2 kW$

(3) $\sigma_t = \dfrac{T_t}{bt\eta} \Rightarrow \therefore b = \dfrac{T_t}{t\eta\sigma_t} = \dfrac{4800}{2 \times 0.9 \times 75} = 35.56 mm$

07

원추마찰차의 축각이 $85°$, 원동차가 $250 rpm$, 종동차가 $125 rpm$으로 $4kW$의 동력을 전달한다. 종동차의 외경 $500mm$, 너비 $120mm$, 마찰계수 0.3일 때 다음을 구하시오.

(1) 원동차의 원추반각 $\alpha[°]$
(2) 종동축 방향으로 미는 힘 $F_{t,B}[N]$

(1) $\varepsilon = \dfrac{N_B}{N_A} = \dfrac{125}{250} = \dfrac{1}{2}$

$\tan\alpha = \dfrac{\sin\theta}{\dfrac{1}{\varepsilon} + \cos\theta} \Rightarrow \therefore \alpha = \tan^{-1}\left(\dfrac{\sin\theta}{\dfrac{1}{\varepsilon} + \cos\theta}\right) = \tan^{-1}\left(\dfrac{\sin 85°}{2 + \cos 85°}\right) = 25.52°$

(2) $\alpha + \beta = \theta \Rightarrow \beta = \theta - \alpha = 85 - 25.52 = 59.48°$

$D_B = D_{m \cdot B} + b\sin\beta \Rightarrow D_{m \cdot B} = D_B - b\sin\beta = 500 - 120\sin 59.48° = 396.63 mm$

$v = \dfrac{\pi D_{m \cdot B} N_B}{60 \times 1000} = \dfrac{\pi \times 396.63 \times 125}{60 \times 1000} = 2.6 m/s$

$H = \mu Q v \Rightarrow Q = \dfrac{H}{\mu v} = \dfrac{4 \times 10^3}{0.3 \times 2.6} = 5128.21 N$

$\therefore F_{t,B} = Q\sin\beta = 5128.21\sin 59.48° = 4417.71 N$

08

두 줄 나사로 구성된 웜이 있다. 웜의 리드 $\ell=60mm$, 잇수 $Z_g=40$개인 웜 기어를 직경 피치 $p_d=2.8$인 호브로 절삭하려 할 때 다음을 구하시오. (단, 마찰계수는 0.05이다.)

(1) 웜의 리드각 $\beta[°]$
(2) 웜 및 웜 기어의 피치원 직경 $D_w, D_g[mm]$
(3) 중심거리 $C[mm]$
(4) 전동 효율 $\eta[\%]$

(1) $\ell=Z_w p_s \Rightarrow p_s=\dfrac{\ell}{Z_w}=\dfrac{60}{2}=30mm$

$p_n=\pi m_n=\dfrac{25.4\pi}{p_d}=\dfrac{25.4\pi}{2.8}=28.5mm$

$p_s=\dfrac{p_n}{\cos\beta} \Rightarrow \therefore \beta=\cos^{-1}\left(\dfrac{p_n}{p_s}\right)=\cos^{-1}\left(\dfrac{28.5}{30}\right)=18.19°$

(2) $\tan\beta=\dfrac{\ell}{\pi D_w} \Rightarrow \therefore D_w=\dfrac{\ell}{\pi\tan\beta}=\dfrac{60}{\pi\times\tan18.19°}=58.12mm$

$\pi D_g=p_s Z_g \Rightarrow \therefore D_g=\dfrac{p_s Z_g}{\pi}=\dfrac{30\times 40}{\pi}=381.97mm$

(3) $C=\dfrac{D_w+D_g}{2}=\dfrac{58.12+381.97}{2}=220.05mm$

(4) 1, 2줄 나사일 때 압력각은 $\alpha_n=14.5°$ 이다.

$\mu'=\tan\rho'=\dfrac{\mu}{\cos\alpha_n} \Rightarrow \rho'=\tan^{-1}\left(\dfrac{\mu}{\cos\alpha_n}\right)=\tan^{-1}\dfrac{0.05}{\cos14.5°}=2.96°$

$\therefore \eta=\dfrac{\tan\beta}{\tan(\beta+\rho')}=\dfrac{\tan18.19}{\tan(18.19+2.96)}=0.8493 \fallingdotseq 84.93\%$

09

회전수 $400rpm$, $80kW$의 동력을 전달하는 축의 직경이 $35mm$일 때 묻힘키를 제작하려 한다. 묻힘키의 너비와 높이는 $b\times h=22mm\times 14mm$이고 키재료 항복강도 $\tau=510MPa$일 때 다음을 구하시오. (단, 키의 안전율 $S=3$이다.)

(1) 전달 회전 모멘트 $T[N\cdot m]$
(2) 허용전단응력과 안전율을 고려한 키의 길이 $\ell[mm]$

(1) $T = \dfrac{H}{\omega} = \dfrac{H}{\dfrac{2\pi N}{60}} = \dfrac{80 \times 10^3}{\dfrac{2\pi \times 400}{60}} = 1909.86 N \cdot m$

(2) $\tau_k = \dfrac{\tau}{S} = \dfrac{510}{3} = 170 MPa$

$\tau_k = \dfrac{2T}{b\ell d} \Rightarrow \therefore \ell = \dfrac{2T}{bd\tau_k} = \dfrac{2 \times 1909.86 \times 10^3}{22 \times 35 \times 170} = 29.18 mm$

10

D형 V-벨트를 이용한 동력전달장치는 $1200 rpm$의 전동기 축에서 $300 rpm$의 종동축으로 전달하고자 한다. V-벨트 풀리의 축간거리는 $2m$, 직경은 각각 $300mm$, $1200mm$이다. 다음을 구하시오. (단, 벨의 가닥 수는 2가닥, 접촉각수정계수 0.98, 부하수정계수 0.7, 마찰계수 0.35, 벨트의 밀도는 $1800 kg/m^3$이다.)

종류	$a[mm]$	$b[mm]$	단면적 $A[mm^2]$	단면각도 $\alpha[°]$	인장강도$[MPa]$	허용 장력$[N]$
M	10.0	5.5	44.0		784 이상	78.4
A	12.5	9.0	83.0		1470 이상	147.0
B	16.5	11.0	137.5	40	2352 이상	235.2
C	22.0	14.0	236.7		3920 이상	392.0
D	31.5	19.0	467.1		8428 이상	842.8
E	38.0	25.5	732.3		11760 이상	1176.0

(1) 벨트 1가닥당 허용 장력 $T_t [N]$
(2) 전체 전달 동력 $H[kW]$

(1) D형 V-belt이므로 주어진 표에서 허용 장력을 선정한다.
$\therefore T_t = 842.8 N$

(2) $v = \dfrac{\pi D_A N_A}{60 \times 1000} = \dfrac{\pi \times 300 \times 1200}{60 \times 1000} = 18.84 m/s$ (부가장력을 고려한다.)

$\omega = \gamma A = \rho g A = 1800 \times 9.8 \times 467.1 \times 10^{-6} = 8.24 N/m$

$T_e = \dfrac{wv^2}{g} = \dfrac{8.24 \times 18.84^2}{9.8} = 298.44 N$

$\theta = 180 - 2\sin^{-1}\left(\dfrac{D_B - D_A}{2C}\right) = 180 - 2\sin^{-1}\left(\dfrac{1200 - 300}{2 \times 2000}\right) = 153.99°$

$\mu' = \dfrac{\mu}{\sin\dfrac{\alpha}{2} + \mu\cos\dfrac{\alpha}{2}} = \dfrac{0.35}{\sin 20° + 0.35\cos 20°} = 0.52$

$e^{\mu'\theta} = e^{0.52 \times 153.99 \times \frac{\pi}{180}} = 4.05$

$H_o = (T_t - T_e)\left(\dfrac{e^{\mu'\theta}-1}{e^{\mu'\theta}}\right)v = (842.8 - 298.44) \times 10^{-3} \times \left(\dfrac{4.05-1}{4.05}\right) \times 18.84 = 7.72 kW$

$H = k_1 k_2 H_o Z = 0.98 \times 0.7 \times 7.72 \times 2 = 10.59 kW$

11

$60kN$의 중량을 들어 올리는 나사의 유효지름 $64mm$, 피치 $5mm$인 나사잭이 있다. 레버에 작용하는 힘 $400N$, 마찰계수 0.12일 때 다음을 구하시오.

(1) 회전 토크 $T[N \cdot mm]$
(2) 레버의 길이 $L[mm]$

(1) $T = Q\left(\dfrac{p + \mu \pi d_e}{\pi d_e - \mu p}\right)\dfrac{d_e}{2} = 60 \times 10^3 \times \left(\dfrac{5 + 0.12 \times \pi \times 64}{\pi \times 64 - 0.12 \times 5}\right) \times \dfrac{64}{2} = 278979 N \cdot mm$

(2) $T = FL \Rightarrow \therefore L = \dfrac{T}{F} = \dfrac{278979}{400} = 697.45 mm$

2015 4회차 일반기계기사 필답형 기출문제

01

스퍼기어 전동장치에서 피니언이 $800rpm$으로 $25.4kW$를 전달하려 한다. 속비 $\frac{1}{4}$, 압력각 $14.5°$, 모듈 $m=5$, 이너비 $60mm$, 원주속도가 $2.723m/s$일 때 다음을 구하시오.

잇수 Z[개]	치형계수 $Y(=\pi y)$ [압력각 $\alpha=14.5°$]	치형계수 $Y(=\pi y)$ [압력각 $\alpha=20°$]
12	0.236	0.276
13	0.248	0.291
14	0.260	0.307
15	0.269	0.318
16	0.276	0.326
.	.	.
.	.	.
.	.	.
52	0.345	0.412
57	0.349	0.421
75	0.363	0.429
100	0.375	0.438

(1) 피니언과 기어의 잇수 Z_A, Z_B[개]
(2) 전달 하중 $F[N]$
(3) 피니언과 기어의 굽힘응력 σ_A, $\sigma_B[MPa]$

(1) $v = \dfrac{\pi D_A N_A}{60 \times 1000} = \dfrac{\pi m Z_A N_A}{60 \times 1000} \Rightarrow \therefore Z_A = \dfrac{60000v}{\pi m N_A} = \dfrac{60000 \times 2.723}{\pi \times 5 \times 800} = 13$개

$\varepsilon = \dfrac{Z_A}{Z_B} \Rightarrow \therefore Z_B = \dfrac{Z_A}{\varepsilon} = 4 \times 13 = 52$개

(2) $H = Fv \Rightarrow \therefore F = \dfrac{H}{v} = \dfrac{25.4 \times 10^3}{2.723} = 9327.95N$

(3) 표를보고, $Y_A = 0.248$, $Y_B = 0.345$를 선정한다.

$$f_v = \frac{3.05}{3.05+v} = \frac{3.05}{3.05+2.723} = 0.53$$

(하중계수가 주어지지 않으면 $f_w = 1$로 가정한다.)

$F = f_v f_w \sigma_A m b Y_A \Rightarrow \therefore \sigma_A = \dfrac{F}{f_v f_w m b Y_A} = \dfrac{9327.95}{0.53 \times 1 \times 5 \times 60 \times 0.248} = 236.56 MPa$

$F = f_v f_w \sigma_B m b Y_B \Rightarrow \therefore \sigma_B = \dfrac{F}{f_v f_w m b Y_B} = \dfrac{9327.95}{0.53 \times 1 \times 5 \times 60 \times 0.345} = 170.05 MPa$

02

다음 그림과 같은 자동 브레이크에서 제동력 $P = 8000N$으로 작용하고 마찰계수 0.18, 접촉각 230도, $a = 10mm$, $b = 25mm$, $\ell = 150mm$일 때 다음을 구하시오.

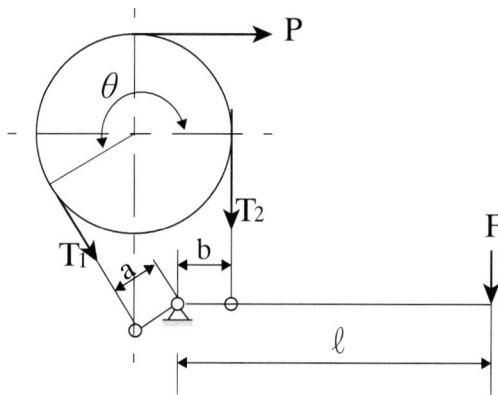

(1) 밴드 브레이크의 장력 T_1, $T_2 [N]$
(2) 레버 끝에 가하는 힘 $F[N]$

(1) $e^{\mu\theta} = e^{0.18 \times 230 \times \frac{\pi}{180}} = 2.06$

$\therefore T_1 (= T_t) = \dfrac{Pe^{\mu\theta}}{e^{\mu\theta}-1} = \dfrac{8000 \times 2.06}{2.06-1} = 15547.17 N$

$P = T_t - T_s = T_1 - T_2 = 8000 N$

$\therefore T_2 (= T_s) = T_1 - P = 15547.17 - 8000 = 7547.17 N$

(2) $T_1 a = T_2 b - F\ell \Rightarrow \therefore F = \dfrac{T_2 b - T_1 a}{\ell} = \dfrac{7547.17 \times 25 - 15547.17 \times 10}{150} = 221.38 N$

03

리벳 지름이 $25mm$, 리벳의 허용전단응력 $80MPa$인 판이 양쪽 덮개판 맞대기 이음을 하고자 한다. $200kN$의 인장력을 가할 때 리벳의 수는 몇 개인가?

$$F = \tau \frac{\pi d^2}{4} \times 1.8n \quad \Rightarrow \quad n = \frac{4F}{1.8\pi\tau d^2} = \frac{4 \times 200 \times 10^3}{1.8 \times 80 \times \pi \times 25^2} = 2.83 ≒ 3개$$

04

회전수 $450rpm$, $55kW$를 전달하는 축 이음을 하는 플랜지 커플링에서 볼트의 전단응력은 $30MPa$, 볼트 6개를 사용하였을 때 다음을 구하시오.
(단, 볼트 구멍의 피치원 직경은 $450mm$이다.)

(1) 전달 토크 $T[N \cdot m]$
(2) 볼트의 직경 $\delta_B[mm]$

(1) $T = \dfrac{H}{\omega} = \dfrac{H}{\dfrac{2\pi N}{60}} = \dfrac{55 \times 10^3}{\dfrac{2\pi \times 450}{60}} = 1167.14 N \cdot m$

(2) $T = \tau_B \times \dfrac{\pi \delta_B^2}{4} \times \dfrac{D_B}{2} \times Z \quad \Rightarrow \quad \therefore \delta_B = \sqrt{\dfrac{8T}{\pi \tau_B D_B Z}} = \sqrt{\dfrac{8 \times 1167.14 \times 10^3}{\pi \times 30 \times 450 \times 6}} = 6.06mm$

05

감속비가 $\frac{1}{20}$인 3줄 나사로 구성된 웜과 웜기어 동력전달장치가 있다. 웜의 모듈 6, 웜의 회전수 $1800 rpm$, 압력각 $20°$, 피치원 지름 $60mm$, 웜휠의 이너비 $48mm$, 유효 이너비가 $40mm$일 때 다음을 구하시오. (단, 웜의 재질은 담금질강, 웜휠은 인청동을 사용한다.)

재료		내마멸계수 $K[MPa]$
웜	웜휠	
강	인청동	411×10^{-3}
담금질강	인청동	549×10^{-3}
	주철	343×10^{-3}
	합성수지	833×10^{-3}
주철	인청동	1039×10^{-3}

(1) 웜의 리드각 $\beta[°]$
(2) 웜의 치직각 피치 $p_n[mm]$
(3) 최대 전달동력 $H[kW]$
 (단, 웜휠의 굽힘응력 $\sigma_b = 180MPa$, 치형계수 $y = 0.138$, 웜의 리드각에 의한 계수 $\phi = 1.3$)

(1) $\tan\beta = \dfrac{\ell}{\pi D_w} = \dfrac{Z_w p_s}{\pi D_w} = \dfrac{Z_w \pi m_s}{\pi D_w} = \dfrac{Z_w m_s}{D_w}$ 에서,

$\therefore \beta = \tan^{-1}\left(\dfrac{Z_w m_s}{D_w}\right) = \tan^{-1}\left(\dfrac{3 \times 6}{60}\right) = 16.7°$

(2) $p_n = p_s \cos\beta = \pi m_s \cos\beta = \pi \times 6 \times \cos 16.7° = 18.05 mm$

(3) $\varepsilon = \dfrac{N_g}{N_w} = \dfrac{Z_w}{Z_g} \Rightarrow Z_g = \dfrac{Z_w}{\varepsilon} = 20 \times 3 = 60$개, $N_g = \varepsilon N_w = \dfrac{1}{20} \times 1800 = 90 rpm$

$D_g = m_s Z_g = 6 \times 60 = 360 mm$

$v_g = \dfrac{\pi D_g N_g}{60 \times 1000} = \dfrac{\pi \times 360 \times 90}{60 \times 1000} = 1.7 m/s$

$f_v = \dfrac{6}{6 + v_g} = \dfrac{6}{6 + 1.7} = 0.78$ (금속재료이다.)

(하중계수가 주어지지 않으면 $f_w = 1$로 가정한다.)
여기서 굽힘강도를 고려한 전달하중 F_A와 면압강도를 고려한 전달하중 F_B를 비교하면
$F_A = f_v f_w \sigma_b p_n b y = 0.78 \times 1 \times 180 \times 18.05 \times 48 \times 0.138 = 16786.67 N$
$F_B = f_v \phi D_g b_e K = 0.78 \times 1.3 \times 360 \times 40 \times 549 \times 10^{-3} = 8016.28 N$
안전을 고려하여 작은 값을 선정하면 $F_B = 8016.28 N$
$\therefore H = F_B \cdot v_s = 8016.28 \times 10^{-3} \times 1.7 = 13.63 kW$

06

다음 그림과 같이 $W=1000N$, $T_t=1800N$, $T_s=1200N$으로 힘이 작용되는 벨트 전동 장치가 회전수 $1200rpm$으로 동력 $28kW$를 전달한다. 다음을 구하시오.

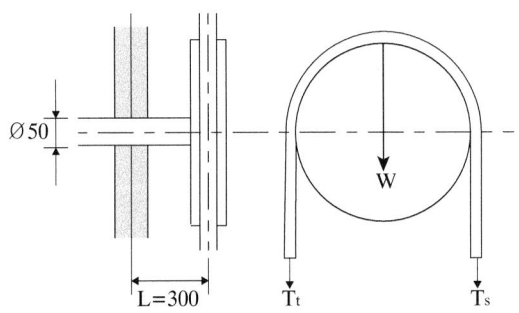

(1) 축에 작용하는 굽힘 모멘트 $M[N \cdot m]$
(2) 축에 작용하는 비틀림 모멘트 $T[N \cdot m]$
(3) 상당 굽힘 모멘트 $M_e[N \cdot m]$
(4) 축에 발생하는 굽힘응력 $\sigma_b[MPa]$

(1) $M = PL = (T_t + W + T_s)L = (1800 + 1000 + 1200) \times 0.3 = 1200 N \cdot m$

(2) $T = \dfrac{H}{\omega} = \dfrac{H}{\dfrac{2\pi N}{60}} = \dfrac{28 \times 10^3}{\dfrac{2\pi \times 1200}{60}} = 222.82 N \cdot m$

(3) $M_e = \dfrac{1}{2}(M + \sqrt{M^2 + T^2}) = \dfrac{1}{2} \times (1200 + \sqrt{1200^2 + 222.82^2}) = 1210.26 N \cdot m$

(4) $\sigma_b = \dfrac{M_e}{Z} = \dfrac{M_e}{\dfrac{\pi d^3}{32}} = \dfrac{1210.26 \times 10^3}{\dfrac{\pi \times 50^3}{32}} = 98.62 MPa$

07

다음 그림과 같은 스플라인 동력전달장치의 전달동력 $H[kW]$을 구하시오.
(단, 스플라인의 회전수 $N=1050rpm$, 보스길이 $\ell=120mm$, 허용면압력 $q_a=12MPa$, 모따기 $c=0.3mm$, 잇수 $Z=6$개, $d_2=54mm$, $d_1=50mm$, $h=2mm$, $b=10mm$, 접촉효율 75%이다.)

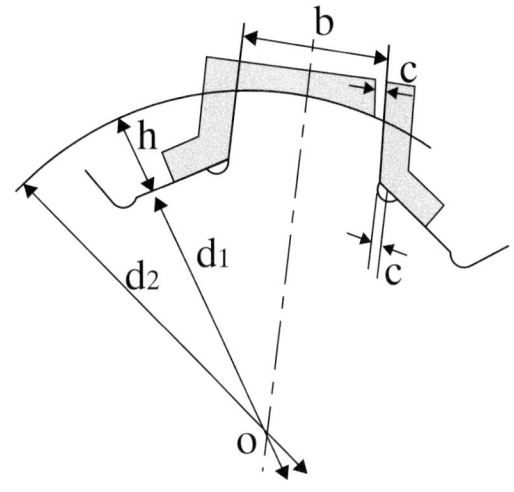

$$T = (h-2c)q_a\ell\left(\frac{d_2+d_1}{4}\right)\eta Z = (2-2\times0.3)\times12\times120\times\left(\frac{54+50}{4}\right)\times0.75\times6$$
$$= 235872 N \cdot mm$$
$$\therefore H = T\omega = T\times\frac{2\pi N}{60} = 235872\times10^{-6}\times\frac{2\pi\times1050}{60} = 25.94 kW$$

08

외경 $50mm$인 나사잭이 2.5회전을 하여 $25mm$를 전진할 때 다음을 구하시오.
(단, 마찰계수 $\mu = 0.15$, 너트의 유효직경은 $0.76d_2$이다.)

(1) $200mm$의 길이를 가진 스패너를 $50N$의 힘으로 돌릴 때 들어 올릴 수 있는 하중 $Q\,[N]$
(2) 나사의 효율 $\eta\,[\%]$

(1) 나사잭이 2.5회전을 하여 25mm를 전진시킨다. ⇒ $\ell = \dfrac{25}{2.5} = 10mm$

$\ell = np \Rightarrow p = \dfrac{\ell}{n} = \dfrac{10}{1} = 10mm$, $d_e = 0.76 d_2 = 0.76 \times 50 = 38mm$

$T = FL = Q\left(\dfrac{p + \mu\pi d_e}{\pi d_e - \mu p}\right)\dfrac{d_e}{2}$ 에서,

$\therefore Q = \dfrac{FL}{\left(\dfrac{p + \mu\pi d_e}{\pi d_e - \mu p}\right)\dfrac{d_e}{2}} = \dfrac{50 \times 200}{\left(\dfrac{10 + 0.15\pi \times 38}{\pi \times 38 - 0.15 \times 10}\right) \times \dfrac{38}{2}} = 2223.18 N$

(2) $\eta = \dfrac{pQ}{2\pi T} = \dfrac{pQ}{2\pi \times FL} = \dfrac{10 \times 2223.18}{2\pi \times 50 \times 200} = 0.3538 = 35.38\%$

09

홈붙이 마찰차에서 $4.35 kW$ 동력을 전달하고자 한다. 원동차의 평균직경 $250mm$, 회전수 $750 rpm$, 종동차의 평균직경 $500mm$일 때 다음을 구하시오.
(단, 허용접촉선압력 $f = 30 N/mm$, 마찰계수 $\mu = 0.15$, V홈 각도는 $40°$이다.)

(1) 전달 하중 $F[N]$
(2) 마찰차를 밀어 붙이는 힘 $P[N]$
(3) 홈의 수 $Z[개]$

(1) $v = \dfrac{\pi D_A N_A}{60 \times 1000} = \dfrac{\pi \times 250 \times 750}{60 \times 1000} = 9.82 m/s$

$H = Fv \Rightarrow \therefore F = \dfrac{H}{v} = \dfrac{4.35 \times 10^3}{9.82} = 442.97 N$

(2) $\mu' = \dfrac{\mu}{\sin\alpha + \mu\cos\alpha} = \dfrac{0.15}{\sin 20° + 0.15\cos 20°} = 0.31$

$H = \mu' P v \Rightarrow \therefore P = \dfrac{H}{\mu' v} = \dfrac{4.35 \times 10^3}{0.31 \times 9.82} = 1428.95 N$

(3) $h = 0.28\sqrt{\mu' P} = 0.28\sqrt{0.31 \times 1428.95} = 5.89 mm$

$F = \mu Q = \mu' P \Rightarrow Q = \dfrac{\mu' P}{\mu} = \dfrac{0.31 \times 1428.95}{0.15} = 2953.16 N$

$\therefore Z = \dfrac{Q}{2hf} = \dfrac{2953.16}{2 \times 5.89 \times 30} = 8.36 \fallingdotseq 9 개$

10

$No.6310$ 1열 레이디얼 볼 베어링($C=32kN$)에 $1.7kN$의 레이디얼 하중이 작용할 때 다음을 구하시오. (단, 한계속도지수 $dN=200000$, 하중계수 $f_w=1.5$이다.)

(1) 베어링의 안지름 $d[mm]$
(2) 베어링의 최대 사용 회전수 $N[rpm]$
(3) 베어링의 수명시간 $L_h[hr]$

(1) $d = 10 \times 5 = 50mm$

(2) $dN = 200000 \Rightarrow \therefore N = \dfrac{200000}{d} = \dfrac{200000}{50} = 4000rpm$

(3) $L_h = 500 \times \dfrac{33.3}{N} \times \left(\dfrac{C}{f_w W}\right)^r = 500 \times \dfrac{33.3}{4000} \times \left(\dfrac{32}{1.5 \times 1.7}\right)^3 = 8225.9hr$

11

$2.5MPa$의 압력이 작용하는 용기가 있다. 이때 안지름이 $4.5m$, 리벳의 이음효율이 85%, 판의 인장강도가 $458.62MPa$일 때 두께를 구하시오. (단, 안전율은 5이고, 부식여유는 $2mm$이다.)

$\sigma_a = \dfrac{\sigma_t}{S} = \dfrac{458.62}{5} = 91.72MPa$

$\therefore t = \dfrac{pd}{2\sigma_a \eta} + C = \dfrac{2.5 \times 4.5 \times 10^3}{2 \times 91.72 \times 0.85} + 2 = 74.15mm$

2016 1회차 일반기계기사 필답형 기출문제

01

$8kN$의 축하중을 들어 올리려 하는 사다리꼴 나사잭이 있다. 나사면 마찰계수 0.15, 칼라자리부 마찰계수 0.05, 칼라자리부 평균지름 $30mm$, 나사잭의 외경 $22mm$, 유효직경 $20mm$, 골지름 $18mm$, 피치 $5mm$일 때 다음을 구하시오.

(1) 축하중을 들어 올리기 위한 토크 $T[N \cdot m]$
(2) 레버에 가하는 힘 $F[N]$ (단, 레버의 길이는 $500mm$이다.)
(3) 너트의 높이 $H[mm]$ (단, 접촉허용면압력 $q_a = 8MPa$이다.)

(1) $\mu' = \dfrac{\mu}{\cos\dfrac{\alpha}{2}} = \dfrac{0.15}{\cos\dfrac{30°}{2}} = 0.1553$

$\therefore T = T_1 + T_2 = \mu_1 Q r_m + Q\left(\dfrac{p + \mu'\pi d_e}{\pi d_e - \mu' p}\right)\dfrac{d_e}{2}$ 에서,

$= 0.05 \times 8 \times 10^3 \times 15 + 8 \times 10^3 \times \left(\dfrac{5 + 0.1553\pi \times 20}{\pi \times 20 - 0.1553 \times 5}\right) \times \dfrac{20}{2}$

$= 25025.32 N \cdot mm = 25.03 N \cdot m$

(2) $T = FL \Rightarrow \therefore F = \dfrac{T}{L} = \dfrac{25.03 \times 10^3}{500} = 50.06 N$

(3) $H = \dfrac{pQ}{\dfrac{\pi}{4}(d_2^2 - d_1^2) q_a} = \dfrac{5 \times 8 \times 10^3}{\dfrac{\pi}{4}(22^2 - 18^2) \times 8} = 39.79 mm$

02

분당 회전수 $750 rpm$으로 회전하는 엔드저널 $4800N$의 베어링 하중을 지지하고 있다. 압력속도계수 $2N/mm^2 \cdot m/s$, 허용베어링 압력 $5MPa$일 때 다음을 구하시오.

(1) 저널의 길이 $\ell[mm]$
(2) 저널의 지름 $d[mm]$

(1) $pv = \dfrac{\pi WN}{60000\ell} \Rightarrow \therefore \ell = \dfrac{\pi WN}{60000pv} = \dfrac{\pi \times 4800 \times 750}{60000 \times 2} = 94.25mm$

(2) $p = \dfrac{W}{d\ell} \Rightarrow \therefore d = \dfrac{W}{\ell p} = \dfrac{4800}{94.25 \times 5} = 10.19mm$

03

축간거리 $C = 400mm$, 원동차의 회전수 $N_A = 300rpm$, 종동차의 회전수 $N_B = 150rpm$인 외접 원통 마찰차의 원동차의 직경 D_A, 종동차의 직경 D_B는 몇 mm인가?

$i = \dfrac{N_B}{N_A} = \dfrac{D_A}{D_B} \Rightarrow D_A = D_B \times \dfrac{N_B}{N_A} = D_B \times \dfrac{150}{300} = \dfrac{1}{2}D_B$

$C = \dfrac{D_A + D_B}{2} \Rightarrow D_A + D_B = 2C = 2 \times 400 = 800mm$

$\dfrac{1}{2}D_B + D_B = 800 \Rightarrow \therefore D_B = 533.33mm$

$\therefore D_A = \dfrac{1}{2}D_B = \dfrac{1}{2} \times 533.33 = 266.67mm$

04

다음 그림과 같은 블록 브레이크는 권상 하중 W의 자유 낙하를 방지하려 한다. 브레이크 용량 $1.03N/mm^2 \cdot m/s$, 블록의 허용압력 $183.4kPa$, 블록과 드럼의 마찰계수는 0.3일 때 다음을 구하시오.

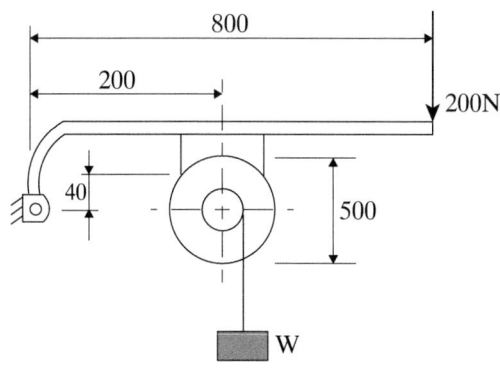

(1) 제동 토크 $T[N \cdot m]$
(2) 브레이크 드럼의 최대 회전수 $N[rpm]$

(1) $Fa - Pb + \mu Pc = 0 \Rightarrow P = \dfrac{Fa}{b - \mu c} = \dfrac{200 \times 800}{200 - 0.3 \times 40} = 851.06N$

$\therefore T = \mu P \dfrac{D}{2} = 0.3 \times 851.06 \times \dfrac{0.5}{2} = 63.83 N \cdot m$

(2) $\mu q v = 1.03 \Rightarrow v = \dfrac{1.03}{\mu q} = \dfrac{1.03}{0.3 \times 183.4 \times 10^{-3}} = 18.72 m/s$

$v = \dfrac{\pi D N}{60 \times 1000} \Rightarrow \therefore N = \dfrac{60000 v}{\pi D} = \dfrac{60000 \times 18.72}{\pi \times 500} = 715.05 rpm$

05

1줄 겹치기 리벳이음에서 강판의 두께 $t = 5mm$, 강판의 인장응력 $\sigma_t = 90MPa$, 리벳의 전단응력 $\tau = 65MPa$일 때 다음을 구하시오.
(단, 강판의 압축응력은 인장응력과 동일한 응력 크기를 가진다.)

(1) 리벳의 직경 $d[mm]$
(2) 피치 $p[mm]$
(3) 강판 효율 $\eta_t [\%]$
(4) 리벳 효율 $\eta_s [\%]$

(1) 강판의 압축응력은 인장응력과 동일한 응력 크기를 가졌으므로, $\sigma_c = \sigma_t = 90MPa$이다.

$\therefore d = \dfrac{4 \sigma_c t}{\pi \tau} = \dfrac{4 \times 90 \times 5}{\pi \times 65} = 8.81 mm$

(2) $p = d + \dfrac{\pi d^2 n}{4 \sigma_t t} = 8.81 + \dfrac{65 \times \pi \times 8.81^2 \times 1}{4 \times 90 \times 5} = 17.62 mm$

(3) $\eta_t = 1 - \dfrac{d}{p} = 1 - \dfrac{8.81}{17.62} = 0.5 ≒ 50\%$

(4) $\eta_s = \dfrac{\pi d^2 n}{4 \sigma_t pt} = \dfrac{65 \times \pi \times 8.81^2 \times 1}{4 \times 90 \times 17.62 \times 5} = 0.5 ≒ 50\%$

06

다음 나사의 종류는?

(1) 몸체를 침탄 담금질 처리를 하여 경화시킨 나사로 구멍에 끼워 암나사를 내면서 죄며, 비교적 가벼운 커버나 부품을 장착하기 위해 사용되는 나사는?
(2) 헐거움을 방지하기 위해 2개의 너트를 겹쳐 사용하는 경우의 아래에 위치한 너트는?
(3) 리머로 다듬질한 구멍에 박아 체결하는 볼트는?

(1) 태핑 나사(Tapping Screw)
(2) 로크 너트(Lock Nut)
(3) 리머 볼트(Reamer Bolt)

07

원동차의 회전수 $1800 rpm$, 전달 동력 $5kW$, 원동차 직경 $180mm$, 축간거리는 $1750mm$인 V-belt pulley가 있다. 속비 $\frac{1}{4}$, V-belt의 단위 길이당 하중 $0.15 kg/m$, 마찰계수는 0.35일 때 다음을 구하시오. (단, 홈의 각도는 40도이다.)

(1) 벨트의 길이 $L[mm]$
(2) 벨트의 접촉 중심각 $\theta_A,\ \theta_B[°]$
(3) 벨트의 긴장측 장력 $T_t[N]$

(1) $\varepsilon = \dfrac{D_A}{D_B} \Rightarrow D_B = \dfrac{D_A}{\varepsilon} = 4 \times 180 = 720mm$

$\therefore L = 2C + \dfrac{\pi(D_A + D_B)}{2} + \dfrac{(D_B - D_A)^2}{4C} = 2 \times 1750 + \dfrac{\pi(180 + 720)}{2} + \dfrac{(720 - 180)^2}{4 \times 1750} = 4955.37 mm$

(2) $\theta_A = 180° - 2\sin^{-1}\left(\dfrac{D_B - D_A}{2C}\right) = 180° - 2\sin^{-1}\left(\dfrac{720 - 180}{2 \times 1750}\right) = 162.25°$

$\theta_B = 180° + 2\sin^{-1}\left(\dfrac{D_B - D_A}{2C}\right) = 180° + 2\sin^{-1}\left(\dfrac{720 - 180}{2 \times 1750}\right) = 197.75°$

(3) $v = \dfrac{\pi D_A N_A}{60 \times 1000} = \dfrac{\pi \times 180 \times 1800}{60 \times 1000} = 16.96 m/s$ (부가장력을 고려한다.)

$T_e = mv^2 = 0.15 \times 16.96^2 = 43.15 N$

$\mu' = \dfrac{\mu}{\sin\dfrac{\alpha}{2} + \mu\cos\dfrac{\alpha}{2}} = \dfrac{0.35}{\sin 20° + 0.35\cos 20°} = 0.522$

$e^{\mu'\theta} = e^{0.522 \times 162.25 \times \frac{\pi}{180}} = 4.39$

$\therefore T_t = \left(\dfrac{e^{\mu'\theta}}{e^{\mu'\theta}-1}\right)\dfrac{H_0}{v} + T_e = \left(\dfrac{4.39}{4.39-1}\right) \times \dfrac{5 \times 10^3}{16.96} + 43.15 = 424.93 N$

08

모듈 $m = 5$, 압력각이 $14.5°$, 소 기어의 잇수가 26개, 대 기어의 잇수가 32개인 전위기어가 있다. 다음을 구하시오.

압력각 (α)	소수점 둘째 자리				
	0	2	4	6	8
14.0	0.004982	0.005004	0.005025	0.005047	0.002069
14.1	0.005091	0.005113	0.005135	0.005158	0.005180
14.2	0.005202	0.005225	0.005247	0.005269	0.005292
14.3	0.005315	0.005337	0.005360	0.005383	0.005406
14.4	0.005429	0.005452	0.005475	0.005498	0.005522
14.5	0.005545	0.005568	0.005592	0.005615	0.005639
14.6	0.005662	0.005686	0.005710	0.005734	0.005758
14.7	0.005782	0.005806	0.005830	0.005854	0.005878
14.8	0.005903	0.005927	0.005952	0.005976	0.006001
14.9	0.006025	0.006050	0.006075	0.006100	0.006125
15.0	0.006150	0.006175	0.006200	0.006225	0.006251
15.1	0.006276	0.006301	0.006327	0.006353	0.006378
15.2	0.006404	0.006430	0.006456	0.006482	0.006508
15.3	0.006534	0.006560	0.006586	0.006612	0.006639
15.4	0.006665	0.006692	0.006718	0.006745	0.006772
15.5	0.006799	0.006825	0.006852	0.006879	0.006906
15.6	0.006934	0.006961	0.006988	0.007016	0.007043
15.7	0.007071	0.007098	0.007216	0.007154	0.007182
15.8	0.007209	0.007237	0.007266	0.007294	0.007322
15.9	0.007350	0.007379	0.007407	0.007435	0.007464
16.0	0.007493	0.007521	0.007550	0.007579	0.007608
16.1	0.007637	0.007666	0.007695	0.007725	0.007754
16.2	0.007784	0.007813	0.007843	0.007872	0.007902
16.3	0.007932	0.007962	0.007992	0.008022	0.008052
16.4	0.008082	0.008112	0.008143	0.008173	0.008204
16.5	0.008234	0.008265	0.008296	0.008326	0.008357

(1) 소 기어와 대 기어의 전위량 $mx_A, mx_B[mm]$
(2) 두 기어의 치면 높이가 0이 되게 하는 물림 압력각 $a_b[°]$
    (단, 표를 이용하여, 소수점 4자리까지 나타내시오.)
(3) 축간 중심거리 $C_f[mm]$
(4) 소 기어의 외경 $D_{kA}[mm]$
(5) 대 기어의 외경 $D_{kB}[mm]$

(1) $\alpha_n = 14.5°$ 일 때 $x = 1 - \dfrac{Z}{32}$ 에서,

   소 기어의 전위 계수 : $x_A = 1 - \dfrac{Z_A}{32} = 1 - \dfrac{26}{32} = 0.19$

   대 기어의 전위 계수 : $x_B = 1 - \dfrac{Z_B}{32} = 1 - \dfrac{32}{32} = 0$

   $\therefore x_A m = 0.19 \times 5 = 0.95mm, \ x_B m = 0mm$

(2) $inv\alpha_b° = inv\alpha + 2\left(\dfrac{x_A + x_B}{Z_A + Z_B}\right)\tan\alpha = 0.005545 + 2 \times \left(\dfrac{0.19 + 0}{26 + 32}\right) \times \tan14.5° = 0.007239$

   여기서 표를 보면, 0.007239는,
   $\alpha = 15.82°(= 0.007237)$값과 $\alpha = 15.84°(= 0.007266)$값 사이에 있으므로
   보간법을 이용하여 값을 도출한다.

   $\therefore \alpha_b = 15.82 + \dfrac{0.007239 - 0.007237}{0.007266 - 0.007237} \times (15.84 - 15.82) = 15.8214°$

(3) $y = \dfrac{Z_A + Z_B}{2}\left(\dfrac{\cos\alpha}{\cos\alpha_b} - 1\right) = \dfrac{26 + 32}{2} \times \left(\dfrac{\cos14.5°}{\cos15.8214°} - 1\right) = 0.1818$

   $\triangle C = ym = 0.1818 \times 5 = 0.91mm$

   $\therefore C_f = C + \triangle C = \dfrac{m(Z_A + Z_B)}{2} + \triangle C = \dfrac{5(26 + 32)}{2} + 0.91 = 145.91mm$

(4) $D_{kA} = (Z_A + 2)m + 2(y - x_B)m = (26 + 2) \times 5 + 2(0.1818 - 0) \times 5 = 141.82mm$

(5) $D_{kB} = (Z_B + 2)m + 2(y - x_A)m = (32 + 2) \times 5 + 2(0.1818 - 0.19) \times 5 = 169.92mm$

09

V홈 마찰차에서 주동차의 회전수 $N_A = 600rpm$, 종동차의 회전수 $N_B = 300rpm$, $7.5kW$의 동력을 전달하려 한다. 중심거리 $C = 500mm$, 마찰계수 $\mu = 0.18$, 홈의 각도 $40°$ 일 때 다음을 구하시오.

(1) 상당마찰계수 μ'
(2) 홈 마찰차의 전달력 $F[N]$
(3) 홈 마찰차를 축 방향으로 미는 힘 $P[N]$

(1) $\mu' = \dfrac{\mu}{\sin\alpha + \mu\cos\alpha} = \dfrac{0.18}{\sin 20° + 0.18\cos 20°} = 0.35$

(2) $\varepsilon = \dfrac{N_B}{N_A} = \dfrac{D_A}{D_B} \Rightarrow D_B = D_A \times \dfrac{N_A}{N_B} = D_A \times \dfrac{600}{300} = 2D_A$

$C = \dfrac{D_A + D_B}{2} \Rightarrow D_A + D_B = 2C = 2 \times 500 = 1000mm$

$D_A + 2D_A = 1000 \Rightarrow D_A = 333.33mm$

$v = \dfrac{\pi D_A N_A}{60 \times 1000} = \dfrac{\pi \times 333.33 \times 600}{60 \times 1000} = 10.47 m/s$

$H = Fv \Rightarrow \therefore F = \dfrac{H}{v} = \dfrac{7.5 \times 10^3}{10.47} = 716.33 N$

(3) $F = \mu Q = \mu' P \Rightarrow \therefore P = \dfrac{F}{\mu'} = \dfrac{716.33}{0.35} = 2046.66 N$

10

외경 $300mm$, 내경 $180mm$의 단판 클러치에서 접촉면압력 $0.26MPa$, 마찰계수를 0.15로 할 때 단판 클러치는 $2000rpm$으로 몇 kW를 전달할 수 있는가?

$D_m = \dfrac{D_2 + D_1}{2} = \dfrac{300 + 180}{2} = 240mm, \quad b = \dfrac{D_2 - D_1}{2} = \dfrac{300 - 180}{2} = 60mm$

$q = \dfrac{2T}{\mu \pi D_m^2 b} \Rightarrow \therefore T = \dfrac{\mu \pi D_m^2 bq}{2} = \dfrac{0.15\pi \times 240^2 \times 60 \times 0.26}{2} = 211718.21 N\cdot mm$

$\therefore H = T\omega = T \times \dfrac{2\pi N}{60} = 211718.21 \times 10^{-6} \times \dfrac{2\pi \times 2000}{60} = 44.34 kW$

11

다음 겹판 스프링에서, 스팬의 길이 $\ell = 2000mm$, 하중 $P = 4500N$, 너비 $b = 120mm$, 밴드의 나이 $e = 100mm$, 두께 $h = 12mm$, 스프링에 발생하는 굽힘응력 $\sigma = 180MPa$일 때 다음을 구하시오. (단, 스프링의 상당길이 $\ell' = \ell - 0.6e$, 종탄성계수 $E = 210GPa$이다.)

(1) 판의 수 $n[장]$
(2) 스프링의 처짐량 $\delta[mm]$
(3) 고유 진동수 $f_n[Hz]$

(1) $\ell' = \ell - 0.6e = 2000 - 0.6 \times 100 = 1940mm$

$\sigma = \dfrac{3P\ell'}{2nbh^2} \Rightarrow \therefore n = \dfrac{3P\ell'}{2bh^2\sigma} = \dfrac{3 \times 4500 \times 1940}{2 \times 120 \times 12^2 \times 180} = 4.21 ≒ 5장$

(2) $\delta = \dfrac{3P\ell'^3}{8nbh^3E} = \dfrac{3 \times 4500 \times 1940^3}{8 \times 5 \times 120 \times 12^3 \times 210 \times 10^3} = 56.59mm$

(3) $f_n = \dfrac{w_n}{2\pi} = \dfrac{1}{2\pi}\sqrt{\dfrac{g}{\delta}} = \dfrac{1}{2\pi}\sqrt{\dfrac{9800}{56.59}} = 2.09Hz$

12

잇수가 6개, 스플라인의 유효길이(보스 길이)는 $150mm$, 외경 $92mm$, 내경 $86mm$, 접촉효율이 75%인 스플라인 축이 있다. 이러한 스플라인 축이 $200rpm$으로 회전할 때 다음을 구하시오. (단, 허용접촉면압력 $q_a = 20MPa$이다.)

(1) 전달 토크 $T[N \cdot mm]$
(2) 전달 동력 $H[kW]$

(1) 이 높이 : $h = \dfrac{d_2 - d_1}{2} = \dfrac{92 - 86}{2} = 3mm$, 모따기($c$)는 주어지지 않으면 무시한다.

$\therefore T = (h - 2c)q_a\ell\left(\dfrac{d_2 + d_1}{4}\right)\eta Z = 3 \times 20 \times 150 \times \left(\dfrac{92 + 86}{4}\right) \times 0.75 \times 6 = 1802250 N \cdot mm$

(2) $H = T\omega = T \times \dfrac{2\pi N}{60} = 1802250 \times 10^{-6} \times \dfrac{2\pi \times 200}{60} = 37.75kW$

2016 2회차 일반기계기사 필답형 기출문제

01

다음 그림과 같은 두께 $25mm$의 강판이 다음 그림과 같이 용접사이즈 $10mm$로 필릿용접되어 하중을 받고 있다. 허용전단응력이 $150MPa$, $b = d = 50mm$, $L = 150mm$이고, 용접부 단면의 극단면 모멘트 $I_P = 0.707h\dfrac{d(3b^2+d^2)}{6}$ 일 때, 허용하중 F는 몇 N인가?

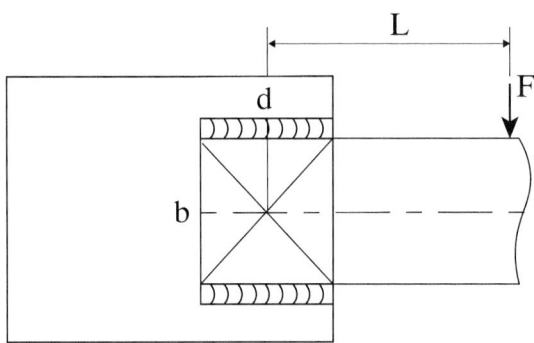

$$\tau_1 = \frac{F}{A} = \frac{F}{2da} = \frac{F}{2dh\cos 45°} = \frac{F}{2 \times 50 \times 10\cos 45°} = 1414.21 \times 10^{-6} F[MPa] = 1414.21 F[Pa]$$

$$\tau_2 = \frac{FLr_{\max}}{I_P} = \frac{F \times 150 \times \sqrt{25^2 + 25^2}}{0.707 \times 10 \times \dfrac{50(3 \times 50^2 + 50^2)}{6}} = 9001.36 \times 10^{-6} F[MPa] = 9001.36 F[Pa]$$

$$\cos\theta = \frac{25}{r_{\max}} = \frac{25}{\sqrt{25^2 + 25^2}} = 0.707$$

$\tau_{\max} = \sqrt{\tau_1^2 + \tau_2^2 + 2\tau_1\tau_2\cos\theta} \;\;\Rightarrow\;\; \tau_{\max}^2 = \tau_1^2 + \tau_2^2 + 2\tau_1\tau_2\cos\theta$

$(140 \times 10^6)^2 = F^2[(1414.21^2 + 9001.36^2) + (2 \times 1414.21 \times 9001.36 \times 0.707)]$

$\therefore F = 13928.84 N$

02

120kN의 하중을 나사잭으로 들어 올리려 한다. 사각나사의 유효지름 20mm, 피치 8mm, 마찰계수 0.2일 때 다음을 구하시오.

(1) 하중을 들어 올리기 위한 회전 토크 $T[N \cdot mm]$
(2) 레버 끝에 가하는 힘 $F[N]$ (단, 레버의 유효길이 $L = 300mm$이다.)
(3) 너트의 높이 $H[mm]$ (단, 나사면의 허용압력 $q_a = 25MPa$이다.)

(1) $T = Q\left(\dfrac{p + \mu\pi d_e}{\pi d_e - \mu p}\right)\dfrac{d_e}{2} = 120 \times 10^3 \times \left(\dfrac{8 + 0.2\pi \times 20}{\pi \times 20 - 0.2 \times 8}\right) \times \dfrac{20}{2} = 403052.39 N \cdot mm$

(2) $T = FL \Rightarrow \therefore F = \dfrac{T}{L} = \dfrac{403052.39}{300} = 1343.51 N$

(3) 산 높이 : $h = \dfrac{p}{2} = \dfrac{8}{2} = 4mm$

$\therefore H = \dfrac{pQ}{\pi d_e h q_a} = \dfrac{8 \times 120 \times 10^3}{\pi \times 20 \times 4 \times 25} = 152.79mm$

03

다음 그림과 같이 길이 1200mm, 지름 50mm인 전동축에 매달린 풀리의 무게가 40kg, 스프링 상수 $k = 80 \times 10^6 N/m$, 축의 세로탄성계수는 $200 GPa$일 때 다음을 구하시오.

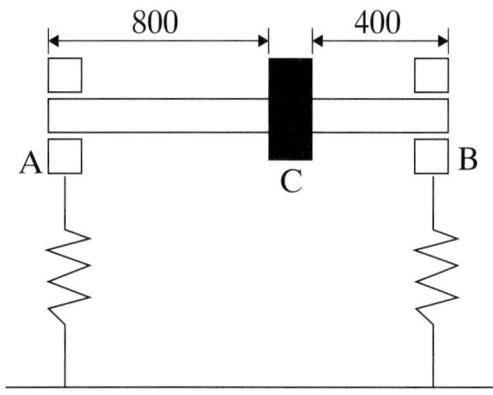

(1) 축의 최대 처짐량 $\delta_{\max}[mm]$
(2) 축 처짐에 의한 위험속도 $N_C[rpm]$ (단, 축의 자중은 무시한다.)

(1) 스프링 A의 처짐량 : $\delta_A = \dfrac{R_A}{k} = \dfrac{Wb}{k\ell} = \dfrac{40 \times 9.8 \times 0.4}{80 \times 10^6 \times 1.2} = 1.63 \times 10^{-6} m$

 스프링 B의 처짐량 : $\delta_B = \dfrac{R_B}{k} = \dfrac{Wa}{k\ell} = \dfrac{40 \times 9.8 \times 0.8}{80 \times 10^6 \times 1.2} = 3.27 \times 10^{-6} m$

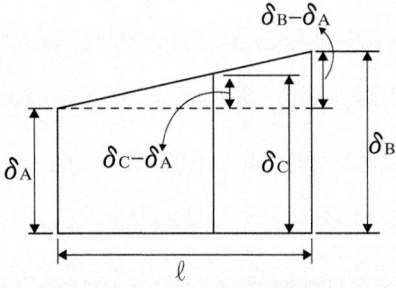

비례식 $\Rightarrow a : \delta_C - \delta_A = \ell : \delta_B - \delta_A$
스프링 A, B의 처짐에 의한 풀리 C의 처짐량(δ_C)은,
$\delta_C = \dfrac{(\delta_B - \delta_A)a}{\ell} + \delta_A = \dfrac{(3.27 \times 10^{-6} - 1.63 \times 10^{-6}) \times 0.8}{1.2} + 1.63 \times 10^{-6} = 2.72 \times 10^{-6} m$
풀리만의 처짐량(δ_P)은,
$\delta_P = \dfrac{Wa^2 b^2}{3\ell EI} = \dfrac{40 \times 9.8 \times 0.8^2 \times 0.4^2}{3 \times 1.2 \times 200 \times 10^9 \times \dfrac{\pi \times 0.05^4}{64}} = 181.72 \times 10^{-6} m$

$\therefore \delta_{\max} = \delta_C + \delta_P = 2.72 \times 10^{-6} + 181.72 \times 10^{-6} = 184.44 \times 10^{-6} m = 184.44 \mu m$

(2) $N_C = \dfrac{30}{\pi} \sqrt{\dfrac{g}{\delta_{\max}}} = \dfrac{30}{\pi} \sqrt{\dfrac{9.8 \times 10^6}{184.44}} = 2201.19 rpm$

04

너클 핀 재료의 허용전단응력은 $34 MPa$, $b = 1.3d$일 때, 너클 핀에 $7500 N$의 인장 하중이 작용할 때 다음을 구하시오.

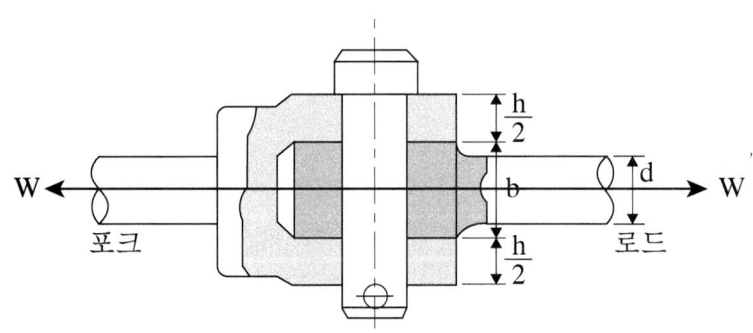

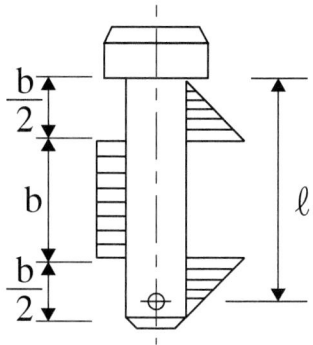

(1) 핀의 지름 $d[mm]$
(2) 핀의 최대굽힘응력 $\sigma_{\max}[MPa]$

(1) $\tau_a = \dfrac{P}{2A} = \dfrac{P}{2 \times \dfrac{\pi}{4}d^2}$ $\therefore d = \sqrt{\dfrac{2P}{\pi \tau_a}} = \sqrt{\dfrac{2 \times 7500}{\pi \times 34}} = 11.85 mm$

(2) $M = \sigma_{\max} Z$에서 양단고정 이므로, $\dfrac{P\ell}{8} = \sigma_{\max} \times \dfrac{\pi d^3}{32}$

$\therefore \sigma_{\max} = \dfrac{4P\ell}{\pi d^3} = \dfrac{4P \times 2b}{\pi d^3} = \dfrac{4P \times 2 \times 1.3d}{\pi d^3} = \dfrac{4 \times 7500 \times 2 \times 1.3 \times 11.85}{\pi \times 11.85^3} = 176.81 MPa$

05

$No.7208$ 단열 앵귤러 볼 베어링에 레이디얼 하중 $3kN$, 스러스트 하중 $1.8kN$이 작용한다. 외륜은 고정하고 내륜은 $2500rpm$으로 회전하며 레이디얼 계수 0.53, 스러스트 계수 1.58, 기본 동정격 하중 $63kN$일 때 다음을 구하시오.

(1) 베어링의 등가 하중 $W[kN]$
(2) 베어링의 수명 시간 $L_h[hr]$

(1) 내륜회전이므로 회전 계수 $V=1$이다.
$\therefore W = XVW_r + YW_t = 0.53 \times 1 \times 3 + 1.58 \times 1.8 = 4.43 kN$

(2) $L_h = 500 \times \dfrac{33.3}{N} \times \left(\dfrac{C}{W}\right)^r = 500 \times \dfrac{33.3}{2500} \times \left(\dfrac{63}{4.43}\right)^3 = 19155.11 hr$

06

축간거리 $C = 600mm$, 원동차의 회전수 $N_A = 400rpm$, 종동차의 회전수 $N_B = 270rpm$인 외접 원통 마찰차가 있다. 마찰차를 밀어 붙이는 힘이 $2.5kN$, 마찰계수 $\mu = 0.3$일 때 다음을 구하시오.

(1) 원동차와 종동차의 지름 $D_A, D_B [mm]$
(2) 전달 동력 $H[kW]$

(1) $\varepsilon = \dfrac{N_B}{N_A} = \dfrac{D_A}{D_B} \Rightarrow D_A = D_B \times \dfrac{N_B}{N_A} = D_B \times \dfrac{270}{400}$

$C = \dfrac{D_A + D_B}{2} \Rightarrow D_A + D_B = 2C = 2 \times 600 = 1200mm$

$D_B \times \dfrac{270}{400} + D_B = 1200 \Rightarrow \therefore D_B = 716.42mm$

$\therefore D_A = 2C - D_B = 2 \times 600 - 716.42 = 483.58mm$

(2) $v = \dfrac{\pi D_A N_A}{60 \times 1000} = \dfrac{\pi \times 483.58 \times 400}{60 \times 1000} = 10.13 m/s$

$\therefore H = \mu P v = 0.3 \times 2.5 \times 10.13 = 7.6 kW$

07

회전수 $350rpm$, $18kW$의 동력을 전달하는 전동축이 있다. 묻힘 키의 호칭치수는 $b \times h = 7 \times 7$이고, 키에 작용하는 허용전단응력 $\tau_a = 90MPa$, 허용압축응력 $\sigma_a = 110MPa$, 키 홈이 없는 경우에 축의 지름은 $45mm$이다. 다음을 구하시오.
(단, 축과 키의 재질이 동일하며, 키를 고려한 경우와 고려하지 않는 경우의 축의 비틀림 강도의 비는 무어의 실험식에 의하여 $\beta = 1 - 0.2 \dfrac{b}{d_0} - 1.1 \dfrac{t}{d_0}$ 이고, 키 홈을 고려한 축지름은 $d_1 = \beta d_0$ 이다.)

(1) 축의 전달 모멘트 $T[N \cdot m]$
(2) 키의 길이 $\ell [mm]$를 다음 표에서 선정하라.

※길이 ℓ의 표준값[mm]

6	8	10	12	14	16	18	20	22	25	28	32
36	40	45	50	56	63	70	80	90	100	110	125

(3) 키의 묻힘을 고려했을 때,(키의 묻힘깊이 $t = 0.5h$) 안정성을 평가하라.

(1) $T = \dfrac{H}{\omega} = \dfrac{H}{\dfrac{2\pi N}{60}} = \dfrac{18 \times 10^3}{\dfrac{2\pi \times 350}{60}} = 491.11 N \cdot m$

(2) $\tau_a = \dfrac{2T}{b\ell d_0} \Rightarrow \ell = \dfrac{2T}{bd_0\tau_a} = \dfrac{2 \times 491.11 \times 10^3}{7 \times 45 \times 90} = 34.65mm$

$\sigma_a = \dfrac{4T}{h\ell d_0} \Rightarrow \ell = \dfrac{4T}{hd_0\sigma_a} = \dfrac{4 \times 491.11 \times 10^3}{7 \times 45 \times 110} = 56.69mm$

안전을 고려하여 묻힘 키의 길이는 큰 값을 채택한다. $\ell = 56.69mm$
표에서 ℓ보다 크면서 근사한 값을 선정하면, $\therefore \ell = 63mm$이다.

(3) $t = 0.5h = 0.5 \times 7 = 3.5mm$

$d_1 = \beta d_0 = \left(1 - 0.2\dfrac{b}{d_0} - 1.1\dfrac{t}{d_0}\right) \times d_0 = \left(1 - 0.2 \times \dfrac{7}{45} - 1.1\dfrac{3.5}{45}\right) \times 45 = 39.75mm$

축과 키의 재질이 동일하니, $\tau_a = \tau_k = 90MPa$

$T = \tau Z_P = \tau \times \dfrac{\pi d_1^3}{16} \Rightarrow \tau = \dfrac{16T}{\pi d_1^3} = \dfrac{16 \times 491.11 \times 10^3}{\pi \times 39.75^3} = 39.82MPa$

$\tau(=39.82MPa) < \tau_a(=90MPa)$이므로,
$\therefore$ 안전하다.

08

단동식 밴드 브레이크가 $250rpm$, $15kW$의 동력을 제동하려 한다. 드럼의 직경은 $400mm$, 밴드의 접촉각은 $230°$, 마찰계수 0.3, 밴드의 두께 $4mm$, 허용인장응력이 $60MPa$일 때 다음을 구하시오.

(1) 제동력 $f[N]$
(2) 긴장측 장력 $T_t[N]$
(3) 밴드의 이음효율을 고려하지 않은 밴드의 최소 너비 $b[mm]$

(1) $v = \dfrac{\pi DN}{60 \times 1000} = \dfrac{\pi \times 400 \times 250}{60 \times 1000} = 5.24m/s$

$H = fv \Rightarrow \therefore f = \dfrac{H}{v} = \dfrac{15 \times 10^3}{5.24} = 2862.6N$

(2) $e^{\mu\theta} = e^{0.3 \times 230 \times \frac{\pi}{180}} = 3.33$

$\therefore T_t = \dfrac{fe^{\mu\theta}}{e^{\mu\theta} - 1} = \dfrac{2862.6 \times 3.33}{3.33 - 1} = 4091.18N$

(3) $\sigma_t = \dfrac{T_t}{bt} \Rightarrow \therefore b = \dfrac{T_t}{t\sigma_t} = \dfrac{4091.18}{4 \times 60} = 17.05mm$

09

원통형 코일 스프링이 $300N$의 압축 하중이 작용되어 처짐량이 $15mm$가 되었다. 소선의 지름이 $8mm$이며, 코일의 유효지름이 $64mm$일 때 다음을 구하시오.
(단, 스프링의 전단탄성계수 $G=82GPa$, 응력수정계수 $K=\dfrac{4C-1}{4C-4}+\dfrac{0.615}{C}$ 이다.)

(1) 스프링의 유효 감김수 n[권]
(2) 스프링의 최대전단응력 $\tau_{\max}[MPa]$

(1) $\delta = \dfrac{8nPD^3}{Gd^4} \Rightarrow \therefore n = \dfrac{Gd^4\delta}{8PD^3} = \dfrac{82 \times 10^3 \times 8^4 \times 15}{8 \times 300 \times 64^3} = 8.01 ≒ 9$권

(2) $C = \dfrac{D}{d} = \dfrac{64}{8} = 8mm$, $K = \dfrac{4C-1}{4C-4} + \dfrac{0.615}{C} = \dfrac{4 \times 8 - 1}{4 \times 8 - 4} + \dfrac{0.615}{8} = 1.184$

$\therefore \tau_{\max} = \dfrac{8PDK}{\pi d^3} = \dfrac{8 \times 300 \times 64 \times 1.184}{\pi \times 8^3} = 113.06 MPa$

10

표준 스퍼기어가 달린 동력전달장치에서 기어의 잇수 64개, 모듈 5, 회전수 $520rpm$, 이너비 $48mm$일 때 다음을 구하시오.
(단, 기어의 굽힘강도는 $180MPa$, 치형계수 $Y = \pi y = 0.38$이다.)

(1) 스퍼기어의 원주 속도 $v[m/s]$
(2) 스퍼기어의 굽힘강도에 의한 전달 하중 $F[N]$

(1) $v = \dfrac{\pi DN}{60 \times 1000} = \dfrac{\pi m Z N}{60 \times 1000} = \dfrac{\pi \times 5 \times 64 \times 520}{60 \times 1000} = 8.71 m/s$

(2) $f_v = \dfrac{3.05}{3.05 + v} = \dfrac{3.05}{3.05 + 8.71} = 0.26$
(하중계수가 주어지지 않으면 $f_w = 1$로 가정한다.)
$\therefore F = f_v f_w \sigma_b m b Y = 0.26 \times 1 \times 180 \times 5 \times 48 \times 0.38 = 4268.16 N$

11

분당 회전수 $500 rpm$, $8kW$의 동력을 전달하는 접촉각 $180°$의 바로 걸기인 평벨트 전동장치가 있다. 이때 풀리의 지름은 $500mm$, 벨트의 폭 $50mm$, 두께 $3mm$, 이음효율 85%, 벨트 굽힘에 의한 보정계수 $K = 0.9$일 때 다음을 구하시오.
(단, 장력비는 $e^{\mu\theta} = 2.4$, 벨트의 세로탄성계수는 $E = 230MPa$이다.)

(1) 벨트의 긴장측 장력 $T_t [N]$
(2) 벨트의 최대 강도 $\sigma_{\max} [MPa]$

(1) $v = \dfrac{\pi DN}{60 \times 1000} = \dfrac{\pi \times 500 \times 500}{60 \times 1000} = 13.09 m/s$

$\therefore T_t = \dfrac{e^{\mu\theta}}{e^{\mu\theta} - 1} \times \dfrac{H}{v} = \dfrac{2.4}{2.4 - 1} \times \dfrac{8 \times 10^3}{13.09} = 1047.69 N$

(2) 인장 강도: $\sigma_t = \dfrac{T_t}{bt\eta} = \dfrac{1047.69}{50 \times 3 \times 0.85} = 8.22 MPa$

굽힘 강도: $\sigma_b = \dfrac{Et}{D} K = \dfrac{230 \times 3}{500} \times 0.9 = 1.24 MPa$

$\therefore \sigma_{\max} = \sigma_t + \sigma_b = 8.22 + 1.24 = 9.46 MPa$

2016 4회차 일반기계기사 필답형 기출문제

01

원동축 회전수 $500rpm$, 종동축 회전수 $200rpm$, $6kW$의 동력을 전달하는 홈붙이 마찰차가 있다. 중심거리가 $500mm$, 마찰계수는 0.35, 허용접촉선압력은 $40N/mm$, 홈의 각도가 40도일 때 다음을 구하시오.

(1) 홈붙이 마찰차를 미는 힘 $P[N]$
(2) 홈의 수 Z

(1) $\varepsilon = \dfrac{N_B}{N_A} = \dfrac{D_A}{D_B} \Rightarrow D_B = D_A \times \dfrac{N_A}{N_B} = D_A \times \dfrac{500}{200} = \dfrac{5}{2}D_A$

$C = \dfrac{D_A + D_B}{2} \Rightarrow D_A + D_B = 2C = 2 \times 500 = 1000mm$

$D_A + \dfrac{5}{2}D_A = 1000 \Rightarrow \therefore D_A = 285.71mm$

$v = \dfrac{\pi D_A N_A}{60 \times 1000} = \dfrac{\pi \times 285.71 \times 500}{60 \times 1000} = 7.48 m/s$

$\mu' = \dfrac{\mu}{\sin\alpha + \mu\cos\alpha} = \dfrac{0.35}{\sin20° + 0.35\cos20°} = 0.52$

$H = \mu' P v \Rightarrow \therefore P = \dfrac{H}{\mu' v} = \dfrac{6 \times 10^3}{0.52 \times 7.48} = 1542.58 N$

(2) $h = 0.28\sqrt{\mu' P} = 0.28\sqrt{0.52 \times 1542.58} = 7.93mm$

$F = \mu Q = \mu' P \Rightarrow Q = \dfrac{\mu' P}{\mu} = \dfrac{0.52 \times 1542.58}{0.35} = 2291.83N$

$Z = \dfrac{Q}{2hf} = \dfrac{2291.83}{2 \times 7.93 \times 40} = 3.61 ≒ 4개$

02

$400rpm$, $15kW$의 동력을 전달하는 직경이 $80mm$인 축에 끼워진 묻힘 키의 폭은 $20mm$, 높이가 $13mm$이다. 키에 작용하는 전단강도는 $30MPa$, 압축강도는 $88MPa$일 때 다음을 구하시오.

(1) 전달 토크 $T[N \cdot m]$
(2) 키에 작용하는 전단강도만 고려한 키의 길이 $\ell_A[mm]$
(2) 키에 작용하는 압축강도만 고려한 키의 길이 $\ell_B[mm]$

(1) $T = \dfrac{H}{\omega} = \dfrac{H}{\dfrac{2\pi N}{60}} = \dfrac{15 \times 10^3}{\dfrac{2\pi \times 400}{60}} = 358.1 N \cdot m$

(2) $\tau_k = \dfrac{2T}{b\ell_A d} \Rightarrow \therefore \ell_A = \dfrac{2T}{bd\tau_k} = \dfrac{2 \times 358.1 \times 10^3}{20 \times 80 \times 30} = 14.92mm$

(3) $\sigma_c = \dfrac{4T}{h\ell_B d} \Rightarrow \therefore \ell_B = \dfrac{4T}{hd\sigma_c} = \dfrac{4 \times 358.1 \times 10^3}{13 \times 80 \times 88} = 15.65mm$

03

내압이 $0.8MPa$로 작용하는 압력용기 커버에 $M20$(골지름 $d_1 = 16.325mm$)의 볼트 10개로 체결되어 있다. 압력용기의 안지름은 $350mm$, 바깥지름은 $450mm$이며, 초기 인장하중 $F_i = 50kN$일 때 다음을 구하시오. (단, 볼트의 스프링 상수 $k_b = 1 \times 10^9$, 모재의 스프링 상수 $k_m = 6 \times 10^9$이다.)

(1) 볼트에 작용하는 하중 $P_b[kN]$
(2) 볼트 1개에 작용하는 최대 인장응력 $\sigma_{\max}[MPa]$

(1) $P = pA = p \times \dfrac{\pi D_1^2}{4} = 0.8 \times \dfrac{\pi \times 350^2}{4} = 76969.02N = 76.7kN$

$\therefore P_b = F_i + P\left(\dfrac{k_b}{k_b + k_m}\right) = 50 + 76.7 \times \left(\dfrac{1 \times 10^9}{1 \times 10^9 + 6 \times 10^9}\right) = 60.96kN$

(2) 볼트 1개에 작용하는 하중 : $Q = \dfrac{P_b}{n} = \dfrac{60.96}{10} = 6.1kN$

$\therefore \sigma_{\max} = \dfrac{Q}{A} = \dfrac{4Q}{\pi d_1^2} = \dfrac{4 \times 6.1 \times 10^3}{\pi \times 16.325^2} = 29.14MPa$

04

하중 $1200N$으로 원통형 코일 스프링을 압축하려 한다. 소선의 지름이 $7mm$, 코일의 평균지름이 $56mm$, 유효 권수가 8회, 가로탄성계수가 $80GPa$일 때 다음을 구하시오.

(1) 스프링의 처짐량 $\delta[mm]$

(2) 스프링의 전단응력 $\tau[MPa]$ (단, 왈의 응력수정계수 $K = \dfrac{4C-1}{4C-4} + \dfrac{0.615}{C}$ 이다.)

(1) $C = \dfrac{D}{d} = \dfrac{56}{7} = 8$, $K = \dfrac{4C-1}{4C-4} + \dfrac{0.615}{C} = \dfrac{4 \times 8 - 1}{4 \times 8 - 4} + \dfrac{0.615}{8} = 1.18$

$\therefore \delta = \dfrac{8nPD^3}{Gd^4} = \dfrac{8 \times 8 \times 1200 \times 56^3}{80 \times 10^3 \times 7^4} = 70.22mm$

(2) $\tau = \dfrac{8PDK}{\pi d^3} = \dfrac{8 \times 1200 \times 56 \times 1.18}{\pi \times 7^3} = 588.7MPa$

05

$800N$의 풀리를 바깥지름이 $30mm$, 길이가 $100mm$인 중공축 중앙에 부착하여 회전수 $1800rpm$, $3kW$의 동력을 전달하려 한다. 축의 허용 전단응력 $35MPa$, 허용 굽힘응력 $70MPa$일 때 다음을 구하시오. (단, 굽힘에 의한 동적하중계수 $k_m = 2$, 비틀림에 의한 동적하중계수 $k_t = 1.5$이며, 축의 자중은 무시한다.)

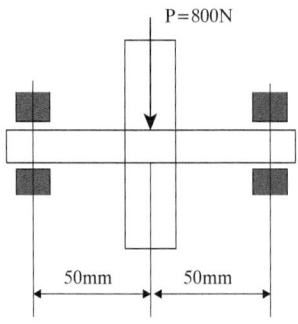

(1) 상당 비틀림 모멘트 $T_e[J]$
(2) 상당 굽힘 모멘트 $M_e[J]$
(3) 중공축의 안지름 $d_1[mm]$

(1) $T = \dfrac{H}{\omega} = \dfrac{H}{\dfrac{2\pi N}{60}} = \dfrac{3 \times 10^3}{\dfrac{2\pi \times 1800}{60}} = 15.92 J(= N\cdot m)$

$M = \dfrac{PL}{4} = \dfrac{800 \times 0.1}{4} = 20 J(= N\cdot m)$

$\therefore T_e = \sqrt{(k_m M)^2 + (k_t T)^2} = \sqrt{(2 \times 20)^2 + (1.5 \times 15.92)^2} = 46.59 J(= N\cdot m)$

(2) $M_e = \dfrac{1}{2}(k_m M + \sqrt{k_m M^2 + k_t T^2}) = \dfrac{1}{2}(k_m M + T_e) = \dfrac{1}{2}(2 \times 20 + 46.59) = 43.3 J(= N\cdot m)$

(3) $T_e = \tau_a Z_P = \tau_a \times \dfrac{\pi(d_2^4 - d_1^4)}{16 d_2}$ 에서

$d_1 = \sqrt[4]{d_2^4 - \dfrac{16 d_2 T_e}{\pi \tau_a}} = \sqrt[4]{30^4 - \dfrac{16 \times 30 \times 46.59 \times 10^3}{\pi \times 35}} = 27.91 mm$ ········ ①

$M_e = \sigma_a Z = \sigma_a \times \dfrac{\pi(d_2^4 - d_1^4)}{32 d_2}$ 에서

$d_1 = \sqrt[4]{d_2^4 - \dfrac{32 d_2 M_e}{\pi \sigma_a}} = \sqrt[4]{30^4 - \dfrac{32 \times 30 \times 43.3 \times 10^3}{\pi \times 70}} = 28.07 mm$ ········ ②

여기서 안지름은 안전을 고려하여 ①, ②중 작은 값을 채택하므로 $\therefore d_1 = 27.91 mm$ 이다.

06

작은 쪽 풀리의 직경이 $150mm$, 회전수 $3300rpm$인 모터에서 V-Belt에 의해 회전수 $1650rpm$으로 구동되는 종동축 풀리가 있다. 축간거리가 $500mm$, 벨트와 풀리의 마찰계수는 0.3, 허용장력은 $300N$, 벨트의 길이당 무게가 $1.83N/m$일 때 아래 표를 보고 다음을 구하시오. (단, 벨트의 가닥수는 2개, 접촉각 수정계수 $k_1 = 1.0$, 부하 수정계수 $k_2 = 0.75$이다.)

표 1. V-Belt의 종류

전체 전달동력 $H[kW]$	V-Belt의 원주속도 $v[m/s]$		
	12이하	12초과 22이하	22초과
4이하	M	M, A	A
4초과 9.5이하	A	A, B	B
9.5초과 22.8이하	B	B, C	C
22.8초과 73.5이하	C	C, D	D
73.5초과 110이하	D	D, E	E

표 2. V-Belt의 종류별 규격

V-Belt 종류 [형]	Belt의 폭 b[mm]	Belt의 높이 h[mm]	Belt의 각도 $2\alpha[°]$
M	10.0	5.5	40
A	12.5	9.0	
B	16.5	11.0	
C	22.0	14.0	
D	31.5	19.0	
E	38.0	24.0	

(1) V-Belt의 전체 전달동력 $H\,[kW]$
(2) V-Belt의 폭과 높이 $b,\ h\,[mm]$

(1) $v = \dfrac{\pi D_A N_A}{60 \times 1000} = \dfrac{\pi \times 150 \times 3300}{60 \times 1000} = 25.92 m/s$ (부가장력을 고려한다.)

$T_e = \dfrac{w}{g} v^2 = \dfrac{1.83}{9.8} \times 25.92^2 = 125.46 N$

$\varepsilon = \dfrac{N_B}{N_A} = \dfrac{D_A}{D_B} \Rightarrow D_B = D_A \times \dfrac{N_A}{N_B} = 150 \times \dfrac{3300}{1650} = 300 mm$

$\theta = 180 - 2\sin^{-1}\left(\dfrac{D_B - D_A}{2C}\right) = 180 - 2\sin^{-1}\left(\dfrac{300-150}{2 \times 500}\right) = 162.75°$

$\mu' = \dfrac{\mu}{\sin\alpha + \mu\cos\alpha} = \dfrac{0.3}{\sin 20° + 0.3\cos 20°} = 0.48$

$e^{\mu'\theta} = e^{0.48 \times 162.75 \times \frac{\pi}{180}} = 3.91$

$H_o = (T_t - T_e)\left(\dfrac{e^{\mu'\theta}-1}{e^{\mu'\theta}}\right)v = (300 - 125.46) \times \left(\dfrac{3.91-1}{3.91}\right) \times 25.92 = 3367.02 W ≒ 3.37 kW$

$\therefore H = k_1 k_2 H_o Z = 1 \times 0.75 \times 3.37 \times 2 = 5.06 kW$

(2) 위에서 구한 $V-Belt$의 원주속도와 전체 전달동력으로 표 1.을 보고 $V-Belt$의 종류를 선정하면, $[B]$형이고, 표 2.를 보고 벨트의 폭과 높이를 선정한다.
$\therefore b = 16.5mm,\ h = 11mm$

07

다음 그림과 같은 드럼의 직경이 $500mm$인 밴드 브레이크에 의하여 $200rpm$, $17.5kW$의 동력을 제동하려 한다. 마찰계수 $\mu = 0.35$, 접촉각 $\theta = 265°$, 밴드의 두께 $t = 5mm$, 밴드의 허용인장응력 $\sigma_a = 80MPa$일 때 다음을 구하시오. (단, $a = 80mm$, $\ell = 400mm$이다.)

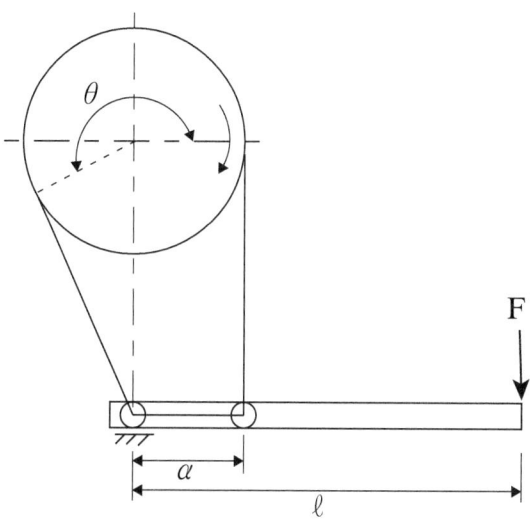

(1) 이완측 장력 $T_s[N]$
(2) 레버를 누르는 힘 $F[N]$
(3) 밴드의 너비 $b[mm]$

(1) $T = \dfrac{H}{\omega} = \dfrac{H}{\dfrac{2\pi N}{60}} = \dfrac{17.5 \times 10^3}{\dfrac{2\pi \times 200}{60}} = 835.56 N \cdot m$

$T = f\dfrac{D}{2} \Rightarrow f = \dfrac{2T}{D} = \dfrac{2 \times 835.56 \times 10^3}{500} = 3342.24 N$

$e^{\mu\theta} = e^{0.35 \times 265 \times \frac{\pi}{180}} = 5.05$

$\therefore T_s = \dfrac{f}{e^{\mu\theta} - 1} = \dfrac{3342.24}{5.05 - 1} = 825.24 N$

(2) $T_s a - F\ell = 0 \Rightarrow \therefore F = \dfrac{T_s a}{\ell} = \dfrac{825.24 \times 80}{400} = 165.05 N$

(3) $T_t = T_s e^{\mu\theta} = 825.24 \times 5.05 = 4167.46 N$

$\sigma_a = \dfrac{T_t}{bt} \Rightarrow \therefore b = \dfrac{T_t}{t\sigma_a} = \dfrac{4167.46}{5 \times 80} = 10.42 mm$

08

피니언의 기어 잇수가 30개, 회전수가 $500rpm$, 큰 기어의 잇수가 60개인 외접 스퍼기어 동력 전달장치에서 모듈 $m=5$, 허용 굽힘응력 $\sigma_b = 110MPa$, 압력각 $20°$, 접촉 응력계수 $K=0.58MPa$, 하중계수 $f_w = 0.8$, 치형계수 $y=0.12$일 때 다음을 구하시오.
(단, 기어의 이너비 $b = 10 \times m (모듈)$이다.)

(1) 굽힘 강도에 의한 전달 하중 $F_A [N]$
(2) 면압 강도에 의한 전달 하중 $F_B [N]$
(3) 최대 전달 동력 $H_{\max} [kW]$

(1) $v = \dfrac{\pi D_A N_A}{60 \times 1000} = \dfrac{\pi m Z_A N_A}{60 \times 1000} = \dfrac{\pi \times 5 \times 30 \times 500}{60 \times 1000} = 3.93 m/s$

$f_v = \dfrac{3.05}{3.05+v} = \dfrac{3.05}{3.05+3.93} = 0.44$

$\therefore F_A = f_v f_w \sigma_b \pi m b y = f_v f_w \sigma_b \pi m \times 10 \times m \times y = 0.44 \times 0.8 \times 110 \times \pi \times 5 \times 10 \times 5 \times 0.12$
$= 3649.27 N$

(2) $F_B = f_v K m b \left(\dfrac{2 Z_A Z_B}{Z_A + Z_B} \right) = f_v K m \times 10 \times m \left(\dfrac{2 Z_A Z_B}{Z_A + Z_B} \right)$
$= 0.44 \times 0.58 \times 5 \times 10 \times 5 \times \left(\dfrac{2 \times 30 \times 60}{30 + 60} \right) = 2552 N$

(3) 안전을 고려하여 허용 하중은 가장 작은 값을 선정한다.
$\therefore H_{\max} = 2552 \times 10^{-3} \times 3.93 = 10.03 kW$

09

다음 그림과 같은 측면 필렛 용접이음에서 판재두께는 $12mm$, 허용전단응력은 $60MPa$, 용접 길이 $\ell = 150mm$일 때 인장하중 $W[kN]$을 구하시오.

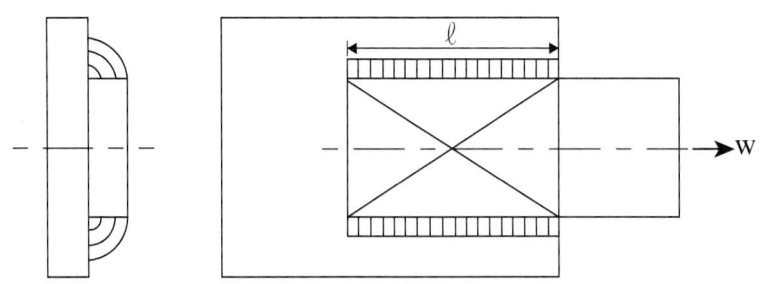

$W = \tau_a A = \tau_a \times 2a\ell = \tau_a \times 2\ell h \cos 45° = 60 \times 2 \times 150 \times 12 \cos 45° = 152735.06 N \fallingdotseq 152.74 kN$

10

1피치당 $15000N$의 하중이 작용하는 1줄 겹치기 리벳 이음에서 강판의 두께가 $16mm$, 리벳의 피치가 $60mm$, 리벳의 지름이 $24mm$일 때 다음을 구하시오.

(1) 리벳의 전단응력 $\tau[MPa]$
(2) 강판의 인장응력 $\sigma_t[MPa]$
(3) 리벳구멍의 압축응력 $\sigma_c[MPa]$
(4) 강판의 효율 $\eta_t[\%]$

(1) $\tau = \dfrac{W}{\dfrac{\pi d^2}{4}n} = \dfrac{15000}{\dfrac{\pi \times 24^2}{4} \times 1} = 33.16 MPa$

(2) $\sigma_t = \dfrac{W}{(p-d)t} = \dfrac{15000}{(60-24)\times 16} = 26.04 MPa$

(3) $\sigma_c = \dfrac{W}{dtn} = \dfrac{15000}{24 \times 16 \times 1} = 39.06 MPa$

(4) $\eta_t = 1 - \dfrac{d}{p} = 1 - \dfrac{24}{60} = 0.6 \fallingdotseq 60\%$

2017 1회차 일반기계기사 필답형 기출문제

01

분당회전수 $1500 rpm$, $57 kW$의 출력이 모터에 의하여 $500 rpm$의 건설기계를 운전하려 한다. 축간거리 $2000 mm$ 마찰계수 0.3, 접촉각 수정계수 $k_1 = 0.98$, 부하 수정계수 $k_2 = 0.7$, 피치원 직경 $300 mm$, 벨트의 단위 길이당 질량 $0.3 kg/m$, 허용장력이 $1000 N$일 때 다음을 구하시오.

(1) 벨트의 원주속도 $v [m/s]$
(2) 원동 풀리의 접촉중심각 $\theta [°]$
(3) V-Belt의 가닥수 $Z [개]$

(1) $v = \dfrac{\pi D_A N_A}{60 \times 1000} = \dfrac{\pi \times 300 \times 1500}{60 \times 1000} = 23.56 m/s$ (부가장력을 고려한다.)

(2) $\varepsilon = \dfrac{N_B}{N_A} = \dfrac{D_A}{D_B}$ $\Rightarrow$ $\therefore D_B = D_A \times \dfrac{N_A}{N_B} = 300 \times \dfrac{1500}{500} = 900 mm$

$\therefore \theta = 180° - 2\sin^{-1}\left(\dfrac{D_B - D_A}{2C}\right) = 180° - 2\sin^{-1}\left(\dfrac{900 - 300}{2 \times 2000}\right) = 162.75°$

(3) $T_e = mv^2 = 0.3 \times 23.56^2 = 166.52 N$

$\mu' = \dfrac{\mu}{\sin\dfrac{\alpha}{2} + \mu\cos\dfrac{a}{2}} = \dfrac{0.3}{\sin 20° + 0.3\cos 20°} = 0.48$ (V벨트의 기본각은 40도이다.)

$e^{\mu'\theta} = e^{0.48 \times 162.75 \times \dfrac{\pi}{180}} = 3.91$

$H_o = (T_t - T_e)\left(\dfrac{e^{\mu'\theta} - 1}{e^{\mu'\theta}}\right)v = (1000 - 166.52) \times \left(\dfrac{3.91 - 1}{3.91}\right) \times 23.56 = 14614.59 W$

(허용 장력 = 긴장측 장력)

$\therefore Z = \dfrac{H}{k_1 k_2 H_o} = \dfrac{57 \times 10^3}{0.98 \times 0.7 \times 14614.59} = 5.69 ≒ 6개$

02

다음 그림과 같이 $15kN$의 하중이 작용하는 1줄 겹치기 리벳 이음에서 리벳의 지름은 $15mm$이고 강판의 두께가 $8mm$, 강판의 허용 인장응력이 $80MPa$일 때 다음을 구하시오.

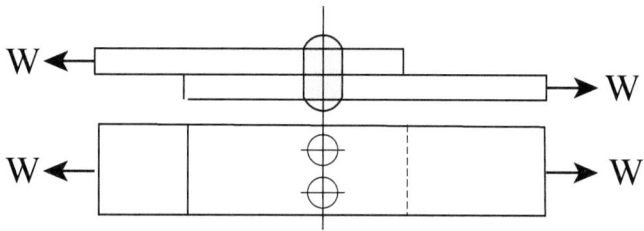

(1) 리벳의 전단응력 $\tau\,[MPa]$
(2) 강판의 너비 $b\,[mm]$
(3) 강판의 압축응력 $\sigma_c\,[MPa]$

(1) $\tau = \dfrac{W}{\dfrac{\pi d^2}{4}n} = \dfrac{15 \times 10^3}{\dfrac{\pi \times 15^2}{4} \times 2} = 42.44 MPa$

(2) $\sigma_t = \dfrac{W}{(b-nd)t} \Rightarrow \therefore b = \dfrac{W}{t\sigma_t} + nd = \dfrac{15 \times 10^3}{8 \times 80} + 2 \times 15 = 53.44 mm$

(3) $\sigma_c = \dfrac{W}{dtn} = \dfrac{15 \times 10^3}{15 \times 8 \times 2} = 62.5 MPa$

03

유효지름 $90mm$, 피치 $16mm$인 미터사다리꼴 나사잭에 축하중이 $50000N$이 작용한다. 너트부의 마찰계수가 0.15, 칼라부의 마찰계수가 0.01, 칼라부의 평균지름이 $60mm$일 때 다음을 구하시오.

(1) 회전 토크 $T\,[N \cdot m]$
(2) 효율 $\eta\,[\%]$
(3) 전달 동력 $H\,[kW]$ (단, 하중을 들어 올리는 속도 $v = 0.4 m/\min$이다.)

(1) $\mu' = \dfrac{\mu}{\cos\dfrac{\alpha}{2}} = \dfrac{0.15}{\cos\dfrac{30°}{2}} = 0.1553$

$\therefore T = T_1 + T_2 = \mu_1 Q r_m + Q\left(\dfrac{p + \mu' \pi d_e}{\pi d_e - \mu' p}\right)\dfrac{d_e}{2}$

$= 0.01 \times 50000 \times 30 + 50000 \times \left(\dfrac{16 + 0.1553 \times \pi \times 90}{\pi \times 90 - 0.1553 \times 16}\right) \times \dfrac{90}{2} = 495975.86 N \cdot mm = 495.98 N \cdot m$

(2) $\eta = \dfrac{pQ}{2\pi T} = \dfrac{16 \times 50000}{2\pi \times 495.98 \times 10^3} = 0.2567 = 25.67\%$

(3) $H = \dfrac{Qv}{\eta} = \dfrac{50000 \times 10^{-3} \times \dfrac{0.4}{60}}{0.2567} = 1.3 kW$

04

다음 그림과 같은 코터 이음에서 축하중이 $50kN$으로 작용하고 있다. 로드 소켓 내의 지름 $75mm$, 소켓의 바깥지름 $150mm$, 코터의 두께가 $25mm$, 코터의 너비가 $80mm$일 때 다음을 구하시오.

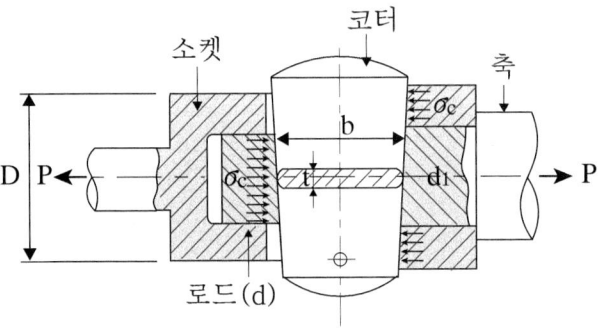

(1) 코터의 전단응력 $\tau [MPa]$
(2) 로드엔드의 인장응력 $\sigma_a [MPa]$
(3) 코터의 굽힘응력 $\sigma_b [MPa]$

(1) $\tau = \dfrac{P}{2th} = \dfrac{50 \times 10^3}{2 \times 25 \times 80} = 12.5 MPa$

(2) $\sigma_a = \dfrac{P}{A} = \dfrac{P}{\dfrac{\pi d_1^2}{4} - td_1} = \dfrac{50 \times 10^3}{\dfrac{\pi \times 75^2}{4} - 25 \times 75} = 19.66 MPa$

(3) $\sigma_b = \dfrac{M}{Z} = \dfrac{\dfrac{PD}{8}}{\dfrac{th^2}{6}} = \dfrac{3PD}{4th^2} = \dfrac{3 \times 50 \times 10^3 \times 150}{4 \times 25 \times 80^2} = 35.16 MPa$

05

코일 스프링에서 하중이 $300N \sim 500N$까지 변동할 때 처짐량은 $18mm$이다. 허용전단응력이 $350 N/mm^2$, 스프링 지수 7, 전단탄성계수 $81 GPa$, 왈의 응력수정계수 $K = 1.21$일 때 다음을 구하시오.

(1) 소선의 지름 $d\,[mm]$
(2) 유효 권수 $n\,[권]$
(3) 자유 높이 $H\,[mm]$ (단, 5mm의 여유를 고려한다.)

(1) $\tau_{\max} = \dfrac{8P_{\max}DK}{\pi d^3} = \dfrac{8P_{\max}CK}{\pi d^2}$ 에서,

$\therefore d = \sqrt{\dfrac{8P_{\max}CK}{\pi \tau_{\max}}} = \sqrt{\dfrac{8 \times 500 \times 7 \times 1.21}{\pi \times 350}} = 5.55mm$

(2) $D = Cd = 7 \times 5.55 = 38.85mm$

$\delta = \dfrac{8n(P_{\max} - P_{\min})D^3}{Gd^4}$ 에서,

$\therefore n = \dfrac{Gd^4 \delta}{8(P_{\max} - P_{\min})D^3} = \dfrac{81 \times 10^3 \times 5.55^4 \times 18}{8 \times (500-300) \times 38.85^3} = 14.74 \fallingdotseq 15권$

(3) $\delta_{\max} = \dfrac{8nP_{\max}D^3}{Gd^4} = \dfrac{8 \times 15 \times 500 \times 38.85^3}{81 \times 10^3 \times 5.55^4} = 45.78mm$

$\therefore H = d(n+2) + \delta_{\max} + 여유높이 = 5.55 \times (15+2) + 45.78 + 5 = 145.13mm$

06

$800 rpm$, $5kW$의 동력을 전달하는 홈 각도가 $40°$인 외접 홈붙이 마찰차에서 원동차의 평균지름은 $300mm$, 종동차의 평균지름은 $600mm$이다. 다음을 구하시오.
(단, 마찰계수가 0.25, 접촉면의 허용압력이 $30N/mm$이다.)

(1) 홈 마찰차의 전달 하중 $F[N]$
(2) 홈 마찰차를 밀어 붙이는 힘 $P[N]$
(3) 홈의 수 $Z[개]$

(1) $v = \dfrac{\pi D_A N_A}{60 \times 1000} = \dfrac{\pi \times 300 \times 800}{60 \times 1000} = 12.57 m/s$

$H = Fv \Rightarrow \therefore F = \dfrac{H}{v} = \dfrac{5 \times 10^3}{12.57} = 397.77 N$

(2) $\mu' = \dfrac{\mu}{\sin\alpha + \mu\cos\alpha} = \dfrac{0.25}{\sin 20° + 0.25\cos 20°} = 0.43$

$H = \mu'Pv \Rightarrow \therefore P = \dfrac{H}{\mu'v} = \dfrac{5 \times 10^3}{0.43 \times 12.57} = 925.05 N$

(3) $h = 0.28\sqrt{\mu'P} = 0.28\sqrt{0.43 \times 925.05} = 5.58 mm$

$F = \mu Q = \mu'P \Rightarrow Q = \dfrac{\mu'P}{\mu} = \dfrac{0.43 \times 925.05}{0.25} = 1591.09 N$

$\therefore Z = \dfrac{Q}{2hf} = \dfrac{1591.09}{2 \times 5.58 \times 30} = 4.75 \risingdotseq 5개$

07

복렬 자동조심 볼베어링이 $350rpm$으로 $5300N$의 레이디얼하중과 $3200N$의 스러스트하중을 지지하고 있다. 기본동정격하중은 $43.5kN$, 호칭 접촉각 $a = 12°$일 때 다음을 구하시오.

베어링 형식		내륜회전하중	외륜회전하중	단열		복열				e
				$\frac{W_a}{VW_r} > e$		$\frac{W_a}{VW_r} \leq e$		$\frac{W_a}{VW_r} > e$		
		V		X	Y	X	Y	X	Y	
깊은홈 볼베어링	$W_a/C_0 = 0.014$	1	1.2	0.56	2.30	1	0	0.56	2.30	0.19
	$= 0.028$				1.99				1.99	0.22
	$= 0.056$				1.71				1.71	0.26
	$= 0.084$				1.55				1.55	0.28
	$= 0.11$				1.45				1.45	0.30
	$= 0.17$				1.31				1.31	0.34
	$= 0.28$				1.15				1.15	0.38
	$= 0.42$				1.04				1.04	0.42
	$= 0.56$				1.00				1.00	0.44
앵귤러 볼베어링	$a = 20°$	1	1.2	0.43	1.00	1	1.09	0.70	1.63	0.57
	$= 25°$			0.41	0.87		0.92	0.67	1.41	0.68
	$= 30°$			0.39	0.76		0.78	0.63	1.24	0.80
	$= 35°$			0.37	0.56		0.66	0.60	1.07	0.95
	$= 40°$			0.35	0.57		0.55	0.57	0.93	1.14
자동조심볼베어링		1	1	0.4	$0.4 \times \cot\alpha$	1	$0.42 \times \cot\alpha$	0.65	$0.65 \times \cot\alpha$	$1.5 \times \tan\alpha$
매그니토볼베어링		1	1	0.5	2.5	-	-	-	-	0.2
자동조심롤러베어링 원추롤러베어링 $a \neq 0$		1	1.2	0.4	$0.4 \times \cot\alpha$	1	$0.45 \times \cot\alpha$	0.67	$0.67 \times \cot\alpha$	$1.5 \times \tan\alpha$
스러스트 볼베어링	$a = 45°$	-	-	0.66		1.18	0.59	0.66		1.25
	$= 60°$			0.92	1	1.90	0.54	0.92	1	2.17
	$= 70°$			1.66		3.66	0.52	1.66		4.67
스러스트롤러베어링		-	-	$\tan\alpha$	1	$1.5 \times \tan\alpha$	0.67	$\tan\alpha$	1	$1.5 \times \tan\alpha$

(1) 등가 레이디얼 하중 $W[kN]$
(2) 베어링 시간수명 $L_h[hr]$

(1) 복렬자동조심볼베어링이며 외,내륜이 주어지지 않으면 내륜으로 가정한다.
$V=1$, $W_r=5300N$, $W_a=3200N$

$e=1.5\tan\alpha=1.5\tan12°=0.32 \Rightarrow \dfrac{W_a}{VW_r}=\dfrac{3200}{1\times5300}=0.6>e(=0.32)$

$X=0.65$, $Y=0.65\cot\alpha=0.65\cot12°=3.06$

$\therefore W=XVW_r+YW_a=0.65\times1\times5300+3.06\times3200=13237N=13.24kN$

(2) $L_h=500\times\dfrac{33.3}{N}\times\left(\dfrac{C}{W}\right)^r=500\times\dfrac{33.3}{350}\times\left(\dfrac{43.5}{13.24}\right)^3=1687.14hr$

08

분당 회전수 $1000rpm$, $45kW$의 동력을 전달하는 4사이클 엔진 기관에서 각속도 변동률이 $1/60$이고, 에너지 변동계수는 1.3, 플라이휠의 내외경비 0.6, 비중량 $80.764kN/m^3$, 림의 폭이 $50mm$일 때 다음을 구하시오.

(1) 1사이클당 발생하는 에너지 $E[N\cdot m]$
(2) 질량 관성모멘트 $I[N\cdot m\cdot s^2]$
(3) 림의 바깥지름 $D_2[mm]$

(1) $T_m=\dfrac{H}{\omega}=\dfrac{H}{\dfrac{2\pi N}{60}}=\dfrac{45\times10^3}{\dfrac{2\pi\times1000}{60}}=429.72N\cdot m$

$E=4\pi T_m=4\pi\times429.72=5400.02N\cdot m$

(2) $\Delta E=qE=1.3\times5400.02=7020.03N\cdot m$

$\Delta E=I\omega^2\delta \Rightarrow \therefore I=\dfrac{\Delta E}{\omega^2\delta}=\dfrac{7020.03}{\left(\dfrac{2\pi\times1000}{60}\right)^2\times\dfrac{1}{60}}=38.41N\cdot m\cdot s^2$

(3) $I=\dfrac{\gamma b\pi(D_2^4-D_1^4)}{32g}=\dfrac{\gamma b\pi D_2^4(1-x^4)}{32g}$ 에서,

$\therefore D_2=\sqrt[4]{\dfrac{32gI}{\gamma b\pi(1-x^4)}}=\sqrt[4]{\dfrac{32\times9.8\times38.41}{80.764\times10^3\times0.05\times\pi\times(1-0.6^4)}}=1.02198m=1021.98mm$

09

2열 롤러 체인의 피치 $p = 15.88mm$, 원동 스프로킷 잇수 $Z_A = 32$개, 원동 스프로킷 회전수 $N_A = 1200rpm$, 파단 하중 $F_B = 22.1kN$, 다열 계수 $e = 1.7$, 안전율 $S = 10$일 때 다음을 구하시오. (단, 부하수정계수 $k = 1.3$이다.)

(1) 체인의 회전속도 $v\,[m/s]$
(2) 체인의 최대 전달 동력 $H\,[kW]$
(3) 체인의 원동 스프로킷의 피치원 직경 $D\,[mm]$
(4) 체인 원동 스프로킷의 외경 $D_{o,A}\,[mm]$
(5) 체인 원동 스프로킷의 속도 변동률 $\varepsilon\,[\%]$

(1) $v = \dfrac{pZ_A N_A}{60 \times 1000} = \dfrac{15.88 \times 32 \times 1200}{60 \times 1000} = 10.16 m/s$

(2) $F = \dfrac{F_B e}{Sk} = \dfrac{22.1 \times 1.7}{10 \times 1.3} = 2.89 kN$
$\therefore H = Fv = 2.89 \times 10.16 = 29.36 kW$

(3) $D_A = \dfrac{p}{\sin\dfrac{180}{Z_A}} = \dfrac{15.88}{\sin\dfrac{180}{32}} = 162.01 mm$

(4) $D_{o,A} = p(0.6 + \cot\dfrac{180}{Z_A}) = 15.88 \times (0.6 + \cot\dfrac{180}{32}) = 170.76 mm$

(5) $\varepsilon = (1 - \cos\dfrac{\pi}{Z_A}) \times 100\% = (1 - \cos\dfrac{180}{32}) \times 100\% = 0.48\%$

10

접촉면의 평균지름 $400mm$, 원추각이 $11°$, 마찰계수가 0.3인 원추 클러치에서 클러치를 축 방향으로 미는 힘이 $800N$일 때 회전 토크 $T[N\cdot m]$를 구하시오.

접촉면에 수직하는 힘 : $Q = \dfrac{P}{\sin\alpha + \mu\cos\alpha} = \dfrac{800}{\sin 11° + 0.3\cos 11°} = 1648.47 N$
(여기서, 원추각이 약 10~20도 이면, 그대로 원추각입니다. $\therefore \alpha = 11°$)
$\therefore T = \mu Q \dfrac{D_m}{2} = 0.3 \times 1648.47 \times \dfrac{0.4}{2} = 98.91 N\cdot m$

11

4줄 나사인 웜과 웜 기어 장치에서 마찰계수가 0.12, 웜의 피치가 $34.56mm$, 피치원 지름이 $68mm$, 웜의 회전수 $1000rpm$으로 $25kW$의 동력을 전달할 때 다음을 구하시오.

(1) 웜의 리드각 $\beta\,[\,°\,]$
(2) 웜의 전달력 $P_t\,[N]$
(3) 웜 휠의 접선력 $P_s\,[N]$

(1) $\tan\beta = \dfrac{\ell}{\pi D_w} = \dfrac{Z_w p_s}{\pi D_w} \;\Rightarrow\; \therefore \beta = \tan^{-1}\left(\dfrac{Z_w p_s}{\pi D_w}\right) = \tan^{-1}\left(\dfrac{4\times 34.56}{\pi \times 68}\right) = 32.91°$

(2) $v = \dfrac{\pi D_w N_w}{60\times 1000} = \dfrac{\pi \times 68 \times 1000}{60\times 1000} = 3.56\,m/s$

$H = P_t v \;\Rightarrow\; \therefore P_t = \dfrac{H}{v} = \dfrac{25\times 10^3}{3.56} = 7022.47\,N$

(3) 3, 4줄 나사는 압력각이 $\alpha_n = 20°$ 이다.

$P_n = \dfrac{P_t}{\cos\alpha_n \sin\beta + \mu\cos\beta} = \dfrac{7022.47}{\cos20°\sin32.91° + 0.12\cos32.91°} = 11487.81\,N$

$\therefore P_s = P_n(\cos\alpha_n \cos\beta - \mu\sin\beta) = 11487.81 \times (\cos20°\cos32.91° - 0.12\sin32.91°) = 8313.69\,N$

Memo

2017년 2회차 일반기계기사 필답형 기출문제

01

유효지름 $35mm$, 골지름 $30mm$, 피치 $5mm$인 사다리꼴 나사잭으로 $30kN$의 하중을 들어올리려 한다. 나사부의 마찰계수가 0.15이고 나사의 허용전단응력이 $70MPa$일 때 다음을 구하시오. (단, 칼라자리부 마찰계수는 고려하지 않는다.)

(1) 회전 토크 $[N \cdot m]$
(2) 최대전단응력 $[MPa]$
(3) 전단응력에 따른 안전계수

(1) $\mu' = \dfrac{\mu}{\cos\dfrac{\alpha}{2}} = \dfrac{0.15}{\cos\dfrac{30°}{2}} = 0.1553$

$\therefore T = Q\left(\dfrac{p + \mu'\pi d_e}{\pi d_e - \mu' p}\right)\dfrac{d_e}{2} = 30 \times 10^3 \times \left(\dfrac{50 + 0.1553 \times \pi \times 35}{\pi \times 35 - 0.1553 \times 50}\right) \times \dfrac{35}{2}$
$= 344600.36 N \cdot mm = 344.6 N \cdot m$

(2) $\sigma_t = \dfrac{Q}{A} = \dfrac{Q}{\dfrac{\pi d_1^2}{4}} = \dfrac{30 \times 10^3}{\dfrac{\pi \times 30^2}{4}} = 42.44 MPa$

$\tau = \dfrac{T}{Z_P} = \dfrac{T}{\dfrac{\pi d_1^3}{16}} = \dfrac{344.6 \times 10^3}{\dfrac{\pi \times 30^3}{16}} = 65 MPa$

$\therefore \tau_{max} = \dfrac{1}{2}\sqrt{\sigma_t^2 + 4\tau^2} = \dfrac{1}{2}\sqrt{42.44^2 + 4 \times 65^2} = 68.38 MPa$

(3) $S = \dfrac{기준강도}{사용강도} = \dfrac{\tau_a}{\tau_{max}} = \dfrac{70}{68.38} = 1.02$ (기준강도 ≥ 사용강도 이므로 안전하다.)

02

600rpm으로 22kW의 동력을 전달하는 직경이 70mm인 축에 묻힘 키($b \times h = 18 \times 11$)를 설계했다. 키의 허용전단응력은 $25MPa$, 허용압축응력은 $50MPa$일 때 다음을 구하시오.

(1) 묻힘 키의 전달 토크 $[N \cdot m]$
(2) 묻힘 키의 전단응력과 압축응력 각각을 고려했을 때의 묻힘 키의 길이 $[mm]$
(3) 안전을 고려한 키의 최소길이 $[mm]$

(1) $T = \dfrac{H}{\omega} = \dfrac{H}{\dfrac{2\pi N}{60}} = \dfrac{22 \times 10^3}{\dfrac{2\pi \times 600}{60}} = 350.14 N \cdot m$

(2) $\tau_k = \dfrac{2T}{b\ell_A d} \Rightarrow \therefore \ell_A = \dfrac{2T}{bd\tau_k} = \dfrac{2 \times 350.14 \times 10^3}{18 \times 70 \times 25} = 22.23 mm$

$\sigma_c = \dfrac{4T}{h\ell_B d} \Rightarrow \therefore \ell_B = \dfrac{4T}{hd\sigma_c} = \dfrac{4 \times 350.14 \times 10^3}{11 \times 70 \times 50} = 36.38 mm$

(3) 안전을 고려하여 최소길이는 큰 값을 채택한다.
$\therefore \ell = 36.38 mm$

03

1줄 겹치기 리벳이음에서 강판의 두께 $10mm$, 리벳 지름 $16mm$, 피치 $50mm$일 때 다음을 구하시오. (단, 리벳의 허용전단응력은 $300MPa$이다.)

(1) 리벳 구멍의 압축응력 $[MPa]$
(2) 리벳 강판의 인장응력 $[MPa]$
(3) 강판의 효율 $[\%]$

(1) $W = \tau \dfrac{\pi d^2}{4} n = \sigma_c dtn \Rightarrow \therefore \sigma_c = \dfrac{\tau \pi d}{4t} = \dfrac{300 \times \pi \times 16}{4 \times 10} = 376.99 MPa$

(2) $W = \tau \dfrac{\pi d^2}{4} n = \sigma_t (p-d)t \Rightarrow \therefore \sigma_t = \dfrac{\tau \pi d^2 n}{4(p-d)t} = \dfrac{300 \times \pi \times 16^2 \times 1}{4 \times (50-16) \times 10} = 177.41 MPa$

(3) $\eta_t = 1 - \dfrac{d}{p} = 1 - \dfrac{16}{50} = 0.68 \fallingdotseq 68\%$

04

양단이 베어링으로 지지된 $1500mm$인 축 중앙에 $7000N$인 회전체가 있을 때 위험속도를 $2000rpm$으로 설계했다. 이 축의 세로탄성계수는 $210 \times 10^3 MPa$이고 축의 자중을 무시할 때 다음을 구하시오.

(1) 축의 처짐량 $[mm]$
(2) 축 지름 $[mm]$

(1) $N_C = \dfrac{30}{\pi}\sqrt{\dfrac{g}{\delta}} \Rightarrow 2000 = \dfrac{30}{\pi}\sqrt{\dfrac{9800}{\delta}}$
$\therefore \delta = 0.22mm$

(2) $\delta = \dfrac{W\ell^3}{48EI} = \dfrac{W\ell^3}{48E \times \dfrac{\pi d^4}{64}} \Rightarrow 0.22 = \dfrac{7000 \times 1500^3}{48 \times 210 \times 10^3 \times \dfrac{\pi \times d^4}{64}}$
$\therefore d = 121.38mm$

05

다음 그림과 같은 밴드 브레이크에서 권상 하중 W의 자유 낙하를 방지하려 한다. 드럼의 회전속도가 $300rpm$, 전달 동력이 $5kW$, 드럼의 직경이 $500mm$, 권상장치의 드럼 직경이 $100mm$, 접촉부의 마찰계수 0.3, 밴드의 접촉각은 $240°$일 때 다음을 구하시오.
(단, 밴드의 허용인장응력은 $40MPa$, 밴드의 두께 $3mm$이다.)

(1) 권상 하중 $[N]$
(2) 레버를 누르는 힘 $[N]$
(3) 밴드의 너비 $[mm]$

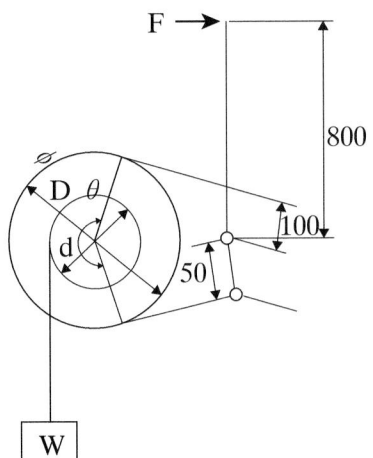

(1) $T = \dfrac{H}{\omega} = \dfrac{H}{\dfrac{2\pi N}{60}} = \dfrac{5 \times 10^3}{\dfrac{2\pi \times 300}{60}} = 159.15 N \cdot m$

$T = f \times \dfrac{D}{2} \Rightarrow f = \dfrac{2T}{D} = \dfrac{2 \times 159.15 \times 10^3}{500} = 636.6 N$

$T = f \times \dfrac{D}{2} = W \times \dfrac{d}{2} \Rightarrow \therefore W = f \times \dfrac{D}{d} = 636.6 \times \dfrac{500}{100} = 3183 N$

(2) $e^{\mu \theta} = e^{0.3 \times 240 \times \frac{\pi}{180}} = 3.51$

$T_s = \dfrac{f}{e^{\mu \theta} - 1} = \dfrac{636.6}{3.51 - 1} = 253.63 N, \quad T_t = T_s e^{\mu \theta} = 253.63 \times 3.51 = 890.24 N$

힌지를 기준으로 모멘트를 세우면, $T_s \times 50 = T_t \times 100 - F \times 800$

$\therefore F = \dfrac{T_t \times 100 - T_s \times 50}{800} = \dfrac{890.24 \times 100 - 253.63 \times 50}{800} = 95.43 N$

(3) $\sigma_t = \dfrac{T_t}{bt} \Rightarrow \therefore b = \dfrac{T_t}{t \sigma_t} = \dfrac{890.24}{3 \times 40} = 7.42 mm$

06

다음 그림과 같은 모터 축에 연결된 속비 $\varepsilon = \dfrac{1}{3}$인 외접스퍼기어 전동장치가 있다. 압력각 $\alpha = 14.5°$, 모듈 $m = 4$, 피니언의 잇수 $Z_A = 20$개, 허용굽힘응력 $\sigma_b = 80 MPa$, 피니언의 치형계수 $Y = 0.33$, 속도계수 $f_v = 0.42$, 하중계수 $f_w = 0.8$일 때 다음을 구하시오.
(단, 피니언과 기어의 재질은 동일하다.)

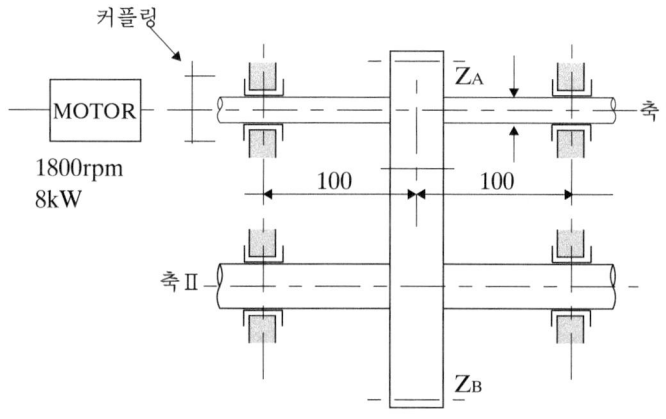

(1) 축간거리 $C[mm]$
(2) 축 II에 작용하는 토크 $T_B[N \cdot m]$
(3) 스퍼기어에 작용하는 접선력 $F[N]$
(4) 치 폭 $b[mm]$

(1) $\varepsilon = \dfrac{Z_A}{Z_B}$ $\Rightarrow$ $Z_B = \dfrac{Z_A}{\varepsilon} = 3 \times 20 = 60$개

$\therefore C = \dfrac{D_A + D_B}{2} = \dfrac{m(Z_A + Z_B)}{2} = \dfrac{4 \times (20+60)}{2} = 160mm$

(2) $\varepsilon = \dfrac{N_B}{N_A}$ $\Rightarrow$ $N_B = N_A \varepsilon = 1800 \times \dfrac{1}{3} = 600 rpm$

$\therefore T_B = \dfrac{H}{\omega} = \dfrac{H}{\dfrac{2\pi N_B}{60}} = \dfrac{8 \times 10^3}{\dfrac{2\pi \times 600}{60}} = 127.32 N \cdot m$

(3) $v = \dfrac{\pi D_A N_A}{60 \times 1000} = \dfrac{\pi m Z_A N_A}{60 \times 1000} = \dfrac{\pi \times 4 \times 20 \times 1800}{60 \times 1000} = 7.54 m/s$

$H = Fv$ $\Rightarrow$ $\therefore F = \dfrac{H}{v} = \dfrac{8 \times 10^3}{7.54} = 1061.01 N$

(4) $F = f_v f_w \sigma_b m b Y$ $\Rightarrow$ $\therefore b = \dfrac{F}{f_v f_w \sigma_b m Y} = \dfrac{1061.01}{0.42 \times 0.8 \times 80 \times 4 \times 0.33} = 29.9 mm$

07

원동차 지름이 $900mm$인 마찰차가 $2500N$의 힘으로 마찰차가 서로 밀며, $400rpm$으로 회전하여 동력을 전달한다. 마찰계수가 0.3일 때 다음을 구하시오.

(1) 회전 토크 $[N \cdot m]$
(2) 전달 동력 $[kW]$

(1) $T = \mu P \dfrac{D}{2} = 0.3 \times 2500 \times \dfrac{0.9}{2} = 337.5 N \cdot m$

(2) $H = T\omega = T \times \dfrac{2\pi N}{60} = 337.5 \times 10^{-3} \times \dfrac{2\pi \times 400}{60} = 14.14 kW$

08

모듈 $m=5$, 압력각이 $14.5°$, 소 기어의 잇수가 24개, 대 기어의 잇수가 32개인 전위기어가 있다. 다음을 구하시오.

압력각 (α)	소수점 둘째 자리				
	0	2	4	6	8
14.0	0.004982	0.005004	0.005025	0.005047	0.002069
14.1	0.005091	0.005113	0.005135	0.005158	0.005180
14.2	0.005202	0.005225	0.005247	0.005269	0.005292
14.3	0.005315	0.005337	0.005360	0.005383	0.005406
14.4	0.005429	0.005452	0.005475	0.005498	0.005522
14.5	0.005545	0.005568	0.005592	0.005615	0.005639
14.6	0.005662	0.005686	0.005710	0.005734	0.005758
14.7	0.005782	0.005806	0.005830	0.005854	0.005878
14.8	0.005903	0.005927	0.005952	0.005976	0.006001
14.9	0.006025	0.006050	0.006075	0.006100	0.006125
15.0	0.006150	0.006175	0.006200	0.006225	0.006251
15.1	0.006276	0.006301	0.006327	0.006353	0.006378
15.2	0.006404	0.006430	0.006456	0.006482	0.006508
15.3	0.006534	0.006560	0.006586	0.006612	0.006639
15.4	0.006665	0.006692	0.006718	0.006745	0.006772
15.5	0.006799	0.006825	0.006852	0.006879	0.006906
15.6	0.006934	0.006961	0.006988	0.007016	0.007043
15.7	0.007071	0.007098	0.007216	0.007154	0.007182
15.8	0.007209	0.007237	0.007266	0.007294	0.007322
15.9	0.007350	0.007379	0.007407	0.007435	0.007464
16.0	0.007493	0.007521	0.007550	0.007579	0.007608
16.1	0.007637	0.007666	0.007695	0.007725	0.007754
16.2	0.007784	0.007813	0.007843	0.007872	0.007902
16.3	0.007932	0.007962	0.007992	0.008022	0.008052
16.4	0.008082	0.008112	0.008143	0.008173	0.008204
16.5	0.008234	0.008265	0.008296	0.008326	0.008357

(1) 소 기어와 대 기어의 전위량 $[mm]$
(2) 두 기어의 치면 높이가 0이 되게 하는 물림 압력각 $[°]$
   (단, 표를 이용하여, 소수점 4자리까지 나타내시오.)
(3) 축간 중심거리 $[mm]$
(4) 소 기어와 대 기어의 외경 $[mm]$
(5) 기어의 총 이높이 $[mm]$ (단, 조립부의 틈새 $c=0.3mm$이다.)

(1) $\alpha_n = 14.5°$ 일 때 $x = 1 - \dfrac{Z}{32}$ 에서,

  소 기어의 전위 계수 : $x_A = 1 - \dfrac{Z_A}{32} = 1 - \dfrac{24}{32} = 0.25$

  대 기어의 전위 계수 : $x_B = 1 - \dfrac{Z_B}{32} = 1 - \dfrac{32}{32} = 0$

  $\therefore x_A m = 0.25 \times 5 = 1.25 mm,\ x_B m = 0 mm$

(2) $inv\alpha_b° = inv\alpha + 2\left(\dfrac{x_A + x_B}{Z_A + Z_B}\right)\tan\alpha = 0.005545 + 2 \times \left(\dfrac{0.25 + 0}{24 + 32}\right) \times \tan 14.5° = 0.007854$

  여기서 표를 보면, 0.007854는,
  $\alpha = 16.24°(=0.007843)$값과 $\alpha = 16.26°(=0.007872)$값 사이에 있으므로
  보간법을 이용하여 값을 도출한다.
  $\therefore \alpha_b = 16.24 + \dfrac{0.007854 - 0.007843}{0.007872 - 0.007843} \times (16.26 - 16.24) = 16.2476°$

(3) $y = \dfrac{Z_A + Z_B}{2}\left(\dfrac{\cos\alpha}{\cos\alpha_b} - 1\right) = \dfrac{24 + 32}{2} \times \left(\dfrac{\cos 14.5°}{\cos 16.2476°} - 1\right) = 0.2358$

  $\triangle C = ym = 0.2358 \times 5 = 1.18mm$

  $\therefore C_f = C + \triangle C = \dfrac{m(Z_A + Z_B)}{2} + \triangle C = \dfrac{5(24+32)}{2} + 1.18 = 141.18mm$

(4) $D_{kA} = (Z_A + 2)m + 2(y - x_B)m = (24+2) \times 5 + 2(0.2358 - 0) \times 5 = 132.36mm$

  $D_{kB} = (Z_B + 2)m + 2(y - x_A)m = (32+2) \times 5 + 2(0.2358 - 0.25) \times 5 = 169.86mm$

(5) $h_t = (c+2)m - (x_A + x_B - \triangle C)m$ 에서,
  $= (0.3 + 2) \times 5 - (0.25 + 0 - 1.18) \times 5 = 16.15mm$

09

회전수 $1750rpm$, $11kW$의 동력을 전달하는 평행걸기인 평벨트 전동장치가 있다. 종동축은 $875rpm$으로 회전하고, 종동축 풀리 직경 $600mm$, 원동차의 벨트 접촉각 $160°$, 마찰계수는 0.3, 단위 길이당 질량은 $0.4kg/m$일 때 다음을 구하시오.
(단, 벨트의 두께는 $4mm$, 허용인장응력은 $3MPa$, 이음효율이 85%이다.)

(1) 원주 속도 $[m/s]$
(2) 긴장측 장력 $[N]$
(3) 벨트의 폭 $[mm]$

(1) $v = \dfrac{\pi D_B N_B}{60 \times 1000} = \dfrac{\pi \times 600 \times 875}{60 \times 1000} = 27.49 m/s$ (부가장력을 고려한다.)

(2) $T_e = mv^2 = 0.4 \times 27.49^2 = 302.28 N$

$e^{\mu\theta} = e^{0.3 \times 160 \times \frac{\pi}{180}} = 2.31$

$\therefore T_t = \dfrac{e^{\mu\theta}}{e^{\mu\theta}-1} \times \dfrac{H}{v} + T_e = \dfrac{2.31}{2.31-1} \times \dfrac{11 \times 10^3}{27.49} + 302.28 = 1007.88 N$

(3) $\sigma_t = \dfrac{T_t}{bt\eta} \Rightarrow \therefore b = \dfrac{T_t}{t\eta\sigma_t} = \dfrac{1007.88}{4 \times 0.85 \times 3} = 98.81 mm$

10

$500 rpm$으로 회전하는 롤러 체인-스프로킷 장치가 있다. 피치가 $20mm$, 원동 스프로킷 잇수가 30개일 때 다음을 구하시오.

(1) 원주 속도 $[m/s]$
(2) 원동 스프로킷의 피치원 지름 $[mm]$
(3) 속도 변동률 $[\%]$

(1) $v = \dfrac{p Z_A N_A}{60 \times 1000} = \dfrac{20 \times 30 \times 500}{60 \times 1000} = 5 m/s$

(2) $D_A = \dfrac{p}{\sin\dfrac{180}{Z_A}} = \dfrac{20}{\sin\dfrac{180°}{30}} = 191.34 mm$

(3) $\varepsilon = (1 - \cos\dfrac{\pi}{Z_A}) \times 100\% = (1 - \cos\dfrac{180}{30}) \times 100\% = 0.55\%$

2017 4회차 일반기계기사 필답형 기출문제

01

$250rpm$으로 $13kW$를 전달하는 스플라인 축이 있다. 이 측면의 허용면압력은 $48MPa$이고, 잇수는 6개, 이 높이는 $2mm$, 모따기는 $0.15mm$이다. 아래의 표로부터 스플라인(Spline)의 규격을 선정하시오. (단, 전달효율은 75%, 보스의 길이는 $80mm$이다.)

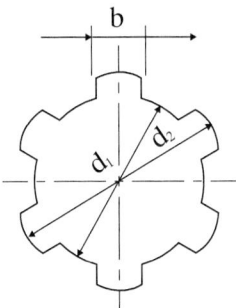

※ 스플라인의 규격[mm]

형식	1형						2형					
잇수	6		8		10		6		8		10	
호칭 지름 d_1	큰지름 d_2	너비 b	큰지름 d_2	너비 b	큰지름 d_2	너비 b	큰지름 d_2	너비 b	큰지름 d_2	너비 b	큰지름 d_2	너비 b
11	-	-	-	-	-	-	14	3	-	-	-	-
13	-	-	-	-	-	-	16	3.5	-	-	-	-
16	-	-	-	-	-	-	20	4	-	-	-	-
18	-	-	-	-	-	-	22	5	-	-	-	-
21	-	-	-	-	-	-	25	5	-	-	-	-
23	26	6	-	-	-	-	28	6	-	-	-	-
26	30	6	-	-	-	-	32	6	-	-	-	-
28	32	7	-	-	-	-	34	7	-	-	-	-
32	36	8	36	6	-	-	38	8	38	6	-	-
36	40	8	40	7	-	-	42	8	42	7	-	-
42	46	10	46	8	-	-	48	10	48	8	-	-
46	50	12	50	9	-	-	54	12	54	9	-	-
52	58	14	58	10	-	-	60	14	60	10	-	-
56	62	14	62	10	-	-	65	14	65	10	-	-
62	68	16	68	12	-	-	72	16	72	12	-	-
72	78	18	-	-	78	12	82	18	-	-	82	12
82	88	20	-	-	88	12	92	20	-	-	92	12
92	98	22	-	-	98	14	102	22	-	-	102	14
102	-	-	-	-	108	16	-	-	-	-	112	16
112	-	-	-	-	120	18	-	-	-	-	125	18

$$T = \frac{H}{\omega} = \frac{H}{\frac{2\pi N}{60}} = \frac{13 \times 10^3}{\frac{2\pi \times 250}{60}} = 496.56 N \cdot m$$

$$T = (h-2c)q_a \ell \left(\frac{d_2+d_1}{4}\right)\eta Z \Rightarrow d_2 + d_1 = \frac{4T}{(h-2c)q_a \ell \eta Z} = \frac{4 \times 496.56 \times 10^3}{(2-2 \times 0.15) \times 48 \times 80 \times 0.75 \times 6} = 67.61 mm$$

$$h = \frac{d_2 - d_1}{2} \Rightarrow d_2 - d_1 = 2h = 2 \times 2 = 4mm$$

$d_2 + d_1 = 67.61mm$과 $d_2 - d_1 = 4mm$을 연립방정식 세우면, $\therefore d_2 = 35.81mm$

표에서 $d_2 = 35.81mm$과 근사한 값을 가진 1형의 $d_2 = 36mm$(호칭지름 : $d_1 = 32mm$)과 2형의 $d_2 = 34mm$ (호칭지름 : $d_1 = 28mm$)이 있다.

선정하는 방법은 크면서 근삿값인 것을 선정하면 된다.
$\therefore$ 호칭지름 : $d_1 = 32mm$(1형, $d_2 = 36mm$, $b = 8mm$)

02

$300rpm$, $25kW$의 동력을 전달하는 중공축에 $600N \cdot m$의 굽힘 모멘트가 작용하고 있다. 축의 허용 전단응력이 $13MPa$, 축의 허용 굽힘응력이 $22MPa$일 때 다음을 구하시오. (단, 중공축의 바깥지름은 $90mm$이다.)

(1) 상당 비틀림 모멘트 $[N \cdot m]$
(2) 상당 굽힘 모멘트 $[N \cdot m]$
(3) 축의 비틀림과 굽힘을 고려한 축의 안지름 $[mm]$

(1) $T = \dfrac{H}{\omega} = \dfrac{H}{\frac{2\pi N}{60}} = \dfrac{25 \times 10^3}{\frac{2\pi \times 300}{60}} = 795.77 N \cdot m$

$\therefore T_e = \sqrt{M^2 + T^2} = \sqrt{600^2 + 795.77^2} = 996.62 N \cdot m$

(2) $M_e = \dfrac{1}{2}(M + \sqrt{M^2 + T^2}) = \dfrac{1}{2}(M + T_e) = \dfrac{1}{2}(600 + 996.62) = 798.31 N \cdot m$

(3) $T_e = \tau_a Z_P = \tau_a \times \dfrac{\pi(d_2^4 - d_1^4)}{16 d_2}$ 에서,

① 비틀림을 고려한 축의 안지름 : $d_1 = \sqrt[4]{d_2^4 - \dfrac{16 d_2 T_e}{\pi \tau_a}} = \sqrt[4]{90^4 - \dfrac{16 \times 90 \times 996.62 \times 10^3}{\pi \times 13}} = 74.3 mm$

$M_e = \sigma_a Z = \sigma_a \times \dfrac{\pi(d_2^4 - d_1^4)}{32 d_2}$ 에서,

② 굽힘을 고려한 축의 안지름 : $d_1 = \sqrt[4]{d_2^4 - \dfrac{32 d_2 M_e}{\pi \sigma_a}} = \sqrt[4]{90^4 - \dfrac{32 \times 90 \times 798.31 \times 10^3}{\pi \times 22}} = 75.41 mm$

안전을 고려하여 중공축의 안지름은 작은값을 선정한다.
$\therefore d_1 = 74.3 mm$

03

$350\,rpm$, $5\,kW$의 동력을 전달하는 축각 $85°$인 원추 마찰차가 있다. 마찰계수가 0.3, 원동차의 지름이 $500\,mm$, 속비 $\dfrac{1}{2}$일 때 다음을 구하시오. (단, 접촉 선압이 $25\,N/mm$이다.)

(1) 원주 속도 $[m/s]$
(2) 마찰차의 유효 너비 $[mm]$
(3) 원동축 방향으로 미는힘과 종동축 방향으로 미는 힘 $[N]$

(1) $v = \dfrac{\pi D_{A,m} N_A}{60 \times 1000} = \dfrac{\pi \times 500 \times 350}{60 \times 1000} = 9.16\,m/s$

(2) $H = \mu Q v \;\Rightarrow\; Q = \dfrac{H}{\mu v} = \dfrac{5 \times 10^3}{0.3 \times 9.16} = 1819.51\,N$

$f = \dfrac{Q}{b} \;\Rightarrow\; \therefore b = \dfrac{Q}{f} = \dfrac{1819.51}{25} = 72.78\,mm$

(3) $\tan\alpha = \dfrac{\sin\theta}{\dfrac{1}{\varepsilon}+\cos\theta} = \dfrac{\sin 85°}{2+\cos 85°} \;\Rightarrow\; \alpha = \tan^{-1}\left(\dfrac{\sin 85°}{2+\cos 85°}\right) = 25.52°$

$\theta = \alpha + \beta \;\Rightarrow\; \beta = \theta - \alpha = 85 - 25.52 = 59.48°$

$\therefore F_{t,A} = Q\sin\alpha = 1819.51 \times \sin 25.52° = 783.89\,N$

$\therefore F_{t,B} = Q\sin\beta = 1819.51 \times \sin 59.48° = 1567.42\,N$

04

바깥지름이 $78\,mm$인 원통형 코일 스프링에 $500\,N$의 하중이 작용한다. 스프링 지수는 5, 유효 권수 14회, 전단탄성계수가 $90\,GPa$일 때 다음을 구하시오.

(1) 소선의 지름 $[mm]$
(2) 스프링의 처짐량 $[mm]$
(3) 스프링에 발생하는 전단응력 $[MPa]$

(1) $D_2 = D + d = Cd + d = d(C+1)$ (평균지름 : $D = Cd$)

$$\therefore d = \frac{D_2}{C+1} = \frac{78}{5+1} = 13mm$$

(2) $D = Cd = 5 \times 13 = 65mm$

$$\therefore \delta = \frac{8nPD^3}{Gd^4} = \frac{8 \times 14 \times 500 \times 65^3}{90 \times 10^3 \times 13^4} = 5.98mm$$

(3) $K = \dfrac{4C-1}{4C-4} + \dfrac{0.615}{C} = \dfrac{4 \times 5 - 1}{4 \times 5 - 4} + \dfrac{0.615}{5} = 1.31$

$$\therefore \tau_{\max} = \frac{8PDK}{\pi d^3} = \frac{8 \times 500 \times 65 \times 1.31}{\pi \times 13^3} = 49.35 MPa$$

05

회전수 $600rpm$으로 베어링 하중 $5000kg_f$을 받쳐주는 엔드 저널 베어링이 있다. 압력속도계수 $pv = 5MPa \cdot m/s$일 때 다음을 구하시오.

(1) 저널의 길이 $[mm]$
(2) 저널의 지름 $[mm]$ (단, 엔드 저널의 허용굽힙응력 $\sigma_b = 50MPa$이다.)

(1) $pv = \dfrac{\pi WN}{60000\ell} \Rightarrow \therefore \ell = \dfrac{\pi WN}{60000pv} = \dfrac{\pi \times 5000 \times 9.8 \times 600}{60000 \times 5} = 307.88mm$

(2) $d = \sqrt[3]{\dfrac{32M_{\max}}{\pi \sigma_b}} = \sqrt[3]{\dfrac{32W \times \dfrac{\ell}{2}}{\pi \sigma_b}} = \sqrt[3]{\dfrac{16W\ell}{\pi \sigma_b}} = \sqrt[3]{\dfrac{16 \times 5000 \times 9.8 \times 307.88}{\pi \times 50}} = 115.4mm$

06

$500rpm$, $15kW$의 동력을 전달하는 지름 $70mm$인 축에 묻힘 키($b \times h \times \ell = 12 \times 10 \times 50$)를 설치했다. 키의 허용 전단응력은 $40MPa$, 허용 압축응력이 $80MPa$일 때 다음을 구하시오.

(1) 키의 압축응력을 구하여 안전도 검토
(2) 키의 전단응력을 구하여 안전도 검토

(1) $T = \dfrac{H}{\omega} = \dfrac{H}{\dfrac{2\pi N}{60}} = \dfrac{15 \times 10^3}{\dfrac{2\pi \times 500}{60}} = 286.48 N \cdot m$

$\sigma_c = \dfrac{4T}{h\ell d} = \dfrac{4 \times 286.48 \times 10^3}{10 \times 50 \times 70} = 32.74 MPa$

$\sigma_a (= 80 MPa) > \sigma_c (= 32.74 MPa)$이므로, ∴ 안전하다.

(2) $\tau_k = \dfrac{2T}{b\ell d} = \dfrac{2 \times 286.48 \times 10^3}{12 \times 50 \times 70} = 13.64 MPa$

$\tau_a (= 40 MPa) > \tau_k (= 13.64 MPa)$이므로, ∴ 안전하다.

07

모듈 $m = 5$, 압력각이 $14.5°$, 소 기어의 잇수가 24개, 대 기어의 잇수가 32개인 전위기어가 있다. 다음을 구하시오.

압력각 (α)	소수점 둘째 자리				
	0	2	4	6	8
14.0	0.004982	0.005004	0.005025	0.005047	0.002069
14.1	0.005091	0.005113	0.005135	0.005158	0.005180
14.2	0.005202	0.005225	0.005247	0.005269	0.005292
14.3	0.005315	0.005337	0.005360	0.005383	0.005406
14.4	0.005429	0.005452	0.005475	0.005498	0.005522
14.5	0.005545	0.005568	0.005592	0.005615	0.005639
14.6	0.005662	0.005686	0.005710	0.005734	0.005758
14.7	0.005782	0.005806	0.005830	0.005854	0.005878
14.8	0.005903	0.005927	0.005952	0.005976	0.006001
14.9	0.006025	0.006050	0.006075	0.006100	0.006125
15.0	0.006150	0.006175	0.006200	0.006225	0.006251
15.1	0.006276	0.006301	0.006327	0.006353	0.006378
15.2	0.006404	0.006430	0.006456	0.006482	0.006508
15.3	0.006534	0.006560	0.006586	0.006612	0.006639
15.4	0.006665	0.006692	0.006718	0.006745	0.006772
15.5	0.006799	0.006825	0.006852	0.006879	0.006906
15.6	0.006934	0.006961	0.006988	0.007016	0.007043
15.7	0.007071	0.007098	0.007216	0.007154	0.007182
15.8	0.007209	0.007237	0.007266	0.007294	0.007322
15.9	0.007350	0.007379	0.007407	0.007435	0.007464
16.0	0.007493	0.007521	0.007550	0.007579	0.007608
16.1	0.007637	0.007666	0.007695	0.007725	0.007754
16.2	0.007784	0.007813	0.007843	0.007872	0.007902
16.3	0.007932	0.007962	0.007992	0.008022	0.008052
16.4	0.008082	0.008112	0.008143	0.008173	0.008204
16.5	0.008234	0.008265	0.008296	0.008326	0.008357

(1) 소 기어와 대 기어의 전위량 $[mm]$
(2) 두 기어의 치면 높이가 0이 되게 하는 물림 압력각 $[°]$
    (단, 표를 이용하여, 소수점 4자리까지 나타내시오.)
(3) 축간 중심거리 $[mm]$
(4) 소 기어와 대 기어의 외경 $[mm]$
(5) 기어의 총 이높이 $[mm]$ (단, 조립부의 간극 $c = 0.3mm$이다.)

(1) $\alpha_n = 14.5°$ 일 때 $x = 1 - \dfrac{Z}{32}$에서,

소 기어의 전위 계수 : $x_A = 1 - \dfrac{Z_A}{32} = 1 - \dfrac{24}{32} = 0.25$

대 기어의 전위 계수 : $x_B = 1 - \dfrac{Z_B}{32} = 1 - \dfrac{32}{32} = 0$

$\therefore x_A m = 0.25 \times 5 = 1.25 mm,\ x_B m = 0mm$

(2) $inv\alpha_b° = inv\alpha + 2\left(\dfrac{x_A + x_B}{Z_A + Z_B}\right)\tan\alpha = 0.005545 + 2 \times \left(\dfrac{0.25 + 0}{24 + 32}\right) \times \tan 14.5° = 0.007854$

여기서 표를 보면, 0.007854는,
$\alpha = 16.24°(= 0.007843)$값과 $\alpha = 16.26°(= 0.007872)$값 사이에 있으므로 보간법을 이용하여 값을 도출한다.

$\therefore \alpha_b = 16.24 + \dfrac{0.007854 - 0.007843}{0.007872 - 0.007843} \times (16.26 - 16.24) = 16.2476°$

(3) $y = \dfrac{Z_A + Z_B}{2}\left(\dfrac{\cos\alpha}{\cos\alpha_b} - 1\right) = \dfrac{24 + 32}{2} \times \left(\dfrac{\cos 14.5°}{\cos 16.2476°} - 1\right) = 0.2358$

$\triangle C = ym = 0.2358 \times 5 = 1.18mm$

$\therefore C_f = C + \triangle C = \dfrac{m(Z_A + Z_B)}{2} + \triangle C = \dfrac{5(24 + 32)}{2} + 1.18 = 141.18mm$

(4) $D_{kA} = (Z_A + 2)m + 2(y - x_B)m = (24 + 2) \times 5 + 2(0.2358 - 0) \times 5 = 132.36mm$

$D_{kB} = (Z_B + 2)m + 2(y - x_A)m = (32 + 2) \times 5 + 2(0.2358 - 0.25) \times 5 = 169.86mm$

(5) $h_t = (c + 2)m - (x_A + x_B - \triangle C)m$에서,
$= (0.3 + 2) \times 5 - (0.25 + 0 - 1.18) \times 5 = 16.15mm$

08

$30kN$의 하중을 들어 올리기 위한 피치 $6mm$, 유효지름 $36mm$인 사다리꼴 나사잭이 있다. 골지름이 $32mm$, 나사부의 마찰계수가 0.15이고 나사 재질의 전단강도는 $50MPa$일 때 다음을 구하시오. (단, 칼라부를 고려하지 않는다.)

(1) 나사의 회전토크 $[N \cdot m]$
(2) 나사에 작용하는 최대전단응력 $[MPa]$
(3) 나사 재질의 전단강도에 대한 안전성 검토

(1) $\mu' = \dfrac{\mu}{\cos\dfrac{\alpha}{2}} = \dfrac{0.15}{\cos\left(\dfrac{30°}{2}\right)} = 0.1553$

$\therefore T = Q\left(\dfrac{p+\mu'\pi d_e}{\pi d_e - \mu p}\right)\dfrac{d_e}{2} = 30\times 10^3 \times \left(\dfrac{6+0.1553\times\pi\times 36}{\pi\times 36 - 0.1553\times 6}\right)\times\dfrac{36}{2} = 113444.55\,N\cdot mm$

$= 113.44\,N\cdot m$

(2) $\sigma_t = \dfrac{Q}{A} = \dfrac{4Q}{\pi d_1^2} = \dfrac{4\times 30\times 10^3}{\pi\times 32^2} = 37.3\,MPa$

$\tau = \dfrac{T}{Z_P} = \dfrac{16T}{\pi d_1^3} = \dfrac{16\times 113.44\times 10^3}{\pi\times 32^3} = 17.63\,MPa$

$\therefore \tau_{\max} = \dfrac{1}{2}\sqrt{\sigma_t^2 + 4\tau^2} = \dfrac{1}{2}\sqrt{37.3^2 + 4\times 17.63^2} = 25.66\,MPa$

(3) $S = \dfrac{\text{기준강도}}{\text{사용강도}} = \dfrac{\tau_a}{\tau_{\max}} = \dfrac{50}{25.66} = 1.95$ $\therefore$ 안전하다.

09

$500\,rpm$, $4\,kW$의 동력을 전달하는 평벨트가 있다. 원동 풀리의 지름 $300\,mm$, 종동 풀리의 지름 $600\,mm$, 중심거리 $1000\,mm$, 평벨트의 허용 인장응력 $8\,MPa$, 평벨트의 마찰계수 0.3, 평벨트의 두께 $6\,mm$, 평벨트의 이음효율이 90%일 때 다음을 구하시오.

(1) 긴장측 장력 $[N]$
(2) 평벨트의 폭 $[mm]$

(1) $v = \dfrac{\pi D_A N_A}{60\times 1000} = \dfrac{\pi\times 300\times 500}{60\times 1000} = 7.85\,m/s$

$\theta = 180 - 2\sin^{-1}\left(\dfrac{D_B - D_A}{2C}\right) = 180 - 2\sin^{-1}\left(\dfrac{600-300}{2\times 1000}\right) = 162.75°$

$e^{\mu\theta} = e^{0.3\times 162.75\times\frac{\pi}{180}} = 2.34$

$\therefore T_t = \dfrac{e^{\mu\theta}}{e^{\mu\theta}-1}\times\dfrac{H}{v} = \dfrac{2.34}{2.34-1}\times\dfrac{4\times 10^3}{7.85} = 889.82\,N$

(2) $\sigma_t = \dfrac{T_t}{bt\eta}$ $\Rightarrow$ $\therefore b = \dfrac{T_t}{t\eta\sigma_t} = \dfrac{889.82}{6\times 0.9\times 8} = 20.6\,mm$

10

상온에서 파이프에 평균유속 $6m/s$로 비중이 1.3, 유량 $900kg_f/\min$을 흐르게 하려 한다. 파이프의 내압은 $5MPa$, 파이프의 안전율은 3, 파이프의 최소 인장강도 $240MPa$, 부식여유가 $2mm$일 때 다음을 구하시오.

(1) 파이프의 내경 $[mm]$
(2) 파이프의 두께 $[mm]$

(1) 중량유량: $\dot{G} = \gamma A v_m = \gamma Q \Rightarrow Q = \dfrac{\dot{G}}{\gamma} = \dfrac{\dot{G}}{\gamma_{H_2O} S} = \dfrac{\frac{900}{60}}{1000 \times 1.3} = 0.0115 m^3/s$

$Q = A v_m = \dfrac{\pi d^2}{4} \times v_m \Rightarrow \therefore d = \sqrt{\dfrac{4Q}{\pi v_m}} = \sqrt{\dfrac{4 \times 0.0115}{\pi \times 6}} = 0.0494m \fallingdotseq 49.4mm$

(2) $\sigma_a = \dfrac{\sigma}{S} = \dfrac{240}{3} = 80MPa$

$\therefore t = \dfrac{pd}{2\sigma_a} + C = \dfrac{5 \times 49.4}{2 \times 80} + 2 = 3.54mm$

11

다음 그림과 같이 $800rpm$, $20.94kW$의 동력을 전달하는 블록 브레이크가 있다. 드럼의 직경이 $300mm$, $a = 200mm$, $b = 30mm$, $\ell = 1000mm$, **브레이크 마찰계수가** 0.3일 때 다음을 구하시오.

(1) 레버를 누르는 힘 $[N]$
(2) 제동에 필요한 면적 $[mm^2]$ (단, 블록 브레이크 용량은 $10N/mm^2 \cdot m/s$이다.)

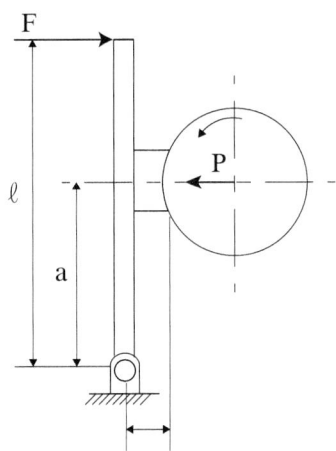

(1) $T = \dfrac{H}{\omega} = \dfrac{20.94 \times 10^3}{\dfrac{2\pi \times 800}{60}} = 249.95 N \cdot m$

$T = \mu P \dfrac{D}{2} \Rightarrow P = \dfrac{2T}{\mu D} = \dfrac{2 \times 249.95 \times 10^3}{0.3 \times 300} = 5554.44 N$

$F\ell - Pa + \mu Pc = 0 \Rightarrow \therefore F = \dfrac{P(a - \mu b)}{\ell} = \dfrac{5554.44 \times (200 - 0.3 \times 30)}{1000} = 1060.9 N$

(2) $\mu qv = \dfrac{H}{A} \Rightarrow \therefore A = \dfrac{H}{\mu qv} = \dfrac{20.94 \times 10^3}{10} = 2094 mm^2$

2018 1회차 일반기계기사 필답형 기출문제

01

$30mm$을 전진시키면 3회전하는 외경 $46mm$인 사각나사가 있다. 마찰계수가 0.2이고 너트의 유효지름은 $0.76 \times d$(외경)일 때 다음을 구하시오.

(1) 나사의 피치 $p\,[mm]$
(2) 레버의 길이 $100mm$, 레버 끝에 $40N$의 힘으로 돌릴 때 들어올리는 하중 $Q\,[N]$
(3) 나사의 효율 $\eta\,[\%]$

(1) 3회전을 하여 $30mm$를 전진시킨다 $\Rightarrow \ell = \dfrac{30}{3} = 10mm$

$\ell = np \Rightarrow \therefore p = \dfrac{\ell}{n} = \dfrac{10}{1} = 10mm$

(2) $d_e = 0.76 \times d = 0.76 \times 46 = 34.96mm$

$T = FL = Q\left(\dfrac{p + \mu\pi d_e}{\pi d_e - \mu p}\right)\dfrac{d_e}{2}$ 에서,

$\therefore Q = \dfrac{FL}{\left(\dfrac{p + \mu\pi d_e}{\pi d_e - \mu p}\right)\dfrac{d_e}{2}} = \dfrac{40 \times 100}{\left(\dfrac{10 + 0.2 \times \pi \times 34.96}{\pi \times 34.96 - 0.2 \times 10}\right) \times \dfrac{34.96}{2}} = 771.92N$

(3) $\eta = \dfrac{pQ}{2\pi T} = \dfrac{pQ}{2\pi FL} = \dfrac{10 \times 771.92}{2\pi \times 40 \times 100} = 0.3071 ≒ 30.71\%$

02

강판의 두께는 $14mm$, 리벳 지름이 $18mm$인 1줄 겹치기 리벳이음에서 강판의 허용인장응력은 $120MPa$, 리벳의 허용전단응력은 $50MPa$일 때 다음을 구하시오.
(단, 리벳의 허용하중과 강판의 허용하중은 같다.)

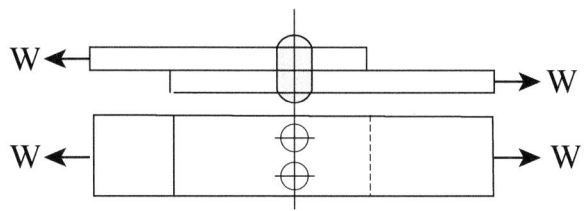

(1) 전단강도를 고려한 최대하중 $W[N]$
(2) 강판의 폭 $b[mm]$
(3) 강판의 효율 $\eta_t[\%]$

(1) $W = \tau_a \dfrac{\pi d^2}{4} n = 50 \times \dfrac{\pi \times 18^2}{4} \times 2 = 25446.9 N$

(2) $W = \sigma_t (b-nd)t \Rightarrow \therefore b = \dfrac{W}{\sigma_t t} + nd = \dfrac{25446.9}{120 \times 14} + 2 \times 18 = 51.15 mm$

(3) $\eta_t = \dfrac{\text{구멍이 뚫린 강판의 인장강도}}{\text{구멍이 뚫리지 않은 인장강도}}$
$= \dfrac{\sigma_t(b-nd)t}{\sigma_t bt} = \dfrac{b-nd}{b} = 1 - \dfrac{nd}{b} = 1 - \dfrac{2 \times 18}{51.15} = 0.2962 ≒ 29.62\%$

03

$250 rpm$으로 회전하는 헬리컬의 기어의 치직각 모듈 $m=3$, 잇수가 45개, 이 너비 $36mm$, 압력각 $20°$, 이의 비틀림각 $20°$, 허용 굽힘응력이 $190MPa$, 하중계수가 1.2일 때 다음을 구하시오.

(1) 피치원 지름 $D_s[mm]$
(2) 상당 평치차 잇수 $Z_e[개]$
(3) 루이스 굽힘강도에 의한 전달 동력 $H[kW]$
 (단, 아래의 상당 평치차 치형 계수 y_e의 표를 참고하시오.)

압력각 [°]	잇수 [개]		
	40	50	60
14.5	0.107	0.110	0.113
20	0.124	0.130	0.134
25	0.145	0.152	0.156

(4) 스러스트 하중 $F_t[N]$

(1) $D_s = \dfrac{D}{\cos\beta} = \dfrac{mZ}{\cos\beta} = \dfrac{3 \times 45}{\cos 20°} = 143.66mm$

(2) $Z_e = \dfrac{Z}{\cos^3\beta} = \dfrac{45}{\cos^3 20°} = 54.23 ≒ 55개$

(3) 보간법을 이용하여 상당 평치차 치형 계수를 구하면,
$y_e = 0.130 + \dfrac{55-50}{60-50} \times (0.134 - 0.130) = 0.132$
$v = \dfrac{\pi D_s N}{60 \times 1000} = \dfrac{\pi \times 143.66 \times 250}{60 \times 1000} = 1.88 m/s$
$f_v = \dfrac{3.05}{3.05 + v} = \dfrac{3.05}{3.05 + 1.88} = 0.62$
$F = f_v f_w \sigma_b \pi m b y_e = 0.62 \times 1.2 \times 190 \times \pi \times 3 \times 36 \times 0.132 = 6331.03 N$
$\therefore H = Fv = 6331.03 \times 10^{-3} \times 1.88 = 11.9 kW$

(4) $F_t = F\tan\beta = 6331.03 \tan 20° = 2304.31 N$

04

압축하중이 $500N$으로 작용할 때 스프링 지수가 7인 원통형 코일 스프링은 $25mm$만큼 처진다. 스프링 허용 전단응력이 $350MPa$, 스프링 전단탄성계수가 $82 \times 10^3 MPa$, 왈의 응력 수정계수 $K = 1.21$일 때 다음을 구하시오.

(1) 소선의 지름 [mm]
(2) 유효 권수 [회]
(3) 하중을 제거했을 때, 자유상태에서의 스프링길이 [mm] (단, $4mm$의 여유를 고려한다.)

(1) $\tau_a = \dfrac{8PDK}{\pi d^3} = \dfrac{8PCK}{\pi d^2} \Rightarrow \therefore d = \sqrt{\dfrac{8PCK}{\pi \tau_a}} = \sqrt{\dfrac{8 \times 500 \times 7 \times 1.21}{\pi \times 350}} = 5.55 mm$

(2) $D = cd = 7 \times 5.55 = 38.85 mm$
$\delta = \dfrac{8nPD^3}{Gd^4} \Rightarrow n = \dfrac{\delta Gd^4}{8PD^3} = \dfrac{25 \times 82 \times 10^3 \times 5.55^4}{8 \times 500 \times 38.85^3} = 8.29 ≒ 9회$

(3) $H = d(n+2) + \delta + 여유높이 = 5.55 \times (9+2) + 25 + 4 = 90.05 mm$

05

180rpm으로 회전하는 V-belt 동력전달장치가 있다. 종동축은 60rpm으로 회전하고, 원동 풀리의 지름이 200mm, 축간거리가 850mm, 마찰계수 0.3, 벨트의 긴장측 장력은 4000N, 접촉각 수정계수 0.98, 부하 수정계수 0.7일 때 다음을 구하시오. (단 벨트의 홈 각도는 34도이다.)

(1) 벨트의 길이 $[mm]$
(2) 전체 벨트의 전달 동력 $[kW]$ (단, 벨트 전체의 유효장력은 7000N로 가정한다.)
(3) 벨트의 가닥 수 $[개]$

(1) $\varepsilon = \dfrac{N_B}{N_A} = \dfrac{D_A}{D_B} \Rightarrow D_B = D_A \times \dfrac{N_A}{N_B} = 200 \times \dfrac{180}{60} = 600mm$

$\therefore L = 2C + \dfrac{\pi(D_A + D_B)}{2} + \dfrac{(D_B - D_A)^2}{4C}$

$= 2 \times 850 + \dfrac{\pi(200 + 600)}{2} + \dfrac{(600 - 200)^2}{4 \times 850} = 3003.7mm$

(2) $v = \dfrac{\pi D_A N_A}{60 \times 1000} = \dfrac{\pi \times 200 \times 180}{60 \times 1000} = 1.88 m/s$

$H = P_e v = 7000 \times 10^{-3} \times 1.88 = 13.16 kW$

(3) $\mu' = \dfrac{\mu}{\sin\dfrac{\alpha}{2} + \mu\cos\dfrac{\alpha}{2}} = \dfrac{0.3}{\sin17° + 0.3\cos17°} = 0.52$

$\theta = 180° - 2\sin^{-1}\left(\dfrac{D_B - D_A}{2C}\right) = 180° - 2\sin^{-1}\left(\dfrac{600 - 200}{2 \times 850}\right) = 152.78°$

$e^{\mu'\theta} = e^{0.52 \times 152.78 \times \frac{\pi}{180}} = 4$

$H_o = T_t \left(\dfrac{e^{\mu'\theta} - 1}{e^{\mu'\theta}}\right)v = 4000 \times 10^{-3} \times \left(\dfrac{4-1}{4}\right) \times 1.88 = 5.64 kW$

$\therefore Z = \dfrac{H}{k_1 k_2 H_o} = \dfrac{13.16}{0.98 \times 0.7 \times 5.64} = 3.4 ≒ 4개$

06

200rpm으로 회전하는 축을 지지하는 볼 베어링의 기본 동정격 하중 $C = 55kN$이며, 작용하는 하중이 $4kN$, $6kN$, $8kN$, $10kN$, $12kN$, $14kN$으로 주기적으로 변동하고 있을 때 다음을 구하시오.

(1) 선형파동하중에 대한 평균등가하중 $[kN]$
(2) 베어링의 수명시간 $[hr]$ (단, 하중계수 $f_w = 1.2$이다.)

(1) $P_m = \dfrac{P_{\min} + 2P_{\max}}{3} = \dfrac{4 + 2 \times 14}{3} = 10.67 kN$

(2) $L_h = 500 \times \dfrac{33.3}{N} \times \left(\dfrac{C}{f_w P_m}\right)^r = 500 \times \dfrac{33.3}{200} \times \left(\dfrac{55}{1.2 \times 10.67}\right)^3 = 6598.35 hr$

07

외접 원통 마찰차의 축간거리 $700mm$, 원동차의 회전수 $200rpm$, 종동차의 회전수 $120rpm$이다. 다음을 구하시오.

(1) 원동차와 종동차의 직경 D_A, $D_B [mm]$
(2) 원주속도 $v [m/s]$

(1) $\varepsilon = \dfrac{N_B}{N_A} = \dfrac{D_A}{D_B} \Rightarrow D_A = D_B \times \dfrac{N_B}{N_A} = D_B \times \dfrac{120}{200} = D_B$

$C = \dfrac{D_A + D_B}{2} \Rightarrow D_A + D_B = 2C = 2 \times 700 = 1400mm$

$D_B \times \dfrac{120}{200} + D_B = 1400 \Rightarrow \therefore D_B = 875mm$

$\therefore D_A = D_B \times \dfrac{120}{200} = 525mm$

(2) $v = \dfrac{\pi D_A N_A}{60 \times 1000} = \dfrac{\pi \times 525 \times 200}{60 \times 1000} = 5.5 m/s$

08

회전수 $550 rpm$으로 하중 $12kN$을 받쳐주는 엔드 저널 베어링이 있다. 압력속도계수는 $5N/mm^2 \cdot m/s$일 때 다음을 구하시오. (단, 저널의 길이 $\ell = 1.5d$이다.)

(1) 저널의 길이 $\ell [mm]$
(2) 저널의 지름 $d [mm]$
(3) 베어링 면압력 $p [N/mm^2]$

(1) $pv = \dfrac{\pi WN}{60000 \ell} \Rightarrow \therefore \ell = \dfrac{\pi WN}{60000 pv} = \dfrac{\pi \times 12 \times 10^3 \times 550}{60000 \times 5} = 69.12 mm$

(2) $\ell = 1.5d \Rightarrow \therefore d = \dfrac{\ell}{1.5} = \dfrac{69.12}{1.5} = 46.08 mm$

(3) $p = \dfrac{W}{d\ell} = \dfrac{12 \times 10^3}{46.08 \times 69.12} = 3.77 MPa$

09

$400 rpm$, $22 kW$의 동력을 전달하는 축에 묻힘 키를 설계하려 한다. 묻힘 키의 허용 전단응력은 $280 MPa$, 묻힘 키의 폭과 높이가 같을 때 다음을 구하시오.
(단, 묻힘 키의 길이 $\ell = 1.5d$이고, 축과 묻힘 키의 재질이 같다.)

(1) 축 지름 $d [mm]$
(2) 묻힘 키의 호칭 $b \times h \times \ell [mm \times mm \times mm]$ (단, 정수로 표현하시오.)

(1) $T = \dfrac{H}{\omega} = \dfrac{H}{\dfrac{2\pi N}{60}} = \dfrac{22 \times 10^3}{\dfrac{2\pi \times 400}{60}} = 525.21 N \cdot m$

$T = \tau_a Z_P = \tau_a \times \dfrac{\pi d^3}{16} \Rightarrow \therefore d = \sqrt[3]{\dfrac{16T}{\pi \tau_a}} = \sqrt[3]{\dfrac{16 \times 525.21 \times 10^3}{\pi \times 280}} = 21.22 mm$

(2) 축과 묻힘 키의 재질이 같으므로 $\tau_k = \tau_a = 280 MPa$이다.

$\tau_k = \dfrac{2T}{b\ell d} = \dfrac{2T}{b \times 1.5d \times d}$ 에서,

$b = \dfrac{2T}{1.5d^2 \tau_k} = \dfrac{2 \times 525.21 \times 10^3}{1.5 \times 21.22^2 \times 280} = 5.55 ≒ 6mm$

$\ell = 1.5d = 1.5 \times 21.22 = 31.83 ≒ 32mm$

$\therefore b \times h \times \ell = 6mm \times 6mm \times 32mm$

10

직경이 $50mm$, 길이가 $1m$인 축이 양단에 베어링으로 지지되어 있다. 축의 중앙에 바깥지름이 $700mm$, 두께가 $250mm$인 회전체가 회전하고 있을 때 다음을 구하시오.
(단, 축과 회전체의 비중은 7.8, 세로탄성계수가 $220GPa$이다.)

(1) 자중에 의한 축의 처짐 $\delta_0 [\mu m]$
(2) 중앙의 집중하중에 의한 축의 처짐 $\delta_1 [\mu m]$
(3) 축의 위험속도 $N_C [rpm]$

(1) $w = \gamma A = \gamma_{H_2O} S A = 9800 \times 7.8 \times \dfrac{\pi \times 0.05^2}{4} = 150.09 N/m$

$\therefore \delta_0 = \dfrac{5w\ell^4}{384EI} = \dfrac{5 \times 150.09 \times 1^4}{384 \times 220 \times 10^9 \times \dfrac{\pi \times 0.05^4}{64}} = 28.95 \times 10^{-6} m = 28.95 \mu m$

(2) $W = wt = \gamma A t = \gamma_{H_2O} S A t = 9800 \times 7.8 \times \dfrac{\pi \times (0.7^2 - 0.05^2)}{4} \times 0.25 = 7316.87 N$

$\therefore \delta_1 = \dfrac{W\ell^3}{48EI} = \dfrac{7316.87 \times 1^3}{48 \times 220 \times 10^9 \times \dfrac{\pi \times 0.05^4}{64}} = 2258.46 \times 10^{-6} m = 2258.46 \mu m$

(3) $N_0 = \dfrac{30}{\pi} \sqrt{\dfrac{g}{\delta_0}} = \dfrac{30}{\pi} \sqrt{\dfrac{9.8 \times 10^6}{28.95}} = 5555.97 rpm$

$N_1 = \dfrac{30}{\pi} \sqrt{\dfrac{g}{\delta_1}} = \dfrac{30}{\pi} \sqrt{\dfrac{9.8 \times 10^6}{2258.46}} = 629.04 rpm$

$\therefore N_C = \dfrac{1}{\sqrt{\dfrac{1}{N_0^2} + \dfrac{1}{N_1^2}}} = \dfrac{1}{\sqrt{\dfrac{1}{5555.97^2} + \dfrac{1}{629.04^2}}} = 625.05 rpm$

11

다음 그림과 같은 밴드 브레이크가 드럼의 회전수 $250 rpm$, 제동 동력은 $60kW$이다. 여기서, $d=200mm$, $a=200mm$, $L=800mm$, $e^{\mu\theta}=4.12$일 때 다음을 구하시오.

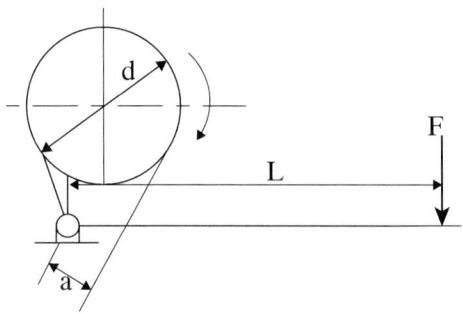

(1) 제동력 $f[N]$
(2) 밴드의 이완측 장력 $T_s[N]$
(3) 레버를 누르는 힘 $F[N]$

(1) $T = \dfrac{H}{\omega} = \dfrac{H}{\dfrac{2\pi N}{60}} = \dfrac{60 \times 10^3}{\dfrac{2\pi \times 250}{60}} = 2291.83 N\cdot m$

$T = f\dfrac{d}{2} \;\Rightarrow\; \therefore f = \dfrac{2T}{d} = \dfrac{2 \times 2291.83 \times 10^3}{200} = 22918.3 N$

(2) $T_s = \dfrac{f}{e^{\mu\theta}-1} = \dfrac{22918.3}{4.12-1} = 7345.61 N$

(3) $T_s a - FL = 0 \;\Rightarrow\; \therefore F = \dfrac{T_s a}{L} = \dfrac{7345.61 \times 200}{800} = 1836.4 N$

2018 2회차 일반기계기사 필답형 기출문제

01
두께 $14mm$, 내경 $1m$인 리벳 이음으로 된 파이프가 있다. 파이프의 이음효율은 80%, 허용인장응력은 $63.85 Mpa$, 부식여유가 $1mm$일 때 파이프에 작용하는 내압은 몇 MPa인가?

$t = \dfrac{pd}{2\sigma_a \eta} + C$ 에서,

$\therefore p = \dfrac{2\sigma_a \eta (t - C)}{d} = \dfrac{2 \times 63.85 \times 0.8 \times (14-1)}{1000} = 1.33 Mpa$

02
두께 $18mm$의 강판이 다음 그림과 같이 용접사이즈 $8mm$로 필릿용접되어 하중을 받고 있다. 허용전단응력이 $150MPa$, $b = d = 50mm$, $L = 150mm$이고, 용접부 단면의 극단면 모멘트 $I_P = 0.707 h \dfrac{d(3b^2 + d^2)}{6}$일 때, 허용하중 F는 몇 N인가?

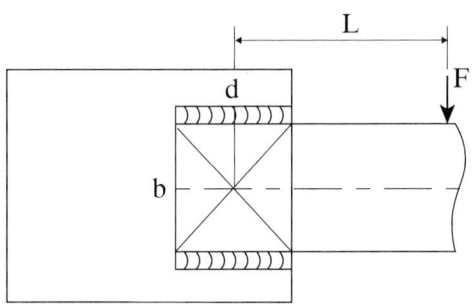

$\tau_1 = \dfrac{F}{A} = \dfrac{F}{2da} = \dfrac{F}{2dh\cos 45°} = \dfrac{F}{2 \times 50 \times 8 \cos 45°} = 1767.77 \times 10^{-6} F[MPa] = 1767.77 F[Pa]$

$\tau_2 = \dfrac{FLr_{max}}{I_P} = \dfrac{F \times 150 \times \sqrt{25^2 + 25^2}}{0.707 \times 8 \times \dfrac{50(3 \times 50^2 + 50^2)}{6}} = 11251.7 \times 10^{-6} F[MPa] = 11251.7 F[Pa]$

$\cos\theta = \dfrac{25}{r_{max}} = \dfrac{25}{\sqrt{25^2 + 25^2}} = 0.707$

$\tau_{max} = \sqrt{\tau_1^2 + \tau_2^2 + 2\tau_1 \tau_2 \cos\theta} \Rightarrow \tau_{max}^2 = \tau_1^2 + \tau_2^2 + 2\tau_1 \tau_2 \cos\theta$

$(150 \times 10^6)^2 = F^2[(1767.77^2 + 11251.7^2) + (2 \times 1767.77 \times 11251.7 \times 0.707)]$

$\therefore F = 11939 N$

03

다음 겹판 스프링에서, 스팬의 길이 $\ell = 2000mm$, 하중 $P = 4500N$, 너비 $b = 120mm$, 밴드의 나이 $e = 100mm$, 두께 $h = 12mm$, 스프링에 발생하는 굽힘응력 $\sigma = 180MPa$일 때 다음을 구하시오. (단, 스프링의 상당길이 $\ell' = \ell - 0.6e$, 종탄성계수 $E = 210GPa$이다.)

(1) 판의 수 n[장]
(2) 스프링의 처짐량 δ[mm]
(3) 고유 진동수 f_n[Hz]

(1) $\ell' = \ell - 0.6e = 2000 - 0.6 \times 100 = 1940mm$
$\sigma = \dfrac{3P\ell'}{2nbh^2} \Rightarrow \therefore n = \dfrac{3P\ell'}{2bh^2\sigma} = \dfrac{3 \times 4500 \times 1940}{2 \times 120 \times 12^2 \times 180} = 4.21 ≒ 5장$

(2) $\delta = \dfrac{3P\ell'^3}{8nbh^3E} = \dfrac{3 \times 4500 \times 1940^3}{8 \times 5 \times 120 \times 12^3 \times 210 \times 10^3} = 56.59mm$

(3) $f_n = \dfrac{w_n}{2\pi} = \dfrac{1}{2\pi}\sqrt{\dfrac{g}{\delta}} = \dfrac{1}{2\pi}\sqrt{\dfrac{9800}{56.59}} = 2.09Hz$

04

다음 그림과 같이 $M20$볼트(골지름 : $d_1 = 17.29mm$)로 지지하고 있는 브래킷을 벽에 고정하려 한다. 볼트의 허용인장응력이 $50MPa$, 허용전단응력이 $30MPa$, $L : \ell = 0.86 : 1$일 때 다음을 구하시오.

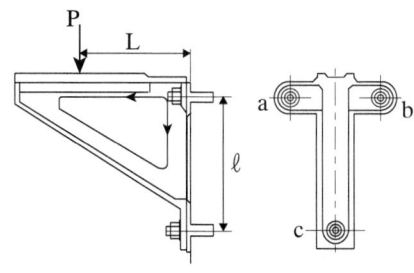

(1) 하중에 의한 직접 전단하중 [N] (단, 함수로 나타내시오.)
(2) 볼트에 걸리는 최대 인장하중 [N] (단, 함수로 나타내시오.)
(3) 최대 전단응력과 최대 인장응력 [MPa]

(1) $Q = \dfrac{P}{n} = \dfrac{P}{3} = 0.33P$

(2) 저점(c점)을 기준으로 모멘트를 세워보면,
$PL = Wln$ $\Rightarrow$ $\therefore W = \dfrac{PL}{ln} = \dfrac{P}{2} \times \dfrac{0.86}{1} = 0.43P$
(단, 저점(c점)을 기준으로 하여 c점에 있는 볼트는 모멘트에서 제외된다. $n=2$)

(3) ① $\tau_{max} = \dfrac{1}{2}\sqrt{\sigma_t^2 + 4\tau^2} = \dfrac{1}{2} \times \sqrt{50^2 + 4 \times 30^2} = 39.05 MPa$

② $\sigma_{max} = \dfrac{1}{2}\sigma_t + \dfrac{1}{2}\sqrt{\sigma_t^2 + 4\tau^2} = \dfrac{1}{2} \times 50 + \dfrac{1}{2} \times \sqrt{50^2 + 4 \times 30^2} = 64.05 MPa$

05

$400 rpm$, $5kW$ 동력을 전달하는 외접 원통 마찰차가 축 중앙에 회전하고 있다. 마찰계수 $\mu = 0.3$, 축간거리 $C = 500mm$, 속비 $\dfrac{1}{3}$, 허용접촉선압력 $f = 8N/mm$이다. 다음을 구하시오. (단, 종동축은 비틀림과 굽힘을 동시에 받으며, 축의 허용전단응력은 $\tau_a = 40 MPa$이다.)

(1) 마찰차의 너비 b는 몇 mm인가?
(2) 축의 길이 $\ell = 0.6m$일 때 종동축의 직경 d는 몇 mm인가?

(1) $T_A = \dfrac{H}{\omega} = \dfrac{H}{\dfrac{2\pi N_A}{60}} = \dfrac{5 \times 10^3}{\dfrac{2\pi \times 400}{60}} = 119.37 N \cdot m$

$\varepsilon = \dfrac{N_B}{N_A} = \dfrac{D_A}{D_B}$ $\Rightarrow$ $D_A = \varepsilon D_B = \dfrac{1}{3}D_B$

$C = \dfrac{D_A + D_B}{2}$ $\Rightarrow$ $D_A + D_B = 2C = 2 \times 500 = 1000 mm$

$\dfrac{1}{3}D_B + D_B = 1000$ $\Rightarrow$ $D_B = 750mm$, $D_A = 250mm$

$T_A = \mu P \dfrac{D_A}{2}$ $\Rightarrow$ $P = \dfrac{2T_A}{\mu D_A} = \dfrac{2 \times 119.37 \times 10^3}{0.3 \times 250} = 3183.2 N$

$f = \dfrac{P}{b}$ $\Rightarrow$ $\therefore b = \dfrac{P}{f} = \dfrac{3183.2}{8} = 397.9 mm$

(2) $M = \dfrac{P\ell}{4} = \dfrac{3183.2 \times 0.6}{4} = 477.48 N \cdot m$

$\varepsilon = \dfrac{N_B}{N_A}$ $\Rightarrow$ $N_B = \varepsilon N_A = \dfrac{1}{3} \times 400 = 133.33 rpm$

$T_B = \dfrac{H}{\omega} = \dfrac{H}{\dfrac{2\pi N_B}{60}} = \dfrac{5 \times 10^3}{\dfrac{2\pi \times 133.33}{60}} = 358.11 N \cdot m$

$T_e = \sqrt{M^2 + T_B^2} = \sqrt{477.48^2 + 358.11^2} = 596.85 N \cdot m$

$T_e = \tau_a Z_P = \tau_a \times \dfrac{\pi d^3}{16}$

$\therefore d = \sqrt[3]{\dfrac{16 T_e}{\pi \tau_a}} = \sqrt[3]{\dfrac{16 \times 596.8 \times 10^3}{\pi \times 40}} = 42.36 mm$

06

직경 $30mm$인 연강봉이 중앙에 있는 풀리에 의해 $300rpm$의 동력을 전달한다. 연강봉의 길이는 $5m$, 비틀림각은 $1°$, 가로탄성계수 $G=81.42GPa$일 때, 전달동력은 몇 kW인가?

$\theta = \dfrac{180}{\pi} \times \dfrac{TL}{GI_P}$ 에서,

$T = \dfrac{\pi GI_P \theta}{180L} = \dfrac{\pi \times 81.42 \times 10^3 \times \dfrac{\pi \times 30^4}{32} \times 1}{180 \times 5000} = 22600.78 N \cdot mm$

$\therefore H = T\omega = T \times \dfrac{2\pi N}{60} = 22600.78 \times 10^{-6} \times \dfrac{2\pi \times 300}{60} = 0.71 kW$

07

단열 자동조심 롤러 베어링이 $1000\,rpm$으로 회전하고 있고, 기본 동적격하중 $C=53\,kN$, 레이디얼 하중 $W_r=4.3\,kN$, 쓰러스트 하중 $W_a=3.8\,kN$으로 작용할 때 다음을 구하시오.

베어링 형식		내륜회전하중	외륜회전하중	단열		복열				e
				$\dfrac{W_a}{VW_r}>e$		$\dfrac{W_a}{VW_r}\le e$		$\dfrac{W_a}{VW_r}>e$		
		V		X	Y	X	Y	X	Y	
깊은홈 볼베어링	$W_a/C_0=0.014$ $=0.028$ $=0.056$ $=0.084$ $=0.11$ $=0.17$ $=0.28$ $=0.42$ $=0.56$	1	1.2	0.56	2.30 1.99 1.71 1.55 1.45 1.31 1.15 1.04 1.00	1	0	0.56	2.30 1.99 1.71 1.55 1.45 1.31 1.15 1.04 1.00	0.19 0.22 0.26 0.28 0.30 0.34 0.38 0.42 0.44
앵귤러 볼베어링	$a=20°$ $=25°$ $=30°$ $=35°$ $=40°$	1	1.2	0.43 0.41 0.39 0.37 0.35	1.00 0.87 0.76 0.56 0.57	1	1.09 0.92 0.78 0.66 0.55	0.70 0.67 0.63 0.60 0.57	1.63 1.41 1.24 1.07 0.93	0.57 0.68 0.80 0.95 1.14
자동조심볼베어링		1	1	0.4	$0.4\times\cot\alpha$	1	$0.42\times\cot\alpha$	0.65	$0.65\times\cot\alpha$	$1.5\times\tan\alpha$
매그니토볼베어링		1	1	0.5	2.5	−	−	−	−	0.2
자동조심롤러베어링 원추롤러베어링 $a\ne 0$		1	1.2	0.4	$0.4\times\cot\alpha$	1	$0.45\times\cot\alpha$	0.67	$0.67\times\cot\alpha$	$1.5\times\tan\alpha$
스러스트볼 베어링	$a=45°$ $=60°$ $=70°$	−	−	0.66 0.92 1.66	1	1.18 1.90 3.66	0.59 0.54 0.52	0.66 0.92 1.66	1	1.25 2.17 4.67
스러스트롤러베어링		−	−	$\tan\alpha$	1	$1.5\times\tan\alpha$	0.67	$\tan\alpha$	1	$1.5\times\tan\alpha$

(1) 베어링의 접촉각 $a=10°$일 때, 등가 하중은 몇 kN인가?
(2) 베어링의 시간 수명은 몇 hr인가?

(1) 단열자동조심롤러베어링이며 외,내륜이 주어지지 않으면 내륜으로 가정한다.
$V=1$, $W_r=4.3kN$, $W_a=3.8kN$

$e=1.5\tan\alpha=1.5\tan10°=0.26 \Rightarrow \dfrac{W_a}{VF_r}=\dfrac{3.8}{1\times4.3}=0.88>e(=0.26)$

$X=0.4$, $Y=0.4\cot\alpha=0.4\cot10°=2.27$
$\therefore P=XVW_r+YW_a=0.4\times1\times4.3+2.27\times3.8=10.35kN$

(2) $L_h=500\times\dfrac{33.3}{N}\times\left(\dfrac{C}{W}\right)^r=500\times\dfrac{33.3}{1000}\times\left(\dfrac{53}{10.35}\right)^{\frac{10}{3}}=3853.59hr$

08

$600rpm$, $18kW$의 동력을 전달하는 석면직물로 라이닝이 된 꼬임의 수와 소선의 수량이 6×7인 와이어로프의 소선의 지름은 $2mm$, 원동풀리와 종동풀리의 지름은 $400mm$로 동일하고, 로프와 풀리간의 마찰계수는 0.3, 홈 각도는 $44°$, 와이어로프의 비중은 7.9, 종탄성계수는 $200GPa$, 파단하중이 $50kN$일 때 다음을 구하시오.

(1) 긴장측 장력 $T_t[N]$
(2) 최대 인장응력 $\sigma_t[MPa]$
(3) 파단하중에 의한 로프에 발생하는 최대 인장응력의 안전성 검토 (단, 안전율은 5이다.)

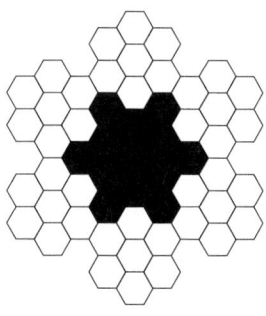

(1) $v = \dfrac{\pi D_A N_A}{60 \times 1000} = \dfrac{\pi \times 400 \times 600}{60 \times 1000} = 12.57 m/s$ (부가장력을 고려한다.)

$T_e = mv^2 = \rho A n v^2 = \rho_{H_2O} SAnv^2 = 1000 \times 10^{-6} \times 7.9 \times \dfrac{\pi \times 2^2}{4} \times 6 \times 7 \times 12.57^2 = 164.7 N$

$H = P_e v \Rightarrow P_e = \dfrac{H}{v} = \dfrac{18 \times 10^3}{12.57} = 1431.98 N$

$\mu' = \dfrac{\mu}{\sin\dfrac{\alpha}{2} + \mu\cos\dfrac{\alpha}{2}} = \dfrac{0.3}{\sin 22° + 0.3\cos 22°} = 0.46$

원동풀리와 종동풀리의 지름이 동일하므로, $\theta = \pi$이다.

$e^{\mu'\theta} = e^{0.46\pi} = 4.24$

$\therefore T_t = \dfrac{P_e e^{\mu'\theta}}{e^{\mu'\theta} - 1} + T_e = \dfrac{1431.98 \times 4.24}{4.24 - 1} + 164.7 = 2038.65 N$

(2) $\sigma_t = \dfrac{T_t}{An} = \dfrac{2038.65}{\dfrac{\pi \times 2^2}{4} \times 6 \times 7} = 15.45 MPa$

(3) 기준강도 : $\sigma_a = \dfrac{F_B}{An} = \dfrac{50 \times 10^3}{\dfrac{\pi \times 2^2}{4} \times 6 \times 7} = 378.94 MPa$

굽힘강도 : $\sigma_b = \dfrac{3}{8} \dfrac{Ed}{D} = \dfrac{3}{8} \times \dfrac{200 \times 10^3 \times 2}{400} = 375 MPa$

사용강도(= 최대강도) : $\sigma_{\max} = \sigma_t + \sigma_b = 15.45 + 375 = 390.45 MPa$

$S = \dfrac{기준강도}{사용강도} = \dfrac{\sigma_a}{\sigma_{\max}} = \dfrac{378.94}{390.45} = 0.97 < 5$이므로, $\therefore$ 불안전하다.

09

한 쌍의 금속제 웜과 웜기어에서 속비 $\dfrac{1}{5}$, 웜의 회전수가 $650 rpm$으로 동력을 전달한다. 웜의 줄수는 4, 치직각 압력각은 $20°$, 웜기어의 축직각 모듈은 8, 웜기어의 이 너비는 $48 mm$, 웜의 피치원 지름은 $60 mm$, 웜과 웜기어의 마찰계수가 0.11일 때 다음을 구하시오.

(1) 웜기어의 속도 $v_g [m/s]$
(2) 웜기어의 굽힘강도 $P [N]$ (단, 치형계수는 0.15, 웜기어의 굽힘강도는 $30 MPa$이다.)
(3) 웜의 전달력 $P_t [N]$
(4) 면압강도에 의한 전달동력 $H [kW]$ (단, 웜기어의 유효 이너비는 $44 mm$, 웜의 재료는 강, 웜기어의 재료는 인청동이며, 웜의 리드각에 의한 계수는 1.6이다.)

웜의 재료	웜기어의 재료	내마멸계수 K
강	인청동	0.41
담금질강	인청동	0.55
담금질강	주철	0.34
담금질강	합성수지	0.83
주철	인청동	1.04

(1) $\varepsilon = \dfrac{N_g}{N_w} = \dfrac{Z_w}{Z_g} \Rightarrow N_g = \varepsilon N_w = \dfrac{1}{5} \times 650 = 130 rpm$

$\Rightarrow Z_g = \dfrac{Z_w}{\varepsilon} = 5 \times 4 = 20$개

$D_g = m_s Z_g = 8 \times 20 = 160mm$

$\therefore v_g = \dfrac{\pi D_g N_g}{60 \times 1000} = \dfrac{\pi \times 160 \times 130}{60 \times 1000} = 1.09 m/s$

(2) $f_v = \dfrac{6}{6+v_g} = \dfrac{6}{6+1.09} = 0.85$

$\tan\beta = \dfrac{\ell}{\pi D_w} \Rightarrow \beta = \tan^{-1}\left(\dfrac{\ell}{\pi D_w}\right) = \tan^{-1}\left(\dfrac{pZ_w}{\pi D_w}\right) = \tan^{-1}\left(\dfrac{\pi m_s Z_w}{\pi D_w}\right) = \tan^{-1}\left(\dfrac{m_s Z_w}{D_w}\right)$

$= \tan^{-1}\left(\dfrac{8 \times 4}{60}\right) = 28.07°$

$p_n = p\cos\beta = \pi m_s \cos\beta = \pi \times 8 \times \cos 28.07° = 22.18 mm$

하중계수가 주어지지 않는다면 $f_w = 1$로 가정한다.

$\therefore P = f_v f_w \sigma_b p_n by = 0.85 \times 1 \times 30 \times 22.18 \times 48 \times 0.15 = 4072.25 N$

(3) $\mu' = \tan\rho' = \dfrac{\mu}{\cos\alpha_n} \Rightarrow \rho' = \tan^{-1}\left(\dfrac{\mu}{\cos\alpha_n}\right) = \tan^{-1}\left(\dfrac{0.11}{\cos 20°}\right) = 6.68°$

$\therefore P_t = P\tan(\beta+\rho') = 4072.25 \times \tan(28.07+6.68) = 2825.02 N$

(4) $P = f_v \phi D_g b_e K = 0.85 \times 1.6 \times 160 \times 44 \times 0.41 = 3925.5 N$

$\therefore H = Pv_g = 3925.5 \times 10^{-3} \times 1.09 = 4.28 kW$

10

다음 그림과 같이 단동식 브레이크 드럼의 회전수 $400 rpm$, $4.2kW$의 동력을 제동하려 한다. 드럼의 지름이 $400mm$, 밴드의 접촉각 $196°$, 마찰계수가 0.18, 밴드의 이음효율이 75%, 허용 인장응력 $28MPa$, 레버를 누르는 힘 $F = 200N$, $a = 180mm$일 때 다음을 구하시오.

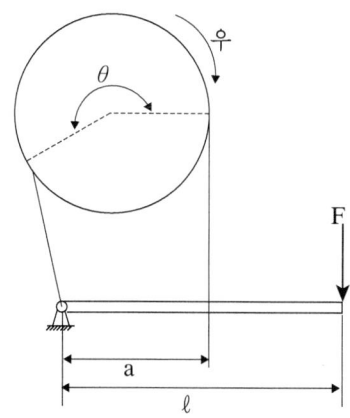

(1) 레버의 길이 $[mm]$
(2) 밴드의 너비 $[mm]$ (단, 밴드의 두께는 $4mm$이다.)
(3) 좌회전한다고 가정할 때의 제동 동력 $[kW]$

(1) $T = \dfrac{H}{\omega} = \dfrac{H}{\dfrac{2\pi N}{60}} = \dfrac{4.2 \times 10^3}{\dfrac{2\pi \times 400}{60}} = 100.27 N \cdot m$

$T = f\dfrac{D}{2} \Rightarrow f = \dfrac{2T}{D} = \dfrac{2 \times 100.27 \times 10^3}{400} = 501.35 N$

$e^{\mu\theta} = e^{0.18 \times 196 \times \frac{\pi}{180}} = 1.85$

$T_s = \dfrac{f}{e^{\mu\theta} - 1} = \dfrac{501.35}{1.85 - 1} = 589.82 N$

$T_s a - F\ell = 0 \Rightarrow \therefore \ell = \dfrac{T_s a}{F} = \dfrac{589.82 \times 180}{200} = 530.84 mm$

(2) $e^{\mu\theta} = \dfrac{T_t}{T_s} \Rightarrow T_t = T_s e^{\mu\theta} = 589.82 \times 1.85 = 1091.17 N$

$\sigma_t = \dfrac{T_t}{bt\eta} \Rightarrow \therefore b = \dfrac{T_t}{t\eta\sigma_t} = \dfrac{1091.17}{4 \times 0.75 \times 28} = 12.99 mm$

(3) $v = \dfrac{\pi D N}{60 \times 1000} = \dfrac{\pi \times 400 \times 400}{60 \times 1000} = 8.38 m/s$

좌회전 : $T_t a - F\ell = 0 \Rightarrow T_t = \dfrac{F\ell}{a} = \dfrac{200 \times 530.84}{180} = 589.82 N$

$T_t = \dfrac{fe^{\mu\theta}}{e^{\mu\theta} - 1} \Rightarrow f = T_t \times \dfrac{e^{\mu\theta} - 1}{e^{\mu\theta}} = 589.82 \times \dfrac{1.85 - 1}{1.85} = 271 N$

$\therefore H = fv = 271 \times 10^{-3} \times 8.38 = 2.27 kW$

11

플랜지 커플링에서 축의 지름은 $50mm$, 묻힘 키의 폭은 $18mm$, 묻힘 키의 길이가 직경의 1.5배이고, 묻힘 키 재료의 허용전단응력이 $58MPa$일 때 다음을 구하시오.

(1) 묻힘 키의 전단하중 $P[N]$
(2) 묻힘 키의 전달토크 $T[N \cdot m]$

(1) $\ell = 1.5d = 1.5 \times 50 = 75mm$

$\tau_a = \dfrac{P}{A} = \dfrac{P}{b\ell} \Rightarrow \therefore P = \tau_a b\ell = 58 \times 18 \times 75 = 78300 N$

(2) $T = P \times \dfrac{d}{2} = 78300 \times \dfrac{0.05}{2} = 1957.5 N \cdot m$

2018 4회차 일반기계기사 필답형 기출문제

01

피치가 $3mm$, **마찰계수가** 0.12**인** $M24$(**유효지름** : $d_e = 22.05mm$) 1줄 나사가 있다. 다음을 구하시오.

(1) 나사의 효율 [%]
(2) 나사의 자립조건 검토

(1) $\tan\lambda = \dfrac{\ell}{\pi d_e} = \dfrac{np}{\pi d_e} \;\Rightarrow\; \lambda = \tan^{-1}\left(\dfrac{1\times 3}{\pi \times 22.05}\right) = 2.48°$

$\mu' = \tan\rho' = \dfrac{\mu}{\cos\dfrac{\alpha}{2}} \;\Rightarrow\; \rho' = \tan^{-1}\left(\dfrac{\mu}{\cos\dfrac{\alpha}{2}}\right) = \tan^{-1}\left(\dfrac{0.12}{\cos\dfrac{60°}{2}}\right) = 7.89°$

$\therefore \eta = \dfrac{\tan\lambda}{\tan(\lambda+\rho')} = \dfrac{\tan 2.48°}{\tan(2.48° + 7.89°)} = 0.2367 = 23.67\%$

(2) 자립상태를 유지하기 위한 조건은 $\rho' \geq \lambda$이다.
$\rho'(=7.89°) \geq \lambda(=2.48°)$이므로 ∴ 자립조건을 만족한다.

02

마찰면이 7개인 다판 클러치의 회전수 $1700rpm$, 전달동력이 $5kW$, 평균 직경이 $100mm$, 접촉 폭 $20mm$, 마찰계수 0.15일 때 다음을 구하시오.

(1) 전달 토크 $[N \cdot m]$
(2) 축 방향으로 미는 힘 $[N]$
(3) 마찰판 허용응력 $q_a = 0.1MPa$일 때 안전한지 검토하시오.

(1) $T = \dfrac{H}{\omega} = \dfrac{H}{\dfrac{2\pi N}{60}} = \dfrac{5\times 10^3}{\dfrac{2\pi \times 1700}{60}} = 28.09 N\cdot m$

(2) $T = \mu P \dfrac{D_m}{2} \;\Rightarrow\; \therefore P = \dfrac{2T}{\mu D_m} = \dfrac{2\times 28.09 \times 10^3}{0.15 \times 100} = 3745.33 N$

(3) $q = \dfrac{P}{\pi D_m bZ} = \dfrac{3745.33}{\pi \times 100 \times 20 \times 7} = 0.085 MPa$

$q_a = 0.1 MPa > q = 0.085 MPa$ 이므로,

∴ 안전하다.

03

다음 그림과 같은 밴드 브레이크에서 권상 하중 W의 자유 낙하를 방지하려 한다. 마찰계수가 0.3, 장력비가 3.42, 레버를 누르는 힘이 $400N$, $a = 50mm$, $b = 100mm$, $L = 800mm$, 접촉각 $235°$, 작업 동력 $5kW$, 밴드의 두께 $3mm$, 밴드의 허용 인장응력이 $100MPa$일 때 다음을 구하시오. (단 드럼의 직경은 $750mm$, 권상장치 드럼의 직경은 $150mm$이다.)

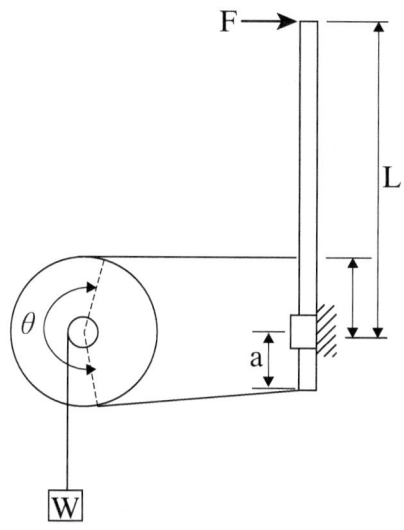

(1) 제동력 $[N]$
(2) 권상 하중 $[N]$
(3) 밴드의 너비 $[mm]$
(4) 브레이크 용량 $[MPa \cdot m/s]$

(1) $T_s a = T_t b - FL$에서,

$T_s a = T_s e^{\mu\theta} b - FL$

$T_s = \dfrac{FL}{e^{\mu\theta} b - a} = \dfrac{400 \times 800}{3.42 \times 100 - 50} = 1095.89 N$

$T_s = \dfrac{f}{e^{\mu\theta} - 1}$ ⇒ ∴ $f = T_s(e^{\mu\theta} - 1) = 1095.89 \times (3.42 - 1) = 2652.05 N$

(2) $T = f \times \dfrac{D}{2} = W \times \dfrac{d}{2}$ $\Rightarrow$ $\therefore W = f \times \dfrac{D}{d} = 2652.05 \times \dfrac{750}{150} = 13260.25 N$

(3) $f = T_t - T_s$ $\Rightarrow$ $T_t = f + T_s = 2652.05 + 1095.89 = 3747.94 N$
$\sigma_t = \dfrac{T_t}{bt}$ $\Rightarrow$ $\therefore b = \dfrac{T_t}{t\sigma_t} = \dfrac{3747.94}{3 \times 100} = 12.49 mm$

(4) $\mu q v = \dfrac{H}{A} = \dfrac{H}{\dfrac{D}{2}\theta b} = \dfrac{5 \times 10^3}{\dfrac{750}{2} \times 235 \times \dfrac{\pi}{180} \times 12.49} = 0.26 MPa \cdot m/s$

04

압축 하중 $5000N$이 작용하는 코일의 평균지름 $400mm$인 원통형 코일 스프링이 $10mm$만큼 쳐졌다고 한다. 스프링지수가 5, 횡탄성계수가 $81 GPa$일 때 다음을 구하시오.

(1) 유효 권수 n[권]
(2) 왈의 응력수정계수 K
(3) 전단응력 τ[MPa]

(1) $C = \dfrac{D}{d}$ $\Rightarrow$ $d = \dfrac{D}{C} = \dfrac{400}{5} = 80 mm$
$\delta = \dfrac{8nPD^3}{Gd^4}$ $\Rightarrow$ $\therefore n = \dfrac{\delta G d^4}{8PD^3} = \dfrac{10 \times 81 \times 10^3 \times 80^4}{8 \times 5000 \times 400^3} = 12.96 \fallingdotseq 13$권

(2) $K = \dfrac{4C-1}{4C-4} + \dfrac{0.615}{C} = \dfrac{4 \times 5 - 1}{4 \times 5 - 4} + \dfrac{0.615}{5} = 1.31$

(3) $\tau = \dfrac{8PDK}{\pi d^3} = \dfrac{8 \times 5000 \times 400 \times 1.31}{\pi \times 80^3} = 13.03 MPa$

05

직경이 $80mm$인 축에 끼워져있는 묻힘 키의 너비는 $18mm$, 높이가 $12mm$이다. 묻힘 키에 작용하는 전단강도는 $55MPa$, 압축강도는 $87.5MPa$이며, 회전수가 $420rpm$, 전달동력이 $5.3kW$일 때, 다음을 구하시오.

(1) 묻힘 키의 전달 토크 $[N \cdot m]$
(2) 안전을 고려하여 묻힘 키의 최소 길이를 채택하시오. $[mm]$

(1) $T = \dfrac{H}{\omega} = \dfrac{H}{\dfrac{2\pi N}{60}} = \dfrac{5.3 \times 10^3}{\dfrac{2\pi \times 420}{60}} = 120.5 N\cdot m$

(2) $\tau_k = \dfrac{2T}{b\ell d} \Rightarrow \ell = \dfrac{2T}{bd\tau_k} = \dfrac{2 \times 120.5 \times 10^3}{18 \times 80 \times 55} = 3.04 mm$

$\sigma_c = \dfrac{4T}{h\ell d} \Rightarrow \ell = \dfrac{4T}{hd\sigma_c} = \dfrac{4 \times 120.5 \times 10^3}{12 \times 80 \times 87.5} = 5.74 mm$

안전을 고려하여 최소길이는 큰 값을 채택한다.
$\therefore \ell = 5.74mm$

06

$400rpm$, $4.35kW$의 동력을 전달하는 Cross type 평벨트 전동장치가 있다. 원동차의 지름은 $200mm$, 종동차의 지름이 $360mm$, 축간거리가 $800mm$, 벨트와 풀리의 마찰계수 0.3, 벨트의 두께 $5mm$, 벨트의 허용인장응력 $20MPa$, 이음효율 85%, 안전율이 2일 때 다음을 구하시오.

(1) 벨트의 접촉각 $[°]$
(2) 긴장측 장력 $[N]$ (단, 안전율을 고려하여 푸시오.)
(3) 벨트의 폭 $[mm]$

(1) $\theta = \theta_A = \theta_B = 180 + 2\sin^{-1}\left(\dfrac{D_B + D_A}{2C}\right) = 180 + 2\sin^{-1}\left(\dfrac{360 + 200}{2 \times 800}\right) = 220.97°$

(2) $v = \dfrac{\pi D_A N_A}{60 \times 1000} = \dfrac{\pi \times 200 \times 400}{60 \times 1000} = 4.19 m/s$

$e^{\mu\theta} = e^{0.3 \times 220.97 \times \frac{\pi}{180}} = 3.18$

$H = P_e v \Rightarrow P_e = \dfrac{H}{v} = \dfrac{4.35 \times 10^3}{4.19} = 1038.19N$

$\therefore T_t = \dfrac{\dfrac{P_e e^{\mu\theta}}{e^{\mu\theta} - 1}}{S} = \dfrac{\dfrac{1038.19 \times 3.18}{3.18 - 1}}{2} = 757.21N$

(3) $\sigma_t = \dfrac{T_t}{bt\eta} \Rightarrow \therefore b = \dfrac{T_t}{t\eta\sigma_t} = \dfrac{757.21}{5 \times 0.85 \times 20} = 8.91mm$

07

2열 롤러 체인의 피치 $p = 15.88mm$, 원동 스프로킷 잇수 $Z_A = 32$개, 원동 스프로킷 회전수 $N_A = 1200rpm$, 파단 하중 $F_B = 22.1kN$, 다열 계수 $e = 1.7$, 안전율 $S = 10$일 때 다음을 구하시오.

(1) 롤러 체인의 속도 $v[m/s]$
(2) 롤러 체인의 최대 전달 동력 $H[kW]$

(3) 롤러 체인의 원동 스프로킷의 피치원 직경 $D\,[mm]$
(4) 롤러 체인 원동 스프로킷의 외경 $D_{o,A}\,[mm]$
(5) 롤러 체인 원동 스프로킷의 속도 변동률 $\varepsilon\,[\%]$

(1) $v = \dfrac{pZ_A N_A}{60 \times 1000} = \dfrac{15.88 \times 32 \times 1200}{60 \times 1000} = 10.16 m/s$

(2) $F = \dfrac{F_B e}{S} = \dfrac{22.1 \times 1.7}{10} = 3.76 kN$
$\therefore H = Fv = 3.76 \times 10.16 = 38.2 kW$

(3) $D_A = \dfrac{p}{\sin\dfrac{180}{Z_A}} = \dfrac{15.88}{\sin\dfrac{180}{32}} = 162.01 mm$

(4) $D_{o,A} = p(0.6 + \cot\dfrac{180}{Z_A}) = 15.88 \times (0.6 + \cot\dfrac{180}{32}) = 170.76 mm$

(5) $\varepsilon = (1 - \cos\dfrac{\pi}{Z_A}) \times 100\% = (1 - \cos\dfrac{180}{32}) \times 100\% = 0.48\%$

08

$No.6312$ 1열 레이디얼 볼 베어링에 35000시간의 수명을 주려 한다. 기본동정격하중이 $50kN$, 허용한계 속도지수 $dN = 200000$, 하중계수 $f_w = 1.2$일 때 다음을 구하시오.

(1) 베어링의 최대 사용 회전수는 몇 rpm인가?
(2) 베어링 하중은 몇 N인가?

(1) $d = 12 \times 5 = 60mm$
$dN = 200000 \Rightarrow \therefore N = \dfrac{200000}{d} = \dfrac{200000}{60} = 3333.33 rpm$

(2) $L_h = 500 \times \dfrac{33.3}{N} \times \left(\dfrac{C}{f_w W}\right)^r \Rightarrow 35000 = 500 \times \dfrac{33.3}{3333.33} \times \left(\dfrac{50 \times 10^3}{1.2 \times W}\right)^3$
$\therefore W = 2177.43 N$

09

모듈 $m = 5$, 압력각이 $14.5°$, 소 기어의 잇수가 26개, 대 기어의 잇수가 32개인 전위기어가 있다. 다음을 구하시오.

압력각 (α)	소수점 둘째 자리				
	0	2	4	6	8
14.0	0.004982	0.005004	0.005025	0.005047	0.002069
14.1	0.005091	0.005113	0.005135	0.005158	0.005180
14.2	0.005202	0.005225	0.005247	0.005269	0.005292
14.3	0.005315	0.005337	0.005360	0.005383	0.005406
14.4	0.005429	0.005452	0.005475	0.005498	0.005522
14.5	0.005545	0.005568	0.005592	0.005615	0.005639
14.6	0.005662	0.005686	0.005710	0.005734	0.005758
14.7	0.005782	0.005806	0.005830	0.005854	0.005878
14.8	0.005903	0.005927	0.005952	0.005976	0.006001
14.9	0.006025	0.006050	0.006075	0.006100	0.006125
15.0	0.006150	0.006175	0.006200	0.006225	0.006251
15.1	0.006276	0.006301	0.006327	0.006353	0.006378
15.2	0.006404	0.006430	0.006456	0.006482	0.006508
15.3	0.006534	0.006560	0.006586	0.006612	0.006639
15.4	0.006665	0.006692	0.006718	0.006745	0.006772
15.5	0.006799	0.006825	0.006852	0.006879	0.006906
15.6	0.006934	0.006961	0.006988	0.007016	0.007043
15.7	0.007071	0.007098	0.007216	0.007154	0.007182
15.8	0.007209	0.007237	0.007266	0.007294	0.007322
15.9	0.007350	0.007379	0.007407	0.007435	0.007464
16.0	0.007493	0.007521	0.007550	0.007579	0.007608
16.1	0.007637	0.007666	0.007695	0.007725	0.007754
16.2	0.007784	0.007813	0.007843	0.007872	0.007902
16.3	0.007932	0.007962	0.007992	0.008022	0.008052
16.4	0.008082	0.008112	0.008143	0.008173	0.008204
16.5	0.008234	0.008265	0.008296	0.008326	0.008357

(1) 소 기어와 대 기어의 전위량 $[mm]$
(2) 두 기어의 치면 높이가 0이 되게 하는 물림 압력각 $[°]$
 (단, 표를 이용하여, 소수점 4자리까지 나타내시오.)
(3) 축간 중심거리 $[mm]$
(4) 소 기어와 대 기어의 외경 $[mm]$
(5) 기어의 총 이높이 $[mm]$ (단, 조립부의 간극 $c = 0.35mm$이다.)

(1) $\alpha_n = 14.5°$ 일 때 $x = 1 - \dfrac{Z}{32}$ 에서,

   소 기어의 전위 계수 : $x_A = 1 - \dfrac{Z_A}{32} = 1 - \dfrac{26}{32} = 0.19$

   대 기어의 전위 계수 : $x_B = 1 - \dfrac{Z_B}{32} = 1 - \dfrac{32}{32} = 0$

   $\therefore x_A m = 0.19 \times 5 = 0.95mm,\ x_B m = 0mm$

(2) $inv\alpha_b° = inv\alpha + 2\left(\dfrac{x_A + x_B}{Z_A + Z_B}\right)\tan\alpha = 0.005545 + 2 \times \left(\dfrac{0.19 + 0}{26 + 32}\right) \times \tan 14.5° = 0.007239$

   여기서 표를 보면, 0.007239는,
   $\alpha = 15.82°(= 0.007237)$값과 $\alpha = 15.84°(= 0.007266)$값 사이에 있으므로
   보간법을 이용하여 값을 도출한다.

   $\therefore \alpha_b = 15.82 + \dfrac{0.007239 - 0.007237}{0.007266 - 0.007237} \times (15.84 - 15.82) = 15.8214°$

(3) $y = \dfrac{Z_A + Z_B}{2}\left(\dfrac{\cos\alpha}{\cos\alpha_b} - 1\right) = \dfrac{26 + 32}{2} \times \left(\dfrac{\cos 14.5°}{\cos 15.8214°} - 1\right) = 0.1818$

   $\triangle C = ym = 0.1818 \times 5 = 0.91mm$

   $\therefore C_f = C + \triangle C = \dfrac{m(Z_A + Z_B)}{2} + \triangle C = \dfrac{5(26 + 32)}{2} + 0.91 = 145.91mm$

(4) $D_{kA} = (Z_A + 2)m + 2(y - x_B)m = (26 + 2) \times 5 + 2(0.1818 - 0) \times 5 = 141.82mm$

   $D_{kB} = (Z_B + 2)m + 2(y - x_A)m = (32 + 2) \times 5 + 2(0.1818 - 0.19) \times 5 = 169.92mm$

(5) $h_t = (c + 2)m - (x_A + x_B - \triangle C)m$ 에서,
   $= (0.35 + 2) \times 5 - (0.19 + 0 - 0.91) \times 5 = 15.35mm$

10

두께 $22mm$의 강판이 다음 그림과 같이 용접사이즈 $10mm$로 필릿용접되어 하중을 받고 있다. 허용전단응력이 $140MPa$, $b = d = 50mm$, $L = 150mm$이고, 용접부 단면의 극단면 모멘트 $I_P = 0.707h\dfrac{d(3b^2 + d^2)}{6}$ 일 때, 허용하중 F는 몇 N인가?

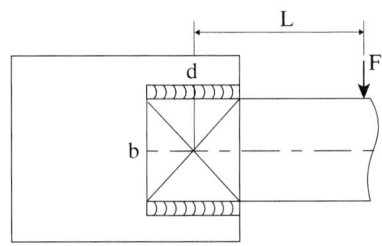

$\tau_1 = \dfrac{F}{A} = \dfrac{F}{2da} = \dfrac{F}{2dh\cos 45°} = \dfrac{F}{2 \times 50 \times 10\cos 45°} = 1414.21 \times 10^{-6} F[MPa] = 1414.21 F[Pa]$

$\tau_2 = \dfrac{FLr_{max}}{I_P} = \dfrac{F \times 150 \times \sqrt{25^2 + 25^2}}{0.707 \times 10 \times \dfrac{50(3 \times 50^2 + 50^2)}{6}} = 9001.36 \times 10^{-6} F[MPa] = 9001.36 F[Pa]$

$\cos\theta = \dfrac{25}{r_{max}} = \dfrac{25}{\sqrt{25^2 + 25^2}} = 0.707$

$\tau_{max} = \sqrt{\tau_1^2 + \tau_2^2 + 2\tau_1\tau_2\cos\theta} \Rightarrow \tau_{max}^2 = \tau_1^2 + \tau_2^2 + 2\tau_1\tau_2\cos\theta$

$(140 \times 10^6)^2 = F^2[(1414.21^2 + 9001.36^2) + (2 \times 1414.21 \times 9001.36 \times 0.707)]$

$\therefore F = 13928.84N$

Memo

2019 1회차 일반기계기사 필답형 기출문제

01

무게 $3000kg_f$을 사각 나사잭으로 들어 올리려 한다. 이때 레버를 돌리는 힘은 $200N$, 유효지름은 $45.5mm$, 피치는 $2.5mm$, 나사 몸통부의 마찰계수가 0.1일 때 다음을 구하시오.

(1) 물체를 들어 올리는데 필요한 토크 $[N \cdot m]$
(2) 레버의 길이 $[mm]$

(1) $T = Q\left(\dfrac{p + \mu\pi d_e}{\pi d_e - \mu p}\right)\dfrac{d_e}{2} = 3000 \times 9.8 \times \left(\dfrac{2.5 + 0.1\pi \times 45.5}{\pi \times 45.5 - 0.1 \times 2.5}\right) \times \dfrac{45.5}{2} = 78720.57 N\cdot mm = 78.72 N \cdot m$

(2) $T = FL \Rightarrow \therefore L = \dfrac{T}{F} = \dfrac{78.72 \times 10^3}{200} = 393.6mms$

02

다음 그림과 같은 블록브레이크가 작동하고 있다. 브레이크 마찰계수는 0.25, 브레이크 조작력이 $200N$일 때 다음을 구하시오.

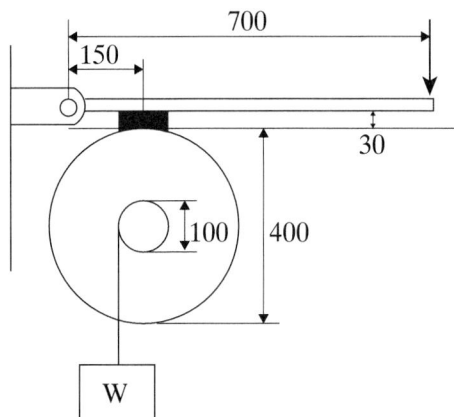

(1) 제동 토크 $[N \cdot m]$
(2) 화물의 무게 $[N]$

(1) $Fa - Pb + \mu Pc = 0 \Rightarrow \therefore P = \dfrac{Fa}{b - \mu c} = \dfrac{200 \times 700}{150 - 0.25 \times 30} = 982.46N$

$\therefore T = \mu P \dfrac{D}{2} = 0.25 \times 982.46 \times \dfrac{0.4}{2} = 49.12 N \cdot m$

(2) $f = \mu P = 0.25 \times 982.46 = 245.62N$

$T = f \times \dfrac{D}{2} = W \times \dfrac{d}{2} \Rightarrow \therefore W = f \times \dfrac{D}{d} = 245.62 \times \dfrac{400}{100} = 982.48N$

03

$250 rpm$, $15kW$의 동력을 전달하는 판 수가 4개인 다판 클러치가 작동하고 있다. 접촉 면압력이 $0.2 MPa$, 내외경비는 0.6, 마찰계수가 0.25일 때 다음을 구하시오.

(1) 다판 클러치의 외경 $[mm]$
(2) 다판 클러치의 내경 $[mm]$
(3) 다판 클러치를 축으로 미는 힘 $[N]$

(1) $T = \dfrac{H}{\omega} = \dfrac{H}{\dfrac{2\pi N}{60}} = \dfrac{15 \times 10^3}{\dfrac{2\pi \times 250}{60}} = 572.96 N \cdot m$

내외경비 : $x = \dfrac{D_1}{D_2} = 0.6 \Rightarrow D_1 = 0.6 D_2$

$b = \dfrac{D_2 - D_1}{2} = \dfrac{D_2 - 0.6 D_2}{2} = 0.2 D_2$, $D_m = \dfrac{D_2 + D_1}{2} = \dfrac{D_2 + 0.6 D_2}{2} = 0.8 D_2$

$T = \mu P \dfrac{D_m}{2} = \mu \pi b q Z \times \dfrac{D_m^2}{2} = \mu \pi \times 0.2 D_2 \times qZ \times \dfrac{(0.8 D_2)^2}{2}$ 에서,

$572.96 \times 10^3 = 0.25 \times \pi \times 0.2 D_2 \times 0.2 \times 4 \times \dfrac{(0.8 D_2)^2}{2} \Rightarrow \therefore D_2 = 242.43 mm$

(2) $D_1 = 0.6 D_2 = 0.6 \times 242.43 = 145.46 mm$

(3) $D_m = 0.8 D_2 = 0.8 \times 242.43 = 193.94 mm$

$T = \mu P \dfrac{D_m}{2} \Rightarrow \therefore P = \dfrac{2T}{\mu D_m} = \dfrac{2 \times 572.96 \times 10^3}{0.25 \times 193.94} = 23634.53 N$

04

130N의 압축 하중을 받고있는 원통형 코일 스프링의 소선의 지름이 2mm, 코일의 평균지름이 10mm이다. 이때 20mm가 늘어났을 때 다음을 구하시오.
(단, 코일 스프링의 전단탄성계수는 81GPa, 허용전단응력은 300MPa이다.)

(1) 유효 권수 [회] (단, 소수점 2째자리 까지 표현하라.)
(2) 전단응력의 견지에서 안전성을 검토하라.

(1) $\delta = \dfrac{8nPD^3}{Gd^4}$ $\Rightarrow$ $\therefore n = \dfrac{Gd^4\delta}{8PD^3} = \dfrac{81 \times 10^3 \times 2^4 \times 20}{8 \times 130 \times 10^3} = 24.92$회

(2) $C = \dfrac{D}{d} = \dfrac{10}{2} = 5$, $K = \dfrac{4C-1}{4C-4} + \dfrac{0.615}{C} = \dfrac{4 \times 5 - 1}{4 \times 5 - 4} + \dfrac{0.615}{5} = 1.31$

$\tau_{\max} = \dfrac{8PDK}{\pi d^3} = \dfrac{8 \times 130 \times 10 \times 1.31}{\pi \times 2^3} = 542.08 MPa$

즉, $\tau_{\max}(=542.08MPa) > \tau_a(=300MPa)$이므로
∴ 불안전하다.

05

250rpm, 3kW의 동력을 전달하는 지름 30mm의 축에 $b \times h = 8 \times 7 [mm \times mm]$의 묻힘 키가 작용하고 있다. 키 홈의 깊이가 3.5mm일 때 다음을 구하시오.
(단, 키의 허용전단응력은 35MPa, 허용압축응력은 53MPa이다.)

(1) 안전을 고려한 키의 최소 길이 [mm]
(2) 무어의 축 설계를 이용한 축의 허용전단응력 [MPa]

   (단, 키의 묻힘깊이 $t = 0.5h$, 무어의 축 설계식은 $\beta = 1 - 0.2\dfrac{b}{d_0} - 1.1\dfrac{t}{d_0}$이며,
   키 홈을 고려한 축지름은 $d_1 = \beta d_0$)

(1) $T = \dfrac{H}{\omega} = \dfrac{H}{\dfrac{2\pi N}{60}} = \dfrac{3 \times 10^3}{\dfrac{2\pi \times 250}{60}} = 114.59 N \cdot m$

$\tau_k = \dfrac{2T}{b\ell_1 d_0} \Rightarrow \therefore \ell_1 = \dfrac{2T}{bd_0\tau_k} = \dfrac{2 \times 114.59 \times 10^3}{8 \times 30 \times 35} = 27.28mm$

$\sigma_c = \dfrac{4T}{h\ell_2 d_0} \Rightarrow \therefore \ell_2 = \dfrac{4T}{hd_0\sigma_c} = \dfrac{4 \times 114.59 \times 10^3}{7 \times 30 \times 53} = 41.18mm$

안전을 고려하여 두 값중 큰값을 선정한다.
$\therefore \ell = 41.18mm$

(2) $t = 0.5h = 0.5 \times 7 = 3.5mm$

$d_1 = \beta d_0 = \left(1 - 0.2\dfrac{b}{d_0} - 1.1\dfrac{t}{d_0}\right) \times d_0 = \left(1 - 0.2 \times \dfrac{8}{30} - 1.1 \times \dfrac{3.5}{30}\right) \times 30 = 24.55mm$

$T = \tau_a Z_P = \tau_a \times \dfrac{\pi d_1^3}{16} \Rightarrow \therefore \tau_a = \dfrac{16T}{\pi d_1^3} = \dfrac{16 \times 114.59 \times 10^3}{\pi \times 24.55^3} = 39.44 MPa$

06

원주속도 $1.3m/s$, $12kW$의 동력을 전달하는 롤러 체인-스프로킷 전달 장치의 피치가 $38.1mm$, 원동 스프로킷과 종동 스프로킷의 중심 거리가 $1300mm$, 원동 스프로킷의 잇수가 24개, 종동 스프로킷의 잇수가 38개일 때 다음을 구하시오. (단, 안전율은 10이다.)

롤러 체인 번호	파단 하중(F_B)
50	20000N
60	30000N
80	60000N
100	80000N
120	120000N

(1) 표를 이용하여 체인 번호를 선정하시오.
(2) 원동, 종동스프로킷의 피치원 지름 $[mm]$
(3) 링크의 수 $[개]$

(1) $H = Fv \Rightarrow F = \dfrac{H}{v} = \dfrac{12 \times 10^3}{1.3} = 9230.77N$

$F = \dfrac{F_B}{S} \Rightarrow F_B = FS = 9230.77 \times 10 = 92307.7N$

안전을 고려하여 구한 파단하중보다 표에서 큰 파단하중을 선정한다.
$\therefore F_B = 120000N$(체인번호 120번 선정)

(2) $\therefore D_A = \dfrac{p}{\sin\dfrac{180}{Z_A}} = \dfrac{38.1}{\sin\dfrac{180}{24}} = 291.9mm$

$\therefore D_B = \dfrac{p}{\sin\dfrac{180}{Z_B}} = \dfrac{38.1}{\sin\dfrac{180}{38}} = 461.37mm$

(3) $L_n = \dfrac{2C}{p} + \dfrac{Z_A + Z_B}{2} + \dfrac{0.0257p(Z_A - Z_B)^2}{C} = \dfrac{2 \times 1300}{38.1} + \dfrac{24 + 38}{2} + \dfrac{0.0257 \times 38.1 \times (24-38)^2}{1300}$
  $= 99.39 ≒ 100$개

07

$500rpm$, $5kW$의 동력을 전달하는 V홈 마찰차(홈 각도 : $40°$)가 있다. 원동차의 평균지름이 $250mm$, 마찰계수 0.3, 허용접촉선압 $29.4N/mm$일 때 다음을 구하시오.

(1) V홈 마찰차를 밀어 붙이는 힘 $[N]$
(2) 홈의 수 $[개]$

(1) $v = \dfrac{\pi D_A N_A}{60 \times 1000} = \dfrac{\pi \times 250 \times 500}{60 \times 1000} = 6.54 m/s$

$\mu' = \dfrac{\mu}{\sin\alpha + \mu\cos\alpha} = \dfrac{0.3}{\sin 20° + 0.3\cos 20°} = 0.481$

$H = \mu' P v \Rightarrow \therefore P = \dfrac{H}{\mu' v} = \dfrac{5 \times 10^3}{0.481 \times 6.54} = 1589.45 N$

(2) $h = 0.28\sqrt{\mu' P} = 0.28\sqrt{0.481 \times 1589.45} = 7.74 mm$

$F = \mu Q = \mu' P \Rightarrow Q = \dfrac{\mu' P}{\mu} = \dfrac{0.481 \times 1589.45}{0.3} = 2548.42 N$

$Z = \dfrac{Q}{2hf} = \dfrac{2548.42}{2 \times 7.74 \times 29.4} = 5.6 ≒ 6$개

08

두께가 $12mm$인 두 개의 강판을 1줄 겹치기 리벳 이음하였다. 리벳의 직경이 $14mm$, 리벳의 전단응력 $45MPa$, 강판의 인장응력 $67.5MPa$일 때 다음을 구하시오.

(1) 리벳 구멍의 피치 $[mm]$
(2) 강판의 효율 $[\%]$

(1) $p = d + \dfrac{\tau\pi d^2 n}{4\sigma_t t} = 14 + \dfrac{45\pi \times 14^2 \times 1}{4 \times 67.5 \times 12} = 22.55 mm$

(2) $\eta_t = 1 - \dfrac{d}{p} = 1 - \dfrac{14}{22.55} = 0.3792 = 37.92\%$

09

다음 겹판 스프링에서, 스팬의 길이 $\ell = 1500mm$, 하중 $P = 4500N$, 너비 $b = 120mm$, 밴드의 나이 $e = 120mm$, 두께 $h = 12mm$, 스프링에 발생하는 굽힘응력 $\sigma = 180MPa$일 때 다음을 구하시오. (단, 스프링의 상당길이 $\ell' = \ell - 0.6e$, 종탄성계수 $E = 210GPa$이다.)

(1) 판의 수 [장]
(2) 스프링의 처짐량 [mm]
(3) 고유 진동수 [Hz]

(1) $\ell' = \ell - 0.6e = 1500 - 0.6 \times 120 = 1428mm$

$\sigma = \dfrac{3P\ell'}{2nbh^2} \Rightarrow \therefore n = \dfrac{3P\ell'}{2bh^2\sigma} = \dfrac{3 \times 4500 \times 1428}{2 \times 120 \times 12^2 \times 180} = 3.1 ≒ 4장$

(2) $\delta = \dfrac{3P\ell'^3}{8nbh^3E} = \dfrac{3 \times 4500 \times 1428^3}{8 \times 4 \times 120 \times 12^3 \times 210 \times 10^3} = 28.21mm$

(3) $f_n = \dfrac{w_n}{2\pi} = \dfrac{1}{2\pi}\sqrt{\dfrac{g}{\delta}} = \dfrac{1}{2\pi}\sqrt{\dfrac{9800}{28.21}} = 2.97Hz$

10

엔드저널 베어링에 작용하는 하중이 $44kN$, 허용베어링압력이 $6MPa$, 허용굽힘응력이 $60MPa$이고 회전수는 $300rpm$, 마찰계수는 0.3일 때 다음을 구하시오.

(1) 베어링의 직경 [mm]
(2) 베어링의 길이 [mm]
(3) 베어링의 손실 동력 [kW]

(1) 축의 허용굽힘응력과 허용베어링압력이 주어질 때, 폭경비를 이용하여 구해야한다.

$\dfrac{\ell}{d} = \sqrt{\dfrac{\pi\sigma_a}{16p}} = \sqrt{\dfrac{\pi \times 60}{16 \times 6}} = 1.4 \Rightarrow \ell = 1.4d$

$p = \dfrac{W}{d\ell} = \dfrac{W}{d \times 1.4d} \Rightarrow \therefore d = \sqrt{\dfrac{W}{1.4p}} = \sqrt{\dfrac{44 \times 10^3}{1.4 \times 6}} = 72.37mm$

(2) $\ell = 1.4d = 1.4 \times 72.37 = 101.32mm$

(3) $v = \dfrac{\pi dN}{60 \times 1000} = \dfrac{\pi \times 72.37 \times 300}{60 \times 1000} = 1.14m/s$

$\therefore H = \mu Wv = 0.3 \times 44 \times 1.14 = 15.05kW$

11

아래 그림과 같이 $1750\,rpm$으로 회전하는 길이 $100\,mm$의 축이 $2.2\,kW$의 동력을 전달하고 있다. 이 축에 헬리컬 기어 감속장치(비틀림각 : $\beta = 30°$, 압력각 : $\alpha = 20°$)가 작동하고 있을 때 다음을 구하시오. (단, 원동 헬리컬 기어의 잇수는 60개, 종동 헬리컬 기어의 잇수는 240개, 치직각 모듈은 2.5, 축의 허용전단응력은 $70\,MPa$, 굽힘동적효과계수 $k_m = 2$, 비틀림 동적효과계수 $k_t = 1.5$이다.)

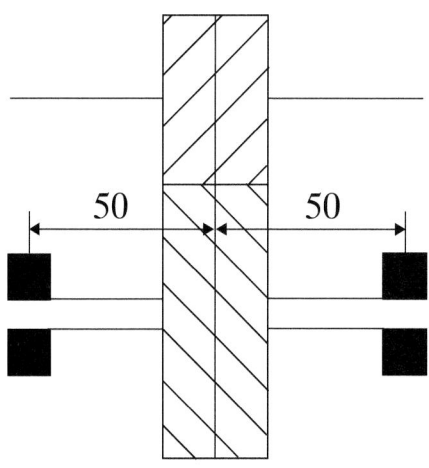

(1) 축에 가해지는 비틀림 모멘트 $[N \cdot m]$
(2) 피니언의 상당 잇수 [개]
(3) 피니언의 치형 계수 (아래의 표를 참고하라.)

잇수 (Z)	60	75	100	150
치형계수 ($Y_A = \pi y_A$)	0.433	0.443	0.454	0.464

(4) 피니언의 전달 하중 $[N]$
(5) 피니언의 전달 하중에 의한 축의 굽힘 모멘트 $[N \cdot m]$
(6) 축의 허용전단응력을 고려한 축의 최소 지름 $[mm]$

(1) $T = \dfrac{H}{w} = \dfrac{H}{\dfrac{2\pi N_A}{60}} = \dfrac{2.2 \times 10^3}{\dfrac{2\pi \times 1750}{60}} = 12\,N \cdot m$

(2) $Z_{e.A} = \dfrac{Z_A}{\cos^3 \beta} = \dfrac{60}{\cos^3 (30°)} = 92.38 \fallingdotseq 93$개

(3) 표를보고 보간법을 사용하면,

$$\therefore Y_A = 0.443 + \left(\frac{93-75}{100-75}\right) \times (0.454 - 0.443) = 0.45$$

(4) $v = \dfrac{\pi D_{As} N_A}{60 \times 1000} = \dfrac{\pi \times \dfrac{D_A}{\cos\beta} \times N_A}{60 \times 1000} = \dfrac{\pi m Z_A N_A}{60000 \cos\beta} = \dfrac{\pi \times 2.5 \times 60 \times 1750}{60000 \cos 30°} = 15.87 m/s$

$H = Fv \Rightarrow \therefore F = \dfrac{H}{v} = \dfrac{2.2 \times 10^3}{15.87} = 138.63 N$

(5) 헬리컬 기어의 전하중 : $F' = F\sqrt{1+\left(\dfrac{\tan\alpha}{\cos\beta}\right)^2} = 138.63 \times \sqrt{1+\left(\dfrac{\tan 20°}{\cos 30°}\right)^2} = 150.38 N$

$\therefore M = \dfrac{F'L}{4} = \dfrac{150.38 \times 0.1}{4} = 3.76 N \cdot m$

(6) $T_e = \sqrt{(k_m M)^2 + (k_t T)^2} = \sqrt{(2 \times 3.76)^2 + (1.5 \times 12)^2} = 19.51 N \cdot m$

$T_e = \tau_a Z_P = \tau_a \times \dfrac{\pi d^3}{16} \Rightarrow \therefore d = \sqrt[3]{\dfrac{16 T_e}{\pi \tau_a}} = \sqrt[3]{\dfrac{16 \times 19.51 \times 10^3}{\pi \times 70}} = 11.24 mm$

2019 2회차 일반기계기사 필답형 기출문제

01

원동차의 회전수가 $1500 rpm$이고, 종동차의 지름이 $460mm$인 무단 변속 마찰차가 작동하고 있다. 이 마찰차의 변위는 $40mm$에서 $190mm$ 사이이며 접촉선압력 $20N/mm$, 마찰차의 접촉 폭 $40mm$, 마찰계수 0.2일 때 다음을 구하시오.

(1) 종동차의 최대 회전수, 최소 회전수 $[rpm]$
(2) 최대 전달동력, 최소 전달동력 $[kW]$

(1) x는 중심부터의 거리(반지름) → $D_A = 2x$이다.

$$\therefore N_{B \cdot max} = \frac{D_{A \cdot max}}{D_B} \times N_A = \frac{2 \times 190}{460} \times 1500 = 1239.13 rpm$$

$$\therefore N_{B \cdot min} = \frac{D_{A \cdot min}}{D_B} \times N_A = \frac{2 \times 40}{460} \times 1500 = 260.87 rpm$$

(2) $v_{max} = \frac{\pi D_B N_{B \cdot max}}{60 \times 1000} = \frac{\pi \times 460 \times 1239.13}{60 \times 1000} = 29.85 m/s$

$v_{min} = \frac{\pi D_B N_{B \cdot min}}{60 \times 1000} = \frac{\pi \times 460 \times 260.87}{60 \times 1000} = 6.28 m/s$

$f = \frac{Q}{b} \Rightarrow Q = fb = 20 \times 40 = 800N$

$\therefore H_{max} = \mu Q v_{max} = 0.2 \times 800 \times 10^{-3} \times 29.85 = 4.78 kW$

$\therefore H_{min} = \mu Q v_{min} = 0.2 \times 800 \times 10^{-3} \times 6.28 = 1 kW$

02

플렌지 커플링을 볼트 8개로 체결하려 한다. 이때 볼트에 가해지는 하중은 $10kN$, 반복적으로 가해지는 하중은 $0~20kN$, 볼트의 허용 인장응력은 $50MPa$, 볼트의 스프링 상수 $k_b = 1$, 모재의 스프링 상수 $k_m = 2.5$일 때 다음을 구하시오.

(1) 볼트에 가해지는 최대 하중 $[kN]$
(2) 볼트의 최소 골지름 $[mm]$

(1) $P_b = P_i + P_{\max}\left(\dfrac{k_b}{k_b+k_m}\right) = 10 + 20 \times \left(\dfrac{1}{1+2.5}\right) = 15.71 kN$

(2) $\sigma_a = \dfrac{P_b}{An} = \dfrac{P_b}{\dfrac{\pi d_1^2}{4}n} \Rightarrow \therefore d_1 = \sqrt{\dfrac{4P_b}{\pi n \sigma_a}} = \sqrt{\dfrac{4 \times 15.71 \times 10^3}{\pi \times 8 \times 50}} = 7.07 mm$

03

바깥지름이 $300mm$, 안지름이 $200mm$인 원판 클러치가 $300rpm$으로 회전하고 있다. 허용 면압력이 $0.2MPa$, 마찰계수가 0.3일 때 다음을 구하시오.

(1) 원판 클러치에 발생하는 토크 $[N \cdot m]$
(2) 원판 클러치가 전달하는 동력 $[kW]$

(1) $P = qA = q \times \dfrac{\pi(D_2^2 - D_1^2)}{4} = 0.2 \times \dfrac{\pi(300^2 - 200^2)}{4} = 7853.98N$
$D_m = \dfrac{300+200}{2} = 250mm$
$\therefore T = \mu P \dfrac{D_m}{2} = 0.3 \times 7853.98 \times \dfrac{0.25}{2} = 294.52 N \cdot m$

(2) $H = T\omega = T \times \dfrac{2\pi N}{60} = 294.52 \times 10^{-3} \times \dfrac{2\pi \times 300}{60} = 9.25 kW$

04

다음 그림과 같이 밴드 브레이크의 마찰계수가 0.3, 접촉각 $\theta = 240°$이며 작용점(힌지)으로부터 떨어진 거리 $a = 15mm$, $b = 80mm$, $L = 700mm$이며, 벨트의 허용 인장응력 $\sigma_a = 60MPa$, 레버의 조작력 $F = 220N$, 드럼의 직경은 $400mm$, 회전수는 $400rpm$일 때 다음을 구하시오. (단, 벨트의 두께는 $5mm$, 폭은 $50mm$이다.)

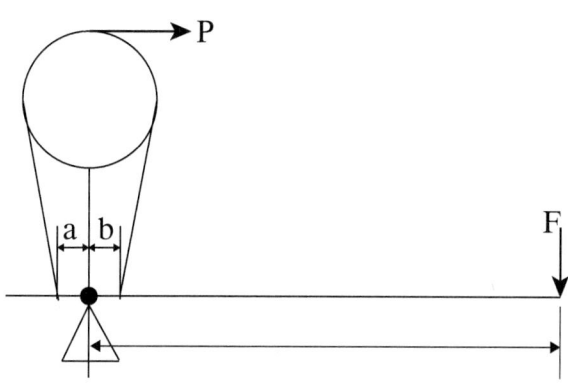

(1) 유효장력 $[N]$
(2) 전달 동력 $[kW]$
(3) 밴드의 안전성을 검토하시오.

(1) $e^{\mu\theta} = e^{0.3 \times 240 \times \frac{\pi}{180}} = 3.51$, $T_t a = T_s b - FL$ ⇒ $T_s e^{\mu\theta} \times a = T_s b - FL$에서,

이완측 장력 : $T_s = \dfrac{FL}{b - e^{\mu\theta} \times a} = \dfrac{220 \times 700}{80 - 3.51 \times 15} = 5630.71 N$

긴장측 장력 : $T_t = T_s e^{\mu\theta} = 5630.71 \times 3.51 = 19763.79 N$

∴유효장력(= 제동력 : f) : $P = f = T_t - T_s = 19763.79 - 5630.71 = 14133.08 N$

(2) $v = \dfrac{\pi DN}{60 \times 1000} = \dfrac{\pi \times 400 \times 400}{60 \times 1000} = 8.38 m/s$

∴$H = fv = 14133.08 \times 10^{-3} \times 8.38 = 118.44 kW$

(3) $\sigma_t = \dfrac{T_t}{bt} = \dfrac{19763.79}{50 \times 5} = 79.06 MPa$

$\sigma_t(= 79.06 MPa) > \sigma_a(= 60 MPa)$이므로, ∴불안전하다.

05

다음 그림과 같은 아이볼트에 $F_1 = 6kN$, $F_2 = 8kN$, $F = 15kN$이 작용할 때 다음을 구하시오.

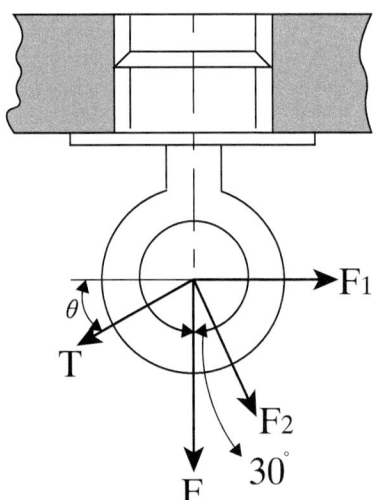

(1) T의 각도[°]와 크기$[kN]$
(2) 호칭지름 10cm, 피치 3cm, 골지름 8cm일 때 볼트에 발생하는 최대인장응력 $[MPa]$

(1) 힘의 성분을 분석하자면,
$\sum F_x = 0 : F_1 + F_2 \sin 30° - T\cos\theta = 0$
$\quad\quad 6 + 8\sin 30° - T\cos\theta = 0 \Rightarrow$ ① $T\cos\theta = 10 kN$
$\sum F_y = 0 : -F_2 \cos 30° - F - T\sin\theta = 0$
$\quad\quad -8\cos 30° - 15 - T\sin\theta = 0 \Rightarrow$ ② $T\sin\theta = -21.93 kN$
$\dfrac{①}{②} = \dfrac{T\sin\theta}{T\cos\theta} = \left|\dfrac{-21.93}{10}\right| \Rightarrow \tan\theta = \left|\dfrac{-21.93}{10}\right|$에서,

$\therefore \theta = \tan^{-1}\left|\dfrac{-21.93}{10}\right| = 65.49°$

① $T\cos\theta = 10 \Rightarrow \therefore T = \dfrac{10}{\cos\theta} = \dfrac{10}{\cos 65.49°} = 24.1 kN$

(2) $\sigma_{\max} = \dfrac{F}{A} = \dfrac{F}{\dfrac{\pi d_1^2}{4}} = \dfrac{15 \times 10^3}{\dfrac{\pi \times 80^2}{4}} = 2.98 MPa$

06

다음 그림과 같은 직경이 $60mm$인 축이 양단의 베어링에 의해 고정되어 있다. 축에 고정된 풀리의 무게는 $600N$, 세로탄성계수가 $210GPa$일 때 다음을 구하시오.

(1) 축의 자중을 고려하지 않은 축의 처짐량 $[\mu m]$
(2) 축의 자중을 고려하지 않은 축의 위험속도 $[rpm]$

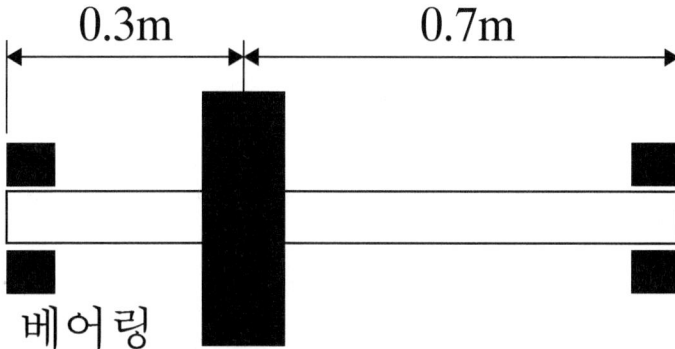

(1) $\delta = \dfrac{Wa^2 b^2}{3\ell EI} = \dfrac{600 \times 0.3^2 \times 0.7^2}{3 \times 1 \times 210 \times 10^9 \times \dfrac{\pi \times 0.06^4}{64}} = 66.02 \times 10^{-6} m = 66.02 \mu m$

(2) $N_C = \dfrac{30}{\pi}\sqrt{\dfrac{g}{\delta}} = \dfrac{30}{\pi}\sqrt{\dfrac{9.8 \times 10^6}{66.02}} = 3679.14 rpm$

07

다음 그림과 같이 모터로 동력을 전달하는 벨트풀리와 기어 전동장치가 있다. 원동 풀리와 종동 풀리의 직경은 $300mm$로 같으며, 긴장측 장력은 $706N$, 이완측 장력은 $294N$이고, 기어쌍의 모듈 $m=2$, 압력각 $\alpha=20°$, 원동 기어의 잇수 $Z_{G \cdot A}=24$개, 종동 기어의 잇수 $Z_{G \cdot B}=36$개일 때 다음을 구하시오.

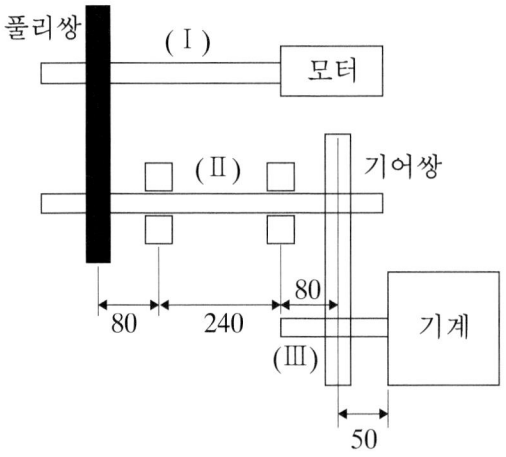

(1) 축(III)의 굽힘 모멘트와 비틀림 모멘트 $[N \cdot m]$
(2) 축(III)의 직경 $[mm]$ (단, 축의 허용전단응력은 $50MPa$이다.)
(3) 축(II)의 직경 $[mm]$ (단, 축의 허용굽힘응력은 $70MPa$이다.)

(1) 원동 풀리와 종동 풀리의 직경이 같으므로, $T_I = T_{II} (\because D_{P \cdot A} = D_{P \cdot B})$
$P_e = T_t - T_s = 706 - 294 = 412N$

축(II)의 토크: $T_{II} = P_e \times \dfrac{D_{P \cdot B}}{2} = 412 \times \dfrac{0.3}{2} = 61.8 N \cdot m$

$\dfrac{T_{III}}{T_{II}} = \dfrac{F \times \dfrac{D_{G \cdot B}}{2}}{F \times \dfrac{D_{G \cdot A}}{2}} = \dfrac{D_{G \cdot B}}{D_{G \cdot A}} = \dfrac{mZ_{G \cdot B}}{mZ_{G \cdot A}} = \dfrac{Z_{G \cdot B}}{Z_{G \cdot A}}$ 에서,

$\therefore T_{III} = T_{II} \times \dfrac{Z_{G \cdot B}}{Z_{G \cdot A}} = 61.8 \times \dfrac{36}{24} = 92.7 N \cdot m$

$T_{III} = F \times \dfrac{D_{G \cdot B}}{2} = F \times \dfrac{mZ_{G \cdot B}}{2} \Rightarrow F = \dfrac{2T_{III}}{mZ_{G \cdot B}} = \dfrac{2 \times 92.7 \times 10^3}{2 \times 36} = 2575 N$

$F' = \dfrac{F}{\cos\alpha} = \dfrac{2575}{\cos 20°} = 2740.26 N$

$\therefore M_{III} = F' \times 50 = 2740.26 \times 50 = 137013 N \cdot mm = 137.01 N \cdot m$

(2) $T_{III \cdot e} = \sqrt{M_{III}^2 + T_{III}^2} = \sqrt{137.01^2 + 92.7^2} = 165.42 N \cdot m$

$T_{III \cdot e} = \tau_a Z_P = \tau_a \times \dfrac{\pi d_{III}^3}{16}$ 에서,

$\therefore d_{III}^3 = \sqrt[3]{\dfrac{16 T_{III \cdot e}}{\pi \tau_a}} = \sqrt[3]{\dfrac{16 \times 165.42 \times 10^3}{\pi \times 50}} = 25.64 mm$

(3) $M_{II} = F' \times 80 = 2740.26 \times 80 = 219220.8 N \cdot mm = 219.22 N \cdot m$

$M_{II \cdot e} = \frac{1}{2}\left(M_{II} + \sqrt{M_{II}^2 + T_{II}^2}\right) = \frac{1}{2} \times \left(219.22 + \sqrt{219.22^2 + 61.8^2}\right) = 223.49 N \cdot m$

$M_{II \cdot e} = \sigma_a Z = \sigma_a \times \frac{\pi d_{II}^3}{32}$ 에서,

$\therefore d_{II} = \sqrt[3]{\frac{32 M_e \cdot II}{\pi \sigma_a}} = \sqrt[3]{\frac{32 \times 223.49 \times 10^3}{\pi \times 70}} = 31.92 mm$

08

직경이 $60mm$인 축에 전달되는 동력이 $24.5kW$, 회전수가 $800rpm$이다. 이 축에 파인 키홈의 길이가 $50mm$, 조립된 키의 허용전단응력이 $20MPa$일 때 다음을 구하시오.

(1) 전달 토크 $[N \cdot m]$
(2) 키의 너비 $[mm]$

(1) $T = \frac{H}{\omega} = \frac{H}{\frac{2\pi N}{60}} = \frac{24.5 \times 10^3}{\frac{2\pi \times 800}{60}} = 292.45 N \cdot m$

(2) $\tau_k = \frac{2T}{b \ell d} \Rightarrow \therefore b = \frac{2T}{\ell d \tau_k} = \frac{2 \times 292.45 \times 10^3}{50 \times 60 \times 20} = 9.75 mm$

09

스퍼기어 동력 전달장치에서 피니언의 회전수 $500rpm$, 기어의 회전수는 $1500rpm$으로 피니언과 기어가 맞물려 작동하고 있다. 이때 전달되는 동력은 $7.5kW$, 중심거리 $250mm$, 압력각이 $\alpha = 20°$일 때 다음을 구하시오.

(1) 피니언과 기어의 피치원 지름 $[mm]$
(2) 피니언과 기어에 작용하는 접선력 $[N]$
(3) 피니언과 기어에 작용하는 반경 방향의 힘 $[N]$

(1) $\varepsilon = \dfrac{N_B}{N_A} = \dfrac{D_A}{D_B} \;\Rightarrow\; D_B = D_A \times \dfrac{N_A}{N_B} = D_A \times \dfrac{500}{1500} = \dfrac{1}{3} D_A$

$C = \dfrac{D_A + D_B}{2} \;\Rightarrow\; D_A + D_B = 2C = 2 \times 250 = 500 mm$

$D_A + \dfrac{1}{3} D_A = 500 mm \quad \therefore D_A = 375 mm$

$\therefore D_B = \dfrac{1}{3} D_A = \dfrac{1}{3} \times 375 = 125 mm$

(2) $v = \dfrac{\pi D_A N_A}{60 \times 1000} = \dfrac{\pi \times 375 \times 500}{60 \times 1000} = 9.82 m/s$

$H = Fv \;\Rightarrow\; \therefore F = \dfrac{H}{v} = \dfrac{7.5 \times 10^3}{9.82} = 763.75 N$

(3) $F_R = F \tan\alpha = 763.75 \times \tan 20° = 277.98 N$

10

회전수 $1500 rpm$, $7.5 kW$의 동력을 전달하는 4사이클 단기통 기관에서 각속도 변동률이 $1/100$이고, 에너지 변동계수는 1.3, 플라이휠의 내외경비 0.6, 비중량 $80 kN/m^3$, 림의 폭이 $50mm$일 때 다음을 구하시오.

(1) 질량 관성모멘트 $I\,[N \cdot m \cdot s^2]$
(2) 림의 바깥지름 $D_2\,[mm]$

(1) $T_m = \dfrac{H}{\omega} = \dfrac{H}{\dfrac{2\pi N}{60}} = \dfrac{7.5 \times 10^3}{\dfrac{2\pi \times 1500}{60}} = 47.75 N \cdot m$

$E = 4\pi T_m = 4\pi \times 47.75 = 600.04 N \cdot m$

$\Delta E = qE = 1.3 \times 600.04 = 780.05 N \cdot m$

$\Delta E = I \omega^2 \delta \;\Rightarrow\; \therefore I = \dfrac{\Delta E}{\omega^2 \delta} = \dfrac{780.05}{\left(\dfrac{2\pi \times 1500}{60}\right)^2 \times \dfrac{1}{100}} = 3.16 N \cdot m \cdot s^2$

(2) $I = \dfrac{\gamma b \pi (D_2^4 - D_1^4)}{32g} = \dfrac{\gamma b \pi D_2^4 (1 - x^4)}{32g}$ 에서,

$\therefore D_2 = \sqrt[4]{\dfrac{32gI}{\gamma b \pi (1 - x^4)}} = \sqrt[4]{\dfrac{32 \times 9.8 \times 3.16}{80 \times 10^3 \times 0.05 \times \pi \times (1 - 0.6^4)}} = 0.54864 m = 548.64 mm$

11

$24.5kN$의 1피치당 하중이 작용하는 1줄 겹치기 리벳 이음의 피치가 $50mm$, 리벳의 직경은 $25mm$, 강판의 두께는 $12mm$일 때 다음을 구하시오.

(1) 강판의 인장응력 $[MPa]$
(2) 리벳의 전단응력 $[MPa]$
(3) 강판의 효율 $[\%]$

(1) $\sigma_t = \dfrac{\overline{W}}{(p-d)t} = \dfrac{24.5 \times 10^3}{(50-25) \times 12} = 81.67 MPa$

(2) $\tau = \dfrac{\overline{W}}{\dfrac{\pi d^2}{4}n} = \dfrac{24.5 \times 10^3}{\dfrac{\pi \times 25^2}{4} \times 1} = 49.91 MPa$

(3) $\eta_t = 1 - \dfrac{d}{p} = 1 - \dfrac{25}{50} = 0.5 ≒ 50\%$

2019 4회차 일반기계기사 필답형 기출문제

01

리벳의 직경이 $10mm$, 강판의 두께가 $12mm$인 1줄 겹치기 리벳 이음에서 리벳의 허용 전단응력은 $75.24MPa$, 강판의 허용 인장응력이 $50.76MPa$일 때 다음을 구하시오.

(1) 리벳의 전단응력을 최대로 고려하는 최대하중 $F_{\max}[N]$
(2) 리벳의 효율을 최대로 하는 피치 $p\,[mm]$
(3) 리벳이음의 효율 $\eta\,[\%]$

(1) $F_{\max} = \tau \dfrac{\pi d^2}{4} n = 75.24 \times \dfrac{\pi \times 10^2}{4} \times 1 = 5909.34 N$

(2) $p = d + \dfrac{\pi d^2 n}{4\sigma_t t} = 10 + \dfrac{75.24 \times \pi \times 10^2 \times 1}{4 \times 50.76 \times 12} = 19.7 mm$

(3) 강판의 효율 : $\eta_t = 1 - \dfrac{d}{p} = 1 - \dfrac{10}{19.7} = 0.4924 ≒ 49.24\%$

리벳의 효율 : $\eta_s = \dfrac{\pi d^2 n}{4\sigma_t pt} = \dfrac{75.24 \times \pi \times 10^2 \times 1}{4 \times 50.76 \times 19.7 \times 12} = 0.4925 ≒ 49.25\%$

리벳이음의 효율은 두 효율중 작은값을 채택한다.
∴ $\eta = 49.24\%$

02

$1000rpm$, $8.5kW$의 동력을 전달하는 평벨트 전동장치에서 풀리의 직경은 $200mm$, 벨트의 접촉각은 $165°$, 벨트와 풀리 사이의 마찰계수가 0.3일 때 다음을 구하시오.
(단, 벨트의 두께 $t = 4mm$, 허용인장응력 $\sigma_t = 4.3MPa$, 이음효율은 85%이다.)

(1) 벨트의 유효 장력 $P_e[N]$
(2) 벨트의 긴장측 장력 $T_t[N]$
(3) 벨트의 너비 $b\,[mm]$

(1) $v = \dfrac{\pi D_A N_A}{60 \times 1000} = \dfrac{\pi \times 200 \times 1000}{60 \times 1000} = 10.47 m/s$

$H = P_e v \Rightarrow \therefore P_e = \dfrac{H}{v} = \dfrac{8.5 \times 10^3}{10.47} = 811.84 N$

(2) $v = 10 m/s$가 넘었지만, 부가장력와 관련된 물성치가 주어지지 않았으므로, 부가장력을 고려하지 않는다.

$e^{\mu\theta} = e^{0.3 \times 165 \times \frac{\pi}{180}} = 2.37$

$\therefore T_t = \dfrac{P_e e^{\mu\theta}}{e^{\mu\theta} - 1} = \dfrac{811.84 \times 2.37}{2.37 - 1} = 1403.8 N$

(3) $\sigma_t = \dfrac{T_t}{bt\eta} \Rightarrow \therefore b = \dfrac{T_t}{t\eta\sigma_t} = \dfrac{1403.8}{4 \times 0.85 \times 4.3} = 96.02 mm$

03

압축 하중 $80N$을 받는 원통형 코일 스프링의 소선의 지름은 $8mm$이고, 코일의 평균지름이 $64mm$, 처짐량 $15mm$, 가로탄성계수는 $8.1 \times 10^4 MPa$일 때 다음을 구하시오.

(1) 유효 감김수 n[회]
(2) 스프링의 최대 전단응력 $\tau_{\max}$ $[MPa]$

(1) $\delta = \dfrac{8nPD^3}{Gd^4} \Rightarrow \therefore n = \dfrac{Gd^4\delta}{8PD^3} = \dfrac{8.1 \times 10^4 \times 8^4 \times 15}{8 \times 80 \times 64^3} = 29.66 ≒ 30$회

(2) $C = \dfrac{D}{d} = \dfrac{64}{8} = 8$

$K = \dfrac{4C-1}{4C-4} + \dfrac{0.615}{C} = \dfrac{4 \times 8 - 1}{4 \times 8 - 4} + \dfrac{0.615}{8} = 1.18$

$\therefore \tau_{\max} = \dfrac{8PDK}{\pi d^3} = \dfrac{8 \times 80 \times 64 \times 1.18}{\pi \times 8^3} = 30.05 MPa$

04

안지름 $d = 180mm$, 유량 $Q = 50L/sec$으로 흐르는 파이프가 있다. 내압 $p = 4MPa$, 허용응력 $\sigma_a = 15MPa$일 때 다음을 구하시오.
(단, 푸아송비 $\nu = 0.18$이고, 축방향 응력은 무시한다.)

(1) 파이프의 유속 $V [m/s]$
(2) 푸아송비를 고려한 파이프의 최소 두께 $t [mm]$
(3) 파이프의 외경 $d_o [mm]$

(1) $Q = AV = \dfrac{\pi d^2}{4} \times V \Rightarrow \therefore V = \dfrac{4Q}{\pi d^2} = \dfrac{4 \times 50 \times 10^{-3}}{\pi \times 0.18^2} = 1.96 m/s$

(2) $t = r\left(\sqrt{\dfrac{\sigma_a + (1-\nu)p}{\sigma_a - (1+\nu)p}} - 1\right) = 90 \times \left(\sqrt{\dfrac{15 + (1-0.18) \times 4}{15 - (1+0.18) \times 4}} - 1\right) = 30.01 mm$

(3) $d_o = d + 2t = 180 + 2 \times 30.01 = 240.02 mm$

05

다음 그림과 같은 4측 필렛 용접이음에서 편심하중이 $50kN$이 작용한다. 용접 사이즈 $h = 10mm$, 용접 길이 $\ell = 250mm$일 때 최대 전단응력 $\tau_{\max}[MPa]$을 구하시오.

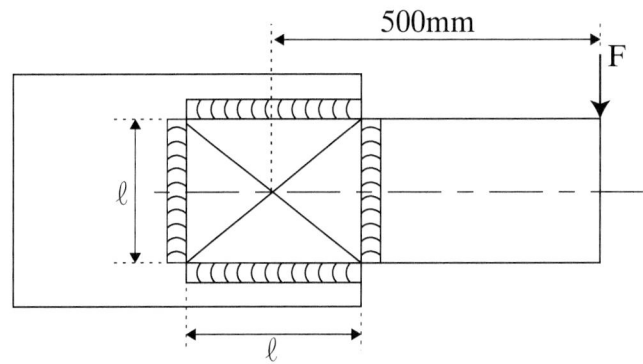

편심하중에 의한 전단응력 : $\tau_1 = \dfrac{F}{4a\ell} = \dfrac{F}{4\ell h\cos45°} = \dfrac{50 \times 10^3}{4 \times 250 \times 10\cos45°} = 7.07 MPa$

$r_{\max} = \sqrt{\left(\dfrac{\ell}{2}\right)^2 + \left(\dfrac{\ell}{2}\right)^2} = \sqrt{\left(\dfrac{250}{2}\right)^2 + \left(\dfrac{250}{2}\right)^2} = 176.78 mm$

$I_P = \dfrac{(\ell+\ell)^3}{6} \times a = \dfrac{(2\ell)^3}{6} \times h\cos45° = \dfrac{500^3}{6} \times 10\cos45° = 147313912.7 mm^4$

비틀림에 의한 전단응력 : $\tau_2 = \dfrac{FLr_{\max}}{I_P} = \dfrac{50 \times 10^3 \times 500 \times 176.78}{147313912.7} = 30 MPa$

$\cos\theta = \dfrac{\left(\dfrac{\ell}{2}\right)}{r_{\max}} = \dfrac{125}{176.78} = 0.707$

최대전단응력 : $\tau_{\max} = \sqrt{\tau_1^2 + \tau_2^2 + 2\tau_1\tau_2\cos\theta} = \sqrt{7.07^2 + 30^2 + 2 \times 7.07 \times 30 \times 0.707}$
$\therefore \tau_{\max} = 35.35 MPa$

06

$600 rpm$으로 동력을 전달하는 원추 클러치가 있다. 클러치 접촉면의 안지름 $D_1 = 150mm$, 바깥지름 $D_2 = 160mm$, 허용면압 $q_a = 0.3MPa$, 접촉면의 너비 $b = 35mm$, 마찰계수가 0.3일 때 다음을 구하시오.

(1) 원추 클러치의 전달 토크 $T\,[N \cdot m]$
(2) 원추 클러치의 전달 동력 $H\,[kW]$
(3) 원추각 $\alpha\,[°]$ (단, 원추각은 꼭지각의 $\frac{1}{2}$이다.)
(4) 원추 클러치를 축방향으로 미는 힘 $P\,[N]$

(1) 평균 지름 : $D_m = \dfrac{D_2 + D_1}{2} = \dfrac{160 + 150}{2} = 155mm$

$q_a = \dfrac{Q}{\pi D_m b} \Rightarrow Q = \pi D_m b q_a = \pi \times 155 \times 35 \times 0.3 = 5112.94 N$

$\therefore T = \mu Q \dfrac{D_m}{2} = 0.3 \times 5112.94 \times \dfrac{155}{2} = 118875.86 N \cdot mm ≒ 118.88 N \cdot m$

(2) $H = T\omega = T \times \dfrac{2\pi N}{60} = 118.88 \times 10^{-3} \times \dfrac{2\pi \times 600}{60} = 7.47 kW$

(3) $b = \dfrac{D_2 - D_1}{2 \sin\alpha} \Rightarrow \therefore \alpha = \sin^{-1}\left(\dfrac{D_2 - D_1}{2b}\right) = \sin^{-1}\left(\dfrac{160 - 150}{2 \times 35}\right) = 8.21°$

(4) $Q = \dfrac{P}{\sin\alpha + \mu\cos\alpha}$ 에서,

$\therefore P = Q(\sin\alpha + \mu\cos\alpha) = 5112.94 \times (\sin 8.21° + 0.3\cos 8.21°) = 2248.3 N$

07

다음 그림과 같은 에반스 마찰차를 이용한 무단 변속을 하려고 한다. 속비 $\frac{1}{3}$~3의 범위로 원동차가 $1000rpm$으로 $7.5kW$의 동력을 전달한다. 가죽벨트의 허용접촉면압력은 $15N/mm$, 양축사이의 중심거리 $500mm$, 마찰계수 0.2일 때 다음을 구하시오.

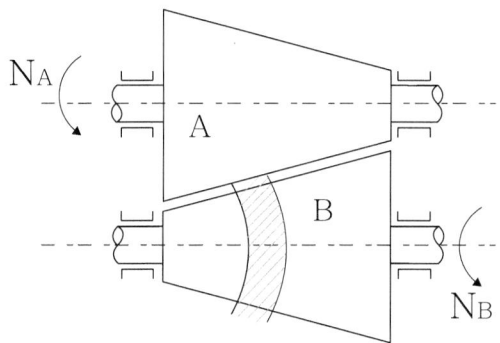

(1) 최소, 최대 지름 D_A, $D_B\,[mm]$
(2) 에반스 마찰차를 밀어 붙이는 최대 힘 $F_{\max}\,[N]$
(3) 가죽벨트의 폭 $b\,[mm]$
(4) 마찰면의 경사각이 $10°$일 때 고무 너비를 고려한 최소, 최대 지름 $D_A{'}$, $D_B{'}\,[mm]$

(1) $\varepsilon = \dfrac{D_A}{D_B} = \dfrac{1}{3} \;\Rightarrow\; D_B = 3D_A$

$C = \dfrac{D_A + D_B}{2} \;\Rightarrow\; D_A + D_B = 2C = 2 \times 500 = 1000mm$

$D_A + 3D_A = 1000mm$
$\therefore D_A = 250mm,\; D_B = 750mm$

(2) $v_{\min} = \dfrac{\pi D_A N_A}{60 \times 1000} = \dfrac{\pi \times 250 \times 1000}{60 \times 1000} = 13.09 m/s$

$H = \mu F_{\max} v_{\min} \;\Rightarrow\; F_{\max} = \dfrac{H}{\mu v_{\min}} = \dfrac{7.5 \times 10^3}{0.2 \times 13.09} = 2864.78N$

(3) $f = \dfrac{F_{\max}}{b} \;\Rightarrow\; b = \dfrac{F_{\max}}{f} = \dfrac{2864.78}{15} = 190.99mm$

(4) 가죽 두께 : $h = \dfrac{b}{2}\sin\alpha = \dfrac{190.99}{2} \times \sin 10° = 16.58mm$

$\therefore D_A{'} = D_A - 2h = 250 - 2 \times 16.58 = 216.84mm$
$\therefore D_B{'} = D_B + 2h = 750 + 2 \times 16.58 = 783.16mm$

08

모듈 $m=3$, 피니언의 잇수 $Z_A=40$개, 기어의 잇수 $Z_B=100$개인 한 쌍의 외접 스퍼기어가 있다. 아래의 두 개의 표를 참고하여 다음을 구하시오. (단, 하중계수 $f_w=0.8$이다.)

구분	허용굽힘응력 $\sigma_b[MPa]$	치형계수 Y	회전수 $N[rpm]$	압력각 $\alpha°$	치폭 $b[mm]$	접촉면허용응력계수 $K[MPa]$
피니언	200	0.39	1400	20	12	0.38
기어	120	0.44	560			

저속($v=10m/s$ 이하)	$f_v = \dfrac{3.05}{3.05+v}$
중속($v=10m/s$ 초과 $20m/s$ 이하)	$f_v = \dfrac{6.1}{6.1+v}$
고속($v=20m/s$ 이상)	$f_v = \dfrac{5.55}{5.55+\sqrt{v}}$

(1) 굽힘강도에 의한 피니언의 최대 전달하중 $F_A\,[N]$
(2) 굽힘강도에 의한 기어의 최대 전달하중 $F_B\,[N]$
(3) 면압강도에 의한 기어의 최대 전달하중 $F_C\,[N]$
(4) 기어의 최대 전달동력 $H\,[kW]$

(1) $v = \dfrac{\pi D_A N_A}{60 \times 1000} = \dfrac{\pi m Z_A N_A}{60 \times 1000} = \dfrac{\pi \times 3 \times 40 \times 1400}{60 \times 1000} = 8.8\,m/s$

$f_v = \dfrac{3.05}{3.05+v} = \dfrac{3.05}{3.05+8.8} = 0.26$

$\therefore F_A = f_v f_w \sigma_b m b Y = 0.26 \times 0.8 \times 200 \times 3 \times 12 \times 0.39 = 584.06\,N$

(2) $F_B = f_v f_w \sigma_b m b Y = 0.26 \times 0.8 \times 120 \times 3 \times 12 \times 0.44 = 395.37\,N$

(3) $F_C = f_v K m b \left(\dfrac{2 Z_A Z_B}{Z_A + Z_B}\right) = 0.26 \times 0.38 \times 3 \times 12 \times \left(\dfrac{2 \times 40 \times 100}{40+100}\right) = 203.25\,N$

(4) 안전을 고려하여 허용 하중은 가장 작은 값을 선정한다.

$\therefore H = F_C v = 203.25 \times 10^{-3} \times 8.8 = 1.79\,kW$

09

초당 4회전 하면서, $50kW$의 동력을 전달하는 지름이 $80mm$인 축에 사용하는 묻힘 키의 길이가 $70mm$일 때 다음을 구하시오.
(단, 묻힘 키의 허용 전단응력은 $35MPa$, 묻힘 키의 허용 압축응력은 $90MPa$이다.)

(1) 묻힘 키의 너비 $b\,[mm]$
(2) 묻힘 키의 높이 $h\,[mm]$

(1) $N = 4 \times 60 = 240 rpm$, $T = \dfrac{H}{\omega} = \dfrac{H}{\dfrac{2\pi N}{60}} = \dfrac{50 \times 10^3}{\dfrac{2\pi \times 240}{60}} = 1989.44 N \cdot m$

$\tau_k = \dfrac{2T}{b\ell d} \Rightarrow \therefore b = \dfrac{2T}{\ell d \tau_k} = \dfrac{2 \times 1989.44 \times 10^3}{70 \times 80 \times 35} = 20.3 mm$

(2) $\sigma_c = \dfrac{4T}{h\ell d} \Rightarrow \therefore h = \dfrac{4T}{\ell d \sigma_c} = \dfrac{4 \times 1989.44 \times 10^3}{70 \times 80 \times 90} = 15.79 mm$

10

축 하중이 $6000kg$이 작용하는 유효직경이 $48mm$인 미터 사다리꼴($Tr52 \times 8$) 나사 잭이 있다. 다음을 구하시오.
(단 자립면의 평균직경 $60mm$, 자립면의 마찰계수 0.01, 너트부의 마찰계수가 0.15이다.)

(1) 나사를 들어 올리는데 필요한 회전 토크 $T[N \cdot m]$
(2) 나사 잭의 효율 $\eta[\%]$
(3) 축 하중을 들어 올리는 속도가 $0.6 m/\min$일 때 전달 동력 $H[kW]$

(1) $\mu' = \dfrac{\mu}{\cos\dfrac{\alpha}{2}} = \dfrac{0.15}{\cos\dfrac{30°}{2}} = 0.1553$

$\therefore T = T_1 + T_2 = \mu_1 Q r_m + Q\left(\dfrac{p + \mu'\pi d_e}{\pi d_e - \mu' p}\right)\dfrac{d_e}{2}$

$= 0.01 \times 6000 \times 9.8 \times 30 + 6000 \times 9.8 \times \left(\dfrac{8 + 0.1553 \times \pi \times 48}{\pi \times 48 - 0.1553 \times 8}\right) \times \dfrac{48}{2}$

$= 314108.43 N \cdot mm = 314.11 N \cdot m$

(2) $\eta = \dfrac{pQ}{2\pi T} = \dfrac{8 \times 6000 \times 9.8}{2\pi \times 314.11 \times 10^3} = 0.2383 = 23.83\%$

(3) $H = \dfrac{Qv}{\eta} = \dfrac{6000 \times 9.8 \times 10^{-3} \times \dfrac{0.6}{60}}{0.2383} = 2.47 kW$

11

$No.6305$ 자동조심 볼 베어링($C = 21kN$)의 한계속도지수가 300000일 때 다음을 구하시오. (단, 수명 시간 $L_h = 50000hr$, 하중계수 $f_w = 1.3$이다.)

(1) 자동조심 볼베어링의 최대 회전수 $N\,[rpm]$

(2) 자동조심 볼베어링에 걸리는 최대하중 $W\,[kN]$ (단, 회전수는 최대 회전수의 $\dfrac{1}{2}$배이다.)

(1) $d = 5 \times 5 = 25mm$

$dN_{\max} = 300000 \Rightarrow \therefore$ 최대 회전수 : $N_{\max} = \dfrac{300000}{d} = \dfrac{300000}{25} = 12000 rpm$

(2) $N = N_{\max} \times \dfrac{1}{2} = 12000 \times \dfrac{1}{2} = 6000 rpm$

$L_h = 500 \times \dfrac{33.3}{N} \times \left(\dfrac{C}{f_w W}\right)^r \Rightarrow 50000 = 500 \times \dfrac{33.3}{6000} \times \left(\dfrac{21}{1.3 \times W}\right)^3$

$\therefore W = 0.62 kN$

2020
1, 2회차
일반기계기사
필답형 기출문제

01

유량 $450m^3/hr$으로 유체가 $2.5m/s$로 흐르는 관이 있다. 이 관은 내압 $3MPa$, 최소 인장강도 $380MPa$, 안전율 5, 부식여유 $1mm$일 때 다음을 구하시오.

(1) 관 내경 $[mm]$
(2) 관 두께 $[mm]$
(3) 아래표에서 외경을 보고 호칭지름을 선정하라.

호칭지름$[mm]$	외경$[mm]$	두께$[mm]$
100	114.3	4.5
125	139.8	5.0
150	165.2	5.3
185	190.7	5.8
200	216.3	6.2
225	241.6	6.6
250	267.4	6.9
300	318.5	7.9
400	355.6	7.9
450	4064	7.9
500	457.2	7.9

(1) $Q = AV = \dfrac{\pi d^2}{4} \times V$에서,

$\therefore d = \sqrt{\dfrac{4Q}{\pi V}} = \sqrt{\dfrac{4 \times 450 \times \dfrac{1}{3600}}{\pi \times 2.5}} = 0.25231m = 252.31mm$

(2) $\sigma_a = \dfrac{\sigma_u}{S} = \dfrac{380}{5} = 76MPa$

$t = \dfrac{pd}{2\sigma_a} + C = \dfrac{3 \times 252.31}{2 \times 76} + 1 = 5.98mm$

(3) $d_o = d + 2t = 252.31 + (2 \times 5.98) = 264.27mm$

구한 외경보다 큰 값으로 결정하므로, $\therefore$ 호칭지름 250mm

02

기어와 피니언이 맞물려 있는 상태에서 언더컷을 방지하기 위한 3가지를 서술하시오.
(단, 물성치를 수정하라는 것과 같은 것 말고 구체적으로 서술하시오.)

① 전위기어를 사용한다.
② 이의 높이를 낮춰 설계한다.
③ 한계잇수 이상으로 설계한다.
④ 압력각을 크게 설계한다.

03

다음 그림과 같은 밴드 브레이크에 의하여 $300rpm$, $12kW$의 동력을 제동하려 한다. 마찰계수는 0.3, $L=770mm$, $C=50mm$, $D=400mm$, 접촉각 $220°$ 일 때 다음을 구하시오.

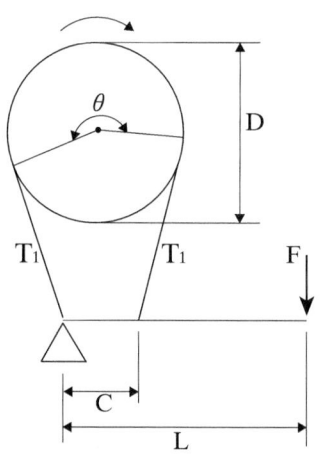

(1) 장력 $T_2 [N]$
(2) 레버에 가하는 힘 $F [N]$
(3) 밴드의 너비 $[mm]$ (단, 밴드의 허용 인장응력 $40MPa$, 두께 $4mm$, 이음 효율 100% 이다.)

(1) $T = \dfrac{H}{\omega} = \dfrac{H}{\dfrac{2\pi N}{60}} = \dfrac{12 \times 10^3}{\dfrac{2\pi \times 300}{60}} = 381.97 N \cdot m$

$T = f \times \dfrac{D}{2} \Rightarrow f = \dfrac{2T}{D} = \dfrac{2 \times 381.97 \times 10^3}{400} = 1909.85 N$

$e^{\mu\theta} = e^{0.3 \times 220 \times \frac{\pi}{180}} = 3.16$

$\therefore T_2(=T_s) = \dfrac{f}{e^{\mu\theta} - 1} = \dfrac{1909.85}{3.16 - 1} = 884.19 N$

(2) $T_2 c - FL = 0$

$\therefore F = \dfrac{T_2 c}{L} = \dfrac{884.19 \times 50}{770} = 57.41 N$

(3) $T_t = T_2 e^{\mu\theta} = 884.19 \times 3.16 = 2794.04 N$

$\sigma_a = \dfrac{T_t}{bt\eta} \Rightarrow \therefore b = \dfrac{T_t}{t\eta\sigma_a} = \dfrac{2794.04}{4 \times 1 \times 40} = 17.46 mm$

04

강판의 두께 $19mm$, 리벳의 직경 $25mm$, 피치 $68mm$인 강판을 양쪽 덮개판 1줄 맞대기이음을 하고자 할 때 다음을 구하시오. 단, 리벳의 전단강도는 강판의 인장강도의 80%이다.
(단, 리벳의 지름과 리벳의 구멍 지름 크기가 동일하다.)

(1) 강판의 효율 $[\%]$
(2) 리벳의 효율 $[\%]$

(1) $\eta_t = 1 - \dfrac{d}{p} = 1 - \dfrac{25}{68} = 0.6324 = 63.24\%$

(2) 리벳의 전단강도는 강판의 인장강도의 80%이니, $\dfrac{\tau}{\sigma_t} = 0.8$이다.

$\therefore \eta_s = \dfrac{\pi d^2 \times 1.8 n}{4\sigma_t pt} = \dfrac{0.8 \times \pi \times 25^2 \times 1.8 \times 1}{4 \times 68 \times 19} = 0.5471 = 54.71\%$

05

아래쪽 부분 로프 평평한곳의 길이 $12m$이고, 위쪽 부분 로프 축 쳐진 높이 $0.3m$이고, 로프의 지름 $19mm$이다. 이때, 로프의 $1m$당 무게는 $3.3N/m$이다.

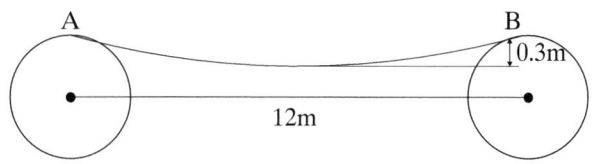

(1) 로프의 장력 $[N]$
(2) 풀리의 왼쪽 상단 부분 A부터 풀리의 오른쪽 상단 부분 B까지의 로프의 길이 $[m]$

(1) $T = \dfrac{wC^2}{8h} + wh = \dfrac{3.3 \times 12^2}{8 \times 0.3} + 3.3 \times 0.3 = 198.99N$

(2) $L = C\left(1 + \dfrac{8h^2}{3C^2}\right) = 12 \times \left(1 + \dfrac{8 \times 0.3^2}{3 \times 12^2}\right) = 12.02m$

06

축방향하중 $30kN$이 작용하고 있는 칼라 저널 베어링이 있다. 칼라 저널 베어링의 외경은 $460mm$, 내경은 $360mm$, 분당회전수 $240rpm$, 발열계수 $pv = 0.4MPa \cdot m/s$일 때 다음을 구하시오.

(1) 칼라의 개수 $[개]$
(2) 베어링 응력 $[kPa]$
(3) 마찰손실동력 $[kW]$ (단, 마찰계수는 0.012이다.)

(1) $Z(d_2 - d_1) = \dfrac{WN}{30000pv} \Rightarrow \therefore Z = \dfrac{WN}{30000pv(d_2 - d_1)} = \dfrac{30 \times 10^3 \times 240}{30000 \times 0.4 \times (460 - 360)} = 6$개

(2) $p = \dfrac{W}{A} = \dfrac{W}{\dfrac{\pi}{4}(d_2^2 - d_1^2)Z} = \dfrac{30 \times 10^3}{\dfrac{\pi}{4}(460^2 - 360^2) \times 6} = 0.07764MPa = 77.64kPa$

(3) $pv = 0.4 \Rightarrow v = \dfrac{0.4}{p} = \dfrac{0.4}{0.07764} = 5.15m/s$

$\therefore H = \mu Wv = 0.012 \times 30 \times 5.15 = 1.85kW$

07

웜과 웜기어 전동장치에서 동력 $1.84kW$으로, 웜의 분당 회전수 $1750rpm$을 전달하여 회전비 $\dfrac{1}{12.25}$로 웜 기어를 감속시키려 한다. 이때, 웜 기어는 4줄나사 형태로 이직각 압력각 $20°$ 축직각 모듈 3.5, 축간거리 $110mm$일 때 다음을 구하시오.
(단, 접촉면 마찰계수는 0.1이다.)

(1) 웜의 효율 $[\%]$
(2) 웜기어의 전달력 $[N]$ (단, (1)에서 구한 웜의 효율을 고려하시오.)

(1) $\varepsilon = \dfrac{Z_w}{Z_g} \Rightarrow Z_g = \dfrac{Z_w}{\varepsilon} = 4 \times 12.25 = 49$개
$D_g = m_s Z_g = 3.5 \times 49 = 171.5mm$
$C = \dfrac{D_w + D_g}{2} \Rightarrow D_w = 2C - D_g = 2 \times 110 - 171.5 = 48.5mm$
$\tan\beta = \dfrac{\ell}{\pi D_w} = \dfrac{Z_w p_s}{\pi D_w} = \dfrac{Z_w \pi m_s}{\pi D_w} = \dfrac{Z_w m_s}{D_w} \Rightarrow \beta = \tan^{-1}\left(\dfrac{Z_w m_s}{D_w}\right)$에서,
리드각 : $\beta = \tan^{-1}\left(\dfrac{4 \times 3.5}{48.5}\right) = 16.1°$
상당마찰각 : $\rho' = \tan^{-1}\left(\dfrac{\mu}{\cos\alpha_n}\right) = \tan^{-1}\left(\dfrac{0.1}{\cos 20}\right) = 6.07°$
$\eta = \dfrac{\tan\beta}{\tan(\beta + \rho')} = \dfrac{\tan 16.1}{\tan(16.1 + 6.07)} = 0.7083 = 70.83\%$

(2) $\varepsilon = \dfrac{N_g}{N_w} \Rightarrow N_g = N_w \varepsilon = 1750 \times \dfrac{1}{12.25} = 142.86rpm$
$v_g = \dfrac{\pi D_g N_g}{60 \times 1000} = \dfrac{\pi \times 171.5 \times 142.86}{60 \times 1000} = 1.28m/s$
$H = \dfrac{P_g v_g}{\eta} \Rightarrow \therefore P_g = \dfrac{H\eta}{v_g} = \dfrac{1.84 \times 10^3 \times 0.7083}{1.28} = 1018.18N$

08

$550rpm$, $18kW$의 동력을 전달하는 직경이 $60mm$인 축에 끼워져 있는 묻힘 키의 호칭치수는 $b \times h = 18 \times 11$이다. 키에 작용하는 허용 전단응력 $20MPa$, 허용 압축응력은 $45MPa$, 키 홈의 깊이가 $5.5mm$일 때 다음을 구하시오.

(1) 전달 토크 $[N \cdot m]$
(2) 안전을 고려한 키의 길이 $[mm]$

(1) $T = \dfrac{H}{\omega} = \dfrac{H}{\dfrac{2\pi N}{60}} = \dfrac{18 \times 10^3}{\dfrac{2\pi \times 550}{60}} = 312.52 N \cdot m$

(2) $\tau_a = \dfrac{2T}{b\ell d} \Rightarrow \ell = \dfrac{2T}{bd\tau_a} = \dfrac{2 \times 312.52 \times 10^3}{18 \times 60 \times 20} = 28.94mm$

$\sigma_a = \dfrac{4T}{h\ell d} \Rightarrow \ell = \dfrac{4T}{hd\sigma_a} = \dfrac{4 \times 312.52 \times 10^3}{11 \times 60 \times 45} = 42.09mm$

안전을 고려하여 최소길이는 큰 값을 채택한다.
∴ $\ell = 42.09mm$

09

스팬의 길이 $800mm$, 판의 두께 $5mm$, 판의 폭 $60mm$, 판의 수가 9장인 양단 지지 겹판 스프링이 있다. 이를 소선의 지름 $15mm$, 코일의 유효지름 $120mm$의 원통형 코일 스프링으로 만들 때 코일의 유효 감김수는 몇 회인가?
(단, 전단탄성계수는 $80 GPa$, 종탄성계수는 $205 GPa$이며, 겹판 스프링과 코일 스프링의 처짐량은 동일하며, 판사이 마찰력을 고려하지 않으며, 밴드의 죔폭도 고려하지 않는다.)

$\delta = \dfrac{3P\ell^3}{8n'bh^3E} = \dfrac{8nPD^3}{Gd^4}$ 에서,

∴ $n = \dfrac{3P\ell^3}{8n'bh^3E} \times \dfrac{Gd^4}{8PD^3} = \dfrac{3\ell^3}{8n'bh^3E} \times \dfrac{Gd^4}{8D^3}$

$= \dfrac{3 \times 800^3}{8 \times 9 \times 60 \times 5^3 \times 205 \times 10^3} \times \dfrac{80 \times 10^3 \times 15^4}{8 \times 120^3} = 4.07 \fallingdotseq 5$회

10

외접하는 원통 마찰차가 회전비가 $\dfrac{3}{5}$ 이고, 축간거리가 $600mm$이다. 이때 작은 마찰차의 속도는 $100rpm$이고, 미끄럼 없이 회전한다고 가정할 때 다음을 구하시오.

(1) 작은 마찰차의 지름 $[mm]$과 큰 마찰차의 지름 $[mm]$
(2) 마찰차의 원주속도 $[m/s]$

(1) $\varepsilon = \dfrac{D_A}{D_B} \Rightarrow \dfrac{3}{5} = \dfrac{D_A}{D_B} \Rightarrow D_A = \dfrac{3}{5}D_B$

$C = \dfrac{D_A + D_B}{2} \Rightarrow D_A + D_B = 2C = 2 \times 600 = 1200mm$

$\dfrac{3}{5}D_B + D_B = 1200 \Rightarrow \therefore D_B = 750mm, D_A = 450mm$

(2) $v = \dfrac{\pi D_A N_A}{60 \times 1000} = \dfrac{\pi \times 450 \times 100}{60 \times 1000} = 2.36 m/s$

11

바깥지름 $34mm$, 골지름 $30mm$, 피치 $6mm$인 한줄 사각나사를 사용하여 잭으로 $9800N$을 들어 올리려 할 때, 다음을 구하시오.
(이때, 레버를 돌리는 힘은 $300N$ 이고, 나사산 접촉부 마찰계수는 0.2)

(1) 레버의 최소유효길이 $[mm]$
(2) 나사 접촉부 최소길이 $[mm]$
　　(단, 나사산 허용접촉면압력이 $6MPa$이고, 나사산 높이는 바깥지름과 골지름으로 식 도출하시오.)

(1) $d_e = \dfrac{d_2 + d_1}{2} = \dfrac{34 + 30}{2} = 32mm$

$T = FL = Q\left(\dfrac{p + \mu \pi d_e}{\pi d_e - \mu p}\right)\dfrac{d_e}{2}$ 에서,

$\therefore L = \dfrac{Q\left(\dfrac{p + \mu \pi d_e}{\pi d_e - \mu p}\right)\dfrac{d_e}{2}}{F} = \dfrac{9800 \times \left(\dfrac{6 + 0.2 \times \pi \times 32}{\pi \times 32 - 0.2 \times 6}\right) \times \dfrac{32}{2}}{300} = 137.37mm$

(2) $h = \dfrac{d_2 - d_1}{2} = \dfrac{34 - 30}{2} = 2mm$

$H = \dfrac{pQ}{\pi d_e h q_a} = \dfrac{6 \times 9800}{\pi \times 32 \times 2 \times 6} = 48.74mm$

2020 3회차 일반기계기사 필답형 기출문제

01

볼베어링을 사용하여 $200 rpm$으로 레이디얼 하중 $4.91 kN$, 스러스트 하중 $2.96 kN$을 동시에 받을 때 아래 표를 보고 다음을 구하시오.
(단, 기본동정격하중 $C = 47.58 kN$, $C_0 = 35.32 kN$ 이다.)

베어링 형식		$\frac{W_a}{W_r} \leq e$		$\frac{W_a}{W_r} > e$		e
		X	Y	X	Y	
볼베어링	$W_a / C_0 = 0.014$	1	0	0.56	2.30	0.19
	$= 0.028$				1.99	0.22
	$= 0.056$				1.71	0.26
	$= 0.084$				1.55	0.28
	$= 0.11$				1.45	0.30
	$= 0.17$				1.31	0.34
	$= 0.28$				1.15	0.38
	$= 0.42$				1.04	0.42
	$= 0.56$				1.00	0.44

(1) 레이디얼 계수 X, 스러스트 계수 Y
(2) 등가레이디얼 하중 $[kN]$
(3) 베어링 수명시간 $[hr]$ (단, 하중계수는 1.2이다.)

---

(1) 볼베어링이며 외,내륜이 주어지지 않으면 내륜으로 가정한다.
$V = 1$, $W_r = 4.91 kN$, $W_a = 2.96 kN$
$\frac{W_a}{C_0} = \frac{2.96}{35.32} = 0.084$, $\frac{W_a}{W_r} = \frac{2.96}{4.91} = 0.6 > 0.28$이므로,
∴ $X = 0.56$, $Y = 1.55$

(2) $W = XVW_r + YW_a = 0.56 \times 1 \times 4.91 + 1.55 \times 2.96 = 7.34 kN$

(3) $L_h = 500 \times \frac{33.3}{N} \times \left(\frac{C}{f_w W}\right)^r = 500 \times \frac{33.3}{200} \times \left(\frac{47.58}{1.2 \times 7.34}\right)^3 = 13122.77 hr$

02

드럼의 지름이 $600mm$인 밴드 브레이크로 $1kN\cdot m$의 제동 토크를 얻으려 한다. 마찰계수가 0.35, 접촉각 $250°$일 때 다음을 구하시오.

(1) 긴장측장력 $[kN]$
(2) 밴드의 너비 $[mm]$ (단, 밴드의 두께는 $3mm$, 허용 인장응력은 $80MPa$이다.)

(1) $T = f\dfrac{D}{2} \Rightarrow f = \dfrac{2T}{D} = \dfrac{2 \times 1000}{0.6} = 3333.33N$

$e^{\mu\theta} = e^{0.35 \times 250 \times \frac{\pi}{180}} = 4.61$

$\therefore T_t = \dfrac{fe^{\mu\theta}}{e^{\mu\theta}-1} = \dfrac{3333.33 \times 4.61}{4.61-1} = 4256.69N$

(2) $\sigma_a = \dfrac{T_t}{bt} \Rightarrow \therefore b = \dfrac{T_t}{t\sigma_a} = \dfrac{4256.69}{3 \times 80} = 17.74mm$

03

다음 그림과 같이 $9kN$의 하중을 들어 올리기 위한 유효지름 $18mm$, 피치 $8mm$인 사각나사잭이 있다. 나사잭의 유효마찰계수가 0.19일 때 다음을 구하시오.

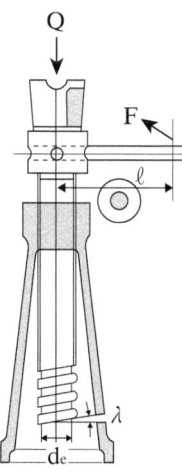

(1) 회전 토크 $[N\cdot m]$
(2) 레버를 돌리는 힘 $[N]$ (단, 레버의 길이는 $250mm$이다.)
(3) 너트의 유효높이 $[mm]$
    (단, 바깥지름은 $22mm$, 골지름은 $14mm$, 허용면압력은 $8MPa$이다.)

(1) $T = Q\left(\dfrac{p + \mu \pi d_e}{\pi d_e - \mu p}\right)\dfrac{d_e}{2} = 9 \times 10^3 \times \left(\dfrac{8 + 0.19 \times \pi \times 18}{\pi \times 18 - 0.19 \times 8}\right) \times \dfrac{0.018}{2} = 27.59 N \cdot m$

(2) $T = F\ell \ \Rightarrow \ \therefore F = \dfrac{T}{\ell} = \dfrac{27.59}{0.25} = 110.36 N$

(3) $H = \dfrac{pQ}{\dfrac{\pi}{4}(d_2{}^2 - d_1{}^2)q_a} = \dfrac{8 \times 9 \times 10^3}{\dfrac{\pi}{4}(22^2 - 14^2) \times 8} = 39.79 mm$

04

폭 $10mm$, 높이가 $8mm$인 묻힘키가 지름 $30mm$인 축에 스프로킷으로 고정되어 분당 회전수 $350rpm$으로 $4.2kW$의 동력을 전달하고자 한다. 묻힘 키의 전단응력이 $45MPa$, 압축응력이 $90MPa$일 때 다음을 구하시오.

(단, 키 홈의 높이는 키 높이의 $\dfrac{1}{2}$이다.)

(1) 축에 작용하는 토크 $[N \cdot m]$
(2) 키의 전단응력과 압축응력을 고려한 키의 길이 $[mm]$

(1) $T = \dfrac{H}{\omega} = \dfrac{H}{\dfrac{2\pi N}{60}} = \dfrac{4.2 \times 10^3}{\dfrac{2\pi \times 350}{60}} = 114.59 N \cdot m$

(2) $\tau_a = \dfrac{2T}{b\ell d} \ \Rightarrow \ \ell = \dfrac{2T}{bd\tau_a} = \dfrac{2 \times 114.59 \times 10^3}{10 \times 30 \times 45} = 16.98 mm$

$\sigma_a = \dfrac{4T}{h\ell d} \ \Rightarrow \ \ell = \dfrac{4T}{hd\sigma_a} = \dfrac{4 \times 114.59 \times 10^3}{8 \times 30 \times 90} = 21.22 mm$

안전을 고려하여 키의 길이는 큰 값을 채택한다.
$\therefore \ell = 21.22 mm$

05

겹판 스프링에서, 스팬의 길이 $2.5m$, 강판의 폭 $0.06m$, 두께 $0.015m$, 판의 장수 6개, 허리조임 폭 $0.12m$, 스프링의 허용굽힘응력 $350MPa$, 세로탄성계수가 $206GPa$일 때 다음을 구하시오.
(단, 스프링의 상당길이 $\ell' = \ell - 0.6e$이고, 여기서 ℓ은 스팬의 길이, e는 허리조임 폭이다.)

(1) 겹판 스프링이 받칠 수 있는 최대하중 $[kN]$
(2) 처짐량 $[mm]$

(1) $\ell' = \ell - 0.6e = 2500 - 0.6 \times 120 = 2428mm$

$\sigma_a = \dfrac{3P\ell'}{2nbh^2} \Rightarrow \therefore P = \dfrac{2nbh^2\sigma_a}{3\ell'} = \dfrac{2 \times 6 \times 60 \times 15^2 \times 350}{3 \times 2428} = 7784.18N = 7.78kN$

(2) $\delta = \dfrac{3P\ell'^3}{8nbh^3E} = \dfrac{3 \times 7.78 \times 10^3 \times 2428^3}{8 \times 6 \times 60 \times 15^3 \times 206 \times 10^3} = 166.85mm$

06

매분 $350rpm$으로 회전하는 직경 $850mm$의 외접 평 마찰차를 $2300N$으로 밀어 붙일 때 다음을 구하시오.
(단, 마찰계수는 0.35이다.)

(1) 전달 토크 $[N \cdot m]$
(2) 전달 동력 $[kW]$

(1) $T = \mu P \dfrac{D}{2} = 0.35 \times 2300 \times \dfrac{0.85}{2} = 342.13 N \cdot m$

(2) $H = T\omega = T \times \dfrac{2\pi N}{60} = 342.13 \times 10^{-3} \times \dfrac{2\pi \times 350}{60} = 12.54 kW$

07

$300rpm$으로 $4kW$의 동력을 전달하는 이직각 모듈 4, 비틀림각 23도, 피니언의 잇수 24개, 기어의 잇수 92개인 한 쌍의 헬리컬 기어가 있을 때 베어링에 작용하는 추력하중 $[N]$을 구하시오.

$D_{As} = \dfrac{m_n Z_A}{\cos\beta} = \dfrac{4 \times 24}{\cos 23°} = 104.29mm$

$v = \dfrac{\pi D_{As} N_A}{60 \times 1000} = \dfrac{\pi \times 104.29 \times 300}{60 \times 1000} = 1.64 m/s$

$H = Fv \Rightarrow F = \dfrac{H}{v} = \dfrac{4 \times 10^3}{1.64} = 2439.02N$

$\therefore F_t = F\tan\beta = 2439.02\tan 23° = 1035.3N$

08

다음 그림과 같은 두께가 $20mm$인 강판을 1줄 겹치기 리벳이음으로 이으려 한다. 리벳의 허용전단응력 $46.11MPa$, 허용 인장응력 $49.05MPa$, 허용 압축응력 $29.42MPa$일 때 다음을 구하시오.
(단, 리벳의 지름과 리벳의 구멍 지름 크기가 동일하다.)

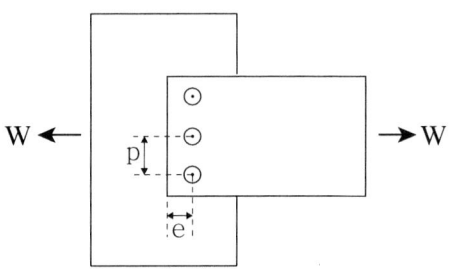

(1) 리벳의 직경 $[mm]$ (단, 리벳의 전단저항과 판재의 압축력이 같다.)
(2) (1)에서 구한 값을 고려한 피치 $[mm]$ (단, 리벳의 전단저항과 판의 인장저항이 같다.)
(3) 판 끝의 갈라짐을 고려한 마진 $e\ [mm]$ (단, 굽힘응력과 인장응력이 같다.)

(1) $\overline{W} = \tau \dfrac{\pi d^2}{4} n = \sigma_c dtn$ 에서,

$\therefore d = \dfrac{4\sigma_c t}{\pi \tau} = \dfrac{4 \times 29.42 \times 20}{\pi \times 46.11} = 16.25mm$

(2) $\overline{W} = \tau \dfrac{\pi d^2}{4} n = \sigma_t (p-d)t$ 에서,

$\therefore p = d + \dfrac{\pi d^2 n}{4\sigma_t t} = 16.25 + \dfrac{46.11 \times \pi \times 16.25^2 \times 1}{4 \times 49.05 \times 20} = 26mm$

(3) $e = \dfrac{d}{2}\left(1 + \sqrt{\dfrac{3\pi d\tau}{4t\sigma_t}}\right) = \dfrac{16.25}{2}\left(1 + \sqrt{\dfrac{3\pi \times 16.25 \times 46.11}{4 \times 20 \times 49.05}}\right) = 19.02mm$

09

전위기어의 사용목적 4가지를 쓰시오.

① 이의 강도를 높이고자 할 때
② 언더컷을 방지하고자 할 때
③ 최소잇수를 적게하고자 할 때
④ 물림율을 높이고자 할 때
⑤ 중심거리를 자유롭게 변형시키고자 할 때

10

$1200rpm$, $10kW$의 모터에서 V벨트에 의하여 $350rpm$이 운전되는 풀리가 있다. C형 V-벨트의 홈 각도는 34도, 단위 길이당 질량 $0.36kg/m$, 원동지름 $200mm$, 축간거리 $790mm$, 마찰계수가 0.3일 때 다음을 구하시오.

(1) 벨트의 길이 $[mm]$
(2) 1가닥 동력 $[kW]$ (단, 허용 장력은 $590N$이다.)
(3) 가닥 수 $[개]$ (단, 접촉각 수정계수 0.95, 부하수정계수 0.9이다.)

(1) $\varepsilon = \dfrac{N_B}{N_A} = \dfrac{D_A}{D_B} \Rightarrow D_B = D_A \times \dfrac{N_A}{N_B} = 200 \times \dfrac{1200}{350} = 685.71mm$

$L = 2C + \dfrac{\pi(D_A + D_B)}{2} + \dfrac{(D_B - D_A)^2}{4C} = 2 \times 790 + \dfrac{\pi(200 + 685.71)}{2} + \dfrac{(685.71 - 200)^2}{4 \times 790}$

$\therefore L = 3045.93mm$

(2) $v = \dfrac{\pi D_A N_A}{60 \times 1000} = \dfrac{\pi \times 200 \times 1200}{60 \times 1000} = 12.57 m/s$ (부가장력을 고려한다.)

$T_e = mv^2 = 0.36 \times 12.57^2 = 56.88N$

$\mu' = \dfrac{\mu}{\sin\dfrac{\alpha}{2} + \mu\cos\dfrac{\alpha}{2}} = \dfrac{0.3}{\sin 17° + 0.3\cos 17°} = 0.52$

$\theta = 180° - 2\sin^{-1}\left(\dfrac{D_B - D_A}{2C}\right) = 180° - 2\sin^{-1}\left(\dfrac{685.71 - 200}{2 \times 790}\right) = 144.19°$

$e^{\mu'\theta} = e^{0.52 \times 144.19 \times \frac{\pi}{180}} = 3.7$

$\therefore H_0 = (T_t - T_e)\left(\dfrac{e^{\mu'\theta} - 1}{e^{\mu'\theta}}\right)v = (590 - 56.88) \times 10^{-3} \times \left(\dfrac{3.7 - 1}{3.7}\right) \times 12.57 = 4.89kW$

(3) $Z = \dfrac{H}{k_1 k_2 H_0} = \dfrac{10}{0.95 \times 0.9 \times 4.89} = 2.39 ≒ 3개$

11

$120 rpm$, $3.68 kW$의 동력을 전달하는 외경 $280mm$, 내경 $250mm$인 다판 클러치가 있다. 마찰계수가 0.2, 허용 접촉 면압력이 $0.2 MPa$일 때 다음을 구하시오.

(1) 전달 토크 $[N \cdot m]$
(2) 판 수 $[$개$]$
(3) 축방향 하중 $[kN]$ (단, (2)에서 구한 판 수로 구하시오.)

(1) $T = \dfrac{H}{\omega} = \dfrac{H}{\dfrac{2\pi N}{60}} = \dfrac{3.68 \times 10^3}{\dfrac{2\pi \times 120}{60}} = 292.85 N \cdot m$

(2) $D_m = \dfrac{D_2 + D_1}{2} = \dfrac{280 + 250}{2} = 265mm$, $b = \dfrac{D_2 - D_1}{2} = \dfrac{280 - 250}{2} = 15mm$

$q_a = \dfrac{2T}{\mu \pi D_m^2 b Z} \Rightarrow \therefore Z = \dfrac{2T}{\mu \pi D_m^2 b q_a} = \dfrac{2 \times 292.85 \times 10^3}{0.2 \times \pi \times 265^2 \times 15 \times 0.2} = 4.42 ≒ 5$개

(3) $q_a = \dfrac{P}{\pi D_m b Z}$에서,

$\therefore P = q_a \pi D_m b Z = 0.2 \times \pi \times 265 \times 15 \times 5 = 12487.83 N = 12.49 kN$

2020 4회차 일반기계기사 필답형 기출문제

01

직경이 $50mm$, **길이가** $900mm$인 축이 양단에 베어링으로 지지되어 있다. 축의 세로탄성계수가 $206GPa$, **밀도가** $0.0078kg/cm^3$, 축의 중앙에 하중이 $600N$인 풀리가 회전하고 있을 때 다음을 구하시오.

(1) 자중에 의한 축의 처짐량 $[\mu m]$, 중앙의 집중하중에 의한 축의 처짐량 $[\mu m]$
(2) 축의 위험속도 $[rpm]$

(1) $w = \gamma A = \rho g A = 0.0078 \times 10^6 \times 9.8 \times \dfrac{\pi \times 0.05^2}{4} = 150.09 N/m$

$\therefore \delta_0 = \dfrac{5w\ell^4}{384EI} = \dfrac{5 \times 150.09 \times 0.9^4}{384 \times 206 \times 10^9 \times \dfrac{\pi \times 0.05^4}{64}} = 20.29 \times 10^{-6} m = 20.29 \mu m$

$\therefore \delta_1 = \dfrac{W\ell^3}{48EI} = \dfrac{600 \times 0.9^3}{48 \times 206 \times 10^9 \times \dfrac{\pi \times 0.05^4}{64}} = 144.19 \times 10^{-6} m = 144.19 \mu m$

(2) $N_0 = \dfrac{30}{\pi}\sqrt{\dfrac{g}{\delta_0}} = \dfrac{30}{\pi}\sqrt{\dfrac{9.8 \times 10^6}{20.29}} = 6636.57 rpm$

$N_1 = \dfrac{30}{\pi}\sqrt{\dfrac{g}{\delta_1}} = \dfrac{30}{\pi}\sqrt{\dfrac{9.8 \times 10^6}{144.19}} = 2489.53 rpm$

$\therefore N_C = \dfrac{1}{\sqrt{\dfrac{1}{N_0^2} + \dfrac{1}{N_1^2}}} = \dfrac{1}{\sqrt{\dfrac{1}{6636.57^2} + \dfrac{1}{2489.53^2}}} = 2330.93 rpm$

02

리벳 지름 $16mm$, **리벳의 허용전단응력** $50MPa$인 강판을 양쪽 덮개판 맞대기 이음을 하고자 한다. $98000N$의 인장력을 가할 때 리벳의 수[개]를 구하시오.
(단, 리벳의 지름과 리벳의 구멍 지름 크기가 동일하다.)

$F = \tau \dfrac{\pi d^2}{4} \times 1.8n \Rightarrow \therefore n = \dfrac{4F}{1.8\pi d^2} = \dfrac{4 \times 98000}{1.8 \times 50 \times \pi \times 16^2} = 5.42 ≒ 6$개

03

유체가 초당 $0.15 m^3$으로 흘러가는 파이프가 있다. 파이프의 내압은 $0.8 MPa$, 효율이 100%, 유속이 $2 m/s$, 허용 인장응력이 $100 MPa$일 때 파이프의 두께$[mm]$를 구하시오.

$$d = \sqrt{\frac{4Q}{\pi V}} = \sqrt{\frac{4 \times 0.15}{\pi \times 2}} = 0.309 m = 309.02 mm$$

$$\therefore t = \frac{pd}{2\sigma_a \eta} = \frac{0.8 \times 309.02}{2 \times 100 \times 1} = 1.24 mm$$

04

사다리꼴 나사잭에서 최대 하중이 $60 kN$, 나사의 마찰계수 0.1, 칼라부 마찰계수 0.01, 칼라부 지름 $60 mm$일 때 다음을 구하시오.

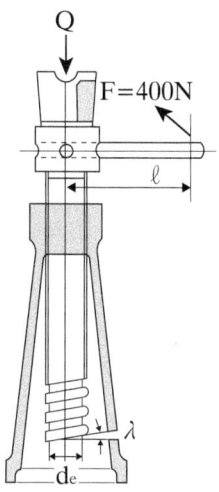

(1) 압축 응력에 의한 수나사의 지름을 계산하여 아래의 표에서 나사의 호칭을 선정하시오. (단, 허용압축응력은 $60 MPa$이다.)

나사 호칭	피치[mm]	바깥지름[mm]	유효지름[mm]	골지름[mm]
TM36	6	36	33	29.5
TM40	6	40	37	33.5
TM45	8	45	41	36.5
TM50	8	50	46	41.5
TM55	8	55	51	46.5

(2) 나사잭 토크 $[N \cdot m]$
(3) 레버의 길이 $[mm]$
(4) 레버의 지름 $[mm]$ (단, 레버의 허용굽힘응력은 $140 MPa$이다.)

(1) $d_1 = \sqrt{\dfrac{4Q}{\pi \sigma_c}} = \sqrt{\dfrac{4 \times 60 \times 10^3}{\pi \times 60}} = 35.68mm \quad \Rightarrow \quad \therefore TM45 선정$

(구한 내경 값보다 크면서 근사한 값을 선정한다.)

(2) $\mu' = \dfrac{\mu}{\cos\dfrac{a}{2}} = \dfrac{0.1}{\cos\dfrac{30°}{2}} = 0.1035$

$\therefore T = T_1 + T_2$

$= \mu_1 Q r_m + Q\left(\dfrac{p + \mu'\pi d_e}{\pi d_e - \mu'p}\right)\dfrac{d_e}{2} = 0.01 \times 60 \times 10^3 \times 30 + 60 \times 10^3 \times \left(\dfrac{8 + 0.1035 \times \pi \times 41}{\pi \times 41 - 0.1035 \times 8}\right) \times \dfrac{41}{2}$

$= 223017.29 N \cdot mm = 223.02 N \cdot m$

(3) $T = F\ell \quad \Rightarrow \quad \therefore \ell = \dfrac{T}{F} = \dfrac{223.02 \times 10^3}{400} = 557.55mm$

(4) $T = M = \sigma_b Z = \sigma_b \times \dfrac{\pi d^3}{32} \quad \Rightarrow \quad \therefore d = \sqrt[3]{\dfrac{32M}{\pi \sigma_b}} = \sqrt[3]{\dfrac{32 \times 223.02 \times 10^3}{\pi \times 140}} = 25.69mm$

05

다음과 같은 코터 이음에서 축에 작용하는 인장하중이 $60kN$이고, 소켓의 바깥지름 $70mm$, 로드 소켓 내의 지름 $35mm$, 코터의 너비 $25mm$, 코터의 두께 $10mm$일 때 다음을 구하시오.

(1) 코터의 전단응력 $[MPa]$
(2) 로드엔드와 코터 접촉부의 압축응력 $[MPa]$
(3) 코터에 걸리는 최대굽힘응력 $[MPa]$

(1) $\tau = \dfrac{P}{2th} = \dfrac{60 \times 10^3}{2 \times 10 \times 25} = 120 MPa$

(2) $\sigma_{c\cdot 1} = \dfrac{P}{td} = \dfrac{60 \times 10^3}{10 \times 70} = 171.43 MPa$

(3) $M = \sigma_b Z$에서 양단고정이므로,

$\dfrac{PD}{8} = \sigma_b \times \dfrac{th^2}{6} \quad \Rightarrow \quad \therefore \sigma_b = \dfrac{3PD}{4th^2} = \dfrac{3 \times 60 \times 10^3 \times 70}{4 \times 10 \times 25^2} = 504 MPa$

06

다음 그림과 같은 드럼 직경이 $450mm$인 블록 브레이크에서 조작력 $F=150N$이다. 힌지에 대한 각 거리가 $a=900mm, b=90mm, c=40mm$이고 $e=80mm$일 때 다음을 구하시오.

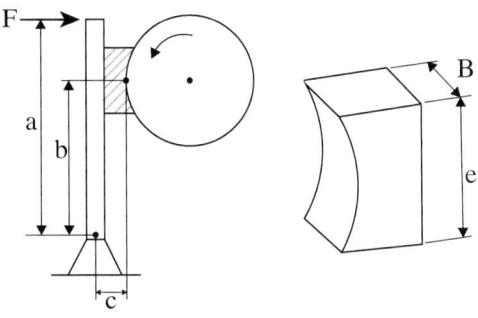

(1) 브레이크 제동 토크 $[N \cdot m]$ (단, 브레이크 블록의 마찰계수는 0.3이다.)
(2) 너비 $B\,[mm]$ (단, 허용 접촉 면압력은 $0.3MPa$이다.)

(1) $Fa - Pb + \mu Pc = 0 \Rightarrow P = \dfrac{Fa}{b-\mu c} = \dfrac{150 \times 900}{90 - 0.3 \times 40} = 1730.77N$

$\therefore T = \mu P \dfrac{D}{2} = 0.3 \times 1730.77 \times \dfrac{0.45}{2} = 116.83 N \cdot m$

(2) $q = \dfrac{P}{A} = \dfrac{P}{Be} \Rightarrow \therefore B = \dfrac{P}{eq} = \dfrac{1730.77}{80 \times 0.3} = 72.12mm$

07

$500rpm$, $1.1kW$의 동력을 전달하는 외접 원통 마찰차가 있다. 감속비 $\dfrac{1}{3}$, 축간거리 $250mm$, 마찰계수 0.3, 허용 접촉 선압력 $9.8N/mm$일 때 다음을 구하시오.

(1) 원동차 지름 $[mm]$
(2) 마찰차가 서로 미는 힘 $[N]$
(3) 마찰차의 폭 $[mm]$

(1) $\varepsilon = \dfrac{N_B}{N_A} = \dfrac{D_A}{D_B}$ $\Rightarrow$ $D_A = \varepsilon D_B = \dfrac{1}{3} D_B$

$C = \dfrac{D_A + D_B}{2}$ $\Rightarrow$ $D_A + D_B = 2C = 2 \times 250 = 500mm$

$\dfrac{1}{3} D_B + D_B = 500$ $\Rightarrow$ $D_B = 375mm$

$\therefore D_A = \dfrac{1}{3} D_B = \dfrac{1}{3} \times 375 = 125mm$

(2) $v = \dfrac{\pi D_A N_A}{60 \times 1000} = \dfrac{\pi \times 125 \times 500}{60 \times 1000} = 3.27 m/s$

$H = \mu P v$ $\Rightarrow$ $\therefore P = \dfrac{H}{\mu v} = \dfrac{1.1 \times 10^3}{0.3 \times 3.27} = 1121.3 N$

(3) $f = \dfrac{P}{b}$ $\Rightarrow$ $\therefore b = \dfrac{P}{f} = \dfrac{1121.3}{9.8} = 114.42 mm$

08

원통형 코일 스프링의 평균지름이 $40mm$이며 초기하중이 $392N$, 스프링에 작용하는 전하중이 $540N$일 때 처짐량은 $13mm$이다. 강선에 작용하고 있는 최대전단응력은 $510MPa$, 스프링 전단탄성계수 $80.44GPa$일 때 다음을 구하시오.
(단, 왈의 응력수정계수는 1.15이다.)

(1) 스프링의 소선의 지름 $[mm]$
(2) 유효 권수 $[권]$
(3) 초기하중에 의한 처짐량 $[mm]$

(1) $\tau_{\max} = \dfrac{8 P_{\max} D K}{\pi d^3}$ $\Rightarrow$ $\therefore d = \sqrt[3]{\dfrac{8 P_{\max} D K}{\pi \tau_{\max}}} = \sqrt[3]{\dfrac{8 \times 540 \times 40 \times 1.15}{\pi \times 510}} = 4.99 mm$

(2) $\delta = \dfrac{8n(P_{\max} - P_{\min})D^3}{Gd^4}$ 에서,

$\therefore n = \dfrac{Gd^4 \delta}{8(P_{\max} - P_{\min})D^3} = \dfrac{80.44 \times 10^3 \times 4.99^4 \times 13}{8 \times (540-392) \times 40^3} = 8.57 \fallingdotseq 9권$

(3) $\delta_{\min} = \dfrac{8n P_{\min} D^3}{Gd^4} = \dfrac{8 \times 9 \times 392 \times 40^3}{80.44 \times 10^3 \times 4.99^4} = 36.22 mm$

09

$No.6312$ 단열 레이디얼 볼 베어링에 35000시간의 수명을 주려 한다. 기본 동정격 하중이 $41kN$, 허용한계 속도지수 240000, 하중계수 1.5일 때 다음을 구하시오.

(1) 베어링의 최대 사용 회전수 $[rpm]$
(2) $2500rpm$일 때의 베어링 이론하중 $[kN]$

(1) $d = 12 \times 5 = 60mm$
$dN = 200000 \Rightarrow \therefore N = \dfrac{240000}{d} = \dfrac{240000}{60} = 4000rpm$

(2) $L_h = 500 \times \dfrac{33.3}{N} \times \left(\dfrac{C}{f_w W}\right)^r \Rightarrow 35000 = 500 \times \dfrac{33.3}{2500} \times \left(\dfrac{41}{1.5 \times W}\right)^3$
$\therefore W = 1.57kN$

10

$1500rpm$, 지름 $150mm$의 평벨트-풀리가 $300rpm$의 축으로 $8kW$의 동력을 전달하려 한다. 단위 길이당 질량 $0.35kg/m$, 마찰계수 0.3, 축간거리가 $1.8m$일 때 다음을 구하시오.
(단, 벨트는 바로걸기 이다.)

(1) 종동풀리의 지름 $[mm]$
(2) 긴장측 장력 $[N]$
(3) 벨트의 길이 $[mm]$

(1) $\varepsilon = \dfrac{N_B}{N_A} = \dfrac{D_A}{D_B} \Rightarrow \therefore D_B = D_A \times \dfrac{N_A}{N_B} = 150 \times \dfrac{1500}{300} = 750mm$

(2) $v = \dfrac{\pi D_A N_A}{60 \times 1000} = \dfrac{\pi \times 150 \times 1500}{60 \times 1000} = 11.78m/s$ (부가장력을 고려한다.)
$T_e = mv^2 = 0.35 \times 11.78^2 = 48.57N$
$\theta = 180 - 2\sin^{-1}\left(\dfrac{D_B - D_A}{2C}\right) = 180 - 2\sin^{-1}\left(\dfrac{750 - 150}{2 \times 1800}\right) = 160.81°$
$e^{\mu\theta} = e^{0.3 \times 160.81 \times \frac{\pi}{180}} = 2.32$
$H = (T_t - T_e)\left(\dfrac{e^{\mu\theta} - 1}{e^{\mu\theta}}\right)v$에서,
$\therefore T_t = \left(\dfrac{e^{\mu\theta}}{e^{\mu\theta} - 1}\right)\dfrac{H}{v} + T_e = \left(\dfrac{2.32}{2.32 - 1}\right) \times \dfrac{8 \times 10^3}{11.78} + 48.57 = 1242.17N$

(3) $L = 2C + \dfrac{\pi(D_A + D_B)}{2} + \dfrac{(D_B - D_A)^2}{4C}$
$= 2 \times 1800 + \dfrac{\pi(150 + 750)}{2} + \dfrac{(750 - 150)^2}{4 \times 1800} = 5063.72mm$

11

헬리컬 기어의 이직각 모듈 3, 잇수가 45개, 압력각 20도, 비틀림각 20도, 이폭 $50mm$, 피니언의 회전속도 $600rpm$, 허용 굽힘응력 $108MPa$, 하중계수 1일 때 다음을 구하시오.

(1) 피치원 지름 $[mm]$, 상당기어 잇수 $[개]$
(2) 굽힘강도에 의한 전달 동력 $[kW]$ (단, 아래 상당평치차 치형계수 (y_e) 표를 참고하시오.)

압력각[°] \ 잇수[개]	40	50	60	70
14.5	0.107	0.110	0.113	0.115
20	0.124	0.130	0.134	0.137
25	0.145	0.152	0.156	0.159

(3) 스러스트 하중 $[N]$

(1) $D_s = \dfrac{D}{\cos\beta} = \dfrac{m_n Z}{\cos\beta} = \dfrac{3 \times 45}{\cos 20°} = 143.66mm$

$Z_e = \dfrac{Z}{\cos^3 20°} = \dfrac{45}{\cos^3 20°} = 54.23 ≒ 55개$

(2) $v = \dfrac{\pi D_s N}{60 \times 1000} = \dfrac{\pi \times 143.66 \times 600}{60 \times 1000} = 4.51m/s$

$f_v = \dfrac{3.05}{3.05+v} = \dfrac{3.05}{3.05+4.51} = 0.4$

$y_e = 0.130 + \dfrac{55-50}{60-50} \times (0.134-0.130) = 0.132$

$F = f_v f_w \sigma_b \pi m_n b y_e = 0.4 \times 1 \times 108 \times \pi \times 3 \times 50 \times 0.132 = 2687.19N$

$\therefore H = Fv = 2687.19 \times 10^{-3} \times 4.51 = 12.12kW$

(3) $F_t = F\tan\beta = 2687.19 \tan 20° = 978.06N$

2021 1회차 일반기계기사 필답형 기출문제

01

600N의 풀리를 길이가 1200mm인 중공축 중앙에 부착하여 회전수 600rpm, 48kW의 동력을 전달하려 한다. 축의 허용 전단응력 40MPa, 허용 굽힘응력 70MPa일 때 다음을 구하시오. (단, 굽힘에 의한 동적하중계수 $k_m = 1.7$, 비틀림에 의한 동적 하중계수 $k_t = 1.3$이며, 축의 자중은 고려하지 않는다.)

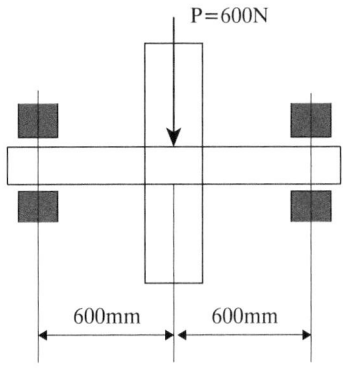

(1) 상당 비틀림 모멘트 $[N \cdot m]$
(2) 상당 굽힘 모멘트 $[N \cdot m]$
(3) 중공축 내경 $[mm]$ (단, 중공축 외경은 80mm이다.)

(1) $T = \dfrac{H}{\omega} = \dfrac{H}{\dfrac{2\pi N}{60}} = \dfrac{48 \times 10^3}{\dfrac{2\pi \times 600}{60}} = 763.94 N \cdot m$

$M = \dfrac{PL}{4} = \dfrac{600 \times 1.2}{4} = 180 N \cdot m$

$\therefore T_e = \sqrt{(k_m M)^2 + (k_t T)^2} = \sqrt{(1.7 \times 180)^2 + (1.3 \times 763.94)^2} = 1039.2 N \cdot m$

(2) $M_e = \dfrac{1}{2}(k_m M + T_e) = \dfrac{1}{2}(1.7 \times 180 + 1039.2) = 672.6 N \cdot m$

(3) $T_e = \tau_a Z_P = \tau_a \times \dfrac{\pi(d_2^4 - d_1^4)}{16d_2}$ 에서,

$d_1 = \sqrt[4]{d_2^4 - \dfrac{16d_2 T_e}{\pi \tau_a}} = \sqrt[4]{80^4 - \dfrac{16 \times 80 \times 1039.2 \times 10^3}{\pi \times 40}} = 74.24mm$

$M_e = \sigma_a Z = \sigma_a \times \dfrac{\pi(d_2^4 - d_1^4)}{32d_2}$ 에서,

$d_1 = \sqrt[4]{d_2^4 - \dfrac{32d_2 M_e}{\pi \sigma_a}} = \sqrt[4]{80^4 - \dfrac{32 \times 80 \times 672.6 \times 10^3}{\pi \times 70}} = 75.87mm$

여기서 내경은 안전을 고려하여 두 값 중 작은 값을 채택하므로 $\therefore d_1 = 74.24mm$

02

엔드 저널 베어링에 작용하는 하중이 $5ton$, 허용 베어링 압력이 $3.95MPa$, 허용 굽힘응력이 $49.05MPa$일 때 다음을 구하시오.

(1) 저널의 직경 $[mm]$
(2) 저널의 길이 $[mm]$

(1) 축의 허용베어링압력과 허용굽힘응력이 주어질 때, 폭경비를 이용하여 구해야 한다.

$\dfrac{\ell}{d} = \sqrt{\dfrac{\pi \sigma_a}{16p}} = \sqrt{\dfrac{\pi \times 49.05}{16 \times 3.95}} = 1.56 \Rightarrow \ell = 1.56d$

$p = \dfrac{W}{d\ell} = \dfrac{w}{d \times 1.56d} \Rightarrow \therefore d = \sqrt{\dfrac{W}{1.56p}} = \sqrt{\dfrac{5000 \times 9.8}{1.56 \times 3.95}} = 89.17mm$

(2) $\ell = 1.56d = 1.56 \times 89.17 = 139.11mm$

03

너클 핀에 $13kN$의 인장 하중이 작용하며, 핀 재료의 허용 전단응력은 $70MPa$, 허용 굽힘응력은 $180MPa$, $a=18mm$, $b=12mm$일 때 다음을 구하시오.

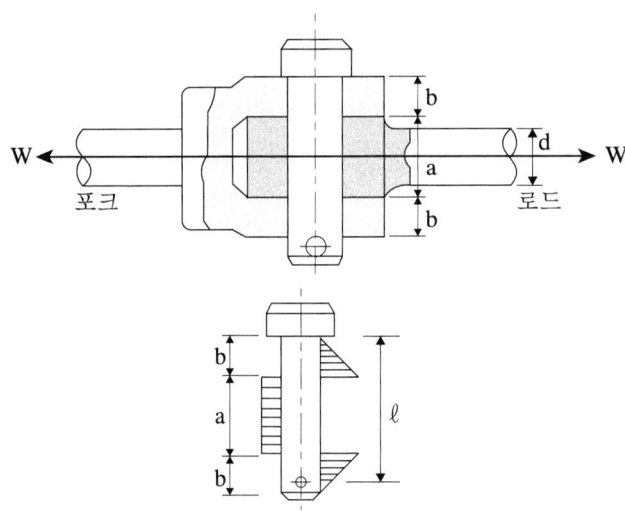

(1) 전단응력만 고려한 핀 지름 $[mm]$
(2) 굽힘응력만 고려한 핀 지름 $[mm]$

(1) $\tau_a = \dfrac{W}{2A} = \dfrac{W}{2 \times \dfrac{\pi}{4}d^2} \;\Rightarrow\; \therefore d = \sqrt{\dfrac{2W}{\pi \tau_a}} = \sqrt{\dfrac{2 \times 13 \times 10^3}{\pi \times 70}} = 10.87mm$

(2) $M = \sigma_a Z$에서 각 지점 거리가 주어지는 경우이니, $\dfrac{W}{24}(3a+4b) = \sigma_a \times \dfrac{\pi d^3}{32}$

$\therefore d = \sqrt[3]{\dfrac{4W(3a+4b)}{3\pi \sigma_a}} = \sqrt[3]{\dfrac{4 \times 13 \times 10^3 \times (3 \times 18 + 4 \times 12)}{3\pi \times 180}} = 14.62mm$

04

$800rpm$, $6.5kW$의 동력을 전달하는 V홈 마찰차(홈 각도 $2\alpha = 36°$)에서 원동차의 지름이 $200mm$, 마찰계수 0.28, 허용접촉압력 $35N/mm$일 때 다음을 구하시오.

(1) 전달 토크 $[N \cdot m]$
(2) 축에 수직하는 힘 $[N]$
(3) 홈의 수 $[개]$ (단, 홈의 깊이는 정수화 하여 푸시오.)

(1) $T = \dfrac{H}{\omega} = \dfrac{6.5 \times 10^3}{\dfrac{2\pi \times 800}{60}} = 77.59 N \cdot m$

(2) $v = \dfrac{\pi D_A N_A}{60 \times 1000} = \dfrac{\pi \times 200 \times 800}{60 \times 1000} = 8.38 m/s$

$\mu' = \dfrac{\mu}{\sin\alpha + \mu\cos\alpha} = \dfrac{0.28}{\sin 18° + 0.28\cos 18°} = 0.487$

$H = \mu' P v \Rightarrow \therefore P = \dfrac{H}{\mu' v} = \dfrac{6.5 \times 10^3}{0.487 \times 8.38} = 1592.72 N$

(3) $h = 0.28\sqrt{\mu' P} = 0.28\sqrt{0.487 \times 1592.72} = 7.8 \fallingdotseq 8mm$

$F = \mu Q = \mu' P \Rightarrow Q = \dfrac{\mu' P}{\mu} = \dfrac{0.487 \times 1592.72}{0.28} = 2770.2 N$

$\therefore Z = \dfrac{Q}{2hf} = \dfrac{2770.2}{2 \times 8 \times 35} = 4.94 \fallingdotseq 5개$

05

$1750rpm$, $5kW$의 동력을 전달하는 각도가 40도인 v-벨트 풀리가 있다. 축간거리가 $1100mm$, 원동 풀리의 지름은 $150mm$, 속비 $\dfrac{1}{4}$, 단위길이당 질량은 $0.12kg/m$, 마찰계수가 0.25 일 때 다음을 구하시오.

(1) v-벨트의 길이 $[mm]$
(2) v-벨트의 원동 접촉 중심각 $[°]$
(3) v-벨트의 최대 장력 $[N]$

(1) $\varepsilon = \dfrac{D_A}{D_B} \Rightarrow D_B = \dfrac{D_A}{\varepsilon} = 150 \times 4 = 600mm$

$\therefore L = 2C + \dfrac{\pi(D_B + D_A)}{2} + \dfrac{(D_B - D_A)^2}{4C} = 2 \times 1100 + \dfrac{\pi(600+150)}{2} + \dfrac{(600-150)^2}{4 \times 1100}$

$= 3424.12mm$

(2) $\theta_A = 180° - 2\sin^{-1}\left(\dfrac{D_B - D_A}{2C}\right) = 180° - 2\sin^{-1}\left(\dfrac{600-150}{2 \times 1100}\right) = 156.39°$

(3) $v = \dfrac{\pi D_A N_A}{60 \times 1000} = \dfrac{\pi \times 150 \times 1750}{60 \times 1000} = 13.74 m/s$ (부가장력을 고려한다.)

$T_e = mv^2 = 0.12 \times 13.74^2 = 22.65 N$

$\mu' = \dfrac{\mu}{\sin\dfrac{\alpha}{2} + \mu\cos\dfrac{\alpha}{2}} = \dfrac{0.25}{\sin 20° + 0.25\cos 20°} = 0.433$

$e^{\mu'\theta} = e^{0.433 \times 156.39 \times \dfrac{\pi}{180}} = 3.26$

$\therefore T_t = \left(\dfrac{e^{\mu'\theta}}{e^{\mu'\theta} - 1}\right)\dfrac{H}{v} + T_e = \left(\dfrac{3.26}{3.26 - 1}\right) \times \dfrac{5 \times 10^3}{13.74} + 22.65 = 547.57 N$

(최대 장력 = 긴장측 장력이다.)

06

축 지름 $90mm$의 클램프 커플링에서 볼트 8개를 사용하여 $120rpm$, $36.8kW$의 동력을 마찰력으로만 전달하려 한다. 허용인장응력 $58.86MPa$, 마찰계수 0.25일 때 다음을 구하시오.

(1) 축을 졸라 매는 힘 $[kN]$
(2) 볼트의 골지름 $[mm]$

(1) $T = \dfrac{H}{\omega} = \dfrac{H}{\dfrac{2\pi N}{60}} = \dfrac{36.8 \times 10^3}{\dfrac{2\pi \times 120}{60}} = 2928.45 N \cdot m$

$\therefore P = \dfrac{2T}{\mu \pi d} = \dfrac{2 \times 2928.45 \times 10^3}{0.25 \times \pi \times 90} = 82858.19 N = 82.86 kN$

(2) $\sigma_t = \dfrac{8P}{\pi \delta_B^2 Z} \Rightarrow \therefore \delta_B = \sqrt{\dfrac{8P}{\pi Z \sigma_t}} = \sqrt{\dfrac{8 \times 82.86 \times 10^3}{\pi \times 8 \times 58.86}} = 21.17 mm$

07

웜의 분당 회전수 $1500rpm$으로 동력이 전달되는 금속재료를 사용하는 웜과 웜휠 장치에서 감속비가 $\dfrac{1}{15}$, 웜의 줄수 4, 축 중심거리 $120mm$, 웜휠의 축직각 모듈 3, 웜휠의 이폭 $40mm$, 유효 이폭 $36mm$, 하중 계수 0.8일 때 다음을 구하시오.

(1) 리드각 $[°]$
(2) 웜휠의 굽힘강도 $[N]$ (단, 웜휠의 굽힘응력 $108MPa$, 치형계수 $y = 0.125$이다.)
(3) 웜휠의 면압강도 $[N]$ (단, 웜의 리드각에 의한 계수 1.25, 내마멸 계수는 $0.864 MPa$이다.)
(4) 안전을 고려한 전달동력 $[kW]$ (단, 효율은 고려하지 않는다.)

(1) $\varepsilon = \dfrac{Z_w}{Z_g} \Rightarrow Z_g = \dfrac{Z_w}{\varepsilon} = 4 \times 15 = 60$개

$C = \dfrac{D_w + D_g}{2} \Rightarrow D_w = 2C - D_g = 2C - m_s Z_g = 2 \times 120 - 3 \times 60 = 60 mm$

$\tan\lambda = \dfrac{\ell}{\pi D_w} = \dfrac{Z_w p_s}{\pi D_w} = \dfrac{Z_w \pi m_s}{\pi D_w} = \dfrac{Z_w m_s}{D_w}$ 에서,

$\therefore \lambda = \tan^{-1}\left(\dfrac{Z_w m_s}{D_w}\right) = \tan^{-1}\left(\dfrac{4 \times 3}{60}\right) = 11.31°$

(2) $\varepsilon = \dfrac{N_g}{N_w} \Rightarrow N_g = \varepsilon N_w = \dfrac{1}{15} \times 1500 = 100 rpm$

$D_g = m_s Z_g = 3 \times 60 = 180mm$

$v_g = \dfrac{\pi D_g N_g}{60 \times 1000} = \dfrac{\pi \times 180 \times 100}{60 \times 1000} = 0.94 m/s$

$f_v = \dfrac{6}{6+v_g} = \dfrac{6}{6+0.94} = 0.865$ (금속재료이다.)

$p_n = p_s \cos\lambda = \pi m_s \cos\lambda = \pi \times 3 \times \cos 11.31° = 9.24mm$

$\therefore F_A = f_v f_w \sigma_b p_n by = 0.865 \times 0.8 \times 108 \times 9.24 \times 40 \times 0.125 = 3452.8N$

(3) $F_B = f_v \phi D_g b_e K = 0.865 \times 1.25 \times 180 \times 36 \times 0.864 = 6053.62N$

(4) 안전을 고려하여 작은 값을 선정하면 $F_A = 3452.8N$

$\therefore H = F_A v_g = 3452.8 \times 10^{-3} \times 0.94 = 3.25kW$

08

1줄에 리벳이 2개인 겹치기 리벳이음에서 리벳구멍 지름 $18mm$, 강판의 두께 $10mm$일 때 다음을 구하시오.
(단, 리벳의 지름과 리벳의 구멍 지름 크기가 동일하다.)

(1) 전단 하중 $[kN]$ (단, 리벳의 허용전단응력 $70MPa$)
(2) 강판의 폭 $[mm]$ (단, 강판의 허용인장응력 $80MPa$이며, (1)에서 구한 하중을 고려하라.)

(1) $W = \tau_a \dfrac{\pi d^2}{4} n = 70 \times \dfrac{\pi \times 18^2}{4} \times 2 = 35625.66N = 35.63kN$

(2) $W = \sigma_a (b-2d)t \Rightarrow \therefore b = \dfrac{W}{\sigma_a t} + 2d = \dfrac{35.63 \times 10^3}{80 \times 10} + 2 \times 18 = 80.54mm$

09

안지름이 $500mm$인 얇은 원통을 $1.2MPa$의 내압에 견딜 수 있는 두께는 몇 mm인가?
(단, 얇은 원통의 재료는 주철이고, 주철제의 인장응력은 $350MPa$, 안전율 4.75, 이음효율 58%, 부식여유 $1mm$이다.)

$\sigma_a = \dfrac{\sigma}{S} = \dfrac{350}{4.75} = 73.68MPa$

$\therefore t = \dfrac{pd}{2\sigma_a \eta} + C = \dfrac{1.2 \times 500}{2 \times 73.68 \times 0.58} + 1 = 8.02mm$

10

코일의 평균지름 $100mm$, 소선의 지름 $10mm$, 유효 감김수가 8회인 원통형 코일 스프링이 있다. 전단 탄성계수 $76.84GPa$, 최대전단응력 $300MPa$일 때 다음을 구하시오.

(1) 최대전단응력을 고려한 최대 인장하중 $[N]$
(2) 최대 처짐량 $[mm]$

(1) $C = \dfrac{D}{d} = \dfrac{100}{10} = 10$, $K = \dfrac{4C-1}{4C-4} + \dfrac{0.615}{C} = \dfrac{4\times10-1}{4\times10-4} + \dfrac{0.615}{10} = 1.14$

$\tau_{max} = \dfrac{8P_{max}DK}{\pi d^3}$ $\Rightarrow$ $\therefore P_{max} = \dfrac{\tau_{max}\pi d^3}{8DK} = \dfrac{300\times\pi\times10^3}{8\times100\times1.14} = 1033.42N$

(2) $\delta_{max} = \dfrac{8nP_{max}D^3}{Gd^4} = \dfrac{8\times8\times1033.42\times100^3}{76.84\times10^3\times10^4} = 86.07mm$

11

유효지름 $14.7mm$, 피치 $2mm$인 사각나사를 사용하여 길이가 $35cm$인 스패너를 이용하여 $200N$의 힘으로 나사를 졸라맬 때 축방향 하중$[kN]$을 구하시오.
(단, 나사의 마찰계수는 0.1이다.)

$T = FL = Q\left(\dfrac{p+\mu\pi d_e}{\pi d_e - \mu p}\right)\dfrac{d_e}{2}$ 에서,

$\therefore Q = \dfrac{FL}{\left(\dfrac{p+\mu\pi d_e}{\pi d_e - \mu p}\right)\dfrac{d_e}{2}} = \dfrac{200\times350}{\left(\dfrac{2+0.1\times\pi\times14.7}{\pi\times14.7-0.1\times2}\right)\times\dfrac{14.7}{2}} = 66169.37N = 66.17kN$

Memo

2021 2회차 일반기계기사 필답형 기출문제

01

지름이 $60mm$인 축에 장착되어 있는 묻힘 키의 너비가 $15mm$ 높이는 $10mm$, 길이는 $50mm$이다. 묻힘 키의 전단응력 $70MPa$, 압축응력 $60MPa$, 인장응력 $60MPa$일 때 다음을 구하시오.

(1) 전단하중일 때의 전달 토크 $[N \cdot m]$
(2) 압축하중일 때의 전달 토크 $[N \cdot m]$
(3) 레버를 누르는 힘 $[N]$ (단, (2)의 토크를 사용하여 구하고, 레버의 길이는 $840mm$이다.)

(1) $\tau_k = \dfrac{2T}{b\ell d}$ $\Rightarrow$ $\therefore T = \dfrac{\tau_k b \ell d}{2} = \dfrac{70 \times 15 \times 50 \times 60}{2} = 1575000 N \cdot mm = 1575 N \cdot m$

(2) $\sigma_c = \dfrac{4T}{h\ell d}$ $\Rightarrow$ $\therefore T = \dfrac{\sigma_c h \ell d}{4} = \dfrac{60 \times 10 \times 50 \times 60}{4} = 450000 N \cdot mm = 450 N \cdot m$

(3) $T = FL$ $\Rightarrow$ $\therefore F = \dfrac{T}{L} = \dfrac{450}{0.84} = 535.71 N$

02

$1500 rpm$, $8.5 kW$의 동력을 전달하는 바로걸기 평벨트 전동장치에서 원동의 지름 $250mm$, 종동의 지름 $700mm$, 중심거리 $1200mm$, 마찰계수 0.28, 단위 길이당 질량이 $0.15 kg/m$일 때 다음을 구하시오.

(1) 벨트의 길이 $[mm]$
(2) 유효 장력 $[N]$
(3) 긴장측 장력 $[N]$

(1) $L = 2C + \dfrac{\pi(D_A + D_B)}{2} + \dfrac{(D_B - D_A)^2}{4C}$

$= 2 \times 1200 + \dfrac{\pi(250 + 700)}{2} + \dfrac{(700 - 250)^2}{4 \times 1200} = 3934.44mm$

(2) $v = \dfrac{\pi D_A N_A}{60 \times 1000} = \dfrac{\pi \times 250 \times 1500}{60 \times 1000} = 19.63 m/s$

$H = P_e v \Rightarrow \therefore P_e = \dfrac{H}{v} = \dfrac{8.5 \times 10^3}{19.63} = 433.01 N$

(3) $T_e = mv^2 = 0.15 \times 19.63^2 = 57.8 N$

$\theta = 180° - 2\sin^{-1}\left(\dfrac{D_B - D_A}{2C}\right) = 180° - 2\sin^{-1}\left(\dfrac{700 - 250}{2 \times 1200}\right) = 158.39°$

$e^{\mu\theta} = e^{0.28 \times 158.39 \times \frac{\pi}{180}} = 2.17$

$T_t = \dfrac{P_e e^{\mu\theta}}{e^{\mu\theta} - 1} + T_e = \dfrac{433.01 \times 2.17}{2.17 - 1} + 57.8 = 860.9 N$

03

$200 rpm$, $3.68 kW$의 동력을 길이 $1m$의 비틀림 중실축에 전달할 때 $1m$당 $\dfrac{1}{4}°$의 비틀림을 허용한다. 전단탄성계수가 $81.65 GPa$일 때 비틀림 중실축의 직경$[mm]$을 구하시오.

$T = \dfrac{H}{\omega} = \dfrac{3.68 \times 10^3}{\dfrac{2\pi \times 200}{60}} = 175.71 N \cdot m$

$\theta = \dfrac{180}{\pi} \times \dfrac{TL}{GI_P} = \dfrac{180}{\pi} \times \dfrac{TL}{G \times \dfrac{\pi d^4}{32}}$ 에서,

$\therefore d = \sqrt[4]{\dfrac{180 \times 32 \times TL}{\pi^2 G\theta}} = \sqrt[4]{\dfrac{180 \times 32 \times 175.71 \times 10^3 \times 3000}{\pi^2 \times 81.65 \times 10^3 \times \dfrac{3}{4}}} = 47.34 mm$

04

$400 rpm$으로 베어링 하중 $400N$을 받는 엔드 저널 베어링이 있다. 저널의 길이는 $25mm$, 저널의 지름은 $25mm$일 때 다음을 구하시오.

(1) 베어링 압력 $[MPa]$
(2) 발열계수를 구하여 허용 발열계수와 비교하여 허용 여부를 쓰시오.
    (단, 허용 발열계수는 $2MPa \cdot m/s$이다.)

(1) $p = \dfrac{W}{d\ell} = \dfrac{400}{25 \times 25} = 0.64 MPa$

(2) $v = \dfrac{\pi d N}{60 \times 1000} = \dfrac{\pi \times 25 \times 400}{60 \times 1000} = 0.52 m/s$
$pv = 0.64 \times 0.52 = 0.33 MPa \cdot m/s$
$pv(0.33 MPa \cdot m/s) < p_a v(2 MPa \cdot m/s)$이므로,
∴ 허용된다.

05

스팬의 길이 $1300mm$, 스프링의 너비 $75mm$, 밴드의 너비 $120mm$, 판 두께 $14mm$, 세로 탄성계수 $201GPa$의 양단 지지보 형태의 겹판 스프링에 하중 $12kN$이 작용하여 $400MPa$의 굽힘응력이 발생할 때 다음을 구하시오.

(1) 판의 장수 [장]
(2) 처짐량 [mm]
(3) 고유 진동수 [Hz]

(1) $\ell_e = \ell - 0.6e = 1300 - 0.6 \times 120 = 1228mm$
$\sigma_b = \dfrac{3P\ell_e}{2nbh^2} \Rightarrow n = \dfrac{3P\ell_e}{2bh^2 \sigma_b} = \dfrac{3 \times 12 \times 10^3 \times 1228}{2 \times 75 \times 14^2 \times 400} = 3.76 ≒ 4장$

(2) $\delta = \dfrac{3P\ell_e^3}{8nbh^3 E} = \dfrac{3 \times 12 \times 10^3 \times 1228^3}{8 \times 4 \times 75 \times 14^3 \times 201 \times 10^3} = 50.36mm$

(3) $f_n = \dfrac{1}{2\pi}\sqrt{\dfrac{g}{\delta}} = \dfrac{1}{2\pi}\sqrt{\dfrac{9800}{50.36}} = 2.22 Hz$

06

$3ton$의 하중을 지탱할 수 있는 유효지름 $41mm$, 피치 $8mm$인 미터계 사다리꼴 나사잭이 있다. 나사의 유효마찰계수 0.12, 칼라부 마찰계수 0.01, 칼라부 반경 $35mm$일 때 다음을 구하시오.

(1) 나사에 작용하는 회전토크 [N·m]
(2) 나사잭의 효율 [%]
(3) 너트부의 유효높이 [mm] (단, 나사면 허용압력은 $9.8MPa$, 나사산 높이는 $3.5mm$이다.)
(4) 나사의 소요동력 [kW] (단, 물체의 운동속도는 $3m/min$이다.)

(1) $T = T_1 + T_2 = \mu_1 Q r_m + Q\left(\dfrac{p + \mu' \pi d_e}{\pi d_e - \mu' p}\right)\dfrac{d_e}{2}$

$= 0.01 \times 3000 \times 9.8 \times 35 + 3000 \times 9.8 \times \left(\dfrac{8 + 0.12 \times \pi \times 41}{\pi \times 41 - 0.12 \times 8}\right)\dfrac{41}{2}$

$= 120871.42 N \cdot mm = 120.87 N \cdot m$

(2) $\eta = \dfrac{pQ}{2\pi T} = \dfrac{8 \times 3000 \times 9.8}{2 \times \pi \times 120.87 \times 10^3} = 0.3097 = 30.97\%$

(3) $H = \dfrac{pQ}{\pi d_e h q_a} = \dfrac{8 \times 3000 \times 9.8}{\pi \times 41 \times 3.5 \times 9.8} = 53.24 mm$

(4) $H' = \dfrac{Qv}{\eta} = \dfrac{3000 \times 9.8 \times 10^{-3} \times \dfrac{3}{60}}{0.3097} = 4.75 kW$

07

1줄 겹치기 리벳이음에서 강판의 두께 $4mm$, 리벳의 전단응력 $70MPa$, 강판의 인장응력 $100MPa$, 리벳 구멍의 압축응력 $100MPa$일 때 다음을 구하시오.
(단, 리벳의 지름과 리벳의 구멍 지름 크기가 동일하다.)

(1) 리벳의 지름 $[mm]$ (단, 리벳의 전단력과 강판의 압축력은 동일하다.)
(2) 피치 $[mm]$ (단, 리벳의 전단력과 강판의 인장력이 동일하다.)
(3) 강판의 효율 $[\%]$ (단, 수학적인 계산과정이 있어야한다.)
(4) 리벳의 효율 $[\%]$ (단, 수학적인 계산과정이 있어야한다.)

(1) $d = \dfrac{4\sigma_c t}{\pi \tau} = \dfrac{4 \times 100 \times 4}{\pi \times 70} = 7.28 mm$

(2) $p = d + \dfrac{\pi d^2 n}{4\sigma_t t} = 7.28 + \dfrac{70 \times \pi \times 7.28^2 \times 1}{4 \times 100 \times 4} = 14.56 mm$

(3) $\eta_t = 1 - \dfrac{d}{p} = 1 - \dfrac{7.28}{14.56} = 0.5 = 50\%$

(4) $\eta_s = \dfrac{\pi d^2 n}{4\sigma_t p t} = \dfrac{70 \times \pi \times 7.28^2 \times 1}{4 \times 100 \times 14.56 \times 4} = 0.5003 = 50.03\%$

08

중실축과 중공축이 동일한 회전토크가 작용할 경우, 지름 $80mm$의 중실축과 내외경비가 0.8인 중공축의 길이가 같을 때 다음을 구하시오.
(단, 두 축의 재질은 동일하다.)

(1) 중공축의 내경 $[mm]$, 외경 $[mm]$을 구하시오.
(2) 중량비 $\left(\dfrac{중공축의\ 중량}{중실축의\ 중량}\right)[\%]$를 구하시오.

(1) $T = \tau Z_p$에서 $T_1 = T_2$, $\tau_1 = \tau_2$이므로, $Z_{P_1} = Z_{P_2} \Rightarrow \dfrac{\pi d^3}{16} = \dfrac{\pi d_2^3}{16}(1-x^4)$

$\therefore d_2 = \dfrac{d}{\sqrt[3]{1-x^4}} = \dfrac{80}{\sqrt[3]{1-0.8^4}} = 95.36mm$

$\dfrac{d_1}{d_2} = 0.8 \Rightarrow \therefore d_1 = 0.8 d_2 = 0.8 \times 95.36 = 76.29mm$

(2) $\varepsilon = \dfrac{d_2^2 - d_1^2}{d^2} = \dfrac{95.36^2 - 76.29^2}{80^2} = 0.5115 = 51.15\%$

09

다음 그림과 같은 토크 $250N \cdot m$ 외접 래칫 휠 브레이크의 외경은 $120mm$, 잇수는 9개일 때 다음을 구하시오.
(단, 브레이크의 굽힘응력은 $40MPa$이며 안전율은 2이다.)

(1) 래칫 휠의 피치 $[mm]$
(2) 래칫 휠의 너비 $[mm]$
 (단, 랫치 이뿌리 두께 : $e = 0.5 \times p(피치)$, 이 높이 : $h = 2 \times p(피치)$로 구한다.)

(1) $\pi D = pZ \Rightarrow \therefore p = \dfrac{\pi D}{Z} = \dfrac{\pi \times 120}{9} = 41.89 mm$

(2) $T = F \times \dfrac{D}{2} \Rightarrow F = \dfrac{2T}{D} = \dfrac{2 \times 250}{0.12} = 4166.67 N$

$h = 2 \times 41.89 = 83.78 mm, \quad e = 0.5 \times 41.89 = 20.95 mm$

$\sigma_a = \dfrac{\sigma_b}{S} = \dfrac{40}{2} = 20 MPa$

$\sigma_a = \dfrac{M}{Z} = \dfrac{Fh}{\dfrac{be^2}{6}} = \dfrac{6Fh}{be^2} \Rightarrow \therefore b = \dfrac{6Fh}{e^2 \sigma_a} = \dfrac{6 \times 4166.67 \times 83.78}{20.95^2 \times 20} = 238.61 mm$

10

4줄 나사인 웜의 회전수 $900 rpm$, $22.05 kW$의 동력을 전달받는 웜과 웜기어에서 웜의 피치원 지름 $64mm$, 웜의 축직각 피치 $31.4mm$, 압력각 $14.5°$, 마찰계수 0.1일 때 다음을 구하시오.

(1) 웜의 리드각 [°]
(2) 웜의 회전력 [N]
(3) 잇면에 수직으로 작용하는 전체하중 [N]

(1) $\tan\beta = \dfrac{\ell}{\pi D_w} = \dfrac{Z_w p_s}{\pi D_w} \Rightarrow \therefore \beta = \tan^{-1}\left(\dfrac{Z_w p_s}{\pi D_w}\right) = \tan^{-1}\left(\dfrac{4 \times 31.4}{\pi \times 64}\right) = 31.99°$

(2) $v = \dfrac{\pi D_w N_w}{60 \times 1000} = \dfrac{\pi \times 64 \times 900}{60 \times 1000} = 3.02 m/s$

$H = P_w v_w \Rightarrow \therefore P_w = \dfrac{H}{v_w} = \dfrac{22.05 \times 10^3}{3.02} = 7301.32 N$

(3) $\tan\rho' = \dfrac{\mu}{\cos\alpha_n} \Rightarrow \rho' = \tan^{-1}\left(\dfrac{\mu}{\cos\alpha_n}\right) = \tan^{-1}\left(\dfrac{0.1}{\cos 14.5°}\right) = 5.9°$

$P_g = \dfrac{P_w}{\tan(\beta + \rho')} = \dfrac{7301.32}{\tan(31.99° + 5.9°)} = 9382.34 N$

$\therefore P = \sqrt{P_w^2 + P_g^2} = \sqrt{7301.32^2 + 9382.34^2} = 11888.55 N$

11

$800 rpm$, $20 kW$의 동력을 전달하는 외접 원통 마찰차가 있다. 원동차 지름 $300mm$, 마찰계수 0.2, 허용 접촉 선압력이 $60N/mm$일 때 다음을 구하시오.

(1) 마찰차를 미는 힘 $[N]$
(2) 마찰차의 너비 $[mm]$

(1) $v = \dfrac{\pi D_A N_A}{60 \times 1000} = \dfrac{\pi \times 300 \times 800}{60 \times 1000} = 12.57 m/s$

$H = \mu P v \ \Rightarrow \ \therefore P = \dfrac{H}{\mu v} = \dfrac{20 \times 10^3}{0.2 \times 12.57} = 7955.45 N$

(2) $f = \dfrac{P}{b} \ \Rightarrow \ \therefore b = \dfrac{P}{f} = \dfrac{7955.45}{60} = 132.59 mm$

01

그림과 같이 $7kN$의 하중을 받는 리벳 이음의 구조물을 제작하고자 할 때 다음을 구하시오.

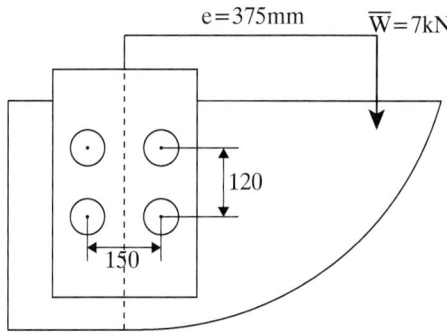

(1) 최대 전단하중 $[N]$
(2) 리벳의 최대지름 $[mm]$ (단, 리벳의 전단응력 $80MPa$이고, 안전계수 1.5이다.)

(1) $Q = \dfrac{\overline{W}}{n} = \dfrac{7 \times 10^3}{4} = 1750N$

$r = \sqrt{60^2 + 75^2} = 96.05mm$

$K = \dfrac{\overline{W}e}{Nr^2} = \dfrac{7 \times 10^3 \times 375}{4 \times 96.05^2} = 71.13 N/mm$

$F = Kr = 71.13 \times 96.05 = 6832.04N$

$\cos\theta = \dfrac{75}{r} = \dfrac{75}{96.05} = 0.781$

$\therefore R_{\max} = \sqrt{Q^2 + F^2 + 2QF\cos\theta}$
$= \sqrt{1750^2 + 6832.04^2 + 2 \times 1750 \times 6832.04 \times 0.781} = 8271.32N$

(2) $\tau_a = \dfrac{\tau}{S} = \dfrac{80}{1.5} = 53.33MPa$

$\therefore d = \sqrt{\dfrac{4R_{\max}}{\pi \tau_a}} = \sqrt{\dfrac{4 \times 8271.32}{\pi \times 53.33}} = 14.05mm$

02

$250rpm$, $2.2kW$의 동력을 전달하는 외접 원통 마찰차가 있다. 원동차의 지름 $0.15m$, 종동차의 지름 $0.45m$, 접촉 허용 선압력 $45kN/m$, 마찰계수 0.35일 때 다음을 구하시오.

(1) 마찰차의 회전속도 $[m/s]$
(2) 마찰차의 너비 $[mm]$

(1) $v = \dfrac{\pi D_A N_A}{60 \times 1000} = \dfrac{\pi \times 150 \times 250}{60 \times 1000} = 1.96 m/s$

(2) $H = \mu P v \Rightarrow P = \dfrac{H}{\mu v} = \dfrac{2.2 \times 10^3}{0.35 \times 1.96} = 3207 N$

$f = 45 kN/m = 45 N/mm$

$f = \dfrac{P}{b} \Rightarrow \therefore b = \dfrac{P}{f} = \dfrac{3207}{45} = 71.27 mm$

03

$1500 rpm$, $5.5 kW$의 동력을 전달하는 원동기어 잇수가 20개, 종동기어 잇수가 45개인 헬리컬 기어가 양 끝단에 단열 깊은 홈 볼 베어링이 내륜회전하는 종동축 중앙에서 동력을 전달하고 있다. 이직각모듈 2, 나선각 $25°$, 압력각 $20°$일 때 다음을 구하시오.

(1) 회전력 $[N]$
(2) 축방향하중 $[N]$, 전하중 $[N]$
(3) 아래 표를 참고하여 종동축에 끼워진 베어링 번호를 선정하시오.
　　(단, 레이디얼 계수 0.56, 스러스트 계수 1.55, 수명시간 $90000hr$이다.)

베어링번호	6303	6304	6305	6307	6308
동정격하중	$13kN$	$15kN$	$17kN$	$27kN$	$32kN$

(1) $v = \dfrac{\pi D_{As} N_A}{60 \times 1000} = \dfrac{\pi \times \dfrac{D_A}{\cos\beta} \times N_A}{60 \times 1000} = \dfrac{\pi m_n Z_A N_A}{60000 \cos\beta} = \dfrac{\pi \times 2 \times 20 \times 1500}{60000 \cos 25°} = 3.47 m/s$

$H = Fv \Rightarrow \therefore F = \dfrac{H}{v} = \dfrac{5.5 \times 10^3}{3.47} = 1585.01 N$

(2) $F_t = F \tan\beta = 1585.01 \tan 25° = 739.1 N$

$F_r = F\sqrt{1 + \left(\dfrac{\tan\alpha}{\cos\beta}\right)^2} = 1585.01 \sqrt{1 + \left(\dfrac{\tan 20°}{\cos 25°}\right)^2} = 1708.05 N$

(3) $W = XVW_r + YW_t = 0.56 \times 1 \times 1708.05 + 1.55 \times 739.1 = 2102.11N$

베어링 하중 $= W' = \dfrac{W}{2} = \dfrac{2102.11}{2} = 1051.06N$

$\varepsilon = \dfrac{N_B}{N_A} = \dfrac{Z_A}{Z_B} \Rightarrow N_B = N_A \times \dfrac{Z_A}{Z_B} = 1500 \times \dfrac{20}{45} = 666.67 rpm$

$L_h = 500 \times \dfrac{33.3}{N_B} \times \left(\dfrac{C}{W}\right)^r \Rightarrow 90000 = 500 \times \dfrac{33.3}{666.67} \times \left(\dfrac{C}{1051.06}\right)^3$

$C = 16114.14N = 16.11kN$이므로, 크면서 근사한 값을 표에서 찾는다.

$\therefore No.\ 6305$

04

유효지름 $27mm$, 피치 $6mm$인 사각나사잭에 $500kg_f$의 하중이 걸릴 때 다음을 구하시오.
(단, 나사의 마찰계수 0.08, 칼라부 마찰계수 0.05, 칼라부 평균지름 $40mm$, 레버의 길이 $280mm$ 이다.)

(1) 나사잭을 이용하여 물체를 들어올리는 힘 $[N]$
(2) 나사잭을 이용하여 물체를 내려놓을 때 필요한 힘 $[N]$

(1) $T = \mu_1 Q r_m + Q\left(\dfrac{p + \mu\pi d_e}{\pi d_e - \mu p}\right)\dfrac{d_e}{2}$

$= 0.05 \times 500 \times 9.8 \times 20 + 500 \times 9.8 \times \left(\dfrac{6 + 0.08 \times \pi \times 27}{\pi \times 27 - 0.08 \times 6}\right) \times \dfrac{27}{2} = 14927.9 N \cdot mm$

$T = FL \Rightarrow \therefore F = \dfrac{T}{L} = \dfrac{14927.9}{280} = 53.31N$

(2) $T = \mu_1 Q r_m + Q\left(\dfrac{-p + \mu\pi d_e}{\pi d_e + \mu p}\right)\dfrac{d_e}{2}$

$= 0.05 \times 500 \times 9.8 \times 20 + 500 \times 9.8 \times \left(\dfrac{-6 + 0.08 \times \pi \times 27}{\pi \times 27 + 0.08 \times 6}\right) \times \dfrac{27}{2} = 5509.4 N \cdot mm$

$T = FL \Rightarrow \therefore F = \dfrac{T}{L} = \dfrac{5509.4}{280} = 19.68N$

05

하중 $20kN$을 지지하는 엔드 저널 베어링이 있다. 허용 베어링 압력이 $6MPa$일 때 다음을 구하시오.

(1) 저널의 길이 $[mm]$ (단, 저널의 지름이 $40mm$이다.)
(2) (1)의 조건을 참고하여 허용 굽힘응력 $48MPa$일 굽힘응력을 만족하는지 불만족하는지 찾아내고 불만족 한다면, 만족하는 최소 저널의 지름 $[mm]$를 구하시오.

(1) $p = \dfrac{W}{d\ell} \Rightarrow \therefore \ell = \dfrac{W}{dp} = \dfrac{20 \times 10^3}{40 \times 6} = 83.33mm$

(2) $\sigma = \dfrac{M}{Z} = \dfrac{W \times \dfrac{\ell}{2}}{\dfrac{\pi d^3}{32}} = \dfrac{16W\ell}{\pi d^3} = \dfrac{16 \times 20 \times 10^3 \times 83.33}{\pi \times 40^3} = 132.62 MPa$

$\sigma_a(48MPa) < \sigma(132.62MPa)$ 이므로, ∴불만족

$M_{\max} = W \times \dfrac{\ell}{2} = \sigma_a \times \dfrac{\pi d^3}{32}$에서,

$\therefore d = \sqrt[3]{\dfrac{16W\ell}{\pi \sigma_a}} = \sqrt[3]{\dfrac{16 \times 20 \times 10^3 \times 83.33}{\pi \times 48}} = 56.13mm$

06

$1500rpm$, $15kW$의 동력을 전달하는 바로걸기 평벨트가 있다. 원동풀리의 지름 $160mm$, 종동풀리의 지름 $420mm$, 마찰계수 0.28, 축간거리 $600mm$, 단위 길이당 질량 $0.14kg/m$일 때 다음을 구하시오.

(1) 원동풀리의 접촉중심각 $[°]$
(2) 긴장측 장력 $[N]$
(3) 벨트의 너비 $[mm]$ (단, 벨트 두께 $9.8mm$, 벨트 허용응력 $2MPa$, 이음효율 88%이다.)

(1) $\theta = 180° - 2\sin^{-1}\left(\dfrac{D_B - D_A}{2C}\right) = 180° - 2\sin^{-1}\left(\dfrac{420 - 160}{2 \times 600}\right) = 154.97°$

(2) $v = \dfrac{\pi D_A N_A}{60 \times 1000} = \dfrac{\pi \times 160 \times 1500}{60 \times 1000} = 12.57 m/s$

$T_e = mv^2 = 0.14 \times 12.57^2 = 22.12 N$

$e^{\mu\theta} = e^{0.28 \times 154.97 \times \frac{\pi}{180}} = 2.13$

$\therefore T_t = \left(\dfrac{e^{\mu\theta}}{e^{\mu\theta} - 1}\right)\dfrac{H}{v} + T_e = \left(\dfrac{2.13}{2.13 - 1}\right) \times \dfrac{15 \times 10^3}{12.57} + 22.12 = 2271.47 N$

(3) $\sigma_a = \dfrac{T_t}{bt\eta}$ $\Rightarrow$ $\therefore b = \dfrac{T_t}{t\eta\sigma_a} = \dfrac{2271.47}{9.8 \times 0.88 \times 2} = 131.69mm$

07

$900rpm$의 구동축을 롤러 체인(파단하중 $21.67kN$, 피치 $15.875mm$)을 사용하여 $300rpm$으로 감속 운전하려 한다. 구동기어의 잇수 25개, 안전율 15일 때 다음을 구하시오.

(1) 전달 동력 $[kW]$
(2) 피동축 스프로킷 피치원 지름 $[mm]$
(3) 링크수 $[개]$ (단, 축간거리는 $900mm$이다.)

(1) $v = \dfrac{pZ_A N_A}{60 \times 1000} = \dfrac{15.875 \times 25 \times 900}{60 \times 1000} = 5.95 m/s$

$F = \dfrac{F_B}{S} = \dfrac{21.67}{15} = 1.44kN$

$\therefore H = Fv = 1.44 \times 5.95 = 8.57 kW$

(2) $\varepsilon = \dfrac{N_B}{N_A} = \dfrac{Z_A}{Z_B}$ $\Rightarrow$ $Z_B = Z_A \times \dfrac{N_A}{N_B} = 25 \times \dfrac{900}{300} = 75$개

$D_B = \dfrac{p}{\sin\dfrac{180°}{Z_B}} = \dfrac{15.875}{\sin\dfrac{180°}{75}} = 379.1 mm$

(3) $L_n = \dfrac{2C}{p} + \dfrac{Z_A + Z_B}{2} + \dfrac{0.0257p(Z_A - Z_B)^2}{C}$

$= \dfrac{2 \times 900}{15.875} + \dfrac{25 + 75}{2} + \dfrac{0.0257 \times 15.875 \times (25-75)^2}{900} = 164.52 \fallingdotseq 166$개

08

풀리를 중공축 중앙에 부착하여 회전수 $1200rpm$, $100kW$의 동력을 전달하려 한다. 축의 허용 전단응력 $70MPa$, 허용 굽힘응력 $110MPa$, 굽힘모멘트가 $230N \cdot m$일 때 다음을 구하시오. (단, 굽힘에 의한 동적하중계수 $k_m = 1.8$, 비틀림에 의한 동적 하중계수 $k_t = 1.2$이며, 축의 자중은 고려하지 않는다.)

(1) 상당 굽힘 모멘트 및 상당 비틀림 모멘트 $[N \cdot m]$
(2) 중공축의 외경 $[mm]$ (단, 내외경비 0.7이다.)

(1) $T = \dfrac{H}{\omega} = \dfrac{H}{\dfrac{2\pi N}{60}} = \dfrac{100 \times 10^3}{\dfrac{2\pi \times 1200}{60}} = 795.77 N \cdot m$

$T_e = \sqrt{(k_m M)^2 + (k_t T)^2} = \sqrt{(1.8 \times 230)^2 + (1.2 \times 795.77)^2} = 1040.81 N \cdot m$

$M_e = \dfrac{1}{2}(k_m M + T_e) = \dfrac{1}{2}(1.8 \times 230 + 1040.81) = 727.41 N \cdot m$

$\therefore M_e = 727.41 N \cdot m, \quad T_e = 1040.81 N \cdot m$

(2) $T_e = \tau_a Z_P = \tau_a \times \dfrac{\pi d_2^3 (1-x^4)}{16}$ 에서,

$d_2 = \sqrt[3]{\dfrac{16 T_e}{\pi \tau_a (1-x^4)}} = \sqrt[3]{\dfrac{16 \times 1040.81 \times 10^3}{\pi \times 70 \times (1-0.7^4)}} = 46.36 mm$

$M_e = \sigma_a Z = \sigma_a \times \dfrac{\pi d_2^3 (1-x^4)}{32}$ 에서,

$d_1 = \sqrt[3]{\dfrac{32 M_e}{\pi \sigma_a (1-x^4)}} = \sqrt[3]{\dfrac{32 \times 727.41 \times 10^3}{\pi \times 110 \times (1-0.7^4)}} = 44.59 mm$

안전을 고려하여 외경은 큰 값을 선정한다. $\therefore d_2 = 46.36 mm$

09

$300 rpm$, $37 kW$의 동력을 전달하는 축에 묻힘 키($b \times h = 18mm \times 11mm$)로 고정하려 한다. 묻힘 키의 허용전단응력 $32 MPa$, 허용압축응력 $64 MPa$일 때 다음을 구하시오. (단, 축과 키의 재질이 동일하다.)

(1) 축 지름 $[mm]$
(2) 안전을 고려한 키의 최소 길이 $[mm]$

(1) $T = \dfrac{H}{\omega} = \dfrac{H}{\dfrac{2\pi N}{60}} = \dfrac{37 \times 10^3}{\dfrac{2\pi \times 300}{60}} = 1177.75 N \cdot m$

$T = \tau_a Z_P = \tau_a \times \dfrac{\pi d^3}{16} \Rightarrow \therefore d = \sqrt[3]{\dfrac{16T}{\pi \tau_a}} = \sqrt[3]{\dfrac{16 \times 1177.75 \times 10^3}{\pi \times 32}} = 57.23 mm$

(2) $\tau_k = \dfrac{2T}{b \ell_A d} \Rightarrow \ell_A = \dfrac{2T}{bd\tau_k} = \dfrac{2 \times 1177.75 \times 10^3}{18 \times 57.23 \times 32} = 71.46 mm$

$\sigma_c = \dfrac{4T}{h \ell_B d} \Rightarrow \ell_B = \dfrac{4T}{hd\sigma_c} = \dfrac{4 \times 1177.75 \times 10^3}{11 \times 57.23 \times 64} = 116.93 mm$

안전을 고려하여 큰 값을 선정한다. $\therefore \ell = 116.93 mm$

10

다음 그림과 같이 $200\,rpm$, $20.55\,kW$의 동력을 제동하는 지름 $400\,mm$의 브레이크가 있다. 벨트의 마찰계수 0.35, $\theta = 4[rad]$, $b = 12\,cm$, $\ell = 40\,cm$, $F = 50\,N$일 때 다음을 구하시오. (단, 드럼은 좌회전한다.)

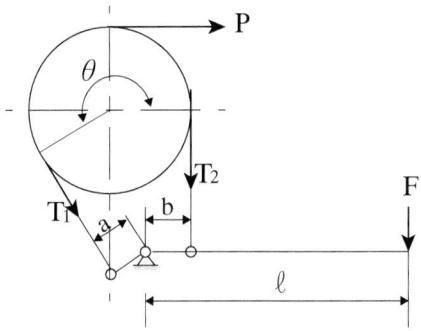

(1) 긴장측 장력 $[N]$
(2) $a\,[mm]$
(3) 접촉 폭 $[mm]$ (단, 밴드의 두께 $15\,mm$, 허용 인장응력 $10.5\,MPa$이다.)

(1) $v = \dfrac{\pi DN}{60 \times 1000} = \dfrac{\pi \times 400 \times 200}{60 \times 1000} = 4.19\,m/s$

$e^{\mu\theta} = e^{0.35 \times 4} = 4.06$

$\therefore T_t = \dfrac{e^{\mu\theta}}{e^{\mu\theta} - 1} \times \dfrac{H}{v} = \dfrac{4.06}{4.06 - 1} \times \dfrac{20.55 \times 10^3}{4.19} = 6507.32\,N$

(2) $T_s = \dfrac{1}{e^{\mu\theta} - 1} \times \dfrac{H}{v} = \dfrac{1}{4.06 - 1} \times \dfrac{20.55 \times 10^3}{4.19} = 1602.79\,N$

$F\ell + T_s a - T_t b = 0$

$\therefore a = \dfrac{T_t b + F\ell}{T_s} = \dfrac{6507.32 \times 120 - 50 \times 400}{1602.79} = 474.72\,mm$

(3) $\sigma_a = \dfrac{T_t}{bt} \Rightarrow \therefore b = \dfrac{T_t}{t\sigma_a} = \dfrac{6507.32}{15 \times 10.5} = 41.32\,mm$

11

압축하중이 $2.94\,kN$ 작용할 때 평균지름 $70\,mm$, 스프링지수 5인 원통형 코일 스프링이 $15\,mm$만큼 처진다. 전단탄성계수 $78.48\,GPa$일 때 다음을 구하시오.

(1) 유효 권수 [권]
(2) 최대 전단응력 $[MPa]$

(1) $C = \dfrac{D}{d}$ $\Rightarrow$ $d = \dfrac{D}{C} = \dfrac{70}{5} = 14mm$

$\delta = \dfrac{8nPD^3}{Gd^4}$ $\Rightarrow$ $\therefore n = \dfrac{Gd^4\delta}{8PD^3} = \dfrac{78.48 \times 10^3 \times 14^4 \times 15}{8 \times 2.94 \times 10^3 \times 70^3} = 5.63 ≒ 6권$

(2) $K = \dfrac{4C-1}{4C-4} + \dfrac{0.615}{C} = \dfrac{4 \times 5 - 1}{4 \times 5 - 4} + \dfrac{0.615}{5} = 1.31$

$\therefore \tau_{max} = \dfrac{8PDK}{\pi d^3} = \dfrac{8 \times 2.94 \times 10^3 \times 70 \times 1.31}{\pi \times 14^3} = 250.19 MPa$

2022 1회차 일반기계기사 필답형 기출문제

01

그림과 같은 원판 마찰차를 이용하여 무단 변속하려 한다. 원동차의 회전수는 $1500 rpm$, 너비 $40mm$, 종동차가 원동차의 중심에서 떨어진 거리 $x = 40 \sim 190 mm$, 마찰계수 0.2, 허용압력 $20 N/mm$일 때 다음을 구하시오.
(단, $D_B = 530mm$이다.)

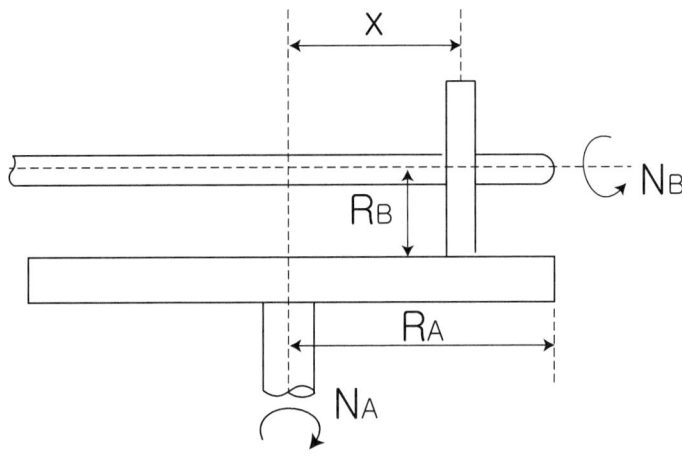

(1) 종동차의 최대, 최소 회전수 $N_{B \cdot \max}$, $N_{B \cdot \min} \, [rpm]$
(2) 최대, 최소 전달 동력 $H_{\max}$, $H_{\min} \, [kW]$

---

(1) x는 중심부터의 거리(반지름) → $D_A = 2x$이다.

$$\therefore N_{B \cdot \max} = \frac{D_{A \cdot \max}}{D_B} \times N_A = \frac{2 \times 190}{530} \times 1500 = 1075.47 rpm$$

$$\therefore N_{B \cdot \min} = \frac{D_{A \cdot \min}}{D_B} \times N_A = \frac{2 \times 40}{530} \times 1500 = 226.42 rpm$$

(2) $v_{\max} = \dfrac{\pi D_B N_{B \cdot \max}}{60 \times 1000} = \dfrac{\pi \times 530 \times 1075.47}{60 \times 1000} = 29.85 m/s$

$v_{\min} = \dfrac{\pi D_B N_{B \cdot \min}}{60 \times 1000} = \dfrac{\pi \times 530 \times 226.42}{60 \times 1000} = 6.28 m/s$

$f = \dfrac{Q}{b} \Rightarrow Q = fb = 20 \times 40 = 800 N$

$\therefore H_{\max} = \mu Q v_{\max} = 0.2 \times 800 \times 10^{-3} \times 29.85 = 4.78 kW$

$\therefore H_{\min} = \mu Q v_{\min} = 0.2 \times 800 \times 10^{-3} \times 6.28 = 1 kW$

02

직경이 $60mm$인 축에 끼워져있는 묻힘 키의 너비는 $20mm$, 높이가 $12mm$이다. 키에 작용하는 전단응력은 $38MPa$, 압축응력은 $114MPa$이며, 회전수가 $500rpm$, 전달동력이 $125.06kW$일 때, 안전을 고려하여 키의 길이$[mm]$를 채택하시오.

(1) $T = \dfrac{H}{\omega} = \dfrac{H}{\dfrac{2\pi N}{60}} = \dfrac{125.06 \times 10^3}{\dfrac{2\pi \times 500}{60}} = 2388.47 N \cdot m$

(2) $\tau_k = \dfrac{2T}{b\ell d} \Rightarrow \ell = \dfrac{2T}{bd\tau_k} = \dfrac{2 \times 2388.47 \times 10^3}{20 \times 60 \times 38} = 104.76 mm$

$\sigma_c = \dfrac{4T}{h\ell d} \Rightarrow \ell = \dfrac{4T}{hd\sigma_c} = \dfrac{4 \times 2388.47 \times 10^3}{12 \times 60 \times 114} = 116.4 mm$

안전을 고려하여 최소길이는 큰 값을 채택한다.
$\therefore \ell = 116.4 mm$

03

모듈 3, 압력각이 $14.5°$, 소 기어의 잇수가 12개, 대 기어의 잇수가 28개인 전위기어가 있을 때 다음을 구하시오.

압력각 (α)	소수점 둘째 자리				
	0	2	4	6	8
14.0	0.004982	0.005004	0.005025	0.005047	0.002069
14.1	0.005091	0.005113	0.005135	0.005158	0.005180
14.2	0.005202	0.005225	0.005247	0.005269	0.005292
14.3	0.005315	0.005337	0.005360	0.005383	0.005406
14.4	0.005429	0.005452	0.005475	0.005498	0.005522
14.5	0.005545	0.005568	0.005592	0.005615	0.005639
14.6	0.005662	0.005686	0.005710	0.005734	0.005758
14.7	0.005782	0.005806	0.005830	0.005854	0.005878
14.8	0.005903	0.005927	0.005952	0.005976	0.006001
14.9	0.006025	0.006050	0.006075	0.006100	0.006125
15.0	0.006150	0.006175	0.006200	0.006225	0.006251
15.1	0.006276	0.006301	0.006327	0.006353	0.006378
15.2	0.006404	0.006430	0.006456	0.006482	0.006508
15.3	0.006534	0.006560	0.006586	0.006612	0.006639
15.4	0.006665	0.006692	0.006718	0.006745	0.006772
15.5	0.006799	0.006825	0.006852	0.006879	0.006906
15.6	0.006934	0.006961	0.006988	0.007016	0.007043
15.7	0.007071	0.007098	0.007216	0.007154	0.007182
15.8	0.007209	0.007237	0.007266	0.007294	0.007322
15.9	0.007350	0.007379	0.007407	0.007435	0.007464
·	·	·	·	·	·
·	·	·	·	·	·
·	·	·	·	·	·
20.0	0.014904	0.014951	0.014997	0.015044	0.015090
20.1	0.015102	0.015184	0.015235	0.015287	0.015321
20.2	·	·	·	·	·
20.3	·	·	·	·	·
20.4	·	·	·	·	·
20.5	·	·	·	·	·
20.6	·	·	·	·	·
20.7	·	·	·	·	·
20.8	·	·	·	·	·
20.9	·	·	·	·	·
21.0	·	·	·	·	·

(1) 언더컷이 발생하지 않는 소기어와 대기어의 이론 전위계수
   (단, 소수점 다섯 째 자리까지 표기하시오.)
(2) 백래쉬가 0일 때 축간 중심거리 $[mm]$
(3) 전위기어의 총 이높이$[mm]$
   (단, 조립부의 간극 $0.25 \times m$[모듈]이며, 소수점 넷 째 자리까지 표기하시오.)

(1) $\alpha_n = 14.5°$ 일 때 $x = 1 - \dfrac{Z}{2}\sin^2\alpha$

∴ 소 기어의 전위 계수 : $x_A = 1 - \dfrac{Z_A}{2}\sin^2\alpha = 1 - \dfrac{12}{2}\sin^2(14.5) = 0.62386$

∴ 대 기어의 전위 계수 : $x_B = 1 - \dfrac{Z_B}{2}\sin^2\alpha = 1 - \dfrac{28}{2}\sin^2(14.5) = 0.12234$

(2) $inv\alpha_b° = inv\alpha + 2\left(\dfrac{x_A + x_B}{Z_A + Z_B}\right)\tan\alpha = 0.005545 + 2 \times \left(\dfrac{0.62386 + 0.12234}{12 + 28}\right) \times \tan14.5° = 0.015194$

여기서 표를 보면, 0.015194는,
$\alpha = 20.12°(=0.015184)$값과 $\alpha = 20.14°(=0.015235)$값 사이에 있으므로
보간법을 이용하여 값을 도출한다.

∴ $\alpha_b = 20.12 + \dfrac{0.015194 - 0.015184}{0.015235 - 0.015184} \times (20.14 - 20.12) = 20.12392°$

$y = \dfrac{Z_A + Z_B}{2}\left(\dfrac{\cos\alpha}{\cos\alpha_b} - 1\right) = \dfrac{12 + 28}{2} \times \left(\dfrac{\cos14.5°}{\cos20.12392°} - 1\right) = 0.6219$

$\triangle C = ym = 0.6219 \times 3 = 1.87mm$

∴ $C_f = C + \triangle C = \dfrac{m(Z_A + Z_B)}{2} + \triangle C = \dfrac{3(12 + 28)}{2} + 1.87 = 61.87mm$

(3) $h_t = c + \triangle C - (x_A + x_B - 2)m = 0.25 \times 3 + 1.87 - (0.62386 + 0.12234 - 2) \times 3 = 6.3814mm$

04

압력용기에 볼트 16개에 의해 체결되어 있고, 용기의 안지름 $600mm$, 내압 $2.4MPa$ 볼트의 스프링 상수 $k_b = 8.4 \times 10^4 N/mm$, 개스킷의 스프링 상수 $k_m = 9.6 \times 10^3 N/mm$ 일 때 다음을 구하시오. (단, 체결력은 내압으로 발생한 힘의 $\dfrac{2}{3}$으로 취급한다.)

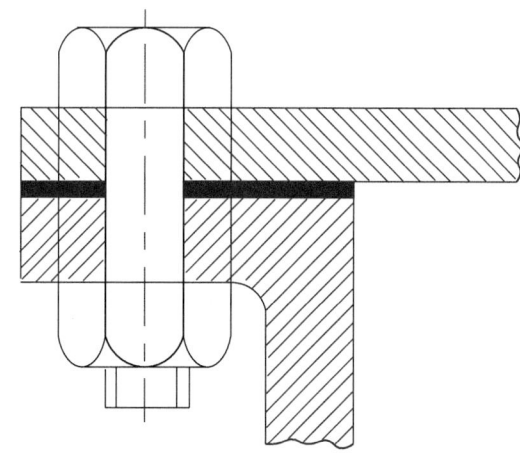

(1) 볼트의 골지름$[mm]$ (단, 허용인장응력은 $45MPa$이다.)
(2) 초기하중$[kN]$

(1) $P = pA = p \times \dfrac{\pi D_1^2}{4} = 2.4 \times \dfrac{\pi \times 600^2}{4} = 678584.01 N$

1개의 볼트에 작용하는 하중 : $P_1 = \dfrac{P}{n} = \dfrac{678584.01}{16} = 42411.5 N$

볼트에 작용하는 힘 : $P_b = P_1 + F = P_1 + \dfrac{2}{3} P_1 = 42411.5 + \dfrac{2}{3} \times 42411.5 = 70685.83 N$

$\sigma_a = \dfrac{P_b}{A} = \dfrac{P_b}{\dfrac{\pi d_1^2}{4}} \Rightarrow \therefore d_1 = \sqrt{\dfrac{4 P_b}{\pi \sigma_a}} = \sqrt{\dfrac{4 \times 70685.83}{\pi \times 45}} = 44.72 mm$

(2) $P_b = P_0 + P_1 \left(\dfrac{k_b}{k_b + k_m} \right)$

$\therefore P_0 = P_b - P_1 \left(\dfrac{k_b}{k_b + k_m} \right) = 70685.83 - 42411.5 \left(\dfrac{8.4 \times 10^4}{8.4 \times 10^4 + 9.6 \times 10^3} \right) = 32624.23 N = 32.62 kN$

05

$750 rpm$, $6.8 kW$, 드럼의 지름은 $400 mm$, $a = 900 mm$, $b = 250 mm$, $c = 40 mm$, 마찰계수 0.25, 블록의 길이 $75 mm$일 때 다음을 구하시오.

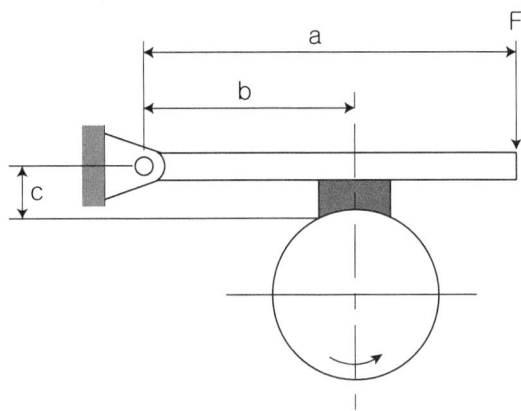

(1) 레버를 누르는 힘 $[N]$
(2) 블록의 너비 $[mm]$ (단, 블록 브레이크 용량이 $1.25 MPa \cdot m/s$이다.)

(1) $v = \dfrac{\pi DN}{60 \times 1000} = \dfrac{\pi \times 400 \times 750}{60 \times 1000} = 15.71 m/s$

$H = \mu P v$에서,

$P = \dfrac{H}{\mu v} = \dfrac{6.8 \times 10^3}{0.25 \times 15.71} = 1731.38 N$

$Fa - Pb + \mu Pc = 0 \Rightarrow \therefore F = \dfrac{P(b - \mu c)}{a} = \dfrac{1731.38(250 - 0.25 \times 40)}{900} = 461.7 N$

(2) $\mu q v = 1.25$

$q = \dfrac{1.25}{\mu v} = \dfrac{1.25}{0.25 \times 15.71} = 0.32 MPa$

$q = \dfrac{P}{A} = \dfrac{P}{b\ell} \Rightarrow \therefore b = \dfrac{P}{\ell q} = \dfrac{1731.38}{75 \times 0.32} = 72.14 mm$

06

$300 rpm$으로 $8kW$를 전달하는 스플라인 축이 있다. 이 측면의 허용면압력은 $35MPa$이고, 잇수 6개, 이 높이 $2mm$, 모따기 $0.15mm$이다.

(1) 전달토크$[N \cdot m]$
(2) 아래의 표로부터 스플라인(Spline)의 규격을 선정하시오.
    (단, 전달효율은 75%, 보스의 길이는 $58mm$이다.)

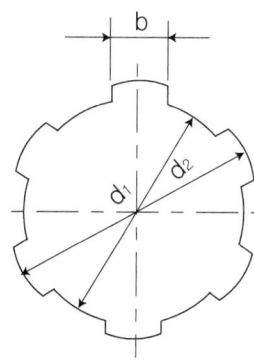

※스플라인의 규격 [mm]

형식	1형						2형					
잇수	6		8		10		6		8		10	
호칭 지름 d_1	큰지름 d_2	너비 b	큰지름 d_2	너비 b	큰지름 d_2	너비 b	큰지름 d_2	너비 b	큰지름 d_2	너비 b	큰지름 d_2	너비 b
11	-	-	-	-	-	-	14	3	-	-	-	-
13	-	-	-	-	-	-	16	3.5	-	-	-	-
16	-	-	-	-	-	-	20	4	-	-	-	-
18	-	-	-	-	-	-	22	5	-	-	-	-
21	-	-	-	-	-	-	25	5	-	-	-	-
23	26	6	-	-	-	-	28	6	-	-	-	-
26	30	6	-	-	-	-	32	6	-	-	-	-
28	32	7	-	-	-	-	34	7	-	-	-	-
32	36	8	36	6	-	-	38	8	38	6	-	-
36	40	8	40	7	-	-	42	8	42	7	-	-
42	46	10	46	8	-	-	48	10	48	8	-	-
46	50	12	50	9	-	-	54	12	54	9	-	-
52	58	14	58	10	-	-	60	14	60	10	-	-
56	62	14	62	10	-	-	65	14	65	10	-	-
62	68	16	68	12	-	-	72	16	72	12	-	-
72	78	18	-	-	78	12	82	18	-	-	82	12
82	88	20	-	-	88	12	92	20	-	-	92	12
92	98	22	-	-	98	14	102	22	-	-	102	14
102	-	-	-	-	108	16	-	-	-	-	112	16
112	-	-	-	-	120	18	-	-	-	-	125	18

(1) $T = \dfrac{H}{\omega} = \dfrac{H}{\dfrac{2\pi N}{60}} = \dfrac{8 \times 10^3}{\dfrac{2\pi \times 300}{60}} = 254.65 N \cdot m$

(2) $T = (h-2c)q_a\ell\left(\dfrac{d_2+d_1}{4}\right)\eta Z \Rightarrow d_2+d_1 = \dfrac{4T}{(h-2c)q_a\ell\eta Z} = \dfrac{4 \times 254.65 \times 10^3}{(2-2\times 0.15)\times 35 \times 58 \times 0.75 \times 6} = 65.59mm$

$h = \dfrac{d_2-d_1}{2} \Rightarrow d_2-d_1 = 2h = 2\times 2 = 4mm$

$d_2+d_1 = 65.59mm$과 $d_2-d_1 = 4mm$을 연립방정식 세우면, $\therefore d_2 = 34.8mm$

표에서 $d_2 = 34.8mm$과 근사한 값을 가진 1형의 $d_2 = 36mm$(호칭지름 : $d_1 = 32mm$)과 2형의 $d_2 = 38mm$ (호칭지름 : $d_1 = 32mm$)이 있고, 선정하는 방법은 크면서 근삿값인 것을 선정하면 된다.

$\therefore$ 호칭지름 : $d_1 = 32mm$(1형, $d_2 = 36mm$, $b = 8mm$)

07

회전수 $600 rpm$으로 베어링 하중 $14kN$을 받쳐주는 엔드 저널 베어링이 있다. 압력속도 계수 $pv = 2.5 MPa \cdot m/s$일 때 다음을 구하시오.

(1) 저널의 길이 $\ell [mm]$
(2) 저널의 지름 $d [mm]$ (단, 엔드 저널의 허용굽힙응력 $\sigma_b = 40 MPa$이다.)
(3) 베어링 압력 $p [MPa]$

(1) $pv = \dfrac{\pi WN}{60000\ell} \Rightarrow \therefore \ell = \dfrac{\pi WN}{60000 pv} = \dfrac{\pi \times 14 \times 10^3 \times 600}{60000 \times 2.5} = 175.93 mm$

(2) $d = \sqrt[3]{\dfrac{32 M_{\max}}{\pi \sigma_b}} = \sqrt[3]{\dfrac{32 W \times \dfrac{\ell}{2}}{\pi \sigma_b}} = \sqrt[3]{\dfrac{16 W\ell}{\pi \sigma_b}} = \sqrt[3]{\dfrac{16 \times 14 \times 10^3 \times 175.93}{\pi \times 40}} = 67.94 mm$

(3) $p = \dfrac{W}{d\ell} = \dfrac{14 \times 10^3}{67.94 \times 175.93} = 1.17 MPa$

08

교차각 $30°$인 유니버셜 조인트에서 원동축의 회전각속도 $1500 rpm$, 동력 $2.2 kW$일 때 다음을 구하시오.

(1) 종동축의 최대, 최소 회전수 $[rpm]$
(2) 종동축 지름 $[mm]$ (단, 허용 전단응력은 $30 MPa$이고, 비틀림 토크만 고려한다.)

(1) $N_{B \cdot \min} = N_A \cos\delta = 1500 \cos 30° = 1299.04 rpm$

$N_{B \cdot \max} = \dfrac{N_A}{\cos\delta} = \dfrac{1500}{\cos 30°} = 1732.05 rpm$

(2) $T = \dfrac{H}{\omega} = \dfrac{H}{\dfrac{2\pi N}{60}}$ 에서,

$T = \dfrac{2.2 \times 10^3}{\dfrac{2\pi \times 1299.04}{60}} = 16.17 N \cdot m$, $T = \dfrac{2.2 \times 10^3}{\dfrac{2\pi \times 1732.05}{60}} = 12.13 N \cdot m$

$T = \tau_a Z_P = \tau_a \times \dfrac{\pi d^3}{16}$ 에서,

$d = \sqrt[3]{\dfrac{16T}{\tau_a \pi}} = \sqrt[3]{\dfrac{16 \times 16.17 \times 10^3}{30 \times \pi}} = 14mm$

$d = \sqrt[3]{\dfrac{16T}{\tau_a \pi}} = \sqrt[3]{\dfrac{16 \times 12.13 \times 10^3}{30 \times \pi}} = 12.72mm$

둘 중 안전을 고려하여 큰 값을 선정한다.
$\therefore d = 14mm$

09

파단 하중 $38.75kN$, 피치 $19.05mm$의 롤러 체인으로 $382rpm$으로 동력을 전달할 때 안전율 12, 원동 스프로킷 잇수 30개, 종동 스프로킷 잇수 42개, 양 스프로킷의 중심거리 $1m$일 때 다음을 구하시오.

(1) 전달동력$[kW]$
(2) 체인의 길이$[mm]$ (단, 링크 수를 짝수화 하여 고려하여 계산하시오.)

(1) $F = \dfrac{F_B}{S} = \dfrac{38.75}{12} = 3.23kN$

$v = \dfrac{p Z_A N_A}{60 \times 1000} = \dfrac{19.05 \times 30 \times 382}{60 \times 1000} = 3.64 m/s$

$\therefore H = Fv = 3.23 \times 3.64 = 11.76 kW$

(2) $L_n = \dfrac{2C}{p} + \dfrac{Z_A + Z_B}{2} + \dfrac{0.0257 p (Z_A - Z_B)^2}{C} = \dfrac{2 \times 1000}{19.05} + \dfrac{30+42}{2} + \dfrac{0.0257 \times 19.05 \times (30-42)^2}{1000}$

$= 141.06 ≒ 142$개

$\therefore L = L_n \times p = 142 \times 19.05 = 2705.1 mm$

10

유효 권수 7.5회인 원통형 코일 스프링이 있다. 스프링 지수 8.5, 허용전단응력 $280MPa$ 전단 탄성계수 $82GPa$일 때 다음을 구하시오.

(단, 압축하중 $680N$, 왈의 응력 수정계수 $K = \dfrac{4C-1}{4C-4} + \dfrac{0.615}{C}$ 이다.)

(1) 소선의 직경 $d[mm]$
(2) 스프링 상수 $k[N/mm]$

(1) $K = \dfrac{4C-1}{4C-4} + \dfrac{0.615}{C} = \dfrac{4\times 8.5 - 1}{4\times 8.5 - 4} + \dfrac{0.615}{8.5} = 1.17$

$\tau_{max} = \dfrac{8PDK}{\pi d^3} = \dfrac{8PCK}{\pi d^2} \Rightarrow \therefore d = \sqrt{\dfrac{8PCK}{\pi \tau_{max}}} = \sqrt{\dfrac{8 \times 680 \times 8.5 \times 1.17}{\pi \times 280}} = 7.84mm$

(2) $\delta = \dfrac{8nPD^3}{Gd^4} = \dfrac{8nPC^3}{Gd} = \dfrac{8 \times 7.5 \times 680 \times 8.5^3}{82 \times 10^3 \times 7.84} = 38.98mm$

$\therefore k = \dfrac{P}{\delta} = \dfrac{680}{38.98} = 17.44 N/mm$

11

클램프 커플링의 볼트 6개, 마찰계수 0.1514, 허용인장응력 $75MPa$, 볼트의 골지름 $15.22mm$, 축지름 $30mm$일 때 다음을 구하시오.

(1) 최대 전달토크 $[N \cdot m]$
(2) 아래의 조건을 보고, 미끄럼이 가능한지 불가능한지 전달토크로 구별하시오.
　(단, 분당회전수 $200rpm$, 전달동력 $6.5kW$으로 동력을 전달하려 한다.)

(1) $\sigma_a = \dfrac{8P}{\pi \delta_B^2 Z} \Rightarrow \therefore P = \dfrac{\sigma_a \pi \delta_B^2 Z}{8} = \dfrac{75 \times \pi \times 15.22^2 \times 6}{8} = 40935.65N$

$\therefore T_{max} = \mu \pi P \dfrac{d}{2} = 0.1514 \times \pi \times 40935.65 \times \dfrac{0.03}{2} = 292.06 N \cdot m$

(2) $T = \dfrac{H}{\omega} = \dfrac{6.5 \times 10^3}{\dfrac{2\pi \times 200}{60}} = 310.35 N \cdot m$

$T_{max}(292.06 N\cdot m) < T(310.35 N\cdot m)$
최대 전달토크보다 크게 나오므로,

$\therefore$ 불가능

12

한 줄 겹치기 리벳이음에서 강판 두께 $12mm$, 리벳 지름 $25mm$, 피치 $50mm$이다. 1 피치내의 작용 하중을 $24.5kN$으로 할 때 다음을 구하시오.

(1) 강판의 인장응력은 몇 MPa인가?
(2) 리벳의 전단응력은 몇 MPa인가?
(3) 강판의 효율은 몇 %인가?

(1) $\sigma_t = \dfrac{\overline{W}}{(p-d)t} = \dfrac{24.5 \times 10^3}{(50-25) \times 12} = 81.67 MPa$

(2) $\tau = \dfrac{\overline{W}}{\dfrac{\pi}{4}d^2 n} = \dfrac{24.5 \times 10^3}{\dfrac{\pi}{4} \times 25^2 \times 1} = 49.91 MPa$

(3) 강판효율 $\eta_t = 1 - \dfrac{d}{p} = 1 - \dfrac{25}{50} = 0.5 = 50\%$

Memo

01

2열 롤러 체인의 피치 $25.4mm$, 원동 스프로킷 회전수 $1800rpm$, 파단 하중 $87.5kN$, 안전율 15일 때 다음을 구하시오.

(1) 롤러 체인의 속도 $[m/s]$ (단, 원동 스프로킷 잇수 18개, 종동 스프로킷 잇수 28개이다.)
(2) 롤러 체인의 최대 전달 동력 $[kW]$

(1) $v = \dfrac{pZ_A N_A}{60 \times 1000} = \dfrac{25.4 \times 18 \times 1800}{60 \times 1000} = 13.72 m/s$

(2) $F = \dfrac{F_B}{S} = \dfrac{87.5}{15} = 5.83 kN$
$\therefore H = Fv = 5.83 \times 13.72 = 79.99 kW$

02

그림과 같이 $30kN$의 하중을 받는 리벳 이음의 구조물을 제작하고자 한다. 다음을 구하시오.

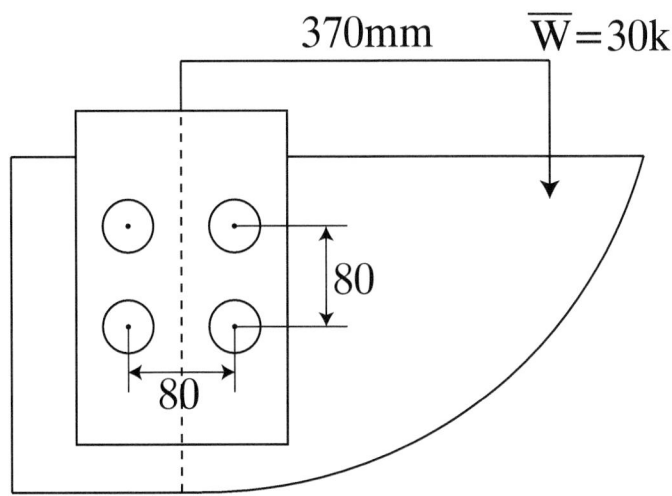

(1) 리벳에 가해지는 최대 전단력 $[kN]$
(2) 리벳의 최대 전단응력 $[MPa]$ (단, 리벳의 직경은 $20mm$이다.)

(1) $Q = \dfrac{W}{n} = \dfrac{30}{4} = 7.5 kN$

$r = \sqrt{40^2 + 40^2} = 56.57 mm$

$K = \dfrac{We}{Nr^2} = \dfrac{30 \times 10^3 \times 370}{4 \times 56.57^2} = 867.14 N/mm$

$\therefore F = Kr = 867.14 \times 56.57 = 49.05 kN$

$\cos\theta = \dfrac{40}{r} = \dfrac{40}{56.57} = 0.707$

$R_{\max} = \sqrt{Q^2 + F^2 + 2QF\cos\theta} = \sqrt{7.5^2 + 49.05^2 + 2 \times 7.5 \times 49.05 \times 0.707}$

$\therefore R_{\max} = 54.61 kN$

(2) $\tau_{\max} = \dfrac{R_{\max}}{A} = \dfrac{R_{\max}}{\dfrac{\pi d^2}{4}} = \dfrac{54.61 \times 10^3}{\dfrac{\pi \times 20^2}{4}} = 173.83 MPa$

03

아래 표를 참고하여 축을 지지하는 볼 베어링의 기본 동정격 하중 $35kN$일 때 다음을 구하시오.

회전수 $[rpm]$	주기적으로 작용하는 하중 $[N]$
800	2600
1000	2250
1200	1650

(1) 선형파동하중에 대한 평균등가하중 $[N]$
(2) 베어링의 수명시간 $[hr]$ (단, 하중계수 1.2이다.)

(1) $P_m = \dfrac{P_{\min} + 2P_{\max}}{3} = \dfrac{1650 + 2 \times 2600}{3} = 2283.33 N$

(2) 하중 $2283.33N$에 의한 회전수를 보간법으로 구한다.

$N_{2283.33N} = 1000 + \dfrac{2283.33 - 2250}{2600 - 2250} \times (800 - 1000) = 980.95 rpm$

$\therefore L_h = 500 \times \dfrac{33.3}{N} \times \left(\dfrac{C}{f_w P_m}\right)^r = 500 \times \dfrac{33.3}{980.95} \times \left(\dfrac{35 \times 10^3}{1.2 \times 2283.33}\right)^3 = 35377.06 hr$

04

원동차의 표면에 가죽을 사용하고, 종동차에 주철을 사용하는 외접 원통 마찰차가 있다. 원동차의 지름 $450mm$, 원동차의 회전수 $166rpm$, 접촉 선압력 $13N/mm$, 마찰계수 0.35, 동력 $2kW$를 전달할 때 다음을 구하시오.

(1) 마찰차가 서로 미는 힘 $[N]$
(2) 마찰차의 너비 $[mm]$

(1) $T = \dfrac{H}{\omega} = \dfrac{H}{\dfrac{2\pi N_A}{60}} = \dfrac{2 \times 10^3}{\dfrac{2\pi \times 166}{60}} = 115.05 N \cdot m$

$T = \mu P \dfrac{D_A}{2} \Rightarrow \therefore P = \dfrac{2T}{\mu D_A} = \dfrac{2 \times 115.05 \times 10^3}{0.35 \times 450} = 1460.95 N$

(2) $f = \dfrac{P}{b} \Rightarrow \therefore b = \dfrac{P}{f} = \dfrac{1460.95}{13} = 112.38 mm$

05

모듈 $m=3$, 압력각이 $14.5°$, 소 기어의 잇수가 16개, 대 기어의 잇수가 24개인 전위기어가 있다. 다음을 구하시오.

압력각 (α)	소수점 둘째 자리				
	0	2	4	6	8
14.0	0.004982	0.005004	0.005025	0.005047	0.002069
14.1	0.005091	0.005113	0.005135	0.005158	0.005180
14.2	0.005202	0.005225	0.005247	0.005269	0.005292
14.3	0.005315	0.005337	0.005360	0.005383	0.005406
14.4	0.005429	0.005452	0.005475	0.005498	0.005522
14.5	0.005545	0.005568	0.005592	0.005615	0.005639
14.6	0.005662	0.005686	0.005710	0.005734	0.005758
14.7	0.005782	0.005806	0.005830	0.005854	0.005878
14.8	0.005903	0.005927	0.005952	0.005976	0.006001
14.9	0.006025	0.006050	0.006075	0.006100	0.006125
15.0	0.006150	0.006175	0.006200	0.006225	0.006251
15.1	0.006276	0.006301	0.006327	0.006353	0.006378
15.2	0.006404	0.006430	0.006456	0.006482	0.006508
15.3	0.006534	0.006560	0.006586	0.006612	0.006639
15.4	0.006665	0.006692	0.006718	0.006745	0.006772
15.5	0.006799	0.006825	0.006852	0.006879	0.006906
15.6	0.006934	0.006961	0.006988	0.007016	0.007043
15.7	0.007071	0.007098	0.007216	0.007154	0.007182
15.8	0.007209	0.007237	0.007266	0.007294	0.007322
15.9	0.007350	0.007379	0.007407	0.007435	0.007464
·	·	·	·	·	·
·	·	·	·	·	·
·	·	·	·	·	·
20.0	0.014904	0.014951	0.014997	0.015044	0.015090
20.1	0.015102	0.015184	0.015235	0.015287	0.015321
20.2	·	·	·	·	·
20.3	·	·	·	·	·
20.4	·	·	·	·	·
20.5	·	·	·	·	·
20.6	·	·	·	·	·
20.7	·	·	·	·	·
20.8	·	·	·	·	·
20.9	·	·	·	·	·
21.0	·	·	·	·	·

(1) 언더컷이 발생하지 않는 소기어와 대기어의 이론 전위계수
    (단, 소수점 다섯 째 자리까지 표기하시오.)
(2) 백래쉬가 0일 때 축간 중심거리 $[mm]$
(3) 전위기어의 총 이높이 $[mm]$
    (단, 조립부의 간극 $c = 0.25 \times m$ [모듈]이며, 소수점 넷 째 자리까지 표기하시오.)

(1) $\alpha_n = 14.5°$ 일 때 $x = 1 - \dfrac{Z}{2}\sin^2\alpha$

∴ 소 기어의 전위 계수 : $x_A = 1 - \dfrac{Z_A}{2}\sin^2\alpha = 1 - \dfrac{16}{2}\sin^2(14.5) = 0.49848$

∴ 대 기어의 전위 계수 : $x_B = 1 - \dfrac{Z_B}{2}\sin^2\alpha = 1 - \dfrac{24}{2}\sin^2(14.5) = 0.24772$

(2) $inv\alpha_b° = inv\alpha + 2\left(\dfrac{x_A + x_B}{Z_A + Z_B}\right)\tan\alpha = 0.005545 + 2 \times \left(\dfrac{0.49848 + 0.24772}{16 + 24}\right) \times \tan 14.5° = 0.015194$

여기서 표를 보면, 0.015194는,
$\alpha = 20.12°(=0.015184)$값과 $\alpha = 20.14°(=0.015235)$값 사이에 있으므로
보간법을 이용하여 값을 도출한다.

∴ $\alpha_b = 20.12 + \dfrac{0.015194 - 0.015184}{0.015235 - 0.015184} \times (20.14 - 20.12) = 20.12392°$

$y = \dfrac{Z_A + Z_B}{2}\left(\dfrac{\cos\alpha}{\cos\alpha_b} - 1\right) = \dfrac{16 + 24}{2} \times \left(\dfrac{\cos 14.5°}{\cos 20.12392°} - 1\right) = 0.6219$

$\Delta C = ym = 0.6219 \times 3 = 1.87mm$

∴ $C_f = C + \Delta C = \dfrac{m(Z_A + Z_B)}{2} + \Delta C = \dfrac{3(16 + 24)}{2} + 1.87 = 61.87mm$

(3) $h_t = c + \Delta C - (x_A + x_B - 2)m = 0.25 \times 3 + 1.87 - (0.49848 + 0.24772 - 2) \times 3 = 6.3814mm$

06

$8.5kW$, $500rpm$으로 시계방향으로 회전 하는 드럼을 제동하려는 블록 브레이크를 제작 하려고 한다. 마찰계수가 0.3일 때 다음을 구하시오.

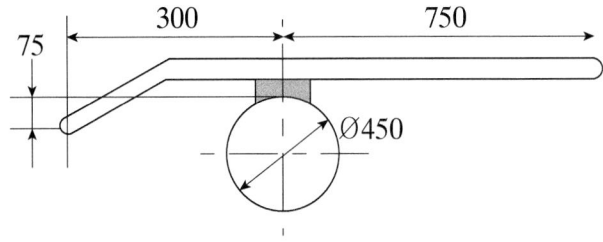

(1) 전달 토크 $[N \cdot m]$
(2) 레버를 누르는 힘 $[N]$

(1) $T = \dfrac{H}{\omega} = \dfrac{H}{\dfrac{2\pi N}{60}} = \dfrac{8.5 \times 10^3}{\dfrac{2\pi \times 500}{60}} = 162.34 N \cdot m$

(2) $T = f \times \dfrac{D}{2} \Rightarrow \therefore f = \dfrac{2T}{D} = \dfrac{2 \times 162.34 \times 10^3}{450} = 721.51 N$

$f = \mu P \Rightarrow P = \dfrac{f}{\mu} = \dfrac{721.51}{0.3} = 2405.03 N$

$F \times 1050 - P \times 300 + \mu P \times 75 = 0 \Rightarrow \therefore F = \dfrac{P(300 - \mu \times 75)}{1050} = \dfrac{2405.03 \times (300 - 0.3 \times 75)}{1050} = 635.62 N$

07

교차각 $80°$, 모듈 5, 작은 기어의 잇수 20개, 큰 기어의 잇수 60개인 한 쌍의 베벨 기어가 있다. 다음을 구하시오.

(1) 큰 기어의 외경 $[mm]$
(2) 작은 기어 원추거리 $[mm]$
(3) 큰 기어 상당 잇수 $[개]$

(1) $\varepsilon = \dfrac{Z_A}{Z_B} = \dfrac{20}{60} = \dfrac{1}{3}$

$\tan\gamma_B = \dfrac{\sin\Sigma}{\varepsilon + \cos\Sigma} \Rightarrow \gamma_B = \tan^{-1}\left(\dfrac{\sin\Sigma}{\varepsilon + \cos\Sigma}\right) = \tan^{-1}\left(\dfrac{\sin 80°}{\dfrac{1}{3} + \cos 80°}\right) = 62.76°$

$\therefore D_{o \cdot B} = D_B + 2a\cos\gamma_B = mZ_B + 2m\cos\gamma_B = 5 \times 60 + 2 \times 5 \times \cos 62.76° = 304.58 mm$

(2) $\Sigma = \gamma_A + \gamma_B \Rightarrow \gamma_A = \Sigma - \gamma_B = 80 - 62.76 = 17.24°$

$\therefore L_A = \dfrac{D_A}{2\sin\gamma_A} = \dfrac{mZ_A}{2\sin\gamma_A} = \dfrac{5 \times 20}{2\sin 17.24°} = 168.71 mm$

(3) $Z_{e \cdot B} = \dfrac{Z_B}{\cos\gamma_B} = \dfrac{60}{\cos 62.76°} = 131.08 ≒ 132개$

08

$600N$의 풀리를 길이가 $1200mm$인 중공축 중앙에 부착하여 회전수 $500rpm$, $52kW$의 동력을 전달하려 한다. 축의 허용 전단응력 $30MPa$, 허용 굽힘응력 $60MPa$일 때 다음을 구하시오. (단, 굽힘에 의한 동적하중계수 $k_m = 1.5$, 비틀림에 의한 동적 하중계수 $k_t = 1.2$이며, 축의 자중은 고려하지 않는다.)

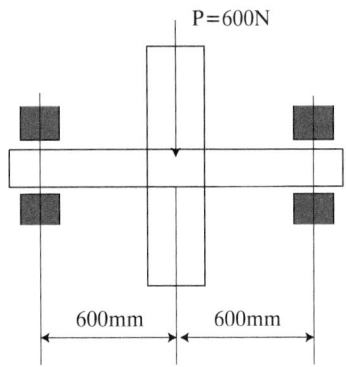

(1) 상당 비틀림 모멘트 $[N \cdot m]$
(2) 상당 굽힘 모멘트 $[N \cdot m]$
(3) 중공축 내경 $[mm]$ (단, 중공축 외경은 $100mm$이다.)

(1) $T = \dfrac{H}{\omega} = \dfrac{H}{\dfrac{2\pi N}{60}} = \dfrac{52 \times 10^3}{\dfrac{2\pi \times 500}{60}} = 993.13 N \cdot m$

$M = \dfrac{PL}{4} = \dfrac{600 \times 1.2}{4} = 180 N \cdot m$

$\therefore T_e = \sqrt{(k_m M)^2 + (k_t T)^2} = \sqrt{(1.5 \times 180)^2 + (1.2 \times 993.13)^2} = 1221.96 N \cdot m$

(2) $M_e = \dfrac{1}{2}(k_m M + T_e) = \dfrac{1}{2}(1.5 \times 180 + 1221.96) = 745.98 N \cdot m$

(3) $T_e = \tau_a Z_P = \tau_a \times \dfrac{\pi(d_2^4 - d_1^4)}{16 d_2}$ 에서,

$d_1 = \sqrt[4]{d_2^4 - \dfrac{16 d_2 T_e}{\pi \tau_a}} = \sqrt[4]{100^4 - \dfrac{16 \times 100 \times 1221.96 \times 10^3}{\pi \times 30}} = 94.35 mm$

$M_e = \sigma_a Z = \sigma_a \times \dfrac{\pi(d_2^4 - d_1^4)}{32 d_2}$ 에서,

$d_1 = \sqrt[4]{d_2^4 - \dfrac{32 d_2 M_e}{\pi \sigma_a}} = \sqrt[4]{100^4 - \dfrac{32 \times 100 \times 745.98 \times 10^3}{\pi \times 60}} = 96.67 mm$

여기서 내경은 안전을 고려하여 두 값 중 작은 값을 채택하므로 $\therefore d_1 = 94.35 mm$

09

외경 $100mm$인 1줄나사의 사각나사잭이 3회전을 하여 $49.5mm$를 전진할 때 다음을 구하시오.
(단, 마찰계수 0.2, 너트의 유효직경은 $0.78 \times$ 외경이다.)

(1) $300mm$의 길이를 가진 스패너를 $80N$의 힘으로 돌릴 때 들어 올릴 수 있는 하중 $[N]$
(2) 나사의 효율 $[\%]$

(1) 나사잭이 3회전을 하여 $49.5mm$를 전진시킨다. $\Rightarrow \ell = \dfrac{49.5}{3} = 16.5mm$

$\ell = np \Rightarrow p = \dfrac{\ell}{n} = \dfrac{16.5}{1} = 16.5mm$, $d_e = 0.76 d_2 = 0.78 \times 100 = 78mm$

$T = FL = Q\left(\dfrac{p + \mu\pi d_e}{\pi d_e - \mu p}\right)\dfrac{d_e}{2}$ 에서,

$\therefore Q = \dfrac{FL}{\left(\dfrac{p + \mu\pi d_e}{\pi d_e - \mu p}\right)\dfrac{d_e}{2}} = \dfrac{80 \times 300}{\left(\dfrac{16.5 + 0.2\pi \times 78}{\pi \times 78 - 0.2 \times 16.5}\right) \times \dfrac{78}{2}} = 2270.93N$

(2) $\eta = \dfrac{pQ}{2\pi T} = \dfrac{pQ}{2\pi \times FL} = \dfrac{16.5 \times 2270.93}{2\pi \times 80 \times 300} = 0.2485 = 24.85\%$

10

다음 그림과 같은 코터 이음에서 축하중이 $80kN$으로 작용하고 있다. 로드 소켓 내의 지름 $80mm$, 소켓의 바깥지름 $160mm$, 코터의 두께가 $20mm$, 코터의 너비가 $90mm$일 때 다음을 구하시오.

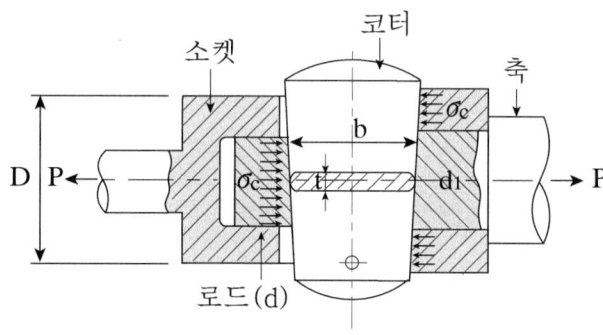

(1) 로드엔드의 인장응력 $[MPa]$
(2) 코터의 굽힘응력 $[MPa]$

(1) $\sigma_a = \dfrac{P}{A} = \dfrac{P}{\dfrac{\pi d_1^2}{4} - td_1} = \dfrac{80 \times 10^3}{\dfrac{\pi \times 80^2}{4} - 20 \times 80} = 23.35 MPa$

(2) $\sigma_b = \dfrac{M}{Z} = \dfrac{\dfrac{PD}{8}}{\dfrac{th^2}{6}} = \dfrac{3PD}{4th^2} = \dfrac{3 \times 80 \times 10^3 \times 160}{4 \times 20 \times 90^2} = 59.26 MPa$

11

$500 rpm$, $6kW$의 동력을 전달하는 평벨트 전동장치에서 풀리의 직경은 $250mm$, 벨트의 접촉각은 $165°$, 벨트와 풀리 사이의 마찰계수가 0.3일 때 다음을 구하시오.
(단, 벨트의 두께 $2mm$, 허용인장응력 $8MPa$, 이음효율은 83% 이다.)

(1) 벨트의 유효 장력 $[N]$
(2) 벨트의 너비 $[mm]$

(1) $v = \dfrac{\pi D_A N_A}{60 \times 1000} = \dfrac{\pi \times 250 \times 500}{60 \times 1000} = 6.54 m/s$
$H = P_e v \Rightarrow \therefore P_e = \dfrac{H}{v} = \dfrac{6 \times 10^3}{6.54} = 917.43 N$

(2) $v = 10m/s$가 넘었지만, 부가장력와 관련된 물성치가 주어지지 않았으므로, 부가장력을 고려하지 않는다.

$e^{\mu\theta} = e^{0.3 \times 165 \times \frac{\pi}{180}} = 2.37$
$T_t = \dfrac{P_e e^{\mu\theta}}{e^{\mu\theta} - 1} = \dfrac{917.43 \times 2.37}{2.37 - 1} = 1587.09 N$

$\sigma_t = \dfrac{T_t}{bt\eta} \Rightarrow \therefore b = \dfrac{T_t}{t\eta\sigma_t} = \dfrac{1587.09}{2 \times 0.83 \times 8} = 119.51 mm$

12

압축 하중 $1000N$을 받는 원통형 코일 스프링의 소선의 지름은 $12mm$이고, 코일의 평균지름이 $96mm$, 처짐량 $20mm$, 가로탄성계수는 $81GPa$일 때 다음을 구하시오.

(1) 유효 권수 [회]
(2) 스프링의 최대 전단응력 [MPa]

(1) $\delta = \dfrac{8nPD^3}{Gd^4} \Rightarrow \therefore n = \dfrac{Gd^4\delta}{8PD^3} = \dfrac{81 \times 10^3 \times 12^4 \times 20}{8 \times 1000 \times 96^3} = 4.75 ≒ 5회$

(2) $C = \dfrac{D}{d} = \dfrac{96}{12} = 8$

$K = \dfrac{4C-1}{4C-4} + \dfrac{0.615}{C} = \dfrac{4 \times 8 - 1}{4 \times 8 - 4} + \dfrac{0.615}{8} = 1.18$

$\therefore \tau_{max} = \dfrac{8PDK}{\pi d^3} = \dfrac{8 \times 1000 \times 96 \times 1.18}{\pi \times 12^3} = 166.94 MPa$

2022 4회차 일반기계기사 필답형 기출문제

01

한 쌍의 외접 스퍼기어장치가 있다. 소기어의 분당 회전수 $750rpm$, 대기어의 분당 회전수는 $500rpm$이고 모듈 4, 중심거리 $100mm$, 압력각 $14.5°$일 때 다음을 구하시오.

(1) 소기어와 대기어의 잇수 [개]
(2) 소기어와 대기어의 전위계수
 (단, 스퍼기어를 전위기어화 하고, 언더컷 발생이 없다고 가정하고 소수점 5째 자리까지 구하시오.)
(3) 축간 중심거리 [mm]
 (단, 스퍼기어를 전위기어화 하고, 언더컷 발생이 없다고 가정하고, 하단의 표를 참고하여 푸시오.)

압력각	소수점 둘째 자리				
(α)	0	2	4	6	8
14.0	0.004982	0.005004	0.005025	0.005047	0.002069
14.1	0.005091	0.005113	0.005135	0.005158	0.005180
14.2	0.005202	0.005225	0.005247	0.005269	0.005292
14.3	0.005315	0.005337	0.005360	0.005383	0.005406
14.4	0.005429	0.005452	0.005475	0.005498	0.005522
14.5	0.005545	0.005568	0.005592	0.005615	0.005639
14.6	0.005662	0.005686	0.005710	0.005734	0.005758
14.7	0.005782	0.005806	0.005830	0.005854	0.005878
14.8	0.005903	0.005927	0.005952	0.005976	0.006001
14.9	0.006025	0.006050	0.006075	0.006100	0.006125
15.0	0.006150	0.006175	0.006200	0.006225	0.006251
15.1	0.006276	0.006301	0.006327	0.006353	0.006378
15.2	0.006404	0.006430	0.006456	0.006482	0.006508
15.3	0.006534	0.006560	0.006586	0.006612	0.006639
15.4	0.006665	0.006692	0.006718	0.006745	0.006772
15.5	0.006799	0.006825	0.006852	0.006879	0.006906
15.6	0.006934	0.006961	0.006988	0.007016	0.007043
15.7	0.007071	0.007098	0.007216	0.007154	0.007182
15.8	0.007209	0.007237	0.007266	0.007294	0.007322
15.9	0.007350	0.007379	0.007407	0.007435	0.007464
·	·	·	·	·	·
·	·	·	·	·	·
·	·	·	·	·	·
17.0	0.009853	0.009934	0.009997	0.010053	0.010090
17.1	0.010102	0.010184	0.010235	0.010287	0.010321
17.2	·	·	·	·	·
17.3	·	·	·	·	·
17.4	·	·	·	·	·
17.5	·	·	·	·	·
17.6	·	·	·	·	·

17.7	·	·	·	·	·
17.8	·	·	·	·	·
17.9	·	·	·	·	·
18.0	·	·	·	·	·

(1) $\varepsilon = \dfrac{N_B}{N_A} = \dfrac{D_A}{D_B} \Rightarrow \dfrac{500}{750} = \dfrac{D_A}{D_B} \Rightarrow D_B = \dfrac{3}{2}D_A$

$C = \dfrac{D_A + D_B}{2} \Rightarrow D_A + D_B = 2C = 2 \times 100 = 200mm$

$D_A + \dfrac{3}{2}D_A = 200mm \Rightarrow D_A = 80mm, \; D_B = 120mm$

$D = mZ$에서,

$\therefore Z_A = \dfrac{D_A}{m} = \dfrac{80}{4} = 20$개

$\therefore Z_B = \dfrac{D_B}{m} = \dfrac{120}{4} = 30$개

(2) $\alpha_n = 14.5°$ 일 때 $x = 1 - \dfrac{Z}{2}\sin^2\alpha$

$\therefore$ 소 기어의 전위 계수 : $x_A = 1 - \dfrac{Z_A}{2}\sin^2\alpha = 1 - \dfrac{20}{2}\sin^2(14.5) = 0.37310$

$\therefore$ 대 기어의 전위 계수 : $x_B = 1 - \dfrac{Z_B}{2}\sin^2\alpha = 1 - \dfrac{30}{2}\sin^2(14.5) = 0.05964$

(3) $inv\alpha_b° = inv\alpha + 2\left(\dfrac{x_A + x_B}{Z_A + Z_B}\right)\tan\alpha = 0.005545 + 2 \times \left(\dfrac{0.37310 + 0.05964}{20 + 30}\right) \times \tan14.5° = 0.010022$

여기서 표를 보면, 0.010022는,
$\alpha = 17.04°(=0.009997)$값과 $\alpha = 17.06°(=0.010053)$값 사이에 있으므로
보간법을 이용하여 값을 도출한다.

$\therefore \alpha_b = 17.04 + \dfrac{0.010022 - 0.009997}{0.010053 - 0.009997} \times (17.06 - 17.04) = 17.05°$

$y = \dfrac{Z_A + Z_B}{2}\left(\dfrac{\cos\alpha}{\cos\alpha_b} - 1\right) = \dfrac{20 + 30}{2} \times \left(\dfrac{\cos14.5°}{\cos17.05°} - 1\right) = 0.3164$

$\triangle C = ym = 0.3164 \times 4 = 1.27mm$

$\therefore C_f = C + \triangle C = \dfrac{m(Z_A + Z_B)}{2} + \triangle C = 100 + 1.27 = 101.27mm$

02

원추형 코일 스프링에서 하부 반지름 $48mm$, 상부 반지름 $26mm$, 압축하중 $120N$, 왈의 응력수정계수 1.26, 소선의 반지름 $8mm$, 유효권수 8권, 전단탄성계수 $81GPa$일 때 다음을 구하시오.

(1) 스프링의 최대 전단응력 $[MPa]$
(2) 스프링의 처짐량 $[mm]$

(1) $\tau_{\max} = \dfrac{8PD_{\max}K}{\pi d^3} = \dfrac{8 \times 120 \times 96 \times 1.26}{\pi \times 16^3} = 9.02 MPa$

(2) $\delta = \dfrac{16nP}{Gd^4}(R_{\max}^2 + R_{\min}^2)(R_{\max} + R_{\min}) = \dfrac{16 \times 8 \times 120}{81 \times 10^3 \times 16^4}(48^2 + 26^2)(48+26) = 0.64 mm$

03

$4ton$의 하중을 들어 올리기 위한 사다리꼴 나사잭(TM)이 있다. 유효지름 $57mm$, 피치 $10mm$, 마찰계수가 0.15, 레버를 누르는 힘 $300N$일 때 다음을 구하시오.

(1) 전달토크 $[N \cdot m]$
(2) 레버의 길이 $[mm]$
(3) 인장을 고려하지 않은 나사잭의 전단응력 $[MPa]$ (단, 나사의 골지름은 $51.5mm$이다.)
(4) 나사잭의 효율 $[\%]$

(1) $\mu' = \dfrac{\mu}{\cos\dfrac{\alpha}{2}} = \dfrac{0.15}{\cos\left(\dfrac{30°}{2}\right)} = 0.1553$

$\therefore T = Q\left(\dfrac{p + \mu'\pi d_e}{\pi d_e - \mu p}\right)\dfrac{d_e}{2} = 4 \times 10^3 \times 9.8 \times \left(\dfrac{10 + 0.1553 \times \pi \times 57}{\pi \times 57 - 0.1553 \times 10}\right) \times \dfrac{57}{2} = 237953.56 N \cdot mm$

$= 237.95 N \cdot m$

(2) $T = FL \Rightarrow \therefore L = \dfrac{T}{F} = \dfrac{237.95 \times 10^3}{300} = 793.17 mm$

(3) $\tau = \dfrac{T}{Z_P} = \dfrac{16T}{\pi d_1^3} = \dfrac{16 \times 237.95 \times 10^3}{\pi \times 51.5^3} = 8.87 MPa$

(4) $\eta = \dfrac{pQ}{2\pi T} = \dfrac{10 \times 4000 \times 9.8}{2\pi \times 237.95 \times 10^3} = 0.2622 = 26.22\%$

04

1350rpm, 12.5kW 동력을 전달하려는 전동기의 축에 원동 풀리의 피치원 직경 220mm, 종동 풀리의 피치원 직경 780mm, 홈의 각도는 40°의 V-벨트 풀리를 설치하여 축간거리가 1300mm인 벨트를 운전을 하려고 한다. V-벨트의 허용장력은 590N, 단위 길이당 질량 0.36kg/m, 마찰계수는 0.33, 접촉각 수정계수 0.94, 부하수정계수 1.25일 때 다음을 구하시오.

(1) 원동풀리 접촉 중심각 [°]
(2) 벨트 한가닥의 전달동력 [kW]
(3) 가닥수 [개]

(1) $\theta = 180° - 2\sin^{-1}\left(\dfrac{D_B - D_A}{2C}\right) = 180° - 2\sin^{-1}\left(\dfrac{780-220}{2\times 1300}\right) = 155.12°$

(2) $v = \dfrac{\pi D_A N_A}{60\times 1000} = \dfrac{\pi \times 220 \times 1350}{60 \times 1000} = 15.55 m/s$ (부가장력을 고려한다.)

$T_e = mv^2 = 0.36 \times 15.55^2 = 87.05 N$

$\mu' = \dfrac{\mu}{\sin\dfrac{\alpha}{2} + \mu\cos\dfrac{\alpha}{2}} = \dfrac{0.33}{\sin 20° + 0.33\cos 20°} = 0.506$

$e^{\mu'\theta} = e^{0.506 \times 155.12 \times \frac{\pi}{180}} = 3.94$

$\therefore H_o = (T_t - T_e)\left(\dfrac{e^{\mu'\theta}-1}{e^{\mu'\theta}}\right)v = (590-87.05)\left(\dfrac{3.94-1}{3.94}\right)\times 15.55 = 5835.88 W = 5.84 kW$

(3) $Z = \dfrac{H}{k_1 k_2 H_o} = \dfrac{12.5}{0.94 \times 1.25 \times 5.84} = 1.82 ≒ 2$가닥

05

다음 그림과 같은 밴드 브레이크에서 권상 하중 W의 자유 낙하를 방지하려 한다. 마찰계수가 0.27일 때 다음을 구하시오.

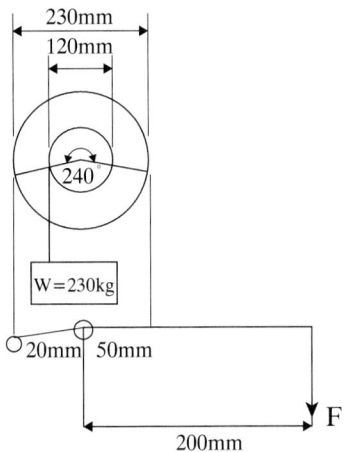

(1) 긴장측장력 $[N]$, 이완측장력 $[N]$
(2) 레버를 누르는 힘 $[N]$
(3) 밴드의 폭 $[mm]$ (단, 밴드의 허용인장응력은 $60MPa$, 밴드의 두께는 $3mm$이다.)

(1) $W = 230 \times 9.8 = 2254N$

$T = f \times \dfrac{D}{2} = W \times \dfrac{d}{2} \Rightarrow f = W \times \dfrac{d}{D} = 2254 \times \dfrac{120}{230} = 1176N$

$e^{\mu\theta} = e^{0.27 \times 240 \times \frac{\pi}{180}} = 3.1$

$\therefore T_t = \dfrac{fe^{\mu\theta}}{e^{\mu\theta} - 1} = \dfrac{1176 \times 3.1}{3.1 - 1} = 1736N$

$\therefore T_s = \dfrac{f}{e^{\mu\theta} - 1} = \dfrac{1176}{3.1 - 1} = 560N$

(2) $F \times 200 + T_s \times 20 - T_t \times 50 = 0$

$\therefore F = \dfrac{T_t \times 50 - T_s \times 20}{200} = \dfrac{1736 \times 50 - 560 \times 20}{200} = 378N$

(3) $\sigma_t = \dfrac{T_t}{bt} \Rightarrow \therefore b = \dfrac{T_t}{t\sigma_t} = \dfrac{1736}{3 \times 60} = 9.64mm$

06

파단 하중 $21kN$, 피치 $15.88mm$의 롤러-체인으로 $600rpm$의 회전수로 운전하려 한다. 안전율 14, 구동 스프로킷의 잇수 18개, 종동 스프로킷의 잇수 26개 양 스프로킷의 중심거리 $550mm$일 때 다음을 구하시오.

(1) 롤러 체인의 링크 수 [개]
(2) 체인 속도 [m/s]
(3) 롤러 체인의 최대 전달 동력 [kW]

(1) $L_n = \dfrac{2C}{p} + \dfrac{Z_A + Z_B}{2} + \dfrac{0.0257p(Z_A - Z_B)^2}{C} = \dfrac{2 \times 550}{15.88} + \dfrac{18+26}{2} + \dfrac{0.0257 \times 15.88 \times (18-26)^2}{550}$
$= 91.32 ≒ 92개$

(2) $v = \dfrac{pZ_A N_A}{60 \times 1000} = \dfrac{15.88 \times 18 \times 600}{60 \times 1000} = 2.86 m/s$

(3) $F = \dfrac{F_B}{S} = \dfrac{21}{14} = 1.5 kN$

∴ $H = Fv = 1.5 \times 2.86 = 4.29 kW$

07

한 줄 겹치기 리벳이음에서 강판 두께 $10mm$, 리벳 지름 $19mm$, 피치 $48mm$이다. 1피치 내의 인장 하중을 $10kN$으로 할 때 다음을 구하시오.
(단, 리벳의 지름과 리벳의 구멍 지름 크기가 동일하다.)

(1) 강판의 인장응력 [MPa]
(2) 리벳의 전단응력 [MPa]

(1) $\sigma_t = \dfrac{\overline{W}}{(p-d)t} = \dfrac{10 \times 10^3}{(48-19) \times 10} = 34.48 MPa$

(2) $\tau = \dfrac{\overline{W}}{\dfrac{\pi}{4}d^2 n} = \dfrac{10 \times 10^3}{\dfrac{\pi}{4} \times 19^2 \times 1} = 35.27 MPa$

08

회전수 $1500 rpm$, $2.2 kW$의 동력을 전달하는 전동축이 있다. 묻힘 키의 호칭치수는 $b \times h = 8 \times 7$이고, 묻힘 키에 작용하는 허용전단응력 $25 MPa$, 허용압축응력 $53 MPa$, 키 홈이 없는 경우에 축의 지름은 $30 mm$이다. 다음을 구하시오.
(단, 축과 키의 재질이 동일하며, 키를 고려한 경우와 고려하지 않는 경우의 축의 비틀림 강도의 비는 무어의 실험식에 의하여 $\beta = 1 - 0.2 \dfrac{b}{d_0} - 1.1 \dfrac{t}{d_0}$이고, 키 홈을 고려한 축지름은 $d_1 = \beta d_0$이고, 키의 묻힘 깊이는 키 높이의 $\dfrac{1}{2}$이다.)

(1) 최소 길이 $[mm]$
(2) 무어의 실험식을 이용하여 키의 묻힘을 고려한 축의 전단응력 $[MPa]$

(1) $T = \dfrac{H}{\omega} = \dfrac{H}{\dfrac{2\pi N}{60}} = \dfrac{2.2 \times 10^3}{\dfrac{2\pi \times 1500}{60}} = 14.01 N \cdot m$

$\tau_a = \dfrac{2T}{b \ell d_0} \Rightarrow \ell = \dfrac{2T}{b d_0 \tau_a} = \dfrac{2 \times 14.01 \times 10^3}{8 \times 30 \times 25} = 4.67 mm$

$\sigma_a = \dfrac{4T}{h \ell d_0} \Rightarrow \ell = \dfrac{4T}{h d_0 \sigma_a} = \dfrac{4 \times 14.01 \times 10^3}{7 \times 30 \times 53} = 5.04 mm$

안전을 고려하여 묻힘 키의 길이는 큰 값을 채택한다. $\therefore \ell = 5.04 mm$

(2) $t = 0.5 h = 0.5 \times 7 = 3.5 mm$

$d_1 = \beta d_0 = \left(1 - 0.2 \dfrac{b}{d_0} - 1.1 \dfrac{t}{d_0}\right) \times d_0 = \left(1 - 0.2 \times \dfrac{8}{30} - 1.1 \times \dfrac{3.5}{30}\right) \times 30 = 24.55 mm$

축과 키의 재질이 동일하니, $\tau_a = \tau_k = 25 MPa$

$T = \tau Z_P = \tau_a \times \dfrac{\pi d_1^{\ 3}}{16} \Rightarrow \therefore \tau = \dfrac{16 T}{\pi d_1^{\ 3}} = \dfrac{16 \times 14.01 \times 10^3}{\pi \times 24.55^3} = 4.82 MPa$

09

다음 그림과 같은 풀리의 무게 $W = 500N$, 중실 축 지름 $48mm$, $a = 0.3m$, $b = 0.5m$, 비중 7.8, 종탄성계수 $206 GPa$인 축이 있을 때 다음을 구하시오.

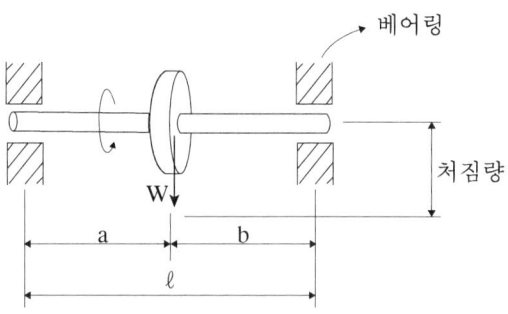

(1) 축의 자중을 고려하지 않을 때 풀리에 의한 위험속도 $[rpm]$
(2) 축의 자중만을 고려할 때의 위험속도 $[rpm]$
(3) 던커레이를 이용한 축의 위험속도 $[rpm]$

(1) $\delta = \dfrac{Wa^2b^2}{3\ell EI} = \dfrac{500 \times 0.3^2 \times 0.5^2}{3 \times 0.8 \times 206 \times 10^9 \times \dfrac{\pi \times 0.048^4}{64}} = 87.33 \times 10^{-6}m = 87.33\mu m$

$\therefore N_1 = \dfrac{30}{\pi}\sqrt{\dfrac{g}{\delta}} = \dfrac{30}{\pi}\sqrt{\dfrac{9.8 \times 10^6}{87.33}} = 3198.91 rpm$

(2) $\omega = \gamma A = \rho g A = \rho_{H_2O} S g A = 1000 \times 7.8 \times 9.8 \times \dfrac{\pi \times 0.048^2}{4} = 138.32 N/m$

$\delta_0 = \dfrac{5\omega \ell^4}{384 EI} = \dfrac{5 \times 138.32 \times 0.8^4}{384 \times 206 \times 10^9 \times \dfrac{\pi \times 0.048^4}{64}} = 13.74 \times 10^{-6}m = 13.74\mu m$

$\therefore N_0 = \dfrac{30}{\pi}\sqrt{\dfrac{g}{\delta_0}} = \dfrac{30}{\pi}\sqrt{\dfrac{9.8}{13.74}} = 8064.75 rpm$

(3) $N_C = \dfrac{1}{\sqrt{\dfrac{1}{N_0^2} + \dfrac{1}{N_1^2}}} = \dfrac{1}{\sqrt{\dfrac{1}{8064.75^2} + \dfrac{1}{3198.91}}} = 2973.53 rpm$

10

상온에서 이음매 없는 강관에 수압 $4MPa$, 유량 $0.3m^3/s$를 흐르게 하려 한다. 평균유속이 $12m/s$, 허용 인장응력이 $80MPa$, 안전율 2일 때 다음을 구하시오.

(1) 강관의 안지름 $[mm]$
(2) 강관의 바깥지름 $[mm]$
   (단, 부식여유는 $C = 6 \times \left(1 - \dfrac{Pd}{660000}\right)$ 여기서, P는 내압$[MPa]$, d는 내경$[mm]$이다.)

(1) $d = \sqrt{\dfrac{4Q}{\pi V}} = \sqrt{\dfrac{4 \times 0.3}{\pi \times 12}} = 0.1784m = 178.41mm$

(2) $C = 6 \times \left(1 - \dfrac{4 \times 178.41}{660000}\right) = 5.99mm$

$\sigma_a = \dfrac{\sigma}{S} = \dfrac{80}{2} = 40MPa$

$t = \dfrac{pd}{2\sigma_a} + C = \dfrac{4 \times 178.41}{2 \times 40} + 5.99 = 14.91mm$

$\therefore d_o = d + 2t = 178.41 + 2 \times 14.91 = 208.23mm$

11

분당회전수 $300rpm$, $2.2kW$의 동력을 전달하는 외접 원통 마찰차가 있다. 원동 마찰차의 지름이 $250mm$, 종동 마찰차의 지름이 $450mm$ 마찰계수 0.2, 허용 접촉 선압력 $34.3N/mm$ 일 때 다음을 구하시오.

(1) 마찰차의 회전속도 $[m/s]$
(2) 마찰차가 서로 미는 힘 $[N]$
(3) 마찰차의 폭 $[mm]$

(1) $v = \dfrac{\pi D_A N_A}{60 \times 1000} = \dfrac{\pi \times 250 \times 300}{60 \times 1000} = 3.93m/s$

(2) $H = \mu Pv \Rightarrow \therefore P = \dfrac{H}{\mu v} = \dfrac{2.2 \times 10^3}{0.2 \times 3.93} = 2798.98N$

(3) $f = \dfrac{P}{b} \Rightarrow \therefore b = \dfrac{P}{f} = \dfrac{2798.98}{34.3} = 81.6mm$

12

회전수 $600 rpm$으로 베어링 하중 $10kN$을 받쳐주는 엔드 저널 베어링이 있다. 발열계수 $2MPa \cdot m/s$일 때 다음을 구하시오.

(1) 저널의 길이 $[mm]$
(2) (1)을 고려한 저널의 지름 $[mm]$ (단, 엔드 저널의 허용굽힘응력 $60MPa$이다.)
(3) 베어링 압력 $[MPa]$

(1) $pv = \dfrac{\pi WN}{60000\ell} \Rightarrow \therefore \ell = \dfrac{\pi WN}{60000pv} = \dfrac{\pi \times 10 \times 10^3 \times 600}{60000 \times 2} = 157.08 mm$

(2) $d = \sqrt[3]{\dfrac{32 M_{\max}}{\pi \sigma_b}} = \sqrt[3]{\dfrac{32 W \times \dfrac{\ell}{2}}{\pi \sigma_b}} = \sqrt[3]{\dfrac{16 W \ell}{\pi \sigma_b}} = \sqrt[3]{\dfrac{16 \times 10 \times 10^3 \times 157.08}{\pi \times 60}} = 51.09 mm$

(3) $p = \dfrac{W}{d\ell} = \dfrac{10 \times 10^3}{51.09 \times 157.08} = 1.25 MPa$

2023년 1회차 일반기계기사 필답형 기출문제

01

다음 겹판스프링에서, 스팬의 길이 $1500mm$, 하중 $7500N$, 죔 폭 $120mm$, 밴드의 나이 $120mm$, 두께 $12mm$, 스프링에 발생하는 굽힘응력 $350MPa$, 종탄성계수 $205GPa$일 때 다음을 구하시오.

(1) 판의 수 [장]
(2) 스프링의 늘어난 길이 [mm] (단, 하중 $3600N$으로 고려하시오.)
(3) 고유 진동수 [Hz] (단, 하중 $3600N$으로 고려하시오.)

(1) $\ell' = \ell - 0.6e = 1500 - 0.6 \times 120 = 1428mm$
$\therefore \sigma = \dfrac{3P\ell'}{2nbh^2} \Rightarrow \therefore n = \dfrac{3P\ell'}{2bh^2\sigma} = \dfrac{3 \times 7500 \times 1428}{2 \times 120 \times 12^2 \times 350} = 2.66 \fallingdotseq 3$장

(2) $\delta = \dfrac{3P\ell'^3}{8nbh^3E} = \dfrac{3 \times 3600 \times 1428^3}{8 \times 3 \times 120 \times 12^3 \times 205 \times 10^3} = 30.83mm$

(3) $f_n = \dfrac{1}{2\pi}\sqrt{\dfrac{g}{\delta}} = \dfrac{1}{2\pi}\sqrt{\dfrac{9800}{30.83}} = 2.84Hz$

02

파단하중 $87.5kN$, 피치 $31.75mm$의 롤러 체인을 2열로 사용하여 동력을 전달하려 한다. 롤러체인의 부하 계수 1.4, 안전율 10, 원동스프로킷 잇수 40개, 종동스프로킷 잇수 60개, $400rpm$으로 회전할 때 다음을 구하시오.

(1) 스프로킷 원주속도 [m/s]
(2) 체인의 출력 [kW]
(3) 링크수 [개] (단, 축간거리는 $1400mm$이고, 오프셋 링크이다.)

(1) $v = \dfrac{pZ_A N_A}{60 \times 1000} = \dfrac{31.75 \times 40 \times 400}{60 \times 1000} = 8.47 m/s$

(2) $F = \dfrac{F_B}{Sk} = \dfrac{87.5}{10 \times 1.4} = 6.25 kN$
$\therefore H = Fv = 6.25 \times 8.47 = 52.94 kW$

(3) $L_n = \dfrac{2C}{p} + \dfrac{Z_A + Z_B}{2} + \dfrac{0.0257p(Z_A - Z_B)^2}{C}$
$= \dfrac{2 \times 1400}{31.75} + \dfrac{40 + 60}{2} + \dfrac{0.0257 \times 31.75 \times (40-60)^2}{1400} = 138.42 ≒ 139개$

(오프셋 링크는 홀수개로 올림하셔야 합니다.)

03

감속비가 $\dfrac{1}{20}$ 인 5줄 나사로 구성된 웜과 웜휠 동력전달장치가 있다. 웜의 축직각 모듈 3.5, 웜휠의 회전수 $60 rpm$, 압력각 $14.5°$, 웜의 지름 $120 mm$, 웜휠의 이너비 $48 mm$, 유효이너비 $45 mm$ 일 때 다음을 구하시오.
(단, 웜휠은 금속재료이고, 웜휠의 굽힘응력 $111 MPa$, 치형계수 $y = 0.1$, 내마멸계수 $0.561 MPa$, 웜의 리드각에 의한 계수 1, 하중계수 1이다.)

(1) 웜의 리드각 [°]
(2) 웜휠의 굽힘강도 [N]
(3) 웜휠의 면압강도 [N]
(4) 최대전달출력 [kW]

(1) $\tan\beta = \dfrac{\ell}{\pi D_w} = \dfrac{Z_w p_s}{\pi D_w} = \dfrac{Z_w \pi m_s}{\pi D_w} = \dfrac{Z_w m_s}{D_w}$ 에서,
$\therefore \beta = \tan^{-1}\left(\dfrac{Z_w m_s}{D_w}\right) = \tan^{-1}\left(\dfrac{5 \times 3.5}{120}\right) = 8.3°$

(2) $p_n = p_s \cos\beta = \pi m_s \cos\beta = \pi \times 3.5 \times \cos 8.3° = 10.88 mm$
$\varepsilon = \dfrac{N_g}{N_w} = \dfrac{Z_w}{Z_g} \Rightarrow Z_g = \dfrac{Z_w}{\varepsilon} = 20 \times 5 = 100개,\ N_g = 60 rpm$
$D_g = m_s Z_g = 3.5 \times 100 = 350 mm$
$v_g = \dfrac{\pi D_g N_g}{60 \times 1000} = \dfrac{\pi \times 350 \times 60}{60 \times 1000} = 1.1 m/s$
$f_v = \dfrac{6}{6 + 1.1} = 0.85$
$\therefore F = f_v f_w \sigma_b p_n by = 0.85 \times 1 \times 111 \times 10.88 \times 48 \times 0.1 = 4927.33 N$

(3) $F = f_v \phi D_g b_e K = 0.85 \times 1 \times 350 \times 45 \times 0.561 = 7510.39 N$

(4) 안전을 고려하여 작은 힘을 고려한다. $F = 4927.33 N$
$H = Fv_g = 4927.33 \times 10^{-3} \times 1.1 = 5.42 kW$

04

축간거리 $850mm$, 원동풀리의 직경 $400mm$, 종동풀리의 직경 $650mm$, 인장응력 $20MPa$, 단위길이당 질량 $0.36kg/m$ 안전율 2, 마찰계수 0.3이고, $900rpm$, $6\,kW$의 동력을 전달하는 평벨트 전동장치를 바로걸기로 제작하려 할 때 다음을 구하시오.

(1) 원동풀리의 벨트 접촉각 $[°]$
(2) 벨트의 폭 $[mm]$ (단, 벨트의 두께 $4mm$, 이음효율 80%이다.)
(3) 림(rim)부 응력 $[MPa]$ (단, 벨트의 비중량 $7.84kN/m^3$이다.)

(1) $\theta_A = 180° - 2\sin^{-1}\left(\dfrac{D_B - D_A}{2C}\right) = 180° - 2\sin^{-1}\left(\dfrac{650-400}{2\times 850}\right) = 163.09°$

(2) $v = \dfrac{\pi D_A N_A}{60\times 1000} = \dfrac{\pi \times 400 \times 900}{60\times 1000} = 18.85 m/s$ (부가장력을 고려한다.)

$T_e = mv^2 = 0.36 \times 18.85^2 = 127.92 N$

$e^{\mu\theta} = e^{0.3 \times 163.09 \times \frac{\pi}{180}} = 2.35$

$T_t = \dfrac{e^{\mu\theta}}{e^{\mu\theta}-1} \times \dfrac{H}{v} + T_e = \dfrac{2.35}{2.35-1} \times \dfrac{6\times 10^3}{18.85} + 127.92 = 682 N$

$\sigma_a = \dfrac{\sigma}{S} = \dfrac{20}{2} = 10 MPa$

$\sigma_a = \dfrac{T_t}{bt\eta} \Rightarrow \therefore b = \dfrac{T_t}{t\eta\sigma_a} = \dfrac{682}{4\times 0.8\times 10} = 21.31 mm$

(3) $\sigma = \dfrac{\gamma v^2}{g} = \dfrac{7.84\times 10^3 \times 18.85^2}{9.8} = 284258 Pa = 0.28 MPa$

05

축방향하중 $30kN$이 작용하고 있는 칼라 저널 베어링이 있다. 칼라 저널 베어링의 외경은 $400mm$, 내경은 $300mm$, 분당회전수 $200rpm$, 발열계수 $0.43MPa\cdot m/s$일 때 다음을 구하시오.

(1) 칼라의 개수 $[개]$
(2) 베어링 압력 $[kPa]$
(3) 마찰손실동력 $[kW]$ (단, 마찰계수는 0.012이다.)

(1) $Z(d_2-d_1) = \dfrac{WN}{30000pv}$ 에서

$\therefore Z = \dfrac{WN}{30000pv(d_2-d_1)} = \dfrac{30\times10^3 \times 200}{30000\times 0.43\times(400-300)} = 4.65 ≒ 5$개

(2) $P = \dfrac{W}{A} = \dfrac{W}{\dfrac{\pi}{4}(d_2^2-d_1^2)Z} = \dfrac{30\times10^3}{\dfrac{\pi}{4}(400^2-300^2)\times 5} = 0.10913MPa = 109.13kPa$

(3) $pv = 0.43 \Rightarrow v = \dfrac{0.4}{p} = \dfrac{0.43}{0.10913} = 3.94m/s$

$\therefore H = \mu Wv = 0.012\times 30\times 3.94 = 1.42kW$

06

다음 그림과 같은 2측 필릿 용접이음이 있다. $a=200mm$, $b=180mm$, $c=160mm$, $P=5000N$일 때 다음을 구하시오.
(단, 목길이는 $9mm$이고, 강판의 두께와 동일하다.)

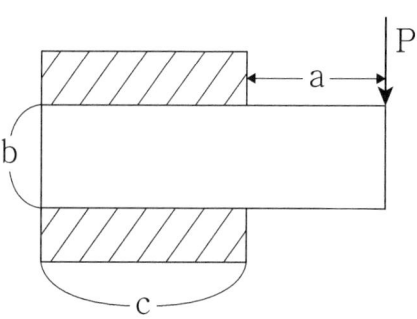

(1) 편심하중에 의한 전단응력 $[MPa]$
(2) 비틀림에 의한 전단응력 $[MPa]$
(3) 최대전단응력 $[MPa]$

(1) $\tau_1 = \dfrac{W}{2a\ell} = \dfrac{W}{2h\cos 45°\,\ell} = \dfrac{5000}{2\times 9\cos 45°\times 160} = 2.46 MPa$

(2) $L = a + \dfrac{c}{2} = 200 + \dfrac{160}{2} = 280mm$

$r_{\max} = \sqrt{80^2 + 90^2} = 120.42mm$

$I_P = \dfrac{c(3b^2+c^2)}{6}\times h\cos 45° = \dfrac{160(3\times 180^2 + 160^2)}{6}\times 9\cos 45° = 20839851.06mm^4$

$\therefore \tau_2 = \dfrac{WLr_{\max}}{I_p} = \dfrac{5000\times 280\times 120.42}{20839851.06} = 8.09MPa$

(3) $\cos\theta = \dfrac{80}{r_{\max}} = \dfrac{80}{120.42} = 0.664$

$\therefore \tau_{\max} = \sqrt{\tau_1^2 + \tau_2^2 + 2\tau_1\tau_2\cos\theta} = \sqrt{2.46^2 + 8.09^2 + 2\times 2.46\times 8.09\times 0.664} = 9.9MPa$

07

V홈 마찰차(홈각도 : $40°$)에서 $1200rpm$, $14.8kW$의 동력을 전달하려 한다. 마찰계수 0.2, 원동차의 평균지름 $250mm$일 때 다음을 구하시오.

(1) 원주속도 $[m/s]$
(2) 마찰차가 서로 밀어 붙이는 힘 $[N]$

(1) $v = \dfrac{\pi D_A N_A}{60\times 1000} = \dfrac{\pi\times 250\times 1200}{60\times 1000} = 15.71m/s$

(2) $\mu' = \dfrac{\mu}{\sin\alpha + \mu\cos\alpha} = \dfrac{0.2}{\sin 20° + 0.2\cos 20°} = 0.377$

$H = \mu' P v \;\Rightarrow\; \therefore P = \dfrac{H}{\mu' v} = \dfrac{14.8\times 10^3}{0.377\times 15.71} = 2498.87N$

08

$250rpm$, $4kW$으로 회전하는 직경 $250mm$의 드럼을 제동하려 블록 브레이크 장치를 제작하려 한다. 마찰계수가 0.25일 때 다음을 구하시오.

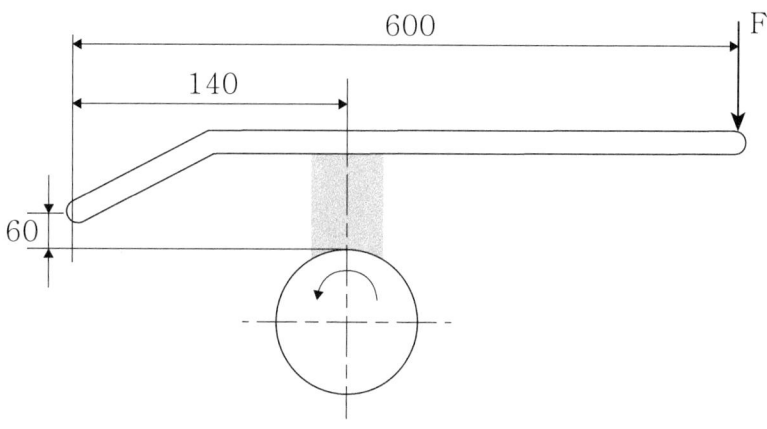

(1) 제동토크 $[N \cdot m]$
(2) 제동력 $[N]$
(3) 브레이크 작용력 F $[N]$

(1) $T = \dfrac{H}{\omega} = \dfrac{H}{\dfrac{2\pi N}{60}} = \dfrac{4 \times 10^4}{\dfrac{2\pi \times 250}{60}} = 152.79 N \cdot m$

(2) $T = f\dfrac{D}{2} \Rightarrow \therefore f = \dfrac{2T}{D} = \dfrac{2 \times 152.79 \times 10^3}{250} = 1222.32 N$

(3) $f = \mu P \Rightarrow P = \dfrac{f}{\mu} = \dfrac{1222.32}{0.25} = 4889.28 N$

$F \times 600 - P \times 140 + 0.25 \times P \times 60 = 0$

$\therefore F = \dfrac{P \times 140 - 0.25 \times P \times 60}{600} = \dfrac{4889.28 \times 140 - 0.25 \times 4889.28 \times 60}{600} = 1018.6 N$

09

길이 $460mm$인 중실축에 $1200N$의 풀리를 부착시켜 $800rpm$, $30kW$의 동력을 전달하려 한다. 축의 허용 전단응력 $50MPa$, 허용 굽힘응력 $80MPa$일 때 다음을 구하시오.
(단, 굽힘에 의한 동적하중계수 $k_m = 1.6$, 비틀림에 의한 동적하중계수 $k_t = 1.2$이다.)

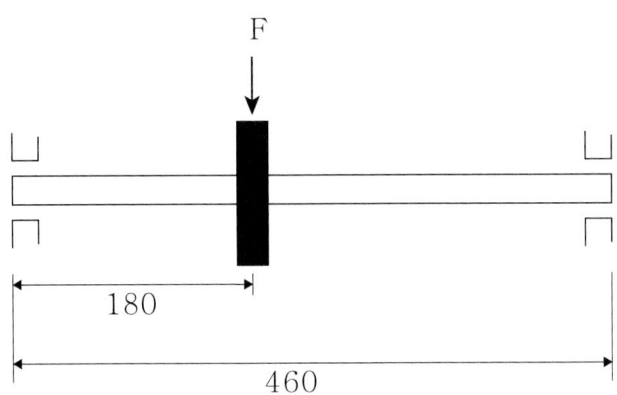

(1) 상당비틀림모멘트 $[N\cdot m]$, 상당굽힘모멘트 $[N\cdot m]$
(2) 축 지름 $[mm]$

(1) $T = \dfrac{H}{\omega} = \dfrac{30 \times 10^3}{\dfrac{2\pi \times 800}{60}} = 358.1 N\cdot m$

$M = \dfrac{Fab}{\ell} = \dfrac{1200 \times 0.18 \times 0.28}{0.46} = 131.48 N\cdot m$

$\therefore T_e = \sqrt{k_m M^2 + k_t T^2} = \sqrt{(1.6 \times 131.48)^2 + (1.2 \times 358.1)^2} = 478.45 N\cdot m$

$\therefore M_e = \dfrac{1}{2}(k_m M + T_e) = \dfrac{1}{2}(1.6 \times 131.48 + 478.45) = 344.41 N\cdot m$

(2) $d = \sqrt[3]{\dfrac{16 T_e}{\pi \tau_a}} = \sqrt[3]{\dfrac{16 \times 478.45 \times 10^3}{\pi \times 50}} = 36.53 mm$

$d = \sqrt[3]{\dfrac{32 M_e}{\pi \sigma_a}} = \sqrt[3]{\dfrac{32 \times 344.41 \times 10^3}{\pi \times 80}} = 35.26 mm$

안전을 고려하여 둘 중 큰 값을 선정한다. $\therefore d = 36.53 mm$

10

유효지름 $32mm$, 피치 $5mm$, 마찰계수 0.14인 사각나사잭에 하중 $5ton$이 작용하고 있다. 레버에 작용하는 힘 $300N$, 칼라부 마찰계수 0.05, 칼라부 지름 $40mm$일 때 다음을 구하시오.

(1) 회전 토크 $[N \cdot m]$
(2) 레버의 길이 $[mm]$

(1) $T = T_1 + T_2 = \mu_1 Q r_m + Q\left(\dfrac{p + \mu \pi d_e}{\pi d_e - \mu p}\right)\dfrac{d_e}{2}$

$= 0.05 \times 5000 \times 9.8 \times 20 + 5000 \times 9.8 \times \left(\dfrac{5 + 0.14 \times \pi \times 32}{\pi \times 32 - 0.14 \times 5}\right) \times \dfrac{32}{2} = 198796 N \cdot mm = 198.8 N \cdot m$

(2) $T = FL \Rightarrow \therefore L = \dfrac{T}{F} = \dfrac{198796}{300} = 662.65 mm$

11

회전수 $600 rpm$으로 하중 $5000N$을 받쳐주는 엔드저널 베어링이 있다. 발열계수는 $2MPa \cdot m/s$, 압력 $0.8MPa$일 때 다음을 구하시오.

(1) 저널의 지름 $[mm]$
(2) 저널의 길이 $[mm]$

(1) $v = \dfrac{pv}{p} = \dfrac{2}{0.8} = 2.5 m/s = \dfrac{\pi d N}{60 \times 1000}$

$\therefore d = \dfrac{60 \times 1000 \times 2.5}{\pi \times 600} = 79.58 mm$

(2) $p = \dfrac{W}{d\ell}$ 에서,

$\therefore \ell = \dfrac{W}{dp} = \dfrac{5000}{79.58 \times 0.8} = 78.54 mm$

12

직경이 $40mm$인 축에 끼워져있는 묻힘 키의 너비는 $12mm$, 높이가 $8mm$이다. 묻힘 키에 작용하는 전단응력 $170MPa$, 안전계수 2이며, 회전수가 $800rpm$, 전달동력 $8.57kW$일 때, 다음을 구하시오.

(1) 전달토크 $[N \cdot m]$
(2) 키의 길이 $[mm]$

(1) $T = \dfrac{H}{\omega} = \dfrac{H}{\dfrac{2\pi N}{60}} = \dfrac{8.57 \times 10^3}{\dfrac{2\pi \times 800}{60}} = 102.3 N \cdot m$

(2) $\tau_a = \dfrac{\tau_k}{S} = \dfrac{170}{2} = 85 MPa = \dfrac{2T}{b\ell d}$

$\therefore \ell = \dfrac{2T}{bd\tau_a} = \dfrac{2 \times 102.3 \times 10^3}{12 \times 40 \times 85} = 5.01 mm$

2023 2회차 일반기계기사 필답형 기출문제

01

한 줄 겹치기 리벳이음에서 강판 두께 $14mm$, 리벳 지름 $25mm$, 피치 $56mm$이다. 1피치 내의 인장 하중을 $15kN$으로 할 때 다음을 구하시오.
(단, 리벳의 지름과 리벳의 구멍 지름 크기가 동일하다.)

(1) 강판의 인장강도 $[MPa]$
(2) 리벳의 전단강도 $[MPa]$
(3) 리벳의 압축강도 $[MPa]$
(4) 강판의 효율 $[\%]$

(1) $\sigma_t = \dfrac{\overline{W}}{(p-d)t} = \dfrac{15 \times 10^3}{(56-25) \times 14} = 34.56 MPa$

(2) $\tau = \dfrac{\overline{W}}{\dfrac{\pi}{4}d^2 n} = \dfrac{15 \times 10^3}{\dfrac{\pi}{4} \times 25^2 \times 1} = 30.56 MPa$

(3) $\sigma_c = \dfrac{\overline{W}}{dtn} = \dfrac{15 \times 10^3}{25 \times 14 \times 1} = 42.86 MPa$

(4) $\eta_t = 1 - \dfrac{d}{p} = 1 - \dfrac{25}{56} = 0.5536 = 55.36\%$

02

잇수가 6개, 스플라인의 보스 길이는 $80mm$, 외경 $50mm$, 내경 $46mm$, 잇면의 모떼기 $0.15mm$, 허용면압력 $40MPa$, 접촉효율이 75%인 스플라인 축이 있다. 이러한 스플라인 축이 $400rpm$으로 동력을 전달할 때 다음을 구하시오.

(1) 최대 전달토크 $[N \cdot m]$
(2) 최대 전달동력 $[kW]$

(1) $h = \dfrac{d_2 - d_1}{2} = \dfrac{50 - 46}{2} = 2mm$

$\therefore T = (h - 2c)q_a \ell \left(\dfrac{d_2 + d_1}{4} \right) \eta Z = (2 - 2 \times 0.15) \times 40 \times 80 \times \left(\dfrac{50 + 46}{4} \right) \times 0.75 \times 6 = 587520 N \cdot mm = 587.52 N \cdot m$

(2) $H = T\omega = T \times \dfrac{2\pi N}{60} = 587.52 \times 10^{-3} \times \dfrac{2\pi \times 400}{60} = 24.61 kW$

03

$1100rpm$, $6.05kW$ 동력을 전달하는 홈 마찰차($2\alpha = 36°$)가 있다. 원동차 평균지름 $200mm$, 마찰계수 0.21, 허용접촉선압력 $40N/mm$일 때 다음을 구하시오.

(1) 마찰면에 수직한 힘 $[N]$
(2) 홈 수 $[개]$

(1) $v = \dfrac{\pi D_{m,A} N_A}{60 \times 1000} = \dfrac{\pi \times 200 \times 1100}{60 \times 1000} = 11.52 m/s$
$H = \mu Q v$에서
$\therefore Q = \dfrac{H}{\mu v} = \dfrac{6.05 \times 10^3}{0.21 \times 11.52} = 2500.83 N$

(2) $h = 0.28 \sqrt{\mu Q} = 0.28 \sqrt{0.21 \times 2500.83} = 6.42 mm$
$\therefore Z = \dfrac{Q}{2hf} = \dfrac{2500.83}{2 \times 6.42 \times 40} = 4.87 \fallingdotseq 5개$

04

단열 자동조심 롤러 베어링이 $800rpm$으로 회전하고 있고, 기본 동적격하중 $51kN$, 레이디얼 하중 $4.1kN$, 스러스트 하중 $3.9kN$으로 작용할 때 다음을 구하시오.

베어링 형식		내륜 회전 하중	외륜 회전 하중	단열 $\frac{W_a}{VW_r} > e$		복열 $\frac{W_a}{VW_r} \le e$		복열 $\frac{W_a}{VW_r} > e$		e
		V		X	Y	X	Y	X	Y	
깊은홈 볼베어링	$W_a/C_0 = 0.014$ $= 0.028$ $= 0.056$ $= 0.084$ $= 0.11$ $= 0.17$ $= 0.28$ $= 0.42$ $= 0.56$	1	1.2	0.56	2.30 1.99 1.71 1.55 1.45 1.31 1.15 1.04 1.00	1	0	0.56	2.30 1.99 1.71 1.55 1.45 1.31 1.15 1.04 1.00	0.19 0.22 0.26 0.28 0.30 0.34 0.38 0.42 0.44
앵귤러 볼베어링	$a = 20°$ $= 25°$ $= 30°$ $= 35°$ $= 40°$	1	1.2	0.43 0.41 0.39 0.37 0.35	1.00 0.87 0.76 0.56 0.57	1	1.09 0.92 0.78 0.66 0.55	0.70 0.67 0.63 0.60 0.57	1.63 1.41 1.24 1.07 0.93	0.57 0.68 0.80 0.95 1.14
자동조심볼베어링		1	1	0.4	$0.4 \times \cot\alpha$	1	$0.42 \times \cot\alpha$	0.65	$0.65 \times \cot\alpha$	$1.5 \times \tan\alpha$
매그니토볼베어링		1	1	0.5	2.5	-	-	-	-	0.2
자동조심롤러베어링 원추롤러베어링 $a \ne 0$		1	1.2	0.4	$0.4 \times \cot\alpha$	1	$0.45 \times \cot\alpha$	0.67	$0.67 \times \cot\alpha$	$1.5 \times \tan\alpha$
스러스트볼베어링	$a = 45°$ $= 60°$ $= 70°$	-	-	0.66 0.92 1.66	1	1.18 1.90 3.66	0.59 0.54 0.52	0.66 0.92 1.66	1	1.25 2.17 4.67
스러스트롤러베어링		-	-	$\tan\alpha$	1	$1.5 \times \tan\alpha$	0.67	$\tan\alpha$	1	$1.5 \times \tan\alpha$

(1) 베어링의 접촉각 $a = 10°$ 일 때 등가 하중 $[kN]$
(2) 베어링의 시간 수명 $[hr]$

(1) 단열자동조심롤러베어링이며 외,내륜이 주어지지 않으면 내륜으로 가정한다.
$V = 1$, $W_r = 4.1kN$, $W_a = 3.9kN$

$e = 1.5\tan\alpha = 1.5\tan10° = 0.26$ $\Rightarrow$ $\frac{W_a}{VF_r} = \frac{3.9}{1 \times 4.1} = 0.95 > e(= 0.26)$

$X = 0.4$, $Y = 0.4\cot\alpha = 0.4\cot10° = 2.27$
$\therefore P = XVW_r + YW_a = 0.4 \times 1 \times 4.1 + 2.27 \times 3.9 = 10.49kN$

(2) $L_h = 500 \times \frac{33.3}{N} \times \left(\frac{C}{W}\right)^r = 500 \times \frac{33.3}{800} \times \left(\frac{51}{10.49}\right)^{\frac{10}{3}} = 4051.72hr$

05

$380rpm$을 전달하려는 헬리컬기어 전동장치가 있다. 피니언의 잇수 22개, 기어의 잇수 38개, 치직각모듈 2, 압력각 20°, 비틀림각 30°일 때 다음을 구하시오.

(1) 원주속도 $[m/s]$
(2) 피니언의 상당잇수 $[개]$, 기어의 상당잇수 $[개]$ (단, 소수점 둘 째 자리로 표기하시오.)
(3) 최대 전달동력 $[kW]$ (단, 전달력은 $2.406N$이다.)

(1) $D_{A,s} = m_s Z_A = \dfrac{m_n Z_A}{\cos\beta} = \dfrac{2 \times 22}{\cos 30} = 50.81mm$

$\therefore v = \dfrac{\pi D_{A,s} N_A}{60 \times 1000} = \dfrac{\pi \times 50.81 \times 380}{60 \times 1000} = 1.01 m/s$

(2) $Z_{eA} = \dfrac{Z_A}{\cos^3\beta} = \dfrac{22}{\cos^3(30)} = 33.87$개

$Z_{eB} = \dfrac{Z_B}{\cos^3\beta} = \dfrac{38}{\cos^3(30)} = 58.50$개

(3) $H = Fv = 2.406 \times 1.01 = 2.43 kW$

06

다음 그림과 같은 아이볼트에 $F_1 = 6kN$, $F_2 = 8kN$, $F = 15kN$이 작용할 때 다음을 구하시오.

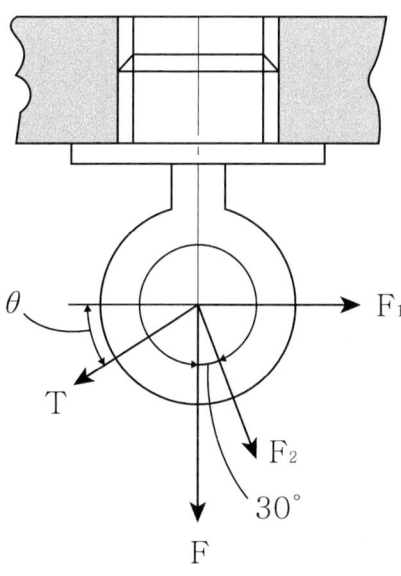

(1) T의 각도[˚]와 크기[kN]
(2) 호칭지름 10cm, 피치 3cm, 골지름 8cm일 때 볼트에 발생하는 최대인장응력 [MPa]

(1) 힘의 성분을 분석하자면,
$\sum F_x = 0 : F_1 + F_2 \sin 30° - T\cos\theta = 0$
$\qquad 6 + 8\sin 30° - T\cos\theta = 0 \Rightarrow$ ① $T\cos\theta = 10kN$
$\sum F_y = 0 : -F_2 \cos 30° - F - T\sin\theta = 0$
$\qquad -8\cos 30° - 15 - T\sin\theta = 0 \Rightarrow$ ② $T\sin\theta = -21.93kN$
$\dfrac{①}{②} = \dfrac{T\sin\theta}{T\cos\theta} = \left|\dfrac{-21.93}{10}\right| \Rightarrow \tan\theta = \left|\dfrac{-21.93}{10}\right|$ 에서,
$\therefore \theta = \tan^{-1}\left|\dfrac{-21.93}{10}\right| = 65.49°$
① $T\cos\theta = 10 \Rightarrow \therefore T = \dfrac{10}{\cos\theta} = \dfrac{10}{\cos 65.49°} = 24.1kN$

(2) $\sigma_{\max} = \dfrac{F}{A} = \dfrac{F}{\dfrac{\pi d_1^2}{4}} = \dfrac{15 \times 10^3}{\dfrac{\pi \times 80^2}{4}} = 2.98 MPa$

07

$160rpm$, $8kW$의 동력을 전달하는 롤러 체인이 있다. 파단하중 $31.4kN$, 피치 $19.05mm$, 원동 스프로킷 잇수 24개일 때 다음을 구하시오

(1) 원주속도 [m/s]
(2) 안전율 6이 목표일 때 안전율을 만족하는지 쓰시오.

(1) $v = \dfrac{pZ_A N_A}{60 \times 1000} = \dfrac{19.05 \times 24 \times 160}{60 \times 1000} = 1.22 m/s$

(2) $F = \dfrac{H}{v} = \dfrac{8}{1.22} = 6.56 kN$
$F = \dfrac{F_B}{S}$ 에서,
$S = \dfrac{F_B}{F} = \dfrac{31.4}{6.56} = 4.79 < 6$ 이므로 $\therefore$ 불만족

08

다음 그림은 $1600rpm$, $6.4kW$의 동력을 전달하는 스퍼기어 전동장치이다. 축간거리 $400mm$, 원동기어의 지름 $60mm$, 하중계수가 1.5, 압력각 $20°$일 때 다음을 구하시오.

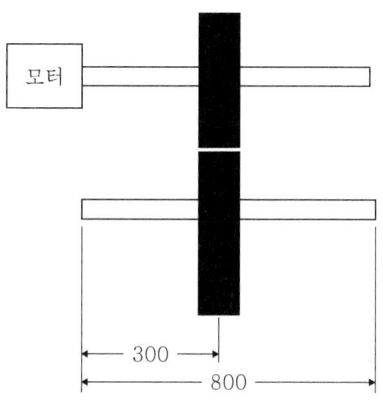

(1) 접선력 $[N]$
(2) 하단의 표를 참고하여 원동축 쪽의 볼 베어링 번호를 선정하시오.
 (단, 수명시간은 $90000hr$이고, 해당 번호가 없으면 "없음"으로 표현하며, 안전을 고려하여 베어링반력은 작은 값으로 선정하여 구하시오.)

베어링 번호	6304	6305	6306	6307
동정격하중	13kN	17kN	20kN	22kN

(1) $v = \dfrac{\pi D_A N_A}{60000} = \dfrac{\pi \times 60 \times 1600}{60000} = 5.03 m/s$
$H = Fv$에서,
$\therefore F = \dfrac{H}{v} = \dfrac{6.4 \times 10^3}{5.03} = 1272.37 N$

(2) $F' = \dfrac{F}{\cos\alpha} = \dfrac{1272.37}{\cos 20°} = 1354.03 N$
$\sum M_A = 0 = F' \times 300 - R_B \times 800$
$R_B = \dfrac{F' \times 300}{800} = \dfrac{1354.03 \times 300}{800} = 507.76 N$
$R_A + R_B = F'$에서,
$R_A = F' - R_B = 1354.03 - 507.76 = 846.27 N$
$L_h = 500 \times \dfrac{33.3}{N_A} \times \left(\dfrac{C}{f_w R_B}\right)^r$에서,
$90000 = 500 \times \dfrac{33.3}{1600} \times \left(\dfrac{C}{1.5 \times 507.76 \times 10^{-3}}\right)^3$
$C = 15.63 kN$

$\therefore No. 6305$

09

원뿔(원추) 클러치(꼭지각 30°, 원추각 15°)의 접촉면 평균지름 300mm, 마찰계수 0.3, 축을 미는 힘 586N일 때 전달 토크[N·m]를 구하시오.

$$\mu' = \frac{\mu}{\sin\alpha + \mu\cos\alpha} = \frac{0.3}{\sin 15° + 0.3\cos 15°} = 0.547$$

$$\therefore T = \mu' P \frac{D_m}{2} = 0.547 \times 586 \times \frac{0.3}{2} = 48.08 N \cdot m$$

10

1100rpm으로 동력을 전달하는 V-벨트 전동장치(홈의 각도 40°)가 있다. 축간거리 900mm, 원동풀리의 직경 200mm, 종동풀리의 직경 500mm, 마찰계수 0.28, 허용장력 2.4kN, 단위 길이당 하중 0.2kg/m일 때 다음을 구하시오.

(1) 원동 풀리의 벨트 접촉각 [°]
(2) 벨트의 길이 [mm]
(3) 최대 전달동력 [kW]

(1) $\theta_A = 180° - 2\sin^{-1}\left(\frac{D_B - D_A}{2C}\right) = 180° - 2\sin^{-1}\left(\frac{500-200}{2 \times 900}\right) = 160.81°$

(2) $L = 2C + \frac{\pi(D_A + D_B)}{2} + \frac{(D_B - D_A)^2}{4C} = 2 \times 900 + \frac{\pi(200+500)}{2} + \frac{(500-200)^2}{4 \times 900} = 2924.56 mm$

(3) $v = \frac{\pi D_A N_A}{60 \times 1000} = \frac{\pi \times 200 \times 1100}{60 \times 1000} = 11.52 m/s$ (부가장력을 고려한다.)

$T_e = mv^2 = 0.2 \times 11.52^2 = 26.54N$

$\mu' = \frac{\mu}{\sin\frac{\alpha}{2} + \mu\cos\frac{\alpha}{2}} = \frac{0.28}{\sin 20° + 0.28\cos 20°} = 0.463$

$e^{\mu'\theta} = e^{0.463 \times 160.81 \times \frac{\pi}{180}} = 3.67$

$\therefore H = (T_t - T_e)\left(\frac{e^{\mu'\theta} - 1}{e^{\mu'\theta}}\right)v = (2400 - 26.54) \times 10^{-3} \times \left(\frac{3.67 - 1}{3.67}\right) \times 11.52 = 19.89 kW$

11

원통형 코일 스프링에서 하중이 $250N$ 작용할 때 처짐량은 $15mm$이다. 허용 전단응력이 $175MPa$, 스프링 지수 7, 전단탄성계수 $82GPa$일 때 다음을 구하시오.
(단, 왈의 응력수정계수는 $K = \dfrac{4C-1}{4C-4} + \dfrac{0.615}{C}$ 이다.)

(1) 소선의 최소지름 $[mm]$
(2) 유효권수 $[권]$

(1) $K = \dfrac{4C-1}{4C-4} + \dfrac{0.615}{C} = \dfrac{4\times 7 - 1}{4\times 7 - 4} + \dfrac{0.615}{7} = 1.21$

$\tau_{\max} = \dfrac{8PDK}{\pi d^3} = \dfrac{8PCK}{\pi d^2}$ 에서,

$\therefore d = \sqrt{\dfrac{8PCK}{\pi \tau_{\max}}} = \sqrt{\dfrac{8\times 250 \times 7 \times 1.21}{\pi \times 175}} = 5.55mm$

(2) $C = \dfrac{D}{d} \Rightarrow D = Cd = 7 \times 5.55 = 38.85mm$

$\delta = \dfrac{8nPD^3}{Gd^4} \Rightarrow \therefore n = \dfrac{Gd^4 \delta}{8PD^3} = \dfrac{82\times 10^3 \times 5.55^4 \times 15}{8 \times 250 \times 38.85^3} = 9.95 ≒ 10권$

12

다음 그림과 같이 동력을 제동하는 지름 $400mm$의 밴드 브레이크가 있다. 마찰계수 밴드의 허용인장응력 $50MPa$, 밴드의 너비 $60mm$, 두께 $2mm$, $a=46mm$, $b=200mm$, $\ell=1000mm$, $\theta=220°$, 마찰계수 0.32일 때 다음을 구하시오.

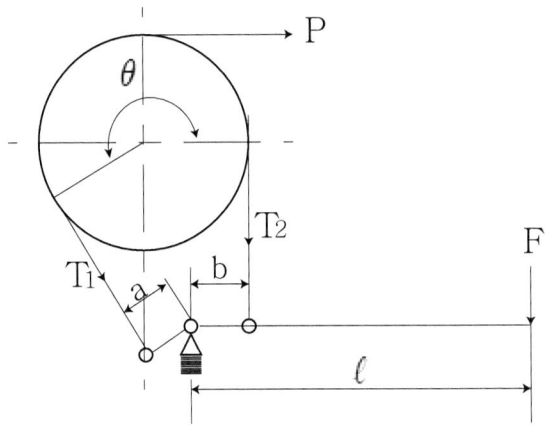

(1) 제동력 $[N]$
(2) 레버를 누르는 힘 $[N]$

(1) $T_t = bt\sigma_a = 60 \times 2 \times 50 = 6000N$

$e^{\mu\theta} = e^{0.32 \times 220 \times \frac{\pi}{180}} = 3.42$

$T_s = \dfrac{T_t}{e^{\mu\theta}} = \dfrac{6000}{3.42} = 1754.39N$

$\therefore P = T_t - T_e = 6000 - 1754.39 = 4245.61N$

(2) $T_t a = T_s b - F\ell$ 에서,

$\therefore F = \dfrac{T_s b - T_t a}{\ell} = \dfrac{1754.39 \times 200 - 6000 \times 46}{1000} = 74.88N$

Memo

2023 4회차 일반기계기사 필답형 기출문제

01
다음 그림과 같은 내확 브레이크로 $11kW$, $403.33rpm$의 동력을 제동하려고 한다. 마찰계수 0.3, $d = 25mm$, $D = 200mm$, , $a = 168mm$, $b = 80mm$, $c = 68mm$ 일 때 다음을 구하시오.

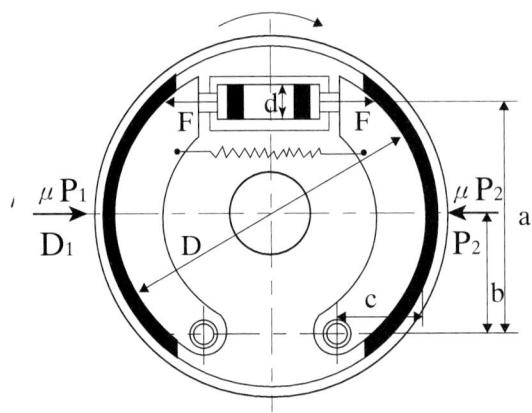

(1) 제동력 $[N]$
(2) 실린더를 미는 조작력 $[N]$
(3) 제동에 필요한 유압 $[MPa]$

(1) $T = \dfrac{H}{\omega} = \dfrac{H}{\dfrac{2\pi N}{60}} = \dfrac{11 \times 10^3}{\dfrac{2\pi \times 403.33}{60}} = 260.44 N \cdot m$

$T = Q \times \dfrac{D}{2} \Rightarrow \therefore Q = \dfrac{2T}{D} = \dfrac{2 \times 260.44 \times 10^3}{200} = 2604.4N$

(2) $M_1 = -Fa + P_1 b + \mu P_1 c = -Fa + P_1(\mu c + b) = 0 \Rightarrow P_1 = \dfrac{Fa}{b + \mu c} = \dfrac{F \times 168}{80 + 0.3 \times 68} = 1.67F[N]$

$M_2 = Fa - P_2 b + \mu P_2 c = Fa + P_2(\mu c - b) = 0 \Rightarrow P_2 = \dfrac{Fa}{b - \mu c} = \dfrac{F \times 168}{80 - 0.3 \times 68} = 2.82F[N]$

$Q = \mu(P_1 + P_2) \Rightarrow P_1 + P_2 = \dfrac{Q}{\mu} = \dfrac{2604.4}{0.3} = 8681.33N$

$1.67F + 2.82F = 8681.33 \Rightarrow \therefore F = 1933.48N$

(3) $q = \dfrac{F}{A} = \dfrac{4F}{\pi d^2} = \dfrac{4 \times 1933.48}{\pi \times 25^2} = 3.94 MPa$

02

롤러체인의 피치 $19.05mm$, 원동 회전수 $800rpm$, 속비 $\frac{1}{4}$, 속도 $1.84m/s$, 파단하중 $29.4kN$ 원동 스프로킷 잇수[개]와 종동 스프로킷 잇수[개]를 구하시오.

$v = \dfrac{pZ_A N_A}{60 \times 1000}$ 에서,

$\therefore Z_A = \dfrac{60000v}{pN_A} = \dfrac{60000 \times 1.84}{19.05 \times 800} = 7.24 ≒ 8$개

$\therefore Z_B = 8 \times 4 = 32$개

03

분당 회전수 $1600rpm$, $11kW$의 동력을 전달하는 4사이클 엔진 기관에서 각속도 변동률이 $1/100$이고, 에너지 변동계수는 1.3, 플라이휠의 내외경비 0.7, 비중량 $76.93kN/m^3$, 림의 폭이 $40mm$일 때 다음을 구하시오.

(1) 1사이클당 발생하는 에너지 $[N \cdot m]$
(2) 질량 관성모멘트 $[N \cdot m \cdot s^2]$
(3) 림의 바깥지름 $[mm]$

(1) $T_m = \dfrac{H}{\omega} = \dfrac{H}{\frac{2\pi N}{60}} = \dfrac{11 \times 10^3}{\frac{2\pi \times 1600}{60}} = 65.65 N \cdot m$

$E = 4\pi T_m = 4\pi \times 65.65 = 824.98 N \cdot m$

(2) $\Delta E = qE = 1.3 \times 824.98 = 1072.47 N \cdot m$

$\Delta E = I\omega^2 \delta \Rightarrow \therefore I = \dfrac{\Delta E}{\omega^2 \delta} = \dfrac{1072.47}{\left(\frac{2\pi \times 1600}{60}\right)^2 \times \frac{1}{100}} = 3.82 N \cdot m \cdot s^2$

(3) $I = \dfrac{\gamma b \pi (D_2^4 - D_1^4)}{32g} = \dfrac{\gamma b \pi D_2^4 (1-x^4)}{32g}$ 에서,

$\therefore D_2 = \sqrt[4]{\dfrac{32gI}{\gamma b \pi (1-x^4)}} = \sqrt[4]{\dfrac{32 \times 9.8 \times 3.82}{76.93 \times 10^3 \times 0.04 \times \pi \times (1-0.7^4)}} = 0.63547m = 635.47mm$

04

다음과 같은 조건의 한 쌍의 외접 평기어가 있다. 하중계수 0.8일 때 다음을 구하시오.

구분	회전수 [rpm]	잇수	허용 굽힘응력 [MPa]	치형계수 $Y = \pi y$	압력각	모듈	폭 [mm]	허용 면압계수 [MPa]
피니언	1500	20	180	0.322	20°	5	40	0.8
기어	-	100	120	0.446				

(1) 굽힘강도에 의한 피니언과 기어를 고려한 최대 전달 하중 $[N]$
(2) 면압강도에 의한 최대전달 하중 $[N]$
(3) 전달 동력 $[kW]$

(1) $v = \dfrac{\pi D_A N_A}{60 \times 1000} = \dfrac{\pi m Z_A N_A}{60 \times 1000} = \dfrac{\pi \times 5 \times 20 \times 1500}{60 \times 1000} = 7.85 m/s$

$f_v = \dfrac{3.05}{3.05 + v} = \dfrac{3.05}{3.05 + 7.85} = 0.28$

$F_A = f_v f_w \sigma_b m b Y = 0.28 \times 0.8 \times 180 \times 5 \times 40 \times 0.322 = 2596.61 N$

$F_B = f_v f_w \sigma_b m b Y = 0.28 \times 0.8 \times 120 \times 5 \times 40 \times 0.446 = 2397.7 N$

안전을 고려하여 작은 값 선정, $F_A = 2397.7 N$

(2) $F_C = f_v K m b \left(\dfrac{2 Z_A Z_B}{Z_A + Z_B} \right) = 0.28 \times 0.8 \times 5 \times 40 \times \left(\dfrac{2 \times 20 \times 100}{20 + 100} \right) = 1493.33 N$

(3) 안전을 고려하여 허용 하중은 가장 작은 값을 선정한다.

$\therefore H = F_C v = 1493.33 \times 10^{-3} \times 7.85 = 11.72 kW$

05

너비 $90mm$, 두께 $10mm$의 스프링 강을 사용하여 최대하중 $1ton$일 때 허용굽힘응력이 $337MPa$인 겹판스프링을 만들고자 한다. 판의 길이가 $780mm$, 죔 폭 $80mm$, 유효스팬의 길이 $\ell' = \ell - 0.6e$이다. 판의 수는 몇 장인가?

$\ell' = \ell - 0.6e = 780 - 0.6 \times 80 = 732 mm$

$\sigma_b = \dfrac{3P\ell'}{2nbh^2} \Rightarrow \therefore n = \dfrac{3P\ell_e}{2bh^2 \sigma_v} = \dfrac{3 \times 1000 \times 9.8 \times 732}{2 \times 90 \times 10^2 \times 337} = 3.55 \fallingdotseq 4$장

06

회전수 $400rpm$으로 베어링 하중 $28kN$을 받쳐주는 엔드 저널 베어링이 있다. 압력속도계수 $1.7MPa \cdot m/s$일 때 다음을 구하시오.

(1) 저널의 길이 $[mm]$
(2) (1)을 고려한 저널의 지름 $[mm]$ (단, 엔드 저널의 허용굽힘응력 $65MPa$이다.)
(3) 베어링 압력 $[MPa]$

(1) $pv = \dfrac{\pi WN}{60000\ell} \Rightarrow \therefore \ell = \dfrac{\pi WN}{60000 pv} = \dfrac{\pi \times 28 \times 10^3 \times 400}{60000 \times 1.7} = 344.96 mm$

(2) $d = \sqrt[3]{\dfrac{32 M_{\max}}{\pi \sigma_b}} = \sqrt[3]{\dfrac{32 W \times \dfrac{\ell}{2}}{\pi \sigma_b}} = \sqrt[3]{\dfrac{16 W\ell}{\pi \sigma_b}} = \sqrt[3]{\dfrac{16 \times 28 \times 10^3 \times 344.96}{\pi \times 65}} = 91.13 mm$

(3) $p = \dfrac{W}{d\ell} = \dfrac{28 \times 10^3}{91.13 \times 344.96} = 0.89 MPa$

07

두께 $30mm$의 강판이 다음 그림과 같이 용접사이즈 $10mm$로 필릿용접되어 하중을 받고 있다. $a = 220mm$, $b = 250mm$, $c = 330mm$, $P = 8400N$일 때 다음을 구하시오.

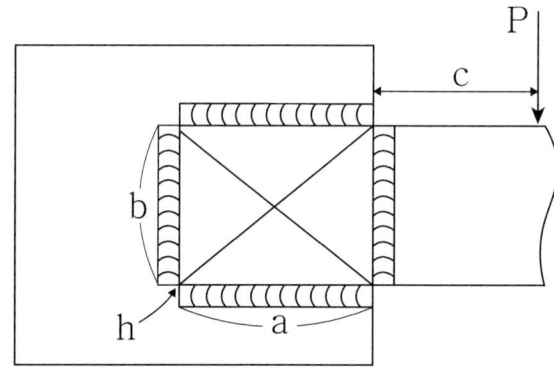

(1) 편심하중에 의한 전단응력 $[MPa]$
(2) 비틀림에 의한 전단응력 $[MPa]$
(3) 최대전단응력 $[MPa]$

(1) 편심하중에 의한 전단응력 : $\tau_1 = \dfrac{P}{2\alpha(a+b)} = \dfrac{P}{2(a+b)h\cos 45°}$

$= \dfrac{8400}{2\times(220+250)\times 10\cos 45°} = 1.26 MPa$

(2) 편심거리 $L = c + \dfrac{a}{2} = 330 + \dfrac{220}{2} = 440mm$

$r_{\max} = \sqrt{\left(\dfrac{a}{2}\right)^2 + \left(\dfrac{b}{2}\right)^2} = \sqrt{\left(\dfrac{220}{2}\right)^2 + \left(\dfrac{250}{2}\right)^2} = 166.51mm$

$I_P = \dfrac{(a+b)^3}{6}\times\alpha = \dfrac{(a+b)^3}{6}\times h\cos 45° = \dfrac{(220+250)^3}{6}\times 10\cos 45° = 122356578.9mm^4$

비틀림에 의한 전단응력 : $\tau_2 = \dfrac{WLr_{\max}}{I_P} = \dfrac{8400\times 440\times 166.51}{122356578.9} = 5.03 MPa$

(3) $\cos\theta = \dfrac{\left(\dfrac{a}{2}\right)}{r_{\max}} = \dfrac{110}{166.51} = 0.661$

최대전단응력 : $\tau_{\max} = \sqrt{\tau_1^2 + \tau_2^2 + 2\tau_1\tau_2\cos\theta} = \sqrt{1.26^2 + 5.03^2 + 2\times 1.26\times 5.03\times 0.661}$
$= 5.94 MPa$

08

그림과 같은 사각나사잭에서 피치 $3.17mm$, 유효지름 $63.5mm$, 수직하중 $Q = 5.5ton$, 레버를 돌리는 힘 $F = 300N$, 마찰계수 0.1일 때 다음을 구하시오.

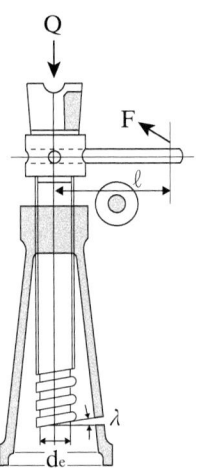

(1) 전달토크 $[N\cdot m]$
(2) 레버의 길이 $[mm]$

(1) $T = Q\left(\dfrac{p + \mu\pi d_e}{\pi d_e - \mu p}\right)\dfrac{d_e}{2}$

$= 5.5\times 9.8\times 10^3 \times \left(\dfrac{3.17 + 0.1\pi\times 63.5}{\pi\times 63.5 - 0.1\times 3.17}\right)\times \dfrac{63.5}{2}$

$= 198641.84 N\cdot mm = 198.64 N\cdot m$

(2) $T = F\ell \Rightarrow \ell = \dfrac{T}{F} = \dfrac{198.64\times 10^3}{300} = 662.13mm$

09

토크가 $538.46 N \cdot m$이 작용하는 플랜지 커플링이 있다. 볼트 피치원 지름은 $180mm$, 플랜지 뿌리부의 지름은 $100mm$, 플랜지 뿌리부의 두께는 $12mm$, 골지름 $8.67mm$의 볼트 6개를 사용하고자 한다. 마찰력을 무시할 때 다음을 구하라.

(1) 볼트 1개에 생기는 전단응력 $[MPa]$
(2) 플랜지 뿌리부의 전단응력 $[MPa]$

(1) $T = \tau_B \times \dfrac{\pi \delta_B^2}{4} \times \dfrac{D_B}{2} \times Z \;\Rightarrow\; \therefore \tau_B = \dfrac{8T}{\pi \delta_B^2 D_B Z} = \dfrac{8 \times 538.46 \times 10^3}{\pi \times 8.67^2 \times 180 \times 6} = 16.89 MPa$

(2) $\tau_f = \dfrac{2T}{\pi D_f^2 t} = \dfrac{2 \times 538.46 \times 10^3}{\pi \times 100^2 \times 12} = 2.86 MPa$

10

지름이 $100mm$인 축에 장착되어있는 묻힘 키의 너비가 $28mm$, 높이는 $16mm$, 길이는 $50mm$이다. 회전수가 $500rpm$, $4kW$의 동력을 전달하려고 할 때 다음을 구하시오.

(1) 묻힘 키에 작용하는 압축응력 $[MPa]$ (단, 키의 묻힘 깊이는 키 높이의 $\dfrac{1}{2}$이다.)
(2) 묻힘 키에 작용하는 전단응력 $[MPa]$

(1) $T = \dfrac{H}{\omega} = \dfrac{H}{\dfrac{2\pi N}{60}} = \dfrac{4 \times 10^3}{\dfrac{2\pi \times 500}{60}} = 76.39 N \cdot m$

$\therefore \sigma_c = \dfrac{4T}{h \ell d} = \dfrac{4 \times 76.39 \times 10^3}{16 \times 50 \times 100} = 3.82 MPa$

(2) $\tau_k = \dfrac{2T}{b \ell d} = \dfrac{2 \times 76.39 \times 10^3}{28 \times 50 \times 100} = 1.09 MPa$

11

원동차의 지름 $300mm$, 원동차의 회전수 $300rpm$, 종동차의 회전수 $380rpm$인 외접 원통 마찰차가 있다. 접촉 선압력 $19.6N/mm$, 너비 $75mm$, 마찰계수 0.1일 때 마찰차의 전달동력$[W]$을 구하시오.

$$v = \frac{\pi D_A N_A}{60 \times 1000} = \frac{\pi \times 300 \times 300}{60 \times 1000} = 4.71 m/s$$

$$f = \frac{P}{b} \Rightarrow \therefore P = fb = 19.6 \times 75 = 1470N$$

$$\therefore H = \mu P v = 0.1 \times 1470 \times 4.71 = 692.37W$$

12

축지름 $40mm$, 길이 $500mm$, 축의 회전체의 무게 $90kg$, 축을 지지하는 스프링의 스프링 상수 $k = 70 \times 10^6 N/m$이다. 축의 세로탄성계수가 $206GPa$일 때 다음을 구하시오.

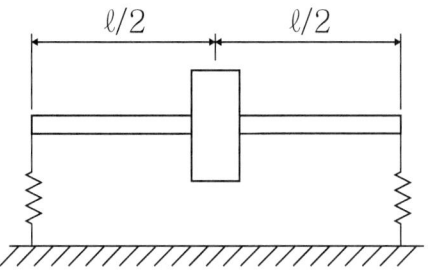

(1) 축의 처짐량 $[\mu m]$
(2) 위험속도 $[rpm]$

(1) $P = \dfrac{W}{2} = \dfrac{90}{2} = 45kg \times 9.8 = 441N$

$\delta_{spring} = \dfrac{P}{k} = \dfrac{441}{70 \times 10^6} = 6.3 \times 10^{-6} m = 6.3 \mu m$

$\delta_{shaft} = \dfrac{W^3}{48EI} = \dfrac{90 \times 9.8 \times 500^3}{48 \times 206 \times 10^3 \times \dfrac{\pi \times 40^4}{64}} = 0.088727mm = 88.73 \mu m$

$\therefore \delta_{\max} = \delta_{spring} + \delta_{shaft} = 6.3 + 88.73 = 95.03 \mu m$

(2) $N_C = \dfrac{30}{\pi} \sqrt{\dfrac{9.8 \times 10^6}{95.03}} = 3066.58 rpm$

Memo

2024 1회차 일반기계기사 필답형 기출문제

01

미터계 사다리꼴 나사잭이 $22.5kN$의 축하중을 지지하고 있다. 이 나사잭의 레버에 가하는 힘 $1kN$, 사다리꼴 나사의 유효지름 $25mm$, 피치 $3.14mm$, 나사부 마찰계수 0.25 이며 자리면 평균지름과 마찰계수는 각각 $37.5mm$, 0.15 이라고 할 때 다음을 구하시오.

(1) 나사잭의 전체 토크 $[N \cdot m]$
(2) 레버의 길이 $[mm]$

(1) $T_1 = \mu_1 Q r_m = 0.15 \times 22.5 \times 10^3 \times 0.0375 = 126.56 N \cdot m$

미터계 사다리꼴 나사의 나사각 $\alpha = 30°$ 이므로 $\mu' = \dfrac{\mu}{\cos\dfrac{\alpha}{2}} = \dfrac{0.25}{\cos\dfrac{30°}{2}} = 0.259$

$T_2 = Q\left(\dfrac{p + \mu'\pi d_e}{\pi d_e - \mu' p}\right)\dfrac{d_e}{2} = 22.5 \times 10^3 \times \left(\dfrac{3.14 + 0.259 \times \pi \times 25}{\pi \times 25 - 0.259 \times 3.14}\right) \times \dfrac{25}{2} \times 10^{-3} = 84.98 N \cdot m$

$T = T_1 + T_2 = 126.56 + 84.98 = 211.54 N \cdot m$

(2) $T = FL$ $\therefore L = \dfrac{T}{F} = \dfrac{211.54}{1 \times 10^3} \times 10^3 = 211.54 mm$

02

스플라인이 $200rpm$의 회전속도로 동력을 전달하고 있다. 이 스플라인의 허용접촉면압력 $32.5MPa$, 바깥지름 $92mm$, 호칭지름이 $84mm$, 보스 길이가 $130mm$, 잇수 5개 일 때 다음을 구하시오.

(1) 전달 토크 $[N \cdot m]$
(2) 전달 동력 $[kW]$

(1) $T = \left(\dfrac{D_2 - D_1}{2}\right) \ell q_a \left(\dfrac{D_2 + D_1}{4}\right) Z\eta = \left(\dfrac{92 - 84}{2}\right) \times 130 \times 32.5 \times \left(\dfrac{92 + 84}{4}\right) \times 5 \times 0.75 \times 10^{-3} = 2788.5 N \cdot m$

(2) $H = T\omega = T\dfrac{2\pi N}{60} = 2788.5 \times \dfrac{2\pi \times 200}{60} \times 10^{-3} = 58.4 kW$

03

중공축이 회전하며 $23.5kW$, $200rpm$을 전달하고 있다. 이 축의 허용전단응력은 $38.5MPa$, 내외경비는 0.5일 때 다음을 구하시오.

(1) 중공축의 바깥지름 $d_2 [mm]$
(2) 중공축의 안지름 $d_1 [mm]$

(1) $T = \dfrac{H}{\omega} = \dfrac{60H}{2\pi N} = \dfrac{60 \times 23.5 \times 10^3}{2\pi \times 200} = 1122.04 N \cdot m$

$T = \tau_s Z_P = \tau_s \dfrac{\pi d_2^3 (1-x^4)}{16} \quad \therefore d_2 = \sqrt[3]{\dfrac{16T}{\pi \tau_s (1-x^4)}} = \sqrt[3]{\dfrac{16 \times 1122.04 \times 10^3}{\pi \times 38.5 \times (1-0.5^4)}} = 54.1 mm$

(2) $x = \dfrac{d_1}{d_2} \quad \therefore d_1 = x d_2 = 0.5 \times 54.1 = 27.05 mm$

04

그림과 같은 지름 $60mm$인 원형 봉에 용접두께 $10mm$로 원형 필릿용접을 하였다. 이 봉에 비틀림 모멘트 $150 N \cdot m$가 작용할 때 다음을 구하시오.

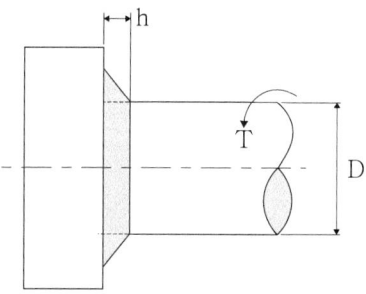

(1) 용접부의 극단면 2차모멘트 $[mm^4]$
(2) 용접부에 발생하는 전단응력 $[MPa]$

(1) $I_P = \dfrac{\pi}{32}[(D+\sqrt{2}h)^4 - D^4] = \dfrac{\pi}{32}[(60+\sqrt{2}\times 10)^4 - 60^4] = 1694263.63 mm^4$

(2) $e = \dfrac{D+\sqrt{2}h}{2} = \dfrac{60+\sqrt{2}\times 10}{2} = 37.07 mm$

$T = \tau_s Z_P = \tau_s \dfrac{I_P}{e} \quad \therefore \tau_s = \dfrac{Te}{I_P} = \dfrac{150 \times 10^3 \times 37.07}{1694263.63} = 3.28 MPa$

05

중심거리가 $250mm$, 이 폭이 $12mm$인 한 쌍의 스퍼기어가 $6kW$의 동력을 전달하고 있다. 피니언과 기어의 회전수는 각각 $500rpm$, $200rpm$, 허용굽힘응력은 각각 $300MPa$, $150MPa$, 치형계수는 각각 0.346, 0.433이다. 이 스퍼기어 쌍의 하중계수 0.8, 압력각 $20°$일 때 모듈을 구하시오.

$$\varepsilon = \frac{N_2}{N_1} = \frac{D_1}{D_2} \quad \therefore D_2 = \frac{N_1}{N_2}D_1 = \frac{200}{500}D_1 = \frac{2}{5}D_1$$

$$C = \frac{D_2 + D_1}{2} = \frac{\frac{5}{2}D_1 + D_1}{2} $$

$$C = \frac{D_2 + D_1}{2} = \frac{\frac{5}{2}D_1 + D_1}{2} = \frac{7}{4}D_1 \quad \therefore D_1 = \frac{4}{7}C = \frac{4}{7} \times 250 = 142.86mm$$

$$v = \frac{\pi D_1 N_1}{60 \times 1000} = \frac{\pi \times 142.86 \times 500}{60 \times 1000} = 3.74 m/s$$

$$H = Fv \quad \therefore F = \frac{H}{v} = \frac{6 \times 10^3}{3.74} = 1602.28N$$

$$f_v = \frac{3.05}{3.05 + v} = \frac{3.05}{3.05 + 3.74} = 0.449$$

피니언의 루이스 굽힘강도식은

$$F = f_v f_w \sigma_{b1} m_1 b Y_1 \quad \therefore m_1 = \frac{F}{f_v f_w \sigma_{b1} b Y_1} = \frac{1602.28}{0.449 \times 0.8 \times 300 \times 12 \times 0.346} = 3.58$$

기어의 루이스 굽힘강도식은

$$F = f_v f_w \sigma_{b2} m_2 b Y_2 \quad \therefore m_2 = \frac{F}{f_v f_w \sigma_{b2} b Y_2} = \frac{1602.28}{0.449 \times 0.8 \times 200 \times 12 \times 0.433} = 4.29$$

안전을 위해 큰 값을 선택해야 하고 모듈은 0.5단위로 올림해야 하므로
$m = m_2 = 4.5$

06

그림과 같은 블록 브레이크의 조작력이 $164N$이고 브레이크 블록의 허용면압력은 $0.3MPa$, 마찰계수는 0.25일 때 다음을 구하시오.
(단, $a = 750mm$, $b = 100mm$, $c = 30mm$, $d = 380mm$이다.)

(1) 제동 토크 $T[N \cdot m]$
(2) 브레이크 블록의 접촉면적 $A[mm^2]$

(1) $F \cdot a - P \cdot b + \mu P \cdot c = 0 \quad \therefore P = \dfrac{Fa}{b - \mu c} = \dfrac{164 \times 650}{100 - 0.25 \times 30} = 1152.43 N$

$T = \mu P \dfrac{D}{2} = 0.25 \times 1152.43 \times \dfrac{0.38}{2} = 54.74 N \cdot m$

(2) $q_a = \dfrac{P}{A} \quad \therefore A = \dfrac{P}{q_a} = \dfrac{1152.43}{0.3} = 3841.43 mm^2$

07

그림과 같은 리벳이음에 편심하중이 작용하고 있을 때 다음을 구하시오.

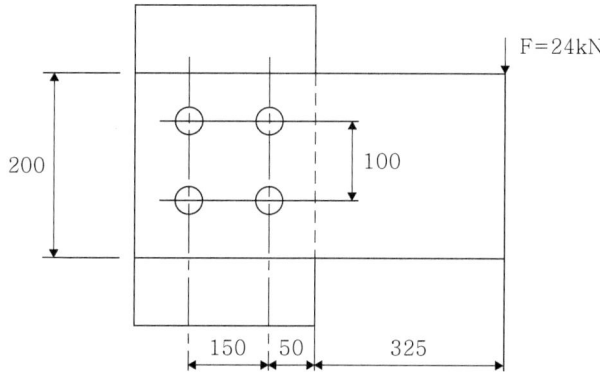

(1) 리벳에 작용하는 최대전단력 $[kN]$
(2) 리벳의 지름 $[mm]$ (단, 리벳의 허용전단응력은 $100 MPa$, 안전율은 2이다.)

(1) 편심하중에 의한 리벳의 전단하중

$Q = \dfrac{W}{n} = \dfrac{24}{4} = 6 kN$

모멘트에 의한 리벳의 전단하중

$K = \dfrac{We}{Nr^2} = \dfrac{24 \times (325 + 50 + 75)}{4 \times (75^2 + 50^2)} = 0.332 N/mm$

$F = Kr = 0.332 \times \sqrt{75^2 + 50^2} = 29.93 kN$

$\cos\theta = \dfrac{75}{\sqrt{75^2 + 50^2}} = 0.832$

리벳에 작용하는 최대 전단하중

$R_{\max} = \sqrt{Q^2 + F^2 + 2QF\cos\theta} = \sqrt{6^2 + 29.93^2 + 2 \times 6 \times 29.93 \times 0.832} = 35.08 kN$

(2) $R_{\max} = \dfrac{F}{S} \quad \therefore F = SR_{\max} = 2 \times 35.08 = 70.16 kN$

$\tau_a = \dfrac{F}{A} = \dfrac{4F}{\pi d^2} \quad \therefore d = \sqrt{\dfrac{4F}{\pi \tau_a}} = \sqrt{\dfrac{4 \times 70.16 \times 10^3}{\pi \times 100}} = 29.89 mm$

08

다음 그림과 같이 축 이음을 플랜지 커플링으로 한 바로걸기 평벨트 전동장치가 $30kW$, $1000rpm$을 1/4의 속비로 전달하고 있다. 벨트 접촉부 마찰계수 0.15, 벨트의 원동축 접촉각 $170°$이고 플랜지 커플링 볼트의 피치원 지름 $85mm$, 플랜지 커플링의 볼트 전단응력 $22.5MPa$, 볼트 수 4개이며 베어링부의 동적 부하 용량 $130kN$, 베어링 하중계수 1.6 일 때 다음을 구하시오.

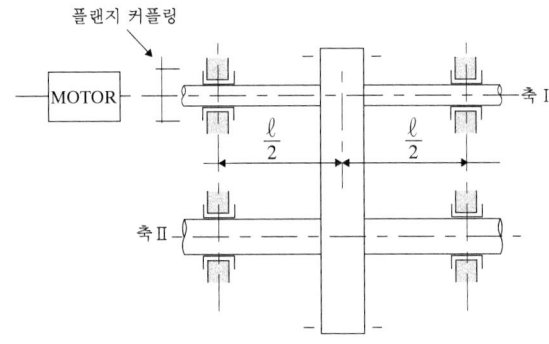

(1) 볼트의 안지름 $[mm]$
(2) 벨트의 이완측 장력 $[N]$
(3) 볼베어링의 수명시간 $[hr]$

(1) $T = \dfrac{H}{\omega} = \dfrac{60H}{2\pi N} = \dfrac{60 \times 30 \times 10^3}{2\pi \times 1000} = 286.48 N \cdot m$

$T = \tau_B \dfrac{\pi d_1^2}{4} \dfrac{D_B}{2} Z \quad \therefore d_1 = \sqrt{\dfrac{8T}{\pi \tau_B D_B Z}} = \sqrt{\dfrac{8 \times 286.48 \times 10^3}{\pi \times 22.5 \times 85 \times 4}} = 9.77mm$

(2) $v = \dfrac{\pi D_1 N_1}{60 \times 1000} = \dfrac{\pi \times 125 \times 1000}{60 \times 1000} = 6.54 m/s$

$e^{\mu\theta} = e^{0.15 \times 170 \times \frac{\pi}{180}} = 1.56$

$H = P_e v = (T_t - T_s)v = T_s(e^{\mu\theta} - 1)v$

$\therefore T_s = \dfrac{H}{(e^{\mu\theta} - 1)v} = \dfrac{30 \times 10^3}{(1.56 - 1) \times 6.54} = 8191.35 N$

(3) $T_t = T_s e^{\mu\theta} = 8191.35 \times 1.56 = 12778.51 N$

벨트전동장치에 의해 축의 중앙에 작용하는 하중은
$P = \sqrt{T_t^2 + T_s^2 - 2T_t T_s \cos\theta} = \sqrt{12778.51^2 + 8191.35^2 - 2 \times 12778.51 \times 8191.35 \times \cos 170°} = 20893.89 N$

각 베어링에 작용하는 하중은
$P_B = \dfrac{P}{2} = \dfrac{20893.89}{2} = 10446.94 N$

$$\varepsilon = \frac{N_2}{N_1} = \frac{1}{4} \quad \therefore N_2 = \frac{N_1}{4} = \frac{1000}{4} = 250 rpm$$

$$L_h = \frac{10^6}{60 N_2}\left(\frac{C}{f_w P_B}\right)^r = \frac{10^6}{60 \times 250} \times \left(\frac{130 \times 10^3}{1.6 \times 20893.89}\right)^3 = 3920.31 hr$$

09

$8.25 kN$을 지지하며 $480 rpm$으로 회전하고 있는 칼라 베어링이 있다. 칼라의 직경은 $165 mm$, 삽입된 축의 직경은 $100 mm$, 마찰계수는 0.02, 발열계수는 $0.65 MPa \cdot m/s$ 일 때 다음을 구하시오.

(1) 칼라 수 $Z[개]$
(2) 베어링 압력 $p[MPa]$

(1) $d_m = \dfrac{d_2 + d_1}{2} = \dfrac{165 + 100}{2} = 132.5 mm$

$$pv = \frac{W}{\frac{\pi(d_2^2 - d_1^2)}{4} Z} \cdot \frac{\pi d_m N}{60 \times 1000}$$

$$\therefore Z = \frac{W}{\frac{\pi(d_2^2 - d_1^2)}{4} pv} \cdot \frac{\pi d_m N}{60 \times 1000} = \frac{8.25 \times 10^3}{\frac{\pi \times (165^2 - 100^2)}{4} \times 0.65} \times \frac{\pi \times 132.5 \times 480}{60 \times 1000} = 3.12 ≒ 4개$$

(2) $p = \dfrac{W}{\dfrac{\pi(d_2 - d_1)}{4} Z} = \dfrac{8.25 \times 10^3}{\dfrac{\pi(165^2 - 100^2)}{4} \times 4} = 0.152 MPa$

10

$16kN$의 하중을 4개의 원통 코일스프링으로 지지하고 있다. 이 때 코일의 평균지름 $150mm$, 횡탄성계수 $82GPa$, 스프링 지수 10, 유효권수는 4권 일 때 다음을 구하시오.

(1) 스프링의 처짐량 $[mm]$
(2) 스프링에 작용하는 최대 전단응력 $[MPa]$

(1) $P = \dfrac{16}{4} = 4kN$, $C = \dfrac{D}{d}$ $\therefore d = \dfrac{D}{C} = \dfrac{150}{10} = 15mm$

$\delta = \dfrac{8nPD^3}{Gd^4} = \dfrac{8 \times 4 \times 4 \times 10^3 \times 150^3}{82 \times 10^3 \times 15^4} = 104.07mm$

(2) $K = \dfrac{4C-1}{4C-4} + \dfrac{0.615}{C} = \dfrac{4 \times 10 - 1}{4 \times 10 - 4} + \dfrac{0.615}{10} = 1.14$

$\tau_{\max} = \dfrac{8PDK}{\pi d^3} = \dfrac{8 \times 4 \times 150 \times 1.14}{\pi \times 15^3} = 0.516 MPa$

11

원추클러치의 외경 $325mm$, 내경 $305mm$, 접촉폭 $62mm$, 원추 경사각이 $12°$, 마찰계수 0.25, 허용접촉면압력 $0.25MPa$이다. 이 원추클러치가 $200rpm$으로 회전할 때 다음을 구하시오.

(1) 전달 토크 $[N \cdot m]$
(2) 전달 동력 $[kW]$

(1) $Q = q_a \cdot \pi D_m b = q_a \cdot \pi \left(\dfrac{D_2 + D_1}{2}\right) b = 0.25 \times \pi \times \left(\dfrac{325 + 305}{2}\right) \times 62 = 15338.82N$

$T = \mu Q \dfrac{D_m}{2} = \mu Q \left(\dfrac{D_2 + D_1}{4}\right) = 0.25 \times 15338.82 \times \left(\dfrac{0.325 + 0.305}{2}\right) = 1207.93 N \cdot m$

(2) $H = T\omega = T\dfrac{2\pi N}{60} = 1207.93 \times \dfrac{2\pi \times 200}{60} \times 10^{-3} = 25.3 kW$

12

홈각이 $40°$인 V홈마찰차가 중심거리 $400mm$로 $6.25kW$의 동력을 전달하고 있다. 원동축 회전수 $450rpm$, 종동축 회전수 $150rpm$이고 허용접촉면압력 $28.4N/mm$, 마찰계수는 0.3일 때 다음을 구하시오.

(1) 상당 마찰계수
(2) 홈의 수 [개] (단, 홈마찰차의 원주속도는 $5.25m/s$이다.)

(1) 홈각이 $40°$이므로 반각 $\alpha = 20°$
$$\mu' = \frac{\mu}{\sin\alpha + \mu\cos\alpha} = \frac{0.3}{\sin20° + 0.3 \times \cos20°} = 0.48$$

(2) $H = \mu'Pv$ ∴ $P = \dfrac{H}{\mu'v} = \dfrac{6.25 \times 10^3}{0.48 \times 5.25} = 2480.16N$

$\mu Q = \mu' P$ ∴ $Q = \dfrac{\mu' P}{\mu} = \dfrac{0.48 \times 2480.16}{0.3} = 3968.26N$

$h = 0.28\sqrt{\mu Q} = 0.28 \times \sqrt{0.3 \times 3968.26} = 9.66mm$

$Z = \dfrac{Q\cos\alpha}{2hf} = \dfrac{3968.26 \times \cos20°}{2 \times 9.66 \times 28.4} = 6.8 ≒ 7개$

2024 2회차 일반기계기사 필답형 기출문제

01

1줄 겹치기 리벳이음에서 리벳의 허용전단응력 $46.5MPa$, 리벳의 직경 $16mm$, 피치 $40mm$, 강판의 두께 $9mm$일 때 다음을 구하시오.

(1) 강판의 효율 [%]?
(2) 강판의 압축강도 $[MPa]$
(3) 강판의 인장강도 $[MPa]$

(1) $\eta_p = 1 - \dfrac{d}{p} = 1 - \dfrac{16}{40} = 0.6 = 60\%$

(2) $\tau\dfrac{\pi d^2}{4} = \sigma_c dt \quad \therefore \sigma_c = \dfrac{\tau \pi d^2}{4dt} = \dfrac{46.5 \times \pi \times 16^2}{4 \times 16 \times 9} = 64.93 MPa$

(3) $\sigma_c dt = \sigma_t(p-d)t \quad \therefore \sigma_t = \dfrac{\sigma_c d}{p-d} = \dfrac{64.93 \times 16}{40-16} = 43.29 MPa$

02

축각이 $75°$인 원추 마찰차가 속비 $1/2$로 작동하고 있다. 원추 마찰차의 접촉 길이는 $128mm$, 허용접촉면압력이 $20.8N/mm$일 때 다음을 구하시오.

(1) 주동차의 원추반각 $[°]$
(2) 주동차의 스러스트 하중 $[N]$

(1) $\tan\alpha = \dfrac{\sin\theta}{\dfrac{1}{\varepsilon} + \cos\theta} = \dfrac{\sin 75°}{\dfrac{1}{1/2} + \cos 75°} = 0.428 \quad \therefore \alpha = \tan^{-1} 0.428 = 23.17°$

(2) $Q = fb = 20.8 \times 128 = 2662.4 N$
$F_{t,A} = Q\sin\alpha = 2662.4 \times \sin 23.17° = 1047.55 N$

03

치직각 모듈 4.5, 비틀림각 $25°$인 헬리컬 기어쌍이 맞물려 회전하고 있다. 피니언의 회전수 $450rpm$, 피니언의 잇수는 20개, 기어의 잇수는 60개이다. 피니언과 기어의 허용굽힘응력은 $284MPa$, 이 너비 $45mm$일 때 아래 표를 이용하여 다음을 구하시오.
(단, 하중계수 1.18, 면압계수 0.75, 접촉면 응력계수 $1.25N/mm^2$, 헬리컬 기어의 공구 압력각 $20°$이다.)

잇수 Z[개]	치형계수 $Y(=\pi y)$ (압력각 $\alpha=14.5°$)	치형계수 $Y(=\pi y)$ (압력각 $\alpha=20°$)
15	0.269	0.312
20	0.279	0.323
25	0.292	0.338
35	0.311	0.360
50	0.332	0.385
55	0.345	0.401
60	0.354	0.410
70	0.373	0.432
80	0.394	0.457
90	0.415	0.481

(1) 기어의 굽힘강도를 고려하여 피니언과 기어의 전달력을 각각 $[kN]$단위로 구하시오.
(2) 기어의 면압강도를 고려한 전달력을 $[kN]$단위로 구하시오.
(3) 전체적인 전달력을 고려하여 전달동력을 $[kW]$단위로 구하시오.

(1) 먼저 속도계수를 구하면

$$D_1 = \frac{m_n Z_1}{\cos\beta} = \frac{4.5 \times 20}{\cos 25°} = 99.3mm$$

$$v = \frac{\pi D_1 N_1}{60 \times 1000} = \frac{\pi \times 99.3 \times 450}{60 \times 1000} = 2.34 m/s$$

$$f_v = \frac{3.05}{3.05+v} = \frac{3.05}{3.05+2.34} = 0.566$$

상당 평치차 잇수를 이용하여 치형계수를 보간법으로 구하면

$$Z_{e1} = \frac{Z}{\cos^3\beta} = \frac{20}{(\cos 25°)^3} = 26.87, \quad Z_{e2} = \frac{Z}{\cos^3\beta} = \frac{60}{(\cos 25°)^3} = 80.6$$

$$Y_1 = 0.338 + \frac{26.87-25}{35-25} \times (0.360-0.338) = 0.342$$

$$Y_2 = 0.457 + \frac{80.6-80}{90-80} \times (0.481-0.457) = 0.457$$

피니언과 기어의 전달력을 각각 구하면

$$F_1 = f_v f_w \sigma_b m_n b Y_1 = 0.566 \times 1.18 \times 284 \times 4.5 \times 45 \times 0.342 \times 10^{-3} = 13.14 kN$$

$$F_2 = f_v f_w \sigma_b m_n b Y_1 = 0.566 \times 1.18 \times 284 \times 4.5 \times 45 \times 0.457 \times 10^{-3} = 17.55 kN$$

(2) $m_s = \dfrac{m_n}{\cos\beta} = \dfrac{4.5}{\cos 25°} = 4.97$

$F = f_v K m_s b \left(\dfrac{2Z_1 Z_2}{Z_1 + Z_2}\right)\left(\dfrac{C_w}{\cos^3\beta}\right) = 0.556 \times 1.25 \times 4.97 \times 45 \times \left(\dfrac{2 \times 20 \times 60}{20 + 60}\right) \times \dfrac{0.75}{(\cos 20°)^3} = 4.21 kN$

(3) 안전을 위해 더 작은 값인 면압강도 기준으로 전달동력을 구하면

$H = Fv = 4.21 \times 2.34 = 9.85 kW$

04

체인의 피치가 $15.875mm$ 이고 스프로킷 간의 중심거리가 $1200mm$, 원동 스프로킷의 잇수 18개, 종동 스프로킷의 잇수 54개일 때 다음을 구하시오.

(1) 체인의 링크 수 [개]
(2) 체인의 길이 [mm]

(1) $L_n = \dfrac{2C}{p} + \dfrac{Z_B + Z_A}{2} + \dfrac{0.0257p(Z_B - Z_A)^2}{C}$

$= \dfrac{2 \times 1200}{15.875} + \dfrac{54 + 18}{2} + \dfrac{0.0257 \times 15.875 \times (54 - 18)^2}{1200} = 187.62 ≒ 188$개

(2) $L = pL_n = 15.875 \times 188 = 2984.5 mm$

05

평벨트 전동장치가 작동할 때 유효장력 $1.4kN$, 장력비 3.24이고 벨트의 이음효율 85%, 벨트의 두께 $6mm$, 벨트의 허용인장응력 $4.5N/mm^2$일 때 다음을 구하시오.

(1) 긴장측 장력 [N]
(2) 벨트의 나비 [mm]

(1) $P_e = T_t\left(\dfrac{e^{\mu\theta} - 1}{e^{\mu\theta}}\right)$ ∴ $T_t = \dfrac{P_e e^{\mu\theta}}{e^{\mu\theta} - 1} = \dfrac{1.4 \times 10^3 \times 3.24}{3.24 - 1} = 2025 N$

(2) $\sigma_t = \dfrac{T_t}{A} = \dfrac{T_t}{bt\eta}$ ∴ $b = \dfrac{T_t}{\sigma_t t \eta} = \dfrac{2025}{4.5 \times 6 \times 0.85} = 88.23 mm$

06

그림과 같은 캘리퍼 브레이크의 제동토크가 $1.28kN \cdot m$, 마찰계수가 0.38, 접촉 패드는 2개, 접촉 패드의 폭은 $40mm$이고, 접촉 패드의 바깥쪽 반지름 $R_2 = 180mm$, 안쪽 반지름 $R_1 = 100mm$, 원추각 $\alpha = 120°$, 접촉각 $\beta = 45°$일 때 다음을 구하시오.

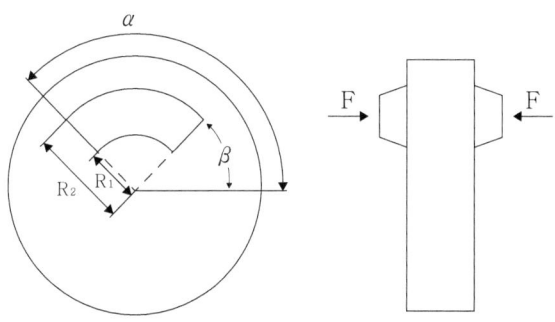

(1) 브레이크 작용력 $[kN]$
(2) 접촉면압력 $[MPa]$

(1) $D_e = \dfrac{2(D_2^3 - D_1^3)}{3(D_2^2 - D_1^2)} = \dfrac{2 \times (360^3 - 200^3)}{3 \times (360^2 - 200^2)} = 287.62mm$

$T = \mu F_R \dfrac{D_e}{2}$ $\therefore F_R = \dfrac{2T}{\mu D_e} = \dfrac{2 \times 1.28}{0.38 \times 287.62 \times 10^{-3}} = 23.42kN$

$F = F_R \sin\alpha = 23.42 \times \sin 120° = 20.28kN$

(2) $\ell = \dfrac{D_m}{2}\left(\beta \times \dfrac{\pi}{180}\right) = \dfrac{D_1 + D_2}{4}\left(\beta \times \dfrac{\pi}{180}\right) = \dfrac{360 + 200}{4} \times \left(45 \times \dfrac{\pi}{180}\right) = 109.96mm$

$q_a = \dfrac{F_R}{AZ} = \dfrac{F_R}{b\ell Z} = \dfrac{23.42 \times 10^3}{40 \times 109.96 \times 2} = 2.66MPa$

07

묻힘키로 보스를 고정한 축에 $1.8kW$, $270rpm$이 전달되고 있다. 축의 직경 $50mm$, 묻힘키의 호칭 $(8 \times 10 \times 50)[mm]$일 때 다음을 구하시오.

(1) 묻힘키의 전단강도 $[N/mm^2]$
(2) 묻힘키의 압축강도 $[N/mm^2]$

(1) $T = \dfrac{H}{\omega} = \dfrac{60H}{2\pi N} = \dfrac{60 \times 1.8 \times 10^3}{2\pi \times 270} = 63.66 N \cdot m$

$\tau_k = \dfrac{2T}{b\ell d} = \dfrac{2 \times 63.66 \times 10^3}{8 \times 50 \times 50} = 6.37 N/mm^2$

(2) $\sigma_c = \dfrac{4T}{h\ell d} = \dfrac{4 \times 63.66 \times 10^3}{10 \times 50 \times 50} = 10.19 N/mm^2$

08

원통 코일 스프링에 $450N$의 하중이 매달려 있을 때 처짐량은 $90mm$이다. 이 스프링의 횡탄성 계수가 $83.3GPa$, 허용전단응력은 $350MPa$, 스프링 지수는 8일 때 다음을 구하시오.

(1) 소선의 지름 $[mm]$
(2) 유효 감김수 [권]

(1) $K = \dfrac{4C-1}{4C-4} + \dfrac{0.615}{C} = \dfrac{4 \times 8 - 1}{4 \times 8 - 4} + \dfrac{0.615}{8} = 1.18$

$\tau_a = \dfrac{8PDK}{\pi d^3} = \dfrac{8PCK}{\pi d^2} \quad \therefore d = \sqrt{\dfrac{8PCK}{\pi \tau_a}} = \sqrt{\dfrac{8 \times 450 \times 8 \times 1.18}{\pi \times 350}} = 5.56mm$

(2) $\delta = \dfrac{8nPD^3}{Gd^4} = \dfrac{8nPC^3}{Gd} \quad \therefore n = \dfrac{\delta Gd}{8PC^3} = \dfrac{90 \times 83.3 \times 10^3 \times 5.56}{8 \times 450 \times 8^3} = 22.61 ≒ 23$권

09

나사잭으로 $10kN$의 축하중을 들어올리고 있다. 이 나사는 유효지름 $38mm$, 골지름 $35.5mm$, 피치 $2\pi mm$, 허용전단응력 $15MPa$인 인치계 사다리꼴 나사이고 칼라자리부 마찰계수 0.18, 칼라자리부의 평균직경 $50mm$, 나사몸통부 마찰계수 0.12 일 때 다음을 구하시오.

(1) 나사부에 발생하는 인장응력 $[MPa]$
(2) 나사잭에 작용하는 총 비틀림모멘트 $[N \cdot m]$
(3) 나사부의 최대전단응력을 $[MPa]$단위로 구하고 안전성을 판단하시오.

(1) $\sigma_t = \dfrac{Q}{A} = \dfrac{Q}{\dfrac{\pi d_1^2}{4}} = \dfrac{10 \times 10^3}{\dfrac{\pi \times 35.5^2}{4}} = 10.1 MPa$

(2) 칼라자리부에 발생하는 토크는

$T_1 = \mu_1 Q \dfrac{d_m}{2} = 0.18 \times 10 \times 10^3 \times \dfrac{50}{2} \times 10^{-3} = 45 N \cdot m$

인치계 사다리꼴 나사의 나사각 $\alpha = 29°$ 이므로

$\mu' = \dfrac{\mu}{\cos\dfrac{\alpha}{2}} = \dfrac{0.12}{\cos\dfrac{29°}{2}} = 0.124$

나사몸통부에 발생하는 토크는

$T_2 = Q\left(\dfrac{p + \mu'\pi d_e}{\pi d_e - \mu' p}\right)\dfrac{d_e}{2} = 10 \times 10^3 \times \left(\dfrac{2\pi + 0.124 \times \pi \times 38}{\pi \times 38 - 0.124 \times 2\pi}\right) \times \dfrac{38}{2} \times 10^{-3} = 33.78 N \cdot m$

전체 토크는

$T = T_1 + T_2 = 45 + 33.78 = 78.78 N \cdot m$

(3) $T = \tau Z_P \quad \therefore \tau = \dfrac{T}{Z_P} = \dfrac{16T}{\pi d_1^3} = \dfrac{16 \times 78.78 \times 10^3}{\pi \times 35.5^3} = 8.97 MPa$

$\tau_{\max} = \sqrt{\left(\dfrac{\sigma_t}{2}\right)^2 + \tau^2} = \sqrt{\left(\dfrac{10.1}{2}\right)^2 + 8.97^2} = 10.29 MPa$

$\tau_{\max} < \tau_a = 15 MPa$ 이므로 안전하다.

10

동일한 재료로 제작된 길이가 같은 중실축과 중공축이 $7.85kN \cdot m$의 비틀림 모멘트를 받고 있다. 중실축과 중공축의 허용비틀림응력은 $52.4MPa$으로 동일하고 중공축의 내외경비는 0.5일 때 중량비 $\left(\dfrac{중공축의\ 중량}{중실축의\ 중량}\right)$를 구하시오.

중실축의 직경을 구하면
$$T = \tau_a Z_P = \tau_a \frac{\pi d^3}{16} \quad \therefore d = \sqrt[3]{\frac{16T}{\pi \tau_a}} = \sqrt[3]{\frac{16 \times 7.85 \times 10^3 \times 10^3}{\pi \times 52.4}} = 91.38mm$$

중공축의 외경을 구하면
$$T = \tau_a Z_P = \tau_a \frac{\pi d_2^3 (1-x^4)}{16} \quad \therefore d_2 = \sqrt[3]{\frac{16T}{\pi \tau_a (1-x^4)}} = \sqrt[3]{\frac{16 \times 7.85 \times 10^3 \times 10^3}{\pi \times 52.4 \times (1-x^4)}} = 93.36mm$$

축의 중량은 $W = \gamma V = \gamma A \ell$ 이므로 중량비는
$$\frac{W_2}{W_1} = \frac{\gamma A_2 \ell}{\gamma A_1 \ell} = \frac{A_2}{A_1} = \frac{\dfrac{\pi d_2^2 (1-x^2)}{4}}{\dfrac{\pi d^2}{4}} = \frac{d_2^2 (1-x^2)}{d^2} = \frac{93.36^2 \times (1-0.5^2)}{91.38^2} = 0.783$$

11

베어링 호칭이 6210인 단열 레이디얼 볼베어링에 베어링하중 $2.25kN$이 작용하고 있다. 이 베어링의 기본 동정격하중은 $24kN$, 한계속도지수는 $10^5 mm \cdot rpm$ 일 때 다음을 구하시오.

(1) 베어링의 최대 회전수 $[rpm]$
(2) 베어링의 수명시간 $[hr]$ (단, 하중계수 $f_w = 1.8$이다.)

(1) 베어링 호칭의 3,4번째 숫자가 베어링의 안지름을 나타내므로
$d = 10 \times 5 = 50mm$
$N = \dfrac{10^5}{50} = 2000 rpm$

(2) $L_h = \dfrac{10^6}{60N}\left(\dfrac{C}{f_w P}\right)^r = \dfrac{10^6}{60 \times 2000} \times \left(\dfrac{24}{1.8 \times 2.25}\right)^3 = 1734.15 hr$

12

인장강도가 $240MPa$인 파이프에 내압 $20MPa$이 작용하고 있다. 이 파이프의 이음효율은 90%, 부식계수는 1, 안전율은 2이고 파이프 내부를 흐르는 유체의 평균속도는 $2.65m/s$, 유량은 $72L/\min$일 때 다음을 구하시오.

(1) 파이프의 두께 $t[mm]$
(2) 파이프의 외경 $D[mm]$

(1) $Q = vA = v\dfrac{\pi d^2}{4}$ ∴ $d = \sqrt{\dfrac{4Q}{\pi v}} = \sqrt{\dfrac{\pi \times 720 \times \dfrac{1}{60 \times 1000}}{\pi \times 2.65}} \times 10^3 = 67.29mm$

$\sigma_a = \dfrac{\sigma_t}{S} = \dfrac{240}{2} = 120MPa$

$t = \dfrac{pd}{2\sigma_a \eta} + C = \dfrac{20 \times 67.29}{2 \times 100 \times 0.9} + 1 = 7.23mm$

(2) $D = d + 2t = 67.29 + 2 \times 7.23 = 81.75mm$

2024 3회차 일반기계기사 필답형 기출문제

01

다음 그림과 같이 평벨트 전동장치와 기어 전동장치가 연결되어 있다. 평벨트 전동장치의 원동 풀리의 지름이 $280mm$, 벨트의 마찰계수가 0.3, 장력비는 2, 속비는 $1/3$, 벨트의 단위길이당 무게는 $15.4N/m$이고 기어 전동장치의 모듈은 3.5, 피니언의 잇수는 40개, 압력각은 $14.5°$일 때 다음을 구하시오.

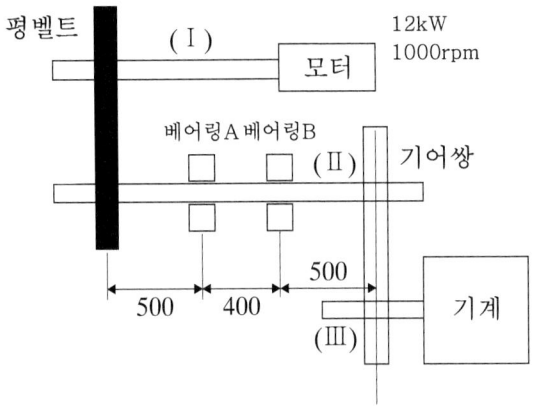

(1) 벨트의 유효장력 $[N]$
(2) 기어의 접선력 $[N]$
(3) 2단축에 있는 베어링의 수명시간 $[hr]$ (단, 동정격하중 $C=85kN$, 하중계수 $f_w=1.2$이다.)

(1) $v_p = \dfrac{\pi D_1 N_1}{60 \times 1000} = \dfrac{\pi \times 280 \times 1000}{60 \times 1000} = 14.66 m/s$

$H = P_e v_p \quad \therefore P_e = \dfrac{H}{v_p} = \dfrac{12 \times 10^3}{14.66} = 818.55 N$

(2) $\varepsilon = \dfrac{N_2}{N_1} \quad \therefore N_2 = \varepsilon N_1 = \dfrac{1}{3} \times 1000 = 333.33 rpm$

$v_g = \dfrac{pZ_1 N_1}{60 \times 1000} = \dfrac{\pi m Z_1 N_1}{60 \times 1000} = \dfrac{\pi \times 3.5 \times 40 \times 333.33}{60 \times 1000} = 2.44 m/s$

$H = F v_g \quad \therefore F = \dfrac{H}{v_g} = \dfrac{12 \times 10^3}{2.44} = 4918.03 N$

(3) 평벨트 전동장치로 인해 작용하는 베어링 하중을 구하면

$e^{\mu\theta} = 2 \quad \therefore \theta = \dfrac{\ln 2}{\mu} \times \dfrac{180}{\pi} = \dfrac{\ln 2}{0.3} \times \dfrac{180}{\pi} = 132.38°$

$T_t = P_e \left(\dfrac{e^{\mu\theta}}{e^{\mu\theta} - 1} \right) + \dfrac{wv_p^2}{g} = 818.55 \times \left(\dfrac{2}{2-1} \right) + \dfrac{15.4 \times 14.66^2}{9.8} = 1974.82 N$

$T_s = T_t - P_e = 1974.82 - 818.55 = 1156.27 N$

$P = \sqrt{T_t^2 + T_s^2 - 2T_t T_s \cos\theta} = \sqrt{1974.82^2 + 1156.27^2 - 2 \times 1974.82 \times 1156.27 \times \cos 132.38°} = 2883.6 N$

기어 전동장치로 인해 작용하는 베어링 하중을 구하면

$F_R = \dfrac{F}{\cos\alpha} = \dfrac{4918.03}{\cos 14.5°} = 5079.83 N$

축 II에 작용하는 굽힘모멘트의 평형식은

$\Sigma M_A : -2883.6 \times 500 = R_B \times 400 - 5079.83 \times 900$

$\therefore R_B = \dfrac{5079.83 \times 900 - 2883.6 \times 500}{400} = 7825.12 N$

$\therefore R_A = 5079.83 + 2883.6 - 7825.12 = 138.31 N$

따라서 최대베어링하중은 $R_B = 7825.12 N$

$L_h = \dfrac{10^6}{60N} \left(\dfrac{C}{f_w R_B} \right)^r = \dfrac{10^6}{60 \times 333.33} \times \left(\dfrac{85 \times 10^3}{1.2 \times 7825.12} \right)^3 = 37086.37 hr$

02

그림과 같은 너클핀에 $4.8kN$의 전단하중이 작용한다. 핀의 허용전단응력은 $13.5MPa$, 허용굽힘응력은 $125MPa$이고 $a = 12mm$, $b = 5mm$일 때 핀의 지름을 구하시오.

허용전단응력 기준에서 핀의 지름은

$\tau_a = \dfrac{P}{2 \times \dfrac{\pi d^2}{4}} \quad \therefore d = \sqrt{\dfrac{2P}{\pi \tau_a}} = \sqrt{\dfrac{2 \times 4.8 \times 10^3}{\pi \times 13.5}} = 15.05 mm$

허용굽힘응력 기준에서 핀의 지름은

$\sigma_b = \dfrac{M_{\max}}{Z} = \dfrac{\dfrac{P\ell}{8}}{\dfrac{\pi d^3}{32}} \quad \therefore d = \sqrt[3]{\dfrac{4P\ell}{\pi \sigma_b}} = \sqrt[3]{\dfrac{4 \times 4.8 \times 10^3 \times (12 + 2 \times 5)}{\pi \times 125}} = 10.25 mm$

안전을 고려하여 핀의 지름은 큰 것으로 정해야하므로
$d = 15.05 mm$

03

원추반각이 $15°$인 원추 클러치가 $13.5kW$, $750rpm$을 전달하고 있다. 접촉면의 평균지름이 $400mm$, 접촉면의 마찰계수가 0.32일 때 다음을 구하라.

(1) 전달 토크 $[N \cdot m]$
(2) 축방향으로 미는 힘 $[N]$

(1) $T = \dfrac{H}{\omega} = \dfrac{60H}{2\pi N} = \dfrac{60 \times 13.5 \times 10^3}{2\pi \times 750} = 171.89 N \cdot m$

(2) $\mu' = \dfrac{\mu}{\sin\alpha + \mu\cos\alpha} = \dfrac{0.32}{\sin15° + 0.32 \times \cos15°} = 0.563$

$T = \mu' P \dfrac{D_m}{2}$ ∴ $P = \dfrac{2T}{\mu' D_m} = \dfrac{2 \times 171.89 \times 10^3}{0.563 \times 400} = 1526.55 N$

04

외접하는 평마찰차 원동차의 회전수가 $750rpm$, 종동차의 회전수가 $250rpm$, 종동차의 지름이 $500mm$이다. 원동차가 전달하는 회전력은 $295N$이고 마찰계수는 0.3일 때 다음을 구하시오.

(1) 전달 동력 $[kW]$
(2) 전달 토크 $[N \cdot m]$

(1) $v = \dfrac{\pi D_2 N_2}{60 \times 1000} = \dfrac{\pi \times 500 \times 250}{60 \times 1000} = 6.54 m/s$

$H = Fv = 295 \times 6.54 \times 10^{-3} = 1.93 kW$

(2) $T = \dfrac{H}{\omega} = \dfrac{60H}{2\pi N_1} = \dfrac{60 \times 1.93 \times 10^3}{2\pi \times 750} = 24.57 N \cdot m$

05

모듈 4.5, 이 폭 $40mm$인 한 쌍의 스퍼기어가 $1250rpm$의 회전수를 전달하고 있다. 피니언의 허용굽힘응력 $150MPa$, 피니언의 잇수 20개, 기어의 허용굽힘응력 $120MPa$, 기어의 잇수 80개일 때 다음을 구하시오.
(단, 하중계수는 1.2, 피니언의 치형계수는 0.345, 기어의 치형계수는 0.456이다.)

(1) 피니언의 접선력 $[N]$
(2) 기어의 접선력 $[N]$
(3) 면압강도를 고려한 접선력 $[N]$ (단, 응력수정계수 $K = 0.38N/mm^2$이다.)
(4) 전달 동력 $[kW]$

(1) $v = \dfrac{\pi D_1 N_1}{60 \times 1000} = \dfrac{\pi m Z_1 N_1}{60 \times 1000} = \dfrac{\pi \times 4.5 \times 20 \times 1250}{60 \times 1000} = 5.89 m/s$

$f_v = \dfrac{3.05}{3.05 + v} = \dfrac{3.05}{3.05 + 5.89} = 0.341$

$F_1 = f_w f_v \sigma_{b1} m b Y_1 = 1.2 \times 0.341 \times 150 \times 4.5 \times 40 \times 0.345 = 3811.7 N$

(2) $F_2 = f_w f_v \sigma_{b2} m b Y_2 = 1.2 \times 0.341 \times 120 \times 4.5 \times 40 \times 0.456 = 4030.46 N$

(3) $F = f_v K m b \left(\dfrac{2 Z_1 Z_2}{Z_1 + Z_2} \right) = 0.341 \times 0.38 \times 4.5 \times 40 \times \left(\dfrac{2 \times 20 \times 80}{20 + 80} \right) = 746.38 N$

(4) 안전을 위하여 가장 작은 전달력을 선정해야 하므로
$H = F v = 746.38 \times 5.89 \times 10^{-3} = 4.4 kW$

06

사각 나사잭으로 $48.5kN$의 하중을 들어올리려 한다. 사각나사의 유효지름 $60mm$, 피치 $6.28mm$, 마찰계수 0.18일 때 다음을 구하시오.

(1) 회전 토크 $[N \cdot m]$
(2) 레버의 길이 $[mm]$ (단, 레버 조작력은 $198N$이다.)

(1) $T = Q \left(\dfrac{p + \mu \pi d_e}{\pi d_e - \mu p} \right) \dfrac{d_e}{2} = 48.5 \times 10^3 \times \left(\dfrac{6.28 + 0.18 \times \pi \times 60}{\pi \times 60 - 0.18 \times 6.28} \right) \times \dfrac{60}{2} \times 10^{-3} = 312.25 N \cdot m$

(2) $T = FL \quad \therefore L = \dfrac{T}{F} = \dfrac{312.25}{198} = 1.58 m$

07

지름이 $15mm$인 리벳으로 두께가 $10mm$인 강판 2개를 2줄 리벳이음 하였다. 이 강판의 허용인장응력은 $298MPa$, 리벳의 허용전단응력은 $274MPa$이고 강판의 효율은 60%일 때 다음을 구하시오.

(1) 리벳이음의 피치 $[mm]$
(2) 리벳이음의 효율 $[\%]$

(1) $\eta_t = 1 - \dfrac{d}{p}$ $\therefore p = \dfrac{d}{1-\eta_t} = \dfrac{13}{1-0.6} = 32.5mm$

(2) $\eta_s = \dfrac{\tau_a \pi d^2 n}{4\sigma_a pt} = \dfrac{274 \times \pi \times 13^2 \times 2}{4 \times 298 \times 32.5 \times 10} = 0.751 = 75.1\%$

리벳이음의 효율은 안전을 위해 더 작은 값을 선정해야하므로
$\eta_r = \eta_t = 60\%$

08

로프전동장치의 축간거리가 $50m$일 때 로프의 처짐이 $80cm$ 발생했다. 이 로프의 단위 길이당 무게는 $6.5N/m$일 때 다음을 구하시오.

(1) 로프의 인장력 $[N]$
(2) 풀리와 로프의 접촉점 간의 거리 $[m]$

(1) $T = \dfrac{wC^2}{8h} + wh = \dfrac{6.5 \times 50}{8 \times 0.8} + 6.5 \times 0.8 = 55.98N$

(2) $L = C\left(1 + \dfrac{8h^2}{3C^2}\right) = 50 \times \left(1 + \dfrac{8 \times 0.8}{3 \times 50^2}\right) = 50.04m$

09
다음 그림과 같은 유성기어를 참고하여 물음에 답하시오.

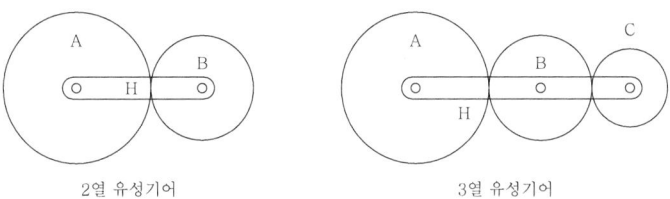

2열 유성기어　　　　　3열 유성기어

(1) 2열 유성기어에서 A의 잇수가 50개, B의 잇수가 25개일 때 A는 고정되어 있고 B가 시계방향으로 15회전한다면 암 H의 회전방향과 회전수는 얼마인가?

(2) 3열 유성기어에서 A의 잇수가 60개, B의 잇수가 40개, C의 잇수가 20개 일 때 A가 고정되고 암 H를 시계방향으로 5회전 시키면 C의 회전방향과 회전수는 얼마인가?

(1) $N_B = N_H + N_H \dfrac{Z_A}{Z_B} = N_H\left(1 + \dfrac{Z_A}{Z_B}\right)$　$\therefore N_H = \dfrac{N_B}{\left(1 + \dfrac{Z_A}{Z_B}\right)} = \dfrac{15}{\left(1 + \dfrac{50}{25}\right)} = 3\text{회전(시계방향)}$

(2) $\dfrac{N_A - N_H}{N_C - N_H} = \dfrac{Z_C}{Z_A}$　$\therefore N_C = (N_A - N_H)\dfrac{Z_A}{Z_C} + N_H = (0-5) \times \dfrac{60}{20} + 5 = -10\text{회전(반시계방향)}$

10
엔드 저널 베어링에 작용하는 베어링 하중이 $5000N$, 회전수가 $750rpm$ 이고 베어링 압력이 $0.8MPa$, 발열계수가 $1.2MPa \cdot m/s$ 일 때 다음을 구하시오.

(1) 베어링의 저널 길이 $[mm]$
(2) 베어링의 저널 직경 $[mm]$

(1) $pv = \dfrac{\pi WN}{6000\ell}$　$\therefore \ell = \dfrac{\pi WN}{60000pv} = \dfrac{\pi \times 5000 \times 750}{60000 \times 1.2} = 163.62mm$

(2) $p = \dfrac{W}{d\ell}$　$\therefore d = \dfrac{W}{p\ell} = \dfrac{5000}{0.8 \times 163.62} = 38.2mm$

11

그림과 같이 물체의 낙하를 방지하기 위한 블록 브레이가 있다. 이 브레이크의 조작력 $384N$, 허용접촉면압력 $0.24N/mm^2$ 일 때 다음을 구하시오.
(단, $a=750mm$, $b=400mm$. $c=40mm$, $\mu=0.3$ 이다.)

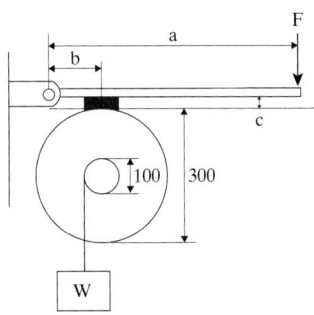

(1) 제동 토크 $[N]$
(2) 물체의 하중 $[N]$
(3) 브레이크 블록의 마찰면적 $[mm^2]$
(4) 제동 동력 $[kW]$ (단, 브레이크 드럼의 회전수는 $1200rpm$ 이다.)

(1) $Fa - Pb - \mu Pc = 0$ ∴ $P = \dfrac{Fa}{b+\mu c} = \dfrac{384 \times 750}{400 + 0.3 \times 40} = 699.03N$

$T = \mu P \dfrac{D}{2} = 0.3 \times 699.03 \times \dfrac{0.3}{2} = 31.46 N \cdot m$

(2) $T = W\dfrac{d}{2}$ ∴ $W = \dfrac{2T}{d} = \dfrac{2 \times 31.46}{0.1} = 629.2N$

(3) $q_a = \dfrac{P}{A}$ ∴ $A = \dfrac{P}{q_a} = \dfrac{699.03}{0.24} = 2912.63 mm^2$

(4) $H = T\omega = T\dfrac{2\pi N}{60} = 31.46 \times \dfrac{2\pi \times 1200}{60} \times 10^{-3} = 3.95 kW$

12

판 수가 6개인 겹판 스프링의 종탄성계수가 $196\,GPa$, 허용굽힘응력이 $156\,MPa$ 이고 스팬의 길이 $800\,mm$, 스팬의 폭 $75\,mm$, 판 두께 $9\,mm$, 죔 폭 $80\,mm$이다. 스프링의 유효길이는 $\ell_e = \ell - 0.6e$로 적용할 때 다음을 구하시오.

(1) 스프링이 최대로 지지할 수 있는 하중 $[N]$
(2) (1)의 하중에 의한 스프링의 처짐량 $[mm]$
(3) 스프링의 고유 진동수 $[Hz]$

(1) $\ell_e = \ell - 0.6e = 800 - 0.6 \times 80 = 752\,mm$

$$\sigma_a = \frac{3P\ell_e}{2nbh^2} \quad \therefore P = \frac{2nbh^2 \sigma_a}{3\ell_e} = \frac{2 \times 6 \times 75 \times 9^2 \times 156}{3 \times 752} = 5040.96\,N$$

(2) $\delta = \dfrac{3P\ell_e^3}{8nbh^3 E} = \dfrac{3 \times 5040.96 \times 752^3}{8 \times 6 \times 75 \times 9^3 \times 196 \times 10^3} = 12.5\,mm$

(3) $f = \dfrac{1}{2\pi}\sqrt{\dfrac{g}{\delta}} = \dfrac{1}{2\pi} \times \sqrt{\dfrac{9.8 \times 10^3}{12.5}} = 4.46\,Hz$

2025 합격비법 '일반기계기사 실기 필답형'

초판발행　2025년 02월 18일
편 저 자　이태랑
발 행 처　오스틴북스
등록번호　제 396-2010-000009호
주　소　경기도 고양시 일산동구 백석동 1351번지
전　화　070-4123-5716
팩　스　031-902-5716
정　가　33,000원
I S B N　979-11-93806-67-8 (13500)

이 책 내용의 일부 또는 전부를 재사용하려면
반드시 오스틴북스의 동의를 얻어야 합니다.